Kritik und Engagement

Soziologie und Sozialpolitik

Herausgegeben von Bernhard Badura,
Christian von Ferber, Franz-Xaver Kaufmann,
Eckart Pankoke, Theo Thiemeyer

Band 10

R. Oldenbourg Verlag München 1991

Kritik und Engagement

Soziologie als Anwendungswissenschaft

Festschrift für Christian von Ferber
zum 65. Geburtstag

Herausgegeben von
Reinhardt P. Nippert
Willi Pöhler
Wolfgang Slesina

R. Oldenbourg Verlag München 1991

CIP-Titelaufnahme der Deutschen Bibliothek

Kritik und Engagement : Soziologie als Anwendungswissenschaft ; Festschrift für Christian von Ferber zum 65. Geburtstag / hrsg. von Reinhardt P. Nippert ... – München : Oldenbourg, 1991
(Soziologie und Sozialpolitik ; Bd. 10)
ISBN 3-486-55892-7

NE: Nippert, Reinhardt Peter [Hrsg.]; Ferber, Christian von: Festschrift ; GT

Gesamtherstellung: WB-Druck, Rieden

ISBN 3-486-55892-7

R.P. Nippert, W. Pöhler, W. Slesina

Christian von Ferber - Praxiswirkungen aus akademischer Position

Soziologen wird gelegentlich Praxisferne, Abstraktionsneigung und zu große Distanz zu den Problemen des Alltags vorgeworfen, ein Vorwurf, der sich unschwer aus der Disparität der Erwartungen an die Gesellschaftswissenschaften und ihre Vertreter und vice versa herleiten läßt. Auswahl und Umgang mit wissenschaftlichen Gegenständen erfordert stets die Übertragung in Fachterminologie. Dieser Vorgang, der zwar analog für alle Wissenschaften gilt, begründet gegenüber den Soziologen nach wie vor noch spezifische gesellschaftliche Erwartungen, von denen Präzision und interdisziplinäre Verständlichkeit, wenn möglich, Allgemeinverständlichkeit der Gegenstandsbeschreibung und Analyse, die häufigsten sind. Die vorgetragene Begründung dieser Erwartung, daß die Analyse und die resultierenden Ergebnisse fachlichen Laien, Politikern, Bürokraten, Planern und anderen beteiligten Wissenschaftlern verständlich sein müssen, weil sie sie umzusetzen haben, ist vorgeschoben und dient plausibler Verstärkung und sozialer Persistenz dieser an sich ungewöhnlichen Erwartungshaltung an eine wissenschaftliche Disziplin in einer wissenschaftlich-technisch geprägten Kultur.

Christian von Ferber, zu dessen 65. Geburtstag diese Festschrift vorgelegt wird, hat sich in seinem wissenschaftlichen und politischen Wirken einem solchen Vorwurf, der zu theoretisch-abstrakten Darstellung oder der von realen sozialen Problemen distanzierenden Auswahl seiner zentralen Gegenstände, nie ausgesetzt gesehen. Er wählte die Probleme der Gesellschaft zu seinen Themen, die eine Trennung in Theorie und Praxis nur durch künstliche Abgrenzungen ermöglicht und damit unproduktiv gemacht hätten. Die Theorie zur Anwendung in der Praxis und Probleme aus der Praxis zur Präzisierung und Weiterentwicklung der Theorie zu verbinden, ist sein Anliegen.

Wissenschaftliche Betätigung bedeutet für Christian von Ferber Deutung und Gestaltung von Realität. Damit erklärt sich zum einen seine starke empirische Orientierung, zum anderen seine Präferenz phänomenologischer Forschungsmethoden. Beides wirkt sich in der Prägnanz und Konkretheit seiner Sprache sowie seiner Darstellungen komplexer Sachverhalte aus und ermöglicht unterschiedlichen Rezipienten die Verarbeitung seiner Argumente und Forschungsergebnisse, ohne sich großer Übertragungs- und Anpassungsanstrengungen unterziehen zu müssen. Seine Analysen, Beschreibungen und Darstellungen von Forschungsergebnissen reflektieren den Anwendungs- und Gestaltungsgesichtspunkt bereits und entsprechen dem Vorbild theoriebildender Arbeit von *R.K. Merton* einer Theorie "*Mittlerer Reichweite*".

Christian von Ferbers wissenschaftliches und programmatisches Werk findet sich - auch das ein Zeichen seiner praxisorientierten Intentionen - in breiter Streuung in der Literatur von Praktikern unterschiedlichster Felder: in Medien der Gewerkschaften, Sozialpolitik, Medizin und von Behinderten-Organisationen ebenso, wie in Periodika der Soziologie. Insbesondere den Soziologen hat er immer wieder in ihren Medien, durch Verweis auf konkrete soziologische Anwendungsprobleme, den Gegenentwurf zu abstrakter Sozialtheorie vorgehalten. Seine innovative Verwendung soziologischer Begriffe und Terminologie hat in der Soziologie den Effekt erzeugt, daß begriffliche Verfestigungen aufgehoben und Themenfacetten neu zugänglich wurden, wodurch auch die historische Dimension soziologischer Forschung und sozialwissenschaftlicher Theoriebildung stets aktualisiert blieb.

Seine Wirkung geht nicht so sehr von monographischen Publikationen aus, die ex cathedra Sachverhalte postulieren und sich an den akademischen Fachkollegen wenden, sondern von definitorischen Angeboten und Konzeptionalisierungsentwürfen für den Praktiker, der noch nicht oder doch nicht nur die Erfüllung seiner Tätigkeit in der Bearbeitung bekannter Probleme sieht, die die eigene Organisation und Profession bisher selbst erkannt hatte. Den Praktiker mit seinem Gestaltungsspielraum als Partner akzeptiert zu haben und sich ihm in seinen Medien, in der Diskussion seiner Probleme direkt zu nähern, ist ein Verdienst Christian von Ferbers. Damit hat er Wege zur Wiedererlangung von sozialer Akzeptanz für die Soziologie und die Soziologen gewiesen. Ein anderes großes Verdienst liegt darin, daß er als Soziologe die Problemdefinition für eine Reihe gesellschaftlicher Großorganisationen (Gewerkschaften, Sozialversicherung und Medizinische Versorgung) entscheidend erweitert hat.

Basiert auf seiner Überzeugung, daß das Individuum auch im demokratischen Rechtstaat durch historisch begründete, sozialstrukturelle Gegebenheiten in seinen Entfaltungsmöglichkeiten eingeschränkt wird, ist in seinen Schriften und Vorträgen sowie in den von ihm geleiteten Forschungsprojekten als roter Faden unschwer das Bemühen zu erkennen, dem Individuum zu mehr qualitativer und quantitativer Gestaltung und Teilhabe am gesellschaftlichen Prozeß zu verhelfen. Insbesondere gilt sein Engagement dem Individuum in Abhängigkeit; Abhängigkeit zunächst in der abhängigen Beschäftigung, dann in Abhängigkeit von den Lebenschancen-verteilenden Bildungsinstitutionen, den Institutionen der Sozialen Sicherung sowie den damit verbundenen faktischen Möglichkeiten der Lebensgestaltung.

Schließlich - das vorrangige Thema seines gesamten Werkes - die Situation des Individuums in der existenziellen Abhängigkeit, im Falle von Krankheit und Behinderung, von den Einrichtungen der medizinischen Versorgung, im Falle der abhängigen Beschäftigung vom betrieblichen Arbeitsschutz. Im Rahmen dieser Themen hat sich Christian von Ferber auch richtungweisend den bis dato in der Wissenschaft weitgehend unbeachtet gebliebenen sozialen Existenzproblemen der körperlich und geistig Behinderten und der konkreten Verbesserung ihrer sozialen Lage bereits zu einem Zeitpunkt gewidmet, als Behinderte noch überwiegend als "Belastung" für die Gesellschaft aufgefaßt wurden und selbst von den eigenen Interessenvertretungen nur als Gesellschaftsmitglieder mit per se eingeschränkter Teilhabemöglichkeit aufgefaßt wurden.

Daß diese innovativen Ansätze in der fachlichen und über die Fachgrenzen hinausreichenden Diskussion nicht nur Zustimmung, oft genug sogar heftige Widerstände hervorgerufen haben, hat Christian von Ferber offenbar nur noch bestärkt und als Bestätigung, auf dem richtigen Weg zu sein, empfunden.

Die soziologische Benennung von Sachverhalten der alltäglichen Erfahrungswelt sowie die so erfolgende Kennzeichnung von sozialen Gegebenheiten in bereits durch andere Disziplinen ausgefüllte und definierte Wirklichkeitsausschnitte, haben, wie im Falle der medizinischen Versorgung oder der Sozialen Sicherung, durch ihn eine Darstellung erfahren, die sie mit der setzenden Deutung der Professionen - Juristen, Ärzte, Sozialversicherungsfachleute, Sozialpädagogen, etc. - mit der Sichtweise der abhängigen Klienten, der *"Laien"*, konfrontierte. Es ist aber nicht der Rekurs auf die "Alltagserfahrung", der seinen Ansatz charakterisiert. Es gelingt ihm, den "Symbolische Interaktionismus" und die "Zivilisationstheorie" von Norbert Elias zu integrieren. Für Christian von Ferber ist die über Normen und Sanktionen erfahrbare und durch Institutionen und Organisationen vermittelte Struktur der Gesellschaft der Hintergrund, vor dem sich die jeweilige individuelle Abhängigkeit konkretisiert. Die von ihm stets immanent gestellte Forschungsfrage für die Soziologie nach seinem Verständnis lautet:

> *"Wo werden sozialstaatliche Prinzipien der individuellen Entfaltungsmöglichkeit verletzt?*
>
> *Wer kann ihm zustehende gesellschaftliche Teilhabe nicht oder nur gegen Widerstand realisieren?*
>
> *Was ist zu tun, diese Fehlentwicklung zu revidieren und die erforderliche Weiterentwicklungen und kompensatorischen Maßnahmen einzuleiten?"*

Aus diesem Ansatz ergibt sich Chr. von Ferbers evolutionäres Gesellschaftsverständnis, aus dem er offensichtlich Energie und Engagement zur immer wieder neu aufgenommenen Auseinandersetzung mit vergleichsweise übermächtigen Institutionen ableitet.

Zu seinem 65. Geburtstag haben sich in diesem Band viele seiner Freunde, Bewunderer, Kontrahenten und Schüler zusammengefunden, um ihre guten Wünsche zu übermitteln und Dank und Anerkennung zum Ausdruck zu bringen. Daß sie, ebenso wie Christian von Ferber, sich vorrangig der Beschreibung und Bewältigung praktischer Probleme widmen, ohne jedoch die theoretische Perspektive zu vernachlässigen, mag seinen nachhaltigen Einfluß verdeutlichen.

Münster, Bochum, Köln R.P. N., W. P., W. S.

Danksagung

Diese Festschrift hätte nicht erscheinen können, ohne die großzügige finanzielle Unterstützung der Robert-Bosch-Stiftung, der an dieser Stelle dafür Dank gesagt wird. Viele Mitarbeiter haben, insbesondere bei der Vorbereitung der Manuskripte und der drucktechnischen Realisierung, in unermüdlicher Weise, die nicht alltäglichen Schwierigkeiten überwunden. Besonders soll hier Frau Dipl. theol. Gabriele Grunden und Herrn cand. med. Bernhard Nawrath, Dipl. theol. für ihre Mitarbeit und fürsorgliche Betreuung der Manuskripte gedankt werden.

R.P. N., W. P., W. S.

Inhalt

X. Sozialepidemiologie

Karl Peter Kisker

Ein Brief

Lieber Herr von Ferber,

wenn ich den Beitrag zur Festschrift, welcher Ihnen zu Ihrem 65. Geburtstag geschenkt wird, nicht in die Form einer gelehrten oder klinischen Abhandlung kleide, sondern in diejenige eines erinnernden Grußes, so ist das für mich, den Gleichaltrigen, Einübung in Abschied, schon Teil jenes "*Gespräches mit dem Tod*", den Sie von uns allen, den Ärzten zumal, eingefordert haben (Mitteilungen an "*Der Internist*", 1970). Nicht erst das Herannahen des biologischen Todes, vielmehr schon das allmähliche Sich-Entfernen aus mehr oder minder ich-gesättigten, professionellen Rollen gibt Gründe genug, Sie schrieben es, "gewahr zu werden, daß mit einem Menschen nicht nur ein Leib, sondern auch ein Stück Menschlichkeit, ein Teil der Sozietät dahingeht, nämlich das, was die christliche Überlieferung die Seele nannte". Ich begreife dies "Dahingehen" als einen, wenn biologisch verstattet, gedehnten Vorgang, als ein noch von der Gemeinschaft der Hiesigen erwartetes und zu leistendes Arbeitspensum. Mit den Lasten des Amtierens ist das Leisten nicht am Ende. Doch kann es, möglicherweise, minder entfremdet vor sich gehen. Das gilt zumal, genehmigen Sie mir dies vorweggenommene Aufatmen, für einen psychiatrischen Kliniker, der es zunehmend mehr als Last erlebt, wenn ihm die Anwälte des Staates und des Rechts über die Schulter nach "Freiheitsberaubungen", "unterlassenen Hilfeleistungen", "Kunstfehlern" spähen.

Unsere ersten Begegnungen 1965/66 geschahen aus pädagogischer Verschwisterung: Innerhalb des vor-reformierten Unterrichts-Modells der MHH hatten wir uns und die ersten (vorklinischen) Studenten in Sachen Medizinische Soziologie und Medizinische Psychologie zu erproben. Für Sie war das ein schon bewandertes, wenngleich nicht vermessenes Lehr-Feld; für mich ein unsicheres, ratsbedürftiges Suchen nach Verbindungen zwischen der psychatrischen Praxis, in welcher sich mir seit einigem die soziale Frage gestellt hatte, und den Begriffen, Theorien und Erfahrungen, welche die medizinisch-psychologischen Lehrbücher jener Tage versammelten. Unsere Gespräche und unser Nachdenken darüber, wie werdenden Ärzten gesellschaftliche Bewandtnisse mitsamt ihren psychischen Abkömmlingen und Verbindungen nahegebracht werden könnten, waren noch ganz unangekränkelt von der bald modisch und breit werdenden Implementierungs-Didaktik, welche die Lehre als Ware sah und ihren Verkaufserfolg an gruppendynamisch aufbereiteten Lippenbekenntnissen maß. Wir lehrten damals im letzten Zipfel jener Epoche, in welcher einige charismatische Mediziner, Internisten zumal, der Studienreform den Ton angaben und bei den Studenten, was Neuerungen anging, eher geworben als gewarnt werden mußte. Das änderte sich bald. Sie haben den Übergang festgehalten und analysiert in Ihrem Festvortrag vor der 1848 gegründeten Turnerschaft "Hansea". Das war 1968, und Sie gaben mir auf der Vortragskopie bereits den resignierenden Hinweis, dies sei *"ein Dokument der Hilflosigkeit vor der eigenen Krankheit"*. Sie sahen Anlaß, vor einem *"furor teutonicus"* zu erschrecken, *"der uns Deutschen als Stil der öffentlichen Auseinandersetzung wohl besonders gefällt"*. Wir durchstanden damals gemeinsam "Gremien"-Sitzungen der Fakultät für Geistes- und Sozialwissenschaft der Technischen Universität Hannover, welche Sie - warum sollte nicht auch das sozialwissenschafltiches Vokabular sein? - als "Rüpelszenen" klassifizierten. Ihr Aufsatz aus demselben Jahr 1968 *"Der Wandel in der Gesellschaftsstruktur"* zeigte die Handlungsalternativen für die in eine umfassende Sozial-Reform einzubettende Universitäts- und Studien-Reform: revolutionäre Umwälzung, "planmäßige Sozial-Reform" mit Fundierung in verhaltenswissenschaftlichen Einsichten, patriarchalische Festzurrung des Vorhandenen. Hier ist nicht erneut auszumalen, daß und wie es dann zur letzten Lösung, die keine war und ist, kam. Die Angelegenheit wurde in eben jenem patronalen Geist geregelt, den Ihr gesamtes wissenschaftliches Werk anprangert. Die dabei benutzten Techniken sind bekannt, wurden z.T. auch Soziologie-Schulen, zumal den in Schwang geratenen systemologischen, entlehnt: Justifizierung, Merkantilisierung, Administrierung. Wir funktionieren seither in der "Gruppen-Univeristät" am Schnürchen der Bildungspolitiker und Ministerialen und sind - Riesenhuber sagt's uns - wieder bei den wettbewerbsfähigen Anbietern angelangt, zumindest was Großraum- und Auftrags-Forschung angeht. Professoren, wissenschaftliche Mitarbeiter und Studenten wurden mit Paritäten abgefunden. Alle bekamen ihren Part in der akademischen Drei-Groschen-Oper.

In den Siebzigern machten H. Schäfer und M. Blohmke mit uns ein Handbuch der Sozialmedizin. Ich hatte bei dieser komplizierten editorischen Unternehmung mit dem sozialpsychiatrischen Teil im Vergleich zu Ihnen leiteren Stand; denn Sie hatten zu beachten, was sich an den gesellschaftlich vermittelten Schnittlinien des Verhaltens von Kranken und Ärzten zeigt, wenn es um Leib und Leben, um Reputationen und Reibach geht. Heute, scheint mir, ist dieses Zwitter-Fach "Sozialmedizin" diszipliniert worden und geworden: epidemiologische Zuhelferin der Kliniker, Beraterin für gesundheitspolitische Klein- oder Nicht-Unternehmungen. Als solche macht sie mehr von sich reden im verbandsmäßigen Gerangel um die Verteilung des Gesundheits-Budgets als Ihr engeres Fach, die Medizinsoziologie. Diese sitzt der real existierenden Medizin nach wie vor wie das Feigenblatt auf, das eine Scham verdeckt, welche der Medizin von ihren Reformern mehr eingeredet als eingepflanzt worden war. Vielleicht, hoffentlich, sehe ich die Wirkungen Ihres Wirkens zu skeptisch, wenn ich denke, Sie seien unter den Medizinsoziologen ein ziemlich einsamer Rufer nach konkreten und gesundheitspolitischen

Folgerungen aus medico-sozialem Forschen geblieben.

Sie waren und blieben für mich markanter unter den dünn gesäten Sozialwissenschaftlern, welche mir helfen, gesellschaftliche Verwicklungen, die das Erleben und Tun "meiner" Patienten und mein eigenes professionelles mitgestalten, nicht durch elegante theoretische Formulierungen zu lösen, vielmehr durch Suchen und Geben von Hilfen vernünftiger und wirksamer zu gestalten. Allerdings beobachte ich mich dabei, den Wirkungsraum sozialer Gegenbenheiten bei den Leiden der mir anvertrauten Patienten enger abzustecken und individuell- kreatürlichen Momenten mehr Augenmerk zu geben, als ich dies vor zehn, zwanzig oder dreißig Jahren tat. Ich weiß, daß Erfahrungsakkumulation im Altern den Blick sowohl weiten als auch einengen kann. Dieser Kalkül mit meiner persönlichen Streichung ist noch offen.

Für einige Jahre Mäeut einer Zeitschrift, welche den Menschen zwischen Medizin und Gesellschaft anvisiert, erfuhr ich mehr, als ich zu wissen begehrte, von den gesellschaftlichen Vermittlungen der Medizin-Verbände, und weniger von den Gelenken zwischen Leiden und Sozietät, als ich für Entscheidungen in meinem Hilfeverhalten suchte und brauchte. Ich werde zu den frühen deutschen Promotoren der "Sozialpsychiatrie" gezählt. Noch gehe ich einig mit den Erfordernissen und Aufträgen, welche sich mit dieser Sache und ihrem Begriff stellen. Der Begriff ist allerdings indessen auf weite Strecken zu einem mich befremdenden Plakat geworden: für Partei- und Verbands-Interessen an einer politisch gelenkten therapeutischen Arbeit, deren "Strategien" nicht auf den Kranken zielen, sondern auf den Wähler schielen; für systematische Netzwerk-Konzepte psychischen Krankseins, welchen die Marketing-Überlegungen zugrunde liegt, breitere Konsumenten-Kreise für psychiatrisch-psychotherapeutische "Angebote" zu formieren; für akademische Profilierungen unterschiedlicher Herkunft o.ä.. Ich behellige Sie damit nicht länger.

Wir studierten in der Nachkriegssituation: skeptische, väterverlassene Generation mit hergeholten Leitbildern, bewegt in verletzlicher Idealität. Wir waren und blieben offenbar verbissen, verliebt oder vernarrt in ein Bild vom gerechten Aufeinanderzu - Handeln der Menschen, praktizierende Anthropologen mit einer Enttäuschbarkeit von hohen Graden und einer gebrochenen Einstellung zuallem, was Mächtigkeit atmet. Wir nehmen unseren Hut in einer Epoche, deren Intellektuellen es gefällt, sie als Postmoderne zu bezeichnen: disparates und desperates Gemenge aus Aufklärungsresten, Magiebedarf, Habensrausch und Koketterie mit dem Weltende. Zu den Signa dieser Zeit, die mir trotz ihres langen, allerdings auf Europa beschränkten Friedens-Atems als eine praeapokalyptische erscheint, gehört ihre heruntergekühlte, eckig-binäre Ingenieurs-Sprache. In ihr bildet sich auf paradoxe Weise eine selbstverlorene Umtriebenheit ab, welche viele heute als gewollte Eigen-Gangart empfinden.

Ich vermute, wünsche Ihnen auch, daß Sie die Situation heller, hoffnungsfundierter sehen, in Entsprechung zu Ihrem Naturell und "Kulturell", welche Sie - dies ist nun einmal mein Bild von Ihnen - mit einem unverwüstlichen Vorrat an Vertrauen auf die Bonität zwischenmenschlicher Bewandtnisse ausgestattet haben.

Sie erkennen, daß ich mir von Ihrer Haltung, die ich vorbildlich finde, nur Fragmente haben zu eigen machen können.

Ihr Ihrem Denken und Wirken verbunden gebliebener

KP Kisker

Christian Graf von Krockow

"Arbeitsfreude" - Über die Anfänge der Soziologie in Göttingen

Das Soziologische Seminar zu Göttingen wurde 1951 von Helmuth Plessner gegründet. Nach einer ersten Unterkunft in düsteren Verliesen etablierte es sich im Nebengebäude der Universitäts-Reithalle, in schrägen Räumen gleich unter dem Dach.

In der Altstadt gelegen, gehörte der Reitstall, wie der Fechtsaal, zu den ältesten Einrichtungen der Universität, seit dem 18. Jahrhundert dazu bestimmt, zahlungskräftige feudale Studenten anzulocken. Doch noch immer war er in Betrieb. Unter der Sommersonne, bei geöffnetem Fenster, konnte es geschehen, daß der Gesprächspartner am Telefon verblüfft fragte: "Betreiben Sie Tiersoziologie? Halten Sie Hühner?" Denn vom Hof her hörte man Pferde wiehern, und vom Gipfel des Misthaufens krähte der Hahn herauf.

Eine morsche Idylle, also: knarrende Dielen, tückische Öfen, ein gerade noch erstickter Schwelbrand. Bei Überlastung Einsturzgefahr. Und einer der Mitarbeiter auf Zeit - Peter von Oertzen, nach eigenem Bekunden "Zehn Schritte links von Wolfgang Abendroth", der davon schwärmte, daß man missionierend unters Volk gehen müsse, wie einst die russichen Narodniki-, dieser Mitarbeiter setzte die Sekretärin mit seinem "Guten Morgen, Gnä'Frau!" samt formvollendetem Handkuß immer neu in Verlegenheit.

An amtlichen Feier- und Trauertagen mußte auf der Reithalle eine Bundesflagge gehißt werden, aber der Dachstuhl war nur durch die Seminarräume zugänglich. Daher protestierte der Assistent Christian von Ferber beim Stallmeister Stemmwedel, indessen der Stalljunge ins Gebälk kletterte: "Alles angefault, er kann abstürzen und sich die Arme und Beine brechen!" Es kracht, der Junge stürzt tatsächlich. Ferber, unbewegt: "Sie sehen ja, da kommt er schon."

Aus der Ferne mochte es wohl scheinen, als sei das Seminar auch sonst eine altmodische Einrichtung. Moderne Soziologie? Plessner war Philosoph, kein Datenerheber oder Meinungsbefrager; bevor ihn das "Dritte Reich" ins Exil trieb, hatte er zu den Begründern der philosophischen Anthropologie gehört. Indessen wurden schon bald umfangreiche "Untersuchungen zur Lage der deutschen Hochschullehrer" in Angriff genommen und 1956 in drei Bänden veröffentlicht. Interviews sowie statistisches Material - darunter Ferbers von 1864 bis 1954 reichende historische Studie - bildeten die Grundlage der Erhebungen.

Andere empirische Arbeiten galten den Berufsschullehrern, der Erwachsenenbildung, den Siedlungsfragen und Urbanisierungsproblemen am Beispiel einer so traditionslosen Stadt, wie es Wolfsburg damals war. Von purer "Geistes"-Wissenschaft konnte darum keine Rede sein, die Zahlen und ihre Korrelationen spielten eine wichtige Rolle; kaum zufällig hat einer der frühen Mitarbeiter seinen Platz später im Statistischen Bundesamt gefunden. Insgesamt brauchte das Seminar den Vergleich mit großmächtigen, personell und materiell weiter besser ausgestatteten Instituten für Sozialforschung nicht zu scheuen.

Wahrscheinlich noch wichtiger war etwas anderes. Nach ihrer Zerstörung in der Zeit der Gewaltherrschaft mußten die Sozialwissenschaftler praktisch neu beginnen; für ihre Entwicklung stellte die Heranbildung eines qualifizierten Nachwuchses die erste Voraussetzung dar. Hierbei erwies sich die erste Dekade des Soziologischen Seminars als überaus fruchtbar. In den zehn Jahren, die ihm zwischen Rückkehr aus dem Exil und Emeritierung blieben, hat Helmut Plessner zahlreiche Schüler so weit gefördert, daß sie noch während dieser Zeit oder bald danach Lehrstühle für Soziologie, für Politikwissenschaft oder leitende Funktionen in der Bildungsforschung übernehmen konnten.

Schließlich, aber nicht zuletzt ging es um einen Bildungsauftrag, über die akademischen Gehege weit und grundsätzlich hinaus. Es entstand eine eigene Einrichtung, ein Modell für Seminarkurse der Erwachsenenbildung, teils nach schwedischem und angelsächsischem Vorbild, aber an die deutschen Verhältnisse angepaßt. Für den akademischen Nachwuchs ergab sich aus dieser Einrichtung eine Übungsstätte eigener Lehrtätigkeit - mitsamt dem heilsamen Zwang, eben nicht "akademisch", sondern verständlich zu sein.

Aus dem Abstand der Zeit und dem Umsturz der Verhältnisse, die die Gegenwart von den Anfängen scheiden, mag sich gleichwohl wie eine altväterliche Idylle ausnehmen, was einmal war. Die Begrenztheit der Verhältnisse und der Studentenzahlen machte es noch möglich, daß beinahe jeder jeden kannte. Gespräche ließen sich unschwer eröffnen - und fast unbegrenzt fortführen; der Ort in der Altstadt legte einen Wechsel ins "Akademische Viertel", in die Kneipe nebenan buchstäblich nahe. Das Doktorandencolloquium fand ohnehin nicht in Dienstäumen, sondern im Haus des Professors statt. Und Wesentliches wurde peripatetisch, auf weiten Spazierwegen erörtert.

Hinzu trat unausgesprochen selbstverständlich die Überzeugung, daß man nicht von wenigem alles oder überhaupt etwas verstehen könne, ohne den Ausblick aufs Ganze. Wie denn soll man von der conditio humana reden, ohne den Menschen zugleich als historisches und gesellschaftliches, als politisches und religiöses Wesen zu begreifen? Oder wie kann man die Frühschriften von Karl Marx verstehen, sofern man nicht einerseits Hegel und Feuerbach, andererseits Georg Lukács und Karl Korsch in Betracht zieht?

Ohnehin verführten, vielmehr drängten und zwangen die Zeitumstände dazu, sich nicht in Fachgrenzen einzuschließen, sondern nach jenem Ganzen zu fragen, das sich - laut Adorno - als das Falsche erwiesen hatte. Entsetzen mischte sich seltsam mit der Entdeckerlust; beides miteinander bewirkte, daß niemand zur Arbeitsfreude eigens motiviert oder gar manipuliert werden mußte.

Über Thomas Mann zu diskutieren schien bei alledem ebenso wichtig, wie nach Heidegger oder nach Carl Schmitts "Begriff des Politischen" zu fragen. Und was ließ sich aus Karl Poppers "Die offene Gesellschaft und ihre Feinde" lernen, was aus Erich Fromms "Flucht vor der Freiheit", aus Norbert Elias' "Prozeß der Zivilisation"? Daß nichts mehr sich von selbst verstand, daß alles nach den Bedingungen seiner Möglichkeiten, nach der Kratergrund der Gewalt und des Unheils befragt werden müsse, das galt - kaum zufällig - bis ins sehr Persönliche, in die Biographie hinein. Um es mit einer Anekdote anschaulich zu machen:

Mein Stiefvater - im preußischen Kadettenkorps aufgewachsen und in seinem Horizont verblieben - hat sich einmal über die im Seminar zu Göttingen versammelten Namen gewundert:
"'Plessner' - ist das nicht jüdisch?
"Ja."
"Und 'Goldschmidt'?"
"Auch."
"Aber dann 'von Ferber' - ich habe mal einen gekannt, ausgezeichnetes Regiment - und 'Graf Krockow': Wie paßt das zusammen?"
"Sehr gut: Wir sind eben alle aus der Bahn geratene Existenzen und Außenseiter."

Plessner hat den Sachverhalt auf seine Weise beschrieben: "*Man muß der Zone der Vertrautheit fremd geworden sein, um sie wieder sehen zu können .... In verstärktem Maße erlebt diese Entfremdung, wer als Kind seine Heimat verließ und als reifer Mensch dahin zurückkehrt, vielleicht am intensivsten der Emigrant, der auf der Höhe des Lebens seine tausend in heimisches Erdreich und überkommenen Geist gesenkten Wurzelfasern bis zum Zerreißen gespannt fühlt, wenn er die ganze Überlieferung, aus der heraus er wirkt, nicht wie die Heimat glaubt, durch die Brille der ihn freundlich beschützenden Fremde, sondern mit anderen Augen wieder entdeckt.*"

Nachkriegseinrichtungen und Verhältnisse wie im Soziologischen Seminar zu Göttingen hat es ähnlich wohl auch anderswo gegeben, etwa bei Wolfgang Abendroth in Marburg, bei Alexander Rüstow in Heidelberg oder bei Arnold Bergstraesser in Freiburg, um nur drei Namen und Orte zu nennen. In der Regel, die dennoch die Ausnahme blieb, standen im Mittelpunkt Gelehrte, die vom Exil oder auf andere Weise von Verfemung und Verfolgung geprägt worden waren.

In den Institutionen aber, die man diesen Gelehrten nunmehr zuerkannt hatte, leuchtet im Abendglanz des Verdämmerns, als Hegelischer Eulenflug oder gleichsam postum noch einmal auf, war einst die "Idee" der von Humboldt entworfenen Universität - oder, sehr viel weiter zurück, die Platonische Akademie meinte.

Unzeitgemäß oder zeitlos gehört dazu als Herzstück ein Verhältnis von Lehrer und Schülern, das auf die Muße wie auf die kleinen Zahlen angewiesen ist, auf die Gleichheit ebenso wie auf eine Autorität, die von Vertrauen bestimmt wird statt von Herrschaft und Hierarchie.

Im Gespräch, im Fragen und Weiterfragen geht es im Grunde stets um die schlichte Tatsache, um die verblüffende Entdeckung, daß die Dinge komplizierter, die Ursachen vielfältiger und die Ergebnisse widersprüchlicher sind, als man annahm. Im Falle des Gelingens entsteht so, Schritt um Schritt und beinahe unmerklich, was ehedem "Bildung" genannt wurde - als Gegensatz, mit Plessner zu reden, zu jeder "*dogmatisch gesicherten Gesellschaftslehre ...., welche die unbestreitbaren Vorzüge eines Katechismus und einer Felddienstordnung auf bestrickende Weise in sich vereint.*"

Inzwischen liegt das alles bereits weltenfern, obwohl doch nur dreißig Jahre vergangen sind. Der Aufruhr einer nachgewiesenen Generation wider die Autorität der Väter, vorab wider die Professoren und den unter ihren Talaren vermuteten "Muff von tausend Jahren", die Explosion der Studentenzahlen und der "Gremienarbeit", der Siegeszug des Spezialistentums auf der einen, der Bürokratie auf der anderen Seite haben hinweggespült, was einmal war. Den Göttinger Reitstall mit seinen Nebengebäuden aber, diese morsche Idylle samt Pferdewiehern und Hähnekrähen, hat man längst beseitigt und zeitgemäß durch ein Kaufhaus ersetzt, wie nebenan das "Akademische Viertel" durch eine McDonald's-Filiale.

Wer nach Spuren sucht, wird keine mehr finden, außer zweien vielleicht, freilich bloß von Eingeweihten noch zu enträtseln: Vor die Neubauten der Universität - jene modernen Lernvollzugsanstalten aus Glas und Beton - hat man den Fries des ehemaligen Reitstalls gesetzt, als handle sich's um eine ägyptische Ausgrabung. Und im Katalograum der Universitätsbibliothek hat ein weiser, vielmehr ein offenbar von seinen zynischen oder sadistischen Anwandlungen übermannter Rat, hinter sichernden Glasplatten vor den Karteikästen, das Muster eines Bestellscheins ausgelegt: Unter der Signaturnummer

ZA 16506:4 findet "Dorothea Kluge", was sie klüger machen und womöglich dazu führen soll, Bücher zu lesen, nämlich: "*Christian von Ferber: Arbeitsfreude, Wirklichkeit und Ideologie; Göttinger Abhandlungen zur Soziologie, Band 4, Stuttgart 1959.*"

Dietrich Goldschmidt

Engagement für die Universität[1]

Zwölf Jahre haben meine Generation für ihr Leben geprägt, auf welcher Seite die einzelnen überlebt und wohin ihre weiteren Wege sie auch geführt haben mögen. Der Verfolgung durch das nationalsozialistische Regime und den Gefährdungen des Krieges war ich unversehrt entkommen. Ich war wirklich befreit, im Mai 1945 konnte ich in Göttingen einen neuen Anfang machen - nicht als Ingenieur entsprechend meiner Ausbildung und nicht in einer altväterlichen geprägten kurzzeitigen Assistenz an der Universität, sondern als Mitherausgeber der soeben gemeinsam von Dozenten und Studenten gegründeten Göttinger Universitätszeitung, der GUZ; im Wunsch nach eigenständiger Mitwirkung am unerläßlichen Neubau der Gesellschaft engagierte ich mich: Aus der Verarbeitung der eben ausgestandenen Ungeheuerlichkeiten galt es, zur Erneuerung von Gesellschaft und Bildung beizutragen.

Das moralische Engagement wurde eintscheidend für die wissenschaftliche Beschäftigung mit der Universität wie mit den in ihr tätigen Menschen: den Professoren und solchen, die es werden wollten, wie auch den Studierenden. Vom studium generale wurde seinerzeit viel gesprochen, die GUZ dürfte auf ihre Weise damals eines der wenigen gelungenen Experimente gewesen sein. Die Planung der Redaktion wurde durch monatlich bis zu 70 Zuschriften und Aufsatzangebote stimuliert und ergänzt. Die brennenden Nöte und Fragen nationaler und universitärer Art "zwischen gestern und morgen" wurden - oft kontrovers - thematisiert.

Der gesellschaftlichen Herausforderung der Universität sollte Genüge getan werden mit Diskursen, die die jüngsten Geschehnisse auf ihre Ursachen reflektierten. Lehrende und Lernende suchten in leidenschaftlichen Erörterungen ihre Aufgaben und Ziele in zahlreichen Themenbereichen zu bestimmen, darunter solchen wie:

- Neugestaltung der Universität, ihrer Lehre, ihrer Forschung;
- Wissenschaftler und Wissenschaft im Dritten Reich (u.a. am Beispiel "Medizin ohne Menschlichkeit");
- Antisemitismus, Judenvertreibung, KZ, Judenmord;
- Kriegsverbrechen und Widerstand;
- Nationalsozialismus, Nation, Europa, UNO;
- Christentum und Marxismus;
- "Bildung als Prozeß des ganzen Menschengschlechts".

Mit einem Fellowship des British Council 1949/50 fand die GUZ-Zeit ihr Ende, doch ich hatte auf lange Sicht meine Aufgabe gefunden: durch eigene Forschung und Lehre das Meine zur Erneuerung der Hochschulen beizutragen. Vorstellungen und Konzepte - so unbestimmt sie in mancher Hinsicht waren - gingen viel höher, als die wenigen vorfindlichen unbelasteten und tatfreudigen Kräfte umzusetzen vermocht hätten. Selbstkritisch und weltoffen, verjüngt und kommunikationsfreudig, zugleich wenig hierarchisch, ihrer politischen und sozialen Verantwortung wie Einflußmmöglichkeiten bewußt, sollte die Universität der Zukunft sein; doch nach den erregenden Jahren des Aufbruchs 1945 bis zur Währungsreform 1948 brachten Wissenschaftler und Politiker nur eine restaurative Reform zustande, deren Fragwürdigkeit erst in den Jahren der Studentenrevolution öffentlich deutlich wurde.

Fünfzehn Monate an der Universität Birmingham ließen mich erstmals aus deutscher Begrenztheit ausbrechen. Ich lernte nicht nur die englischen Universitäten kennen und eignete mir die fremde Sprache mit bleibendem Gewinn an, sondern wurde vor allem mit einer anderen Lebenswelt und der ihr eigenen Wahrnehmung Deutschlands und der Deutschen vertraut. Von 1951 bis 1956 war ich Assistent am neu gegründeten soziologischen Seminar der Universität Göttingen unter Leitung des aus dem holländischen Exil berufenen Ordinarius für Philosophie und Soziologie, Helmuth Plessner. Ich war Plessner bereits im Sommer 1949 begegnet, als er in Göttingen Gastvorlesungen hielt, die mich unmittelbar in seinen Bann gezogen hatten. So entsinne ich mich seiner damals beeindruckenden Analysen des Kalten Krieges und der Friedenschancen. Plessner gehörte zu dem kleinen Kreis wirklich bedeutender Persönlichkeiten der Geistes- und Sozialwissenschaft, die in den fünfziger Jahren einen Ruf in die Bundesrepublik erhalten und ihn angenommen haben. Er war ein kundiger und schöpferischer Professor der Philosophie - Berufenere als ich haben ihn als solchen gewürdigt - und zugleich ein Intellektueller mit großen geistes- und zeitgeschichtlichen sowie soziologischen Interessen. In seiner Weltläufigkeit fiel er im bieder-bürgerlichen, vor kurzem noch führertreuen Göttingen wohltuend auf und zog besonders eine Reihe jüngerer Wissenschaftler, meist Doktoranden, an. Ich habe viel von ihm gelernt.

Aufgrund anscheinend gemeinsamer prinzipieller Ideen und Fragestellungen nahmen wir 1952 mit Unterstützung der Deutschen Forschungsgemeinschaft unter ihrem sehr interessierten und uns wohl gesonnenen Präsidenten Ludwig Raiser umfangreiche "Untersuchungen zur Lage der deutschen Hochschullehrer" nach Entwürfen von mir in Angriff. Sie sollten der Erhellung der personellen Entwicklung der Hochschulen seit

Mitte des 19. Jahrhunderts, einer Bestandsaufnahme der gegenwärtigen Stellenstruktur und -besetzung und der Fundierung notwendiger politischer Entscheidungen über die zu erstrebende künftige Personalstruktur dienen. 1956 sind aus den Untersuchungen drei Bände unter dem Titel des Projekts hervorgegangen.[2]

Das Forschungsprojekt wurde seinerzeit ausgelöst durch die Not des akademischen Nachwuchses, die geradezu alamierend geworden war, weil das durchschnittliche Lebensalter der heranwachsenden Wissenschaftler bei Promotion und Habilitation schon seit dem 19. Jahrhundert von Jahrzehnt zu Jahrzehnt, erst recht aber infolge Kriegsteilnahme und Gefangenschaft erheblich gestiegen war, zugleich die Chancen für eine Berufung aber dadurch verringert worden war, daß der unzulänglich ausgestattete Unter- und Mittelbau des Lehrkörpers im Laufe der Jahrzehnte wesentlich stärker zugenommen hatte als die Zahl vorgesehener Professuren. Die Ergebnisse der entsprechenden Datensammlung liegen in dem von Christian von Ferber verfaßten dritten Band "*Die Entwicklung des Lehrkörpers der deutschen Universitäten und Hochschulen 1864 bis 1954*" vor.

Der Frage, wie die Perspektiven für den wissenschaftlichen Nachwuchs in den einzelnen Fächern 1954 konkret aussahen, galten über 500 qualitative Interviews mit planmäßigen Professoren und vor allem sogenannten Nachwuchskräften von Doktoranden bis apl. Professoren, verteilt über die Hauptdiziplinen und mehrere Universitäten. In den Protokollen spiegelte sich zunächst die persönliche Lage der meist vergleichsweise alten Interviewpartner. Die meisten Befragten erhielten zwar bescheidene Mittel aus der Universität oder ihrem akademsichen Umfeld wie DFG oder ähnlichem, aber ihre Zukunft war in nahezu allen Fällen ungesichert. Ihre beruflichen Perspektiven waren durch die wissenschaftsimmanenten Entwicklungstendenzen ihres Faches so gut bestimmt wie durch ihre Sorgen, in ihm ein Fortkommen zu finden, angesichts der Knappheit fester Stellen und der Unzulänglichkeit sonstiger Ressourcen in der traditionellen Ordinarienuniversität. In letzterer war die wissenschaftliche und materielle Abhängigkeit der Nachwuchskräfte von den Ordinarien institutionell angelegt. Über die Unzeitgemäßheit sehr persönlicher Abhängigkeit - zumal nach der NS-Zeit - und über deren Mißbrauch durch viele Ordinarien wurde lebhaft geklagt. In Würdigung der hier bezeichneten und weiterer Aussagen faßte ich seinerzeit in Band I der Untersuchungen "*Nachwuchsfragen im Spiegel einer Erhebung, 1953 bis 1955*" zusammen:

"*Von allen persönlichen und materiellen Umständen des einzelnen abgesehen, versucht der Nachwuchsmann um seiner Selbstachtung willen, die Vorstufen des Ordinariats möglichst rasch zu durchlaufen. Es entwickelt sich deutlich ein 'Karrierebewußtsein'. Zwischenstufen eines 'geachteten Verweilens', wie sie etwa in England die 'lecturers' einnehmen, gibt es nicht. Wer nicht Ordinarius wird, betrachtet sich materiell und ideell als 'gescheitert'. Zwang zur Leistung, Konkurrenz ohne Freiheit zum Ausweichen und Spezialistentum werden immer ausschließlicher zu Kennzeichen wissenschaftlicher Tätigkeit an unseren Hochschulen - drei Momente, deren Reflex vielfach in Isolierung und Entfremdung, ähnlich wie in einem modernen Großbetrieb, zu erkennen ist. Der Mensch leidet darunter.*"[3]

Plessner - befangen in Vorstellungen aus den zwanziger Jahren über die deutsche Universität, aber durch Emigranten-Schicksal erst 1951 im Alter von 58 Jahren zum Ordinarius einer inzwischen erschütterten, jedoch um Restauration bemühten deutschen Universität berufen - empfand die wiederholte, oft harte Kritik der Nachwuchskräfte an den Ordinarien als bittere Enttäuschung seiner Erwartungen. Er hatte in erster Linie Darstellungen der Entwicklung signifikanter Disziplinen und ihrer Probleme erwartet, aber auch Hinweise für gewisse institutionelle Reformen der Universität, nicht aber Äußerungen, die ihn so unmittelbar herausforderten. 1924 hatte er geschrieben und nun wiederholte er 1956 in den "*Nachwuchsfragen*" : "*Der moderne Forscher arbeitet zwar unter Einsatz aller Kräfte, aber unter Ausschaltung seiner Persönlichkeit und ist im Sinne dieser Ausschaltung in der Zucht einer unpersönlichen Fragestellung.*"[4] Im Vorwort zu den "*Nachwuchsfragen*" warnt er davor, "*den Wagnischarakter des akademischen Aufstiegs, die Konkurrenz durch Leistung, die Selbständigkeit des Professors an die Befürworter der beamtenmäßigen Laufbahn ganz und gar zu verraten.*"[5]

Plessner erkannt wohl den "*beschleunigten Vorgang der Vergesellschaftung des Wissens und der Wissenschaft*"[6] in der modernen arbeitsteiligen Industriegesellschaft, ja, er spricht selbst davon, daß die Wissenschaft "*mehr und mehr zu einer Industrie*"[7] wird, doch gerade dieser Tendenz hält er den risikoreichen, asketischen, hierarchischen, elitären Charakter des Weges zum Wissenschaftler als besonders forschungsdienlich entgegen. Er folgte damit Wilhelm von Humboldts Forderung nach "*Einsamkeit und Freiheit*" als "*verwaltenden Prinzipien*", die Helmut Schelsky 1963 noch einmal wenigstens im Modell einer theoretischen Universität im Rahmen eines differenzierten Hochschulsystems zu verwirklichen vorschlug, jedoch 1970 nach den Studentendemonstrationen und dem Erlaß erster neuer Hochschulgesetze entschieden relativierte. Mit Trauer versuchte nunmehr selbst er das Ende der Humboldtschen Universität zu dokumentieren.[8]

Traditionsorientierte Professoren wie Plessner unterschätzen

- die wesentliche Verschlechterung der materiellen Lage des wissenschaftlichen Nachwuchses seit dem Ersten Weltkrieg;
- die dem Nachwuchs nachteilige Veränderung der Lehrkörperstruktur. Waren 1863/64 50 Prozent aller Lehrpersonen planmäßigen Professoren, so waren es - unter Berücksichtigung der Assistenten - 1953/54 nur noch 20 Prozent;
- die zunehmende Umstrukturierung wissenschaftlicher Tätigkeit im Sinne von Arbeitsteilung und gesellschaftlicher Tätigkeit;
- die zu erwartenden strukturellen Folgen der bereits erkennbaren Expansion des Hochschulwesens;
- die nachhaltige Wirkung des Verlustes persönlicher Autorität und Glaubhaftigkeit vieler Professoren aufgrund ihres Verhaltens zur Zeit des Nationalsozialismus.

Ich habe hier das Göttinger Forschungsprojekt und die Differenzen in der Interpretation seiner Ergebnisse geschildert, weil darin bereits wesentliche Elemente jener Konflikte zutage kamen, die in ganz anderer Radikalität zehn Jahre später zur Studenten- und Assistentenrevolution und weiterhin - in Verbindung mit den organisatorischen Zwängen der Expansion des Hochschulwesens - zur Gruppenuniversität in der Bundesrepublik Deutschland geführt haben.

1972, als die Studentenrevolution Reformen vorangebracht hatte, habe ich aus Anlaß des 80. Geburtstages von Plessner in einem analytisch-konzeptionellen Beitrag zu der ihm gewidmeten Festschrift "*Sachlichkeit*" meine Position dargelegt. Er steht in meinem Band an zweiter Stelle. Sein Titel "*Zum Schicksal der deutschen Universitäten im Ausgang ihrer bürgerlichen Epoche*" ist eine Paraphrase von Plessners bedeutender geistesgeschichtlicher Analyse aus der Emigration "*Das Schicksal deutschen Geistes im Ausgang seiner seiner bürgerlichen Epoche*".[9] In Anknüpfung an Plessners Thema lautet meine These, daß der Prozeß der Industrialisierung und betrieblicher Organisation der Forschung endgültige Idee und Organisation bürgerlichen Universität in Forschung und Lehre gesprengt hat. Die Zukunft der Universität liegt meines Erachtens prinzipiell bei der (weiteren) Entwicklung interner kooperativer Arbeits- und Diskussionsformen wie auch solcher mit der Gesellschaft. Die Studenten- und Assistentenrevolution legte zunächst die schweren organisatorischen und in vielen Disziplinen auch inhaltlichen Mängel der Lehre offen. Zudem zeigte sich in ihr, wie wenig bis dahin in der Universität deren bereits zur Weimarer Zeit erkennbare gesellschaftliche Herausforderung angenommen und wie unzulänglich die NS-Vergangenheit verarbeitet worden war. In ihren Aktionen machten Studierende und Assistenten die Gesellschaftlichkeit und die entsprechende Verpflichtung der Universität bewußt. Unter dem Druck ihrer radikalen Forderungen nach Mitwirkung und Mitbestimmung, mit denen sie diesen Zielen erhöhte Geltung zu verschaffen suchten, sind differenzierte Entscheidungsstrukturen im Hochschulwesen entwickelt worden. Deren heutige Schwerfälligkeit dürfte weniger der Demokratisierung als dem fast grenzenlosen Wachstum der einzelnen Körperschaften zuzuschreiben sein.

Die gesellschaftliche Herausforderung der Universität und die Erfüllung der ihr zugeschriebenen Bildungsaufgabe waren endgültig zu wesentlichen Themen meiner weiteren Tätigkeit in Wissenschaft und Lehre geworden. Unleugbar habe ich diese nicht in strenger, kontinuierlicher Konzentration auf wesentliche Teilbereiche des Hochschulwesens wie Fragen der Gestaltung der Institution oder des Studiums ausgeübt, sondern eher als soziologisch orientierter Generalist je spezifischen Herausforderungen gerecht zu werden versucht. Dazu boten mir in Berlin zunächst die Pädagogische Hochschule, 1956 bis 1963 und seitdem erst recht das Max-Planck-Institut für Bildungsforschung, an dessen Aufbau ich auf Vorschlag Hellmut Beckers beteiligt war, unvergleichlich gute Arbeits- und Wirkungsmöglichkeiten: im kollegialen Verbund des Instituts selbst, in professionellen Verpflichtungen innerhalb der Bundesrepublik und in zahlreichen internationalen Arbeitverbindungen. Darüber zu berichten, bedürfte eines eigenen Essays. An dieser Stelle ist mir allein wichtig, dargestellt zu haben, wie ich bereits in jenen relativ frühen Göttinger Jahren und durch zeitweiligen Aufenthalt in

England meine kritische Position für alle weiteren historisch-analytischen, vergleichenden und konzeptuellen Arbeiten zum Hochschulwesen gewonnen habe, mit anderen Worten: wie sich Lebensgeschichte und Wissenschaft bei mir für immer verbanden.

Nur ein Anstoß zu besonderer Horizonterweiterung ist noch zu nennen: 1970 entsann man sich in dem damals von Erhard Eppler geleiteten Bundesministerium für wirtschaftliche Zusammenarbeit meiner Ingenieurvergangenheit und beauftragte mich - zusammen mit zwei Professoren der Ingenieurwissenschaften -, ein Gutachten zur Errichtung einer Ingenieurfakultät in Dar-es-Salaam zu erstellen.[10] Dies ist geschehen; gemessen an der äußerst schwierigen wirtschaftlichen Lage Tanzanias entwickelt sich die Ingenieurfakultät zufriedenstellend.

Für mich wurde dieser Brückenschlag in die dritte Welt nicht nur zur Aufforderung, mich immer wieder gerade den Aufgaben einer gesellschaftsbewußten und ökologiegerechten Ingenieurausbildung dort wie hier zuzuwenden, sondern mein Engagement für das Hochschulwesen auch generell auf Universitäten und ihre jeweiligen soziokulturellen Existenzbedingungen rund um die Welt auszudehnen. Die Universität ist zu einer ubiquitären Institution geworden. Bildung und Wissenschaft in den Dienst universaler Vernunft zu stellen, dürfte die vornehmste Aufgabe aller sein, die sich für sie engagieren und den "Bildungsprozeß als Organ des ganzen Menschengeschlechts" zu betreiben suchen.[11]

Anmerkungen:

1. Aus der Einführung zu meinem kommenden Buch: Die gesellschaftliche Herausforderung der Universität.

2. Plessner, H. (Hrsg.) (1953) Untersuchungen zur Lage der deutschen Hochschullehrer. Bd. 1-3, Göttingen. Das umfangreiche Material ist nicht voll ausgeschöpft. Es befindet sich inzwischen nahezu vollständig im Max-Planck-Institut für Bildungsforschung in Berlin.

3. Goldschmidt, D. (1956) Die gegenwärtige Problematik, in: Nachwuchsfragen im Spiegel einer Erhebung, Asemissen, I. u.a. (1953-1955), 37-49, Zitat 49 (Bd. 1 aus Plessner, a.a.O.).

4. Asemissen, I. u.a. (1956), 28

5. Asemissen, I. u.a. (1956), 14

6. Asemissen, I. u.a. (1956), 10

7. Asemissen, I. u.a. (1956), 27

8. Schelsky, H. (1971) Einsamkeit und Freiheit. Idee und Gestalt der deutschen Universität und ihrer Reformen. Düsseldorf, 235-239, 242 ff.

9. 1935 erschienen, seit 1959 wieder aufgelegt unter dem Titel "Die verspätete Nation". Stuttgart 1959 (1965)

10. Bieger, K./Goldschmidt, D./Kreuser, W. (1970) Die Errichtung einer Ingenieurfabrik an der Universität Dar-es-Salaam unter Mitwirkung der Bundesrepublik Deutschland (Gutachten), Berlin

11. Schleichermacher, F. (1884) Die christliche Sitte nach den Grundsätzen der evangelischen Kirche im Zusammenhang dargestellt (Vorlesung 1826/27). Berlin, 49

Franz-Xaver Kaufmann

Wohlfahrtskultur - Ein neues Nasobem?[1]

Auf seinen Nasen schreibet
einher das Nasobem
von seinem Kind begleitet.
Es steht noch nicht im Brehm.
Es steht noch nicht im Meyer.
Und auch im Brockhaus nicht.
Es trat aus meiner Leyer
zum ersten Mal ans Licht.
Auf seinen Nasen schreibet
(wie schon gesagt) seitdem,
von seinem Kind begleitet,
einher das Nasobem.

(Christian Morgenstern)

Ich muß vorausschicken, daß das Wort 'Wohlfahrtskultur', welches sich angesichts seiner deutschsprachigen Elemente wohltuend von anderen Neuschöpfungen der Soziologentages abhebt, nicht *"aus meiner Leyer"* ans Licht gekommen ist. Es war eines Tages einfach da, ich selbst sah mich damit erst im Vorfeld des Züricher Soziologentages 'Kultur und Gesellschaft' konfrontiert, als die Sektion 'Sozialpolitik' der DGS, deren erster Vorsitzender Christian von Ferber gewesen ist, das Thema auf die Tagesordnung setzte.

[1] Christian von Ferber zum 65. Geburtstag

Was also heißt Wohlfahrtskultur, worauf verweist das neue Wort? Natürlich nicht auf eine neue Gattung der 'Naslinge', wie erst im Jahre 1941 auf der Südseeinselgruppe Hi-Iay entdeckte Ordnung der von Morgenstern prognostizierten Tierart nunmehr auf neudeutsch genannt wird. Als guter Soziologe benutze ich den Begriff des Nasobems nicht seinem Inhalte, sondern Funktion nach: Ein neues Wort verweist auf eine Wirklichkeit, die noch nicht entdeckt ist. Bei der Ordnung der Rhinogradentia, wie die Naslinge in der graeco-lateinischen Biologenbezeichnung genannt werden (Morgenstern hatte sich dagegen der latino-griechischen Bezeichnung bedient), folgte der Entdeckung des ersten Exemplars rasch eine außerordentliche Expansion der Fortschritte und dann auch die Entdeckung neuer Gattungen, so daß Harald Stümpke in seiner Übersicht von 1985 bereits zwei Unterordnungen, sechs Stämme mit zahlreichen Unterstämmen, Familien, Gattungen und einer nahezu unübersehbaren Zahl von Arten unterscheiden konnte.[1] Angesichts der geringeren systematischen Ordnungkraft der Soziologie steht zu befürchten, daß die neue Wirklichkeit weniger genau abgrenzbar und daher - insbesondere angesichts der gegenwärtigen Renaissance des ehrwürdigen Kulturbegriffs im allgemeinen - dem Wort bald eine undifferenzierte Bedeutungsvielfalt zuwächst, so daß dieser wie so viele andere Begriffe unserer Fachsprache inflationär verkommt und binnen kurzem im Mülleimer unserer Fachgeschichte landet. Wenngleich aufgrund des garbage-can-Modells sozialer Steuerung auch dann noch nicht alle Hoffnung auf eine Wirkungsgeschichte aufgegeben werden muß - ist nicht eben auch der Kulturbegriff aus dem Mülleimer unserer Geistgeschichte wieder neu erstanden? - sollten wir doch versuchen, dem Inflationierungsprozeß durch eine Anstrengung des Begriffs gegenzusteuern. Meine kurzen einleitenden Überlegungen können hierzu natürlich nur ein erster Schritt sein. Da die Hoffnung auf Orginalität zwar wohl ein unerläßliches Ferment unserer wisschenschaftlichen Selbst - und Fremdausbeutung ist, sich aber doch meistens aus dem Umstand speist, daß man zum Thema selbst nicht genug gelesen hat, möchte ich im übrigen keineswegs ausschließen, daß es sich hier nicht um den ersten, sondern um den n-ten Schritt in der begrifflichen Bewältigung jener Wirklichkeit handelt, auf die das Wort 'Wohlfahrtskultur' verweist.

Meist beginnt eine begriffliche Explikation mit der Erörterung der Wortbedeutung, die im vorliegenden Fall aus der Verknüpfung von zwei äußerst ehrwürdigen und auch begriffsgeschichtlich durchaus aufgearbeiteten Worten besteht.[2] Allein hierüber berichtend könnte man sein halbes Lehrdeputat abverdienen. Da dem Wort 'Wohlfahrt' von Alters her ein normativer Inhalt zugesprochen wird - insbesondere im Sinne eines Inbegriffs guter Staatsführung (Salus Publica) - können wir uns eine ausführliche Erörterung der vielfältigen Facetten des wiedererstandenen Kulturbegriffs ersparen. Wohlfahrt als Idee hat offenbar mit dem idealistischen Kulturbegriff zu tun, der uns in unserer Jugend eingeimpft wurde. Gehen wir auf ursprünglichere Wortbedeutungen zurück, so lassen sich auch hier leicht Brücken schlagen: Insofern es 'Kultur' ursprünglich mit der Pflege von Pflanzen, Tieren, Kindern, guten Sitten und Göttern zu tun hat, läßt sich eine umittelbare Brücke zum modernen 'Wohlfahrtswesen' schlagen, ein mittlerweile schon wieder etwas altertümlicher Begriff für das, was wir heute etwa als personenbezogene soziale Dienste thematisieren.

Belassen wie es hier bei der Feststellung, daß 'Wohlfahrt' und 'Kultur' in einem harmonischen, also nicht in einem indifferenten oder konträren Sinnverhältnis zueinander stehen. Die Kombination beider Worte stärkt daher den normativen Gehalt: 'Wohlfahrtskultur' muß als etwas Gutes, nicht als etwas Ambivalentes gelten. Das Wort verweist auf das, was an der 'Wohlfahrt' unbezweifelbar werthaft erscheint, auf den Gesamtbereich der Wissensbestände, welche Wohlfahrt normativ bestimmen. Damit ist zunächst nur eine allgemeine Richtung unseres Weiterfragens angezeigt.

In einem zweiten Schritt ist zu fragen, warum und wofür ein neuer Begriff gebraucht wird, auf den der Wortsinn angemessen verweisen könnte. Ich vermute hierfür zwei sich ergänzende Gründe: Zum einen ist durch die institutionelle Verwendung des Wortes 'Wohlfahrt'- Wohlfahrtswesen, Wohlfahrtsstaat, Wohlfahrtsverbände usw. - sein normativer Gehalt abgeschwächt worden. Die Einrichtungen, die sich mit dem Wort 'Wohlfahrt' schmücken, geben damit zwar zu erkennen, daß sie sich bestimmten ideellen und nicht bloß interessenbedingten Zwecken verpflichtet fühlen, aber gleichzeitig beanspruchen sie damit, daß das, was sie repräsentieren und tun, mit Wohlfahrt zu tun habe. In dem Maße, als ihre konkrete Existenz und ihre Leistungen kritisch bewertet werden, muß der Begriff im Sinne einer Idee wieder von den Organisationen getrennt und ihnen als kritischer Maßstab - als idée directrice im Sinne der Institutionentheorie - vorgehalten werden, oder aber er gerät in den Bereich des Ambivalenten. Dieses Ambivalentwerden scheint für die gesamte Semantik des Wohlfahrtsbereichs charakteristisch, man denke etwa an die Begriffe 'Sozialpolitik', 'soziale Marktwirtschaft', soziale Sicherheit', aber auch 'Gesundheitspolitik' oder 'Bildungspolitik'. Sozial, Sicherheit, Bildung, Gesundheit, Wohlfahrt: lauter Worte, die auf anerkannte normative Ideen verweisen und in der Verknüpfung mit Organisationen und Handlungsbereichen in die Ambivalenz geraten sind. Wenigstens teilweise dürfte dies darauf zurückzuführen sein, daß es den 'Ideologen' der betreffenden Handlungsbereiche - seien sie Philosophen, Wissenschaftler, Festredner oder Referenten für Öffentlichkeitarbeit - nicht gelungen ist, die zweite Möglichkeit zu verfolgen, nämlich den normativen Gehalt der genannten Begriffe inhaltlich in einer Weise zu entwickeln, daß sie als kritisches Korrektiv (und damit indirekt auch als glaubwürdigere Legitimation) der organisierten Handlungsfelder dienen könnten. Der Ruf nach einer 'Wohlfahrtskultur' könnte als Einforderung eben dieser zweiten Möglichkeit verstanden werden.

Die anscheinende Erosion normativer Verbindlichkeiten in der gesellschaftlichen Praxis der letzten Jahrzehnte steht - und dieses führt zu meinem zweiten Argument - in einem Korrespondenzverhältnis zu den dominanten Richtungen sozialwissenschaftlicher Theorie: Ideologiekritik und politische Ökonomie, Interaktionismus und Systemtheorie und erst recht individualistische und soziobiologische Sozialtheorien stimmen darin überein, daß den im Struktur- Funktionalismus Parsonsscher Prägung noch an prominenter Stelle berücksichtigten Ideen und Werten keinerlei eigenständige soziale Wirkung zukomme. Sie rubrizieren unter Überbau, Wissenssystemen, Sprache oder Semantik und koexistieren hier mit der Gesamtheit menschlicher Kommunikationsbedingungen in kaum unterscheidbarer Indifferenz. Daß damit gerade das, was diese Sozialphänomene auszeichnet, nämlich ihr motivierender, Affektivität erzeugender Charakter kognitivistisch eingeebnet wird, läßt sich durch solch entdifferenzierende Zugriffe unschwer verdrängen. Die Soziologie wurde so zur Dienerin einer Intellektuellenkultur, in der Emotionen und Affekte allenfalls als allzu menschliches Privatvergnügen noch zugelassen werden. Diese Intellektuellenkultur selbst steht in einem Korrespondenzverhältnis zur freudlosen Anonymität moderner Organisationsverhältnisse, die sie dennoch zu kritisieren unternimmt.

"Aber irgendwann wechselt die Farbe: Die Bedeutung der unreflektiert verwendeten Gesichtspunkte wird unsicher, der Weg verliert sich in die Dämmerung. Das Licht der großen Kulturprobleme ist weitergezogen. Dann rüstet sich auch die Wissenschaft, ihren Standort und ihren Begriffsapparat zu wechseln und aus der Höhe des Gedankens auf den Strom des Geschehens zu blicken."[3]

Die Renaissance der Kultursoziologie, welche mit dem Züricher Soziologenkongreß professionsweit zutage trat, steht ihrerseits in offenkundiger Beziehung zu Wandlungen des Zeitgeistes, die hier mit den Stichworten soziale Bewegungen, Neokonservatismus und Postmodernismus nur angedeutet werden können. Was diese Richtungen trotz aller Differenz verbindet, ist ein Relevanzverlust von Ökonomie und Politik sowie ein Relevanzgewinn von Phänomenen, die dem Bereich der 'Kultur' zuzuordnen sind. So ist es nicht verwunderlich, wenn auch die Sozialpolitikforscher von Strukturen und Prozessen, von sozialen Problemen und sozialpolitischen Interventionen genug bekommen und erneut danach fragen, was das Ganze soll.

Allerdings sollten gerade Sozialpolitikforscher auch gegen die Fallstricke, die mit einer Wende des Erkenntnisinteresses zum Normativen verbunden sind, sensibel reagieren. Bekanntlich begann Sozialpolitik - als Sozialwissenschaft und als politische Praxis - mit dem Bekenntnis und der Verfolgung bestimmter Ideen; Eduard Heimann hat zu Recht Sozialpolitik als den "*institutionellen Niederschlag der sozialen Idee im Kapitalismus*", als "*Verwirklichung der sozialen Idee im Kapitalismus gegen den Kapitalismus*" bezeichnet.[4] Auch wenn die Werturteilsdebatte, die einen wesentlichen Anlaß für die Sezession der Soziologen aus dem 'Verein für Sozialpolitik' bildete, sich primär an wirtschaftspolitischen Themen entzündete, so hat doch Max Webers Aufsatz über "*die Objektivität sozialwissenschaftlicher und sozialpolitischer Erkenntnis*" eben diesen für uns bedeutungsvollen Begriff ins Zentrum seiner Betrachtungen gestellt. Die Renaissance eines Erkenntnisinteresses für die ideellen und normativen Aspekte von Sozialpolitik darf, will sie nicht kurzschlüssig werden, die Resultate des Werturteilsstreits wie auch des Positivismusstreits nicht vergessen.[5]

Webers 'Objektivitätsaufsatz' sollte nach wie vor zur Pflichtlektüre jedes fortgeschrittenen Soziologiestudenten und insbesondere derjenigen gehören, die sich mit Sozialpolitik beschäftigen:

"Eine empirische Wissenschaft vermag niemanden zu lehren, was er soll, sondern nur, was er kann und - unter Umständen - was er will. ... Die Wahl zu treffen ist seine Sache. Was wir ihm für diesen Entschluß nun noch weiter bieten können ist: Kenntnis der Bedeutung des Gewollten selbst. Wir können ihm die Zwecke nach Zusammenhang und Bedeutung kennenlehren, die er will, und zwischen denen er wählt, zunächst durch Aufzeigung und logisch zusammenhängende Entwicklung der 'Ideen', für welche teils wirklich, teils vermeintlich gekämpft worden ist und gekämpft wird, dem geistigen Verständnis zu erschließen. Das überschreitet nicht die Grenzen einer Wissenschaft, welche 'denkende Ordnung der empirischen Wirklichkeit' erstrebt."[6]

Damit ist ein zentraler Aspekt dessen benannt, was mit dem Begriff Wohlfahrtskultur sinnvollerweise gemeint sein kann. Auch die Unterscheidung von 'Ideen' meint jene allgemeineren Vorstellungen, welche soziale Einrichtungen legitimieren. Gerade hier ist die "*Kenntnis der Bedeutung des Gewollten*" nicht unwichtig, Ideengeschichte ist ein stark vernachlässigter Teil der bisherigen sozialwissenschaftlichen Beschäftigung mit Sozialpolitik. Man macht es sich allzu leicht, wenn man einfach auf den Ideenhorizont der Aufklärung rekurriert.[7] Viele Ideen gehen auf die Reformation, das christliche Mittelalter, ja - wie der Verweis auf die öffentliche Wohlfahrt zeigt - auf die Antike zurück. Die Unbeliebigkeit der kulturellen Legitimation von Sozialpolitik, aber auch die wichtigsten Träger und Promotoren sozialer Ideen im Zeitablauf müssen deutlicher herausgearbeitet werden.[8]

Allzu sehr dominiert in der heute vorherrschenden Perspektive die Vorstellung, als ob der ideelle und legitimatorische Gehalt sozialer Bewegungen auf einem Prozeß *freier Selektion* beruhe, bei dem *Interessen* den entscheidenden Ausschlag gäben. Natürlich sind hier immer auch Interessen beteiligt, aber Max Weber sah deutlicher als wir Heutigen das *kulturelle Eigengewicht von Ideen*, das eben nicht zuletzt daraus resultiert, daß es einmal früher - vielleicht in längst vergangenen Zeiten - Menschen gegeben hat, die für solche Ideen Verfolgungen, Leiden und gelegentlich den Tod auf sich genommen haben. Dies verdeutlicht, daß sie von diesen Ideen *ergriffen* waren und sie nicht bloß in taktischen Kalkülen benutzt haben. Wo immer heute *Dramatisierung* noch gelingt, wo Affekte kollektiv auf bestimmte Ideen und Vorstellungen hin mobilisiert werden können, wie dies in jüngster Zeit im Bereich von Frieden und Umwelt, vielleicht auch demjenigen weiblicher Emanzipation gelang, da besteht die Chance neuer, wertmächtiger Elemente normativer Kultur.[9]

Weber unterscheidet von den Ideen die Zwecke. "*Zweck ist für unsere Betrachtung die Vorstellung eines Erfolges, welche Ursache einer Handlung wird; wie jede Ursache, welche zu einem bedeutungsvollen Erfolg beiträgt oder beitragen kann, so berücksichtigen wir auch diese. Und ihre spezifische Bedeutung beruht nur darauf, daß wir menschliches Handeln nicht nur konstatieren, sondern verstehen können und wollen.*"[10]

Die hier gemeinten Zwecke sind selbstverständlich diejenigen der sozialen Akteure, in unserem Falle also vor allem *sozialpolitische* Akteure. Was haben sie gewollt und was ist daraus geworden? Um die Ergiebigkeit der Perspektive zu steigern, müssen wir sie aus dem engen handlungstheoretischen Zusammenhang bei Weber lösen. Wir können statt dessen von sozialpolitischen Programmen und ihren Implementation (oder auch ihrem Scheitern) sprechen, doch befinden wird uns dann bereits im Horizont eines anderen Theorieansatzes, dessen Verknüpfung mit einer kulturtheoretischen Perspektive nicht ganz einfach sein dürfte. Der Begriff 'Wohlfahrtskultur' sollte auf diejenigen Leitideen, Handlungsmodelle und Begründungen beschränkt bleiben, die als Begründungszusammenhang für die Ausgestaltung konkreter politischer Maßnahmen dienen. In der Perspektive einer Theorie politischer Prozesse formuliert, sind Einwirkungen der 'Wohlfahrtskultur' vor allem in den Phasen der Problemartikulation und Programmentwicklung zu vermuten, während ihre Wirksamkeit bei der Programmdurchführung auffallend zurücktritt, woraus ja eben die bekannten Spannungen zwischen Anspruch und Wirklichkeit sozialpolitischer Maßnahmen resultieren.

Elemente von 'Wohlfahrtskultur' lassen sich auf verschiedenen Ebenen öffentlicher, politischer und fachspezifischer Diskussionen identifizieren, unter denen diejenige der allgemeinen politischen Rhetorik und diejenige einschlägiger 'policy communities' besonderes Interesse verdienen. Der Begriff Wohlfahrstkultur bezieht sich auf *Diskurse, die im allgemeinsten Sinne eine Antwort darauf geben wollen, warum und unter welchen Bedingungen Menschen ein Interesse an der Verwirklichung von Wohlfahrt für Dritte (also nicht für sich selbst!) entwickeln können oder sollen.* Hierüber sind selbstverständlich unterschiedliche Auffassungen möglich, deren Elemente jedoch normalerweise nicht beliebig kombinierbar sind. Eben dies meint auch der Begriff der Kultur, welcher ja stets ein Moment der sinnhaften Kohärenz dessen, was als Kultur bezeichnet wird, voraussetzt. In diesem Sinne scheint es plausibel, von der Koexistenz unterschiedlicher Wohlfahrtskulturen in einer pluralistischen Gesellschaft auszugehen oder zumindest im Horizont allgemeinster Wertideen mehrere Wohlfahrtssubkulturen zu postulieren, die in der Regel an bestimmte Trägergruppen gebunden und von ihnen politischen vertreten werden. Ein Korrelat dieses Postulats ist es, *daß sozialpolitische Stellungnahmen verschiedener sozialpolitischer Akteure demzufolge nicht ausschließlich durch deren Interessen, sondern auch durch die Sinnzusammenhänge ihrer Wohlfahrtskultur gesteuert werden.* Die empirische Überprüfung dieses Postulats ist nicht ganz einfach. Ich würde hierfür gerade nicht diejenigen Phänomene empfehlen, wo die Interssen im diametralen Gegensatz zu Ideen der Wohlfahrtskultur geraten, sondern eher solche, die relativ interessenindifferent sind. Wenn wir berücksichtigen, daß die meisten Akteure von einer Vielzahl politischer Entscheidungen nicht unmittelbar betroffen werden, so ist es naheliegend, gerade in diesem Bereich die Wirksamkeit von Ideen und normativen Überzeugungen zu vermuten."

Angesichts des Umstandes, daß im modernen Wohlfahrtsstaat der institutionelle und organisatorische Niederschlag sozialer Ideen sehr weit gediehen ist, scheint es hier auf den ersten Blick schwieriger, wohlfahrtskulturelle Phänomene als eigenständige

Ebene *sozialer Wirklichkeit zu identifizieren. Zur Sensibilisierung sei hier in erster Linie der internationale Vergleich empfohlen. Wir können bereits auf der allgemeinsten Ebene* der Definition sozialer Grundprobleme charakteristische Unterschiede zwischen verschiedenen europäischen Ländern feststellen: Die 'soziale Frage' wurde in Deutschland vor allem als Arbeiterfrage, in England als Armutsfrage, in Frankreich als Familienfrage und in Schweden als Problem sozialer Ungleichheit thematisiert. Aus dieser unterschiedlichen Grundauffassung resultieren unterschiedliche institutionelle Lösungen ähnlicher Sachprobleme, die bis heute die Strukturen nationaler Wohlfahrtssysteme prägen."[12]

Eine andere Möglichkeit, wohlfahrtskulturelle Diskurse zu identifizieren, könnte über die Untersuchungen von Stellungnahmen zu Fragen des folgenden Typs laufen:

1. Unter welchen Bedingungen gelten Einkommensverteilungen als zulässig bzw. erwünscht, warum werden sie abgelehnt? Aus den Antworten auf diese Frage läßt sich z.B. auf bestimmte Gerechtigkeitsvorstellungen schließen.
2. Welche Eigenschaften werden sozialen Problemgruppen zugeschrieben, die deren besondere Hilfewürdigkeit oder -bedürftigkeit bzw. -unwürdigkeit oder -unbedürftigkeit begründen? Auch diese Urteile implizieren tief liegende Wertorientierungen - man erinnere sich lediglich der Diskussion um die deserving und non-deserving poor in England!
3. Wer gilt unter welchen Bedingungen als primärer Adressat zur Förderungen der Wohlfahrt Dritter? Z.B. der Staat, Wirtschaftsunternehmungen, Gewerkschaften und Verbände, Kirchen, Ehrenamtliche, die Betroffenen oder bestimmte Professionen? Und warum? In den Antworten auf diese Frage dürften trägeraffine Elemente von Wohlfahrtskulturen sichtbar werden.
4. Welche Argumentationsfiguren kehren in sozialpolitischen Diskursen immer wieder? Für die Bundesrepublik sei etwa an die Unterscheidung von Versicherungen, Versorgung und Fürsorge bzw. an die Polarisierung von Kausal- und Finalprinzip oder Äquivalenzprinzip und Bedarfsprinzip erinnert. Sie sind offenkundige Elemente von Wohlfahrtskultur.

Es scheinen mir also eher die Antworten auf solche vergleichsweise allgemeinen Fragen zu sein, wodurch sich wohlfahrtskulturelle Elemente in einer gewissen 'Reinheit' ermitteln lassen, als durch die Stellungnahmen zu konkreten sozialen Problemen und Maßnahmen. Typifikationen unterschiedlicher Wohlfahrtskulturen lassen sich natürlich nur aus einer Vielzahl derartiger Befunde konstruieren, und es liegt nahe, diese bestimmten repräsentativen Trägern zuzuordnen, also z.B. bestimmten Weltanschauungsparteien, bestimmten Professionen usw.. Ist dies einmal geschehen, so läßt sich die Wirksamkeit der postulierten Wohlfahrtskultur an konkreten Stellungnahmen in bestimmten sozialpolitischen Diskursen überprüfen. Denn natürlich ist das Konzept nur dann heuristisch fruchtbar, wenn sich zeigen läßt, daß die identifizierten Ideenkomplexe sich in der Struktur konkreter Situationsdefinitionen und der Wahl bestimmter Handlungsalternativen sinnhaft niederschlagen. Das Konzept der Wohlfahrtskultur hat nur dann Erklärungskraft, wenn sich auf die Dauer bestimmte Zusammenhänge zwischen der politischen Rhetorik und der Antwort auf die Frage "Wer bekommt was?" finden lassen. Hierbei sollte man allerdings die Untersuchung nicht auf allzu kurze Zeiträume beschränken. Ideen operieren langsamer als Interessen.

Fassen wir zusammen: In bewußter Distanz zur normativen Sozialpolitiklehre der Kathedersozialisten und ihrer Nachfahren hat die soziologische Forschung zur Sozialpolitik die kulturellen Elemente der Sozialpolitik bisher weitgehend ausgeblendet und sich an funktionalistischen, politiktheoretischen oder wirkungstheoretischen Denkmodellen orientiert. In dem Maße jedoch, als der wohlfahrtsstaatliche Basiskonsens wieder infrage gestellt wird, kann die Frage nach den normativen Prämissen und Legitimationen sozialpolitischer Interventionen wie auch denjenigen ihrer Gegner nicht mehr außer Acht gelassen werden.

Der Begriff der Wohlfahrtskultur kann zur Systematisierung von Antworten auf die Frage verwendet werden, warum Menschen ein Interesse an der Wohlfahrt Dritter entwickeln können oder sollen. Sozialpolitisch wirksam sind wohlfahrtskulturelle Konstrukte jedoch nur, wenn sie nicht ausschließlich auf moralische u.ä. Postulate, sondern auch auf Situationsdefinitionen und Konzepte der problemlösenden Intervention rekurrieren. In diesem Sinne lassen sich dann vermutlich mehrere, häufig konkurrierende Wohlfahrtskulturen auf unterschiedlichen Ebenen der sozialen Organisation ausmachen. Es ist zu vermuten, daß sie häufig in einem unterschwelligen Bezug sowohl zu weltanschaulichen Traditionen wie zu wissenschaftlichen Theorien stehen, doch bleibt dies im einzelnen zu prüfen. Der Test für die heuristische Fruchtbarkeit des Konzepts der Wohlfahrtskultur setzt allerdings nicht nur die Rekonstruierbarkeit unterschiedlicher Typen von Wohlfahrtskulturen voraus, sondern auch den Nachweis, daß derartige Ideenkomplexe vermittelt über ihre repräsentativen sozialen Träger praktische Konsequenzen in der Ausgestaltung der Sozialpolitik zeitigen.

Anmerkungen:

1. vgl. Stümpke, Harald (alias Steiner, Gerolf) (1985) Bau und Leben der Rhinogradentia, Stuttgart, Den Hinweis auf dieses wertvolle Werk verdanke ich Stephan Leibfried.

2. vgl. Rassem, Mohammed, Art. Wohlfahrt. Geschichtliche Grundbegriffe. Historisches Lexikon zur politisch - sozialen Sprache in Deutschland. Hrsg. v. Kosseleck, R. Band 5 (im Erscheinen).
Steinbacher, F. (1976) Kultur. Begriff - Theorie - Funktion, Stuttgart - Europäische Schlüsselwörter (1967), Band III: Kultur und Zivilisation, München

3. Weber, M. (1968) Die 'Objektivität' sozialwissenschaftlicher und sozialpolitischer Erkenntnis. In: Gesammelte Aufsätze zur Wissenschaftslehre, Tübingen, 3.A., 146-214, Zitat 214

4. Heimann, E. (1929) Soziale Theorie des Kapitalismus - Theorie der Sozialpolitik, Tübingen, 214.

5. Vgl. hierzu schon - lange vor dem Positivismusstreit! - Ferber, Ch. v. (1959) Der Werurteilsstreit 1909/1959. Versuch einer wissenschaftsgeschichtlichen Interpretation. Kölner Zeitschrift für Soziologie und Sozialpsychologie 11, 21-37.

6. Weber, M., a.a.O., 151 bzw. 150, Hervorhebungen im Original.

7. So z.B. Achinger, H. (1953) Soziale Sicherheit - Eine historisch - soziologische Untersuchung neuer Hilfsmethoden, Stuttgart

8. Für den Einflußbereich christlicher Ideen habe ich dies ansatzweise versucht in: Christentum und Wohlfahrtsstaat, Zeitschrift für Sozialreform, 34 (1988), 65-89
Wie weit reichen die christlichen Wurzeln des Rechts- und Sozialstaats? Ein Beitrag zum Verstehen der Moderne, Herder Korrespondenz 47 (1989), 319-321.

9. Vgl. hierzu insbesondere Lipp, W. (1985) Stigma und Charisma. Über soziales Grenzverhalten, Berlin
Im Bereich der Entwicklung von Wohlfahrtsideen kann die Dramatisierung allerdings auch durch kollektive Katastrophen oder durch Mobilisierung öffentlicher Meinungen im Hinblick auf bestimmte 'soziale Probleme' seitens Dritter erfolgen.

10. Weber, M., a.a.O., 183

11. Eine zentrale, möglicherweise den meisten konkurrierenden Wohlfahrtskulturen (mit Ausnahme der sozialdarwinistischen) gemeinsame Grundidee hat Robert E. Goodwin, herausgearbeitet, den Schutz der sozial Schwachen. Vgl. Protecting the Vulnerable: a Re-Analysis of our Social Responsibilities (1986) Chicago; ders. (1988) Reasons for Welfare. The Political Theory of the Welfare State, Princeton

12. Vgl. ansatzweise Kaufmann, F.-X. (1986) Nationale Traditionen der Sozialpolitik und europäische Einigung In: Albertin, L. (Hrg.), Probleme und Perspektiven europäischer Einigung. Landeszentrale für politische Bildung, Nordrhein-Westfalen, Düsseldorf, 69-82.

Hans Schaefer

Zu einer Erkenntnistheorie der Psychosomatischen Medizin

Der Standort der Schulmedizin

Die in den Industrie-Nationen offiziell vorherrschende Medizin ist auf einem naturwissenschaftlichen Vorverständnis aufgebaut. Das heißt: daß alle Paradigmata dieser Medizin nur die Gesetze der Physik und Chemie zu Hilfe nehmen, um das Phänomen Krankheit zu erklären und verläßliche Therapien daraus abzuleiten. Die Vorherrschaft der Pharmakologie synthetischer Präparate ist die wichtigste Folge. Die Psychatrie, welche dieses Konzept von jeher nur in extremen Vertretern - wie zum Beispiel Kurt Schneider - befolgte, stand immer am Rande dieser Medizin und wirkte als Fremdkörper. Krankheit müßte aus diesem Konzept heraus ein Phänomen strikt leiblicher (somatischer) Natur sein. Dieses Konzept war durchdacht in der Zellularpathologie Virchows (1858), und ihre Erfolge verzeichnete diese Medizin durch die Anwendung der Pathophysiologie, welche zeigen konnte, welche Organ- und Funktionsdefekte die Ursache der pathischen Phänomene sind. Man darf dabei nicht vergessen, daß Infekte und Unfälle als völlig unproblematische Krankheitsursachen den Großteil der Erkrankungsfälle bis zum Beginn unseres Jahrhunderts erklärten.

Der entscheidende Einwand gegen dieses Konzept

Der entscheidende Einwand gegen dieses klassische, pathophysiologische Konzept der Schulmedizin ist der, daß dieses Konzept zwar die pathogenetischen Schritte vom Defekt zur somatischen Krankheit korrekt beschreibt und daraus auch eine höchst wirksame Therapie der Defekt-Substitution ableitet, daß aber die Ursachen der Defekte selbst völlig unreflektiert verbleiben. Es fehlt also so gut wie vollständig eine Theorie der Erst-Ursachen oder Ätiologien (Jores, 1956). Die Ursachenlehre der Krankheitsentstehung ist vielmehr verkürzt auf diejenigen Entwicklungsphasen, welche dem somatischen Defekt nachfolgen. Diese Verkürzung hat sowohl historisch leicht einsehbare als auch unbestreitbare wissenschaftstheoretische Begründungen. Der Erfolg der Therapie als einer Substitutionstherapie, also des Ersatzes defekter Funktionen durch physikochemische Hilfsmittel, war einsehbar und auch durch andere Therapien gleicher Wirkungskraft nicht ersetzbar. Diese Feststellung gilt auch dann, wenn man das "Prinzip Psychosomatik" (Schaefer, 1990) als korrekt voraussetzt. Der wissenschaftstheoretische Grund der Verkürzung liegt darin, daß bis in die zweite Hälfte unseres Jahrhunderts eine Lehre der Ätiologie nicht hätte erdacht werden können, weil die Methoden nicht existierten, mit denen eine wissenschaftliche Lösung hätte gelingen können.

Die etwas korrektere Durchdenkung der Theorie der Krankheitsentstehung wäre freilich auch früher schon möglich gewesen und bedeutende Denker, wie J.P. Frank, Virchow, Grotjahn, Mosse und Tugendreich, hatten eine brauchbare Vorarbeit geleistet, indem sie die soziale Umwelt als pathogenen Faktor beschrieben. Dieses Umweltkonzept der Ätiologie paßte übrigens völlig zu den in der Schulmedizin üblichen Vorstellungen. Die Hygiene hatte diese Vorstellungen - auch nicht ohne Widerstände - innerhalb der Schulmedizin entwickelt. Die Widerstände, die es trotzdem fand, waren politischer Natur, wie noch zu zeigen sein wird.

Das logische Konzept der Ätiologien besagt - in sehr verkürzter Form formuliert -, daß es nur zwei Quellen pathogener Einflüsse gibt: Erbanlagen, welche vom Genom der Zelle ausgehen, also die absolut extreme "Innenwelt" verkörpern und Umweltfaktoren, welche von außen einwirken. Selbst seelische Krankheitsursachen müßten diesem einfachen Schema folgen.

Erbbedingte Krankheiten sind häufiger als man meist annimmt, und zwar dadurch, daß erbbedingte Empfindlichkeiten des Körpers und der Seele für Umwelteinflüsse Krankheiten auslösen. Es gibt generelle (also interindividuell standardisierbare) und individuelle Susceptibilitäten für Umwelt-Noxen. Für solche Krankheiten gilt natürlich auch und erst recht das Konzept der Umwelt als der Lieferantin von Ätiologien schlechtweg.

Die Umwelt als ätiologischer Faktor der Krankheit

Bevor die ätiologische Potenz der Umwelt betrachtet wird, bedarf es der Frage, wessen Ätiologie hier ermittelt werden soll. Hier klaffen nun die Vorstellungen der Soziologie und der Medizin auseinander, und es zeigte sich, wie richtig es war, von der Unmöglichkeit einer allgemein gültigen Definition von Krankheit zu sprechen (Schaefer, 1976). Wenn zum Beispiel von Ferber (1974) sagt, Krankheit entstehe "als soziale Tatsache durch eine Feststellung, an der sich das Verhalten von Menschen ... orientiert", so ist dem kaum zu widersprechen, solange unter Krankheit ein sozialer Tatbestand mit seinen Rechtsfolgen verstanden wird, der sie auch ist. Die Medizin hat aber einen total anderen Zugang zur "Krankheit" als eines individuellen Tatbestandes mit persönlichen Folgen, zum Beispiel der Folge des Todes. Dieser Tatbestand kann nur mit den Methoden der Pathophysiologie beschrieben werden, wenn er in die Endphase eines Leidens eingetreten ist, welches die somatische Existenz bedroht. Doch selbst hier ist die Ätiologie unklar und nur mit den Methoden einer Analyse von Umweltfaktoren als

Ätiologien aufzuklären. Die Umwelt-Bezüglichkeit der sozialen Tatbestände, die mit der rechtsrelevanten Form der Krankheit im sozialen Sin einhergeht, bedarf dieser Analyse erst recht. Die Entstehung von Krankheit im soziologischen Sinn scheint mir aber relativ unproblematisch zu sein, wie alle einschlägigen Analysen auf den ersten Blick beweisen.

Ganz anders verhält es sich mit dem individullen Leidenszustand seelischer und körperlicher Krankheit, die beide Gegenstand einer "Pathosophie" im Sinne V.v. Weizsäckers sind. Die Verlängerung des kausalen Regresses über den pathophysiologischen Defekt als Auslöser der Krankheit hinaus, mit der Zielrichtung, diesen Regress auch über den Bereich des Individuums hinaus zu verfolgen, stößt nicht nur auf den massiven (wenn auch langsm schwindenden) Widerstand der klassischen Mediziner, sondern bietet auch der Theorie selbst enorme und keineswegs schon überall überwindbare Schwierigkeiten.

Bei der Suche nach solchen Ätiologien wollen wir, schon um den Kausalregreß praktisch zu begrenzen, unser Erklärungsbedürfnis als befriedigt ansehen, wenn wir Ätiologien, außerhalb des Individuums liegend, als zureichende Erklärung des individuellen Zustandes feststellen können. Die weitere Verfolgung der Kausalkette, wie nämlich diese Umwelt-Faktoren selber entstanden sind, stellt zwar eine höchst interessante, aber eben nicht mehr eine medizinische Aufgabe dar.

Im Sinne dieser Theorie der Ätiologien lassen sich in der Umwelt mehrere Gruppen möglicher Ätiologien ausmachen, die wie folgt klassifiziert werden können:

- nicht gesellschaftlich bestimmte Umweltfaktoren (Naturgefahren, Infekte, Parasiten, Klima, natürliche Strahlung);
- gesellschaftlich bestimmte Umweltfaktoren:
  -- technische Faktoren und deren Folgen,
  -- gesellschaftliche Sitten (z.B. Ernährung),
  -- psychosoziale Reaktionen,
  -- soziale Prägungen der Persönlichkeit
  (Schaefer, 1979)

Von diesen gesellschaftlichen Umweltfaktoren der Krankheit läßt sich aus der Analyse der verschiedenen Krankheitsformen mit Sicherheit sagen, daß sie die Mehrzahl aller Krankheitsursachen stellen, nachdem Infektionskrankheiten und Unfälle weigehend reduziert sind. Quantitativ haben vielleicht die durch die Technik bestimmten gesellschaftlichen Umweltfaktoren die Führungsrolle übernommen, aber genauere daten liegen nicht vor, zumal es der Definition bedarf, was man dem Einfluß der Technik zuschreiben muß. Von diesen gesellschaftlichen Faktoren wiederum ist nur ein Teil derart beschaffen, daß seine Wirkungen mit Hilfe mehr oder weniger bewußter Handlungen des Menschen zustandekommen. Diesen Teil der Ätiologie mag man in einer eigenen Sektion, der Verhaltenmedizin, wissenschaftlich analysieren (Traue, 1986), obgleich auch hier die Grenzen fließend sind. Der Natur des Menschen entsprechend mag die Mehrzahl gesellschaftlich bedingter Ätiologien sogar ohne jede Teilnahme des

Bewußtseins als einer reflektierenden Instanz aktiv werden, selbst wenn man die technisch bedingten Ätiologien von vornherein als dem bewußten Verhalten entzogen betrachtet. Derzeit steht in der Diskussion um Ätiologien die Technik als Lieferantin von Noxen im Vordergrund - vermutlich fälschlicherweise. Nicht einmal für den Krebs dürfte die Technik (z.B. über chemische Industrieprodukte) die Ätiologie beherrschen (Doll und Peto, 1981), was auch über den Ansatz von Doll und Peto hinaus richtig sein dürfte, weil durch die psychosomatische Problematik der Krebsentstehung die technische Auslösung möglicherweise sekundär wird.

Wir werden die außerhalb des Bewußtseins des Menschen ablaufenden ätiologischen Mechanismen hier übergehen, obgleich sie für den Soziologen interessant sind. Sie liegen aber außerhalb derjenigen Problematik, welche es mit dem "Prinzip Psychosomatik" zu tun hat.

Das Prinzip Psychosomatik

Wollte man nur jene gesellschaftlichen Krankheitsursachen gelten lassen, welche unreflektiert Verhalten steuern (wie die gesellschaftlichen Sitten) oder gar umittelbar durch technische Prozesse pathogen sind, so bliebe ein sehr großer Teil von Krankheiten hinsichtlich seiner Ursachen unerklärt, auch wenn es sich um somatische Krankheiten handelt. Beim Infarkt werden zum Beispiel zwar die Risikofaktoren der Blutfette und des Rauchens, vielleicht auch noch (über den Salzkonsum) der Hochdruck durch gesellschaftliche Eß-, Trink- oder Rauchsitten beschrieben. Die Auslösung des Infarktes bleibt aber nur in einem Teil der Fälle so deutbar. Bei Krankheiten endokriner Natur (z.B. beim m. Basedow), bei der Colitis ulcerosa, dem Asthma bronchiale und vermutlich auch bei vielen Krebsfällen ist es ebenso, um nur einige der unerklär bleibenden Krankheiten zu nennen (zahllose Beispiele bei v. Uexküll, 1986). Was soll hiermit gesagt werden?

Es gibt wie ich andernorts dargelegt habe, kein Modell der direkten Wirkungsflüsse von der Umwelt auf den Leib des Menschen. Was wir wissen, ist freilich, daß solche Wirkungsflüsse immer von einer Art sind, welche von Emotionen ausgehen, ohne daß die Emotionen als solche selber dem Menschen bewußt werden müssen (über das Bewußtsein laufen wohl die Erlebnisse, welche die Emotionen bedingen). Diese Eigenschaft, unbewußt zu bleiben, zeigen Emotionen häufig; sie gehört zur Phänomenologie der Emotionen hinzu.

Auch "soziale" Wirkungsflüsse zeigen dieselbe Dichotomie wie diese Pathogenese. Auch bei ihnen gibt es Wirkungsschritte, welche nahtlos in eine naturwissenschaftliche Betrachtungsweise passen und andere, die das nicht tun. Soziale Determinaten des Verhaltens, welche Rechtsordnungen induzieren, Sitten und Gebräuche bestimmen, sind auch in der Naturwissenschaft problemlos, und - soweit sie medizinisch relevant sind - sind sie im Fachgebiet der Hygiene wissenschaftlich aufgearbeitet worden. Die Anfänge der Sozialmedizin befaßten sich mit dieser Materie, welche durchaus mit der Schulmedizin kompatibel ist. Die Armut als die Mutter der Krankheiten (J.P. Frank 1770) blieb das bestimmende Thema dieser Sozialmedizin bis in den Beginn unseres Jahrhunderts und beherrschte die Darstellungen einschlägiger Veröfentlichungen, zum Beispiel bei Mosse und Tugendreich (1913). Ihre Verfemung war in ihren sozialkritischen Schlußfolgerungen begründet, daß eine Gesellschaft nicht tolerabel sei, welche solche sozialen Zustände entstehen ließ (so auch Virchow, 1850).

Die Ätiologienlehre, die uns hier am Herzen liegt, ist von total anderer wissenschaftlicher Fundierung. Sie fragt nach denjenigen Krankheitsursachen, welche im Paradigma der Naturwissenschaft nicht angebbar sind, welche aber dennoch das Individuum selber überschreiten, also die soziale Natur des Menschen betrachtet. Der kausale Begriff dieser Kranheitsursachen reicht also in die Gesellschaft hinein und muß auf Eigenschaften des Menschen zurückgreifen, welche aus seiner Natur eines sozialen Wesens, seiner Eigenschaft als 'zoon politikon' nach Aristoteles stammen.

Das Wesen des Menschen als eines "staatenbildenden Wesens", wie man das Wort vom 'zoon politikon'übersetzt hat, ist in der Sozialpsychologie, meiner Meinung nach, zu einseitig gesehen worden. Diese traditionelle Sicht entsprang dem kognitiven Zug der philosophischen Anthropologie, mit dem der Mensch als denkendes und handelndes Wesend durchaus zutreffend beschrieben werden konnte. Doch wurde der Mensch als *leidendes* Wesen nicht deutlich erkannt, was zum Beispiel in Hofstätters Einführung der Sozialpsychologie leicht erkennbar ist. Der Mensch ist ein Wesen, dem Gesellschaftlichkeit ein *Bedürfnis* ist, dessen Verweigerung die menschliche Existenz bedroht, also Krankheit auslöst.

Die pathogenetischen Züge verweigerter gesellschaftlicher Bedürnisse einerseits, gesellschaftlicher Kränkungen andererseits haben sich erst durch die Methode der Sozialepidemiologie wissenschaftlich erfassen lassen, und ihr Umfang ist bis heute alles andere als klar umschrieben. Für die Entstehung der coronaren Herzkrankheiten ist das Tatsachenmaterial noch am überzeugendsten zusammengetragen worden (Schaefer und Blohmke, 1977), für die Entstehung des Carcinoms werden immer mehr Tatsachen offenbar, welche die Pathogenität sozialer Bedürfnisverweigerung erweisen (Literatur bei Bahnson, 1986). Die Kategorien dieser sozialen Noxen sind keineswegs schon exakt bestimmt. Wir wissen zwar, daß Partnerverlust, Einsamkeit, fehlende soziale Anerkennung, mageInde soziale Sicherheit oder Unzufriedenheit zu diesen Noxen gehören, doch sind auch Phänomene - wie Migration, defekte kindliche Betreuung, fehlendes Stillen des Säuglings, Bildung des Vaters, Armut oder mangelnde Sinnhaftigkeit der eigenen Existenz - nachweisbar pathogene Faktoren, die zum Beispiel bei der Krebsentstehung eine deutliche Rolle spielen. Die Literatur ist ziemlich umfangreich. Ein Auszug wird demnächst von mir vorgelegt werden.

Wie solche sozialen Noxen wirken, ist keineswegs im Detail bekannt. Es ist banal, zu behaupten, daß vegetative Nerven und Hormone eine Rolle spielen, denn es gibt nur diese beiden Mittler zwischen seelischen Prozessen und leiblichen Devianzen. Welche Hormone oder Nerven aber bei welchen sozialen Anlässen aktiviert und pathogen werden und wie die Wirkungsflüsse im Detail aussehen, ist keineswegs schon klar.

Bekannt sind am ehesten wieder der Wirkungsmechanismus bei der Auslösung des Infarktes (Literatur bei Schaefer, 1982) und der allgemeine Mechanismus einer Krebspromotion durch die Beeinflussung der Immunabwehr. Man spricht von einer 'Psychoneuroimmunologie', ohne daß man genau wüßte, was bei der Interaktion von Seele und Immunsystem genau vor sich geht.

Wenn im Vorstehenden die emotionale, also psychische, Reaktion des Menschen angesprochen wurde, so ist damit gemeint, daß der Einfluß sozialer Faktoren in diesem Fall über die Reaktionen des emotionalen Lebens läuft. Damit wird noch einmal betont, daß wir Krankheit hier immer als *medizinisch faßbare Krankheit* verstehen, durch welche Befinden, Leistung und Lebensdauer des Individuums beeinflußt werden. Es ist dann selbstverständlich, daß diese Soziopsychosomatik in physiologischen Endstrecken abläuft. Wenn v. Ferber (1973) diese Tatsache kritisch anmerkt, so kann sich diese Kritik nur auf das soziale Phänomen Krankheit mit seinem veränderten Rollen, seiner sozialen Akzeptanz und dergleichen beziehen, wovon hier definitiv nicht die Rede ist und wo physiologische Mechanismen natürlich keine Rolle spielen können.

Emotionale Reaktionen auf gesellschaftliche Prozesse oder Defekte sind normale Phänomene; sie sind offenbar auch als zweckmäßige Reaktionen des Leibes und zum Schutze der individuellen Existenz entstanden. Diese Kopplung von Gesellschaft und Krankheit ist für zahlreiche Krankheitsfälle offenbar die einzige Erklärung im Sinne der "Endursache", der Ätiologie des individuellen Krankheitsprozesses. Diese Theorie ist keineswegs schon soweit durchdacht oder gar experimentell gesichert, daß die "Reichweite" des Sozialen als eines pathogenetischen Faktors zu bestimmen wäre. Je mehr der Arzt auf diese Zusammenhänge achtet, desto öfter entdeckt er sie aber.

Diese Zusammenhänge bieten wissenschaftstheoretisch eine nicht unbeträchtliche Schwierigkeit insofern, als sie nicht durch Modelle interpretiert werden können (Schaefer, 1990). Das hat seinen Grund darin, daß es kein Modell der psychophysischen Wechselwirkung gibt, das über den altbekannten psychophysischen Parallelismus und seine modernen Variationen hinausgeht. Wir kennen die Tatsache von psychophysischen Korrespondenzen, aber nicht mehr.

Auch ist es nicht klar, welche Individuen gegen soziale Faktoren empfindlich sind, welche Faktoren besonders pathogen sind, oder welcher Art die "Bedürfnisse" sind, deren Verweigerung pathogen ist. Der Medizin ist hier ein weites Aufgabenfeld aufgegeben, zu dessen Bewältigung sie der Soziologie bedarf. Doch steckt auch ein moralisches Problem hinter diesen Fakten. Eine Gesellschaft, welche pathogene Einflüsse entstehen läßt, ohne sie zu vermeiden, wird auf die Dauer der Kritik nicht entgehen können.

Literatur

Bahnson, C.B. (1986) Das Krebsproblem in psychosomatischer Diskussion. In: v. Uexküll, T. (Hrsg.): Psychosomatische Medizin. Urban und Schwarzenberg, München, Wien, Baltimore 1986, 889-909

Doll, R; Peto, R. (1981) The causes of cancer. Quantitative estimates of avoidable risks of cancer in the United States. J.Natl.Cancer Inst. 6 (5), 1194-1308

v. Ferber, Ch. (1973) Medizin-soziologische Konzepte der Krankheitsentstehung. Verh.dsch.Ges.Inn.Med. 79, 83-90

v. Ferber, Ch. (1974) Zur gesellschaftlichen Entstehung von Krankheiten. Med.Klin. 69 (39), 1561-1568

Frank, J.P. (1786) System einer vollständigen medizinischen Polizey. v. Trettnern, Wien, 3. Aufl.

Frank, J.P. (1960) Akademische Rede vom Volkselend als der Mutter der Krankheiten (Pavia 1790), Neudruck Barth, Leipzig

Grotjahn, A. (1923) Soziale Pathologie, Springer, Berlin, 3. Aufl.

Hofstätter, P.R. (1963) Einführung in die Sozialpsychologie. Kröner, Stuttgart, 3. Aufl.

Jores, A. (1956) Der Mensch und seine Krankheit, Klett, Stuttgart

Mosse, M., Tugendreich, G. (Hrsg.) (1956) Krankheit und soziale Lage, Klett, Stuttgart

Schaefer, H. (1976) Der Krankheitsbegriff. In: Blohmke, M., v. Ferber, Ch., Kisker, K. P., Schaefer, H. (Hrg.) 1976: Handbuch der Sozialmedizin, Bd. 3, S. 15-30, Enke, Stuttgart

Schaefer, H. (1979) Plädoyer für eine Neue Medizin, Piper, München

Schaefer, H. (1982) Die Hämorrheologie als Brücke zwischen Physiologie, Pathophysiologie und Klinik. Verh.dtsch.Ges.inn.Med. 87, 1357-1359

Schaefer, H., Blohmke, M. (1990) Herzkrank durch psychosozialen Streß. Hüthig, Heidelberg

Schneider, K. (1955) Klinische Psychopathologie, Thieme, Stuttgart

Traue, H.C. (1986) Behavioral Medicine - Verhaltensmedizin, Psychol.Rundschau 37, 195-208

v. Uexküll, Th. (Hrg.) (1986) Psychosomatische Medizin, Urban und Schwarzenberg, München, Wien, Baltimore

Virchow, R. (1850) Mitteilungen über die in Oberschlesien herrschende Typhus-Epidemie, Virchows Arch. 2, 143

Virchow, R. (1850) Kritisches über den oberschlesischen Typhus, Virchows Arch. 3, 154

Virchow, R. (1858) Cellularpathologie, Berlin. Neudruck Olms, Hildesheim 1966

v. Weizsäcker, V. (1956) Pathosophie, Vandenhoeck und Ruprecht, Göttingen

Wolfgang Schoene

Elimination und Rektifikation
Vorschlag zur Entwicklung einer formalen Typologie des Dreiecks-Verhältnisses: Arzt - Krankheitsvorstellung - kranker Mensch

Wen sein Auge ärgert, dem rät die Bibel, es auszureißen. Dieser Rat ist zweifellos mancher exegetischen Bemühung zugänglich, doch dürfte sich von selbst verstehen, daß solche hier nicht beabsichtigt ist; auch soll nicht gefragt werden, wie oft der Rat wörtlich-körperlich, als Extremform von Autotherapie, befolgt worden sein mag. Es soll vielmehr nur das Grundmuster solchen Heilungsversuchs an den Anfang gestellt werden: Was stört (sei das Gestörte das Wohlfunktionieren des Organismus, sei es die Harmonie psychischer Befindlichkeit oder auch, wie im Original sicherlich gemeint, das Heil der Seele im religiösen Verständnis), das ist aus dem gestörten Ganzen - dem Körper, der Psyche oder der Seele - zu entfernen: dann nämlich werde, trotz in Kauf zu nehmender, womöglich massiver Einbußen, das Funktionsoptimum sich wieder einstellen, die Harmonie wiedererlangt, das Seelenheil gewahrt werden. Sollten so verschiedene Ausprägungen dieses Grundmusters in eine gemeinsame und allgemeine Formel gefaßt werden, so hätte die, mit einer Anleihe beim ärztlichen Jargon, zu lauten: Elimination ist das Verfahren der Wahl.

Volkstümlich-alltäglicher gewendet hieße das: Was stört, muß weg! - eine Reaktion, "Diagnose" und "Therapievorschlag" in einem enthaltend, die ganz gewiß nicht nur aus dem medizinischen Bereich bekannt ist, die vielmehr, in der Form häufig um etliches drastischer, in der dahinterstehenden Haltung meist unreflektierter, überall begegnen kann, wo nur immer Menschen sich gestört fühlen. Eine Primitivreaktion also? Oder doch eine soziale Erfindung? Wie dem auch sei - sicher ist jedenfalls, daß Reaktionen dieser Art (um bei Störungen zu verweilen, wie sie hierzulande als "Krankheit" bezeichnet werden) schon in Zeiten institutionalisiert worden sein müssen, die weit vor dem Entstehen einer wissenschaftlichen Medizin im modernen Verständnis lagen. Wiewohl Augenzeugenberichte aus jenen Vorzeiten fehlen, so lassen sich diesbezüglich zumindest plausible Schlüsse aus dem ableiten, was bei rezenten Gruppen beobachtet wurde und wird, bei denen weder jene bestimmte Medizin noch Wissenschaftlichkeit allgemein institutionalisiert ist.

Gemeint sind damit, wie unschwer zu erraten, die zivilisationsfernen, mitunter isolierten, "exotischen" Gruppen, kurz: die lange Zeit so genannten "Primitiven". In Beschreibungen von deren Denken und Handeln finden sich, wie bekannt sein dürfte, zahllose Berichte, etwa über die Heilpraktiken von Medizinmännern und Schamanen, aus denen zu erkennen ist, daß Krankheit dort als ein "Besessensein", beispielsweise durch einen bösen Geist, definiert ist und Heilung nur von einer Austreibung dessen erwartet werden kann, was da - wie und woher es auch sei - in den Patienten hineingelangt ist.[1] Besonders eindrucksvoll scheint dergleichen praktiziert werden zu können, wenn es gelingt, irgend etwas Gegenständliches vorzuweisen, also vielleicht ein Insekt, von dem der Medizinmann behauptet, er habe es - als die Krankheitsursache! - aus dem Körper des Patienten herausgeholt. Es kann sich freilich auch um einen als Übeltäter definierten Menschen handeln, der als Krankheitsverschulder für seine Mitmenschen gilt und - in der Rolle des "Sündenbockes" - aus der Gruppe ausgetrieben werden muß, damit die übrigen erwarten können, von der betreffenden Krankheit geheilt zu werden oder verschont zu bleiben. Doch muß es nicht immer um einen quasi "selbständigen "Schädigungsfaktor gehen; es kann sich auch um eine Substanz des Organismus selber handeln, von der gilt, daß sie entweder in schlechter Beschaffenheit oder einfach in schädlicher Menge vorhanden sei oder produziert werde. Von daher lassen sich sogleich Verbindungslinien bis in die Gegenwart ziehen - z. B. zu den durchaus lebenskräftigen Traditionen der Volksheilkunde, die da von einer "Reinigung" des Blutes, ob mit oder ohne Zuhilfenahme der Weisheit von Kräuterweiblein betrieben, viel Gutes erhoffen lassen. Darf man Zeitungsinseraten trauen - oder will man die nicht selten redaktionell betriebene Fürsprache für die eine oder andere alternativmedizinische Verfahrensweise als repräsentativ für das Verlangen größerer Bevölkerungskreise ansehen -, so ist die Nachfrage nach solchermaßen befreienden Kuren noch immer lebhaft, ja im Zunehmen begriffen (während übrigens der bis vor etwa anderthalb Jahrzehnten bevorzugte Ausdruck "Entschlackung" weithin außer Gebrauch gekommen scheint; er entsprach-offenbar nur der Geisteshaltung einer noch unbefangen der Wertschätzung der Technik aufgeschlossenen Zeit). Auf das Bemühen, den Patienten etwas loswerden zu lassen, was schlecht oder überflüssig sei, gründete sich schließlich auch das Verfahren, das selbst der wissenschaftlichen Medizin bis weit ins vorige Jahrhundert hinein fast als Allheilmittel galt, nämlich der Aderlaß (auch er interessanterweise dem Vernehmen nach wieder ein wenig "im Kommen"). Ebenso wird man in der etablierten, modernen-Medizin Beispiele finden, die demselben Grundmuster folgen: daß etwas zu suchen sei, was entfernt werden müsse, damit der Patient gesunde. Die jahrzehntelang so ungemein beliebte Fokalsanierung ist wahrscheinlich das geläufigste Beispiel dafür. Auch zwischen der volksheilkundlichen "Blutreinigung" und der modernen "Blutwäsche" ist ja unter diesem Aspekt eine gewisse Parallelität zu sehen; dabei ist es freilich wichtig zu beachten, daß die hier gemeinte Parallelität allein auf den einen Aspekt beschränkt ist.

In allen Fällen - und nur das ist der Grund, weshalb sie in ein und derselben Beispielsreihe zusammengestellt werden - ist das Bestimmende, was geschieht oder geschehen soll, die Elimination von irgend etwas; in allen Fällen liegt zwischen dem jeweiligen "Heiler" und der Krankheit oder deren Ursache eine Beziehung vor, die hier als eine "eliminatorische" bezeichnet und als ein eigener Typ herausgestellt werden soll.

Der Typus, der ihm gegenüberzustellen ist, wird hier alles in allem etwas knapper wegkommen; er hat im Rahmen dieser Darlegungen überwiegend die Funktion eines Kontrastphänomens - obwohl er nicht eben einen genauen Gegensatz bildet und obwohl er übrigens auch ganz gewiß nicht der einzige andere Beziehungstypus ist, der sich in der "restlichen", der "nicht-eliminatorischen" Medizin auffinden ließe. Er soll hier unter dem Begriff "Rektifikation" behandelt werden - ein Name, über dessen Wahl man gern ebenso streiten mag wie bezüglich des Wortes "Elimination" -, und er soll alle diejenigen Einstellungen, Vorstellungen und Handlungen umfassen, die sich auf Krankheit als auf etwas richten, was als Abweichung von einem bekannten, unterstellten oder ermittelten Funktionsoptimum gesehen wird, zu dessen Wiedererreichung irgend etwas "in Ordnung gebracht", "berichtigt", also "rektifiziert" werden müsse. Im großen und ganzen dürfte sich bestätigen lassen, daß dieser Beziehungstypus erst mit dem Aufkommen einer um Wissenschaftlichkeit bemühten Medizin entstanden ist. (Denkt man daran, daß die Humoralpathologie auf ein "richtiges" Mischungsverhältnis der Lebenssäfte zielte, so wird man die Existenz dieses Typus freilich auch dort schon anfangen lassen können - wie man denn andererseits jener Lehre das Bemühen um Wissenschaftlichkeit ebenfalls nicht gänzlich wird bestreiten wollen.) Ganz sicher aber ist dies der Typus, der der Anwendung einer konsequent naturwissenschaftlich konzipierten und ausgebildeten Medizin am genauesten entspricht. Gewiß wird auch diese es immer wieder mit Fällen zu tun haben, in denen sie auf eine einzige Krankheitsursache trifft, deren Beseitigung dann gleichbedeutend mit Heilung ist (den "Eliminations"-Beispielen aus der modernen Medizin sollte denn ja auch keineswegs die naturwissenschaftliche Fundierung bestritten werden; die antibiotische Behebung bakterieller Infektionen gilt schließlich nach wie vor beruhigend-zuverlässig als "Elimination" par excellence).

Die immer weiter vorangetriebene Erkenntnis und Beherrschbarkeit von Naturvorgängen als Naturvorgängen auch im menschlichen Organismus - vorangetrieben unter den Prämissen von Multikausalität und Multifunktionalität der relevanten Erscheinungen - läßt jedoch absehen, daß eine Entwicklung der Medizin auch weiterhin in der Richtung verlaufen wird, in der sie schon ein so großes Stück weit vorangekommen ist, nämlich in der Annäherung an eine Behandlung des Patientenorganismus als eines "Apparates", zu verbildlichen vielleicht nach dem Modell des ja nicht zufällig so genannten Elektronen-"Gehirns". Gerade dieser Vergleich läßt übrigens daran denken, daß in jene "Apparathaftigkeit" auch die geistig-seelischen Aspekte des Patientenorganismus durchaus einbezogen werden können, wie vor allem Beispiele aus der Psychopharmakologie vor Augen führen, deren Einsatz nachgerade als prototypisch für ein "rektifikatorisches" Verhältnis zur Krankheit anzusprechen ist.

Darf damit vorausgesetzt werden, daß erst einmal wenigstens die Umrisse beider Typen klargelegt sind, so stellt sich sicherlich die Frage, wozu eine derartige Typologie wohl zu brauchen sei.

Dazu ist eines mit Nachdruck noch einmal zu betonen: Was für die hier vorgeführte Betrachtung interessiert, ist nicht der in der Sache liegende Zusammenhang, es ist nicht die Übereinstimmung zwischen dieser oder jener naturwissenschaftlich ermittelten Ätiologie und dieser oder jener darauf gegründeten Therapie. Sondern es ist die Übereinstimmung im Verhältnis zwischen Arzt und Krankheit innerhalb der einen Reihe von Verfahrensweisen und innerhalb der anderen Reihe von Verfahrensweisen. Dieses Verhältnis ist soziologisch insofern relevant, als darin im einen wie im anderen Fall auch ein jeweils bestimmtes Verhältnis zwischen dem Träger der Krankheit und dem Beseitiger oder "Bekämpfer" der Krankheit vorgezeichnet ist - eine Sozialbeziehung zwischen Patient und Arzt also, die sich noch unterhalb des allgemeinen, routinalisierten Arzt-Patient-Verhältnisses aufspüren läßt. Dabei wäre es, am Rande bemerkt, auch recht verlockend, einmal darüber nachzudenken, inwieweit das Verhältnis zwischen dem Arzt und der nicht-personalen Instanz "Krankheit" in den Kategorien einer Sozialbeziehung beschrieben werden könnte. Umgangssprachlich und auch populärwissenschaftlich wird die Krankheit ja fast ebenso unbedenklich personifiziert wie der Tod, und ob vom Arzt nun als "Kämpfer gegen den Tod" oder dem "Kämpfer gegen die Krankheit" die Rede ist - beidemal wird er in das Verhältnis des Kampfes eingerückt, der schließlich auch eine Form zwischenmenschlicher Beziehung ist, und in diesem besonderen Fall sogar eine meist eher positiv bewertete.

Weiter soll dieser Gedankengang jetzt aber nicht verfolgt werden, sondern es soll dargestellt werden, wie jene beiden Beziehungstypen - die "Elimination" und die "Rektifikation" - das Verhältnis zwischen Patient und Arzt vorzeichnen (es bedarf keiner Worte, daß die Nachzeichnung dieses Verhältnis überzeichnen muß):

Im Falle der Elimination haben beide einen gemeinsamen, mehr oder weniger konkret identifizierbaren, als Objekt oder quasi-Objekt vorstellbaren Gegner. Der Arzt - oder auch, um den Anschluß an die Vorformen durchzuhalten, der Medizinmann und der Schamane - ist dem Patienten eigentlich nur dadurch überlegen, daß er die Fähigkeit hat, das störende Etwas zu erkennen, zu finden und zu beseitigen - den Prozeß seiner Austreibung zu vollziehen oder wenigstens zu fördern. Beide, Arzt und Patient, kämpfen gewissermaßen in derselben Richtung, sie können durch ihre gemeinsame Gegnerschaft gegen jene dritte Kraft, das "böse" Agens, etwas wie Solidarität miteinander entwickeln, die, obschon nicht auf der Ebene schlechthinniger Egalität geschehend, doch eine große Chance zum Erleben von Partnerschaftlichkeit in sich trägt. Der Wille des Kranken, das "Böse" loszuwerden, wird vorausgesetzt, und der Arzt stellt diesem Willen den seinen, verstärkend und ergänzend, an die Seite - zusätzlich zu seiner Kunst, den Prozeß des "Loswerdens" zu steuern. Die Konstellation gleichgerichteten Willens von Arzt und Krankem - oder auch von Pflegepersonal und Krankem - wurde ja generationenlang im alltäglichen Umgang ohnehin gern ausgespielt - indem Arzt und Pflegekräfte ihre Mitteilungen in die "Wir"-Form kleideten ("Wir wollen jetzt aber diesem Übel zu Leibe rücken", "Wir müssen aber besser essen", "Wir wollen jetzt schlafen" usw): die Partnerschaft, die in solchen Wendungen ausgespielt wurde, war gewiß häufig nur gespielt - so z. B. um dem Patienten die Möglichkeit eines eigenen, andersgerichteten Wollens gar nicht erst präsent werden zu lassen oder auch, um auf solche Art die Distanz zu überbrücken, die beim Patienten oft zwischen dem Wunsch, ein Übel loszuwerden, und der Bereitschaft besteht, die dazu nötigen Prozeduren über sich ergehen zu lassen, zumal wenn dazu andere, "Mächtigere" zugleich für ihn und an ihm handeln.

Diese Schilderung sollte nicht so mißverstanden werden, als wollte sie darüber hinwegtäuschen, daß der Wille des Arztes - zumindest in jedem somatischen Behandlungsgeschehen, solange es andauert - des Willen des Patienten vorgeordnet bleibt (desgleichen der von diesem abgeleitete Wille der Pflegekräfte); nur wird dies beim eliminatorischen Verhältnis eben nicht so deutlich, es ist nicht so ganz und gar beherrschend wie beim rektifikatorischen.

Im Falle der Rektifikation ist der Arzt von vornherein der Überlegene, derjenige, der im "Innenleben" des Patienten Bescheid weiß; der den Organismus des Patienten in seinem lebenswichtigen Funktionieren besser kennt, als der selbst ihn kennen kann; der weiß, was dort vom Wege des rechten Funktionierens abgewichen ist, und der auch weiß, was nun zu geschehen hat, an welchem Schräubchen, bildlich gesprochen, man zu drehen hat, damit der Organismus wieder "richtiggestellt" wird. Der Arzt kann in diesem Sinne ebenso auf die Außenwelt des Patienten, auf seine Lebensumstände und Lebensgewohnheiten, auf seine menschlichen Beziehungen und sein Verhalten in diesen -: auf all das kann der Arzt sein Urteil über "falsch" und "richtig" ausdehnen und so auf das Leben des Patienten auch von außen her einen dirigierenden Kompetenzanspruch richten.

Der Arzt oder zumindest der ärztliche Intellekt ist in einem solchen Verhältnis eine Instanz, die gleichsam einer anderen Seinskategorie angehört: zwischen dem tendenziell alles durchschauenden Intellekt und dem, zwecks "Richtigstellung", tendenziell gänzlich durchschauten Organismus ist so etwas wie eine auch nur scheinbar egalitäre Partnerschaft nicht vorstellbar. Der Patient ist in solchem Verhältnis als der grundsätzlich passive Pol definiert - und das gilt auch dort, wo der Patient zu irgendeiner ihm dienlichen Aktivität körperlicher oder geistiger Art ausdrücklich angehalten wird; denn was hier an Aktivität angeregt wird, ist abgeleitet von der Willensaktivität des Arztes. Der Arzt ist in einer solchen Beziehung ein "Diktator", der mit einer mehr oder weniger manifesten Leidens-, ja Todesdrohung regiert; nur daß diese Drohungen - und darin unterscheidet er sich von dem, was gemeinhin unter Diktatoren verstanden wird - nicht von ihm selber ausgehen und nicht in seinem Interesse ausgesprochen werden, sondern in dem des Bedrohten selbst; der Arzt fungiert vielmehr nur als der warnende Prophet dieser Drohungen. Er "übersetzt" - und er könnte dies völlig unpersönlich, "uninteressiert", wie ein Computer tun - die von der Krankheit ausgehende Gefährdung mit Hilfe seines Sachwissens in Verhaltensanweisungen, die die Gefahr abwenden sollen; nicht selten fühlt er sich dabei verpflichtet, die Bedrohlichkeit einer Erkrankung, die für das Erleben des Patienten mitunter nicht genug Realitätscharakter hat, durch sein eigenes Verhalten - seinen Umgangston z. B. - ersatzweise zu verkörpern. Das ergibt dann freilich ein Verhältnis, das sich in institutioneller Verfestigung und professioneller Habitualisierung bekanntermaßen häufig auch dort in dirigierendem und diktierendem Verhalten zur Geltung bringt, wo eine Ermächtigung aus Leiden oder aus Todesgefahr für den Patienten dem Arzt nicht erwachsen ist.

Es empfiehlt sich, hier innezuhalten, auch diesen Idealtyp nicht noch nachdrücklicher auszumalen, sondern abermals daran zu erinnern, daß der Sinn einer idealtypisierenden Betrachtung darin liegt, Beziehungsformen, die eher bloß als Tendenzen in der Realität enthalten sind, dadurch gleichsam sichtbar zu machen, daß sie auf die Pole des Möglichkeitsspektrums projiziert werden. Es empfiehlt sich ferner, den sicherlich bald sich einstellenden Einwand aufzugreifen, daß dies doch anscheinend nichts weiter als eine Glasperlenspielerei sein könne, ein müßiges Konstruieren von Begriffsgebilden, die die Realität zugestandenermaßen überzeichnen und zumindest insofern auch verzerren - zumal doch in den meisten therapeutischen Handlungen ohnehin Elemente des einen wie des anderen Typus vorkommen (oder auch Elemente weiterer, hier nicht dargestellter Beziehungstypen) und zumal darüber hinaus doch nicht nur vom Arzt und seiner je konkreten therapeutischen Aufgabe bestimmt wird, welcher Beziehungstypus im Einzelfall der Realisierung angenähert wird, sondern auch vom Patienten selbst und von seiner individuellen Perzeption des Verhältnisses zwischen ihm und dem Arzt.

Diese Einwände haben dort Bestand, wo die praktischen Aufgaben ärztlichen Handelns als das eigentlich - und das heißt fast so viel wie: das einzig - zu Leistende im Vordergrund stehen und wo die Voraussetzungen und Richtlinien dieses Handelns als keines Fragens und keines Bemühens um Verstehen bedürftig gelten. Wo hingegen ein wissenschaftliches Interesse als legitim gelten darf, das menschliches, genauer: zwischenmenschliches "*Handeln deutend verstehen und dadurch in seinem Ablauf - und seinen Wirkungen ... erklären will*" (um an die programmatische Definition Max Webers denn auch ganz ausdrücklich zu erinnern2)), da sollte auch eine solche scheinbare Begriffsspielerei zumindest die Chance beanspruchen dürfen, vorzuführen, ob sie nicht zu einem Verstehen und vielleicht sogar einem Erklären dieser Art etwas beizutragen vermag.

Eben diese Chance soll hier in Anspruch genommen werden - mit der Behauptung, daß die entworfenen Beziehungstypen Bestandteile des Repertoires an Verhaltens-, Orientierungs- und Deutungsmustern der medizinischen Sozialsphäre sind: daß sie also Teile der "medizinischen Kultur" sind und, wie das auch von den "Patterns" jeder anderen Kultur gilt, ihr eigenes Beharrungs- und Durchsetzungsvermögen haben.

Die Behauptung soll im Folgenden veranschaulicht werden am Beispiel eines der Fälle, in denen die Medizin, schon die prädominant naturwissenschaftsorientierte Medizin der zweiten Hälfte des vorigen Jahrhunderts, das Feld ihres Betrachtens über die Grenzen des einzelnen Organismus und über die Grenzen des als "bloß" somatisch registrierbaren Geschehens hinaus ausdehnte. Bei dieser Ausdehnung gelangte sie, zunächst zu ihrer eigenen Überraschung, bekanntlich dahin, den Konnex zwischen dem Patienten und seiner menschlichen Umwelt mitberücksichtigen zu müssen - bis sie sich im weiteren Verlauf entschloß, diese soziale Dimension grundsätzlich, wenn auch nicht immer allzu systematisch, zum Bestandteil ihres Denksystems zu machen. Wie aus diesen Ankündigungen deutlich sein dürfte, ist die Rede von der zur Psychosomatik weiterentwickelten Psychotherapie und somit zuvörderst von deren erster Realisierung in Gestalt der Psychoanalyse.

Es darf als bekannt vorausgesetzt werden, wie sich die "Erfindung" der Psychoanalyse abgespielt hat3): Daß es hysterische Symptome waren, die, weil Phänomene körperlicher Art, die Patienten bzw. Patientinnen auf den Weg zum Arzt führten (statt etwa, wie bei ausschließlich als "seelisch" erlebten Problemen denkbar, auf den Weg zum Seelsorger); daß es bereits üblich war, diese Symptome, weil sie sich als somatisch nicht angehbar erwiesen, durch psychische Einwirkung, per Hypnose, zu beseitigen, d. h. ihr Verschwinden zu befehlen - ein Verfahren, das prima vista als eliminatorisch imponieren mag; da es aber nicht die ohnehin noch unidentifizierte Ursache "hinweg--befahl", sondern "richtiges", also symptomfreies Verhalten "an-befahl", wäre es vielmehr dem Beziehungstypus der Rektifikation zuzuordnen. Es darf ebenso als bekannt vorausgesetzt werden, daß der Effekt solcher "Rektifikation" selten von Dauer war und daß deshalb Freud (und Breuer) einen Schritt weiter gingen, daß sie die Hypnose nur noch als Mittel benutzten, den Patienten zur ungehemmten Produktion seiner Einfälle zu veranlassen, als einen Kunstgriff also, mit dem, soziologisch gesprochen, der normative, "tabu-neutralisierende" Sondercharakter der medizinischen Sozialsphäre quasi automatisch auch für die sonst wertbesetzten "Äußerungen des Seelenlebens" hergestellt wurde. Auf diesen Kunstgriff ließ sich übrigens bald verzichten: Auch unhypnotisierte Patienten fanden sich bereit, ihre Einfälle dem ärztlichen Interesse darzubieten. Es zeigte sich, daß dieser Vorgang selbst - das "Sich-Aussprechen", "Sich-etwas-von-der-Seele--Reden" - einen erleichternden, auch die jeweilige Symptomatik erleichternden Effekt hatte -: einen Effekt, der an sich aus der Vulgärpsychologie von Lebenserfahrung und Menschenkenntnis von jeher bekannt gewesen war, der jedoch nun systematisch eruiert und so mit wissenschaftlicher Dignität versehen wurde. Und dieses Verfahren - der dafür gefundene Name "kathartische Methode" sagt eigentlich schon alles - rastete wie von selbst ein in das bereitliegende Beziehungsmuster vom Typ der Elimination4).

Eben dieses Beziehungsmuster blieb noch geraume Zeit bestimmend für den weiteren Werdegang der Psychoanalyse. "Katharsis" reichte allein bekanntlich ebenfalls meist nicht aus, um zu dauerhaften therapeutischen Erfolgen zu kommen, und die Entwicklung schritt voran zur näheren Betrachtung des vorgeführten "psychischen Materials" und der in ihm gebundenen und mit ihm "abgeführten" psychischen Energie. Die Interpretation des so der Untersuchung zugänglich Gewordenen erfolgte auf zwei miteinander verschlungenen Pfaden: Auf dem einen wurden hysterische und bald auch andere neurotische Phänomene als die Resultate eines Vorgangs erklärt, den man summarisch Trieb-"Stauung" nennen könnte: Es werde hier Energie - zuerst war bekanntlich fast allein von sexueller Energie die Rede - nicht in der vom Organismus vorgezeichneten und vom Lebensprozeß geforderten Weise "abgeführt", und diese Energie dränge nun auf anderen Bahnen nach "Abfuhr". (Deutlicher als durch den Ausdruck "abführen" läßt sich die Verwandtschaft zum Muster der "Ausscheidung" - sprich: Elimination - wohl kaum bildhaft machen.) Auf dem zweiten Pfad der Interpretation wurde nach der Ursache jener Trieb-Stauung gesucht, und diese Ursache wurde zunächst im sogenannten "Trauma" gefunden, also in irgendeinem Ereignis, das den Patienten psychisch "verletzt" hatte, das ihn schockiert, frustriert, ihn das Fürchten gelehrt, kurz: das für ihn eine Chance von Triebbefriedigung mit unlustbetonten Assoziationen besetzt hatte.

Auch diese Deutung hielt sich im Rahmen dessen, was das Beziehungsmuster "Elimination" vorzeichnete: Das traumatische Ereignis war gewöhnlich der Erinnerung des Patienten nicht ohne weiteres zugänglich, und dies wurde so interpretiert, daß es im Seelenbereich des Unbewußten gewissermaßen konserviert fortbestehe und von dort schädliche Wirkungen ausstrahle. Mit dem Bewußtmachen sei es aus jenem Bereich entfernt worden, der Patient könne es somit "loswerden", und das Trauma könne, sehr abgekürzt gesagt, folglich auch keinen Schaden mehr anrichten. Dies erkläre die "Heilung" der Neurose.

Es kann hier nicht darum gehen, etwa den gesamten Werdegang der Psychoanalyse oder gar der Psychotherapie allgemein zu verfolgen und für jeden Wandel der Theorie immer von neuem den Zusammenhang mit schon bestehenden Beziehungsmustern und ihren Realisierungsmöglichkeiten darzutun. Das wäre unbestreitbar reizvoll, doch ist es innerhalb des vorgegebenen Umfangs nicht zu leisten. Vielmehr müssen die wenigen vorgeführten Beispiele als Andeutung davon genügen, wie eine solche Interpretation des Werdens und des Institutionell-Werdens einer therapeutischen Schule aussehen könnte. Dabei wird wieder als bekannt vorausgesetzt, daß sich die sogenannte "orthodoxe" Psychoanalyse seit langem zu einem Verfahren entwickelt hat, das als begünstigendes Geschehenlassen einer sehr eigentümlich definierten Sozialbeziehung zwischen Patient und Therapeut in die hier diskutierte Typologie nicht mehr einzuordnen ist, während diejenigen mittlerweile entstandenen Neurosetherapien, die vor allem die Begrenztheit der finanziellen wie der zeitlichen Ressourcen von Patient und Arzt nüchterner berücksichtigen wollen, durchwegs zu Formen gefunden oder zurückgefunden haben, die Elemente des "rektifikatorischen" Beziehungstypus aufweisen. (Dabei ist einerseits an den Einsatz von Psychopharmaka ganz allgemein, zumal aber zum Zweck der beschleunigenden Einleitung einer Analyse gedacht, andererseits an die Verhaltenstherapie, die in ihrer ursprünglichen, eigentlichen Gestalt eine vom Patienten unwillentlich angenommene "Dressur" nach dem Lohn-und-Strafe-Prinzip durch eine besser "lebbare" und deshalb bejahte zu ersetzen strebt. Mit den modernen Formen der Gruppentherapie, zielend auf Rektifikationsfreiheit - vorgeschriebene freilich, insofern also doch nicht ganz ohne Rektifikationskomponente -, ist allerdings etwas grundsätzlich Neues ins Repertoire der Psychotherapieformen aufgenommen worden.)

An eben den hier vorgeführten "Eliminations"-Deutungen der frühen Psychoanalyse läßt sich aber in soziologischer Optik noch etwas anderes ganz besonders deutlich zeigen (und das ist gewiß auch ein Grund, weshalb gerade dieses Beispiel ausgewählt worden ist): Wie nämlich das Hineinpassen solcher Deutungen wie "Triebunterdrükkung", "Verdrängung", kurz also: Stauung, und "Trauma" in vorgegebene Muster dem Plausibilitätsbedürfnis der Beteiligten - auch der beteiligten Ärzte - offenbar so vollständig entsprach, daß sie lange Zeit nicht zu der Frage vordrangen, ob denn das Finden und Aussprechen solcher Deutungen nicht ebenfalls Aufmerksamkeit verdiene - als ein Geschehen zwischen Menschen, durch das Realität neu definiert wurde und dessen realitätsdefinierender Effekt überdies schwerlich auf die Beziehung zwischen diesen beiden Menschen - dem Arzt und dem Patienten - beschränkt bleiben konnte.

Indem der Arzt nicht ausgelebtes sexuelles Verlangen als schädlichen Faktor benannte, indem er zur Erinnerung an ein traumatisches Ereignis verhalf und dieses dann als die Ursache von Leiden identifizierte, hat er ja nicht nur jene Partnerschaft mit dem Patienten in gemeinsamer Gegnerschaft gegen ein "Böses" hergestellt, das durch das Erkanntwerden schon so gut wie überwunden sein sollte. Sondern er hat zugleich - als Arzt, d. h. als gesamtgesellschaftlich autorisierter Sachwalter des allem anderen vorgeordneten Anspruchs auf Hilfe zum Gesundwerden - die kognitive und die normative Welt seiner Patienten mit anderen, mit neuen Bedeutungen versehen. Im Verhältnis zu den Selbstverständlichkeiten des Milieus seiner Patienten in jener Zeit hat er bekanntlich sogar eine recht radikale "Umwertung" vorgenommen; er hat - wie es bis heute als das Kennzeichnendste seiner Lehre gilt - die Sexualität ärztlich legitimiert und als die frustrierende Instanz, als den "Feind" dieser Lebenskraft, die "Kultur" seiner Zeit identifiziert - er hat also einen Wert jenseits eben der von der Kultur selbst gesetzten Werte behauptet.

Doch war die "Kultur" ein zu diffuses Etwas, als daß eine aktive, das leidende Individuum entlastende Gegnerschaft gegen sie zu einer befreienden Affektbündelung und -entladung hätte führen können. Hier stellte sich nun die Lehre vom Trauma als etwas sehr Zweckmäßiges ein: das Trauma als die Ursache von Leiden war ja üblicherweise nicht durch ein unpersönliches Naturereignis zustande gekommen, sondern durch Handlungen, durch Handlungen anderer Menschen, die überdies dem Patienten meist sehr nahegestanden hatten. Und damit stellte sich das Ausfindigmachen des Traumas, das der Patient "loswerden" sollte, um geheilt zu werden, dar als das Zuweisen von Ursächlichkeit an reale Personen. Daß ein Mensch Ursache von Leiden eines anderen ist, wird ihm aber von diesem nicht als abstrakte Kausaleigenschaft zugerechnet, sondern als Schuld. Und wird einem Menschen Schuld rational zugewiesen, so bedeutet das wiederum, daß man berechtigt ist - in diesem Fall durch ärztliche Erkenntnis legitimiert! -, Aggression gegen diesen Menschen zu richten (wenn nicht im Handeln, so doch im Fühlen), ohne daß man verpflichtet wäre, deshalb wiederum Schuldgefühle zu empfinden, selbst wenn es sich um nächste, eigentlich durch stärkste Verbotsnormen gegen Aggressionen geschützte Anverwandte handelt. Daß ein solches interpretatives Umstrukturieren des sozialen Feldes einer Person Spannungen lösen und insoweit auch einen therapeutischen Effekt haben kann, dürfte immerhin vorstellbar sein (sofern man die Eliminationsdeutung abermals anwenden will5).

Diese Auslegung der Trauma-Interpretation der frühen Psychoanalyse als eines sozialen Geschehens sollte zeigen, was in ihrem Fall eben so ausnehmend deutlich zu zeigen ist: daß eine mit der Zielrichtung auf "Elimination" aufgebaute therapeutische Beziehung das soziale Gebilde eines Bündnisses zwischen Arzt und Patient herstellt, in dem der Arzt - ob er es will oder nicht, und gleichsam "neben" all seinem realen Handeln - dem Patienten die Chance eröffnet, auf den vermuteten, behaupteten oder erwiesenen Träger der Schuld an seinem Leiden Aggression zu bündeln, d. h. in jener erlebnismäßigen Weise zu reagieren, die von manchen Denkern als die affektive Vorform jeglichen Kausalitätsbedürfnisses angesehen wird. Wurde zunächst die entsprechende ärztliche Mitteilung "soziomorphistisch" verstanden, d. h. bloß nach dem Bilde einer sozialen Beziehung - hier vornehmlich der eines "Sündenbock"- -Verhältnisses - in die allgemeinere Vorstellungswelt eingeordnet, so ist durch den Verweis auf reales Handeln realer Personen nun eine reale Sozialbeziehung unmittelbar gemeint, und eben diese reale Sozialbeziehung ist anders akzentuiert worden.

Für den rektifikatorischen Beziehungstyp sind derartige, prozeßhafte Wandlungen nicht denkbar, und sein Fall ist deshalb nicht analog zu diskutieren. Dort herrscht die vergleichsweise starre Zweipoligkeit von aktivem Arzt und passivem Patienten, in der der Patient gewiß auch mancherlei Wandlungen des Erlebens seines Verhältnisses zum Arzt durchläuft, in der ebenso gewiß auch manche Inhalte der Umwelt des Patienten mit neuen, nämlich vom Arzt ausdrücklich verordneten Bedeutungen besetzt werden (als zu meidende "Freuden des Lebens" etwa), und es mögen in diesem Sinne auch neue Bedeutungen verordnet werden, die der Patient subjektiv gar nicht zu realisieren vermag: dennoch ist eine eigengesetzliche, eigendynamische Weiterentwicklung der neu gesetzten Bedeutungen höchstens dann denkbar, wenn der in Aussicht gestellte Heilerfolg ausbleibt. In einer Beziehung, die an einem Modell des "richtigen" Geschehens orientiert ist und in der die Kompetenz ebenso eindeutig wie einseitig erteilt ist, kann nüchtern-objektives Kausaldenken erst dann vom Suchen nach Schuldlokalisierung abgelöst werden, wenn der Erfolg des Hinarbeitens auf "Rektifikation" sich nicht einstellen will. Und dann muß entweder der Arzt sich geirrt, oder der Patient muß ihm nicht gehorcht haben - außerhalb dieser Zweierbeziehung bestehen keine Ansatzpunkte für eine Aggressionslegitimation der für den anderen Fall geschilderten Art. Dabei dürfte klar sein, daß Objekt so legitimierter Aggression seitens des Patienten eben der Arzt selbst ist, während für die ärztliche Aggression das entsprechend Umgekehrte zutrifft (und gewiß das Gegeneinander derartiger Legitimitationserlebnisse bei beiden Partnern eher die Regel als die Ausnahme sein dürfte).

Die Erörterung der beiden Beziehungstypen und ihrer sozialen Konsequenzen kann hier nicht weiter fortgeführt werden. Sie konnte nicht mehr bieten als eine andeutende Veranschaulichung für eine bestimmte Art des Nachdenkens über die Medizin, über deren Denken und Tun. Das Veranschaulichungsbeispiel war mit Vorbedacht aus einem medizinischen Bereich gewählt worden, der zu seiner Zeit durch eine "Grenzüberschreitung" der Medizin, durch die Erschließung einer neuen "Dimension" konstituiert worden war. Es sollte gezeigt werden, wie bestimmte, in der Medizin bereits vorgegebene Beziehungsmuster gleichsam über jene Grenze "mitgenommen" wurden und somit auch die zur Erschließung des neuen Bereiches entwickelten Theorien schon vorgeformt hatten. Der bei der Auswahl des Beispiels waltende orbedacht zielte auf die Tatsache, daß die Medizin-Soziologie - mehr als ein halbes Jahrhundert nach der Psychoanalyse als Disziplin eigenen Namens entstanden - in einer ähnlichen Konstellation wie jene zu agieren hatte (und hat?).

Auch die Medizin-Soziologie ist schließlich eine notorische Grenzüberschreiterin - und das zudem in mehrfacher Hinsicht: In Gestalt etlicher ihrer Vertreter hat sie von außen her den Schritt in den Sozialbereich der Medizin hinein getan, und sie hat andererseits mit den von ihr entwickelten Interpretationsmustern das Gebäude der naturalistisch-kausalistischen Medizinwissenschaft verlassen. Es wäre überdies verlockend, die Ähnlichkeiten weiterzuverfolgen und darüber nachzusinnen, wieweit auch im Verhältnis der Medizin-Soziologie zu dem in ihrem Blickfeld als ätiologischer Hauptfaktor des Krankseins erscheinenden Agens - der "Gesellschaft" - Elemente des Rektifikatorischen wie des Eliminatorischen auftraten, einander ablösten oder sich miteinander vermengten; wer ihre jüngere Entwicklung mit auch darauf gerichtetem Interesse verfolgt hat, wird keine Mühe haben, sich einschlägige Beispiele einfallen zu lassen.

Doch soll es nicht Sache dieser Zeilen sein, zum Spekulieren über die Durchsetzungskraft medizinkultureller "Patterns" auch in Geschichte und Ausgestaltung der Medizin-Soziologie zu verlocken. Vielmehr soll mit ihnen angeregt werden, medizinische Institutionen und institutionelle Verhaltensweisen in ihrem Zusammenhang mit den ätiologischen Theorien der Medizin und deren institutionalisierten Deutungen unter der Fragestellung durchzumustern, welche Kardinalformen von zwischenmenschlichen Beziehungen in ihnen - sei es auch in der "Latenz", d. h. im unreflektierten Befolgen - von vornherein angelegt sind und womöglich durch allen "phänotypischen" Wandel hindurch immer erneut realisiert werden.

Anmerkungen:

1 Um statt der Fülle von Erwähnungen solcher Praktiken in der ethnographischen und der missionsärztlichen Literatur nur auf die Hinweise in zwei medizinhistorischen Darstellungen Bezug zu nehmen:
Th. Meyer-Steineg/K. Sudhoff: Geschichte der Medizin. Jena 1928, 9 ff.
E. H. Ackerknecht: Kurze Geschichte der Medizin. Stuttgart 1959, S. 15 f.

2 Weber, M., "Wirtschaft und Gesellschaft", hier zitiert nach dem Nachdruck der Ausgabe von 1956 (Köln und Berlin 1964) 3

3 Andernfalls können diese Informationen in gedrängtester Form gefunden werden in S. Freud: "Selbstdarstellung", vor allem im Abschnitt II (1925).

4 Hierzu ist auf praktisch alle kasuistischen Mitteilungen Freuds in seinen frühen Schriften Bezug zu nehmen, angefangen von den "Studien zur Hysterie" (1895) bis mindestens zur "Analyse der Phobie eines fünfjährigen Knaben" (1909).

5 Interessant ist, wie eine der frühen Deviationen von der Psychoanalyse, die Lehre Otto Ranks, diese interpersonale Funktion der Trauma-Lehre wieder neutralisierte (O. Rank: "Das Trauma der Geburt", Leipzig/Wien 1923): Wenn die Geburt das fundamentale Trauma mit sich bringt, so ist es bauplanbedingtes Anthropologikum, das dem Menschen - und zwar jedem Menschen - "das Leben schwer macht" - ein individueller Vorwurf eines individuellen Menschen gegen einen bestimmten anderen Menschen hat dann keine rational nachvollziehbare Grundlage mehr. Das schließt gewiß nicht aus, daß ein derartiger Vorwurf subjektiv bestehen kann, doch richtet er sich letztlich auf die

Tatsache des "Der-Welt-ausgesetzt-worden-Seins". Das Zustandekommen der individuellen Neurose auf so genereller Basis verlangt folglich nach anderen, mutmaßlich weniger stark aggressionslegitimierenden Deutungen.

Johannes Siegrist

Warum ist soziogenetische Forschung in der Medizin so schwierig?[1]

I.

In einem Beitrag zur Jubiläumsnummer der Zeitschrift *Soziale Welt* ist Christian von Ferber kürzlich der Frage nachgegangen, ob die Medizinsoziologie eine Chance der Weiterentwicklung besitze (von Ferber, 1989). Die Frage zielt allerdings nicht auf die internationale wissenschaftliche Gemeinschaft derer, die in diesem Fachgebiet lehren und forschen, sondern auf die spezifisch bundesdeutsche Situation ab. Hier nämlich ist die Medizinsoziologie zwar - meines Wissens weiter als irgendwo sonst - in Medizinische Fakultäten und Klinische Einrichtungen integriert, aber zugleich gefährdet diese Integration potentiell ihre autonome akademische Entfaltung. Von Ferbers Interesse gilt nicht so sehr der wissenschaftssoziologischen Frage nach institutionellen, personellen und finanziellen Voraussetzungen und Chancen der Weiterentwicklung einer vergleichsweise marginalen Disziplin im mächtigen medizinischen Forschungs- und Lehrbetrieb. Vielmehr bewegt ihn ein von ihm beklagtes Theoriedefizit der Disziplin, das am sichtbarsten in der Sozialepidemiologie sei. Es manifestiere sich dort "*in den theoretisch unentwickelten soziogenetischen Modellen, die den Zusammenhang von sozialen Lebensbedingungen, Gesundheitsrisiken, Krankheiten und Krankheitsfolgen verständlich machen (sollen)*" (von Ferber 1989; 278). Der Autor scheint von der Idee überzeugt zu sein, daß "*die mangelnde Durchsetzungsfähigkeit der Medizinsoziologie*" (von Ferber 1989; 277) wesentlich von einem solchen Theoriedefizit herrühre. Die Idee ist interessant, doch erstaunt, daß ihr Urheber nicht einmal in Ansätzen versucht, einen argumentativen Nachweis zu führen. Insbesondere nimmt er auch nicht zu der Frage Stellung, ob irgendwo in der internationalen wissenschaftlichen Gemeinschaft des Faches tragfähige soziogenetische Krankheitsmodelle entwickelt worden sind, zur Frage also, ob hier vielleicht ein spezifisch bundesdeutscher cultural lag besteht.

Eine Auseinandersetzung mit von Ferbers These soll hier allerdings nicht auf der Ebene der Rekapitulation und Bewertung einschlägiger Forschungsarbeiten aus der bundesrepublikanischen Medizinsoziologie der letzten zwei Jahrzehnte erfolgen. Vielmehr möchte ich im folgenden eine weiterreichende **Gegenthese** entwickeln, die erklären soll, warum soziogenetische Krankheitsmodelle - soweit ich sehe weltweit - bisher so geringe wissenschaftliche Entwicklungschancen besessen haben. Die These lautet: wissenschaftliche Arbeit an soziogenetischen Krankheitsmodellen wird durch zwei, auf unterschiedlichen Ebenen wirksame, im Effekt aber sich potenzierende Schwierigkeiten behindert: zum einen durch **professionspolitische Widerstände** von seiten der wissenschaftlichen Medizin, zum andern durch ein bisher ungelöstes **erkenntnistheoretisches Grundlagenproblem**. Diese These gilt es im folgenden näher zu begründen.

II.

Zunächst ist freilich der Begriff "**Soziogenese**" zu präzisieren. Unter ihn kann dreierlei subsumiert werden: **erstens** jene ökologischen und wirtschaftlichen Gefahren, die typischerweise in einem bestimmten Gesellschaftssystem überrepräsentiert sind und die über chemische oder physikalische Noxen die Gesundheit der Bevölkerung beeinträchtigen. Nach diesem weiten Verständnis umfaßt Soziogenese so unterschiedliche Tatbestände wie Luftverschmutzung, Trinkwassergefährdung, Lärm-Emission, Asbestexposition u.ä.. Es ist einleuchtend, daß der Soziologie in diesem Fall nur ein sehr geringer Erklärungsspielraum eingeräumt wird, da die wesentlichen pathogenetischen Prozesse mit Hilfe naturwissenschaftlicher Theorien aufzuklären sind. Eine **zweite** Bedeutung des Begriffs "Soziogenese" zielt auf verhaltensgebundene gesundheitliche Risiken ab, soweit diese durch makro- oder mikrosoziale Einflüsse bestimmt, oder sagen wir vorsichtiger mitbestimmt werden. Auch hier liegt eine breite und heterogene Palette erklärungsbedürftiger Tatbestände vor, die von den verschieden Formen des Suchtverhaltens über risikoreiche Sexualpraktiken bis hin zum unfallträchtigen Fahrstil reichen. Medizinsoziologische Kenntnisse vermögen, im Verein mit verhaltensmedizinischem, klinisch- und sozialpsychologischem Wissen, wichtige und fruchtbare Beiträge zum besseren Verständnis gesundheitsbezogenen Risikohandelns beizusteuern (neuere Übersichten geben z.B. Research Unit 1989, Badura 1985, Mechanic 1985, matarazzo et al. 1984, Siegrist 1988). Aber auch diese Erkenntnisbemühungen stoßen nicht zum Kern des herrschenden **biomedizinischen Krankheitsmodells** vor, das letztendlich Krankheit als gestörten physiologischen Funktionsablauf im Bezugssystem biochemischer Einflußfaktoren definiert (Seldin 1981). Dies vermag lediglich eine **dritte** Richtung soziogenetischer Forschung in der Medizin: die sozialwissenschaftliche Stressforschung. Sie postuliert einen systematischen Zusammenhang zwischen gesellschaftlichen Lebens- und Arbeitsbedingungen, subjektivem Erleben der dadurch betroffenen Individuen und zentralnervös vermittelten organischen Schädigungen, die über - in der Regel langandauernde - physiologische Dysregulationen generiert werden. Im folgenden soll daher von Soziogenese nur in diesem dritten Sinne die Rede sein, da ja die Frage des Beitrages medizinsoziologischer Erkenntnisse zu einem erweiterten Paradigma in die wissenschaftliche Medizin - und das heißt in die herrschende Theorie von Gesundheit und Krankheit - zur Diskussion steht.

Seit George Engels wichtigem, 1977 in der Zeitschrift *Science* veröffentlichten Beitrag (Engel 1977) ist es üblich geworden, anstelle des Beriffs 'Soziogenese' die sprachlich ebenso unschöne, sachlich jedoch zutreffendere Bezeichnung ***biopsychosoziales Krankheitsmodell*** zu verwenden. Sie verweist auf zwei wichtige Merkmale des wissenschaftlichen Arbeitsprogrammes: erstens auf das transdisziplinäre Erkenntnisinteresse, das auf die Zusammenschau von Aspekten der sozialen, der intrapsychischen und der biologischen Realität abzielt; zweitens auf die Bedeutung der Systemtheorie als eines analytischen Rahmens, der bei der Vermittlung der drei genannten Realitätsaspekte hilfreich sein kann.

Wenden wir uns nun dem ersten Aspekt unserer These zu, der besagt, daß ein professionspolitischer Widerstand von seiten der wissenschaftlichen Medizin die Arbeit an einem biopsychosozialen Krankheitsmodell erschwert.

Der bekannte Medizinsoziologe Aaron Antonovsky hat in einem jüngst erschienenen, sehr lesenswerten Aufsatz über den problematischen Status des biopsychosozialen Krankheitsmodells eine ernüchternde Bilanz gezogen (Antonovsky 1989). Er stellt fest, daß entgegen manchen in den siebziger Jahren geäußerten enthusiastischen Prognosen eines Paradigmenwechsels in der Medizin das alte biomedizinische Krankheitskonzept heute in entwickelten westlichen Industriegesellschafen so stark wie eh und je medizinisches Denken und Handeln bestimme. Weder ist nach seiner Einschätzung ein wissenschaftlicher Durchbruch in der sozialwissenschaftlichen Krankheitsursachenforschung erfolgt, noch ist es gelungen, in größerem Umfang neue Erkenntnisse konsequent in die ärztliche Routinearbeit zu integrieren bzw. echte interdisziplinäre Kooperationsformen in der medizinischen Versorgung zu entwickeln. Letzten Endes, so der Autor, ist diese bedauerliche Entwicklung aus einer defensiven Haltung der Ärzte zu erklären: die Preisgabe des biomedizinischen Modells bedroht das **Kompetenzmonopol** der Medizin, ihren wissenschaftlichen und praktischen Führungsanspruch bei der Erkennung und Behandlung von Krankheiten. Wenn diese für das praktische Handeln unmittelbar einleuchtende professionspolitische Erklärung auch für die wissenschaftliche Produktion gelten soll, so muß allerdings, über Antonovskys Analyse hinausgehend, gezeigt werden, wie sich der medizinische Monopolanspruch in der Behinderung wissenschaftlicher Arbeit am biopsychosozialen Krankheitsmodell niederschlägt. Eine solche Analyse ist meines Wissens bisher nirgends geleistet worden. Wir können an dieser Stelle, auf begrenzten Erfahrungen beruhend, lediglich die folgenden Aussagen beisteuern.

Erstens gibt es institutionell nur wenige medizinsoziologische Arbeitsgruppen, die so autonom sind, daß sie ein genuin soziogenetisches Forschungsprogramm entwickeln und in Zusammenarbeit mit der Medizin durchsetzen können. Meistens stehen Ärzte an der Spitze solcher Arbeitsgruppen, von deren Kooperationsbereitschaft das Ausmaß zugestandener wissenschaftlicher Problemdefinition abhängig ist. Ausnahmen bilden medizinsoziologische Professuren an Schools of Public Health, sog. Joint Appointments von Medizinsoziologen an Sozialwissenschaftlichen und Medizinischen Fakultäten, interdisziplinär angelegte nationale Forschungsinstitute sowie Medizinsoziologische Professuren innerhalb Medizinischer Fakultäten. In der Bundesrepublik gibt es gegenwärtig eine autonom arbeitende akademische medizinsoziologische Forschung nur auf der zuletzt genannten Ebene. Auch diese Autonomie wird längerfristig bedroht, indem Medizinische Fakultäten zunehmend die ärztliche Approbation zu einem Selektionskriterium für Neubesetzungen bei ausgeschriebenen Professorenstellen machen.

Zweitens werden bei Forschungsanträgen, die in inhaltlich bedeutsamer Weise medizinische Aspekte berühren, stets medizinische Sachverständige zur Begutachtung hinzugezogen. Häufig legen diese Gutachter exklusiv Maßstäbe ihres eigenen Fachgebietes an bzw. fordern die Berücksichtigung zusätzlicher Parameter, die das Projekt an die Grenze der Realisierbarkeit bringen. Selbst wenn diese Klippen erfolgreich umschifft sind, können sich weitere Probleme einstellen, so bei der konkreten Forschungskooperation zwischen Medizinern und Sozialwissenschaftlern bei der Felderschließung, der Datenerhebung und -auswertung. Medizinsoziologische Forschungsergebnisse in etablierten internationalen medizinischen Fachzeitschriften zu veröffentlichen - also dort, wo sie im Sinne der Paradigmenerweiterung ihre Wirkung am ehesten entfalten können - gestaltet sich in der Regel ebenfalls als schwierig. Herausgeber und Gutachterkreise solcher Fachzeitschriften verfügen in der Regel nicht über spezifische medizinsoziologische Kenntnisse. Außerdem fehlen die auch in diesem Gebiet nicht unwichtigen vielfältigen informellen Netzwerkkontakte. Ähnliches gilt für nationale und internationale Kongresse großer Medizinischer Fachgesellschaften.

Mit diesen wenigen Hinweisen soll kein Klagelied angestimmt werden, jedoch soll in realistischer Weise auf strukturelle Schwierigkeiten eines genuin sozialwissenschaftlichen Beitrags zur Krankheitsursachenforschung hingewiesen werden. Die Tatsache, daß es dennoch einige auf diesem Gebiet erfolgreich arbeitende Medizinsoziologische Forschungsgruppen gibt, sollte nicht über die Tragweite der aufgezeigten Beschränkungen hinwegtäuschen, die indirekt die Erkenntnis Antonovskys untermauern: Chancen der Erkenntnisexpansion eines biopsychosozialen Krankheitsmodells sind in der Regel nur dort gegeben, wo deren professionspolitische, d.h. wissenschaftspolitische Kontrolle durch die Medizin gewährleistet ist.

III.

Unsere These ist aber weitergehend: Wir sagten, daß das Zusammenwirken professionspolitischer und erkenntnistheoretischer Schwierigkeiten die soziogenetische Wissensexpansion hemmt. Mit dem grundlegenden, bisher meines Erachtens ungelösten erkenntnistheoretischen Problem ist die Frage **der Vermittlung der Beziehung zwischen sozialer Umwelt, Bewußtsein, Gefühl und neuronaler Aktivierung** gemeint. Offensichtlich sind unsere gegenwärtigen linearen Denkmodelle zur Erhellung dieses für jede biopsychosoziale Krankheitstheorie zentralen Zusammenhanges unzureichend. Eine einfache Kausalsequenz in Analogie zum berühmten Diktum des Mitentdeckers der Doppelhelix, Francis Crick: "*DNS macht RNS macht Protein macht Phänotyp*" erscheint nicht zielführend. Wir können nicht einfach sagen: "Fließbandarbeit macht subjektives Belastungsgefühl macht zentralnervöse Aktivierung macht endokrine Dysregulation." Zu groß ist die Variation zwischen situativen Bedingungen und individuell-dispositionalen Reaktionen, und es steht, wie gesagt, die erkenntnistheoretische Grundfrage im Raum: Wie sind Gehirn und Bewußtsein aufeinander bezogen?

Ich möchte im folgenden am Beispiel eigener Forschungsarbeit zumindest andeuten, wie ein **möglicher Lösungsweg** des aufgeworfenen Problems aussehen könnte. Ausgangspunkt bildet die Frage nach sozialen und psychischen Einflüssen auf zentralnervöse Aktivierungsprozesse, welche zur Erklärung von Herz-Kreislaufrisiken (wie erhöhten Blutdruck- und erhöhten Blutfettwerten) und manifesten organischen Herz-Kreislaufschäden (wie Herzinfarkt und plötzlichem Herztod) beitragen. Als herz-kreislaufrelevant werden soziale Situationen definiert, die langandauernd zu hoher Verausgabung bei gleichzeitig niedrigen Belohnungschancen zwingen. Solche langfristig wirksamen Belastungskontexte sind mit besonderer Häufigkeit im Berufsleben gegeben, und hier vor allem bei der begrenzten oder fehlenden Kontrolle über den eigenen beruflichen Status und den berufsbiographischen Verlauf, ferner bei ungünstigen sozioemotionalen Erfahrungen mit Vorgesetzten und Kollegen sowie bei prekärer finanzieller Entlohnung geleisteter Arbeit.

Zusammenfassend sprechen wir von einem **gratifikationskritischen beruflichen Kontext**. Trifft ein solcher Kontext nun auf Personen, so unsere forschungsleitende Hypothese, die durch ein übersteigertes intrapsychisches Leistungsstreben (sog. berufliche Kontrollbestrebungen) ohnehin unter fortgesetzter autonomer Aktivierung stehen, so erhalten die die Aktivierung steuernden Emotionen eine kritische Intensität, welche herz-kreislaufrelevante Dysregulationen zu generieren vermag.

Wichtig in unserem Zusammenhang ist die Feststellung, daß gratifikationskritische Kontexte **nicht** die autonome Aktivierung **verursachen**, sondern daß sie dem vielfältig bedingten Impulsverkehr zwischen Kognition, Emotion und autonomer Aktivierung, insbesondere bei Personen mit übersteigerten Kontrollbestrebungen, eine **kritische Intensität** verleihen. Mit andern Worten: Ein sozialer Kontext, der ein Ungleichgewicht von Verausgabung und Statuskontrolle definiert, **moduliert** den Effekt, der von Emotionen auf neuroendokrine Regulationen, mithin auf das Herz-Kreislaufsystem ausgeht. Das **Muster hierarchischer Modulation** scheint, wie zu zeigen sein wird, heuristisch hilfreich zu sein auch bei der Behandlung der weiterführenden Frage nach dem Verhältnis von Bewußtsein und neuronaler Aktivierung.

Es besteht heute weitgehend Einigkeit darüber, daß eine Theorie, welche die strikte Identität von psychischen und physischen (neurophysiologischen) Zuständen behauptet, wertlos ist. Vielmehr herrscht spätestens seit den grundlegenden neurobiologischen Experimenten Sperrys (Sperry 1985) die Meinung vor, daß das Bewußtsein als **Emergenzphänomen** eine eigenständige kausale Rolle im neuronalen Geschehen spielt. Dies bedeutet, daß *"kognitive Phänomene als Kausaldeterminanten eine Kontrollfunktion auf höherer Ebene über ihre neuronalen Korrelate ausüben"* (Oeser, Seitelberger 1988). Sie produzieren zwar unverwechselbare Muster zentralnervöser Erregung, aber gerade in dieser Fähigkeit intentionaler Produktivität offenbart sich ihre Besonderheit und Einzigartigkeit. Menschliches Bewußtsein bringt sich im Medium neuraler Prozesse selbst aktiv zustande. Auf diesem Hintergrund ist von besonderer Bedeutung, daß Informationsverarbeitung im Gehirn in Form hierarchischer Organisation zahlreicher Subsysteme erfolgt, wobei stets zwei Arten von Information miteinander interagieren: die kontinuierlich fluktuierende Inputinformation aus Umwelt und Körper und die strukturierte, im Gehirn selbst fixierte, durch Genom und Lernen vorgegebene Information (Oeser, Seitelberg 1988; Changeux 1984). Funktional und topologisch vollzieht sich diese Interaktion in den sog. supramodalen Rindenfeldern des Stirn- und Schläfenlappens und ihren Verbindungen zum limbischen System: hier wird die Umweltinformation, bildlich gesprochen, in das kognitive Bewertungssystem integriert und mit dem bestehenden Wissensvorrat verglichen (Oeser, Seitelberg 1988; Changeux 1984). Hier erfolgt aber auch die emotionale Tönung der bewerteten Information, beispielsweise von Information, die als Gefahr, als Herausforderung, als erfolg- oder mißerfolgverheißend bewertet wird (LeDoux 1987).

Das Ergebnis emotionaler Bewertung führt auf einer niedrigeren zentralnervösen Organisationsstufe u.a. zu autonomen, neuroendokrinen und neuroimmunen Aktivierungsprozessen. Negative Emotionen, die in hoher Intensität und langer Dauer solche Aktivierungsprozesse in Gang halten, vermögen periphere Organsysteme, wie z.B. das Herz-Kreislauf-System, langfristig zu beeinträchtigen und zu schädigen (Beamish et al. 1985).

Welche supramodal bearbeiteten Informationen führen nun zu langandauernden negativen Emotionen? Neuere neurophysiologische Studien haben gezeigt, daß in den neokortikalen Rindenfeldern, die vorrangig mit dem limbischen System kommunizieren, Zellverbände existieren, welche auf das Vorhandensein bzw. Nichtvorhandensein von Belohnungen ansprechen. Dies bedeutet, daß im **limbischen System gratifikationssensitive Strukturen** bestehen, denen bei der Aktivierung und Deaktivierung von Emotionen eine zentrale Rolle zukommt (LeDoux 1987).

An dieser Stelle knüpfe ich an meine vorhergehenden Ausführungen zur Frage nach sozialen Einflüssen auf Herz-Kreislauf-Risiken an. Wir sagten, daß soziale Kontexte, welche hohe Verausgabung bei niedriger sozialer Statuskontrolle definieren, den Effekt von negativen Emotionen auf Indikatoren des Herz-Kreislauf-Risikos kritisch verstärken. Niedrige Statuskontrolle bei hoher Verausgabung: dies bedeutet Erwartungsenttäuschung oder, in der Sprache der Neurophysiologie, Aktivierung jener neokortikalen Zellverbände, welche für Abweichungen von Gratifikationserwartungen codieren. Gerade weil Erfahrungen niedriger sozialer Statuskontrolle vom Individuum nicht, oder nur schlecht, kompensiert werden können, bilden sie eine starke, spezifische

neokortikale Hintergrundsaktivität, die auf nachgeordneten zentralnervösen Ebenen langandauernde und immer wiederkehrende Erregungen evoziert. Mit andern Worten: soziogenetische, aus einer spezifischen sozialen Umwelt hergeleitete Erfahrungen modulieren zentralnervöse Erregungsmuster, die ihrerseits gratifikationssensitive Strukturen im limbischen System, kontrollieren. Das Muster hierarchischer Modulation scheint sich somit auf verschiedenen Ebenen zentralnervöser Informationsverarbeitung wiederzufinden:

- auf der Ebene des Informationsinputs aus der mikrosozialen Umwelt;
- auf der Ebene supramodaler neokortikaler Rindenfelder, welche gratifikationssensitive Neuronenverbände in limbischen Strukturen aktivieren;
- schließlich auf der Ebene der Impuls-Frequenz-gesteuerten elektrischen Signalmuster sowie der Neurotransmitter, welche die hypothalamischen Releasingfaktoren kontrollieren.

Unser erster Antwortversuch auf die aufgeworfene erkenntnistheoretische Frage lautet somit: Erfahrung und neuronale Aktivierung sind über die **Korrespondenzregel hierarchischer Modulation** aufeinander bezogen: in den Effekten hierarchischer Modulation jeweils nachgeordneter Ebenen realisieren sich die emergenten Eigenschaften des menschlichen Gehirns als eines auf spezifische Umwelten hin orientierten Systems.

IV.

Es ist deutlich geworden, daß meine Ausführungen lediglich als ein erster **Antwortversuch** auf eine erkenntnistheoretische Kardinalfrage bei der wissenschaftlichen Arbeit an einem biopsychosozialen Krankheitsmodell zu verstehen sind. Es kann hier nicht darum gehen, die bisher gewonnene empirische Evidenz eines solchen Forschungsansatzes darzustellen (vgl. Siegrist, Matschinger 1989; Siegrist 1989, Siegrist 1990), oder die Lücken der Beweisführung zu füllen. Auch kann es nicht unsere Aufgabe sein, den Geltungsbereich einer solchen Konzeption für die Erklärung des Entstehens von Adaptationskrankheiten, über die erwähnten Herz-Kreislaufgefährdungen hinaus, abzustecken. Vielmehr sollten diese Überlegungen unterstreichen, wie schwierig - und zugleich faszinierend - ein solches Forschungsunterfangen im Grenzbereich zwischen Bio- und Sozialwissenschaften ist. Diese Schwierigkeiten sollten Forscher jedoch nicht abschrecken, sondern vielmehr zur Auseinandersetzung reizen. Denn oft in der Geschichte wissenschaftlicher Innovationen sind aus der neuartigen Kombination zweier bisher getrennt arbeitender Forschungsrichtungen substantielle Entwicklungen angestoßen worden. Um so bedauerlicher ist es, daß die erwähnten professionspolitischen Restriktionen diesen innovativen Erkenntnisspielraum einzugrenzen, wenn nicht gar substantiell zu gefährden drohen. Es fehlt meines Erachtens - und hier widerspreche ich Christian von Ferber ganz eindeutig - nicht an fruchtbaren soziogenetischen Theorietraditionen in der sozial-epidemiologisch arbeitenden Medizinsoziologie. Man denke nur an die intensive Diskussion um Konzepte wie "sozialer Rückhalt" (House et al. 1988, Siegrist 1986) "soziale Isolation" und "Marginalisierung" (Sosna 1983, Siegrist 1988)

cher Dispositionsspielraum" (Marmot, Theorell 1988) und "Entfremdung" (Mirowsky, Ross 1986). Vielmehr fehlt es an langfristig verbindlichen Forschungsperspektiven und transdisziplinären kollegialen Arbeitsarrangements, die es gestatten, die ernsthaften und schwierigen Fragen mit jenem Engagement anzugehen, das stets notwendig ist, wenn wirklich Neues geschaffen werden soll.

Diese Art von Forschungsarbeit aber hat zur Zeit keine Konjunktur, so paradox dies angesichts des wachsenden Problemdrucks durch die Ausbreitung chronisch degenerativer Adaptationskrankheiten klingen mag. Viel verlockender in einer Zeit politischen Neokonservatismus und postindustrieller Technikeuphorie sind die Verheißungen der synthetischen Biologie, der gentechnologisch angeleiteten Krankheitsursachenforschung, Prävention und Therapie und der Optimierung des biomedizinischen Wissens durch Ausbreitung neuer Informationstechnologien. Dies alles ist sehr wichtig und sehr nützlich, aber es sollte uns nicht vergessen lassen, daß viele Probleme menschlichen Leidens auf soziale Verhältnisse zurückverweisen, die nicht naturgegeben sind, sondern die sich evolutionär ändern lassen. Medizinsoziologische Forschungsarbeit an einem biopsychosozialen Modell menschlicher Gesundheit und Krankheit könnte auf diese Weise wieder den Anschluß an die bedeutsame Tradition der deutschen Sozialhygiene und Sozialmedizin zu Beginn dieses Jahrhunderts finden, eine Tradition, die den Zusammenhang von Forschung und gesellschaftlicher Veränderung stets vor Augen gehalten hat.

Literatur

1) v.Ferber, C. (1989) Hat die Medizinsoziologie eine Chance? Soziale Welt 40, 269-282.

2) Research Unit in Health and Behavioral Change. University of Edinburgh (1989) Changing the Public Health. John Wiley, Chichester

3) Badura, A. (1985) Social Foundations of Thought and Action. Englewood Cliffs, New Jersey

4) Mechanic, D. (1983) Handbook of Health, Health Care and the Health Professions. The Free Press, New York

5) Matarazzo, J.A., Weiss, S.M., Herd, J.A., Miller, D.E. (eds) (1984) Behavioral Health. John Wiley, New York

6) Siegrist, J. (1988) Medizinische Soziologie, 4.Aufl., Urban & Schwarzenberg, München

7) Seldin, D.W. (1981) The Boundaries of Medicine. Transactions of the Association of American Physicians 94, 75-84.

8) Engel, G.L. (1977) The Need for a New Medical Model. A Challenge for Biomedicine. Science 196, 129-136.

9) Antonovsky, A. (1989) The Problematic Status of the Biopsychosocial Model. In: Saladin P u.a. (Hg) 'Medizin' für die Medizin. Festschrift für H.D. Pauli, Helbing und Lichtenhahn, Basel, 51-63.

10) Siegrist, J., Matschinger, H. (1989): Restricted Status Control and Cardiovascular Risk. In: Steptoe, A., Appels, A. (eds.) Stress, Personal Control and Health. John Wiley, Chichester, 65-82.

11) Siegrist, J. (1989) Sozioethnologische Aspekte und anthropologische Grundmuster hormoneller Regulation. - Grundlagen. In: Hesch, R. (Hg) Endokrinologie, Teil A, Innere Medizin der Gegenwart. Urban & Schwarzenberg, München, 449-454.

12) Siegrist, J. (1990) Berufliche Gratifikationskrisen und körperliche Erkrankung. Zur Soziologie menschlicher Emotionalität. In: Oswald H (Hg) Macht und Recht. Festschrift für H. Popitz. Westdeutscher Verlag, Opladen (im Druck)

13) Sperry, R. (1985) Naturwissenschaft und Wertentscheidung. München, Zürich

14) Oeser, E., Seitelberger, F. (1988) Gehirn, Bewußtsein und Erkenntnis. Wissenschaftliche Buchgesellschaft, Darmstadt

15) Changeux, J.P. (1984) Der neuronale Mensch. Rowohlt, Reinbek

16) LeDoux, J.E. (1987) Emotion. In: Handbook of Physiology - the Nervous System V. New York, 419-459.

17) Beamish, R.E., Singal, R.K., Dhalla, N.S. (eds.) (1985) Stress and Heart Disease. M. Nijhoff, Boston The Hague Dordrecht Lancaster

18) House, J.S., Landis, K.R., Umberson, N.S. (1988) Social relationships and Health. Science 241, 540-545

19) Siegrist, K. (1986) Sozialer Rückhalt und kardiovaskuläres Risiko. Minerva, München

20) Sosna, U. (1983) Soziale Isolation und psychische Erkrankung im Alter. Campus, Frankfurt

21) Vernon, S.W., Buffler, P.A. (1988) The Status of Status Inconsistency. Epidemiol.Rev. 10, 65-86.

22) Liberatos, P., Link, B.G., Kelsey, J.L. (1988) The Measurement of Social Class in Epidemiology. Epidemiol.Rev. 10, 87-121.

23) Kohn, M.L., Schooler, C. (1983) Work and Personality. Ablex, Norwood, New Jersey

24) Marmot, M., Theorell, T. (1988) Social Class and the Contribution of Work. Int. J. Health Services 18, 659-74.

25) Mirowsky, J., Ross, C.E. (1986) Social Patterns of Distress. Ann Rev.Sociol. 12, 23-45.

Anmerkungen:

1. Ich danke dem G. Thieme Verlag für die Erlaubnis, ein längeres Zitat aus dem dort veröffentlichten Aufsatz "*Zur Sozio-Psycho-Somatik von Herz-Kreislaufrisiken*" (Psychother. Med. Psychol. 39, 1989, 110-114) zu übernehmen.

Konrad Thomas

Für eine anthropologische Soziologie.[1]

(Eine Programm-Skizze.)

Seit Menschen der Nachwelt dokumentiert haben, wie und wie sehr sie über sich als Menschen nachdenken, ist das Staunen über die Unergründlichkeit bekannt. Man könnte fast sagen, das Theologische sei einfacher als das Anthropologische: als wüßte man über die Götter eher Bescheid als über die Menschen. Demgegenüber müßte es eigentlich befremdend wirken, mit welcher Selbstgewißheit oder gar Nonchalance die Fachkollegen, die Soziologen, sich vor allem Staunen in Gewißheiten niederlassen. Denn Gesellschaft, wie auch immer man sie definiert, ist Gesellschaft von Menschen. Das heißt: jede falsche Gewißheit oder Ahnungslosigkeit, jedes Vergessen wird sich in der Soziologie bemerkbar machen. Es sieht so aus, als nähmen wir Soziologen an, wir wüßten, sofern es uns von Belang erscheint, schon, wie es um den Menschen bestellt ist. Im übrigen klammern wir dies aus, weil es ja nicht um die Individuen, die Personen geht, sondern eben um die Gesellschaft. Dieser Zustand erscheint mir bei einigem Nachdenken unhaltbar.

1. Um einen kurzen, längst nicht vollständigen Überblick zu geben: Emile Durkheim stellt sich als jemand dar, der sehr genau über den Menschen als Individuum Bescheid weiß. Als Folge erscheint die Gesellschaft - in der Gestalt der historischen Nation - als das Übergeordnet-Bestimmende. Aus dem eindringlichen Pathos seiner Soziologie weht uns frostige Kälte an. Max Weber weiß einiges mehr von der Dynamik und Unergründlichkeit des Menschen; aber in seine theoretischen Bemühungen geht ein merkwürdig verkürzter Mensch ein, - der, den Norbert Elias als 'homo clausus' kritisiert. Denn nur über die Gestalt dieses homo clausus kann Weber sein Interesse an Rationalität weiter verfolgen. Talcott Parsons nimmt für sich in Anspruch, auch die neu entdeckte Dimension des Psychoanalytischen einzubeziehen. Aber die Weise, in der er dies in seine Theorie aufnimmt, läßt Zweifel daran aufkommen, ob er dem alten Wissen über die Unergründlichkeit des Menschen in irgendeiner Weise Rechnung trägt. Zwar geht er einige Schritte in der Richtung, die vielfältigen Aspekte des Gesellschaftlichen

in einen theoretischen Rahmen zu spannen; aber wenn denn weitgehend diese Theorie sich als unbrauchbar erwiesen hat, dann nicht, wie damals seine Kritiker meinten, weil er nicht hinreichend gesellschaftlich engagiert war, sondern weil sich seine Argumentationen durch eine Beliebigkeit auszeichnen, die den Ernst der anthropologischen Frage vermissen läßt. Und so kann denn auch Ralf Dahrendorf postulieren, mit 'dem Menschen' möge sich die Philosophie beschäftigen, die Soziologie begänne bei der Rolle: womit er der Anthropologie deutlich Ade sagt.

Nun gibt es freilich noch andere Stimmen in diesem Konzert: Karl Marx tritt zwar ein großes philosophisches Erbe an, das auch ein anthropologisches ist. (Er steht vor der modernen Soziologie; aber seine Wirkungen sind nicht zu übersehen.) Was bei ihm als Anthropologie zu entdecken ist, hält heute keiner gründlicheren Überlegung mehr stand: vom Menschen nur als Gattung zu sprechen macht auch die Entfremdungstheorie anthropologisch untauglich. Die Bestimmungen des Gesellschaftlichen haben sich nicht erst seit dem Zusammenbrechen sozialistischer Gesellschaften als einseitig-verfehlt erwiesen. (Dies führt in wünschenswerter Gründlichkeit bei voller historischer Anerkennung Cornelius Castoriadis aus.) Ganz im Gegensatz dazu zeichnet sich Georg Simmel dadurch aus - vielleicht zog er es deswegen vor, nicht Soziologe genannt zu werden -, daß die Spurensuche des Anthropologischen an keiner Stelle zu übersehen ist. Hier findet sich noch etwas vom alt-ehrwürdigen Staunen über den Menschen. Schließlich stehen da die Namen von Arnold Gehlen und Helmut Plessner. Der Mut, mit dem Gehlen bis in die Frühgeschichte zurückgreift und herausarbeitet, wie sich der Mensch herausgebildet hat - mit dem er dann weite Bögen bis in die von ihm erreichbare Moderne spannt - kann nicht verdecken, daß er doch eine inhaltliche Absicht verfolgt. Darin wird dann seine 'konservative' Haltung deutlich (Man wird schwer sagen können, was Voraussetzung und was Folge ist). Anders bei Plessner: An seinem jahrzehntelangen Ringen um diese schwierige Materie wird deutlich, wie anders eine soziologische Theorie wird, ja werden muß, wenn sie tiefe Einsichten über den Menschen zum Ausgangspunkt soziologischer Reflexionen macht. Ich halte die These von der 'Exzentrizität' für schlechterdings nicht hintergehbar.

Im Gegensatz gerade dazu stehen heute noch und wieder bestimmende soziologische Ansichten, bei denen sich - erstaunlich oder gerade nicht - große Kontrahenten die Hand reichen: Die Frankfurter Schule hat unter Anleitung von Theodor W. Adorno und Max Horkheimer das Verdikt über die 'Anthropologischen Konstanten' gesprochen, - wohl in der Annahme, daß dabei immer konservative Soziologie herauskommen müsse. Und die Anhänger dieser Schule scheinen dem weitgehend gefolgt zu sein. (Dabei ist nicht zu übersehen, wie viele anthropologische Spuren gerade in dem auf Ästhetik gerichtete Werk Adornos enthalten sind.) Dem genannten Verdikt entspricht der zur Zeit angesehenste moderne soziologische Theoretiker, Niklas Luhmann, der nun wahrlich mit der Frankfurter Schule nichts im Sinn hat, indem er jüngst mit Nachdruck die 'Deanthropolologisierung' der Soziologie gefordert hat.

2. Nun ist ja seit den soziologischen Vätern und Vorvätern in punkto Erforschung des Menschen einiges geschehen. Nicht nur Sigmund Freud, von dem einiges gelegentlich bei Soziologen auftaucht, hat für Erschrecken und Bewegung gesorgt, sondern eine ganze Reihe von mehr oder weniger anerkannten 'Tiefenpsychologen' (C.G.Jung, Frederic Perls und viele andere mehr) hält Erkenntnisse oder Hypothesen bereit, derer man sich bedienen könnte, wenn das Phänomen Mensch für den Soziologen nicht überflüssig ist. Daneben steht die immer noch im weiteren Sinne behavioristisch ausgerichtete Psychologie, die vor allem Verhalten und Bewußtseinsstrukturen untersucht. Die Medizin ist weit fortgeschritten, gerade in Verbindung mit der Psychoanalyse, und verfolgt Spuren, die der gebildete Laie denn auch als 'psychosomatisch' anerkennt, ohne - vermutlich - den fundamentalen Problemen einer anthropologischen Medizin, wie sie Victor von Weizsäcker entworfen hat oder einer anthropologischen Psychiatrie, wie sie Dieter Wyss entwickelt hat, gründlich nachzugehen. Die Ethnologie, die ja etwa bei Herbert Spencer noch rudimentär und oft naiv genutzt werden konnte, in der französischen Tradition bei Durkheim gründlicher zum Bestand der Theoriebildung wurde, liegt inzwischen in einer Fülle vor, daß ein vergleichender Blick in verschiedene Gesellschaften verschiedener historischer Bedingungen wie nie zuvor möglich ist. (Und eine allgemeinere Theorie des Gesellschaftlichen kann ja unmöglich von den Kenntnissen etwa des Feudalismus oder des Kapitalismus vorwiegend europäischer Prägung ausgehen.)

Daß auch andere Disziplinen Aussagen zum Menschen machen, kann nicht ganz übergangen werden. Es sind dies vor allem die Ethologie, die von der Erforschung von Tieren, insbesondere Primaten und deren nächsten Verwandten her Schlüsse auf menschliches Verhalten zieht, aus der heraus sich die Soziobiologie entwickelt hat; und die Genetik in ihren vielfachen Verzweigungen, die nicht beiseite steht, wenn es um die Beschreibung oder Erklärung menschlichen Verhaltens geht.

3. Angesichts dieser kaum noch kompetent zu überblickenden Verzweigung der wissenschaftlichen Beschäftigung mit dem Menschen könnte es geradezu geraten erscheinen, der Anweisung zu "deanthropologisieren' zu folgen. So würde denn hypothetisch zu setzen sein, es gäbe 'das Soziale', und für dieses Soziale wäre dann eben die Soziologie zuständig. Es sei niemandem benommen, dieser Fiktion zu folgen. Fraglich ist nicht nur, was dabei herauskommt, sondern die Antwort könnte niemand anders interessieren als die Spezialisten, die diese Fiktion aufgestellt haben. Ein Soziologe, der ja außer der Tatsache, daß er Wissenschaft betreibt, auch noch Mensch ist, würde dann in seinem Bewußtsein in zwei Welten leben: in der, die er erfunden hat und in der, die dann sein privates Hobby ist, abgesichert vor jeder soziologischen Erklärung.

Wenn wir aber von der einfachen Evidenz dessen ausgehen, daß es sich um Gesellschaft von Menschen handelt und daß daher Menschen immer diejenigen sind, die sich in Gesellschaft befinden, dann besteht die Chance, daß jede Erkenntnis, ob zutreffend oder falsch, Bestandteil des Bewußtseins von Menschen wird. Die Trennung zwischen menschenfreier Gesellschaft und den ihr gegenüberstehenden Menschen läßt sich nicht aufrecht erhalten. Das Postulat, daß eine hinreichend begründete Soziologie einer hinreichend begründeten Anthropologie bedarf, läßt sich, abgesehen davon, daß das eine schwierige Angelegenheit ist, die man vielleicht lieber meidet, schwer von der Hand weisen; es sei denn, man teilte die Auffassung, in dieser Hinsicht gäbe es für den Soziologen keinen Bedarf an besonderem Wissen, da der Mensch ja schon wisse, was es heißt, Mensch zu sein.

Das Rätsel Mensch steht aufgesplitterten Erkenntnissen über Teile oder Aspekte des Menschen gegenüber. Weder kann die Psychologie 'menschliche Fragen' beantworten - und zwar nicht nur deshalb, weil wir statt einer einzigen Psychologie vielen verschiedenen Psychologien begegnen, sondern weil sie eben Wissenschaft vom Psychischen ist: und das ist nie der ganze Mensch -, noch die Medizin, die bestenfalls über das, was mit dem physiologischen Substrat zusammenhängt, Aussagen machen kann. Andererseits ist es nicht unbedingt notwendig, einer Vision vom 'ganzen Menschen' auf spekulative Weise nachzugehen. Was hindert uns, von der beobachtbaren Tatsache auszugehen, daß es immer Individuen gibt, die in einer körperlichen Gestalt all das bergen, was Mensch sein könnte? Und was kann uns weiter an der Annahme hindern, daß 'in' dieser Gestalt sich körperliche, seelische und geistige Prozesse abspielen, die wir einerseits zum Zwecke genauerer Erkenntnisse voneinander trennen (körperlich, seelisch, geistig) und daß andererseits diese Prozesse auf eine oft schwer durchschaubare Weise miteinander verbunden sind? Es handelt sich hier um Annahmen, die keine Spezialisten ausgeklügelt haben, sondern die jedermanns Sache sind. Sollte es einen Grund geben, um spezialisierter Erkenntnisse willen, diese Grundannahme umzustoßen? Auch die Tatsache, daß diese Prozesse sehr schwer kritisch zu beschreiben sind, ist kein Grund, sie zu leugnen. Eine anthropologische Soziologie müßte nun darauf bestehen, daß isolierte Verbindungen dieser Prozesse im Menschen zu irgendetwas außer ihm immer nur ergänzungsbedürftige Erklärung liefert. Weder eine rein körperliche Relation zu Körperlichem noch eine rein kognitive Relation zu allem Bewußtseinsfähigen kann ausreichen, zu dem zu gelangen, was die Soziologie interessiert: dem Phänomen 'menschliche Gesellschaft' als 'Gesellschaft von Menschen' hinreichende Erklärung zu geben. Vielmehr müßte das bisher Unerkärte Bestandteil der Erklärung selbst bleiben. Erst unter dieser Voraussetzung können Einsichten in Details unter der ceteris-paribus-Klausel akzeptiert werden. (Z.B. sind die Forschungen J.Piagets nur dann anthropologisch akzeptabel, wenn als gesetzt gilt, daß Psyche nicht nur eine kognitive Struktur bedeutet.)

4. Angesichts der Schwierigkeit, den ganzen Menschen, als jeweiliges Individuum, in die Soziologie einzubeziehen, haben sich die Wege getrennt: einerseits wird Bewußtseins-Soziologie betrieben, andererseits Handlungstheorie. Daß die Erforschung von Bewußtsein als gesellschaftsbezogenem Bewußtsein wichtig ist, steht außer Zweifel; hier versteht sich von selbst, daß Bewußtsein nicht alles ist. Schwieriger verhält es sich mit der Handlungstheorie in ihren vielfachen Varianten und in ihrer Beziehung zur entsprechenden Philosophie: Zwar kann niemand leugnen, daß - wie auch immer Handeln im einzelnen definiert wird - Menschen immer auch Handeln. Aber solches Handeln zum fundamentalen Ansatzpunkt soziologischer Theorie zu machen ist eine anthropologische Unmöglichkeit: es gibt die Hand nicht ohne den Körper. Ausgangspunkt von

Aussagen über Gesellschaft von Menschen kann nichts anderes als die Existenz und das Erleben sein. Man kann auch formulieren: Menschen befinden sich in Zusammenhängen mit anderen Menschen. In diesem Befinden ist ihr erstes Verhältnis zur 'Welt' das des Erlebens. Und aus diesem Erleben heraus können sie sowohl reagieren als auch (im emphatischen Sinn) handeln. Selbst wenn wir von anderem absehen: es scheint noch etwas zu viel Idealismus mitzuschwingen, wenn die einfachsten Reaktionen, die sich quasi automatisch einstellen, von der Soziologie nicht gesehen werden. Auf jeden Fall ist der Versuch Max Webers, sich nur für das 'soziale Handeln' zu interessieren, eine soziologisch sterile Stilisierung.

Vom Erleben auszugehen, das erst allmählich zur Erfahrung werden kann - oder es verblaßt - hat zur Folge, daß der direkte Bezug zum Bewußtsein, zur Rationalität und zur Vernunft nur sehr begrenzte Einsichten vermittelt. Es bedeutet vielmehr, daß einigen Phänomenen Beachtung geschenkt werden müßte, die in der heutigen Soziologie so gut wie unberücksichtigt bleiben: denen der menschlichen Emotionalität! Wann und wo ist H.Plessners 'Lachen und Weinen' weiter verfolgt worden? Und: so interessant die kognitiven Codes der Liebe in ihrer historischen Wandlung sein mögen, eine deanthropologisierte Liebe ist noch nicht einmal die schöne Haut um einen saftigen Pfirsich herum. Wer daran vorbei geht, daß Gesellschaft immer auch eine affektive Angelegenheit ist - Dahrendorf hat das ja wenigestens mit der Wendung von der 'ärgerlichen Tatsache' angedeutet -, der weiß im Grunde von Gesellschaft als menschlicher Gesellschaft nichts. (Und wenn das übersehen wird, dann wird auch die affektive Beziehung zur Gesellschaft, die der ansonsten nüchterne Durkheim deutlich gezeigt hat, übersehen. (Und dann übersehen wir Soziologen unser eigenes affektives Verhältnis zu ihr.) Gesellschaft kann gar nichts anderes sein als etwas, wo immer geliebt und gehaßt, geachtet und verachtet, gelobt und getadelt wird; wo die Menschen begeistert sind oder sich langweilen; wo es den Menschen gut geht, oder wo sie leiden.

5. Was das Bewußtsein dieser Menschen angeht: es ist ihr Vorrecht, sich und andere täuschen zu können; mehr noch, ohne Irrtum gäbe es den Menschen nicht, auch nicht ohne die Lüge. Die Welt als unsere Lebenswelt ist auch unsere Vorstellungswelt. Die Frage der Wahrheit stellt sich unter Menschen nur begrenzt im philosophischen Sinn. Denn für Menschen ist auch das wahr, an was sie glauben. Und selbst im Wahn ist Wahrheit verborgen. Eine Objektivitätsauffassung in der Soziologie, die all das menschliche als 'subjektiv' verdächtigt, drückt sich vor all diesen unbezweifelbaren Sachverhalten. Eine anthropologische Soziologie hätte sich dem zu stellen, ohne zu vergessen, daß Relativismus unter Menschen nur Angelegenheit einer vorübergehenden, wenn auch notwendigen Distanzierung sein kann.

6. Sind all diese anthropologischen Postulate dazu angetan, die Frage nach sozialen Strukturen und sozialen Systemen zu vernachlässigen? Keinesfalls. Zwar kann so wenig bezweifelt werden, daß sie Bestandteil der Realität, in der wir uns als Menschen befinden, sind; aber was alles andere als gewiß ist, ist die Weise, in der sie für die

Menschen gültig sind. Es ist verständlich, daß sich in der Soziologie mehr und mehr Tendenzen ausgebreitet haben, sich nicht bei idyllischer Beschreibung von Kleinst-Tatbeständen allzu lange aufzuhalten, sondern sich großen Zusammenhängen zuzuwenden. Denn die Bereiche des Mikro-Gesellschaftlichen scheinen hinlänglich bekannt, gleichzeitig aber für die Prozesse, in denen sich das Ganze befindet, reichlich unerheblich. So überwiegen 'generelle Phänomene' - seien es die 'der' Arbeitslosigkeit oder 'der' Urteilsfindung vor Gerichten oder 'der' sozialen Folgen der Büroautomatisierung oder was immer als generelles Phänomen unter die Lupe genommen wird. Generelle Phänomene aber sind generalisierte Phänomene: 'die' Arbeitslosigkeit ist das Zusammentreffen unzähliger Entlassungen ohne Einstellungen. Was als generalisiertes Phänomen analysiert wird, müßte derart gelingen, daß sich jeder Individualfall ohne vorschnelle Reduktion darin wiederfinden würde. Es ist zu bezweifeln, daß eine objektivistische Soziologie, die wenig Ahnung von anthropologischen Voraussetzungen hat, dies leisten kann. (Dagegen ist nicht daran zu zweifeln, daß diejenigen Funktionäre des Staates, der Verwaltung, die ohne hin nur mit 'der' Arbeitslosigkeit umgehen, davon profitieren können.)

Angesichts der groß-dimensionierten Prozesse ist plausibel, daß man die Fiktion setzt, es handele sich um System-Zusammenhänge, die selbstgenerierend sich das aus der Umwelt besorgen und in sie abstoßen, was sie brauchen. Während in der Familie oder im Sportverein oder in der kleineren Kirchengemeinde die Existenz des jeweiligen Systems durchaus davon bestimmt sein mag, mit welcher Energie sich die Menschen für deren Erhalt oder deren Untergang einsetzen, sieht es so aus, als wäre die Existenz der Bundesbahn oder des Kunstmarktes von solchem individuellem Beiwerk unabhängig. Der Schnitt wird aber an der falchen Stelle gemacht; m.a.W. es fehlt an angemessener Differenzierung. Vielmehr ließe sich ohne Mühe deutlich machen, daß es konkretere und abstraktere soziale Zusammenhänge (als Systeme) gibt, und daß der Beitrag der Individuen zu Erhalt oder Veränderung oder Untergang in seiner jeweiligen Besonderheit abnimmt. Aber es ist nicht zutreffend, daß er verschwindet. Denn sosehr in größeren Systemen routinemäßig Strukturen durch die Zeit erhalten werden, sosehr steht auch in ihnen die Individualität, mindestens in Reserve. Wenn es denn kritische Situationen in jedem System gibt, dann tritt in solchen Situationen die vorübergehend überflüssige Individualität in Kraft: als Versager oder als Innovator. Das gilt nicht nur für die Situation eines Präsidenten einer großen Nation; das gilt für jede Reparaturkolonne im Betrieb. (Es gab ja Zeiten, in denen man annahm, daß Kapitalisten im Interesse des Kapitals handelten. Wenn sie das nur immer getan hätten!)

7. So bleibt als letzter Hinweis auf die Gegebenheitsweise des Gesellschaftlichen der für viele ärgerliche Hinweis von Castoriadis, daß 'Gesellschaft imaginäre Institution' ist. Mit anderen Worten: die Menschen sind nicht nur in der Lage, ihre gesellschaftlichen Zusammenhänge - mehr oder weniger zutreffend - zu beschreiben, sondern sie sind deren Erfinder. Dies gilt einerseits einmalig, insofern es vor einem bestimmten Jahr in der Geschichte weder eine GmbH noch einen faschistischen Staat gegeben hat, es gilt andererseits insofern permanent, als die Menschen auf dem Weg über ihr Erleben, ihr Begreifen, ihre Affekte und ihre körperlichen Aktionen dafür sorgen, daß

gesellschaftliche Strukturen und Systeme das bleiben, was sie sind oder verändert werden. Der logische Weg im Sinn des Soziologischen kann nicht vom Kollektiven ausgehen, dessen mehr oder weniger repräsentante Vertreter die einzelnen Individuen sind: denn dann müßte sich das Kollektiv nach immanenter Gesetzmäßigkeit bewegen. Und das ist nicht der Fall, wenn man nicht metaphysische Ansichten einfließen läßt (seien diese nun rationalistisch oder irrationalistisch). Nicht ist die Abweichung des Individuums von der allgemeinen Norm erklärungsbedürftig, sondern es ist zu erklären, auf welche Weise sich Übereinstimmung, Verständigung, Konsens überaupt ergibt. Wer annimmt, daß der Mensch im Prinzip ein Stück Herdenvieh sei, der könnte sich mit der Abweichung von besonders störrischen Exemplaren beschäftigen. Wer aber davon ausgeht, daß die Konstitution des Menschen als Individuum unzählige anthropologisch deutlich zu machende Varianten zuläßt, der muß die Entstehung des jeweiligen Kollektiven angemessen beschreiben können.

Auf diese Weise - das heißt eben gerade unter Einschluß des Anthropologischen - könnte dasjenige weitaus deutlicher gemacht werden, das im Ansatz bei N. Luhmann bereits vorhanden ist: der ungeheuren Zerbrechlichkeit sozialer Zusammenhänge mehr Augenmerk zu leihen. Was alles geschehen muß, damit das angeblich von aller Umwelt sich permanent reinigende System funktioniert, liest man bei ihm eher zwischen den Zeilen: derart einseitig wirkt der Bandwurm der Systemerhaltung. Wenn aber manche Bedingungen, die gesetzt sind, damit das System System bleibt, ausfallen? Dann müßte deutlich werden, daß jeder gesellschaftliche Zusammenhalt eher einem Kunstwerk als einer funktionierenden Maschine gleicht. Und dann würde das Staunen darüber, wer denn die Menschen sind, die unter Mut und Erleiden eine solche Vielfalt von Möglichkeiten um ihrer selbst willen immer wieder ins Leben rufen, Erkenntnis nicht verhindern sondern vertiefen.

Anmerkung:

1. Aus Platzgründen wird auf Zitate und bibliographische Hinweise verzichtet. Ich beziehe mich auf allseits bekannte Autoren.

Friedrich Fürstenberg

Arbeitsfreude als Kulturphänomen

Es ist nicht nur aus wissenschaftsgeschichtlicher Sicht reizvoll, sondern vom gegenwärtigen Problembewußtsein her geradezu geboten, sich von Christian von Ferbers Studie über "*Arbeitsfreude*" (1959) zur erneuten Betrachtung des Phänomens anregen zu lassen. Seine Einsicht, daß die "*Erlebnisstrukturen im industriellen Arbeitsprozeß*" sozialkulturell vermittelt sind (v. Ferber 1959, 6) wird im Zusammenhang mit Diskussionen über "Wertewandel" und "Unternehmenskultur" vielfältig thematisiert. Und sein Hinweis, daß den "*kritischen bis pessimistischen Diagnosen der Arbeitsverhältnisse als Maß deutlich die institutionell gegebenen Chancen für eine uneingeschränkte Selbstverwirklichung des einzelnen*" dienen (a.a.O.,1959, 32), ist dreißig Jahre später noch erstaunlich aktuell.

Es ist nun zu fragen, welche sozialkulturellen Faktoren diese bemerkenswerte Kontinuität einer Fragestellung bedingen, die geradezu paradigmatisch das Spannungsfeld "Mensch und Arbeit" in Leistungsorganisationen personalisierend umfaßt. Allerdings wird sie nicht in allen sozialen Milieus mit gleicher Intensität erlebt. Es gibt auch Hinweise darauf, daß hierzu kulturspezifische Differenzierungen wesentlich beitragen. Im Erlebnis von Arbeitsfreude werden nicht nur private Präferenzen, sondern sozialkulturelle Prägungen transparent.

Die fortdauernde Bedeutung des Themas kann, so lautet die erste These, auf kulturelle Basisorientierungen zurückgeführt werden. Es wird zu zeigen sein, daß ihre Träger im deutschen Sprachbereich ausgeprägte "Berufs"- und "Betriebskulturen" sind. Andererseits verschieben sich im zeitlichen Ablauf die Akzentsetzungen, weil sich die Anspruchsniveaus verlagern: Aus dem "*Kampf um die Arbeitsfreude*" (de Man, 1927) ist für viele ein Verzicht auf die Arbeitsfreude bei gleichzeitiger Kompensation außerhalb der Erwerbssphäre geworden. Daraus wird eine zweite These abgeleitet: Ein

Wandel der Rahmenbedingungen (fortschreitende Rationalisierung bei wachsendem Wohlstand und verkürzter Lebensarbeitszeit) führt einerseits zu neuen Ansprüchen an die Qualität der Arbeit, andererseits bietet er Chancen zur zeitweisen Distanzierung von konfliktreichen Arbeitssituationen. Die Orientierung an Leitbildern traditioneller "Berufs-" und "Betriebskultur" wird durch eine Kultivierung der privaten Lebenswelt ergänzt. Das Hauptproblem liegt hierbei in der fortschreitenden Schwierigkeit, Kulturzusammenhänge sinnvoll zu erfassen und zu gestalten. Wenn Arbeit nicht mehr erstes Lebensbedürfnis ist, so bleibt doch Arbeitserfahrung konstitutiver Bestandteil eines modernen Selbstverständnisses und zugleich ein Tor zum Verständnis des Mitmenschen.

Traditionelle Berufskultur und Arbeitsfreude

Immer wieder ist darauf hingewiesen worden, daß unsere moderne Arbeitswelt auf Werthaltungen beruht, die ihren Ursprung in vorindustriellen Leitbildern haben. Hierzu gehört die verpflichtende Überzeugung, daß alle leistungsfähigen Menschen arbeiten müssen, sollen und schließlich auch wollen. Der Zwang zur Arbeit ergibt sich aus der Notwendigkeit, die Mittel für den Lebensunterhalt selbst zu erwerben. Die Pflicht zur Arbeit wird aus Norm- und Wertvorstellungen abgeleitet, denen Arbeit als Grundlage einer sinnvolleren Daseinsordnung gilt. Die Bereitschaft zur Arbeit schließlich ergibt sich nicht nur aus der bloßen Hinnahme dieser Rahmenbedingungen, sondern auch aus der Überzeugung, durch Eigenleistung persönliche Lebensziele erreichen und durch solidarisches Verhalten sichern zu können. Hintergrund dieser Leitbilder ist eine kulturelle Prägung. Sie wird gekennzeichnet durch die Institutionalisierung von Arbeit als zentralem Lebenswert innerhalb einer umfassenden Berufsidee (Scharmann, 1956).

Schon in der ständischen, vorindustriellen Gesellschaft prägte auf Dauer angelegte und entsprechend qualifizierte Erwerbstätigkeit als Beruf die wichtigsten Lebensumstände. Berufstätigkeit wurde als Pflichterfüllung bzw. Dienst vor Gott religiös überhöht. Auch nach der Säkularisierung dieser Idee blieb ein individualisierender und ganzheitlicher Bezug zur Arbeit als Beruf zur Lebenswelt.

Im Gegensatz zu dieser wertorientierten Bewußtseinsprägung entwickelte sich allerdings die Realität der Arbeitswelt im Zuge des Industrialisierungsprozesses. Fortschreitende Arbeitsteilung und Marktbindung der Arbeitsleistung stellten Arbeit in zunehmend zweckrational funktionalisierte Bewertungszusammenhänge. In dem Maße, in dem Arbeit nutzoptimierend rationalisiert wurde, mußte sich der arbeitende Mensch auch seiner rational begründbaren Interessen bewußt werden.

Der alltäglich erlebte Widerspruch zwischen dem Berufsideal, dem sich in seiner Arbeit frei verwirklichenden Menschen und der Arbeitswirklichkeit, dem von technischen und ökonomischen Zwängen bestimmten Funktionsträger, war bis in die

Gegenwart hinein grundlegend für die Auseinandersetzung um Arbeitsfreude und Arbeitszufriedenheit. Die sich verstärkende Tendenz, den Zwangscharakter der Arbeit zugunsten ihres Selbstbestimmungspotentials zu verringern, kann auf die skizzierten sozialkulturellen Spannungen zurückgeführt werden. Man kann auch ohne Übertreibung feststellen, daß Grundstrukturen der modernen Arbeitswelt wie z.B. Systeme der sozialen Sicherung, die interessenorientierte Aushandlung des Arbeitsergebnisse in Tarifverträgen und Betriebsvereinbarungen, die Ausweitung betrieblicher Sozialpolitik zur sozialen Unternehmenspolitik mit Einschluß der Mitbestimmung, aber auch die Partnerschaftsmodelle sowie die umfassenden Bemühungen um eine Humanisierung der Arbeitsbedingungen, auf derartige nachhaltig erlebte Widersprüche und Versuche zu ihrer Überwindung zurückzuführen sind. Das Erlebnis von Arbeit im Unternehmen war zumindest für die Stammbelegschaft stets auch an fortwirkende Berufsvorstellungen und -standards gebunden. Auch wenn sie im Alltag als Produkt bloßer Notwendigkeit erschien, war sie doch durch eine grundsätzliche Achtung von Arbeit und Beruf als Bereiche der Eigenleistung, der Selbstverwirklichung, aber auch der solidarischen Aktion kulturell geprägt. Vor diesem Hintergrund muß auch die gegenwärtige Diskussion über den Strukturwandel der Arbeit und seine Konsequenzen für die Arbeitsmotivation gesehen werden.

Betriebskultur und Arbeitsfreude

Ähnlich wie die Berufsleitbilder wirken auch in den Vorstellungen über soziale Betriebsorganisation auf die Erwartungshorizonte von Arbeitszufriedenheit und Arbeitsfreude. Im deutschen Sprachbereich sind hier ebenfalls ständische Relikte feststellbar. So erschienen der Betrieb und im umfassenderen Sinne die Unternehmen nicht nur als zweckrationale, marktorientierte Arbeitsorganisationen, sondern zugleich auch als soziale Handlungsfelder. Der Leistungszusammenhang war zugleich auch ein sozialer Zusammenhang, der als gestaltungsbedürftig erschien. Partnerschaftliche und andere kooperative Gestaltungsversuche lassen sich z.B. bis auf das jahr 1848 zurückverfolgen. Danach hat sie keineswegs das Schicksal utopischer Vorstellungen ereilt, sondern in einer nicht abreißenden Kette unterschiedlichster Realisierungsversuche entstanden als genuin deutscher Beitrag zur Sozialreform Modelle der "*Betriebsverfassung*" (Michel, 1953). Sie wurden schließlich Grundlage gesetzlicher Regelungen und einer Herrschaftsordnung im Unternehmen, die deutlich dualistische Züge trägt (Neuloh, 1956). Als Ereignis stellt sich die Unternehmensorganisation als ein technisch-wirtschaftlich determiniertes Leistungssystem dar, das zunehmend durch soziale Anforderungen modifiziert wird. Neben das Effizienz- und Rentabilitätskriterium tritt das Akzeptanzkriterium. Dieser Vorgang findet seine institutionelle Stütze in den teilweise rechtlich, teilweise kollektivvertraglich verankerten Mitwirkungs und Mitbestimmungsstrukturen, aber auch in den freiwillig eingeführten Partnerschaftsmodellen sowie den Experimenten mit genossenschaftlichen Alternativunternehmen. Alle diese Initiativen und Regelungen wären nicht denkbar ohne den Hintergrund einer Betriebskultur, die auf den sozial verpflichtenden Charakter der Leistungsorganisation verweist. Deshalb tragen auch die Auseinandersetzungen über das Leistungsprinzip, die

Bedingungen freiwilliger Kooperation und Partizipation sowie die technisch-wirtschaftliche Determination von Organisationsstrukturen nicht nur sozio-technische Züge. Leitbilder vom richtigen Funktionieren eines Betriebes bzw. Unternehmens sind letztlich auch verbunden mit Vorstellungen über dessen Sinn und Zweck.

Die Zukunft der Arbeitsfreude

Arbeit als Lebenssinn, Beruf als Lebensform und Betrieb als soziales Handlungsfeld im Sinne eines freiwilligen kooperativen Leistungsverbundes haben die Erlebnishorizonte von Arbeitsfreude und ihre Realisierungschancen nachhaltig geprägt. Sie sind für den modernen Menschen in vielfältiger Weise fragwürdig. Dennoch wächst das Bewußtsein, daß die in Unternehmen organisierte Arbeitswelt Teil eines umfassenden Kulturzusammenhangs ist und deshalb auch kulturspezifische Merkmale aufweist, die weiterentwickelt werden müssen. Berufstraditionen verweisen auf die Eignung und Neigung zu eigenverantwortlichem, selbstständigem Handeln. Betriebstraditionen verdeutlichen die Notwendigkeit, hierfür einen sozialorganisatorischen Rahmen zu finden und zu bewahren, der Akzeptanz und im letzten Sinne auch Legitimität von Leistungsansprüchen gewährleistet. Überall dort, wo über Motivation, Leistung, Zusammenarbeit, Mitbestimmung und gesellschaftliche Verantwortung im Unternehmenszusammenhang diskutiert wird, sind auch Wertorientierungen nachweisbar.

Allerdings erlebt der individualisierte Arbeitnehmer der Gegenwart immer weniger die Berufs- und Unternehmenswirklichkeit als institutionalisierte Sozialformen mit Regelhaftigkeit und fragloser Verbindlichkeit. Es gibt nicht "das" Berufsbild, "das" Betriebsmodell, sondern eine Vielzahl von Handlungsorientierungen, die oft, widersprüchlichen Ansprüchen und Anforderungen unterschiedlicher Milieus geprägt sind.

Zwei Merkmale verweisen auf den veränderten Sinnbezug moderner Arbeit im gesamten Lebenszusammenhang:
1. Die hochdifferenzierte Arbeitswelt ist raum-zeitlich und auch erlebnishaft weitgehend getrennt von anderen Lebensbereichen. Hierdurch kommt es zu teilweise polar entgegengesetzten und doch voneinander abhängigen Handlungsmustern, z.B. in der Berufswelt und im Freizeitbereich.
2. Dennoch prägen die Produktions- und Dienstleitungserfordernisse ebenso wie die Struktur der Arbeit den außerberuflichen Lebensraum: Zunehmende Produktivität und Güterfülle sind Merkmale der modernen Wirtschaft. Sie beruhen auf ständig fortschreitender Rationalisierung der Arbeit. Leistungsdruck und Güterkonsum steigern sich wechselseitig. In diesem Prozeß können beide Phänomene Fetischcharakter annehmen in der Weise, daß sowohl Produktivität als auch Konsum als Selbstzweck erscheinen. Diese sehr reale, aber grundlegend verkürzte Lebenserfahrung kann hierbei durchaus mit einer Ideologisierung von Teilaspekten des Arbeitsgeschehens im gesamten Lebenszusammenhang einhergehen.

Hauptfolge ist dann eine Reduktion des Bildes vom arbeitenden Menschen und seines Arbeitserlebnisses überhaupt. Seine humanen Qualitäten schrumpfen auf die im Arbeitsprozeß und im Prozeß der Vermarktung seiner Produkte erforderlichen Funktionen zusammen. Arbeitsfreude wird zur leistungsspezifischen Arbeitsmotivation.

Burkhard Sievers hat 1984 Motivation als Sinn-Surrogat bezeichnet und damit eine wesentliche Aussage auch zum Thema "Arbeitsfreude" gemacht. Während diese als ein Kulturphänomen an sinnhaft erlebbare Wirklichkeit gebunden ist, erscheint Motivation zunehmend als manipulierbares, zweckrationales Konstrukt (nach dem utilitaristischen Motto: Was bringt mir das?), das zu seiner Realisierung Stimmungsmacher, Animateure benötigt, wie Horst Opaschowski (1989) fordert. Belohnung winkt und Arbeitsfreude wird zum "Spaß an der Arbeit".

In derartigen Abläufen wird deutlich, daß allein von der Arbeitswelt her eine tiefergreifende Sinngebung der Arbeit kaum erfolgt, eher vielmehr eine privatisierte Arbeitshaltung gefördert wird.

Christian von Ferber hat in diesem Zusammenhang darauf verwiesen, daß bei der "*Frage nach Arbeitsfreude, -interesse und -zufriedenheit*" ... Arbeits-"definitionen" zu berücksichtigen sind, "*die weder in Anpassung an die unmittelbare Arbeitssituation entwickelt noch auf die 'persönlichkeitsbezogenen' Arbeitsverhältnisse beschränkt sind*" (1959, 111). Die traditionelle Verankerung von Arbeitsfreude in Berufs- und Betriebskulturen verweist auf diese Tiefendimension: Arbeit wird zwar an ihrer Leistung gemessen. Diese steht jedoch in einem gesellschaftlich vermittelten Sinnzusammenhang. Wird dieser fragwürdig, treten Surrogate auf, die schließlich "Arbeitsfreude" als historische Kategorie erscheinen lassen.

Versuche, diesen Prozeß dadurch aufzuhalten, daß Arbeit als "*erstes Lebensbedürfnis*" (Jadow und Sdrawomislow) und damit auch zum sinngebenden Lebenselement deklariert wird, sind ebenfalls nicht erfolgreich. Totalitäre Dienstideologien finden in modernen Gesellschaften wenige Anhänger.

Wir können also feststellen, daß der Zusammenhang von Arbeit und Lebenssinn und damit die Basis für Arbeitsfreude höchst problematisch geworden sind.

1. Eine Sinngebung der Arbeit durch gesellschaftliche Bezüge wird angesichts der hochspezialisierten modernen Arbeitsformen zu Überforderung und psychischer Verarmung.
2. Eine Sinngebung der Arbeit durch gesellschaftliche Bezüge wird angesichts des Interessenpluralismus zum Ausdruck partieller Ideologien. In totalitären Systemen hingegen erfolgt eine letztlich nicht glaubwürdige Zwangsintegration.
3. Eine Sinngebung der Arbeit vom persönlichen Lebensraum her führt mangels gesellschaftlicher Bezüge zu privatisierten Haltungen, die leicht manipulierbar sind.

Was bleibt angesichts dieser Tendenzen von den traditionellen Ansatzpunkten für die Entstehung von "Arbeitsfreude"? Der Selbstverwirklichungsanspruch des Individuums und der Leistungsanspruch der Organisation sind weniger traditionsgebunden als interessengeleitet, oft durch Repräsentanten vermittelt und marktmäßig ausgehandelt. Die sozialkulturelle Komponente hierbei ist das Ausmaß der Selbst- bzw. Fremdbestimmung im Rahmen von Verpflichtungen, die häufig als "Zwänge" empfunden werden. Nicht Regelbindung sondern Flexibilisierung wird entsprechend angestrebt. Deshalb soll hier die These vertreten werden, daß Arbeitsfreude für moderne Arbeitnehmer wesentlich eine Frage der *Handlungsspielräume in Leistungsorganisationen* ist, die auch eng mit Chancen der Persönlichkeits- und Organisationsentwicklung zusammenhängt. Der Aspekt der Persönlichkeitsentwicklung schließt an Erfahrungen mit der traditionellen Berufskultur an, der Bereich der Organisationsentwicklung muß im Zusammenhang mit bisherigen Ausprägungen von Betriebskultur gesehen werden.

Handlungsspielräume bestimmen das Ausmaß relativer Selbständigkeit oder Unselbständigkeit in zweifacher Hinsicht: als objektive Voraussetzungen und als subjektive Nutzungsmöglichkeiten. Bei der Schaffung von Handlungsspielräumen sind die Vorstrukturierung von Quantität, Qualität und Tempo der Arbeit, räumliche und funktionale Mobilität der Mitarbeiter, Wechsel des Arbeitsumfangs und -inhalts sowie die Möglichkeit zur Eigenkontrolle die wichtigsten Faktoren. Sie alle sind abhängig von der Art und dem Ausmaß der Rationalisierung, die eine Optimierung des technisch-wirtschaftlichen Mitteleinsatzes bezweckt. Über den unmittelbaren Arbeitsbereich hinaus weisen die vielfältigen horizontalen und vertikalen Organisationsbeziehungen. Von ihrer Gestaltung hängt das Ausmaß der Fremdbestimmung, der hierarchischen Bindung und ganz allgemein des sozialen Zwanges ab. Auf oberster Unternehmerebene legen die sozialorganisatorischen, sozialrechtlichen und sozialökonomischen Regelungen und Zielsetzungen auch die Erweiterung oder Verengung des jeweils individuell erfahrenen Handlungsspielraums fest.

Die subjektive Nutzung von Handlungsspielräumen ist von der Qualifikation und Motivation der Beteiligten abhängig. Sie stellen im wesentlichen Sozialisationsleistungen dar, die sich in einem oft längerfristigen Prozeß herausgebildet haben und dementsprechend auch kurzfristig zu verfügen. Eine entsprechende Handlungbereitschaft muß sich erst allmählich entwickeln. Aber sie bedarf der Ergänzung durch die Fähigkeit zur zielorientierten Zusammenarbeit, wie gerade die Erfahrungen in selbstbestimmten Alternativbetrieben immer wieder zeigen (Bergmann, 1988). In diesem Zusammenhang wird es besonders wichtig, in den Qualifikationsprozeß, insbesondere die Berufsausbildung nicht nur sogenannte "funktionale" Elemente im Sinne des technischen Trainings sondern auch "extrafunktionale" Bestandteile im Sinne der Orientierung in sozialen Situationen mit einzubeziehen.

Wie auch immer die Präferenzen in der Praxis liegen mögen, Arbeitsfreude und Arbeitszufriedenheit sind nicht Produkte aus der Retorte. Sie entstehen und entwickeln sich auf der Grundlage sozialkultureller Prägungen von erheblichem Eigengewicht. Dies ist besonders hervorzuheben, angesichts der weit verbreiteten Versuche, Arbeitsmotivationen ganz aus der Perspektive zweckorientierter Managementstrategien zu begreifen und zu "verwerten". Ein positives Arbeitserlebnis, das "Freude" vermittelt, mag im "Verwertungszusammenhang" der Arbeit eher als romantische Vorstellung erscheinen. Akzeptanz von Leistungsansprüchen und Bereitschaft zur Eigenleistung sind aber nicht allein Gegenstand des ökonomischen Kalküls. Die Arbeit als wesentliche Lebensgrundlage und Betätigung des Menschen orientiert sich an Aufgaben, die zwar eine möglichst wirtschaftliche Nutzung der Arbeitskraft miteinschließen, aber über diese weit hinausreichen. Humane Arbeitsgestaltung ist notwendig, weil Arbeit ihren Sinn erst in einem akzeptierten humanen Zielsystem findet. Dieses Zielsystem muß sich auch entsprechend auf die Gestaltung des Arbeitsvollzugs , der Arbeitsbeziehungen und des Arbeitsverhältnisses auswirken können. Dann wird auch "Arbeitsfreude" möglich, die mehr als psychotechnische Konditionierung ist. Widerstände auf diesem Wege ergeben sich nicht allein aufgrund unterschiedlicher Interessenlagen der Beteiligten, sondern auch aufgrund historisch begründeter Sacherfordernisse, die erst allmählich verändert werden können. Die Aufgabe der Beteiligten ist es, diesen Weg nicht so sehr durch abstrakte Utopien, sondern durch konkrete Strategien mit kontollierbaren Ergebnissen zu fördern. Aus sozialkultureller Gesamtsicht geht es um den Beitrag der Arbeit zur persönlichen und allgemeinen Lebensqualität. Sicherung der Lebensgrundlagen, Erweiterung der Lebenschancen, auch im Sinne kultureller Partizipation, sind hierfür Zielpunkte. Ihre inhaltlich verbindliche Festlegung erfordert allerdings den Konsensus der Beteiligten ebenso wie ihr ständiges Bemühen um Erkenntnis sinnhafter Zusammenhänge.

Literatur:

Bergmann, K. (1988) Aufgaben- und Wertewandel selbstverwalteter Betriebe, in:

Loesch, A. v. (Hrsg.): Selbstverwaltete Betriebe. Neue genossenschaftliche und gemeinwirtschaftliche Unternehmen? Ztschr. für öffentliche und gemeinwirtschaftliche Unternehmen, Beiheft 10, Baden-Baden

Ferber, C. v. (1959) Arbeitsfreude, Stuttgart.

Jadow, W. A., Roschin, W. P., Sdrawomyslow, A. G., (1971) Der Mensch und seine Arbeit, Berlin-Ost

Michel, E. (1953) Sozialgeschichte der industriellen Arbeitswelt. 3. Auflage Frankfurt/M.

Rosenstock, E. (1922) Werkstattaussiedlung, Berlin.

Scharmann, Th. (1956) Arbeit und Beruf, Tübingen.

Sievers, B. (1984) Motivation as a Surrogate for meaning. Arbeitspapier des Fachbereichs Wirtschaftswissenschaften Nr. 81, Bergische Universität Wuppertal.

Opaschowski, Horst W. (1989) Von der Geldkultur zur Zeitkultur, in: Frankfurter Allgemeine Zeitung, Nr. 173, 19.07.1989, 10

Pawlowsky, P. (1986) Arbeitseinstellungen im Wandel, München.

Vollmer, R. (1986) Die Entmythologisierung der Berufsarbeit, Wiesbaden.

Willi Pöhler

Arbeit und Subjekt

1. Den Arbeitswissenschaften stellt sich - solange sie daran festhalten, menschliche Arbeit zum Gegenstand zu haben - stets auch die Frage, wie sie es denn mit dem Menschen halten. Das gilt nicht nur für das Verhältnis von Mensch und Arbeit, sondern auch für das Verhältnis von Mensch und Wissenschaft. Wenn man die Frage radikal genug stellt, wird offensichtlich, daß es hier nicht um Konventionen geht, die in Abstimmungspapieren wissenschaftlicher Gesellschaften dokumentiert werden, sondern um theoretische und methodische Grundfragen. Die allgemein akzeptierte Definition von Arbeitssystem (DIN: 1975) gibt verschiedenen Disziplinen einen gemeinsamen Bezugsrahmen zur Analyse - auch des Verhältnisses von Mensch und Arbeit. Allerdings mit einer Einschränkung: Die Strukturierung dieses Verhältnisses erfolgt nicht aus der Perspektive des Subjektes. Um Mißverständnisse zu vermeiden sei angemerkt: subjektive Meinungen und Einstellungen lassen sich im Bezugsrahmen Arbeitssystem als Eigenschaftsmerkmale ohne eine subjektbezogene Perspektive (ähnlich wie Werkstoffeigenschaften) definieren. Damit ist noch kein subjektbezogener Bezugsrahmen konstituiert. Andererseits muß ein subjektbezogener Bezugsrahmen auch die nicht subjektiven Sachverhalte angemessen erfassen können (so z.B. Arbeitsmittel und Arbeitsumgebung). Neben diesem Aspekt des Bezugsrahmens wissenschaftlicher Analyse steht auch zur Diskussion, ob und in welcher Weise die Menschen, die Thema der wissenschaftlichen Untersuchung sind, in den Prozeß der Wissensproduktion einbezogen werden. Ein schwerwiegender Einwand gegen die Einbeziehung der Untersuchungspersonen stützt sich auf das Kriterium der Objektivität wissenschaftlicher Aussagen. Er beinhaltet sowohl das Argument subjektiver Verfälschung (sei es interessen- oder sichtweisenbedingt), als auch das Argument der mangelnden Kompetenz des "*Laien*". Eine diametral entgegengesetzte Position unterstellt, daß ohne Beteiligung des Subjekts angemessene Aussagen über dieses nicht möglich und daß die Experten menschlicher Arbeit die Arbeitenden selbst seien.

Da wissenschaftliche Kontroversen stets auch Kontroversen von in Disziplinen, Schulen etc. "*organisierten*" Wissenschaftlern sind, kann eine kontextfreie Diskussion nicht erwartet werden (abgesehen davon, daß wir Wissenschaftler hinsichtlich der erkenntnistheoretischen Grundlagen unserer Wissenschaft zunächst auch Laien sind). Erschwerend kommt hinzu, daß unter dem "*label*" Arbeitswissenschaft Disziplinen sehr unterschiedlicher Herkunft agieren. Exemplarisch dafür ist die Diskussion, die mit der Denkschrift Arbeitswissenschaft in der Gesetzgebung begann (GfA, 1973), den Thesen zur Fortentwicklung einer interdisziplinären Arbeitswissenschaft (Fürstenberg, 1975, 140 ff.) und der Denkschrift zur Lage der Arbeitsmedizin und der Ergonomie (DFG, 1980) fortgesetzt wurde (Laske et. al., 1985, Pornschlegel, 1982, Reichwald, 1982, Rehhahn: 1983, Rohmert et. al., 1985). Einen vorläufigen Abschluß hat diese Diskussion mit dem Beitrag von Lukczak, Volpert et. al. (1987) erhalten. Der Konsens zugunsten einer Systematisierung des Gebietes und der Fundierung eines gemeinsamen Gegenstandskatalogs geht m.E. auf Kosten erkenntnistheoretischer und axiomatischer Kontroversen. Eine dieser Kontroversen thematisiert das Verhältnis von Subjekt und Arbeit.

2. Edmund Husserl hat die erkenntnistheoretische Diskussion über Subjektivität und Objektivität radikalisiert und einen Weg zur Aufhebung der Subjekt-Objekt-Trennung mit der phänomenologischen Methode begründet (Husserliana I-XI, siehe auch Pöhler, 1969). Popitz, Bahrdt, Jüres und Kesting haben dieses Konzept in ihrer Untersuchung über Technik und Industriearbeit (Popitz, Bahrdt et. al., 1957) angewandt und damit in die Arbeitswissenschaften eingebracht. H.P. Bahrdt hat die methodische Diskussion speziell hinsichtlich der Kategorie "Arbeitssituation" fortgesetzt (Bahrdt, 1972, vgl. auch Pöhler: 1979). Der Versuch von Konrad Thomas, den Situationsbegriff für verschiedene Disziplinen der Arbeitswissenschaft aufzuschließen (Thomas: 1964), fand keine Resonanz.

Die geringe Rezeption des phänomenologischen Konzepts in den Arbeitswissenschaften hat mehrere Gründe. Die sehr intensive Datenerhebung sowie die aufwendige Verarbeitung (vgl. Popitz, Bahrdt et. al., 1957) beschränken die Feldanwendung. Allgemeinere Strukturen und Prozesse lassen sich nicht angemessen erfassen (Pöhler: 1969). Die phänomenologische Methode ist als Erhebungsmethode zunächst in den Sozialwissenschaften angewandt worden, es ist nicht gelungen, sie auf andere Fachrichtungen zu übertragen.

In den vergangenen Jahren habe ich mich erneut mit der Phänomenologie auseinandergesetzt und in Diskussionen mit Christian von Ferber und einem kleineren Kreis gemeinsamer Kollegen eine Reformulierung versucht. Erkenntnisleitende Überlegungen waren dabei folgende: Läßt sich ein Bezugsrahmen konstituieren, der auf der Mikroebene das Verhältnis von Subjekt und Objekt adäquat strukturiert? Läßt sich dieser Bezugsrahmen offen halten für Transfers in Makrodimensionen? Bietet er den Zugang für verschiedene Disziplinen, ohne daß eine Disziplin dominiert? Ist er kompatibel mit anderen Bezugsrahmen? Diese Überlegungen führen in die axiomatische Diskussion und überschreiten den engeren Rahmen der Erhebungsmethoden. Ein phänomenologisch konstituierter Bezugsrahmen der Situation soll auch in anderer Weise erhobene Daten integrieren können. Das folgende Schaubild "*Strukturelemente der Situation*" faßt die wesentlichen Strukturelemente der Situation zusammen. Ich gehe nicht im Detail auf die erkenntnistheoretischen Grundfragen ein, die sich aus dem zugrundeliegenden philosophischen Kontext ergeben (vgl. Pöhler: 1969). Eine Grundannahme gilt es besonders zu beachten: die innere Zuordnung von Subjektivität und Objektivität, die allen Erfahrungen vorausgeht (bei Husserl als universales Korrelationsapriori von Erfahrungsgegenstand und Gegebenheitsweisen bezeichnet, Husserliana VI, 169). Als immanente Strukturelemente der Situation, die das Verhältnis von Subjekt und Objekt konstituieren, werden Reflexion, Raum und Zeit herangezogen. Die subjektive Situation ist stets eine raum-zeitlich-reflexive. Sie wird durch die Intentionalität des Subjektes, in der die Subjekt-Objekt-Beziehung immer schon bewußtseinsmäßig vorweggenommen ist, geprägt und ausgefüllt. Die so inhaltlich gefüllten Elemente sind Gegebenheiten (bzw. Mitgegebenheiten) und nicht einfach Bestandsstücke einer Situation. Sie sind in diesem strukturellen Kontext zu interpretieren. Sie haben ihre jeweilige inhaltliche Bedeutung und können je nach Relevanz mehr oder weniger intensiv erfaßt oder gar ausgeblendet werden. Auf diese Weise könnte ein Diskussionszusammenhang hergestellt werden, bei dem zunächst die Problemstruktur und nicht die Methodeninventare von Disziplinen im Vordergrund stehen. Es ließen sich auch bewältigbare Übergänge zwischen unterschiedlichen Bezugssystemen herstellen (zur folgenden Darstellung vgl. Bahrdt: 1972; Pöhler: 1969; Popitz, Bahrdt, et. al.: 1975).

'Jetzt' und 'hier' ist die raum-zeitliche Einheit der Situation. Diese Einheit läßt sich zwar analytisch zerlegen, für das Subjekt ist sie ein konstitutiver Zusammenhang. Das 'Jetzt' ist von Vergangenheit und Zukunft unterschieden. Die Grenzen sind nicht nur objektiv gegeben, sondern auch intentional konstituiert und durch Verhalten strukturiert. Das Subjekt stellt in der Situation Zukunft her und verläßt die Vergangenheit. Es steigt jedoch nicht einfach aus der Vergangenheit aus, es nimmt Kenntnisse mit und akkumuliert Wissen. Konzeptionen beruflicher Qualifizierung haben auf der Mikroebene der Arbeitssituation einen systematischen Ansatz, das Verhältnis von Arbeit und Lernen zu strukturieren. Das Subjekt hat die Vergangenheit erfahren, es wird durch sie geprägt. Die Vergangenheit ist insofern nicht nur bewußtseinsmäßig gegeben, sondern hat das Subjekt auch organisch und psychisch verändert. Wie noch zu zeigen sein wird, ist das Subjekt an dieser Veränderung beteiligt, die organischen Veränderungen können durch reflexive Vorgänge (z. B. durch bestimmte emotionale Verarbeitungen) beeinflußt worden sein. Wenn wir die Vergangenheit als eine Kette von Situationen verstehen, wenn weiter unterstellt wird, daß einzelne Ereignisse mit bestimmter Häufigkeit aufgetreten sind, dann lassen sich z.B. arbeitsbedingte Erkrankungen systematisch erklären und im Verweisungszusammenhang von objektiven und subjektiven Gegebenheiten interpretieren.

Das in die Vergangenheit gerichtete intentionale Bewußtsein ist die Erinnerung; das in die Zukunft gerichtete ist die Antizipation. Es wäre z.B. näher zu prüfen, ob die Alltagserfahrung, daß Menschen, deren Zukunftshorizont kleiner wird, sich zunehmend ihrer Erinnerung zuwenden, systematisch aus der Struktur des inneren Zeitbewußtseins erklärt werden kann. Zukunft ist zeitlich gestaffelt, ihr Horzont ist auch räumlich strukturiert. Die Antizipation des Zukünftigen -z.B. von Sanktionen- ist in der Situation gegeben und beeinflußt das aktuelle Verhalten. Der Bereitschaft zum Eingreifen (z.B.

bei überwachenden Tätigkeiten), liegt die bewußtseinsmäßige Präsenz zukünftiger Ereignisse und der entsprechenden Verhaltensrepertoire bzw. Handlungsstrategien zugrunde. Die Zukunft läßt sich strategisch strukturieren. Der Übergang vom Jetzt und Hier in die Zukunft wird aktiv durch Handeln vollzogen. Die Kapazität des Subjektes ist das Handlungspotential zur Herstellung von Zukunft. Seine Kompetenz ist das strategisches Potential.

In der Situation ist das Subjekt nicht nur jetzt, sondern auch hier. Die räumliche Strukturierung fängt bei der einfachen Tatsache der eigenen räumlichen Ausdehnung an. Der Körper ist eine der Gegebenheiten des Subjektes in seiner Situation. Die weitere räumliche Umwelt ist durch physikalische und soziale Gegebenheiten strukturiert. Sie hat einen Horizont, der Nähe und Ferne staffelt. Im Situationskontext lassen sich die räumlichen Sachverhalte als Gegebenheiten und Mitgegebenheiten interpretieren. Die Unterscheidung ergibt sich aus der situativen Relevanz. Mitgegebenheiten bilden gewissermaßen den Hintergrundcharakter räumlicher Gegebenheiten. Ihre jeweilige Abgrenzung mag objektiv bedingt sein (z.B. durch physikalische Raumelemente), konstituiert wird sie durch das intentionale Bewußtsein. Insofern ist nicht nur die zeitliche, sondern auch die räumliche Struktur der Situation intentional konstituiert.
Wenn das Situationskonzept auf Arbeit übertragen und dynamisiert wird, dann ist der Arbeitsvollzug die kleinste Einheit der Analyse. Er ist die "*Abfolge der einzelnen Verrichtungen eines Arbeiters im Rahmen einer Aufgabe unter gegebenen technischen und sozialen Bedingungen*" (Popitz, Bahrdt et. al., 1957). Arbeitsvollzüge sind nicht isolierte Akte Einzelner, sondern stehen in einem raum-zeitlichen Verweisungszusammenhang technischer und sozialer Bedingungen der Arbeit. Mit den Begriffen Kooperation und Kommunikation wird die Vermittlung zu anderen Subjekten und anderen Arbeitsvollzügen hergestellt und damit eine systematisch Öffnung des Situationskonzeptes.

3. Die Forschungsgruppe um Christian von Ferber hat ein mikroepidemiologisches Konzept arbeitsbedingter Erkrankungen entwickelt und angewandt, das mit dem dargestellten Subjekt-Situationsansatz kompatibel ist (vgl. die herangezogenen Arbeiten von: Ferber, Chr. und L. von; Slesina; Schröer). Das naturwissenschaftliche Krankheitsmodell wird um psycho-soziale Faktoren erweitert. In die Beziehung von Belastung und Beanspruchung wird die subjektive Vermittlung eingeführt. Das naturwissenschaftliche Dosis-Wirkungs-Konzept erklärt arbeitsbedingte Erkrankungen, die sich aus der chemo-physikalischen Umwelt ergeben, subjektunabhängig. Das psycho-soziale Modell geht weiter und thematisiert zunächst die chemo-physikalische Umwelt als vom Subjekt konstituierte Gegebenheit (und damit als raum-zeitlich-reflexiv strukturiertes Verhältnis von Subjekt und Umwelt). Diese Umwelt ist eine wahrgenommene Gegebenheit und unterliegt der kognitiven, ästhetischen und emotionalen Interpretation durch das Subjekt (vgl. das Schaubild "*Strukturelemente der Situation*"). Notwendigerweise wird das Modell komplexer, die Analyse wird kompliziert. Die Reduktion von Komplexität ist ein notwendiger Schritt wissenschaftlichen Arbeitens. Unter dem Gesichtspunkt wissenschaftlicher Arbeitseffizienz ist es verständlich, die Reduktion möglichst früh zu vollziehen. Damit wächst das Risiko bereits auf der Ebene des Bezugsrahmens

Reduktion vorzunehmen und damit ganze Analysefelder abzuschneiden. Dem gilt es vorzubeugen und methodische Verfahren zu finden, die eine Einklammerung von Teilaspekten möglich machen und dennoch die Zusammenhänge erhalten. Die Epidemiologie bietet ein Verfahren, vom Resultat her mit unterschiedlichen Reichweiten bis zu den differenzierten Sachverhalten und hochkomplexen Zusammenhängen vorzudringen. Die Entscheidung, ob und mit welcher Reichweite die subjektive Verarbeitung der Situation thematisiert wird, kann offengehalten werden. Bei der Untersuchung des Verhältnisses von Mensch und chemophysikalischer Umwelt gibt es keine wissenschaftstheoretisch begründete Vorentscheidung für das subjektunabhängige Modell. Im Gegenteil: es gibt eine starke Begründung, die subjektive Vermittlung zu berücksichtigen. Ob das in der Forschungspraxis jeweils immer erfolgen muß, ist eine andere Frage.

Strukturelemente der Situation

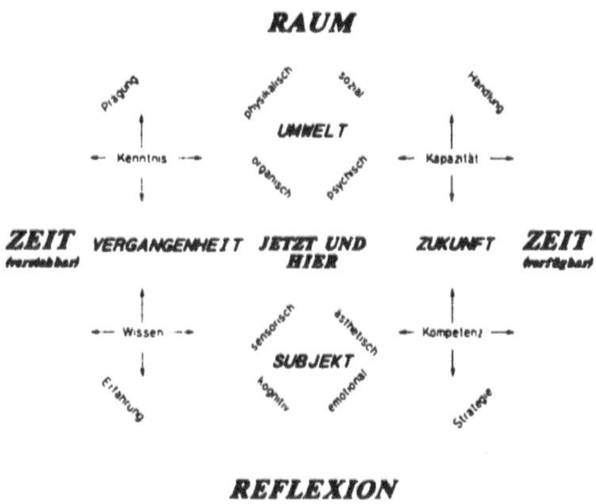

Eine Untersuchung der Ursachen arbeitsbedingter Erkrankungen kann nicht auf die chemo-physikalische Umwelt begrenzt werden. Anforderungen der sozialen Umwelt sind zu berücksichtigen (Ferber, Chr. von et. al., 1982), denn auch die betrieblichen Leistungsverhältnisse produzieren gesundheitliche Risiken. Die Durchsetzungsmechanismen sozialer Normensysteme (Kontrollen und Sanktionen) erzeugen im Zusammenwirken mit Inhalt, Umfang und Ablauf der Arbeit gesundheitsrelevante Belastungen. Derartige Belastungskomplexe lassen sich aus mehreren Gründen nicht angemessen im Dosis-Wirkungs-Modell erklären. Anforderungen der sozialen Umwelt entfalten ihre Wirksamkeit nicht durch bloße Anwesenheit, sondern durch Vermittlungen verschiedenster Art. Ihre Verhaltensregulationen müssen erlernt (z.B. der Sinn von Normen und deren Beachtung, die Übersetzung von Normen in Handeln) und als zumutbar anerkannt, Verstöße gegen sie müssen mißbilligt werden, Sanktions- und Kontrollsysteme (ggf. Selbstkontrolle) sichern deren Durchsetzung. Für das Verhältnis von Subjekt und sozialer Umwelt ist das Wirkungs-Expositions-Modell nur begrenzt aussagekräftig. Das Gesundheitsrisiko ist Resultat von Wechselwirkungen und nicht lediglich von Einwirkungen. Die Subjekte sind nicht allein exponiert (dem Einfluß der sozialen Umwelt ausgesetzt), sondern sie sind auch am Zustandekommen der Wirkung selbst beteiligt. Deren Aneignung oder Nichtbeachtung, Akzeptanz oder Abwehr sind Bestandteile der Wirkung. Insofern müßte das arbeitswissenschaftliche Belastungs- Beanspruchungskonzept um die Dimensionen Konflikt bzw. Auseinandersetzung erweitert werden (Ferber, Chr. von et. al.: 1982).

Eine so konstituierte Mikroepidemiologie bietet systematisch begründete Ansatzpunkte zur Weiterentwicklung der Prävention arbeitsbedingter Erkrankungen. Sie erweitert nicht nur unser Wissen über die Entstehung dieser Erkrankungen, sondern auch über die Maßnahmen zur Gesundheitsvorsorge (Pöhler, 1983). Der Regelkreis professioneller Vorsorge wird sowohl hinsichtlich des Personenkreises als auch hinsichtlich der Maßnahmen ausgeweitet (Ferber, Chr. von, Badura, B., 1983). Ein Ansatzpunkt dazu ist die Situationsveränderung. Zwei Beispiele sollen das erläutern: Die systematische Einübung von individuellen Verhaltensweisen, die es möglich machen, Auseinandersetzungen bzw. Konflikte (z.B. Rollenkonflikte) ohne schädigende Wirkung zu überstehen, ist die Streßkontrolle. Sie setzt bei der Aneignung und Akzeptanz sozialer Normen und Sanktionen an. Die Prävention richtet sich nicht unmittelbar auf die zeitlich-räumlichen Strukturelemente der Situation, sondern auf die reflexive und handlungsstrategische Verarbeitung durch das Subjekt. Streßkontrolle ist in Situationen bedeutsam, in denen das Subjekt keine oder nur geringe Chancen hat, die sonstigen Gegebenheiten zu verändern. Ein weiterreichendes und die individuelle Situation überschreitendes Konzept ist die Beteiligung der Betroffenen an der Gestaltung der Arbeitsverhältnisse einschließlich deren Beteiligung an der Ermittlung belastungsrelevanter Arbeitsbedingungen. Die Gruppe um von Ferber hat ein Konzept für Gesundheitszirkel entwickelt, das Partizipation auch auf die gesundheitsgerechte Arbeitsgestaltung anwendet (auf die Notwendigkeit, das weitere Umfeld einzubeziehen, bin ich in anderem Zusammenhang eingegangen. Pöhler, 1983). Erste erfolgreiche Übertragungen in die betriebliche Praxis sprechen für die Leistungsfähigkeit. Ein so erweitertes Präventionskonzept ist nicht nur dem Stand der Forschung angemessen, es ist auch auf der Höhe gesellschaftlicher Entwicklung.

4. Das Verhältnis von Mensch und Arbeit ist historischem Wandel unterworfen. Die Veränderungen der Produktions- und Verwaltungsverfahren, der Regulation und Kontrolle von Prozessen, wie auch die Veränderung von Arbeitszeit und arbeitsfreier Zeit haben Folgen für dieses Verhältnis. In der arbeitswissenschaftlichen Diskussion gibt es Einigkeit darüber, daß der Anteil der Informationsverarbeitung und hier wiederum der Anteil der Verarbeitung komplexer Informationen zunimmt. Wissen und Kompetenz werden zumindest in Teilbereichen an Bedeutung gewinnen. Die Zunahme von kognitiven und sensorischen Anforderungen wird die Belastungs- und Beanspruchungsstrukturen verändern. Ebenfalls ist eine Zunahme der verhaltensregulierenden Maßnahmen zu erwarten, die an der subjektiven Verhaltensbereitschaft und Akzeptanz ansetzen. Kulturhistorische Theorien gehen davon aus, daß der Prozeß gesellschaftlicher Rationalisierung einhergeht mit zunehmender Ersetzung von Fremdkontrolle durch Selbstkontrolle. Für Norbert Elias ist dieser spezifische Prozeß der Zivilisation durch die Differenzierung gesellschaftlicher Funktionen, die wachsende Abhängigkeit der Menschen, die wachsende Interdependenz größerer Menschengruppen untereinander und die Aussonderung bzw. Zentraliserung des Gewaltmonopols bestimmt (Elias 1969, Bd.2). Diese Tendenzen der zunehmenden Ersetzung von Fremd- durch Selbstkontrolle finden sich auch auf der Mikroebene der Organisation der Arbeit wieder. Trends der Organisationsentwicklung in Unternehmen (Dezentralisierung, Selbststeuerung und erweiterte Beteiligung) weisen in die gleiche Richtung. Diese Entwicklungen implizieren

nicht notwendigerweise mehr individuelle Autonomie und Handlungsfreiheit. Bisherige Erfahrungen sind eher widersprüchlich.

Nicht nur die Rahmenbedingungen ändern sich, auch hinsichtlich des Verhaltens der arbeitenden Menschen sind Veränderungen festzustellen, die folgenreich sein können. In den vergangenen Jahren haben sich trotz Arbeitslosigkeit auf hohem Niveau und entgegen den Erwartungen der wissenschaftlichen Profession die Zumutbarkeitsschwellen gegenüber Arbeitsbedingungen nicht wesentlich verändert. Nach wie vor sind bestimmte Gruppen von Arbeitsplätzen nur schwer zu besetzen. Die Sensibilität gegenüber schädigenden Umgebungseinflüssen wächst. Die Bereitschaft, für entsprechendes Entgelt Mehrarbeit zu leisten, hat abgenommen. Das Bedürfnis nach differenzierten Arbeitszeiten (auch der Lebensarbeitszeit) wird mit zunehmender Deutlichkeit artikuliert. Wir finden hier Indikatoren für die Veränderung des Verhältnisses von Mensch und Arbeit. Diese Veränderungen werden auch ihren Niederschlag in den arbeitswissenschaftlichen Konzepten finden müssen. Bestimmten in der Vergangenheit die Einwirkungen der Arbeitsumwelt, körperliche Schwerarbeit und Arbeitssicherheit die Fragestellungen und theoretischen Konzepte, so werden Einstellungen, Verhaltensweisen und Bedürfnisse der Menschen an Bedeutung gewinnen. Wenn diese nicht losgelöst von den sonstigen Bedingungen menschlicher Arbeit behandelt werden sollen, dann bedarf es eines integrierenden Konzepts. Das Situationskonzept könnte auf der Mikroebene der Arbeit eine solche Integration leisten. Eine solche Vorgehensweise will ich anhand der Kategorie "Befindlichkeit" erläutern: Befindlichkeit ist im phänomenologischen Kontext als Selbst in der Situation zu verstehen.

Befindlichkeit schließt ein: die Einwirkungen auf den Menschen, die im arbeitswissenschaftlichen Konzept der Belastung und Beanspruchung beschrieben werden können sowie die wahrgenommenen Beanspruchungen. Befindlichkeit ist offen für die Selbstwahrnehmung von Belastung und Beanspruchung. Bei der Integration der quasi objektiven und der subjektbezogenen Verfahren der Belastungs- und Beanspruchungsermittlung ergeben sich eine Reihe von methodischen Problemen, auf die ich an dieser Stelle nicht eingehen will. Zumindest einen Weg, die methodischen Probleme zu lösen, hat die Gruppe um Christian von Ferber gewiesen (Ferber, Ch.von, 1978; ders. und Badura, B., 1983; Ferber,L.von, Slesina, W., 1981; Slesina, W., 1987).

Befindlichkeit schließt die Bewertung der eigenen Arbeitssituation durch den arbeitenden Menschen ein. Ein Parameter hierzu kann Arbeitszufriedenheit sein. Die bisherigen methodischen Vorgehensweisen und -ergebnisse sind jedoch wenig zufriedenstellend. Ein möglicher Weg, die bisherigen Probleme anzugehen, ist die Integration der Zufriedenheitsdimension in die situative Analyse. Methodisch gesehen müßte dann die Befragung systematisch an die Gegebenheiten der Situation anknüpfen. Ihr müßte die Situationsanalyse vorangehen. Der Bezugsrahmen der Befragung würde damit durch die situative Analyse vorgegeben. Selbstverständlich ist eine Zufriedenheitsbefragung, die nicht auf die Situation zurückgreift, technisch leichter durchführbar. Nur kann das für die wissenschaftliche Bearbeitung des Themas nicht leitend sein.
Befindlichkeit umfaßt auch das Situationserlebnis. Wie das Subjekt seine Arbeit erlebt

ist für dessen Orientierung und Verhalten nicht ohne Folgen. Situationen werden in ihren zeitlichen, räumlichen und thematischen Gegebenheiten und Horizonten als Folgen, bzw. Bewegungen wahrgenommen und in kognitiven, ästhetischen und emotionalen Kontexten interpretiert. Wechsel und Dauer der Situationen beeinflussen das Erleben. Der Erlebnisgehalt der Arbeit ist für die wissenschaftliche Analyse und Bewertung von Arbeit noch ein unerschlossenes Gebiet. Im Zuge der Veränderung gesellschaftlicher Verhältnisse wird diese Dimension jedoch an Bedeutung gewinnen. Für die Arbeitswissenschaften werden damit nicht nur neue Forschungsfelder geöffnet, es steht ihnen auch ein Paradigmawechsel bevor: die Wendung zum arbeitenden Subjekt.

Literatur

Antoni, M. (1983) Anthropologische Vorarbeiten zur Bestimmung eines Begriffs der menschlichen Arbeit, Zeitschrift für Arbeitswissenschaft, 37. Jg., 65-68

Baarss, A., Hacker, W., Hartmann, W., Iwanowa, A., Richter, P., Wolff, S. (1981) Psychologische Arbeitsanalysen zur Erfassung der Persönlichkeitsförderlichkeit von Arbeitsinhalten In: Frei, F., Ulich, E. (Hrsg.): Beiträge zur psychologischen Arbeitsanalyse, Bern, 127-164

Bahrdt, H.P. (1953) Arbeitsplan einer industriesoziologischen Untersuchung, durchgeführt als Sozialforschung in einem Hüttenwerk des Ruhrgebiets, Manuskript Sozialforschungsstelle Dortmund

Bahrdt, H.P. (1972) Industriebürokratie, Stuttgart

Baldamus, W. (1960) Der gerechte Lohn, Berlin

Deutsche Forschungsgemeinschaft (Hrsg.) (1980) Denkschrift zur Lage Arbeitsmedizin und der Ergonomie in der Bundesrepublik Deutschland, Boppard

DIN 33400 Vornorm (1975) Gestalten von Arbeitssystemen nach arbeitswissenschaftlichen Erkenntnissen. Begriffe und allgemeine Leitsätze, Berlin

Elias, N. (1969) Über den Prozeß der Zivilisation, 2 Bde, Bern

Euler, H.P. (1982) Ansätze zur integrativen Arbeitswissenschaft, Zeitschrift für Arbeitswissenschaft, 36 Jg., 211-215

Ferber, Chr. von (1959) Arbeitsfreude, Stuttgart

Ferber, Chr. von (1964) Arbeitsleid in der Wohlstandsgesellschaft In: Soziale Welt, 289-299

Ferber, Chr. von (1978) Soziale Konflikte - Welche Bedeutung haben soziologische Aussagen zum Krankenstand? In: Ferber, Ch. von, Ferber, L. von: Der kranke Mensch in der Gesellschaft, Reinbek bei Hamburg

Ferber, Chr. von (1981) Zur Zivilisationstheorie von Norbert Elias - heute In: Matthes, J. (Hrsg.): Lebenswelt und soziale Probleme. Verhandlungen des 20. Deutschen Soziologentages, Frankfurt

Ferber, Chr. von, Ferber, L. von, Slesina, W. (1982) Medizinsoziologie und Prävention. Am Beispiel der Gesundheitsvorsorge am Arbeitsplatz, Soziale Welt, Sonderband 1, 277-306

Ferber, Chr. von, Badura, B. (Hrsg.) (1983) Laienpotential, Patientenaktivierung und Gesundheitsselbsthilfe, München/Wien

Ferber, Chr. von, Ferber, L. von, Pöhler, W. (1983) Gesundheitsgerechte Arbeitsgestaltung - eine soziologische Utopie? In: Baethge, M., Eßbach, W. (Hrsg.): Soziologie: Entdeckungen im Alltäglichen. Hans Paul Bahrdt Festschrift zu seinem 65. Geburtstag, Frankfurt/New York

Ferber, L. von, Renner, A., Schröer, A., Slesina, W. (1987) Arbeit und Gesundheit, in: Forschungsverbund Laienpotential, Patientenaktivierung und Gesundheitsselbsthilfe (Hrsg.), Gesundheitsselbsthilfe und professionelle Dienste - Soziologische Grundlagen einer bürgerorientierten Gesundheitspolitik, Berlin

Ferber, L. von (1980) Die Arbeitsunfähigkeitsdiagnose des niedergelassenen Arztes in ihrer Aussagekraft, Die Ortskrankenkasse, 918-923

Ferber, L. von, Slesina, W. (1981) Integriertes Verfahren zur Analyse arbeitsbedingter Erkrankungen (IVVAK), Zeitschrift für Arbeitswissenschaft, 112-123

Ferber, L. von, Schröer, A. (1984): Arbeitsunfähigkeitsdaten als Grundlage der Verlaufsbeobachtung chronischer Krankheiten, Das öffentliche Gesundheitswesen, 71-79

Ferber, L. von, Schröer, A. (1985) Arbeitsunfähigkeit, chronische Krankheit und Gesundheitsvorsorge am Arbeitsplatz - Ergebnisse einer Auswertung von Prozeßdaten einer Betriebskrankenkasse, in: Schräder, W., Thiele, W. (Hrsg.), Krankheit und Arbeitswelt - Möglichkeiten der Analyse von Daten der gesetzlichen Krankenversicherung. Schriftenreihe Strukturforschung im Gesundheitswesen, Band 5, Technische Universität Berlin, Berlin, 85-111

Fürstenberg, F. (1975) Konzeption einer interdisziplinär organisierten Arbeitswissenschaft, Göttingen

Georg, W., Kißler, L., Sattel, U. (Hrsg.) (1985) Arbeit und Wissenschaft: Arbeitswissenschaft?, Bonn

Gesellschaft für Arbeitswissenschaft (GfA) (1973) Denkschrift, Arbeitswissenschaft in der Gesetzgebung, Frankfurt

Gohl, J. (Hrsg.) (1977) Arbeit im Konflikt. Probleme der Humanisierungsdebatte, München

Hackstein, R. (1977) Arbeitswissenschaft im Umriß, Band 1., Essen

Hackstein, R. (1982) 1857 - 1982: 125 Jahre "Arbeitswissenschaft" - Was sagt das uns heute?, Zeitschrift für Arbeitswissenschaft, 36 Jg., 129-131

Husserl, E. (1955) "Husserliana", Gesammelte Werke, Band I-XI, Haag

Kirchner, J.-H. (1983) Ein systematisches Modell der Arbeitswissenschaft für Praxis und Lehre, Zeitschrift für Arbeitswissenschaft, 37. Jg., 7-11

Kirchner, J.-H., Rohmert, W. (1974) Ergonomische Leitregeln zur menschengerechten Arbeitsgestaltung, München/Wien

Laske, S., Pöhler, W., Pornschlegel, H. und Schweres, M. (1985): Auf dem Weg zu einer integrierten Arbeitswissenschaft, Zeitschrift für Arbeitswissenschaft, 39. Jg., 181-185

Laurig, W. (1983) Wissenschaftstheoretische Inhaltsbestimmung des Begriffs von Ergonomie, Zeitschrift für Arbeitswissenschaft, 37. Jg., 129-133

Laurig, W., Rohmert, W. (1981) Ergonomische Methoden zur Beurteilung des Teilsystems "Mensch" in Arbeitssystemen, in: Schmidtke, H. (Hrsg.): Lehrbuch der Ergonomie, München, 514-529

Lichte, R (1978) Betriebsalltag von Industriearbeitern, Frankfurt/New York

Löffler, R., Sofsky, W. (1986) Macht, Arbeit und Humanität. Zur Pathologie organisierter Arbeitssituationen, Göttingen/Augsburg

Luczak, H., Rohmert, W. (1980) Ergonomie, in: DFG (Hrsg.): Denkschrift - Zur Lage der Arbeitsmedizin und der Ergonomie, Boppard, 15-22

Luczak, H., Rohmert, W. (1985) Ansätze zu einer anthropologischen Systematik arbeitswissenschaftlicher Erkenntnisse, Zeitschrift für Arbeitswissenschaft, 39. Jg., 129-144

Luczak, H., Volpert, W., Raithel, A., Schwier, W. (1987) Arbeitswissenschaft; Kerndefinitionen - Gegenstandskatalog - Forschungsstand, Frankfurt

Müller, R., Volkholz, V. (1980) Arbeitsbelastung, arbeitsbedingte Erkrankungen und Frühinvalidität, Zentralblatt für Arbeitsmedizin, 416-423

Oevermann, U., Tilmann, A., Konau, E., Krambeck, J. (1979) Die Methodologie einer objektiven Hermeneutik und ihre forschungspolitische Bedeutung in den Sozialwissenschaften, in: Soeffner H.G.(Hrsg.): Interpretative Verfahren in den Sozial- und Textwissenschaften, Stuttgart, 352-433

Peter, G. (1990) Situation - Institution - System als Ebenen der Erklärung sozialer Zusammenhänge (unveröffentlichtes Manuskript)

Plessner, H. (1965) Die Stufen des Organischen und der Mensch. Einleitung in die philosophische Anthropologie, Berlin

Pöhler, W. (1969) Information und Verwaltung. Versuch einer soziologischen Theorie der Unternehmensverwaltung, Stuttgart

Pöhler, W. (Hrsg.) (1979) ... damit die Arbeit menschlicher wird. Fünf Jahre Aktionsprogramm Humanisierung des Arbeitslebens (HdA), Bonn

Pöhler, W., Peter, G. (1982) Erfahrungen mit dem Humanisierungsprogramm. Von den Möglichkeiten und Grenzen einer sozial orientierten Technologiepolitik, Köln

Pöhler, W. (1983): Bedingungen und Grenzen der Umsetzung mikroepidemiologischer Forschungsergebnisse in die Gesundheitsvorsorge am Arbeitsplatz, in: Ferber, Chr. von, Badura, B. (Hrsg.): Laienpotential, Patientenaktivierung und Gesundheitsselbsthilfe, München, Wien

Pöhler, W. (1987) Mitbestimmung am Arbeitsplatz. In: Mitbestimmung in der Bundesrepublik Deutschland; Beiträge zur wissenschaftlichen Grundlegung und zur Unterrichtspraxis, 20.Jg. Heft3, Stuttgart, 53-61

Popitz, H, Bahrdt, H.P. u.a. (1957) Technik und Industriearbeit. Soziologische Untersuchungen in der Hüttenindustrie, Tübingen

Pornschlegel, H. (1982) Ansätze zur integrativen Arbeitswissenschaft - sozialökonomische Aspekte, Zeitschrift für Arbeitswissenschaft, 36. Jg., 230 - 233

REFA (1975) Methodenlehre des Arbeitsstudiums - Teil 1 - Grundlagen, München

Reichwald, R. (1982) Integrative Arbeitswissenschaft und Arbeitsorganisation, Zeitschrift für Arbeitswissenschaft, 36. Jg., 224-229

Rehhahn, H. (1983) Betrachtungen über den Gegenstand der Arbeitswissenschaft, Zeitschrift für Arbeitswissenschaft, 37. Jg., 1-6

Rohmert, W. (1984) Das Belastungs-Beanspruchungs-Konzept, Zeitschrift für Arbeitswissenschaft, 38. Jg., 193-200

Rohmert, W., Rutenfranz, J. (1975) Arbeitswissenschaftliche Beurteilung der Belastung und Beanspruchung an unterschiedlichen industriellen Arbeitsplätzen, Bonn

Rohmert, W., Luczak, H., Rutenfranz, J. (1985) Stellungnahme zum Beitrag Laske/Pöhler/Pornschlegel/-Schweres, Zeitschrift für Arbeitswissenschaft, 39. Jg., 186

Rutenfranz, J. (1983) Arbeitsbedingte Erkrankungen, Überlegungen aus arbeitsmedizinischer Sicht, In: Arbeitsmedizin, Sozialmedizin, Präventivmedizin, 257-267

Schaefer, H., Blohmke, M. (1977) Epidemiologie der koronaren Herz-Krankheiten, in: Blohmke, M., Ferber, Chr. von, Kisker, K.P., Sozialmedizin, Band II., Stuttgart, 1-67

Schaefer, H., Blohmke, M. (1977) Herzkrank durch psychosozialen Streß, Heidelberg

Schröer, A., Ferber, L. von (1987) Arbeitsunfähigkeit und Verlaufsmuster chronischer Krankheiten - zur Relevanz der Nutzung von GKV - Prozeßdaten für die Praxis sozialmedizinischer Dienste, Arbeitsmedizin, Sozialmedizin, Präventivmedizin, 37-40

Schütz, A. (1957) Das Problem der transzendentalen Intersubjektivität bei Husserl, in: Philosophische Rundschau, 5. Jg., Heft 2

Schütz, A. (1971) Gesammelte Aufsätze, 3Bde., den Haag

Schütz, A. (1974) Der sinnhafte Aufbau der sozialen Welt, Vienna

Skrotzki, R. (1989) Arbeitswissenschaftliche Technikfolgen - Abschätzung und Technik - Beeinflussung, Düsseldorf

Slesina, W. (1987) Arbeitsbedingte Erkrankungen und Arbeitsanalyse. Arbeitsanalyse unter dem Gesichtspunkt der Gesundheitsvorsorge, Stuttgart

Slesina, W., Schröer, A., Ferber, Chr. von (1988) Soziologie und menschengerechte Arbeitsgestaltung. Arbeitsschutz, ein Berufsfeld für Soziologen? Soziale Welt, 205-223

Thomas, K. (1964) Die betriebliche Situation der Arbeiter, Stuttgart

Weber, M. (1980) Wirtschaft und Gesellschaft, Tübingen

Alfons Schröer

Zur Personfunktionalität des Arbeitsschutzes - Subjektive Rechte der Beschäftigten im Arbeitsschutz

Das Ziel des folgenden Beitrages ist die Untersuchung der Frage, ob und in welcher Weise das Arbeits- und Arbeitsschutzrecht der Bundesrepublik Deutschland die Beschäftigten auf der einen Seite zwar vor elementaren Risiken aus der Arbeit schützt, sie aber auf der anderen Seite lediglich als Objekt dieses Schutzes behandelt und beläßt. Diese Hypothese soll durch Rückgriff auf eine rechtssoziologische Analyse von Helmut Schelsky und einer Analyse der rechtlichen Regelungen des Arbeitschutzes gestützt werden. Abschließend sollen Überlegungen erläutert werden, auf welche Weise die subjektiven Rechte der Beschäftigten verstärkt im Arbeits- und Gesundheitsschutz Geltung erlangen können.

Recht dient im Arbeitsschutz der Kanalisierung und Regulierung des Interessengegensatzes von Arbeitgebern und Arbeitnehmern und trägt so mit dazu bei, daß das Sozialverhältnis der abhängigen Beschäftigung sozial verträglich wird. Die in diesem Sozialverhältnis angelegten strukturellen Konflikte sollen in ihren Folgen für die Gesamtgesellschaft entschärft werden. Diese Funktion des Rechts kann, eine rechtssoziologische Argumentation Schelskys (1970) aufgreifend, als die Systemfunktionalität des Rechts bezeichnet werden.

Das Recht im Arbeitsschutz dient ebenfalls dazu, den einzelnen Beschäftigten vor gesundheitlichen Gefahren zu schützen, die im Zusammenhang mit seiner Beschäftigung stehen. Rechtliche Vorschriften sollen z.B. durch die Aufstellung von Grenzwerten bei gefährlichen Stoffen Leib und Leben des einzelnen Beschäftigten schützen. Insofern als es in dieser Perspektive um die Sicherung der körperlichen Integrität des Beschäftigten geht, kann diese Funktion des Rechts als die biologische Funktion bzw. die Terminologie Schelskys aufgreifend als die anthropologische Funktion des Rechts bezeichnet werden.

Die systemfunktionale und anthropologisch-funktionale Analyse des Rechts werden einer Untersuchung des Arbeitsschutzes allein jedoch nicht gerecht, insofern als bereits der Begriff der menschengerechten Gestaltung der Arbeit in § 91 BetrVG nicht allein auf die Sicherung der körperlichen Integrität des Beschäftigten abzielt, sondern durch die Anknüpfung der Arbeitsgestaltung an den Wertbegriff der "Menschengerechtigkeit" die Personalität des Beschäftigten als Träger von Rechten und Mitgestalter seiner Umwelt - auch am Arbeitsplatz - in die Analyse miteinbezieht. Der funktionalen Analyse des Rechts aus dieser Perspektive - wir werden sie die personfunktionale Analyse des Rechts nennen - kommt die Aufgabe zu, zu bestimmen, inwieweit die personalen Rechte des Beschäftigten im Arbeitsschutz verwirklicht sind oder nicht.

Unter dem Gesichtspunkt der Prävention arbeitsbedingter Erkrankungen können die Perspektiven der anthropologisch-funktionalen und personfunktionalen Analyse des Arbeitsschutzrechtes nicht immer sauber abgegrenzt werden. Der Grund liegt darin, daß für diejenigen arbeitsbedingten Erkrankungen, die nicht allein durch stoffliche Einflüsse naturwissenschaftlich erklärt werden können, sondern bei denen die Wahrnehmung und das Handeln der Beschäftigten selbst für die Enstehung und den Verlauf dieser Erkrankungen bedeutsam werden können, die Handlungs- und Gestaltungsrechte der Beschäftigten mit in die Analyse einbezogen werden müssen (vgl. Schröer 1989).

Eine personfunktionale Analyse des Rechts kann nur dann durchgeführt werden, wenn die Leitideen des Rechts auf das Individuum bezogen, formuliert werden können. Dieser Nachweis, der durch eine rechtsgeschichtliche Analyse Leitideen des Rechts empirisch gesichert herausarbeitet, konnte von Schelsky (1970) nicht geführt werden. Dennoch geht er davon aus, drei Leitideen des Rechts, bezogen auf das Individuum, formulieren zu können.

- Gegenseitigkeit auf Dauer,
- Gleichheit bei Verschiedenheit,
- Integrität und Autonomie gegenüber Organisationen.

Gegenseitigkeit und Dauer

Der Kerngedanke dieses Prinzips besteht aus der Annahme eines wechselseitigen Austausches von Rechten und Pflichten in personalen Beziehungen. Dem Leistungsanspruch des einen steht der Anspruch auf Leistung durch den anderen gegenüber. Störungen in diesem Verhältnis, als mangelnde oder ganz fehlende Erfüllung der Leistungen der einen Seite, können durch ein entsprechendes Verhalten der anderen Seite direkt sanktioniert werden.

Dies trifft in der Regel vor allem für solche Beziehungen zu, in der sich einzelne Personen oder einzelne Organisationen direkt gegenüberstehen. Inhalt dieser Austauschbeziehungen sind vor allem die auf die jeweiligen Individuen bezogenen Bedürfnisse.

Zu diesem Gedanken, der als "funktionale Reziprozität" bezeichnet wird, tritt das Prinzip der Dauer. Rechtsverhältnisse zeichnen sich gerade dadurch aus, daß sie sich nicht im einmaligen Austausch von Leistungen erschöpfen, sondern auch auf die planende Gestaltung der Zukunft ausgerichtet sind.

Transformiert wird dieses zunächst rein personale Rechtsverhältnis durch das Auftauchen der von Schelsky als "Prinzip der institutionellen Entlastung" bezeichnete, geprägten Entwicklung. Dies bedeutet, daß ein Dritter als garantierende und sanktionierende Kraft in das Verhältnis tritt, um der möglichen Instabilität der Interessen der unmittelbar Betroffenen entgegenzuwirken. Die Rolle des Dritten ist zunächst passiv, gewinnt aber mit der Entwicklung zum aktiven Garanten der Beziehung ein starkes Gewicht. Die ursprüngliche sanktionierende Funktion der Reziprozität wird durch die Kontrolle durch den Dritten, z.B. den Staat, ersetzt und die Sozialbeziehung entlastet. Damit wird die zunächst reziproke Rechtsbeziehung in ein Rechtsverhältnis transformiert, das von dieser Instanz aus interpretiert und begründet wird.

Wir können nun diese abstrakt angestellten Überlegungen für unseren Gegenstand konkretisieren. Durch die Charakterisierung des Arbeitsverhältnisses als einen gegenseitigen Vertrag, sind grundsätzlich alle bürgerlich-rechtlichen Vorschriften für gegenseitige Verträge sowie Sonderregelungen des Dienstvertragsrechts anwendbar, in dem auch die Sanktionsmöglichkeiten der Parteien bei Leistungsstörungen geregelt sind. Nach Bürgerlichem Recht ist der Arbeits- und Dienstvertrag somit ein Vertrag wie jeder andere auch, in dem die beiden Vertragsparteien persönlich die Vertragsverbindungen - die versprochenen Dienste und die versprochene Vergütung aushandeln können. Der Dienstvertrag des Bürgerlichen Rechts geht von der Fiktion gleich starker Verhandlungspartner, von einer Fiktion funktionaler Reziprozität aus. Funktionale Reziprozität würde aber bedeuten, daß die Vertragsparteien rechtlich und faktisch über gleich starke Sanktionspotentiale verfügen können. Rechtsdogmatisch betrachtet steht hier dem Recht des Arbeitgebers auf Zurückhaltung bei Nichterfüllung der Dienstverpflichtung durch den Arbeitnehmer, das Recht des Arbeitnehmers gegenüber seine Leistung zurückzuhalten, wenn der Arbeitgeber seine Pflichten verletzt. Dieses Leistungsverweigerungsrecht des Arbeitnehmers käme in unserer Perspektive dann zum Tragen, wenn der Arbeitgeber Vorschriften des Gesundheitsschutzes mißachtet (Wlotzke 1983). Dieses Recht des Arbeitnehmers hat aber für die Praxis keine Bedeutung (Mertens 1978). Dies liegt vor allem daran, daß der Arbeitnehmer die Pflichtverletzung des Arbeitgebers beweisen können muß. Da er aber hierbei regelmäßig in Schwierigkeiten kommt, kann der Arbeitgeber die unterstellte Pflichtverletzung abstreiten und nun seinerseits wegen Arbeitsverweigerung kündigen. Da die Kündigung in der Regel sofort in Kraft tritt, hat der Arbeitnehmer nun zwar die Möglichkeit vor dem Arbeitsgericht zu klagen, muß aber damit rechnen, daß er lange auf ein Urteil warten muß. Die Vorschriften des Dienstvertragsrechts aus dem BGB führen daher, bei formaljuristischer Betrachtung, zu einer funktionalen Reziprozität, die sich in der Praxis aber in ein deutliches Machtungleichgewicht verwandelt.

Es wäre daher nun zu überprüfen, ob die Entwicklung zu einem im wesentlichen öffentlich-rechtlich verfaßten Arbeitsschutz als ein Prozeß der "institutionellen Entlastung" bzw. der Einführung der Rolle eines "übermächtigen Dritten" interpretiert werden kann und welche ggf. nicht-intentionalen Folgen diese Entwicklung für die Situation des Arbeitsschutzes hat.

Da der Arbeitsschutz in der Bundesrepublik, ausgehend von seiner Entwicklung im 19. Jahrhundert, sich vor allem auf die öffentlich-rechtliche Rechtsetzungstätigkeit des Staates und der gesetzlichen Unfallversicherung hin entwickelt hat, kann man in der Tat von einer institutionellen Entlastung des Arbeitsverhältnisses von den Problemen des Gesundheitsschutzes sprechen.

Die präventiv wirkende öffentlich-rechtliche Regulierungsstrategie wird ergänzt durch die Rechtsetzungstätigkeit des Staates im Bereich der Sozialversicherung. Die Existenz der Sozialversicherung entlastet das Arbeitsverhältnis von den Kosten der Heilbehandlung (Krankenversicherung und Unfallversicherung).

Der öffentlich-rechtlich verfaßte Arbeitsschutz wendet sich in aller Regel an den Arbeitgeber. Dies liegt darin begründet, daß der Arbeitsschutz von der Anerkennung des Direktionsrechtes des Arbeitgebers ausgeht. Der Arbeitnehmer, um dessen Gesundheitsschutz es in allen diesen Regelungen geht, taucht in den Vorschriften nicht aktiv auf. Die institutionelle Entlastung des Arbeitsverhältnisses führt somit unter dieser Perspektive nicht zu einer Stärkung der rechtlichen Sanktionsmöglichkeiten der schwächeren Partei, sondern zum Schutz des Arbeitnehmers als Objekt staatlicher und unternehmerischer Fürsorgepflichten.

Eine funktionale Alternative für das Tätigwerden des Staates bzw. eine Ergänzung seiner Rolle wäre in einem Engagement der Tarifvertragsparteien zu sehen. Die Tarifpolitik in Deutschland hat bislang allerdings diesen gesamten Bereich fast vollständig ausgeklammert und sich stattdessen der Lohnpolitik verschrieben.

Im Ergebnis führt dies zu der folgenden Situation: Der Staat greift in das Arbeitsverhältnis und seine Ausgestaltung durch öffentlich rechtliche Regulierungen selektiv in Bezug auf die Verhütung von Arbeitsunfällen und Berufskrankheiten ein. Das Arbeitsverhältnis wird entlastet von der Beseitigung der Folgen von betrieblich bedingten Gesundheitsschäden durch die Tätigkeit der Sozialversicherung im Bereich der Heilbehandlung und Entschädigung. Durch die Tarifpolitik wird die Festsetzung der Löhne in der Regel aus dem direkten Verhältnis von Arbeitgeber und Arbeitnehmer ausgelagert.

Nicht von diesem Entlastungsprozeß betroffen ist dagegen die Festlegung der "versprochenen Dienste". Der Arbeitsvertrag bleibt in Bezug auf die Konkretisierung der vom Arbeitnehmer zu erbringenden Dienstleistung inhaltsleer. Unter juristischer Perspektive steht dem Arbeitgeber ein einseitiges Leistungsbestimmungsrecht zu, dem der Arbeitnehmer in weiten Grenzen zu folgen hat. Die rechtlich durchaus vorhandenen

Möglichkeiten von Gewerkschaften und Betriebsräten, dieses Leistungsbestimmungsrecht des Arbeitgebers sowohl in Beziehung auf das gesamte Arbeitsverhältnis oder spezieller in Beziehung auf den Gesundheitsschutz der Beschäftigten im Sinne eines autonomen Arbeitsschutzes (Fitting, Auffarth, Kaiser 1981, Schröer 1989) zu entwickeln, sind bislang kaum genutzt worden.

Während das Recht von einer weitgehenden Indeterminiertheit der Arbeitsleistung ausgeht, hat die Arbeitssoziologie vor bereits mehr als 25 Jahren darauf hingewiesen, daß unter soziologischer Perspektive gesellschaftlich strukturierte Normen der Beschäftigten über die Angemessenheit und Zumutbarkeit des Verhältnisses von Arbeitsmühe und Arbeitsentgelt nachweisbar sind (Baldamus 1960; von Ferber 1959).

Die Vorstellungen der Beschäftigten über das, welche Arbeitsleistung angemessen und zumutbar ist, finden allerdings keinen Eingang in das Recht. Kommen die Leistungsnormen der Beschäftigten in Konkurrenz mit den betrieblichen Vorstellungen und Erwartungen, wird dies in der Regel unter der Perspektive der mangelnden Arbeitsmoral thematisiert, letzlich also als negativ zu bewertendes Verhalten.

Die Illegitimität der Leistungsnormen der Beschäftigten führt dahin, daß über Angemessenheit und Zumutbarkeit der Arbeitsleistung selbst nicht mehr rational verhandelt werden kann. Der das Arbeitsverhältnis prägende Interessenkonflikt (Coser 1965; Aubert 1963) wird, da keine legitimen Verfahren zu seiner Bearbeitung praktiziert werden, verschoben bzw. umgeleitet. Die Konfliktumleitung findet ihren Ausdruck in Fluktuation, Absentismus, Bremsen, Streiks etc. Die Konflikthandlungen "Bremsen", "Streiks" ihrerseits werden von der Rechtsordnung negativ bewertet und gelten rechtlich als unzulässig.

Rechtlich bestehen jedoch Handlungsmöglichkeiten für die Tarifvertragsparteien und die Parteien der Betriebsverfassung, eigenständig Recht im Bereich des Arbeitsschutzes zu setzen. Da aber auch der rechtlich für die Tarifparteien und auch für die Betriebsräte bestehende Handlungsspielraum nicht genutzt wird, sind sowohl die Betriebsräte als auch die Beschäftigten selbst in der Konsequenz gebunden und können ihre Normen über zumutbare Arbeitsleistungen nicht thematisieren.

Gleichheit bei Verschiedenheit

Schelsky versteht unter der Leitidee des Rechts "Gleichheit bei Verschiedenheit" die Transformation von reinen Machtverhältnissen, in ein Herrschaftsverhältnis durch obrigkeitliches Recht. Die Verrechtlichung der sozialen Beziehungen und die Möglichkeit, dadurch im Bedarfsfalle zur Durchsetzung individueller Rechte notfalls das Tätigwerden staatlicher Zwangsorgane in Anspruch nehmen zu können, erschließt für das Individuum Entscheidungsmöglichkeiten, die ohne die Existenz dieser Rechte undenkbar wären. Erfüllt das Recht die Funktion, den Arbeitnehmer im Bertrieb mit solchen Rechten auszustatten, die ihm erlauben, seine Gesundheit im Arbeitsprozeß zu sichern?

Wir haben festgestellt, daß das Dienstvertragsrecht des Bürgerlichen Rechts dem einzelnen Arbeitnehmer zwar nach herrschender Lehre ein Leistungsverweigerungsrecht bei drohenden Gesundheitsgefahren zubilligt, daß dieses Recht aber faktisch bedeutungslos ist, weil sich der Arbeitgeber durch ein Berufen auf eine angebliche Arbeitsverweigerung und seine entsprechende Kündigungsdrohung in eine vorteilhafte Position zurückziehen kann. Das Recht auf Leistungsverweigerung wäre nur dann als "Machtquelle" im Sinne Max Webers anzusprechen, wenn es durch weitere rechtliche Regelungen, insbesondere einer Regelung zum Kündigungsschutz verstärkt würde.

Die öffentlich-rechtlichen Regelungen des Arbeitsschutzes sehen den Arbeitnehmer als Objekt ihrer Schutzmaßnahmen. Der Arbeitnehmer als rechtsgestaltendes Subjekt und Handelnder im Arbeitschutz taucht in allen diesen Regelungen nicht auf.

Unabhängig von der Frage nach der Effizienz der Kontrolle durch die Organe der Gewerbeaufsicht und der Berufsgenossenschaften kann festgestellt werden, daß an den Arbeitgeber adressierte, von Behörden überwachte Arbeitsschutznormen nur in solchen Fällen ihre Wirksamkeit entfallen können, wo die Einhaltung der Vorschriften eo ipso zur Sicherung der Gesundheit der Beschäftigten beiträgt. Dies ist z.B. bei Vorschriften über die Konstruktion von Maschinen der Fall, wenn die durch diese Vorschrift bewirkte Bauweise das Auftreten von Verletzungen weitgehend unmöglich macht. In Schwierigkeiten kommen diese Regelungen jedoch immer dann, wenn dieser Zusammenhang über die soziale Organisation der Arbeit eine wesentliche Ursache der Gefährdung selbst ist (vgl. hierzu ausführlich Schröer 1989).

Eine weitere "Machtquelle" für die Rechte der Beschäftigten im Arbeitsschutz könnten schließlich die Bestimmungen des Betriebsverfassungsgesetzes darstellen. Durch sie erhält allerdings nicht der einzelne Beschäftigte konkrete Rechtspositionen im Arbeitsschutz. Diese Funktion wird an das Repräsentativorgan Betriebsrat delegiert.

Die Rolle des Betriebsrates im Rahmen des Arbeitsschutzes erschöpft sich u.E. weitgehend in seiner Überwachungsfunktion. Das Betriebsverfassungsgesetz sieht zwar rechtlich die Möglichkeiten eingenständigen Handelns des Betriebsrates vor. Diese Möglichkeit wird aber in der Praxis kaum genutzt. Die Gründe für die Abstinenz des Betriebsrates auf dem Sektor des Arbeitsschutzes resultieren aus seiner mangelnden fachlichen und juristischen Kompetenz in den komplexen Fragen des Arbeitsschutzes, seinen kaum vorhandenen Sanktionsmöglichkeiten und einem geringen betrieblichen Konfliktpotential für Themen des Arbeitsschutzes.

Integrität und Autonomie der Person

Als Ansatzpunkt für eine dritte Leitidee des personalen Rechts in der modernen Gesellschaft begreift Schelsky die Leitidee "Integrität und Autonomie der Person". Schelsky versteht darunter, daß das Individuum in der modernen Gesellschaft außerhalb des Betriebes eine hohe Sicherung seiner Freiheit durch das Recht genießt, daß also individuelle Freiheitsrechte Herrschaftsverhältnisse begrenzen.

In diesem Zusammenhang sind zwei Sachverhalte anzusprechen: die Wahrung der Persönlichkeitsrechte abhängig Beschäftigter im Betrieb und die Abhängigkeit individueller Rechte von Organisationen.

Der Schutz der Persönlichkeitsrechte des einzelnen Arbeitnehmers durch das Arbeitsrecht ist ausgesprochen lückenhaft. Der Schutz erstreckt sich vor allem auf solche Bereiche, die außerhalb der betrieblichen Sphäre liegen. Das Arbeitsrecht "versagt jedoch fast völlig, wenn der betriebliche Arbeitsprozeß in Rede steht. Die Arbeitsorganisation im weitesten Sinne wird nicht an persönlichkeitsrechtlichen Ansprüchen gemessen; ein Grundrecht auf Mindesttaktzeiten oder auf Verschonung von Monotonie ist bisher noch nie behauptet worden" (Däubler 1981). Wenn die Persönlichkeitsrechte der Beschäftigten im Recht keine wirksame Unterstützung finden, gleichzeitig aber die Übermacht des Arbeitgebers im Betrieb derart groß ist, müssen sich die Beschäftigten zur Wahrung ihrer Interessen auf die diesbezüglichen Aktivitäten von Organisationen stützen.

Die Ausgestaltung des Individuums mit subjektiven Rechten zur Begrenzung der Herrschaft bleibt jedoch nach Schelsky fragwürdig und befindet sich in Gefahr in neue Abhängigkeiten umzuschlagen, wenn das Individuum diese Rechte nur als organisierte, kollektiv institutionalisierte Rechte nutzen kann. Schelsky befürchtet, daß das Individuum durch den durch soziale Organisationen vermittelten Schutz in neue Abhängigkeiten zu diesen Organisationen gerät. Die Berufsgenossenschaften erscheinen unter dieser Perspektive in einem gebrochenen Licht. Die Arbeitnehmer als Schutzobjekt der Arbeitsschutzpolitik der Berufsgenossenschaft sind zwar bei der Formulierung der Politik im Rahmen der sozialen Selbstverwaltung beteiligt. Obwohl in den Gremien der Selbstverwaltung Parität zwischen Arbeitgebern und -nehmern besteht, läuft dies in der Praxis auf ein Einstimmigkeitserfordernis und den Zwang zu konsensuellen Lösungen, mithin also auf eine Politik des kleinsten gemeinsamen Nenners hinaus. Die Rückkoppelung von Beschäftigten und Selbstverwaltung ist darüberhinaus sehr vermittelt, da die wahlen für die Selbstverwaltung im wesentlichen durch die Verbände der Tarifparteien kontrolliert werden.

Die gewerkschaftliche Tarifpolitik ist auf dem Feld des Arbeitsschutzes äußerst zurückhaltend. Auf das Individuum bezogen, muß man feststellen, daß es sich um relativ von der Basis abgehobene Handlungsformen handelt, die nur sehr schwer oder gar nicht mehr von dieser kontrolliert werden können.

Für das Verhältnis von Betriebsrat und Arbeitnehmer kann im Prinzip das oben Gesagte wiederholt werden. Die bundesrepublikanische Betriebsverfassung kennt zwischen den Wahlen zum Betriebsrat praktisch kaum Einflußmöglichkeiten der Beschäftigten auf das gewählte Gremium.

Fassen wir zusammen: Die Praxis des Arbeitsschutzes ist in der Regel dadurch gekennzeichnet, daß das Individuum gegen einige elementare Risiken zwar geschützt wird, dieser Schutz aber im wesentlichen durch die Aktivitäten anderer erreicht wird.

Das Arbeitsschutzrecht erfüllt daher im wesentlichen eine anthropologische Funktion durch sein Abheben auf die körperliche Integrität und Gesundheit der Beschäftigten. Allerdings wird auch diese Funktion nur selektiv erfüllt. Der Schutz erfolgt vor allem gegenüber chemisch-physikalischen Noxen.

Die personfunktionale Wirkung des Arbeitsschutzrechtes im Sinne der Eröffnung von Mitgestaltungsmöglichkeiten ist im deutschen Recht kaum verwirklicht. Arbeitsschutz ist in dieser Perspektive eine Veranstaltung für den Arbeitenden aber ohne seine Mitwirkung. Dies ist nicht zwingend. Es sind u.E. grundsätzlich zwei Wege denkbar, seine Situation auch im Rahmen der bestehenden gesetzlichen Regelungen zu verändern (vgl. hierzu detailliert Schröer 1989).

Die erste Strategie würde einen Ausbau der Möglichkeiten des autonomen Arbeitsschutzes bedeuten, d.h. Arbeitsgestaltung und Gesundheitsschutz neben ihrer Verfaßtheit im Rahmen öffentlich-rechtlicher Regelungen auch zum Gegenstand tarifpolitischer und betrieblicher Verhandlungen entwickeln. Das Handlungspotential in diesem Feld ist jedoch in der Bundesrepublik noch kaum erschlossen. Hierzu sind die subjektiven Rechte der Beschäftigten im betrieblichen Arbeits- und Gesundheitsschutz zu verstärken und ihr Verhandlungs- und Konfliktpotential gegenüber dem Arbeitgeber zu erhöhen. Auf betrieblicher Ebene geschaffene rechtliche Regelungen zum Arbeitsschutz könnten so zu einer Verwirklichung personaler Rechte von Beschäftigten führen. Ohne eine Änderung der gesetzlichen Beteiligungsrechte bietet die Durchführung von Gesundheitszirkeln mit Beschäftigten (vgl. Schröer, Sochert 1990) die Möglichkeit, arbeitsplatznah für Beschäftigte, Betriebsräte und Betriebsleitungen Erfahrungen mit einer wachsenden Subjektrolle der Beschäftigten sammeln zu können.

Die zweite Strategie beinhaltet eine weitere Verwissenschaftlichung des Arbeitsschutzes. Der Soziologie könnte im Rahmen dieser Strategie die Aufgabe zufallen, durch die Ausfüllung unbestimmter Rechtsbegriffe des Arbeitsschutzrechtes - z.B. den der Menschengerechtigkeit des BetrVG - die anthropologische Funktion und die Personfunktionalität des Arbeitsschutzes weiterzuentwickeln (vgl. Schröer 1989).

Literatur

Aubert, V. (1963) Competition and Dissensus, in: Journal of Conflict Resolution, 26-42

Baldamus, W. (1960) Der gerechte Lohn. Duncker und Humblot, Berlin

Coser, L.A. (1965) Theorie sozialer Konflikte, Neuwied/Berlin

Däubler, W. (1981) Das Arbeitsrecht 2, Rowohlt, Reinbeck

Ferber, Chr. v. (1959) Arbeitfreude. Enke Verlag, Stuttgart

Fittig, K., Auffarth,F., Kaiser, H. (1981) Betriebsverfassungsgesetz - Handkommentar, Handkommentar, Vahlen Verlag für neue Werbung, Dortmund/Bremerhaven

Mertens, A. (1978) Der Arbeitsschutz und seine Entwicklung. Wirtschaftsverlag NW, Verlag für neue Werbung, Dortmund/Bremerhaven

Schelsky, H. (1970) Systemfunktionaler Ansatz der Rechtsoziologie, in: Jahrbuch für Rechtsoziologie und Rechttheorie, Bd. 1, Bertelsmann - Universitätsverlag, Düsseldorf 39-89

Schröer, A. (1989) Soziologie und menschengerechte Arbeitsgestaltung. Inauguraldissertation am Fachbereich Sozialwissenschaft der Ruhr - Universität Bochum, Essen

ders./Sochert, R. (1990) Gesundheitsbericht und Gesundheitszirkel; in: Die Betriebskrankenkasse. Heft 4

Wlotzke, O. (1983) Öffentlich-rechtliche Arbeitsschutznormen und privatrechtliche Rechte und Pflichten des einzelnen Arbeitnehmers, in: Dietrich, Th./Gamillschegg, F./Wiedemann, H.(Hrsg.) Festschrift für Marie Luise Hilger und Hermann Stumpf, C.H. Beck'sche Verlagsbuchhandlung, München, 723-769

Gudrun Eberle

Betriebliche Gesundheitsförderung und AOK - Entwicklungen und Perspektiven -

Marktentwicklung als Promotor betrieblicher Gesundheitsförderung

Das Anforderungsprofil an Unternehmen und Mitarbeiter hat sich verändert. Hohe Produktqualität, flexible Reaktionen auf Marktveränderungen und individuelle Kundenwünsche sowie Kooperations- und Kommunikationsfähigkeit auf allen Ebenen sind wesentliche Voraussetzungen für wirtschaftliches Überleben. Wettbewerbsfähigkeit und Arbeitsplätze lassen sich oft nur durch neue Techniken und neue Organisationsformen sichern.

Die mit dieser Entwicklung verbundenen Anforderungen weisen zugleich einen Weg, kongruente Interessenfelder von Mitarbeitern und Unternehmen zu identifizieren: Für eine zukunftsorientierte Entwicklung braucht ein Unternehmen qualifizierte, hochmotivierte und kreative Mitarbeiter, die sich den wandelnden Herausforderungen ohne große Reibungsverluste anpassen können. Zugleich treffen die veränderten Arbeitsanforderungen auf neue Arbeitseinstellungen und -erwartungen der Mitarbeiter. Verstärkt wird nach Möglichkeiten zur Persönlichkeitsentfaltung auch durch Arbeit gesucht. Der Wunsch nach mehr Information und Beteiligung, nach Weiterbildung und beruflichem Aufstieg, nach selbständigem Arbeiten mit größeren Freiräumen und nach kooperativem Führungsstil - um nur einige Beispiele zu nennen - gewinnt an Bedeutung. Solche Bedürfnisse auf seiten der Mitarbeiter decken sich vielfach mit den Anforderungen des Marktes; sie lassen sich durch entsprechende Organisation und Investitionen des Unternehmens auch realisieren. Der Faktor Arbeit wird dadurch nicht teurer, sondern produktiver. Diese Investitionen in Humankapital sind rentabel, wenn qualifizierte und motivierte Mitarbeiter dem Unternehmen möglichst lange gesund und leistungsfähig zur Verfügung stehen. Unter diesem Aspekt läßt sich Gesundheitsförderung am Arbeitsplatz gleichermaßen als entscheidende Voraussetzung für eine Humanisierung des Arbeitslebens und als rentabilitätsorientiertes Unternehmensziel werten.

Die wachsende Überzeugung, daß sich betriebliche Gesundheitsförderung für ein Unternehmen lohnt, trägt mit dazu bei, dieses bislang stark konfliktbeladene Thema einer sachlichen Diskussion zuzuführen. Die neue Sichtweise erleichtert es u.a. auch der AOK, betriebliche Gesundheitsförderung als gesundheitspolitisches Aktionsfeld auszuweiten. Die unermüdlichen Appelle namhafter Wissenschaftler, nicht zuletzt Christian v. Ferbers, die schon vor Jahren in die AOK-Programmatik eingeflossen sind (vgl. AOK-Bundesverband 1984 und 1986), erhalten gegenwärtig eine Perspektive, die über bloße Proklamation hinausgeht. (Balzer, 1990).

Das Gesundheitsreformgesetz als Legitimationsgrundlage

Bisherige Erfahrungen zeigen, daß Prävention vor allem dann gesundheitliche Wirksamkeit erwarten läßt, wenn das traditionelle Aktionsfeld erweitert wird. Die Wissenschaft macht seit langem darauf aufmerksam, welche große Bedeutung Umwelt und Arbeitswelt des Menschen für seine Gesundheit haben. Auch kann persönliches Verhalten nicht isoliert von gesellschaftlichen Bezügen gesehen und verändert werden. In diesem Zusammenhang wird die besondere Rolle des Betriebs als Präventionsort deutlich. Nirgendwo sonst läßt sich gezielter auf die Verflechtungen von Verhalten, ökologischer und sozialer Umwelt eingehen. Markterfahrungen und Erkenntnisse der Wissenschaft sprechen dafür, vorhandene Ansätze zur betrieblichen Gesundheitsförderung weiterzuentwickeln und forciert umzusetzen. Mit dem Inkrafttreten des Gesundheitsreformgesetzes wird nunmehr den Appellen zur Erweiterung des Präventionsbereichs Nachdruck verliehen. Durch einen expliziten Auftrag an die Gesetzlichen Krankenkassen, den Ursachen von Gesundheitsgefährdungen und Gesundheitsschäden nachzugehen und auf ihre Beseitigung hinzuwirken, hat der Gesetzgeber den Krankenkassen eine entscheidene Rolle bei der Gesundheitsförderung zugedacht. Die Verhütung arbeitsbedingter Gesundheitsgefahren wird dabei ausdrücklich dem Aufgabenfeld der Krankenkassen zugerechnet. (Vgl. § 20, 1, 2, SGB V)

Die Interessenlage der AOK

Betriebliche Gesundheitsförderung ist für die AOK ein gesundheitspolitisches Ziel, das nicht zuletzt in ihrem eigenen Interesse liegt. Schon vor Jahren wurden chronische Krankheiten und der dadurch bedingte "*vorzeitige Aufbrauch der Gesundheit*" (v. Ferber, 1983) als zentrales sozialpolitisches Problem identifiziert. In der Krankenversicherung schlagen chronische Krankheiten mit ständig steigenden Ausgaben für medizinische Behandlungen und Arzneimittel zu Buche. Da diesen Erkrankungen durch traditionelle kurative Behandlung zumeist nicht beizukommen ist, steht diesen Kosten in der Regel kein adäquater Nutzen gegenüber. Es entspricht daher dem vordringlichen Interesse aller Verantwortlichen im Gesundheitswesen, Strategien zu entwickeln und umzusetzen, mit denen chronischen Krankheiten, vorzeitigen Behinderungen und Frühinvalidität wirksam begegnet werden kann. In Fachkreisen besteht kein Zweifel, daß Prävention im Sinne eines frühzeitigen Eingreifens vor dem Eintritt von Schädigungen ein erfolgversprechender Weg ist. "Ursachen statt Folgen bekämpfen!" heißt die Devise - auch in der AOK! Aufgrund der komplexen Verknüpfungen von Gesundheit, Umwelt und individuellem Verhalten läßt sich Gesundheit vor allem erhalten oder bessern, wenn gleichermaßen beim einzelnen, bei den auf ihn einwirkenden physikalischen Umwelteinflüssen und insbesondere bei seinen Beziehungen zur sozialen Umwelt angesetzt wird.

Viele Einflußfaktoren am Arbeitsplatz, die als kausal für Gesundheitsschädigungen ermittelt wurden, werden durch den gesetzlich vorgeschriebenen Arbeitsschutz bekämpft. Ein nach wie vor ungelöstes Problem sind dagegen die sog. arbeitsbedingten Erkrankungen, all jene Funktions- und Befindlichkeitsstörungen, die mit bestimmten Arbeitsbedingungen assoziiert, jedoch weder den Arbeitsunfällen noch dem Berufskrankheiten-Katalog zuzurechnen sind. Alltägliche Belastungen, die durch Summation und ihre Konstellation im Belastungsgefüge Krankheitswert bekommen, für die sich keine kausale Beziehung zu spezifischen Krankheitsbildern nachweisen läßt, die aber dennoch mitverursachend und verschlimmernd wirken, liegen außerhalb geregelter Zuständigkeiten und Beachtung.

Engagierte Krankenkassen können mithelfen, diese Lücke zu schließen. Durch geeignete Auswertungen vorhandener sogenannter Prozeßdaten (Arbeitsunfähigkeitszeiten und -diagnosen) lassen sich z.B. Anhaltspunkte für konkrete Belastungen identifizieren und Risikobereiche für arbeitsbedingte Erkrankungen bestimmen. Auf diese bislang kaum genutzte Möglichkeit der Krankenkassen hat nicht zuletzt von Ferber immer wieder hingewiesen.

Überlegungen zu einem strategischen Konzept

Allein aus der Einsicht in die gesundheitspolitische Bedeutung betrieblicher Gesundheitsförderung entsteht kein erfolgversprechendes Programm. Dieser Prozeß bedarf eines Konzepts, das sich an vorhandenen Erfahrungen, aktuellen Entwicklungen und Machbarkeiten orientiert. Das strategische Konzept der AOK muß zwei Gegebenheiten berücksichtigen:

- Es läßt sich kein einheitliches Musterprogramm erarbeiten, das auf unterschiedliche Betriebe übertragen werden könnte. Von daher kann ein Konzept immer nur grundlegende Voraussetzungen und Rahmenbedingungen skizzieren, innerhalb derer spezifische Programme dezentral entwickelt werden müssen. Ein solches Konzept läßt sich i.d.R. erst im Verlauf seiner Umsetzung im Zusammenwirken der Beteiligten konkretisieren.

- Das strategische Konzept kann sich nicht auf Handlungsmöglichkeiten der AOK beschränken. Bereiche, die nicht von der AOK selbst gestaltet bzw. verändert werden können, wie z.B. die gesundheitsgerechte Gestaltung von Arbeitsplätzen oder der Arbeitsorganisation, dürfen deswegen nicht aus dem Konzept ausgeklammert bleiben. Oft kann eine Koordination mit anderen zuständigen Institutionen, mit Betroffenen und unabhängigen Experten neue wirksame Handlungsfelder eröffnen, die der AOK allein verschlossen blieben.

Ziel betrieblicher Gesundheitsförderung ist der Abbau von Belastungsschwerpunkten und damit die Eindämmung arbeitsbedingter Krankheiten. Belastungen unterscheiden sich je nach Betrieb und Arbeitsplatz. Sie können sich auch auf einzelne Mitarbeiter unterschiedlich auswirken. Mit Zunahme der psycho-sozialen Anforderungen im Arbeitsleben kommt es zu Auswirkungen, die sich nicht durch generelle Reglementierungen in vertretbaren Grenzen halten lassen. Sie erfordern vielmehr konkrete Belastungsanalysen, u.a. durch Kommunikation mit den Betroffenen über ihre Arbeit und darauf abgestimmte Maßnahmen, die z.B. die Bewältigung interpersoneller Konflikte nicht vernachlässigen dürfen. "Meßinstrument" ist der arbeitende Mensch selbst. Anstelle von verallgemeinerungsfähigen Standardprogrammen sind auf der Basis betriebsspezifischer Belastungen, Bedürfnisse und Gegebenheiten Vorschläge zu entwickeln, die sich zugleich an den von den Mitarbeitern benannten Problemfeldern orientieren und betriebliche und regionale Rahmenbedingungen berücksichtigen.

Für ein derartiges Vorgehen muß die AOK ihren Aktivitäten eine klare Strategie zugrunde legen. Dies besagt nichts anderes, als daß sie zunächst eigene Ziele definiert, die sie mit betrieblicher Gesundheitsförderung erreichen will und dann das Aktionsfeld absteckt, das gleichermaßen diesen Zielen sowie konkreten Wünschen und Bedürfnissen von Unternehmensleitung und Belegschaft entspricht. Dabei werden zwangsläufig Prioritäten zu setzen sein, die eigene Kompetenzen und Möglichkeiten, aber auch organisatorische und finanzielle Gegebenheiten der Partnerbetriebe berücksichtigten.

Für die erfolgversprechende Umsetzung betriebsbezogener Gesundheitsförderung sind nach unseren bisherigen Erkenntnissen einige grundlegende Voraussetzungen zu beachten:

- Konkrete Programmvorschläge sollten für alle Beteiligten, d.h. für Unternehmens leitung und Mitarbeiter, eine nachvollziehbare Nutzenerwartung erkennen lassen. Andernfalls findet bereits die Planung der Maßnahmen wenig Interesse. Allerdings müssen die Nutzenversprechungen auch sicher erfüllbar sein, da sonst Enttäuschung und Vertrauensverlust in der Realisierungsphase vorprogrammiert sind.

- Unternehmer und Belegschaft sind primär an Vorschlägen interessiert, die auf ihre konkreten Bedürfnisse und Gegebenheiten zugeschnitten sind. Spezifische Belastungskonstellationen bzw. -grade und geeignete Maßnahmen zu ihrem Abbau müssen demzufolge im und für den einzelnen Betrieb herausgefunden werden. Erfolg setzt daher betriebsspezifische Gesundheitsförderungsprogramme voraus, die in Zusammenarbeit mit den Betroffenen und Beteiligten erarbeitet und durchgeführt werden.

- Unverzichtbar für die Entwicklung betriebsspezifischer Programme ist eine sorgfältige Situationsanalyse: Die betriebsbezogene Auswertung von sog. AOK-Prozeßdaten zu Arbeitsunfähigkeitszeiten und -diagnosen kann z.B. erste Anhaltspunkte für gezielte Belastungsanalysen und Verbesserungsvorschläge geben. Sie müssen jedoch ergänzt und präzisiert werden durch einen Informationsaustausch mit den im Betrieb für Gesundheits- und Arbeitsschutzfragen zuständigen Instanzen, z.B. dem Betriebsarzt, dem Betriebsrat und den Arbeitssicherheitsfachkräften, vor allem aber durch den unmittelbaren Kontakt zu den betroffenen Mitarbeitern. Nur so läßt sich eine korrekte Problemanalyse und ein gezielter Lösungsansatz entwickeln.

- Das Spektrum der Belastungen und Beanspruchungen im Betrieb und ihre Vernetzung legen es nahe, keinen Lösungsansatz von vornherein auszuklammern, sondern Handlungsfelder im Bereich der Arbeitsplatzgestaltung und -organisation ebenso ins Kalkül zu ziehen, wie Maßnahmen zur Förderung sozialer Beziehungen am Arbeitsplatz und zur gesundheitsgerechten Gestaltung des persönlichen Lebensstils der Mitarbeiter.

- Die Vielfalt potentieller Problemfelder und Lösungen erfordert die Mitwirkung kompetenter Fachleute aus unterschiedlichen Disziplinen, die sicherlich nicht alle in der betrieblichen Praxis oder in der Krankenkasse angesiedelt sein können. Der Aufbau regionaler und überregionaler Kooperations- und Kommunikationsnetze, die gezielten Zugriff auf jeweils zuständige Spezialisten ermöglichen, dürfte wertvolle Hilfe leisten.

- Die skizzierten Anforderungen an ein betriebsbezogenes Gesundheitsförderungsprogramm legen es nahe, einen Koordinator bzw. Moderator einzusetzen, der quasi als Projektmanager fungiert: hier muß ein konkretes Programm mit einem bestimmten Betrieb von Anfang an konzeptionell vorbereiten, die notwendige Motivationsphase einleiten, Informationen für die Situationsanalyse zusammentragen, Abstimmungsprozesse vorbereiten, den Experteneinsatz organisieren und steuern, für eine gute Koordination aller Beteiligten sorgen und schließlich dem Projekt mit der höchsten Priorität zur Umsetzung verhelfen. Daß sich ein solches Aufgabenspektrum von niemandem "nebenher" bewältigen läßt, muß nicht erwähnt werden.

Zur Rolle der AOK

Die Frage, welche Aufgabe und Funktionen die AOK zur Intensivierung betrieblicher Gesundheitsförderung übernehmen kann oder sollte, läßt sich wie jede Organisationsfrage eines Unternehmens beantworten, nämlich: Das eigene Ziel bestimmt ihren Einsatz und damit die notwendige Grundsatzentscheidung, welche Rolle sie in der betrieblichen Gesundheitsförderung übernehmen will. In diesem Zusammenhang lassen sich zwei Varianten denken, wobei Variante 2 inhaltlich Variante 1 umfaßt und erweitert.

Variante 1:
In Variante 1 übernimmt die AOK Teilaufgaben aus einem Gesundheitsförderungsprojekt, das für einen konkreten Betrieb entwickelt wird. Sie steht als Kooperationspartner zur Verfügung, der für die Situationsanalyse einen wichtigen Beitrag leisten kann (nämlich die betriebsbezogene Auswertung der Prozeßdaten). Zudem verfügt die AOK über Präventionsfachkräfte, die im Rahmen der Verhaltensprävention bei ermitteltem Bedarf kurzfristig auf die Bedürfnisse und Neigungen der Belegschaft abgestimmte Angebote entwickeln und realisieren können und dabei aufgrund der Ortsnähe auch regional vorhandene Präventionsangebote Dritter berücksichtigen können.

Sofern diese Angebote im konkreten Fall nicht als reines "Spaßprogramm" gedacht sind (z.B. zur Steigerung der Arbeitszufriedenheit der Mitarbeiter), wird Variante 1 nur dann erfolgreich sein, wenn von anderer Seite weitere zieladäquate Maßnahmen sichergestellt werden. Mit anderen Worten: auch in Variante 1 müssen all die im Konzept genannten Voraussetzungen erfüllt werden, wenngleich nicht von der AOK.

Unabhängig davon könnte die AOK durch fundierte Informations- und Motivationskampagnen allgemein die Mobilisierung und Orientierung der Unternehmen auf Gesundheitsziele unterstützen. Insbesondere kann von seiten der AOK-Selbstverwaltung, die ja die maßgeblichen Partner betrieblicher Gesundheitsförderung repräsentiert, ein entsprechender Innovationsschub ausgehen!

Variante 2:
In Variante 2 übernimmt ein Vertreter der AOK über die in Variante 1 skizzierten Aufgaben hinaus auch die Rolle des Beraters und Moderators in einem konkreten Gesundheitsförderungsprojekt. Die AOK bietet damit eine Art "Gesundheits-Consulting" an. Damit läge es in der Verantwortung der AOK, die skizzierten Voraussetzungen für erfolgversprechende betriebliche Gesundheitsförderung in und für einen bestimmten Betrieb zu schaffen. Die Übernahme dieser Rolle könnte möglicherweise dazu beitragen, die von v. Ferber immer wieder kritisierte starre und sachlich nicht gerechtfertigte Differenzierung zwischen gesundheitsgerechten Verhaltensweisen auf der einen und gesundheitsgerechten Arbeitsbedingungen auf der anderen Seite tendenziell zu überwinden und bei der Entwicklung problembezogener Lösungsansätze die Verflochtenheit der verschiedenen Belastungsursachen zu berücksichtigen. Da die AOK von den Beteiligten in aller Regel als neutraler Partner akzeptiert wird, hätte sie gute Chancen, sich in diese Rolle hineinzuarbeiten.

Allerdings sind die notwendigen Investitionen in Variante 2, insbesondere in die Akquisition und Qualifikation des erforderlichen Fachpersonals relativ hoch. Hier sind systemintern Organisationsfragen zu diskutieren, wie wirksame Starthilfe gegeben werden kann.

Perspektiven

Mit der neuen Sichtweise von betrieblicher Gesundheitsförderung und - damit zusammenhängend - dem wachsenden Interesse an betriebsspezifisch zugeschnittenen Problemlösungen entsteht auf Unternehmerseite Bedarf an einer neuen Serviceleistung: Gesundheits-Consulting im Sinne individueller Beratung vor Ort zur Beschleunigung von Entscheidungsprozessen.

Hier dürfte sich in nächster Zukunft ein variantenreicher Dienstleistungsmarkt entwickeln, auf dem die AOK als unabhängiger Partner auf Arbeitgeber- und Arbeitnehmerseite erfolgreich Fuß fassen kann. Voraussetzung ist, daß sie den von ihr wie von allen anderen Mitwirkenden abverlangten Innovationsprozeß in Gang setzt und ein kreatives und flexibles Beratungsangebot entwickelt, das die Kompetenzen von zuständigen betrieblichen Instanzen, unabhängigen Experten und insbesondere von Betroffenen fachgerecht einbezieht.

Für ein wirkungsvolles Engagement wünscht sich die AOK Unterstützung von außen, z.B. von seiten der Arbeitgeberverbände und Gewerkschaften, von Fachinstituten und Universitäten:

- Beispielsweise wären Weiterbildungsstrukturen hilfreich, über die die Verantwortlichen vor Ort das erforderliche Know-how zur betrieblichen Gesundheitsförderung erwerben könnten. Inhaltlich müssen dabei Grundlagen über arbeitsbedingte Erkrankungen und ihre Verhütung ebenso vermittelt werden wie kommunikative Fähigkeiten, Routine im Umgang mit Prozeßdaten oder Leitlinien für das AOK-Managment zur Profilierung als kompetenter Partner zukunftsorientierter Unternehmen.

- Wichtig ist auch eine gezielte Informations- und Motivationspolitik von seiten der Arbeitgeberverbände und Gewerkschaften für ihre Mitglieder, um die maßgeblichen Partner und Entscheidungsträger betrieblicher Gesundheitsförderung auch auf diesem Wege nachhaltig zu sensibilisieren und ihnen den Einstieg in eigene Projekte zu erleichtern. Insbesondere sehen sich Betriebsräte im Rahmen iherer Funktion als Interessenvertreter der Belegschaft bei der Mitgestaltung betrieblicher Gesundheitsförderung neuen verantwortungsvollen Aufgaben gegenüber, auf die sie entsprechend vorbereitet werden sollten.

- Als wichtige Hilfe für ein einheitliches (und damit auch vergleichbares) Vorgehen würde die AOK die Entwicklung praxisorientierter Instrumentarien zur eigenständigen Ermittlung von Belastungsschwerpunkten im konkreten Betrieb werten. Hier müßte vor allem ein akzeptabler Kompromiß zwischen wissenschaftlich fundierter Methodik und möglichst komplikationsarmer Anwendbarkeit in der Praxis gelingen.

- In vielen wissenschaftlich begleiteten Modellvorhaben konnten inzwischen wertvolle Erfahrungen und Anregungen für realitätsnahe und erfolgversprechende Projekte gesammelt werden. Die Dokumentation und Vermittlung solcher Erkenntnisse könnte für die aktuelle Planung und Umsetzung manches erleichtern. Leider gehen solche

Detailkenntnisse der Praxis vielfach verloren, da sie für diesen Kreis nicht "lesbar" sind. Es ist also ein wichtiger Beitrag für die Zukunft u.a. der betrieblichen Gesundheitsförderung, einschlägige Forschungsergebnisse für die Praxis nutzbar zu machen.

Fazit:

Zur Verbesserung der Lebensqualität der Arbeitnehmer gedacht, von Arbeitgeberseite zunehmend als Rentabilitätsfaktor gewertet und vom Gesetzgeber ausdrücklich gewollte sollte der Umsetzung betrieblicher Gesundheitsförderung nichts mehr im Wege stehen. Mit § 20 SGB V hat der Gesetzgeber das Aufgabenfeld der Krankenkasse, nämlich "die Gesundheit der Versicherten zu erhalten, wiederherzustellen oder ihren Gesundheitszustand zu bessern" bewußt zur "Gesundheitsförderung" erweitert. Damit wird von den Krankenkassen mehr als Prävention im traditionellen Sinn erwartet, vor allem eine Aktivierung der Versicherten nach dem Prinzip der Hilfe zur Selbsthilfe, wie es der Definition der Weltgesundheitsorganisation nach der Ottawa-Charta entspricht.

Die AOK hat sich zur Gesundheitsförderung und zur anwaltschaftlichen Rolle der Krankenkassen bekannt (Balzer, 1990). Mit dieser Rolle verbunden ist das Ziel, die Interessen der Versicherten bei der Aufdeckung der Ursachen von Gesundheitsgefährdungen und -schädigungen zu vertreten. Dennoch bestehen Zweifel, ob mit den neuen Aufforderungen des Gesetzgebers den arbeitsbedingten Gesundheitsrisiken künftig tatsächlich begegnet wird (v.Ferber, 1989). Immerhin haben die Krankenkassen in der Gesundheitsförderung keinen einfachen Part zu übernehmen. Sie sind für diese Aufgaben nicht alleine zuständig, können die verlangte Kooperation nur durch freiwilligen Konsens der Partner, mithin nur durch Überzeugung, erreichen. Trotz aller günstigen Vorzeichen wird es letztlich davon abhängen, inwieweit die Krankenkassen die vorhandenen Spielräume mutig ausschöpfen und alle Beteiligten bereit sind, proklamierte Ziele konsequent zu verfolgen.

Literatur

AOK-Bundesverband (Hrsg.) (1984) AOK - Partner der Versicherten und Arbeitgeber. Ortskrankenkassentag 1983, AOK-Positionspapier, Bonn

AOK-Bundesverband (Hrsg.) (1986) Thesen zur Gesundheitsvorsorge in der AOK- Gemeinschaft (mit Erläuterungen). Manuskript. Bonn

Balzer, D. (1990) Schlußwort. In: AOK Hamburg (Hrsg.): Gesundheit als Herausforderung. Dokumentation zum 1. internationalen Kongreß der AOK und WHO. Hamburg

Bieback, K.-J. (1990) Herausforderung des § 20 SGB V Gesundheitsförderung. Gestaltungsmöglichkeiten durch eigene Aktivitäten und Kooperation. Die Ortskrankenkasse 72, 2:77-83

Ferber, Chr. v. (1990) Betriebsärztliche Aufgaben in der Prävention und Rehabilitation. Kooperationsmöglichkeiten zwischen Leistungsträgern und Betriebsärzten aus der Sicht der Medizinsoziologie. Manuskript. Düsseldorf

Ferber, Chr. v.; Ferber, L. v.; Slesina, W. (1983) Können die Krankenkassen zur Gesundheitsvorsorge am Arbeitsplatz beitragen? Soziale Sicherheit 32, 10: 311-316

Gesamtverband der metallindustriellen Arbeitgeberverbände - Gesamtmetall (Hrsg.) (1989) Mensch und Arbeit. Gemeinsame Interessen von Mitarbeitern und Umternehmen in einer sich wandelnden Arbeitswelt, Köln

Konstanty, R. (1983) Zusammenarbeit der Sozialleistungsträger bei der Bekämpfung arbeitsbedingter Gesundheitsgefahren. Soziale Sicherheit 32, 5:145-149

Rosenbrock, R. (1989) Primärprävention durch GKV - Dreizehn Thesen und Gegenthesen. Soziale Sicherheit. 34 1(Sonderdruck)

Siegfried Eichhorn

Bedeutung von Medizinischer und Ökonomischer Orientierung in der Krankenhauswirtschaft

Einleitung

Verfolgt man das Ziel, eine am Stand der medizinischen Wissenschaft orientierte bedarfsgerechte Versorgung der Bevölkerung mit Gesundheitsleistungen sicherzustellen, dann bedarf es im Hinblick auf die Rationalität der dazu anstehenden Entscheidungen einer Vielzahl von Informationen. Der alte § 405 der RVO sprach in diesem Zusammenhang von der Notwendigkeit medizinischer und wirtschaftlicher Orientierungsdaten. Und auch nach dem Gesundheitsreformgesetz ist für unsere Gesundheitswirtschaft eine bessere medizinische und ökonomische Orientierung erforderlich.

Wenn sich die folgenden Ausführungen mit Fragen der Orientierungsdaten im Bereich der Krankenversorgung auseinandersetzen, dann sollen Orientierungsdaten dabei als ein Instrument verstanden werden, um die Entscheidungsprozesse im Bereich der Krankenhauswirtschaft unter Berücksichtigung der Prinzipien von Bedarfsgerechtigkeit, Leistungsfähigkeit und Wirtschaftlichkeit der Krankenhausversorgung rationaler zu gestalten.

Dabei beinhaltet "Rationalität der Entscheidungen" zweierlei:

1) Einmal Zielorientierung: Danach muß Sorge getragen werden, daß diejenige Teilmenge der Bevölkerung, die zur Heilung, Besserung oder Linderung ihrer Krankheiten und Leiden der voll- oder teilstationären Einrichtungen des Krankenhauses bedarf und weder effektiver noch effizienter in anderen Gesundheitssektoren versorgt werden kann, jederzeit dem Stand der medizinischen Wissenschaft und Technik entsprechend im Krankenhaus behandelt werden kann.

2) Zum anderen Mittelbegrenzung: Danach muß Sorge getragen werden, daß bei einer notwendigen Krankenhausversorgung der Ressourceneinsatz auf das zweckmäßige und ausreichende Maß begrenzt wird, d.h. Begrenzung von Art und Zahl der medizinischen, pflegerischen und versorgungstechnischen Leistungen sowie Begrenzung des Personal- und Sachaufwandes bei Erstellung dieser Leistungen auf das notwendige Mindestmaß.

Mit anderen Worten: Orientierungsdaten als Instrument zur Verbesserung der Rationalität der Entscheidungsprozesse im Bereich der Krankenhauswirtschaft sollen dazu beitragen, die bestehenden Zielkonflikte zwischen der Vielfalt der Ziele und Aufgaben der Gesundheits- und Krankenhauswirtschaft auf der einen Seite und der Knappheit der vorhandenen Ressourcen zum Ausgleich zu bringen; mithin die Krankenhausversorgung "finanzierbar" zu halten, entweder durch Prioritätensetzung oder aber auch durch Verbesserung von Effektivität und Effizienz der Versorgung. In diesem Zusammenhang darf dann aber auch nicht unbeachtet bleiben, daß die Krankenhausversorgung nur ein Teilsektor unserer Gesundheitswirtschaft ist, mithin also auch nur im Kontext mit den vor- und nachgelagerten Gesundheitssektoren zu sehen ist, auch im Hinblick auf Versorgungseffektivität und Versorgungseffizienz; Stichwort: Verlagerung von Leistungen und Ausgaben im Sinne eines Grenznutzenausgleichs.

Im ersten Teil der Ausführungen wird auf die Fragen des Bedarfs an Orientierungsdaten eingegangen und daraus unter Berücksichtigung des Informationsangebotes das bestehende Informationsdefizit abgeleitet. In einem zweiten Teil wird dann die Rolle von Orientierungsdaten im Bereich der Krankenhaushauswirtschaft diskutiert, mithin also die Fragen, wer welche Daten für welche Entscheidungen benötigt.

I. Bedarf an medizinischer und ökonomischer Orientierung in der Krankenhaus wirtschaft

Für den Bereich der Krankenhauswirtschaft läßt sich die Frage nach dem Bedarf an medizinischer und ökonomischer Orientierung wie folgt strukturieren:

- Ressourcenmuster
- Versorgungsmuster/Inanspruchnahmemuster
- Leistungsmuster
- Kostenstruktur und Wirtschaftlichkeit
- Effektivitätsmuster
- Integrationsgrad

Bezugspunkt für die Definition von Art und Umfang des Informationsbedarfs sind die im KHG und im GRG vorgegebenen sektoralen Formalziele für die Krankenhausversorgung: Bedarfsgerechtigkeit, Leistungsfähigkeit und Wirtschaftlichkeit.

Dabei betrifft der dargestellte Bedarf an medizinischer und ökonomischer Orientierung die Krankenhauswirtschaft insgesamt, ohne dabei nach Entscheidungsebenen (gesamtwirtschaftliche/regionalwirtschaftliche und einzelwirtschaftliche Entscheidungen) zu differenzieren. Auf die damit zusammenhängenden Fragen wird im letzten Teil der Ausführungen eingegangen.

A. Orientierungsdaten im Bereich "Ressourcenmuster"

- Krankenhäuser und Krankenbetten, differenziert nach:
+ Fachabteilungen/Gebiete und Teilgebiete
+ Krankenhausgröße
+ Krankenhaustyp (Versorgungsstufe, Versorgungskategorie)
+ Krankenhausträgerschaft
+ Region/Bevölkerung

- Krankenhauspersonal, differenziert nach:
+ Berufsgruppen
+ Krankenhausgröße
+ Krankenhaustyp (Versorgungsstufe, Versorgungskategorie)
+ Krankenhausträgerschaft
+ Region/Bevölkerung

- Sondereinrichtungen der Diagnostik und Therapie, differenziert nach Arten (z.B. Anästhesie, Laboratoriumsmedizin, Radiologie, Nuklearmedizin, Dialyseplätze, Tages- und Nachtkliniken, Intensivmedizin)

- Medizinisch-technische Großgeräte, differenziert nach Arten (z.B. Computer-Tomographen, Gamma-Kameras, Kernspin-Tomographen, Herzkatheter-Meßplätze).

B. Orientierungsdaten im Bereich "Versorgungsmuster/Inanspruchnahmemuster"

- Krankenbewegung (Patienten, Pflegetage, Verweildauer, Belegungsgrad), differenziert nach:
+ Krankenhausgröße
+ Krankenhaustyp (Versorgungsstufe, Versorgungskategorie)
+ Krankenhausträgerschaft
+ Geschlecht
+ Alter
+ Hauptdiagnose
+ Operation
+ Pflegebedürftigkeit
+ Fachabteilungen/Gebiete und Teilgebiete

+ Wohnort

C. Orientierungsdaten im Bereich "Leistungsmuster"

- Nach Gruppen und Arten gegliederte Leistungen der Diagnostik, Therapie, Pflege und Versorgung, differenziert nach:
+ inanspruchnehmende Fachabteilungen/Gebiete und Teilgebiete
+ inanspruchnehmende Patientengruppen (Diagnose, Alter usw.)
+ Krankenhausgröße
+ Krankenhaustyp (Versorgungsstufe, Versorgungskategorie)
+ Krankenhausträgerschaft
+ Region/Bevölkerung

D. Orientierungsdaten im Bereich "Kostenstruktur und Wirtschaftlichkeit"

- Nach Kostenarten gegliederten Betriebskosten (insgesamt sowie je Patient und je Pflegetag), differenziert nach:
+ Fachabteilungen/Gebiete und Teilgebiete
+ Patientengruppen (Alter, Diagnose usw.)
+ Krankenhausgröße
+ Krankenhaustyp (Versorgungsstufe, Versorgungskategorie)
+ Krankenhausträgerschaft
+ Region/Bevölkerung

- nach Kostenarten unterteilte Stelleneinzelkosten, gegliedert nach:
+ Leistungsstellen der Diagnostik, Therapie, Pflege, Versorgung, Verwaltung
+ Leistungsgruppen und Leistungsarten

jeweils differenziert nach Krankenhausgröße, Krankenhaustyp, Krankenhausträgerschaft, Region

E. Orientierungsdaten im Bereich "Effektivitätsmuster"

- Ergebnis- und Prozeßinformationen über die Effektivität und Effizienz spezifischer Leistungskomplexe, Krankheitsarten oder Problemsituationen differenziert nach:
+ Gebiete und Teilgebiete
+ Krankenhausgröße
+ Krankenhaustyp (Versorgungsstufe, Versorgungskategorien)
+ Krankenhausträgerschaft
+ Region/Bevölkerung

- Ergebnis- und Prozeßinformation über die Effektivität und Effizienz der Medizintechnologie (Technology-Assessment-Ergebnisse) differenziert nach Technologiearten.

- Versorgungsbedarf (Versorgungsart und Pflegebedürftigkeit) differenziert nach:
+ Fachabteilungen/Gebiete und Teilgebiete
+ Krankenhausgröße
+ Krankenhaustyp (Versorgungsstufe, Versorgungskategorie)
+ Krankenhausträgerschaft
+ Region/Bevölkerung

F. Orientierungsdaten im Bereich "intersektorale Integration"

- Krankenhausaufnahmen differenziert nach:
+ Aufnahmearten
+ Fachabteilungen/Gebiete und Teilgebiete
+ voll- und teilstationäre Versorgung
+ hauptamtliche und belegärztliche Versorgung
+ Krankenhausgröße
+ Krankenhaustyp (Versorgungsstufe, Versorgungskategorie)
+ Krankenhausträgerschaft
+ Region/Bevölkerung

- Krankenhausentlassungen differenziert nach:
+ Entlassungsarten
+ Fachabteilungen/Gebiete und Teilgebiete
+ Krankenhausgröße
+ Krankenhaustyp (Versorgungsstufe, Versorgungskategorie)
+ Krankenhausträgerschaft
+ Region/Bevölkerung

II. Informationsangebot und Informationsdefizit im Bereich der medizinischen und ökonomischen Orientierung der Krankenhauswirtschaft

Nicht nur dem Insider ist bekannt, daß die Datenlage im Bereich der Krankenhauswirtschaft sowohl vom Umfang wie auch von der Qualität her unzureichend ist und zwar sowohl auf der gesamtwirtschaftlichen als auch auf der einzelwirtschaftlichen Ebene. Dabei ist zu bedenken, daß auf gesamtwirtschaftlicher Ebene nur die Daten aggregiert werden können, die auf einzelwirtschaftlicher Ebene zur Verfügung stehen.

Die derzeitige Krankenhausstatistik auf Bundesebene ist eine koordinierte Länderstatistik, bei der die Daten in den verschiedenen Bundesländern uneinheitlich erhoben werden. So sind Erhebungsmerkmale unterschiedlich definiert, es bestehen Lücken in der inhaltlichen Aussage und die Daten werden in den Ländern nach verschiedenen Aufbereitungs- und Prüfverfahren zusammengeführt. Hinzu kommt, daß das Zusammenstellen von Statistiken für das Bundesgebiet aus den Länderergebnissen gegenwärtig erhebliche Zeitverzögerung verursacht.

Ausgehend von diesen Informationsdefiziten auf Bundesebene bereitet die Bundesregierung gegenwärtig eine Krankenhausstatistikverordnung vor. Danach ist vorgesehen, die bisherige koordinierte Länderstatistik durch eine einheitliche Bundesstatistik zu ersetzen. Die wichtigsten Ergänzungen und Erweiterungen betreffen die Informationen über die Inanspruchnahme der Krankenhäuser durch die Patienten, die künftig nach Fachabteilungen, Diagnosegruppen, operativer Behandlung, Altersgruppen und Wohnort differenzieren. Aber auch die Kosten der Krankenhausbehandlung werden künftig ausgewiesen.

Sieht man die den Anforderungen der Bundespflegesatzverordnung entsprechende Datenlage in den einzelnen Krankenhäusern, dann dürfte es unschwer möglich sein, die für die Bundesstatistik notwendigen Basisdaten bereitzustellen.

Wo es dann hapert, wo es eng wird, worüber auch das einzelne Krankenhaus bisher noch viel zu wenig weiß, da sind:

- patientenbezogene Informationen über das Leistungsmuster und die Kostenstruktur
- ergebnis- und prozeßorientierte Informationen über Effektivität und Effizienz des Behandlungs- und Pflegeprozesses.

Bedingt durch die den Alltag des Krankenhausgeschehens determinierende Leitmaxime der Kostendämpfung, interessiert man sich bis heute vornehmlich für die Kosten und damit für die gesamtwirtschaftlichen Lasten des Krankenhauses. Vernachlässigt dagegen werden seine auf den Patienten ausgerichtete Leistungen und damit der gesamtwirtschaftliche Nutzen im Dienste der Gesundheit. Nach wie vor ist es üblich, die Leistungen des Krankenhauses über die Zahl der Patienten und der Pflegetage, ergänzt durch Angaben über Einzelleistungen im Bereich von Diagnostik und Therapie, Pflege und Hotelversorgung zu beschreiben. Welche Arten von Patienten versorgt sind, welche Leistungen für sie erbracht werden und was damit erreicht werden konnte, darüber wird bisher unzureichend informiert.

Im Blickpunkt steht der Leistungsbereich und die Leistungsstelle - der Operationsbereich, die Abteilung für Strahlendiagnostik und Strahlentherapie, das Laboratorium, die Küche, die Wäscherei -, nicht dagegen der Patient mit seinem gesundheitlichen Wohlbefinden als dem eigentlichen "Produkt" der Krankenhausarbeit.

Vergleicht man also den dargestellten Bedarf an medizinischer und ökonomischer Orientierung mit dem in der Krankenhauspraxis vorhandenen Informationsangebot, dann liegt das Informationsdefizit mithin vor allen Dingen bei der unzureichenden Erfassung und Darstellung des Zusammenhangs zwischen der Leistungsseite des Krankenhauses einerseits und der Struktur- und Kostenseite andererseits. Dabei ist es insbesondere das völlige Fehlen des Patientenbezuges aller Leistungs- und Kostendaten, das die Diskussion über Bedarfsgerechtigkeit, Leistungsfähigkeit und Wirtschaftlichkeit der Krankenhausversorgung sowohl auf einzelbetrieblicher als auch auf gesamtwirtschaftlicher Ebene erschwert, wenn nicht sogar unmöglich macht. Die im Krankenhaus gegenwärtig vorhandenen Führungsdaten und die daraus abgeleiteten Orientierungsdaten zur Charakterisierung des Leistungsangebotes und der regionalen Versorgungssituation der Bevölkerung können deshalb nur ein unvollständiges Bild über die Effektivität der bundesdeutschen Krankenhausmedizin vermitteln, insbesondere auch in Relation zu dem Ressourceneinsatz und dem sich daraus abgeleiteten Kostspieligkeits- und Wirtschaftlichkeitsgrad.

III. Orientierungs- und Führungsdaten - Systemstruktur

Aus diesem krankenhausinternen Informationsdefizit resultiert schon seit langem ein konkreter Bedarf nach Algorithmen, die es gestatten, neben den Kosten auch die Leistungsfähigkeit und Qualität der Krankenhausversorgung zu erfassen und zu dokumentieren. Von daher gesehen spricht vieles dafür, den Krankenhäusern einen Anreiz dafür zu geben, ihr internes Berichts- und Informationswesen entscheidungsorientiert und patientenbezogen auszubauen; denn aus Sicht des einzelnen Krankenhauses ist eine patientenbezogene Steuerung des Leistungs- und Kostengeschehens unabdingbare Voraussetzung dafür, Leistungsfähigkeit und Wirtschaftlichkeit des Krankenhausbetriebes in den Griff zu bekommen. Dies aber wiederum ist Bedingung dafür, daß gesamtwirtschaftliche Orientierungsdaten ihre Vorgabefunktionen erfüllen, d.h. zu einem Konfliktausgleich zwischen den der Krankenhausversorgung zugrundeliegenden medizinischen Zielvostellungen einerseits und den begrenzten personellen, sachlichen und finanziellen Ressourcen andererseits beitragen können. Gleichzeitig wird aber auf diese Weise gewährleistet, daß sich der krankenhausexterne bundesweite Bedarf an Orientierungsdaten mühelos aus dem internen Informationspotential der einzelnen Krankenhausbetriebe ableiten läßt.

Von einer solchen Situation ausgehend, stellen sich die auf den verschiedenen Ebenen der Krankenhauswirtschaft notwendigen Führungs- und Orientierungsdaten mit zunehmendem Aggregationsgrad wie folgt dar:

- Führungsdaten für einzelne Leistungsbereiche und Leistungsstellen (einzel betrieblich differenziert)
- Führungsdaten für das einzelne Krankenhaus (einzelbetrieblich)
  Orientierungsdaten für den Bereich der Krankenhauswirtschaft (betriebsübergreifend)

Dabei lassen sich die durch Aggregation der einzelbetrieblichen Struktur- und Prozeßdaten abgeleiteten gesamtwirtschaftlichen Orientierungsdaten dann zu sieben Indizes zusammenfassen:

1.) Strukturindex
- Strukturdaten über das Ressourcenmuster der Krankenhäuser - Leistungsangebot im Bereich von Diagnostik und Therapie (einschließlich apparativer technischer Ausstattung), Pflege und Hotelversorgung sowie Personalkapazitäten (Totalerhebung).

2.) Versorgungsmusterindex
- Prozeßdaten über krankenhaus- und fachabteilungsbezogene Patientenbewegung

3.) Leistungsmusterindex
a) Prozeßdaten über krankenhausbezogene Leistungsintensität im Bereich Diagnostik, Therapie, Pflege und Versorgung
b) Prozeßdaten über patientenbezogene Leistungsintensität im Bereich von Diagnostik, Therapie und Pflege

4.) Kosten- und Wirtschaftlichkeitsindex
a) Prozeßdaten über die krankenhausbezogene Kostenstruktur
b) Prozeßdaten über den patientenbezogenen Kostspieligkeitsgrad, differenziert nach Patientengruppen

5.) Effektivitätsindex
Ergebnis- und Prozeßdaten über Effektivität und Effizienz Krankenhausmedizin, der Medizintechnologie und der Krankenpflege

6.) Versorgungsbedarfindex
Prozeßdaten über Versorgungsnotwendigkeiten und Pflegebedürftigkeit
- Informationen über optimale Versorgungsdaten und Versorgungsstufen innerhalb der Krankenhauswirtschaft sowie der Notwendigkeit ergänzender Versorgungsformen, z.B. Nachsorge, Heimpflege, Hauspflege

7.) Integrationsindex
Prozeßdaten über Aufnahmearten, teil- und vollstationäre Versorgung, hauptamtlich und belegärztliche Versorgung, Entlassungsarten (Teilerhebung).

Index 1, 2, 3a und 4a rechnen zu den krankenhausbezogenen Orientierungsdaten, die periodisch aus der Gesamtzahl aller Krankenhäuser ermittelt werden.

Index 3b, 4b, 5, 6 und 7 dagegen rechnen zu den patientenbezogenen Orientierungsdaten, die entweder periodisch oder auch fallweise aus einer repräsentativen Teilmenge von Krankenhäusern ermittelt werden.

IV. Die Rolle von Orientierungsdaten in der Krankenhauswirtschaft

Fragt man nach Aufgaben und Funktionen von Orientierungsdaten in der Krankenhauswirtschaft, dann differenzieren diese nach Orientierung, Analyse oder auch Diagnose, Prognose, Vorgabe und Kontrolle. Dabei gilt diese Differenzierung für jeden Informationsbereich. Ausgehend von der Aufgabe, die Qualität der Entscheidungsprozesse in der Krankenhauswirtschaft zu verbessern und damit die Entscheidungen rationaler zu gestalten, informieren sie über die vergangene und gegenwärtige Situation. Bei anstehender Entscheidung strukturieren sie deren Vorbereitung durch Analyse des Ist-Zustandes; sie erleichtern die Entscheidungsfällung durch Vorgabe von Handlungsalternativen, und sie ermöglichen die Entscheidungskontrolle durch Feed-back-Informationen über die Ausführung der Entscheidungen.

Es steht fest, daß jegliche wirtschaftliche Betätigung in jedem Wirtschaftssystem auf Orientierungsdaten angewiesen ist, wenn sie sich rational, zielbezogen und mitteladäquat vollziehen soll. Das gilt auch für unsere bundesdeutsche Krankenhauswirtschaft. Insoweit sind Orientierungsdaten also tatsächlich ordnungspolitisch neutral. Es steht aber ebenso außer Zweifel, daß Orientierungsdaten nicht ausschließlich dazu dienen können, über einen Tatbestand zu informieren; denn wenn aus diesen Informationen keinerlei Konsequenzen in irgendeiner Richtung gezogen werden, wenn nichts bewegt, wenn nichts verändert oder weiterentwickelt wird, dann lohnt sich der Aufwand für die Informationsbeschaffung auch nicht. Was aber bedeutet dies für Aufgaben und Funktionen von Orientierungsdaten in der Krankenhauswirtschaft?

Orientierungsdaten sollen sicherlich nicht nur deshalb produziert werden, um darzulegen, was ist (Zahl der Krankenhäuser und Krankenbetten, Zahl der Patienten und Pflegetage, Verweildauer und Belegung, Kosten und Leistung). Worum es doch letztlich und endlich geht, ist eine Information darüber, ob die der Krankenhauswirtschaft vom Gesetzgeber vorgegebenen Ziele erfüllt sind, einmal das Sachziel der Krankenhausversorgung und zum anderen die vom Gesetzgeber aufgestellten Formalziele der Bedarfgerechtigkeit, Leistungsfähigkeit und Wirtschaftlichkeit. Dazu aber muß man eine Meßlatte haben, mit der man den Ist-Zustand messen kann. Insoweit üben Orientierungsdaten ihre Analyse- und Kontrollfunktion aus. Und wenn Ist und Soll voneinander abweichen, wenn die vorgegebenen medizinischen und ökonomischen Ziel nicht erfüllt sind, dann muß doch etwas geschehen. Und an dieser Stelle beginnt dann die Prognose und Vorgabefunktion der Orientierungsdaten im Hinblick auf einzuleitende Korrekturen des Leistungsgeschehens in Form einer wie auch immer angelegten Steuerung oder Intervention. Von diesem Zeitpunkt an sind Orientierungsdaten dann nicht mehr so ganz ordnungspolitisch neutral, so wie das immer dargestellt wird.

Mit Sicherheit hat auch der Sachverständigenrat für die Konzertierte Aktion im Gesundheitswesen diese Problematik erkannt. Auf der einen Seite versucht er, die Aufgaben der Orientierungsdaten doch stark auf die reine Information zu reduzieren, wenn er sagt, daß die systematische Darstellung und Verknüpfung von Informationen im

Vordergrund stehen sollte und weniger ihre Steuerung und Planungsrelevanz. Auf der anderen Seite aber betont er, daß auf eine bessere Orientierung im Hinblick auf die unabdingbar notwendige Systemsteuerung weder bei Gesundheitssystemen, mit Selbstverwaltung, noch im Falle eines stärker marktwirtschaftlich orientierten Gesundheitssystems unverzichtbar ist.

Meiner Ansicht nach können und dürfen Orientierungsdaten nicht nur informieren. Sie müssen auf Basis der Informationen vielmehr dazu beitragen, das Leistungsgeschehen der Krankenhauswirtschaft durch Verbesserung der Rationalität der Entscheidungsprozesse im Hinblick auf Bedarfsgerechtigkeit, Leistungsfähigkeit und Wirtschaftlichkeit zu steuern. Damit aber erhebt sich die Frage: Wer steuert auf welcher Ebene? - und daraus abgeleitet, dann die Frage: auf welcher Ebene der Krankenhauswirtschaft welche Orientierungsdaten, in welchem Umfange vorhanden sein müssen.

Dabei ist diese Frage nach Position und Stellenwert von Orientierungsdaten dahingehend zu beantworten, daß sich bei marktwirtschaftlicher Ausrichtung der Inforamtionsbedarf stärker auf die einzelbetriebliche Ebene konzentriert. Gesamtwirtschaftliche Orientierungsdaten sind dann hoch aggregiert und nur insoweit nötig, wie es die gesamtwirtschaftlichen Rahmenbedingungen betrifft; oder aber auch insoweit, wie bestimmte Ziele von der Gesellschaft als berücksichtigungsbedürftig anerkannt sind, diese auf dem Wettbewerbsmarkt nicht automatisch realisiert werden und dann die Politik intervenieren muß. Umgekehrt spielen bei zentralverwaltungswirtschaftlicher Ausrichtung gesamtwirtschaftliche Orientierungsdaten sowohl quantitativ als auch qualitativ eine weitaus größere Rolle, sind gleichzeitig auch viel weniger aggregiert, oft sogar bis zur einzelbetrieblichen Ebene heruntergebrochen.

Im Hinblick auf die Verfügbarkeit der Orientierungsdaten ergibt sich dann folgendes: Ausgehend von der Dominanz einzelwirtschaftlicher Entscheidungen ist in marktwirtschaftlichen Systemen das Interesse des einzelnen Betriebes am Ausbau seines Informations- und Berichtswesens in der Regel sehr groß. Folglich stehen in der Regel alle notwendigen Führungsdaten zur Verfügung. Die auf gesamtwirtschaftlicher Ebene notwendigen und vergleichsweise wenigen Orientierungsdaten lassen sich daraus dann mühelos aggregieren. Demgegenüber ist in Zentralverwaltungswirtschaften infolge der Dominanz von Planvorgaben, Reglementierungen und Kontrollen das Eigeninteresse des einzelnen Betriebes an einer betriebsinternen Steuerung und damit auch an einzelbetrieblichen Führungsdaten geringer. Die Folge davon ist, daß die Bereitstellung der auf gesamtwirtschaftlicher Ebene erforderlichen Orientierungsdaten in der notwendigen Quantität und Qualität nicht selten Probleme bereitet.

Diese Feststellungen gelten auch für die Krankenhauswirtschaft. Sehen wir das bundesdeutsche Krankenhauswesen angesiedelt zwischen Markt und Staat, dann ist verständlich, daß die Krankenhäuser dem Ausbau der Gesundheitsberichterstattung und den daraus abgeleiteten Orientierungsdaten recht skeptisch gegenüber stehen. Ausgehend von Erfahrungen der Vergangenheit befürchten sie, daß ins Detail des Betriebsgeschehens gehende Orientierungsdaten künftig die Qualität von Normen und

Zielen annehmen und damit die Bürokratisierung der Krankenhauswirtschaft mit staatlicher Planung, administrativer Lenkung und externer Kontrolle verstärken könnten. Die Krankenhäuser werden nur schwer davon zu überzeugen sein, daß gesamtwirtschaftliche Orientierungsdaten nur über den Ist-Zustand der Krankenhauswirtschaft informieren sollen, um daraufhin die gesamtwirtschaftlichen Rahmenbedingungen für die notwendige Koordination von Leistungen und Kosten der verschiedenen Gesundheitssektoren festzulegen.

Die Krankenhäuser gehen mit Sicherheit nicht fehl in der Annahme, daß die eigentliche Aufgabe von Orientierungsdaten darin besteht, Sorge dafür zu tragen, daß sich das Leistungsgeschehen in der Krankenhauswirtschaft insgesamt und damit auch in der Vielzahl der einzelnen Krankenhäuser, an den formalen Zielvorgaben der Bedarfsgerechtigkeit, Leistungsfähigkeit und Wirtschaftlichkeit orientiert.

Vor dem Hintergrund der bisherigen Gesetzgebung zur Krankenhausfinanzierung und Krankenhausplanung, vor allem aber angesichts der Verhaltensmuster von staatlichen Behörden und Krankenkassen hat sich in der Krankenhauswirtschaft der Eindruck verfestigt, daß für die unstrittig notwendige medizinische und ökonomische Steuerung der Krankenhausversorgung die bereits heute vorherrschende Dominanz des zentralverwaltungswirtschaftlichen Instrumentariums zu Lasten der wenigen vorhandenen marktwirtschaftlichen Elemente künftig noch weiter verstärkt werden soll.

Die Furcht vor der Entwicklung zum "gläsernen Krankenhaus", die weniger die Entscheidungs- und Handlungsautonomie des einzelnen Krankenhauses, als vielmehr die Möglichkeit zur externen Planung, Reglementierung und Kontrolle des internen Krankenhausgeschehens stärken soll, ist es dann auch, die heute im einzelnen Krankenhaus recht wenig Interesse weckt, zum Teil sogar jegliches Interesse unterbindet, das bestehende Rechnungswesen zu einem entscheidungsorientierten und patientenbezogenen Informations- und Berichtswesen auszubauen. Haben doch die Erfahrungen der Vergangenheit gezeigt, daß jegliche krankenhausintern zur Verfügung stehenden Führungsdaten über kurz oder lang zur externen Kontrolle, Intervention und Reglementierung genutzt werden.

Es bedarf sicherlich keinerlei Diskussion darüber, ob es auch in der Krankenhauswirtschaft gesamtwirtschaftlicher Orientierungsdaten bedarf. Es stellt sich allerdings die Frage, welche Orientierungsdaten für welche Entscheidungen auf welcher Ebene benötigt werden. Deshalb ist wenig zielführend, nur über Umfang und Struktur derartiger Orientierungsdaten sowie über die damit verbundene Datenbeschaffung und Datenverarbeitung nachzudenken, wenn man sich nicht voher überlegt, wie die Krankenhauswirtschaft insgesamt und damit auch jedes einzelne Krankenhaus veranlaßt werden soll, sich an die gesamtwirtschaftlich vorgegebene ökonomische und wirtschaftliche Orientierung zu halten. Die Definition von Umfang und Struktur an Orientierungsdaten hängt mithin ab von der ordnungspolitischen Entscheidung über Organisation und Finanzierung der Krankenhauswirtschaft - mehr in Richtung Markt oder mehr in Richtung Staat. Dabei steht fest, daß bei mehr Staat mit Zunahme von externer Kontrolle, Intervention und Reglementierung, Art, Detaillierungsgrad und Umfang der auf der gesamtwirtschaftlichen Ebene notwendigen Orientierungsdaten zunehmen, zum Teil auch noch heruntergebrochen auf die Ebene des einzelnen Krankenhauses und umgekehrt. Gegenläufig aber ist dann das Interesse des einzelnen Krankenhauses, das System seiner Führungsdaten entscheidungsorientiert und patientenbezogen auszubauen, wobei zu bedenken ist, daß ein derartiger Ausbau des krankenhausinternen Informations- und Berichtswesen unabdingbare Voraussetzung auch für Quantität und Qualität der gesamtwirtschaftlichen Orientierungsdaten ist. Umgekehrt ist die Tendenz bei einer mehr marktwirtschaftlich orientierten Steuerung der Krankenhauswirtschaft.

Es läßt sich aber folgendes festhalten: Der Tatbestand, daß gesamtwirtschaftliche Orientierungsdaten auch in der Krankenhauswirtschaft erforderlich sind, ist ordnungspolitisch neutral. Die konkrete Ausgestaltung des Systems an Orientierungsdaten dagegen hängt von den ordnungspolitischen Entscheidungen über Organisation und Finanzierung der Krankenhauswirtschaft ab.

Wolfgang Klitzsch

Strukturelle Herausforderungen des Krankenhausbereichs zum Ende des Jahrtausends

Vom Armenhaus zum sozio-technischen System

In allen wesentlichen gesellschaftlichen Institutionen sind die Entwicklungstrends der Gesellschaft objektivierbar, ja sie sind sozusagen Entwicklungsträger des gesellschaftlichen Prozesses. Dies gilt - jeweils spezifisch und in verschiedenen Ausprägungen - sowohl für die staatliche Administration, für marktliche Unternehmen ebenso wie für große Organisationen des Dienstleistungssektors.

Das Krankenhaus stellt in exemplarischer Weise einen Brennpunkt der sozialstrukturellen und demographischen Entwicklung der Gesellschaft dar; in ihm lassen sich die Entwicklungslinien zur professionellen, verwissenschaftlichten und säkularisierten Kultur eindringlich nachzeichnen.

Das Krankenhaus könnte nach seinem langen Weg von der Herberge, dem Pilgerhaus, der Versorgungsanstalt für Hilflose, der Heilsstätte und dem Armenpflegehaus hin zum komplexen "*sozio-technischen System*" und zur Versorgungseinrichtung für alle Bevölkerungsschichten ("*Sozialisationsprozeß nach oben*", Rohde 1962) "Leit-Fossil" der tertiären Dienstleistungsgesellschaft werden.

Wenn sich im Krankenhaus die wesentlichen Entwicklungslinien, Spannungen, Widersprüche und Leistungsvoraussetzungen unserer Gesellschaft widerspiegeln, so ist insbesondere an folgende zu denken:

Gesellschaftliche Entwicklung ist vor allem als Prozeß der Differenzierung zu verstehen. Das Krankenhaus zum Ende des 20. Jahrhunderts repräsentiert diesen Differenzierungsprozeß auf mehreren Ebenen: Hohes Maß an Ausdifferenzierung der beruf-Rollen, tiefgestaffelte funktionelle Gliederung, hohes Maß an Heterogenität in der professionellen und weltanschaulichen Orientierung gepaart mit zunehmenden Trends der diagnosespezifischen, altersspezifischen bzw. versorgungskonzeptorientierten Spezialisierung und Konzentration. Die Spezialisierungs- und Differenzierungsprozesse im Krankenhaus werden in besonderer Weise durch den medizinischen Erkenntnisprozeß voran getrieben. Im gegenwärtigen Reflexionsprozeß stehen die Dysfunktionen der internen Aufgliederung im Vordergrund. Deutlich wird es u.a. auch an Forderungen, die Ganzheit der Person des Erkrankten im Behandlungsprozeß nicht aus den Augen zu verlieren.

Die Vorherrschaft der monitären Rationalität - sprich die Ökonomisierung der Lebensverhältnisse - macht selbstverständlich vor der Institution "Krankenhaus" nicht halt. Die Fragen der Angemessenheit pflegerischer und ärztlicher Hilfe im Krankheitsfall bzw. in existenziellen Grenzsituationen (Geburt, Sterben) werden sowohl auf der Ebene des einzelnen Krankenhauses als auch für den Krankenhausbereich insgesamt primär monitär/finanziell diskutiert. Begründungen und Legitimationen sind außerhalb der Sprache des Ökonomen kaum denkbar. Die besondere Problematik liegt darin, daß bisher es nicht gelungen ist, die Effizienz bzw. Produktivität sozialer Dienstleistungssysteme angemessen zu begründen und als eigenständige Kategorie zu etablieren.

In enger Beziehung dazu stehen Tendenzen der Bürokratisierung und Verrechtlichung der Krankenhäuser. Ähnlich wie in anderen Dienstleistungsinstitutionen (z.B. Schulen) entwickeln sich auch die Krankenhäuser immer stärker in Richtung auf das "Ideal" der formalen Organisation: Präzise, formale Festlegung von internen Entscheidungsprozessen, Definition von Austauschbeziehungen nach außen (Krankenkassen, Einweisung und Entlassung aus und an den niedergelassenen Bereich etc.) sowie die erhöhte Notwendigkeit in allen Bereichen des Krankenhauses zur Dokumentation des Kosten- und Leistungsgeschehens.

Die jüngste Phase der Krankenhausgeschichte ist geprägt durch einen enormen Prozeß der Technisierung. Auch wenn - dies ist eine Besonderheit des bundesrepublikanischen Gesundheitssystems - in den niedergelassenen Praxen ein hohes Maß an technischer Ausstattung vorzufinden ist, sind die bundesdeutschen Krankenhäuser Ort der Hochleistungsmedizin. Technische Prozesse unterstützen die Interaktionen im Krankenhaus; Kommunikations- und Entscheidungsverfahren werden durch Kommunikations- und Informationstechnologien präziser, transparenter und zeitnaher. Im EDV-Bereich steht das Krankenhaus vor der Erschließung des ärztlich-pflegerischen Bereichs.

Der relativ neue Trend - im Wirtschaftsbereich fast abgeschlossen - der Inanspruchnahme sozialer Dienstleistungen wird sich spätestens ab 1993 auch im Krankenhausbereich als relevantes Problem stellen. Die Diskussion um die Entwicklung des Sozialraums "Europa" ist insbesondere mit dem Problem behaftet, daß die Erwartungen der Bevölkerungen stärker und schneller steigen werden als die tatsächlichen Harmonisierungstendenzen in rechtlicher und tatsächlicher Hinsicht. Einer internationalen Arbeitsteilung - nach vorausgehender Angleichung der Sozialversicherungssysteme - sind im Krankenhausbereich enge Grenzen gesetzt.

Die kurze und unvollständige Skizze der Lage der Krankenhäuser im gesellschaftlichen Entwicklungsstrom weist auch auf die Grundspannung der Leistungserbringung der Institution Krankenhaus hin: Dem Trend zur formalen, professionellen Organisation steht nach wie vor die berechtigte Erwartung des einzelnen nach individueller Behandlung und Betreuung gegenüber. Die diagnostische Analyse und therapeutische Unterstützung in Heilungsprozessen, die psychischen und sozialen Begleitprozesse, das Sterben und die Sterbebegleitung entziehen sich sui generis der Standardisierung und Normierung und stehen damit in einem - scheinbaren - Gegensatz zu dominanten gesellschaftlichen Entwicklungstrends. Die sozialwissenschaftliche Forschung hat den Nachweis erbracht, daß gerade der Ort der menschlichen Begegnung im Krankenhaus hochgradig defizitär ist und daß die schlichte Extrapolation der angedeuteten gesellschaftlichen Entwicklung diesen Mangel nicht beheben kann.

Zentrale gegenwärtige Herausforderungen

In engem sachlichen Zusammenhang lassen sich vier Themenkreise voneinander unterscheiden: der Umbau zur tertiären Dienstleistungsgesellschaft, die demographische Entwicklung, die sozialstrukturellen Veränderungen der Gesellschaft und die Frage der bedarfsgerechten Komposition der Angebotsstrukturen bzw. der Muster der finanziellen und personellen Ressourcenverteilung über die Versorgungsbereiche bzw. gesundheitlichen Risiken hinweg.

1. Trend zur Dienstleistungsgesellschaft

In allen modernen westlichen Industriegesellschaften steigt der Anteil des Dienstleistungssektors. Die Wertschöpfung des Dienstleistungssektors beläuft sich mit ca. 800 Mrd. DM etwa auf das gleiche Volumen des gesamten güterproduzierenden Bereichs. Der internationale Vergleich zeigt, daß die Entwicklung zur tertiären Gesellschaft in der Bundesrepublik eher langsam verläuft und daß seit der Kostendämpfungspfase im Gesundheitswesen die Zuwachsraten unterdurchschnittlich waren. Die Ausrichtung des Gesundheits-Reformgesetzes von 1988 auf Beitragssatzstabilität wird unter diesem Gesichtspunkt - insbesondere von Mitgliedern des Sachverständigenrates für die Konzertierte Aktion im Gesundheitswesen - kritisch gesehen.

2. Demographische Herausforderung

Die absehbare demographische Entwicklung unserer Gesellschaft zum Ende des Jahrtausends ist für die gesundheitliche Versorgung und speziell für den Krankenhausbereich mit drei Implikationen verbunden: Veränderung der Nachfrage nach stationären Leistungen, Veränderung des Angebots an - insbesondere - Pflegepersonal im Krankenhaus sowie Konsequenzen für die Finanzierung der stationären Gesundheitsleistungen.

Abb. 1: Entwicklung der deutschen Bevölkerung von 1910-2030

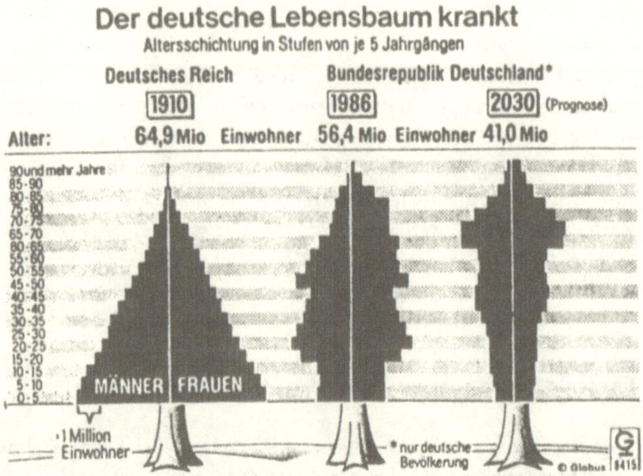

a. Nachfragerelevanz der demographischen Entwicklung

Die Nachfrage nach Krankenhausleistungen ist in den letzten 30 Jahren im Krankenhausbereich im Verhältnis zu den anderen Versorgungssektoren überproportional angewachsen, wobei die Steigerungsraten bei den KVdR - Versicherten noch einmal deutlich höher lagen. Während die Nachfrage der Nicht-Rentner im ambulant-ärztlichen Bereich zwischen 1960 und 1986 um das ca. 8-fache anstieg, im gleichen Leistungsbereich die Rentner das 22-fache nachfragten, lag die Nachfrage der Nicht-Rentner im Krankenhausbereich im selben Zeitraum 15-fach höher, während die Rentner von 1986 im Verhältnis zu 1980 das 47-fache an stationären Leistungen nachfragten.

Tabelle 2
Leistungsausgaben insgesamt und nach Sektoren seit 1960 in Mio. DM
AKV und KVdR[1]

Jahr	ambulante Behandlung											
	Leistungsausgaben		ärztliche Behandlung		zahnärztliche Behandlung u. Zahnersatz		Arzneimittel		Heil- und Hilfsmittel		Krankenhausbehandlung *)	
	AKV	KVdR	AKV	KVdR	AKV	KVdR	AKV	KVdR	AKV	KVdR	AKV	KVdR
1960	7 636	1 329	1 536	338	660	76	754	340	167	46	1 175	393
1970	17 273	6 576	3 995	1 463	2 141	395	2 378	1 846	466	202	3 869	2 141
1975	39 681	18 489	7 836	3 423	6 923	1 387	4 608	4 291	1 701	881	10 480	6 994
1980	56 505	29 451	10 146	5 212	10 893	1 976	6 260	6 313	3 063	1 818	13 641	11 541
1981	59 565	32 638	10 792	5 699	11 780	2 266	6 604	7 027	3 242	2 031	14 314	12 681
1982	58 709	33 968	10 990	5 927	11 013	2 048	6 514	7 262	2 959	2 087	15 309	13 883
1983	59 141	36 756	11 381	6 382	10 816	2 129	6 588	7 861	2 998	2 286	15 649	14 828
1984	63 185	40 377	12 150	6 774	11 506	2 395	6 942	8 602	3 441	2 623	16 384	16 000
1985	65 424	43 280	12 585	7 075	11 801	2 521	7 329	9 274	3 648	2 864	16 891	17 126
1986	67 912	46 149	12 947	7 348	11 516	2 546	7 758	9 867	4 029	3 192	18 063	18 466
1987[1)]	70 276	48 558	13 569	7 515	11 051	2 569	8 361	10 495	4 286	3 462	19 145[2)]	20 127[2)]

*) ohne Behandlung in Kur- und Spezialeinrichtungen nach § 184a RVO
1) 1987 = vorläufige Werte KV 45
2) mit Behandlung in Kur- und Spezialeinrichtungen nach § 184a RVO

Im Krankenhaus wird dies in der Struktur der Patientenschaft deutlich. Während ca. 20% der Bevölkerung 60 Jahre und älter sind, ist bereits Ende der 80er Jahre jeder 3. Krankenhauspatient Angehöriger dieser Altersgruppe, und es entfallen fast die Hälfte aller Pflegetage auf Patienten über 60 Jahre.

Tabelle 3
Patienten in Akutkrankenhäusern nach Altersgruppen 1983 - 1987[2]

Altersgruppe	Bevölkerung zum 31.12. v.H. 1983	Bevölkerung zum 31.12. v.H. 1986	KH-Häufigkeit je 10.000 Einwohner v.H. 1983	KH-Häufigkeit je 10.000 Einwohner v.H. 1986	Patienten v.H. 1983	Patienten v.H. 1987	Pflegetage v.H. 1983	Pflegetage v.H. 1987	Verweildauer in Tagen v.H. 1983	Verweildauer in Tagen v.H. 1987
	Sp. 1	Sp. 2	Sp. 3	Sp. 4	Sp. 5	Sp. 6	Sp. 7	Sp. 8	Sp. 9	Sp. 10
unter 6 Jahre	5,8	5,9	2 260	1 487	7,9	6,0	5,0	4,3	8,9	9,0
6 bis unter 18 Jahre	15,0	12,9	1 039	1 096	9,4	7,9	5,9	5,1	8,9	8,1
18 bis unter 45 Jahre	40,0	40,2	1 469	1 554	35,3	33,8	27,1	25,7	10,9	9,5
45 bis unter 60 Jahre	19,1	20,4	1 443	1 670	16,6	18,1	17,2	18,0	14,8	12,5
60 Jahre und älter	20,0	20,6	2 403	2 897	29,6	33,7	43,6	46,5	20,9	17,4
ohne Angabe	-	-	-	-	1,2	0,4	1,2	0,4	15,1	10,7
Gesamt	100,0	100,0	1 664	1 796	100,0	100,0	100,0	100,0	14,2	12,6

Dementsprechend zeigen die Analysen, daß auch bis zum Jahre 2000 und darüber hinaus die Nachfrage der Alten und Hochbetagten weiter zunehmen wird.

b. Berufswahl und demographische Entwicklung

Zur Mitte der 90er Jahre, spätestens aber im Jahre 2000 wird mit erheblichen Problemen bei der Rekrutierung von Krankenpflegepersonen aufgrund der demographischen Entwicklung gerechnet. Die Zahl der Schulabgänger allgemeinbildender Schulen wird von 960.000 (1986) auf ca. 630.000 (1995) absinken; alle Ausbildungsbereiche werden sich insofern um ca. 2/3 des Potentials an Absolventen bemühen.

Bereits heute zeichnet sich ein verschärfter Verteilungskampf ab, in dem die relative Attraktivität der unterschiedlichen Berufsbereiche ausschlaggebend sein wird. Der Arbeitsplatz "Krankenhaus" dürfte mit erheblichen Wettbewerbsproblemen zu kämpfen haben, da die Rundumversorgung der Patienten aus der Sicht des Personals mit erheblichen Belastungen verbunden ist (Schichtdienst, ungünstige Dienstzeiten, Wochenenddienst etc.).

Für den Krankenpflegebereich wird von entscheidender Bedeutung sein, inwieweit es gelingt, diejenigen Gruppen zu reaktivieren, die über eine Ausbildung verfügen, ihren Beruf aber nicht mehr aktiv ausüben (Berufsrückkehrer). Von Ferber hat auf die große Bedeutung dieser "stillen Reserve" für den Krankenpflegebereich hingewiesen. (von Ferber, 1989)

c. Relevanz der demographischen Entwicklung für die Finanzierung

Die Rentner sind Teil der Solidargemeinschaft der Versicherten. Die Beitragssatzorientierung der Gesetzlichen Krankenversicherung bedeutet im Kern, daß sich die Ausgabensteigerung der Veränderung der Grundlohnsumme anzupassen hat. Aufgrund der demographischen Entwicklung der Gesellschaft wird die Grundlohnsummenentwicklung gebremst, die - wie oben angesprochen - Nachfrageentwicklung aber weiterhin progressiv sein. Aufgrund dieser beiden gegenläufigen Trends wird - verstärkt einsetzend ab Mitte der 90er Jahre - eine scherenartige Entwicklung einsetzen. Die Konsequenz wird sein, daß die Allgemeinversicherten immer größere Anteile der Ausgaben der KVdR zu tragen haben und die Gesamtbelastung der Erwerbstätigen steigt.

3. Sozialstrukturelle Entwicklung der Gesellschaft

Unabhängig vom veränderten Altersaufbau der Gesellschaft unterliegen auch die Sozialbeziehungen einer dynamischen Veränderung, die erhebliche Reflexe auf die Inanspruchnahme und die Versorgungsstruktur der institutionalisierten und professionalisierten Dienstleistungen besitzen. Die Nachfrage nach stationären Leistungen wird in erheblichem Maß beeinflußt von der Größe der Haushalte, der Zusammensetzung der Familien, dem Nachbarschaftsgefüge sowie der intergenerativen Beziehungen.

Die erhöhte berufliche Mobilität der jüngeren Generation, mit der Folge der weitgehenden Auflösung der Mehrgenerationenhaushalte, die steigende Erwerbsquote der Frauen, die sinkende Zahl der Personen pro Haushalt und die mit der Verstädterung einhergehende Anonymisierung der Sozialbeziehungen im Nahbereich führen auch dort zu Inanspruchnahme stationärer Leistungen, wo früher Personen in intakten Sozialbeziehungen versorgt werden konnten. Ein Indikator mag in diesem Zusammenhang die Situation exemplarisch beleuchten: In den Großstädten der Bundesrepublik Deutschland liegt derzeit die Quote der 1-Personen-Haushalte bei ca. 50%. Für Hamburg bedeutet dies beispielsweise, daß ca. 900.000 single-Haushalte existieren. Im Falle einer ernsthaften Erkrankung muß in aller Regel institutionelle Hilfe in Anspruch genommen werden.

Die prognostizierte Steigerung der Erwerbsquote der Frauen wird die Pflegekapazität der Familien weiter senken. Etwas überspitzt wird gelten, daß einen Teil des Preises der Emanzipation der Frau die Institution "Krankenhaus" zu tragen hat. Dabei war gerade der Pflegeberuf für Frauen ihr Einstieg in die berufliche Emanzipation.

4. Bedarfsgerechte Komposition der sozialen Sicherungssysteme

Die angesprochenen Entwicklungen der Gesellschaft haben Auswirkungen auf die Krankenhausstruktur, das Verhältnis des Krankenhausbereichs zu benachbarten Versorgungssektoren sowie auf die Komposition der sozialen Sicherungssysteme insgesamt.

a. Krankenhausbezogene Strukturveränderungen

Die erwartete steigende Nachfrage nach stationären Leistungen akzentuiert das Problem der Ausgabenquotierung der GKV über die Leistungssektoren hinweg.

Die Neufassung des §141 SGB V (Konzertierte Aktion) verlangt von denjenigen Leistungsbereichen, die Ausgabensteigerungsraten jenseits der Grundlohnsummenentwicklung zu verzeichnen haben, den Nachweis der medizinischen Unabweisbarkeit. Da im internationalen Vergleich der Anteil der Ausgaben für Krankenhausversorgung relativ niedrig liegt, wird die große Frage sein, ob die derzeitige Quotierung anforderungsgerecht weiterzuentwickeln ist. Für die stationäre Versorgung spricht, daß sich hier der demographische Effekt überproportional auswirkt, sich der kostenintensive medizinische Fortschritt insbesondere in den Krankenhäusern vollzieht und der Nachholbedarf im Bereich der Krankenpflege in qualitativer und quantitativer Hinsicht befriedigt werden muß.

b. Koordinationsbedarf zwischen den Leistungssektoren

Das Gesundheitswesen der Bundesrepublik zeichnet sich durch einen hohen Grad sektorspezifischer Abgrenzung aus. Die bestehende personelle, funktionelle und apparative Verzahnung der Krankenhäuser mit den umliegenden Versorgungsbereichen ist unentwickelt. Die medizinisch-technische Aufrüstung der niedergelassenen Praxen hat nicht zu einer Senkung der Krankenhausaufnahmehäufigkeit geführt; im Gegenteil besteht die Vermutung, daß die diagnostische Kapazität der Praxen die Nachfrage nach high-tech in den Krankenhäusern noch erhöht. Die rechtlich vorgeschriebene Nachrangigkeit der stationären Krankenhausbehandlung erweist sich in der Praxis zudem eher als eine Art Ersatz- bzw. Vorleistungsfunktion des Krankenhauses (s. Diskussion um die sogenannte "Fehlbelegung").

Die Aufgabe wird darin bestehen, den Leistungsumfang und die Art der Leistungserbringung in den Krankenhäusern flexibler zu gestalten. Hierzu zählt insbesondere die Einführung der Möglichkeit zur begrenzten vor- und nachstationären Behandlung sowie Formen der teilstationären Behandlung. Von großer Bedeutung wird die Umsetzung der im SGB V vorgesehenen koordinierten Planung im Bereich der medizinisch-technischen Großgeräte sein. Gemeinsame Anschaffung und Nutzung hochwertiger technischer Anlagen erscheint unter Effizienzgesichtspunkten unverzichtbar; im Hinblick auf die jederzeit erforderliche Einsatzbereitschaft für schwerstkranke stationäre Patienten und Unfallpatienten wird dem Krankenhaus Standortpriorität einzuräumen sein.

c. Komposition der Sozialsicherungssysteme

Die Diskussion um die richtige Proportionierung der Aufwendungen für die gesundheitliche Versorgung bezieht sich im wesentlichen auf die Frage des Gewichtes und des Verhältnisses der Prävention, der Kuration und der Rehabilitation sowie - zunehmend - der Pflege zueinander.

Ende des Jahrhunderts besteht der Eindruck, daß - zumindestens aus ökonomischer Sicht - überzogene Erwartungen an die Prävention gedämpft sind. Angesichts der demographischen Entwicklung werden alle Bereiche der ambulanten und stationären Rehabilitation auszubauen sein. Die Rehabilitation, die dann im Vordergrund steht, bezieht sich weniger auf eine im engen Sinne berufliche Rehabilitation als darauf, die Lebensqualität multimorbider Patienten auf einem möglichst hohen Niveau zu stabilisieren.

Die große Aufgabe zum Ende des Jahrhunderts ist die sozialversicherungsrechtliche bzw. leistungsrechtliche Absicherung des Pflegefallrisikos. Die sich derzeit abzeichnenden drei Alternativen (Teil der Krankenversicherung, Leistungsgesetz, private Pflichtversicherung) sind mit unterschiedlichen Vor- und Nachteilen verbunden. Für den Krankenhausbereich wird der Aufbau einer Absicherung der Versorgung Pflegebedürftiger und die entsprechende Ausbildung angemessener Kapazitäten - insbesondere auch durch Umwidmung aus dem Akut-Krankenhausbereich - mit erheblichen Wirkungen verbunden sein. Die Absicherung des Risikos der Pflegebedürftigkeit wird allerdings auch dazu führen, daß der Bedarf an Pflegekräften in Zukunft noch weiter steigen wird und damit die Versorgungsprobleme im Krankenhausbereich steigen werden.

Grundsätzlich erzwingen die neuen Herausforderungen aus der Sicht der Krankenhäuser die Überlegung, ob das Leistungsspektrum der Gesetzlichen Krankenversicherung noch angemessen und den Veränderungen der Gesellschaft angepaßt ist. Die ökonomische Lage der pflichtversicherten Haushalte von 1883/1911 ist nicht zu vergleichen mit derjenigen der Haushalte vor Ende des Jahrtausends. Eine Konzentration der Gesetzlichen Krankenversicherung auf große, die Wirtschaftskraft der einzelnen Haushalte finanziell überfordernde Gesundheitsrisiken ist mittelfristig die Möglichkeit der Wahl.

Ausblick auf wesentliche theoretische Fragestellungen

1. Produktivitätsbegriff sozialer Dienstleistungen

An der jüngsten Entwicklung im Gesundheitswesen der DDR ist abzulesen, daß aufgrund der dortigen Einschätzung des Gesundheitswesens als "unproduktiver Bereich" eine dramatische Vernachlässigung der gesundheitlichen Versorgung der DDR-Bevölkerung eingetreten war. Es erweist sich - unabhängig von dieser speziellen Situation - als große Schwierigkeit, die gesellschaftliche und volkswirtschaftliche Bedeutung der Gesundheits- bzw. Krankenhausausgaben zu begründen. Die Gesundheitsreform von 1989 ist so auch eher wirtschaftspolitisch orientiert und weniger von medizinischen oder gesundheitlichen Kriterien geleitet.

Die Klärung des Funktions- bzw. Produktivitätsbegriffs sozialer Dienstleistungen ist generell von großer Bedeutung, insbesondere weil die stationäre Versorgung vor der Epoche intensivierter Qualitäts- und Wirtschaftlichkeitsprüfungen steht. In diesem Zusammenhang ist ganz offensichtlich, daß Wirtschaftlichkeit als relationaler Begriff nur zu verstehen ist, wenn neben die leicht quantifizierbare Seite der Kosten eine operationalisierte Leistungs- und Funktionsbeschreibung tritt. Auch die Angemessenheit des Personaleinsatzes (§ 19 KHG) läßt sich letztlich nur entscheiden, wenn über die Leistungsfähigkeit sozialer Dienste und ihr Beitrag für das Sozialwesen konsentierte Vorstellungen existieren.

2. Fortschrittsfalle Medizin

Für den Krankenhausbereich im speziellen gilt, daß die Fortschritte der Medizin verstärkende Tendenz auf die Inanspruchnahme der stationären Versorgungseinrichtungen besitzen. Das Gesundheitswesen leidet nicht so sehr an seinen Schwächen, sondern an seinen Stärken (Krämer). Die Lebensverlängerung - als Leistungsindikator für das Gesundheitswesen - führt zu einer meßbaren Erhöhung der Inanspruchnahme in den letzten Lebensjahren. Daneben tritt die Tatsache, daß zunehmend therapeutische Möglichkeiten zur Verfügung stehen, die - obwohl kostenintensiv - nur sehr kleinen Patientengruppen zur Verfügung stehen (z.B. Transplantationschirurgie).

In gewisser Hinsicht kehren - mindestens Teile der Krankenhäuser - zu ihren Ursprüngen zurück: Hospize für Sterbende und Pflegeeinrichtungen für chronisch Kranke werden das Bild des Krankenhauses in Zukunft wieder stärker prägen. Die Zunahme des Anteils der alten Patienten im Krankenhaus wird in Zukunft auch den Aspekt der Betreuung und Pflege wieder in den Vordergrund rücken lassen.

Eine erneute Diskussion um die Grenzen der Hochleistungsmedizin, den angemessenen Aufwand an persönlicher Betreuung und Zuwendung zeichnet sich bereits heute ab.

3. Krankenhaus als Externalisierungsort der Gesellschaft

Bereits angesprochen wurden die sozialstrukturellen Auswirkungen auf die Nachfrage nach Krankenhausbetreuung und -behandlung. Intakte Institutionen und finanziell abgesicherte institutionelle Leistungen - und hier steht das Krankenhaus in vorderster Linie - fangen sozusagen die aus dem privaten Kontext ausgegliederten Funktionen auf. Die Pflege von Kranken und die Betreuung von Sterbenden sind zwar originäre "Leistungen" des primären Sozialverbundes Familie, müssen aber zunehmend - bei einer stark ökonomisch orientierten, individuellen Lebensführung der Familienmitglieder - als Aufgaben nach außen abgegeben werden, um die von der Gesellschaft prämierten Verhaltensweisen durchzuhalten.

Die Wirkungen der sich verändernden Sozialstruktur und der Neuorientierung der Individuen zeigen sich in den professionalisierten Institutionen. Sterben in der Familie bindet Zeit- und Lebenschancen der Angehörigen. Es ist andererseits in den Institutionen weder zum finanziellen noch zum emotionalen Nulltarif zu erhalten.

Literatur

Ferber, Christian von (Juni 1989) Bereitschaft zum Sozialen Dienst heute und morgen - Voraussetzungen für die Krankenpflege in der Zukunft, Das Krankenhaus, Heft 6, 81. Jahrgang, 325-333,

Rohde, Johann Jürgen (1962) Soziologie des Krankenhauses, Zur Einführung in die Soziologie der Medizin, Stuttgart

Anmerkungen:

1. Quelle: Arbeits- und Sozialstatistik, BMA-Vordrucke KJ 1 und KV 45

2. Quelle: StBA, Infratest Gesundheitsforschung, J. Müller, DKG

Erich Kröger

Öffentlicher Gesundheitsdienst und Primäre Gesundheitsversorgung

Gegenwärtig vollzieht sich in unserem Gesundheitswesen ein Wandel. Ursache sind die sogenannte Kostenexplosion seit Beginn der 70iger Jahre und die sich abzeichnende Ärzteschwemme in den 90iger Jahren. Von gleicher Bedeutung ist aber auch die von der Weltgesundheitsorganisation ausgehende Neuorientierung in der Gesundheitspolitik, die ihren Ausdruck findet in gesundheitspolitischen Zielperspektiven wie "Gesundheit für alle" und Begriffen wie "Primäre Gesundheitsversorgung".

Ausgelöst wurde diese gesundheitspolitische Neuorientierung durch die 30. Weltgesundheitsversammlung im Jahre 1977, bei der sich alle Regierungen und die Weltgesundheitsorganisation (WHO) verpflichten, bis zum Jahre 2000 für alle Menschen einen gesundheitlichen Status anzustreben, der es den Menschen ermöglicht, ein sozial und ökonomisch produktives Leben zu führen.

Es folgte im September 1978 in Alma Ata, UdSSR, die Internationale Konferenz für Primäre Gesundheitsversorgung (Primary Health Care) auf der Gesundheit als ein Grundrecht der Menschen bestätigt und die Deklaration von Alma Ata verabschiedet wurde, die bei der Entwicklung bzw. Weiterentwicklung der gesundheitlichen Versorgungssysteme in den Mitgliedsstaaten der primären Gesundheitsversorgung eine besondere Rolle zuweist.

Bestätigt wurde von der Konferenz außerdem auch die weitgefaßte WHO-Definition des Begriffs Gesundheit als *"ein Zustand völligen körperlichen, geistigen und sozialen Wohlbefindens und nicht nur als Abwesenheit von Erkrankung und Behinderung"*.

Diese Definition von Gesundheit bildet letztlich die Grundlage für die weltweite Neuorientierung in der Gesundheitspolitik durch die WHO. Sie geht weit über die bis dahin vorherrschende krankheitsbezogene medizinische Definition hinaus, indem sie Gesundheit im Sinne von Lebensqualität definiert.

Das europäische Regionalkommitee der Weltgesundheitsorganisation beauftragt noch im gleichen Jahr den Direktor des Regionalbüros, die Empfehlungen der Konferenz von Alma Ata in das europäische Regionalprogramm der WHO zu integrieren. Die daraufhin von europäischen Regionalbüro ausgearbeitete regionale Strategie "*Gesundheit für alle bis zum Jahre 2000*" umfaßt 38 konkrete Einzelziele, die anläßlich der 30. Sitzung des Regionalkommitees von den europäischen Regierungen verabschiedet wird. Die Bundesrepublik Deutschland wie auch die damals noch existierende DDR haben die Resolution der 30. Weltgesundheitsversammlung und auch die Beschlüsse des europäischen Regionalbüros der WHO wie auch zuvor schon die Deklaration von Alma Ata mitgetragen und sich damit international zur Umsetzung verpflichtet.

WHO Ziele fanden in Deutschland zunächst nur wenig Beachtung

Trotz dieser Verpflichtung haben die Empfehlungen der WHO in der Bundesrepublik Deutschland im Gesundheitswesen verhältnismäßig wenig Beachtung gefunden. Vor allem die Gesundheitsberufe haben die Zielvorstellungen kaum aufgegriffen, ebenso nicht der Öffentliche Gesundheitsdienst. Zu treibenden Kräften entwickelten sich vorwiegend andere Berufsgruppen, vor allem sozial- und erziehungswissenschaftliche und auch ernährungswissenschaftliche Berufsgruppen, die für die WHO-Ziele eintraten und sie in die Öffentlichkeit trugen.

Die Zurückhaltung der Gesundheitsberufe ist vor allem darauf zurückzuführen, daß von den meisten der Begriff gesundheitliche Versorgung mit medizinischer Versorgung gleichgesetzt wird. Der Gesundheitsbegriff ist bei ihnen aufgrund der Ausbildung und Arbeit in Medizinbetrieben medizinisch, d.h. krankheitsbezogen, belegt. Den meisten Gesundheitsberufen ist nicht klar, was mit dem WHO-Begriff "Primäre Gesundheitsversorgung" eigentlich gemeint ist und was primäre Gesundheitsversorgung im Sinne des WHO-Gesundheitsbegriff faktisch bedeutet.

Auch der Bürger kann mit dem Begriff "Primäre Gesundheitsversorgung" nichts anfangen. Auch für ihn sind gesundheitliche und medizinische Versorgung identisch. Wie bei den Gesundheitsberufen, so wird auch in der Bevölkerung der Begriff Gesundheit im medizinischen Sinne verstanden und mit Abwesenheit von Krankheit und Behinderung gleichgesetzt und nicht im sozialwissenschaftlichen Sinne als Lebenqualität interpretiert.

Gesundheitliche und medizinische Primärversorgung

Abb. 1: Unterschiede zwischen medizinischer und gesundheitlicher Primärversorgung

Medizin. Primärversorgung		Gesundheitliche Primärversorgung
(Primary Medical Care)		(Primary Health Care)
	Orientierung	
Krankheit Heilung		Gesundheit Förderung
	Inhalt	
Behandlung vorübergehend problemorientiert		Prävention und Betreuung kontinuierlich umfassend
	Versorgung	
Ärzte Einzelaktionen fachliche Betrachtungsweise		Verschiedene Berufgruppen Teamarbeit ganzheitliche Betrachtungsweise
	Verantwortung	
Gesundheitssektor allein Dominanz der Experten		intersektorale Zusammenarbeit Experten gemeinsam mit Bürger
	Ergebnis	
Vorwiegend passive Rolle des Betroffenen (Bürgers)		Primäre Eigenverantwortlichkeit des Betroffenen (Bürgers)

Abbildung 1 macht die Unterschiede zwischen medizinischer und gesundheitlicher Primärversorgung deutlich. Primäre gesundheitliche Versorgung ist nicht auf die Heilung von Krankheit ausgerichtet, sondern auf Schutz und Förderung der Gesundheit. Bei ihr steht nicht eine vorübergehende problemorientierte ärztliche Behandlung im Vordergrund, sondern eine kontinuierliche, umfassende Prävention und Betreuung.

Während bei der primären medizinischen Versorgung der Arzt das Gesundheitsproblem aus medizinischer Sicht beurteilt, erfolgt bei der primären gesundheitlichen Versorgung eine fach- und berufsübergreifende ganzheitliche Betrachtung durch ein Team von Fachleuten. Die Verantwortung für die Gesundheit des Bürgers hat nicht mehr der Gesundheitssektor allein, sondern tragen verschiedene Sektoren gemeinsam durch eine entsprechende Zusammenarbeit.

Dies bedeutet, daß in Fragen der Gesundheit die Entscheidung nicht mehr nur bei einer Expertengruppe liegt, wie im Falle der medizinischen Versorgung bei den Ärzten, sondern auch andere Experten und vor allem auch die Betroffenen selbst in den Entscheidungsprozeß mit einbezogen werden. Damit erhalten die Betroffenen, d.h. die Bürger, eine aktive Rolle zugewiesen und übernehmen auch eine gewisse Mitverantwortung für ihre Gesundheit. Bei der medizinischen Versorgung ist die Rolle der Betroffenen demgegenüber eher passiv und auf die Anweisungen des medizinischen Fachpersonals ausgerichtet.

Mehr Information tut not

Bei entsprechender Information und Aufklärung hinischtlich der WHO-Ziele "Gesundheit für alle" und des Begriffs "Primäre Gesundheitsversorgung" würden Ziele und Inhalte der WHO Strategie sicherlich auch in Deutschland breite Zustimmung finden. Hier hat der Öffentliche Gesundheitsdienst als unmittelbarer Mitträger der internationalen Beschlüsse und als Hauptträger der Primärprävention in unserem gesundheitlichen Versorgungssystem bisher einiges an Informationsarbeit versäumt.

Andererseits bleibt auch festzustellen, daß wir in Deutschland nicht nur in der kurativen Medizin, sondern auch in der primären Gesundheitsversorgung, d.h. in der Gesundheitsvorsorge durch Sektoren außerhalb des Medizinsystems, im Vergleich zu anderen europäischen Staaten einen sehr hohen Entwicklungsstand erreicht haben.

Primäprävention erfolgt vorwiegend außerhalb des Medizinsystems

Als Indikation für primäre Gesundheitsversorgung werden schon in der Deklaration von Alma Ata vor allem folgende Fehler angeführt:
- Gesundheitserziehung
- Ernährungssektor
- Umwelthygiene
- Früherkennung von Krankheiten
- Verhütung und Bekämpfung endemischer Krankheiten
- Durchimpfungsgrad der Bevölkerung
- Medizinische Basisversorgung
- Arzneimittelversorgung

In der Bundesrepublik Deutschland sind die Erfolge in diesen Bereichen allerdings nicht nur dem Gesundheitssektor zuzuschreiben, sondern zu einem Großteil den Aktivitäten anderer Sektoren zu verdanken, sei es denen des Umwelt-, Sozial- oder Bildungswesens.

Gesundheitserziehung

Auf dem Gebiet der Gesundheitserziehung wird nicht nur seitens des Öffentlichen Gesundheitsdienstes, sondern auch durch die Vielzahl von freien Verbänden und Organisationen schon seit Jahren und Jahrzehnten Erhebliches geleistet. Gerade in jüngster Zeit haben diese Anstrengungen durch das Programm des Öffentlichen Gesundheitsdienstes zur Verbesserung und Intensivierung der Gesundheitserziehung und durch das Gesundheitsreformgesetz (GRG) mit der Zuweisung der Gesundheitsförderung als gesetzlicher Pflichtaufgabe für die Krankenkassen einen neuen politischen Stellenwert erhalten. Zwar ist die Wirksamkeit vieler dieser Maßnahmen umstritten und eine Bewertung schwierig. Ihr Wert ist aber allerdings auch nur als Teil einer Gesamtstrategie zu verstehen.

Ernährung

Auch im Ernäherungsbereich wird außerhalb des Medizinsystems Erhebliches an Prävention geleistet. So stehen nicht nur ausreichend hochwertige Nahrungsmittel für alle Bürger zur Verfügung, sondern das Soziale Sicherungsnetz gewährleistet auch, daß bei uns niemand aus Hunger und Not Gefahr für seine Gesundheit befürchten muß. Darüber hinaus verfügen wir in der Bundesrepublik über eines der am besten ausgebauten modernen Lebensmittelüberwachungssysteme, das für eine fortschrittliche Lebensmittelhygiene Sorge trägt und gesundheitlichen Gefahren durch Lebensmittel vorbeugt.

Die eigentlichen Gesundheitsprobleme im Ernährungsbereich liegen bei den Eßgewohnheiten der Bevölkerung und den Nahrungsangeboten von Kantinen und Restaurationsbetrieben, obwohl auch in diesen Bereichen in den letzten Jahren erhebliche Verbesserungen zu verzeichnen sind. Auch die Nahrungsmittelindustrie greift zunehmend das Thema "gesunde Ernährung" auf, so daß heute bereits fett- und kalorienarme Nahrungsmittel in allen Supermärkten zu finden sind, und das Angebot sich ständig ausweitet.

Umwelthygiene

Auf dem Gebiet der Trinkwasserversorgung und Abwasserbeseitigung sowie Abfallentsorgung und darüber hinaus auch in der Luftreinhaltung, im Lärmschutz und auf zahlreichen anderen Gebieten des gesundheitlichen Umweltschutzes gibt es nicht nur eine Fülle von gesetzlichen Vorschriften, die dem Schutz der Gesundheit der Bevölkerung dienen, sondern ebenfalls dichte Überwachungssysteme, die sicherlich nicht immer alle Mängel aufdecken, aber dennoch Erhebliches leisten und viele Gesundheitsgefahren abwehren.

Früherkennung von Krankheiten

Hinsichtlich der Früherekennung von Krankheiten steht zumindest von der Angebotsseite her dem Bürger ein relativ dichtes Netz an Informations-, Untersuchungs- und Beratungsstellen zur Verfügung, die jeder ohne zusätzliche Kosten in Anspruch nehmen kann. Die Schwachstellen bei der Früherkennung liegen in der geringen Inanspruchnahme der Gesundheitsvorsorgeuntersuchungen durch die Bürger.

Verhütung und Bekämpfung endemischer Krankheiten

Auf dem Gebiet der Verhütung und Bekämpfung endemischer Krankheiten ist ebenfalls viel erreicht worden. Auch heute wird noch ein erheblicher Aufwand betrieben, wenn wir z.B. an die Krankheiten wie Tuberkulose und AIDS denken. Insgesamt spielen bei uns infektiöse und parasitäre Erkrankungen - nicht zuletzt aufgrund einer funktionierenden Umwelt- und Lebensmittelüberwachung - nur noch eine untergeordnete Rolle. In der Regel handelt es sich bei Erkrankungsfällen um Einzelerkrankungen, die oftmals eingeschleppt sind, und bei denen eine Ausbreitung durch entsprechende Maßnahmen bereits im Kern erstickt wird.

In der Bekämpfung der infektiösen Krankeiten hat sich das Augenmerk in den letzten Jahren neben AIDS vor allem auf das Krankenhaus gerichtet, wo es naturgemäß zu einer Anhäufung von pathogenen Keimen kommt. Entsprechende Schutzmaßnahmen sowohl baulicher Art wie auch im organisatorischen Bereich und schließlich auch bei der Schulung des Personals haben auch hier zur Beseitigung unnötiger Gefahrenherde geführt, allerdings noch bei weitem nicht alle Probleme gelöst.

Impfwesen

Der Durchimpfungsgrad der Bevölkerung läßt sicherlich zu wünschen übrig. Zwar liegt dieser im Kindesalter bei den Hauptimpfungen Tetanus, Polio und Diphterie bei über 80%, bei anderen Impfungen wie Masern und Röteln jedoch deutlich niedriger. Gefährdet sind deshalb bei den Infektionskrankheiten heute besonders die Erwachsenen, die in der Regel keinen ausreichenden Impfschutz aufweisen. Besonders augenfällig wird der unzureichende Impfschutz bei der Grippe, wo jedes Jahr viele ältere Menschen mit chronischen Leiden durch die zusätzliche Grippeerkrankung unnötig sterben. Die Grippeimpfung könnte hier vorbeugen, dennoch wird sie nur von einem geringen Prozentsatz der älteren Menschen in Anspruch genommen.

Medizinische Basisversorgung

Was die Behandlung von Krankheiten und Verletzungen betrifft, so verfügt die Bundesrepublik Deutschland über eines der modernsten medizinischen Versorgungssysteme in der Welt, das jedem Bürger eine gleich gute, technisch hochstehende medizinische Versorgung gewährleistet. Die Schwachstellen im stationären Bereich liegen in einer geswissen Überversorgung im Krankenhausberich und Unterversorgung im pflegerischen Bereich insbesondere alter Menschen.

Arzneimittelversorgung

In der Arzneimittelversorgung nimmt die Bundesrepublik eine Spitzenstellung in der Welt ein. Es gibt kaum ein Land, in dem derart viele verschiedene Medikamente angeboten und produziert werden wie in der Bundesrepublik. Auch hier gilt, daß jedes Arzneimittel jedem Bürger im Krankheitsfall zur Verfügung steht. Gesetzliche Vorschriften und ein umfangreiches Überwachungssystem sorgen außerdem für ein größtmögliches Maß an Arzneimittelsicherheit und schützen den Bürger vor gesundheitlichen Gefahren durch die Behandlung. Ein Problem stellt die Vielfalt der Medikamente dar, deren Eindämmung in einer freien Marktwirtschaft und auch bei dem verbreiteten Anspruchsdenken Versicherungsbeiträge zahlender Bürger schwierig zu erreichen ist.

Die Gesamtbilanz ist sicherlich positiv

Insgesamt kann in bezug auf die gesundheitliche Versorgung in der Bundesrepublik Deutschland festgestellt werden, daß in der Bundesrepublik Deutschalnd den Bürgern nicht nur ein modernes medizinisches Versorgungssystem zur Verfügung steht, sondern daß auch seitens des Staates, durch den Öffentlichen Gesundheitsdienst und durch Einrichtungen im Umwelt- und Sozialbereich sowie des Bildungsbereiches, und vor allem auch über die freien Massenmedien vieles im Hinblick auf die Gesundheit des Bürgers erreicht worden sein. Das Erreichte geht dabei teilweise sogar weit über das hinaus, was in der Deklaration von Alma Ata und in den WHO-Zielen für Europa gefordert wird. Im Vergleich zu den meisten anderen europäischen Ländern ist darüber hinaus in Deutschland auch für die Mehrzahl der Bürger ein Grad an Lebensqualität erreicht, wie er nur in wenigen Gesellschaften der Erde erreicht ist.

Allerdings gibt es nach wie vor in allen Bereichen auch Schwachstellen und Möglichkeiten zur Verbesserung, insbesondere was die Qualität der gesundheitlichen Versorgung betrifft. Mängel sind hier teilweise aber auch in unserer deutschen Mentalität begründet, die nicht so einfach abzuschütteln ist.

Ob die Finanzmittel im Gesundheitswesen bei dem inzwischen Erreichten immer richtig und effektiv eingesetzt werden, ist sicherlich auch eine Frage, die zu stellen ist. Die Vielfalt der Leistungsträger im Gesundheitswesen ermöglicht zwar eine effektive Problembewältigung in den einzelnen Leistungsbereichen, führt aber andererseits auch zu Verselbständigungstendenzen in einzelnen Teilbereichen und zum Verlust einer ganzheitlichen Problemsicht.

Andererseits muß auch gesehen werden, daß praktisch niemand heute mehr das Gesamtsystem der gesundheitlichen Versorgung in seiner Vielfalt überschauen kann. Von daher besteht ständig die Gefahr, daß bei Änderungen zwar auf der einen Seite die Qualität der Versorgung verbessert oder Mittel eingespart werden, auf einer anderen Seite jedoch Benachteiligungen oder auch zusätzliche Kosten entstehen, so daß insgesamt gesehen eine Verschlechterung oder Verteuerung bei der gesundheitlichen Versorgung eintritt. Ob hier mehr Staat und mehr Kontrolle die Antwort auf diese Probleme ist, oder dies der Preis für ein insgesamt leistungsfähiges Gesundheitswesen darstellt, mag dahingestellt bleiben.

Es ist nicht alles Gold was glänzt.

In jedem Fall aber soll und darf der hohe Enwicklungsstand und das Erreichte nicht darüber hinwegtäuschen, daß es hinsichtlich der gesundheitlichen Versorgung der Bürger auch in der Bundesrepublik noch vieles verbesserungswürdig ist. Dies wird u.a. an der zunehmenden Bedeutung der alternativen Medizin deutlich, wie auch an den Diskussionen über "Humanität im Krankenhaus" oder an der wachsenden Zahl von Selbsthilfegruppen im Gesundheitswesen.

Auch im Hinblick auf den Gesundheitsschutz sind weitere Verbesserungen möglich und notwendig. Hierbei ist allerdings zu berücksichtigen, daß die Gesetzgebung zwangsläufig der technischen und gesellschaftlichen Entwicklung hinterherläuft.

Es muß auch gesehen werden, daß durch die Gesundheitsvorsorgemaßnahmen des Staates wie auch durch die medizinische Versorgung bei uns letztlich nur noch graduelle Verbesserungen der Volkgesundheit möglich sind. Entscheidendere Fortschritte im Sinne von gesteigerter Lebensqualität werden sich nur erreichen lassen, wenn der Einzelne mehr Verantwortung für die eigene Gesundheit und die Gesundheit anderer übernimmt und sich im täglichen Leben gesundheits- und sozialbewußter verhält.

Dies bedeutet für die gesundheitliche Versorgung, daß eine systematische Beeinflussung der Verhaltensnormen des Einzelnen, der sozialen Verhältnisse und auch der zivilisatorischen Entwicklung bei der Verbesserung der gesundheitlichen Versorgungsstrukturen im Vordergrund stehen muß.

Die Rolle des Öffentlichen Gesundheitsdienstes

Der Öffentliche Gesundheitsdienst bildet seit jeher die Brücke, über die medizinische Erkenntnisse in Planung und Maßnahmen anderer öffentlicher Sektoren Eingang finden. Ihm obliegt es, den Präventionsbedarf in der Bevölkerung zu definieren und bevölkerungsbezogene Präventionsmaßnahmen zu evaluieren.

Dies setzt allerdings voraus, daß der Arzt im Öffentlichen Gesundheitsdienst seine Rolle als Bevölkerungsmediziner, wie sie Abbildung 2 (S. 137) verdeutlich, wieder stärker in den Vordergrund stellt. So wie der praktizierende Arzt die Gesundheitsprobleme des Patienten analysiert, diagnostiziert und therapeutische Maßnahmen veranlaßt oder dem Patienten Verhaltensratschläge gibt, so ist es Aufgabe des Arztes im Öffentlichen Gesundheitsdienst, die Gesundheitsprobleme in der Bevölkerung zu analysieren, Maßnahmen zur Verbesserung der gesundheitlichen Verhältnisse einzuleiten und den verantwortlichen Politikern Empfehlungen für politische Entscheidungen zu geben.

In den letzten Jahren ist diese bevölkerungsmedizinische Funktion des Arztes im Öffentlichen Gesundheitsdienst allerdings immer mehr in den Hintergrund getreten. Ein Grund hierfür war und ist die Verlagerung ärztlicher Vor- und Nachsorgeaufgaben vom Öffentlichen Gesundheitsdienst auf die Krankenkassen und die niedergelassenen Ärzte. Hierdurch wurden dem Arzt im Öffentlichen Gesundheitsdienst wichtige Screeningsuntersuchungen und ärztliche Beratungsaufgaben entzogen und damit die Grundlage für seine bevölkerungsbezogene Sichtweise von Gesundheitsproblemen weitgehend genommen.

Ein weiterer Grund für die in den letzten Jahren weitgehend unterbliebene bevölkerungsbezogene Gesundheitsarbeit liegt in der chronischen Unterbesetzung des Öffentlichen Gesundheitsdienstes im ärztlichen Bereich seit der Blütezeit der kurativen Medizin Anfang der 60iger Jahre. Dies hat dazu geführt, daß vorwiegend nur die rechtlich vorgeschriebenen patientenbezogenen Untersuchungs- und Beratungsaufgaben sowie einige wichtige Überwachungsaufgaben wahrgenommen werden konnten und wichtige bevölkerungsbezogenen Arbeiten, vor allem epidemiologische Analysen und Interventionen bei Planungen vernachlässigt werden mußten oder nur oberflächlich durchgeführt wurden.

Abb. 2: Funktion des praktizierenden Arztes und des Arztes für Öffentliches Gesundheitswesen

Praktizierender Arzt	Arzt für öffentliches Gesundheitswesen
Individualmedizin	Bevölkerungsmedizin
Anamnese Klin. Untersuchung Laborbefunde ↓ Medizin. Kenntnisse Klin.Erfahrung ↓ Differentialdiagnose ↓ Behandlungsplan: 1. Verfügbare Mittel (diagn./therap.) 2. Kosten-Nutzen-Erwägung 3. Festsetzung der Therapie ↓ Therapie und/oder weitere Diagnostik ↓ Verlaufskontrolle ↓ Beurteilung der Ergebnisse ↓ Patientenbefinden ?	Demographische Daten Medizinalstatistiken Epidemiolog. Erhebungen ↓ Medizin. Kenntnisse Rechts- und Verwaltungskenntnisse ↓ Definition von Gesundheitsproblemen ↓ Planung von Maßnahmen: 1. Verfügbare Mittel (Personal/Material) 2. Kosten-Nutzen-Erwägung 3. Festlegung der Maßnahmen ↓ Durchführung der Maßnahmen und/oder weitere Erhebungen ↓ Kontrollerhebungen ↓ Beurteilung der Ergebnisse ↓ Gesundheitszustand der Bevölkerung

Diese gezwungenermaßen erfolgte Konzentration auf individualmedizinische Begutachtungsaufgaben hat auch in der Verwaltung und auch bei den Politikern dazu geführt, daß der Arzt im Öffentlichen Gesundheitdienst mehr in der Rolle des Vertrauensarztes der Behörden gesehen wird, d.h. als ein Arzt, der Beamte untersucht, amtsärztliche Zeugnisse ausstellt, sozialmedizinsiche Begutachtungen vornimmt und für einige Überwachungsaufgaben zuständig ist. Kaum jemand in der Verwaltung und im politischen Raum sieht heute noch in dem Arzt des Öffentlichen Gesundheitsdienstes den Bevölkerungsmediziner, der der Verwaltung und den Politikern notwendige gesundheitsrelevante Informationen für Entscheidungsprozesse liefert.

Sicherlich sind auch die Ärzte im Öffentlichen Gesundheitsdienst selbst an dieser Entwicklung nicht ganz unschuldig, indem ihnen die patientenorientierte Gesundheitsarbeit von ihrem beruflichen Werdegang her und auch wegen der damit häufig verbundenen Nebeneinkünfte in der Regel mehr zusagte und auch einfacher war, als die sehr zeitaufwendigen und mühsamen epidemiologischen Analysen und gesundheitsplanerischen Arbeiten, die mehr einer wissenschaftlichen Tätigkeit entsprechen.

Bevölkerungsmedizin muß wieder Vorrang haben

Wenn von der Zukunft des Öffentlichen Gesundheitsdienstes gesprochen wird, dann muß dieser präventiven, bevölkerungsmedizinischen Arbeit wieder Vorrang gegeben werden, und auch die Ärzte im Öffentlichen Gesundheitsdienst müssen erkennen, daß nur hier ihre Zukunft im Öffentlichen Gesundheitsdienst liegt. Verwaltungstätigkeit wird besser von Juristen oder gelernten Verwaltungsbeamten ausgeübt. Dafür bedarf es keines aufwendigen Medizinstudiums mit zusätzlicher Postgraduierten Ausbildung in Public Health.

Der Arzt im Öffentlichen Gesundheitsdienst muß fachliche Akzente in der Gesundheitspolitik setzen. Diese muß er mit Daten und Fakten untermauern. Nur wenn er dieses beherrscht, wird er Einfluß und Ansehen auch bei den Entscheidungsträgern gewinnen.

Dies setzt aber auch voraus, daß der Öffentliche Gesundheitsdienst personell und materiell so ausgestattet wird, daß er diese bevölkerungsmedizinische Arbeit auch leisten kann. Sie muß zu einer erklärten originären Aufgabe des Öffentlichen Gesundheitsdienstes werden, d.h. sie darf nicht durch den subsidiären Gesamtauftrag und sich daraus ergebender ständiger dringender anderer Aufgaben verwässert werden.

Dabei stellt sich die Frage, ob eine Herauslösung des Öffentlichen Gesundheitsdienstes aus der allgemeinen öffentlichen Verwaltung mit den sehr rigiden Haushaltsvorschriften und chronischen Mittelbeschränkungen nicht anzustreben wäre. Die anderen Sektoren im Gesundheitswesen arbeiten nicht zuletzt deshalb so erfolgreich, weil sie über eine Eigenständigkeit verfügen und von den öffentlichen Haushalten unabhängig sind.

Der Öffentliche Gesundheitsdienst wird gegenüber den Selbstverwaltungskörperschaften und freien Trägern der anderen Bereiche des gesundheitlichen Versorgungssystems immer im Nachteil sein, solange er Teil der staatlichen Verwaltung ist und auf Mittel aus öffentlichen Haushalten angewiesen ist. Das starre öffentliche Haushaltssystem wie auch die Schwerfälligkeit im personellen Bereich lähmen einen Dienstleistungsbereich. Nicht umsonst wurden bereits eine Vielzahl öffentlicher Dienstleistungsbetriebe, wie z.B. Stadtwerke, TÜV u.a., mit Erfolg aus dem unmittelbaren Öffentlichen Dienst herausgelöst.

Bei allen Reformüberlegungen für den Öffentlichen Gesundheitsdienst werden diese Probleme des Öffentlichen Dienstes immer wieder übersehen. Eine wirkliche Reform müßte dort ansetzen, wo dem Öffentlichen Gesundheitsdienst ein eigenes, vom öffentlichen Haushalt unabhängiges Finanzierungssystem zur Verfügung steht, das eine personelle wie auch inhaltliche Weiterentwicklung der angebotenen Dienste aus sich heraus zuläßt.

Prävention braucht einen ständigen Anwalt.

Der Öffentliche Gesundheitsdienst ist auch der beste Garant dafür, daß gesundheitliche Prävention nicht auf den medizinischen Gesichtkreis eingeengt wird, sondern soziale, kulturelle, ökologische und technische sowie pädagogische, rechtliche und organisatorische Gesichtpunkte zu berücksichtigen hat. Dies kann nicht durch eine einzige Berufsgruppe geleistet werden, weder durch Ärzte, mit welcher Spezialisierung auch immer, noch durch Soziologen, Psychologen, Pädagogen, Juristen, Ökonomen oder andere Berufe; vielmehr erfordert dies eine ständige intersektorale und multiprofessionelle Zusammenarbeit, mit anderen Worten "Teamarbeit".

Dabei muß es jemanden geben, der in der Lage ist, sich um ein Problem auch federführend "zu kümmern", d.h. der die unterschiedlichsten Experten auch zusammenbringen kann, so daß sie gemeinsam nach Lösungen des Problems suchen. Dies setzt allerdings wiederum voraus, daß dieser jemand in der gesellschaftlichen Hierarchie möglichst weit oben angesiedelt ist, selbst etwas von dem Problem versteht und in der Lage ist zu führen.

Auch hierfür wäre der Arzt im Öffentlichen Gesundheitsdienst aufgrund seiner fach- und beruflich bedingten Menschenkenntnis besonders geeignet, sofern er neben entsprechenden Fachkenntnissen auch eine Persönlichkeitsstruktur und Lebenserfahrung mitbringt, die ihm die notwendige Integrationsfähigkeit vermitteln. Der Arzt im Öffentlichen Gesundheitsdienst könnte am ehesten der öffentliche Anwalt der Bürger in Gesundheitsfragen sein. Voraussetzung wäre allerdings auch hier eine Unabhängigkeit von der Verwaltung, wie sie derzeit zumindest bei den kommunalisierten Öffentlichen Gesundheitsdiensten nicht gegeben ist.

Notwendigkeit einer ganzheitlichen Problemsicht

Wesentlich ist es, die Gesundheitsprobleme der Bürger innerhalb ihres Lebensraumes, der durch Familie, Arbeit und Freizeit geprägt ist, als Ganzes zu sehen. Die Lebensweise des Einzelnen spielt für seinen Gesundheitszustand eine wichtige Rolle.

Sie wird wiederum durch kulturelle, wirtschaftliche und soziale Faktoren und durch das Umfeld ganz wesentlich beeinflußt.

Es ist daher erforderlich, daß im Gesundheitswesen und in anderen Bereichen tätigen Berufen, aber auch der Einzelne in seiner Eigenschaft als Bürger, Einzelperson, Familienangehöriger, Leistungsempfänger und Patient die Bedeutung einer intersektorellen Betrachtungsweise von Gesundheitsproblemen und die Vorteile einer Teamarbeit erkennen.

Dies setzt zum einen weitreichende Veränderungen im Denken und Handeln der im Gesundheitswesen Tätigen voraus, zum anderen eine neue Gewichtung innerhalb der Ausbildung sämtlicher im Gesundheitswesen tätigen Berufe. Die im Gesundheitswesen Tätigen, vor allem die Ärzte, müssen lernen, Faktoren, die die Gesundheit des Einzelnen, der Familie und der Gemeinschaft beeinflussen, zu erkennen und zu analysieren. Sie müssen auch dazu ausgebildet werden, mit anderen Berufsgruppen zusammenzuarbeiten und Beiträge anderer Berufe anzuerkennen.

Die gegenwärtigen Ausbildungen vermitteln den Gesundheitsberufen diese für die präventive Gesundheitsarbeit erforderlichen Fähigkeiten, Auffassungen und Kenntnisse nur unzureichend. Insbesondere der Arzt muß dabei lernen, daß die ärztliche "Freiheit" und "Dominanz", wie sie im kurativen Bereich für ihn gegeben ist und auch vorhanden sein muß, im präventiven Bereich nicht besteht, sondern daß hier sein medizinischer Sachverstand nur ein - wenn auch sehr wichtiger - Gesichtpunkt bei Entscheidungen ist. Er muß lernen, daß im präventiven Bereich Entscheidungen nicht von ihm allein, sondern in einem Team von Fachkräften unter Einbeziehung auch der Meinung der Betroffenen erfolgen, und daß Entscheidungen dabei auch anders ausfallen könne, als sie vom ärztlichen Standpunkt aus gesehen werden.

Ausbildungs- und Prüfungsordnungen müssen angepaßt werden

Eine wichtige Aufgabe des Öffentlichen Gesundheitsdienstes wäre es auch, dafür Sorge zu tragen, daß die Ausbildungs- und Prüfungsordnung der im Gesundheitswesen tätigen Berufe schrittweise entsprechend angepaßt werden. Dies ist sicherlich nicht über Nacht zu erreichen, sondern wird Jahre benötigen und ist nur durch Beharrlichkeit, Standvermögen und mit viel Geduld zu erreichen.

Am wichtigsten ist jedoch die Leitfunktion, die der Öffentliche Gesundheitsdiesnt trotz aller Kritik an seiner Arbeit auch heute für unser Gesundheitswesen ausübt. Der Öffentliche Gesundheitdienst kann und muß Zeichen setzen und sich in der Gesundheitsvorsorge öffentlich beispielhaft engagieren. In vielen Gemeinden geschieht dies bereits im Ansatz, wenn auch mit begrenzten Mitteln. Wenn es dem Öffentlichen Gesundheitsdienst dabei auch nicht gelingt, alle bevölkerungsbezogenen Gesundheitsprobleme einer Lösung näherzubringen, so gewinnt er dennoch an Glaubwürdigkeit

beim Bürger und kann durch seine Arbeit entscheidend dazu beitragen, daß andere öffentliche und private Bereiche der Gesundheit der Bürger einen höheren Stellenwert geben. Damit wäre schon viel für die Gesundheit der Bürger erreicht.

Jürgen Krüger

Jugendarbeitslosigkeit und lokale Legitimationsprobleme

I.

Erzeugte die Jugendarbeitslosigkeit seit ihrem Auftreten zur Mitte der 1970er Jahre Wirkungen, die als Legitimationsprobleme für das lokale politisch-administrative System, insbesondere für den den lokalen Sozialsektor zu interpretieren sind? Dieser Frage soll im folgenden nachgegangen werden. Sie verweist sowohl auf Diskussionsstränge der politischen Soziologie wie der Sozialpolitiktheorie. Diese Zusammenhänge sind zunächst knapp zu entfalten.

1. Im Rahmen der lokalen Politikforschung ist eine These Offes (1975) besonders resonanzstark geworden. Danach folge den von ihm behaupteten, ökonomischen, fiskalischen und politischen Autonomieverlusten der lokalen Handlungsebene nicht auch ihre formelle Auflösung. Es liege vielmehr im Interesse des Zentralstaates, für ihn eventuell legitimationsgefährdende sozioökonomische Ansprüche und Konflikte umlenkbar, eben dezentral adressierbar zu halten. Gerade für Steuerungsprobleme, die realiter auf gesamtgesellschaftliche Strukturen verweisen, sei dieses Interesse zugleich besonders deutlich wie - selbstredend - als reale Problemlösungsstrategie fiktiv. Hesse (1983) sieht, jedenfalls inzwischen, die Grenzen solcher möglichen Entlastungsversuche erreicht. Angesichts eines stark gewachsenen sozioökonomischen und dezentral anfallenden Problemdrucks, wie er sich insbesondere in der Massenarbeitslosigkeit zeigt, geht er von einem lokalen "*Potentialgewinn*" aus. Diesen erreiche die lokale Ebene gerade auch darin, daß der örtliche Problembestand nun zentralstaatlich nur um den Preis "*sozialer Instabilität von Bund und Land*" (Hesse 1983) ignoriert werden könne.

Empirisch unklar ist jedoch, wieweit tatsächlich die Instrumentalisierungsstrategie im Sinne Offes zum zentralstaatlichen Handlungsarsenal und wenn ja, für welche Politikfelder gehört(e). Empirisch unsicher ist ebenfalls, ob eine solche denkbare Strategie lokal akzeptiert ist, wieweit also örtliche Akteure die ihnen hier zugewiesene Entlastungsfunktion für den Zentralstaat tatsächlich erfüllen. So etwa konstatieren

Deppendorf/Wicher (1980), auf der Basis ihrer empirischen Daten zur "*Stadt in der Krise*", wechselseitige Entlastungsversuchen zwischen Zentralstaat und Kommune.

Diese Aspekte können auch aus einer anderen Perspektive angegangen werden: Differenziert das Wahlpublikum zwischen den Politikebenen im förderativen Staat, gibt es ein "*lokales legitimatorisches System*"? Werden tatsächlich unterschiedliche Ansprüche politisch unterschiedlich adressiert? Nelles (1977) behauptet die Existenz eines lokalen legitimatorischen Systems. Er spezifiziert die örtlichen Ansprüche an lokale Akteure - und für diese legitimationsrelevant - etwa im Sinne der sozialen Infrastruktur. Allerdings ist die sozialwissenschaftliche Diskussion um die möglichen oder tatsächlichen Verknüpfungen zwischen dem lokalen versus dem zentralstaatlichen legitimatorischen System bisher nicht intensiv geführt worden. Allgemein wird unterstellt, daß die Bundes- und/oder Landesebene vom politischen Bürger wichtiger eingeschätzt wird als die kommunale. Als Indikator dafür wird auf die Wahlbeteiligung verwiesen, die in aller Regel bei Kommunalwahlen niedriger ist als bei Bundestags- bzw. Landtagswahlen (vgl. Arzberger 1980). Auch Befunde, wonach die Bürger zwischen zentralstaatlichen, förderalen und kommunalen Behörden/Einrichtungen nur sehr begrenzt zu differenzieren vermögen, wird im Zweifelsfall als Beleg für deren zentralstaatliche Orientierung gesehen (vgl. Klages 1981). Bezogen auf die kommunale Elite resümiert Arzberger (1980) seine empirischen Daten jedoch dahin, daß es sich bei dieser um einen - was die direkten Kontakte mit dem Bürger und ihren Zielvorstellungen anbetrifft - "unabhängig (und manchmal wohl auch selbstherrlich) agierenden" Personenkreis handelt. Dessen Handlungen und Handlungsorientierungen bildeten durchaus ein identifizierbares, der Außenwelt gegenüber abgrenzbares System. Gleichwohl bleibe das System der lokalen Eliten "*immer auf diese Außenwelt*" (Arzberger 1980) bezogen.

2. Im Horizont sozialpolitiktheoretischer wie sozialpolitikpraktischer Diskurse wird seit einigen Jahren die Renaissance dezentral verankerter Handlungsressourcen behauptet oder gefordert (vgl. zur internationalen Debatte etwa OECD 1981, zusammenfassend Krüger 1985). Dies ist der zweite, einleitend unterschiedene Diskussionsstrang zur Legitimationsrelevanz lokaler vs. zentralstaatlicher Politik. In den Dezentralisierungsdiskursen wird - in der Summe und vor dem Hintergrund krisenhafter Entwicklungen wohlfahrtsstaatlicher Systeme - unterstellt, daß dezentral verankerte sozialpolitische Handlungssysteme bedürfnisnäher, flexibler, innovativer und herrschaftsfreier sowie kostengünstiger agieren oder zu reagieren vermögen als die etablierten zentralstaatlichen. Diese positiven Dezentralisierungserwartungen werden wesentlich wie folgt begründet: Zum einen wird angenommen, daß örtlich (noch) altruistische, hilfeorientierte Motivlagen existent bzw. aktivierbar sind. Zum anderen wird die Ortsnähe als Bedingung bedürfnisnaher Handlungskompetenz für etablierte und neuer Akteure definiert. Schließlich wird auch hier unterstellt, daß massive Problembestände vor Ort generell einen Handlungsdruck erzeugen, gleichviel worin dieser letztlich begründet ist.

Im folgenden sind einige empirische Daten zu referieren und zu interpretieren, die geeignet erscheinen, die Eingangsfrage nach der Legitmationsrelevanz der Jugendarbeitslosigkeit für den lokalen Sozialsektor empirisch orientiert zu diskutieren. Die Daten wurden im Rahmen eines thematisch allerdings wesentlich weiter gefaßten zweijährigen Forschungsprojekts in sechs Ruhrgebietskommunen gewonnen.[1] Wie weit Legitimationserwägungen im angeführten Sinne für lokale Akteure handlungsleitend bzw. nachzuweisen waren, erschließt sich aus dem empirischen Material vielfach nur indirekt. Das Untersuchungsdesign für das gesamte Projekt umfaßte mehrstufige und multimethodisch angegangene Untersuchungsschritte. Erhoben wurden sowohl objektive (Dokumentenanalyse, Sekundärauswertungen u.a.) wie subjektive (Intensivinterviews mit kommunalen Eliten) Daten. Das Untersuchungsprojekt umfaßte einen Zehnjahreszeitraum (1975-1985).

II.

1. Wird davon ausgegangen (vgl. etwa Hesse 1983), daß ein lokaler Problemdruck zu einem Reaktionsdruck für örtliche Akteure wird, kann dieser im Prinzip reale Problemlösungs- oder doch Entlastungsstrategien wie auch symbolische Politikformen umfassen. Lokale Reaktionen werden als um so wahrscheinlicher angenommen, je stärker der örtliche Problemdruck ist. Die untersuchten Ruhrgebietskommunen lagen hinsichtlich der Raten der Jugendarbeitslosigkeit für den gesamten Untersuchungszeitraum über denen des Bundes- wie des Landesdurchschnitts Nordrhein-Westfalen. Soweit hätten also, gemäß der eben zitierten Annahmen, örtliche Reaktionen besonders deutlich ausgeprägt sein müssen. Dies besonders dann, wenn bedacht wird, daß mit der Jugendarbeitslosigkeit ein auch politisch als zugleich zentral definiertes Problemsyndrom gegeben ist. In der Entwurfsphase des Projekts wurde daher zunächst auch angenommen, daß in den untersuchten Kommunen gleichsam eine "Chronik" der lokalen Manifestation wie der örtlichen Reaktionen auf die Jugendarbeitslosigkeit seit ihrem Auftreten, also etwa seit Mitte der 1970er Jahre, geführt würde. Diese Annahme war falsch. Dokumentationen dieser Art fanden sich vor Ort nicht.[2]

Damit eröffnet sich also nicht die Chance, wie zunächst erhofft, als eine Informationsquelle des Projekts, örtliche Dokumente zur lokalen Themenkarriere Jugendarbeitslosigkeit, insbesondere auch hinsichtlich des Rollenselbstverständnisses der lokalen Handlungsträger (hier) in der Legitimationsperspektive auszuwerten. Entgegen dem ursprünglichen Projektdesign wurde daher, gleichsam als Ersatzforschungsstrategie, beschlossen, für zwei Kommunen jeweils eine Lokalzeitung in ihrer Berichterstattung zur örtlichen Jugendarbeitslosigkeit über den Zehnjahreszeitraum auszuwerten. Dabei interessierten unter anderem zum einen die Rolleninterpretationen und Funktionszuschreibungen der lokalen Akteure. Es interessierte aber auch, wieweit die Lokalzeitungen, etwa in ihren Kommentarteilen, sich eventuell zu Advokaten der von der Jugendarbeitslosigkeit Betroffenen, also des *"lokalen legitimatorischen Systems"*, machen würden und in diesem Sinne einen öffentlichen Handlungsdruck auslösen (können).

Im Ergebnis wurde jedoch im Medium Lokalzeitung eine legitimationsrelevante Bedrängnis des lokalen politisch-administrativen Systems bzw. des verbandlich getragenen Sozialsektors nicht erkennbar. Überproportional wurde über Verlautbarungen zur Jugendarbeitslosigkeit seitens der örtlichen Arbeitsämter und der Vertreter des lokalen ökonomischen Systems, einschließlich der Industrie- und Handelskammern, der Handwerkskammern und des Deutschen Gewerkschaftsbundes, berichtet. Das lokale politisch-administrative System und die verbandlichen Träger der örtlichen Jugendpolitik erreichten zusammen nur etwa einen Anteil von 30 v.H. an den Zeitungsmeldungen. Inhaltlich spiegelte sich darin zum einen die Fixierung auch des Mediums Lokalzeitung auf die traditionellen Rollenverteilungen am Arbeitsmarkt: Beschäftigungsprobleme wurden (primär) als Aufgabe des ökonomischen Systems bzw. der (zentralstaatlichen) Arbeitsamtsverwaltung interpretiert. Eine aktive Rolle (auch) des lokalen politisch-administrativen Systems wurde damit in der veröffentlichten Meinung nicht eingefordert. Dies nicht hinsichtlich einer Arbeitsmarktpolitik im engeren Sinne. Aber auch nicht im Sinne einer aktiven (aktiveren) kompensatorischen Sozialpolitik für die von der Jugendarbeitslosigkeit betroffenen Jugendlichen. Realiter aber verweist die massenhafte Jugendarbeitslosigkeit als dauerhaftes Problem auf enge Verknüpfungsnotwendigkeiten von Beschäftigungspolitik, Bildungspolitik und (lokalen) sozialpolitischen Unterstützungs- und Hilfeangeboten (vgl. etwa Mielenz 1981).

2. Weithin parallele Ergebnisse ergaben systematische Analysen der Arbeit der Jugendwohlfahrtsausschüsse im Zehn-Jahreszeitraum. Insgesamt interessierte hier, welche eher aktive oder eher passive Rolle diesen traditionellen Gremien angesichts des neuen Problemsyndroms, Jugendarbeitslosigkeit, zukam. Intentional, nach dem Jugendwohlfahrtsgesetz, soll der Jugendwohlfahrtsausschuß das auch politisch-programmatisch wirksame Zentrum der örtlichen Jugendpolitik sein. Der Jugendwohlfahrtsausschuß ist rechtlich Teil des örtlichen Jugendamtes. In ihm sind Repräsentanten sowohl des politisch-administrativen Systems wie der verbandlichen Wohlfahrtspflege verpflichtend eingebunden. In der sozialwissenschaftlichen Literatur wird gleichwohl diesem Ausschuß eher eine begrenzte politische Steuerungsfunktion zugemessen. Mehr noch: Generell wird der örtliche Sozialsektor im Geflecht der lokalen Politik als weniger durchsetzungsstark eingeschätzt.

Eine wichtige empirische Frage war, ob sich diese Marginalität des Jugendwohlfahrtsausschusses bzw. allgemein des traditionellen lokalen Sozialsektors auch angesichts der Jugendarbeitslosigkeit bestätigen würde. Im Lichte der zitierten politikwissenschaftlichen Thesen vom örtlichen politischen Relevanzgewinn angesichts massiver Problemlagen könnten Revisionsnotwendigkeiten dieser alten Befunde gegeben sein. Eben gerade auch in dem Sinne, daß Legitimitätsherausforderungen lokale Handlungsträger unter Handlungsdruck setzen würden.

Wichtige empirische Hinweise geben hier zunächst die Thematisierungszeitpunkte und Thematisierungshäufigkeiten der Jugendarbeitslosigkeit in den Jugendwohlfahrtsausschüssen. Interessanterweise zeigt sich dabei eine sehr breite interkommunale Streuung. Für das Jahr 1975, dem ersten nachhaltigen Höhepunkt der Jugendarbeitslosigkeit, schwanken die Thematisierungsraten der Jugendarbeitslosigkeit (= Thematisierungshäufigkeit gemessen an der Gesamtzahl der Sitzungen pro Jahr) in den Jugendwohlfahrtsausschüssen zwischen 0 und 100 Prozent. Eine sehr heterogene Thematisierungsintensität prägte wesentlich die Arbeit der untersuchten Ausschüsse während der gesamten ersten fünf Jahre des Untersuchungszeitraumes (1975-1980). Erst etwa ab 1980 näherten sich die Thematisierungsintensitäten interkommunal an, insgesamt erwies sich jetzt das Aktivitätsniveau auch quantitativ höher als in der ersten Untersuchungsphase.

Wie sind diese Befunde im Lichte der hier interessierenden Fragestellungen zu interpretieren? Die starken Schwankungen in den örtlichen Thematisierungshäufigkeiten der Jugendarbeitslosigkeit während der ersten fünf Jahre des Untersuchungszeitraumes deuten darauf hin, daß sich der örtliche Sozialsektor zumindest keineswegs durchgängig herausgefordert sah. In dieser Phase dominierte lokal vielmehr eine traditionelle jugendpolitische Funktionsinterpretation. Nach dieser wurde zum einen der örtliche Sozialsektor wesentlich auf Aufgaben des Reproduktionssektors beschränkt gesehen. Und zum anderen wurde für diesen Sektor selbst auch nur ein beschränkter Handlungsbedarf und programmatisch kaum inhaltliche Reorientierungsnotwendigkeiten diskutiert. Die für die Untersuchungsphase 1975-1980 gleichwohl erkennbaren interkommunalen Differenzen in der Thematisierungsintensität der Jugendarbeitslosigkeit verweisen auf örtliche Spezifika, insbesondere auf den Einfluß des "*personalen Faktors*" (dazu Fürst 1975). Hier zeigen sich unterschiedliche Problemsensibilitäten wie unterschiedliche politische Durchsetzungschancen. Das aber heißt zugleich, daß diese Differenzen in der Legitimationsperspektive nicht angemessen interpretierbar erscheinen. Die örtlichen Akteure nahmen eine eventuelle Selbstentlastungsstrategie des Zentralstaates - etwa im Sinne Offes - insoweit nicht an.

Die für die zweite Hälfte des Untersuchungszeitraumes (1980-1985) schon betonte Steigerung im kommunalen Aktivitätsniveau bei gleichzeitiger interkommunaler Angleichung verweist insbesondere auf folgende Zusammenhänge: Zum einen und wesentlich wurden nun, angesichts der Persistenz des Problems Jugendarbeitslosigkeit, zentralstaatlich (!) wie auf der Landesebene Nordrhein-Westfalen vermehrt Programme zur Bekämpfung der Jugendarbeitslosigkeit bzw. ihrer Folgen initiiert und dort auch finanziert. Sie wurden der lokalen Ebene als Implementationsinstanz angeboten. Mit der Zunahme dieser extern angestoßenen Programme wurde örtlich eine Verstärkung der Thematisierungsintensität Jugendarbeitslosigkeit, eben im Sinne von Umsetzungsentscheidungen, bewirkt. Insoweit erscheint auch diese Zunahme der Thematisierungshäufigkeit nicht angemessen im Sinne eines gestiegenen bzw. lokal perzipierten Legitimationsdrucks zu Lasten der örtlichen Akteure interpretierbar.

3. In der sozialwissenschaftlichen Debatte wird vielfach ein weiterer Indikator sowohl im Sinne eines örtlichen Legitimationsdrucks und/oder allgemein eines politischen Relevanzgewinns der lokalen Handlungsebene vor dem Hintergrund lokalen Problemdrucks behauptet: In einer beobachtbaren (innovativen) "*Verfügung über die Ressource Organisation*" (vgl. Wollmann 1986). Etwa seit Beginn der 1980er Jahre

wurden tatsächlich lokal neue, vielfach politisch hoch angesiedelte und/oder akteursmäßig breit beschickte Gremien zur Thematisierung der Jugendarbeitslosigkeit etabliert ("Bürgermeister-Runden"). Gesehen werden muß aber, daß zentralstaatliche bzw. Landes-Förderungsprogramme gegen die Jugendarbeitslosigkeit vielfach die Einrichtung solcher (neuen) Koordinationsgremien als Finanzierungsvoraussetzung vorschrieben. Die Etablierung dieser Arbeitskreise folgt insoweit außerkommunalen Auflagen. Schon darin dokumentiert sich eher eine fortbestehende Abhängigkeit des kommunalen Sozialsektors vom Zentralstaat bzw. der förderalen Ebene. Zugleich aber bestätigen diese Vorschriften, wie auch einzelne kommunal-autonome organisatorische Restrukturierungen - die vielfach an den etablierten örtlichen Gremien des Sozialsektors, auch den Jugendwohlfahrtsausschüssen, vorbeigingen, die Marginalitätsrolle dieses traditionellen Politikraumes. Daß zudem, anders als es zumindest implizit sozialwissenschaftlich vielfach angenommen wird, die neugeschaffenen Gremien keineswegs durchgängig effektiver wurden, ist auch in den Experten-Interviews vor Ort vielfach betont worden. Merkmale symbolischer Politik scheinen auch hier bedeutsam gewesen zu sein.

Insgesamt darf also danach die tatsächlich empirisch erkennbare örtliche "*Verfügung über die Ressource Organisation*" nicht eindimensional im Sinne eines politischen Relevanzgewinns örtlicher Akteure und/oder als Reflex dort perzipierter Legitimationsgefährdungen interpretiert werden.

4. Oben wurde schon darauf hingewiesen, daß etwa Nelles (1977) die auch von ihm behauptete Existenz eines lokalen legitimatorischen Systems wesentlich an Ansprüche der örtlichen Wohnbevölkerung auf soziale Infrastrukturleistungen bindet. Darin folgt er der überkommenen wohlfahrtsstaatlichen Funktionsteilung zwischen der zentralstaatlichen und lokalen Ebene, die für die letztere fast ausschließlich Aufgaben nur im Reproduktionssektor reservierte. Angesichts struktureller Jugend-Dauerarbeitslosigkeit erscheint diese Funktionsscheidung, wie schon erwähnt, jedoch unterkomplex, unzureichend. Strukturelle Jugend-Dauerarbeitslosigkeit verweist vielmehr auf innovative und ressortübergreifende Verknüpfungsnotwendigkeiten zwischen dem Beschäftigungssystem, dem Ausbildungssystem und der örtlichen Jugend-Sozialpolitik (dazu Mielenz 1981). Angesichts der vieldimensionalen psychosozialen Belastungen und Gefährdungen gerade jugendlicher Arbeitsloser kommt allerdings, so lange und soweit die Integration Jugendlicher in das Beschäftigungs- bzw. Berufsausbildungssystem (noch) nicht gelingt, sozialpädagogischen und sozialpolitischen Hilfs- und Unterstüzungsangeboten vor Ort - im Sinne einer zweitbesten Lösung - besondere Bedeutung zu.

Tatsächlich existieren auf lokaler Ebene traditionelle Einrichtungen der Jugendfreizeit, sowohl in öffentlicher wie in verbandlicher Regie. Gerade in und mit diesen Infrastruktureinrichtungen der örtlichen Jugendpolitik sind zugleich wesentliche personelle wie finanzielle Ressourcen der lokalen Sozialpolitik gebunden (zu Zahlenangaben vgl. Bauer 1985). Allerdings sind diese Einrichtungen typischerweise auf eine Normalitätssituation Jugendlicher in dem Sinne hin orientiert, daß diese in Ausbildungs- und/oder Arbeitsverhältnisse integriert gesehen werden. Mit der dauernden und massiven Arbeitslosigkeit Jugendlicher wird diese Normalitätsprämisse brüchig, die tradierten Freizeitangebote der jugendpolitischen Infrastruktur werden problematisch. Im Sinne der Argumentation Nelles, wonach die örtliche Wohnbevölkerung ihre legitimationsrelevanten Ansprüche gegenüber lokalen Akteuren gerade auf Leistungen der sozialen Infrastruktur bezieht, müßten Reaktionen des örtlichen Sozialsektors angesichts massiver Umweltverschiebungen, wie sie die Jugendarbeitslosigkeit darstellt, in und mit diesen Einrichtungen erwartbar sein. Dies noch um so mehr, wenn, wie es in den wohlfahrtsstaatlichen Dezentralisierungsdebatten der jüngsten Zeit geschieht, lokalen Akteuren (gegenüber zentralstaatlichen) mehr Klientennähe und Befürfnissensibilität, größere Innovationsfähigkeit und schnelleres Reaktionsvermögen unterstellt werden.

Tatsächlich aber zeigen die empirischen Daten, daß die Aktivitäten der, wie betont, sehr kosten- und personalintensiven Jugendfreizeiteinrichtungen in den kommunalen Debatten angesichts und gegenüber der Jugendarbeitslosigkeit praktisch ausgeblendet blieben. Welche jugendpolitischen Möglichkeiten erschlossen werden müßten und könnten, um in den, ja örtlich kleinräumig verteilten, Einrichtungen Zugangsmöglichkeiten nicht nur passiv und Angebote speziell für jugendliche Arbeitslose zu eröffnen, blieb in den Beratungen der Jugendwohlfahrtausschüsse praktisch ausgespart. Wie überhaupt die verbandlichen Träger der örtlichen Jugendpolitik, die die Mehrzahl der Jugenfreizeiteinrichtungen kontrollieren, eine deutlich inaktive Rolle in den Jugendwohlfahrtsausschüssen wahrnahmen. Trägerübergreifende Programmdiskussionen eventuelle Programmrevisionen, angesichts neuer Herausforderungen wie überhaupt eine explizite Programmkoordinierung waren eher die Ausnahme. Diese Merkmale verweisen auf korporatistische Politikmuster vor Ort (vgl. Schmitter 1979, Thränhardt 1981). Erst etwa nach zehn Jahren Jugendarbeitslosigkeit wurden in Experten-Interviews vereinzelte Hinweise formuliert, wonach lokale Reorientierungen auch hinsichtlich der Jugendfreizeiteinrichtungen notwendig seien.

5. Diese Daten - wie die parallelen Ergebnisse in der Analyse der örtlichen Tageszeitungen (vgl. oben) - verweisen darauf, daß sich die Akteure des lokalen Sozialsektors durch die Jugendarbeitslosigkeit auch nicht hinsichtlich ihres tradierten, dominant nur reproduktionsorientierten Funktionsbestandes legitimatorisch herausgefordert sahen. Der kommunale Sozialsektor blieb auch angesichts des massiven Problemdrucks Jugendarbeitslosigkeit im politischen Windschatten der traditionellen Funktionsteilung zwischen dem ökonomischen System einerseits und zentralstaatlichen Verantwortlichkeiten andererseits. Lokale Programme gegenüber (den Folgen) der Jugendarbeitslosigkeit waren ganz überwiegend überlokal, zentralstaatlich oder förderal, initiiert und finanziert. (Weitere) kommunale Aktivitäten wurden auch in den Experteninterviews explizit an außerkommunale Finanzierungsbedingungen, insbesondere an zentralstaatliches Handeln gebunden. Auch selbstorganisierte Aktivitäten, etwa Arbeitsloseninitiativen Jugendlicher, die als politische Herausforderung des lokalen Sozialsektors verstanden werden könnten oder explizit legitimatorische Wirksamkeit zu entfalten suchten, wurden im Untersuchungsfeld nicht sichtbar. Eine sozialwissenschaftlich behauptete Politik (vgl. Offe 1975) des Zentralstaats, wonach dieser im Sinne seiner Legitimationsinteressen, brisante gesellschaftliche Ansprüche auf lokale Funktionsträger umleite, war - soweit diese Strategie tatsächlich zum zentralstaatlichen Handlungsarsenal gehören sollte - im

Horizont der Jugendarbeitslosigkeit also nicht erfolgreich: Von den örtlichen Funktionsträgern wurde eine solche Verantwortlichkeit allenfalls subsidiär anerkannt und angenommen - und legitimationsrelevant von der lokalen Öffentlichkeit nicht eingefordert.

Literatur

Arzberger, K. (1980) Bürger und Eliten in der Kommunalpolitik. Stuttgart: Kohlhammer.

Bauer, R. (1985) Die Politik der "freien Träger": Aufgabenfelder, Handlungsorientierungen und Leistungspotentiale. in: Krüger, J., Pankoke, E. (Hrsg.) Kommunale Sozialpolitik. Oldenbourg, Wien, München, 175-195

Deppendorf, O. Wicher, W. (1980) Großstädte in Krisenregionen: Das Beispiel Duisburg, Sozialer Fortschritt 29. Heft 9, 201-209

Hesse, J.J. (1983) Stadt und Staat - Veränderungen der Stellung und Funktion der Gemeinden im Bundesstaat? Das Beispiel Bundesrepublik Deutschland. In: Hesse, J.J. u.a., (Hrsg.), Staat und Gemeinden zwischen Konflikt und Kooperation, Nomos, Baden-Baden, 11

Klages, H. (1981) Bedürfnisdynamik und Kommunaler Handlungsspielraum. Sozioliga Internationalis 19. Heft 1/2. 19-30

Krüger, J. (1985) Kommunale Sozialpolitik und die Krise des Wohlfahrtsstaates. Zur Verortung der sozialpolitischen Dezentralisierungsdebatte. In: Krüger, J./Pankoke, E., (Hrsg.), Kommunale Sozialpolitik. Oldenbourg, München, 11-45

Krüger, J. Pojana, M. Richter, R. (1988) Lokale Handlungsebene und Jugendarbeitslosigkeit. Ein Forschungsbeitrag zur wohlfahrtsstaatlichen Dezentralisierungsdebatte. Endbericht eines DFG-Projekts. 3 Bde. Duisburg.

Mielenz, I. (1981) Die Strategie der Einmischung - Soziale Arbeit zwischen Selbsthilfe und kommunaler Politik. In: Müller, S., Olk, Th. Otto,H.-U. (Hrsg.) Sozialarbeit als kommunale Sozialpolitik. Neue Praxis. Sonderheft 6. Luchterhand, Darmstadt, Neuwied, 57-66

Nelles, W. (1977) Politische Partizipation und kommunaler Planungsprozeß. Universität - Philosophische Fakultät, Bonn

OECD (Hrsg.) (1981) The Welfare State in Crisis. An Account of the Conference on Social Policies in the 1980s. Paris.

Offe, C. (1975) Zur Frage der 'Identität der kommunalen Ebene'. In: Grauhan, R.R. (Hrsg.), Lokale Politikforschung. Band 2, Campus, Frankfurt am Main, 303 ff

Schmitter, Ph.C. (1979) Still the Century of Corporatism? In: Schmitter, Ph.C., Lehmbruch, G. (eds.), Trends towards Corporatist Intermediation, London, Sage, 7-53

Thränhardt, D. (1981) Kommunaler Korporatismus. Deutsche Tradition und moderne Tendenzen, in: Thränhardt, D., Uppendahl, H. (Hrsg.) Alternativen lokaler Demokratie, Hain, Königstein/Ts., 5-34

Wollmann, H. (1986) Stadtpolitik - Erosion oder Erneuerung des Sozialstaates "von unten"? In: Blanke, B. u.a. (Hrsg.) Die zweite Stadt. Neue Formen lokaler Arbeits- und Sozialpolitik. Leviathan Sonderheft 7. WDV, Opladen, 79-101

Anmerkungen:

1. Vgl. Krüger, J., Pojana, M., Richter, R. (1988) Eine überarbeitete und stark gekürzte Fassung des Forschungsberichts wird 1990 im Oldenbourg-Verlag, München erscheinen,

2. Erst etwa zu Beginn der 80er Jahre, mit einem deutlichen Schwerpunkt etwa 1982/1983, also rd. sieben Jahre nach dem Auftreten der Jugendarbeitslosigkeit, wurden solche Dokumente, auch nicht durchgängig und im wesentlichen nur als Stichtagsinformationen, geführt.

Uwe E. Reinhardt

Providing Access To Health Care And Controlling Costs: Approaches abroad, Options for the United States

The human condition surrounding the delivery of health care is everywhere on the globe the same:

> *The providers of health care seek to give their patients the maximum feasible degree of physical relief, but overall (if not for every patient they treat) they also seek a goodly slice of the GNP, in the form of money-vouchers, as a reward for their efforts.*
> *Patients seek from the providers of care the maximum feasible degree of physical relief, but collectively (if not in each and every case) they also seek to minimize the amount of GNP that must be granted the providers as a reward for their efforts.*

In other words, while there typically is a meeting of the minds between patients and providers on the clinical side of the health-care transaction, there very often is conflict on the economic front. It has always been so, since time immemorial, and it will always be so, from here to kingdom come. It is part of the human condition.

Health insurance does not lessen this perennial economic conflict; it merely transfers it from the patient's bedside the desk of the some private or public bureaucrat charged with guarding a collective insurance treasury.

But health insurance does realign the parties to the economics fray. Because insurance shields patients from the cost of their medical treatments at point of service, it tends to move them squarely into the providers' corner when they are sick. Usually, in that corner, they rail against the heartless bureaucrats who refuse to surrender the key to the collective insurance treasuries they are there to guard. When patients are healthy and faced with mounting taxes or insurance premiums, on the other hand, they are typically found in the bureaucrats' corner. In that corner they rail against the voracious financial appetite of health-care providers.

Such is intellectual purview from which the proverbial man and woman in the street beholds the health-care sektor. That, too, is part of the human condition.

Controlling the Transfer of GNP to Providers

Society can control the total annual transfer of GNP to the providers of health care through the demand side of the health care market, through its supply side, or through both. Nations differ substantially in the mix of approaches used to this end. Their choice of cost-control policies hinges crucially on the social role that is ascribed to health care. The two extremes of the spectrum of views one may have on this issue are:

1.Health care is essentially a *private consumption good* whose financing is the responsibility of its individual recipient.

2. Health care is a *social good* that should be collectively financed and available to all citizens who need health care, regardless of the individual recipient's ability to pay for that care.

Canadians and Europeans have long reached a broad social consensus that health care is a *social good.* These countries have erected their health policies firmly and consistently on that basic ethical precept. Americans, on the other hand, have never been able to reach a similarly broad, political consensus on just where on the ideological spectrum defined by these two extreme views they would like their health-care system to sit. Instead, American health policy has meandered back and forth between the two views, in step with the ideological temper of the time. This meandering has produced contraditions between professed principles and manifest practice that amuse the foreigner and confuse even the initiated at home. For example, at this time in the nation's history, poor, uninsured Americans often find it difficult to gain access to health-care resources of which the nation has too many.

The Social-Insurance Approach in Canada and Europe

A noted, Canadians and Europeans typically view health care as a social good. In these countries it is anathema to link an individual household's contribution to the financing of health care to the health status of the household's members. Health care in these countries is collectively financed, with taxes or premiums based on the individual household's ability to pay. Only a small well-to-do minority - so far less than 10 percent of the population - tends to opt out of collective, social insurance in favor of privately insured or privately financed health care. Over 90 percent of the population in these countries typically share in common one level of quality and amenities in health care.

Control over health-care costs in these countries is exercised primarily by controlling the capacity of the supply side. The chief instrument for this purpose is formal regional health planning. Planning enables policymakers to limit the number of hospital beds, big ticket technology such as CAT-Scanners or Lithotripters, and, sometimes, even the number of physicians issued billing numbers under these nations' health-insurance systems.

Regulatory limits on the capacity of the health system inevitably create monopolies on the supply side. To make sure that these artificially created monopolies do not exploit their economic power, these countries always couple health planning with stiff price- and budgetary controls. Where the intent of price controls has been thwarted through rapid increases in the volume of health services rendered, for example, these countries eventually impose strictly limited global budgets on hospitals and doctors. Thus, Canada has long compensated its hospitals through pre-set global budgets. Similarly, West Germany now operates strict, state-wide expenditure caps for all physicians practicing within a state under the nation's Statutory Health Insurance system. The United Kingdom and the Nordic countries budget virtually their entire health systems.

Figure 1 illustrates this three-pronged approach to health-care-cost-control: (1) limits on physical capacity, (2) limits on fees and prices and (3) limits on overall expenditures.

Figure 1: The Canadian/European Approach

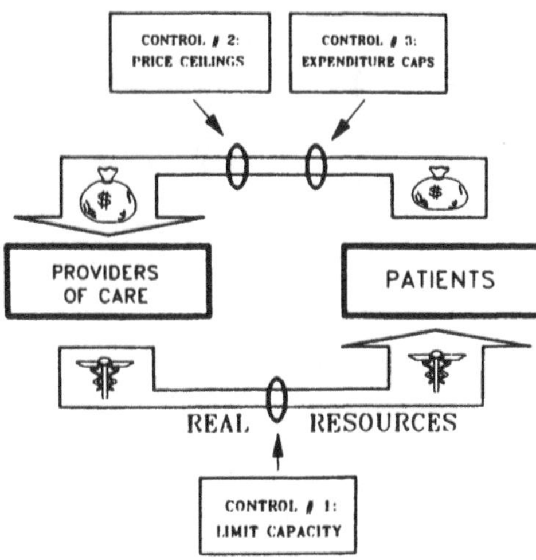

To effect their price- and budget controls, Canada and the European countries tend to structure their health-insurance systems so that money flows from third-party payers to the providers of care only through formal negotiations between regional or national associations of third-party payers and associations of providers. As already noted, usually the negotiated prices in these countries are binding upon providers, who may not bill patients extra charges above these prices. Although France permits extra billing within limits, most of these countries see unrestrained extra billing as a violation of the spirit of health insurance.

The extreme version of this payment policy is illustrated in the bottom panel of Figure 2. It is the approach used in the typical Canadian province, where the provincial government administers both the hospital-insurance and the physician-service insurance plans.

Figure 2: Alternative Financial Arrangements between Patients, Providers and Third-Party Payers

Financial Flows in American Health Care

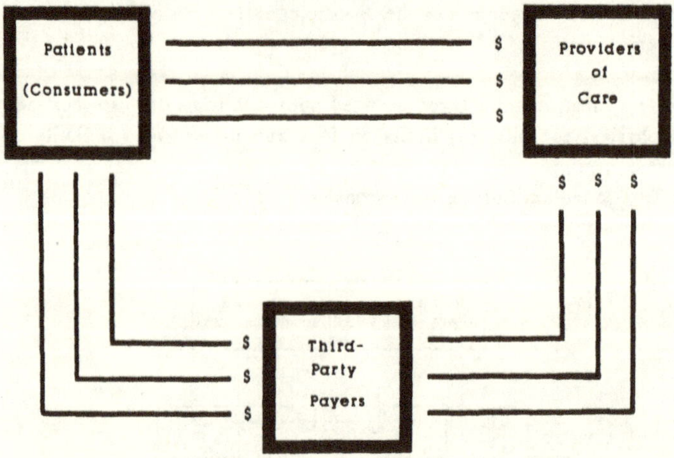

Monopsonistic Financing

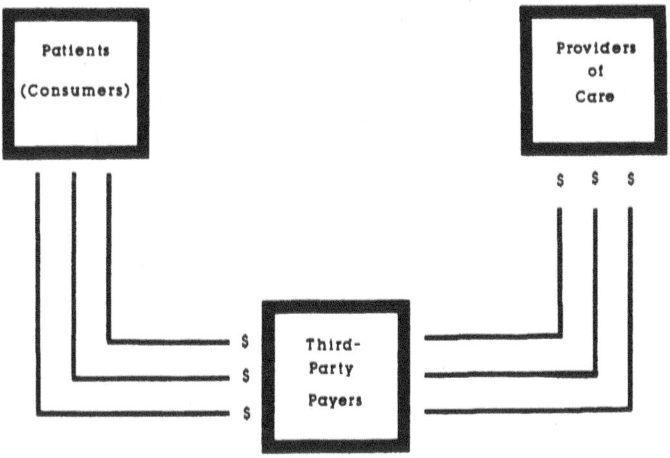

Remarkably, and in sharp contrast to the United States, Canada and Europe typically do not look to the inidvidual patient as an agent of cost control: usually there is not a significant flow of money from patient to provider at the time health services are received. Instead, most of these countries provide patients with comprehensive, universal, first-dollar coverage for a wide range of services, typically including drugs (although Canada covers these only for the poor). France does have some co-payments at point of service, but usually not for serious illnesses. Furthermore, many French patients have supplemental private insurance to cover any co-payments.

One should not assume that Canada and the European nations eclipse patients from the chore of cost control because these nations' health-policy analysts and policy-makers lack the savvy of their American colleagues who, in their debates on health policy, tend to style patients as "consumers" who are expected to shop around for cost-effective health care. Rather, one suspects that Canadians and Europeans are inclined to perceive patients as, for the most part, "sick persons" who should be treted thus. Table 1 suggest why that perception may be a valid one.

As Table 1 illustrates, the distribution of health expenditures across a population tends to be highly skewed. In the United States, for example, only about 5% of the population accounts for as much as half of all national health expenditures in any given year, and 10% account for as much as 70% to 80% of all health spending (see Table 1). The distribution of health expenditures in other countries is apt to trace out a similar pattern.

Table 1: Distribution of Health Expenditures over the U.S. Population (selected years)

Percent of U.S.	Percentage of total Health Expenditures accounted for by that percentile of the U.S. Population[1]		
	1970	1977	1980
Top 1 percent	26 %	27 %	29 %
Top 2 percent	35 %	38 %	39 %
Top 5 percent	50 %	55 %	55 %
Top 10 percent	66 %	70 %	70 %
Top 30 percent	88 %	90 %	90 %
Top 50 percent	96 %	97 %	96 %

One must wonder whether the few individuals who account for the bulk of health-care expenditures in any given year actually can act as regular "consumers" who shop around for cost-effective health care. Although cost-sharing by patients can be shown to have some constraining effect on utilization for mild to semi-serious illness, it is unlikely to play a major role in the serious cases that appear to account for the bulk of national health care expenditures.

Where price and ability to pay cannot ration health care, something else must. Usually, in Canada and in Europe, that non-price rationing device is a queue for elective medical procedures. As the extreme, some high-tech medical interventions, e.g. renal dialysis or certain organ transplantations are simply unavailable to particular patients, if the likely benefits from the intervention are judged by the attending physican to be low.

More gernrally, high-tech innovations are introduced rather cautiously in these nations, and only after intensive benefit-cost analysis. At any given point in time, these nations' health systems are therefore likely to lag behind the United States in the degree to wich a new medical technology has been adopted.

Finally, the tight control on overall outlays for health-care tends to preclude the often luxurious settings in wich health-care is dispensed to well-insured patients in the United States. Atriums and gourmet dining in hospitals, or physican offices with plush, deep carpets are not common in Canada or in Europe.

The Entreprenurial, American Approach

Americans have traditionally looked oskance at regulation. To be sure, some regulatory controls of the supply-side of health care have been attempted at various times in a number of States (through so-called Certificate-of-Need laws) and there have also been occasional flirtations with price controls (e.g. under Richard Nixon's Presidency, or in States that regulate hospital rates).

For the most part, Americans have always viewed the supply-side of their health sector as an open economic frontier. Indeed, traditionally Americans have seen the very openness of their health system to profit-seeking entrepreneurship as the key driving force that has made the American health system, in their own eyes, "the very best health-care system in the world."

American physicans, for example, have always prided themselves on their status as staunch "free-enterprisers" and they have vigorously, although not entirely successfully, defended that status against inroads by third-party payers. Furthermore, as historian Rosemary Stevens has shown convincingly[2], even the nation's so called not-for-profit hospitals have typically run their enterprices very much on business lines, and they normally have booked profits, although they do not distribute them to any outside owners.

In contrast to Canada and Europe, Americans have generally freely opened their health sector to the seekers of fortune in the belief that the transfer of GNP the providers of care can extract from the rest of society can easily be controlled through the demand side of the sector - primarily by forcing patients to be have like regular consumers.

The traditional instrument of demand-side cost-control in the United States has been cost-sharing by patients. As is shown in Table 2, on average, American patients are not nearly as well insured as is sometimes supposed - not even in the heyday of the Great Society - although there is a wide dispersion around this average. Some Americans have no health insurance at all, others have very shallow insurance, and some receive from their employers relative generous coverage that approximates the comprehensive, first-dollar coverage available to Canadians and Europeans. Typical among the latter insured are unionized workers in the Northern rust belt.

Even the relatively high degree of cost sharing by American patients, however, has not appeared to be able to constrain the growth of national health-care expenditures. As Table 1 above suggests, perhaps that particular donkey is just too weak to carry much of a cost-containment load. For that reason, additional forms of demand-side controls have been deployed in recent years, to wit, (1) ex post utilization, (2) prospective and concurrent utilization review by third party payers (otherwise known as "managed care"), and (3) the so-called Preferred Provider Organizations (PPOs). These PPOs

Table 2 Direct out of pocket expenditures for health care United States, 1977 and 1987[3]

Type of service	Percentage paid out of pocket 1977	1987
Physican services	34%	26%
Ambulatory Physican Care only*	59%	N.A.
Hospital Services	8%	10%
Dental Care	73%	61%
Drugs and Medical Sundries	83%	75%
Nursing Home Care	43%	49%
Total Personal Health Care	31%	28%

* Data from the National Medical Expenditure Survey (NMCES), 1977

are networks of fee-for-service providers who have agreed to grant large third-party payers price discounts in return for insurance contracts that steer the insured toward these "perferred" providers through specially tailored forms of cost sharing.

A uniquely American form of cost-control, aimed more at the supply-side of the health-care market, is the Health Maintenance Organization (HMO). Basically, the HMO is an insurance contract under with a network of providers is pre-paid an annual lumpsum capitation per insured, in return for the obligation to furnish the insured all medically necessary care during the contract period. The contract is designed to make providers hold to the medically necessary minimum their use of resources in treating patients. Usually, the HMO contract leads to lower rates of hospitalization, other things being equal, and to relatively lower average per-capita health costs. Their drawback, in the eyes of patients, is that they limit choice among providers, and that they may underserve patients.

The Economic Footprints of these Approaches

It is generally agreed, both here and abroad that the American, entrepreneurial approach to health care has begotten one of the most luxurious, dynamic, clinically and organizationally innovative, and technically sophisticated health care systems in the world. At its best, that system has few rivals anywhere, although many health systems abroad also do have facets of genuine excellence.

The cost of health care

Unfortunately, but perfectly predictably, the open-ended American health care system is plagued by perennial excess capacity in most parts of the country, and by large and rapidly growing costs. With the exception of New York City - where capacity has been tightly controlled through health planning - the average hospital occupancy-ratio in the United States is now in the mid 60%. It is below 50% in many regions. American physicans, for their part, have for years deplored a growing physican surplus.

This enormos capacity and excess capacity comes at a stiff price. As is shown in Table 3, no other country now operates as expensive a health system as does the United States, and therein lies a major ethical problem:

> *So expensive has American health care become that the nation's middle- and upper-income classes now seem increasingly unwilling to share the blessings of their health system with their millions of low-income, uninsured fellow citizens. The gentleness and kindness for wich Americans had come to be known after World War II has, thus, literally been priced out of the nation's soul. By international standards, American health policy towords the poor-particularly towards poor children now appears rather callous.*

Tabel 3: Total Health Expenditure as a percentage of Gross Domestic Product[4]

	1960	1965	1970	1975	1980	1985	1986	1987
Australia	4,6%	4,9%	5,0%	5,7%	6,5%	7,0%	7,1%	7,1%
Belgium	3,4%	3,9%	4,0%	5,8%	6,6%	7,2%	7,2%	7,2%
Canada	5,5%	6,1%	7,2%	7,3%	7,4%	8,4%	8,7%	8,6%
Denmark	3,6%	4,8%	6,1%	6,5%	6,8%	6,2%	6,0%	6,0%
France	4,2%	5,2%	5,8%	6,8%	7,6%	8,6%	8,7%	8,6%
Germany	4,7%	5,1%	5,5%	7,8%	7,9%	8,2%	8,1%	8,2%
Italy	3,3%	4,0%	4,8%	5,8%	6,8%	6,7%	6,6%	6,9%
Japan	2,9%	4,3%	4,4%	5,5%	6,4%	6,6%	6,7%	6,8%
Netherlands	3,9%	4,4%	6,0%	7,7%	8,2%	8,3%	8,3%	8,5%
New Zealand	4,4%	4,5%	5,1%	6,4%	7,2%	6,6%	6,9%	6,9%
Norway	3,3%	3,9%	5,0%	6,7%	6,6%	6,4%	7,15	7,5%
Sweden	4,7%	5,6%	7,2%	8,0%	9,5%	9,4%	9,1%	9,0%
Switzerland	3,3%	3,8%	5,2%	7,0%	7,3%	7,7%	7,6%	7,7%
United Kingd.	3,9%	4,1%	4,5%	5,5%	5,8%	6,0%	6,1%	6,1%
United States	5,2%	6,0%	7,4%	8,4%	9,2%	10,6%	10,9%	11,2%
Mean	3,8%	4,5%	5,3%	6,5%	7,0%	7,4%	7,3%	7,3%

The Uninsured

At this time, some 35 million Americans, about three quarters of them full-time employees and their dependents, and about one third of them children, have no health insurance coverage of any form. Most of these American families have incomes below $ 20.000 per year, yet for such families, if they are healthy, an individually purchased commercial insurance policy with considerable cost sharing would now cost anywhere between $ 3.000 to $ 4.000 per year, and some insurance companies have ceased to offer such policies even at these prices because they are unprofitable. If such families have chronically ill members, however, a private health-insurance policy may not be available to them at all.

Such enormous gaps in health-insurance coverage are not known anywhere else in the industrialized world. As noted above, without exception, the other member-nations in the Organization for Economic Development (OECD) offer their citizenry universal health-insurance coverage for a comprehensive set of health services and supplies, typically including dental care prescription drugs.[5]

Traditionally, the American health system has dealt with the uninsured thus: for mild to semi-serious illness, care to the ininsured has been effectively rationed on the basis of price and ability to pay. For critically serious illness, however, care was generally made available through the emergency rooms of hospitals who then shifted the cost of that charity care (including needed inpatient care) to paying patients, notably those insured by the business sector.

Unfortunately, in recent years this source of charity care has begun to dry up as the profit margins of hospitals have come to be sequeezed by a combination of excess capacity and downward price pressure on the part of both the public- and private-sector payers. On average, an uninsured, low-income American now receives only about 50% to 60% of the health care received by an idential, regulary insured American.

> *Thus, the myth that, unlike other nations, America does not ration helth care is just that, a myth. Americans do ration health care by price and ability to pay, sometimes in rather disturbing ways.*

Styles of Rationing

The preceding observation suggests that nations differ from one another not by whether or not they do ration health care, all of them do somehow and to varying degrees, but in their style of rationing.

One style is to limit physical capacity and then to use triage based on medical judgement and the queue determine the allocation of artificially scarce resources among the populace. That style of rationing in sometimes referred to as *implicit rationing*.

The other style is ration *explicitly* by price and ability to pay. It is the to natural by-product of the so called "market approach" to health care.

Implicit rationing predominates outside the United States. In principle, the approach is thought to allocate health care strictly on the basis of medical *need,* as perceived and ranked by physicans. It is not known whether or not other variables, such as the patient's social status, ultimately do enter the allocation decision as well. For example, one wonders whether as gas station attendant in the United Kingdom has quite the same degree of access to limited resources as does, say, a barrister or university professor who may be able to use social connections in attemps to jump the queue.

The belief of many Americans that health-care is not rationed in the United States, seems warranted for well-insured patients who are covered by traditional, open-ended indemnity insurance, who are living in areas with excess capacity. For many such patients, there seems to be virtually no limit, other than nature, to the use of real resources in attemps to preserve life or to gain certainty in diagnosis. On the other hand, persons who are less well insured, who are uninsured, or who are covered by managed-care plans (including HMOs) do on occasion experience the withholding of health-care resources strictly for economic reasons. In fact, in a recent cross-national survey, some 7.5 percent of the respondents (the equivalent of 18 million Americans) claimed that they had been denied health care in the previous year for financial reasons. In Canada and in the United Kingdom, much fewer than 1 percent of the respondents made that claim.[6]

Remarkably, it seems easier to implement the implicit, supply-side rationing practiced in most other countries that it is to use the explicit American approach to rationing. In the previously cited survey, Americans appeared much less satisfied with their health-care system now than were Canadians and British respondents reacting to the identical set of questions on the subject.[7]

For some reason, both physicians and patients appear to accept with greater equanimity the verdict that capacity is simpl not available than they do the verdict that that available, idle capacity will not be made available because some budget has run out.[8] Thus, while the American approach to rationing does work after a fashion, it tends to create greater rancor among both patients and physicans than does the *implicit* rationing practiced elsewhere in the world. No one likes to see monetary factors enter medical decisions quite so blatantly at the patient's bedside as *explicit* rationing requires. Yet, a nation bent upon using the market approach to health care ultimately cannot escape those troubling acts.

Summary on the Economic Footsteps

To sum up at this point. There appears to be trade-off in the organization of health care that simply cannot be avoided: it is a trade-off among three distinct desiderata in health care, namely, (1) the freedom granted the providers of health care to organize the production of health care as they see fit and to price their products and services as they see fit, (2) the degree of control over total health care expenditures and (3) the degree of equity attained in the distribution of health care. Figure 3 illustrates this trade-off schematically.

Figure 3: Competing Objektives in Health Care: Basic Prototypical Systems that span the Set of Actual Systems

—DESIDERATA—

Egalitarian Distribution	Freedom From Government Interference in Pricing and in the Practice of Medicine	Budgetary and Cost Control	Prototypical System
YES	YES	NO	The Health-Care Provider's Dream World
YES	NO	YES	A National Health Insurance System with Fee Schedules and Other Utilization Review. (e.g., Canada, West Germany)
NO	YES	YES	A Price-Competitive Market System

TRADE-OFF

The Most Problable Scenario for the 1990s

For the next three to five years, the American health system is likely to muddle through with the current arrangement of high cost and insecure access, troublesome as that prospect may be. There will be rancor and recriminations all around, as everyone will blame everyone else for the "health-care cost explosion" and for the plight of the uninsured.

The fixed overhead cost of health-care providers will be passed around from payer to payer like an unwanted, hot patato. Similary, the uninsured indigent will be passed from provider to provider as unwanted hot potatoes as well. Its health sector will not be an untarnished source of pride for Americans.

The political process concerning health care will remain paralyzed in the near future, because no politician can as yet muster the courage to announce that there is no free lunch in health care that kindness and gentleness toward the poor will cost taxpayers some money. As TIME magazine suggested on the cover of its issue of October 23, 1989, at the moment American government is, for all intents and purposes, dead. That is certainly so in health policy.

Health Expenditures and the Political Economy of the Hot Potato

National Health Expenditures, about $ 600 billion in 1989, will continue to escalate an annual growth rate of between 10% to 11% in the foreseeable future. That is about 3 percentage points faster than the growth of nominal GNP. Business will continue to underwrite about 30% of that total, government somewhere between 42% und 45%, and patients the rest in the form of cost - sharing.

By the year 2000, National Health Expenditures are now estimated to reach $1,5 trillion, or 15% of the GNP. If the growth of health expenditures continued to outrun the growth of GNP by percentage points in the foreseeable future, then close to 20% of the GNP would be going to health care by the year 2000 and close to 50% by the year 2050. Figure 4 illustrates these trends under different assumptions about the differential growth in health expenditures and the GNP.

The government administered Medicare and Medicaid programs are likely to continue their recent, aggressive cost-containment strategies. Given their market power (about 28% of total national health expenditures), they are apt to succeed in procuring health-care at prices below fully allocated costs, leaving private payers to cover the providers' full overhead and profit. Figure 5 illustrates this process for a hypothetical hospital that appears to be representative of the bulk of American hospitals today. Both Medicaid and Medicare probably pay the typical hospital less than fully allocated total cost these days, although more than truly incremental costs. A hospital with excess capacity therefore will find it profitable, at the margin, to accept patients covered by these programs, even if these programs do not shuld their "fair" share of fixed overhead, although what is "fair" in this context lies in the eyes of the beholder.[9] The uninsured, medically indigent patient typically pays less than fully allocated costs and often even less than incremental costs. Whatever fixed overhead is not covered by Medicaid, Medicare and the indigent, however, must be absorbed by someone. That someone may be the hospital itself, unless the hospital succeeds in sticking the tab to private insurers, as most of them have been able to resist this cost shift.

Figure 4: Health Care as Percent of the GNP
Under Different Assumptions

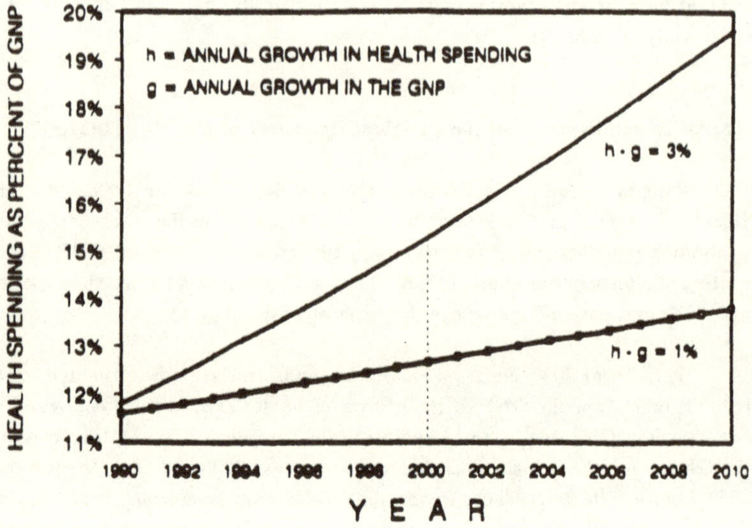

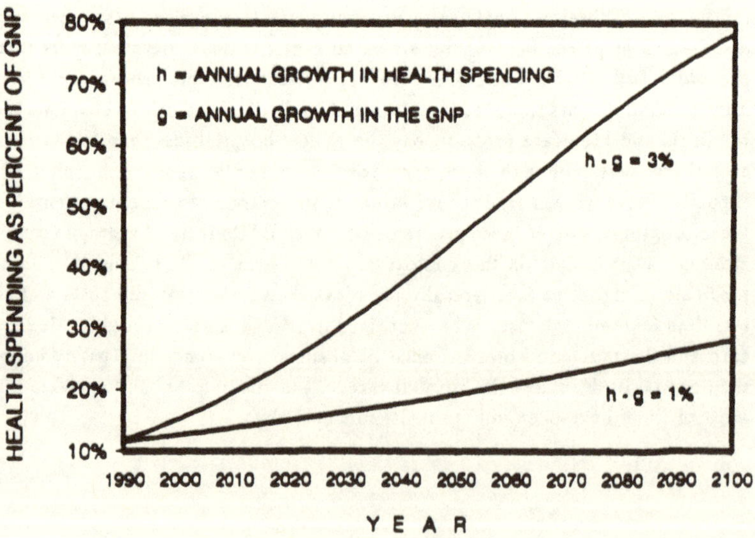

Figure 5: Hospital Charges, Full Costs, Incremental Costs and Collections (per Average Day)[10]
(For a hypothetical American Hospital)

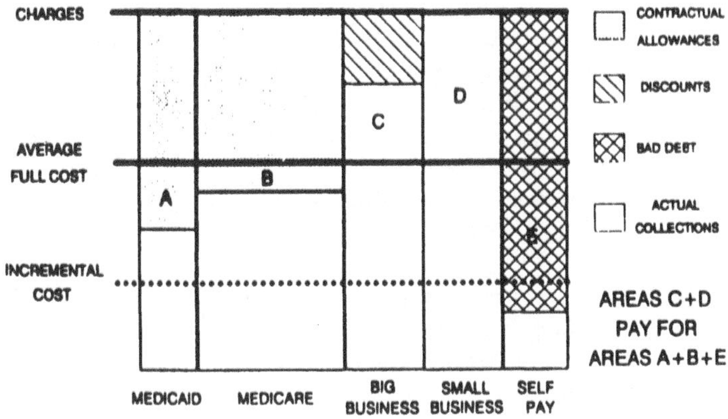

The providers of health care - and private payers - will lament this exercise of brute market power on the part of the government and describe it as "irresponsible". To be sure, it is a way of raising taxes without forcing the politician to call it such. But, in truth, the voter has left the politician precious few other options.

On the one hand, the voters, lips have consistently read: we do not wish to pay added taxes. It is safe to assume that doctors and hospital executives have overwhelmingly expressed that sentiment at the ballot box by voting for politicians whose lips also read: "no taxes". On the other hand, however, the public sector will face increasing pressure to cut its deficit. Throughout the 1980s, that deficit has been substantially financed with the savings of foreigners. As these saving find attractive new outless in Eastern Europe and (eventually) in China, the United States can finance its public deficits with foreign savings only if we are prepared to pay real interest rates that are even higher than the historically high rates we have faced during the 1980s. Macroeconomic conditions, then, will force the government either to raise taxes or to cut seriously into public spending. Under the circumstances, it is unlikely that the Federal government will treble once again its outlays on Medicare as it did during the 1980s (when Medicare outlays rose from $ 34 billion in 1980 to $ 108 billion in 1990).

Faced with increasing downward pressure on the prices received from the public sector, the providers of health care will seek to extract their unrecovered overhead and profits ever more aggressively from the private insurance sector. The business community will argue that the high and growing health-insurance premiums they pay for their employees erodes the ability of American business to compete in the international market place. Although that thesis is highly dubious at the conceptual level[7], it is widely shared nevertheless and will therefore drive the policies of the business community. In any event, it is clear that whatever portion of total labor compensation goes to health-benefits cannot be paid out in cash wages - that growing health-insurance premiums eat into the piece of the pie workers have left over for other things. Therein lies the chief imperative for business to control health-care costs.

Large business firms and third-party payers may be able to resist any attempted "cost shift" from the public to the private sector by virtue of their own market muscle (a potential acknowledged in Figure 5 above). Like Medicare and Medicaid, they may even be able to extract from providers some price discounts for themselves. This leaves small third-party payers and business firms to absorb a disproportionate share of the providers, overhead and profits.

Small business firms, whose health care costs per employee have been rising much faster than those of large firms (see Figure 6) are likely to respond to this pressure by refusing to offer their employees health insurance or by cancelling the insurance policies hitherto offered their employees (if the labor market allows them that strategy). Thus, they are likely to dump more Americans into the pool of inunsured, which will put pressure on the hospital sector to which American politicians have traditionally looked as insurers (and tax-collectors) of last resort.

Figure 6: National Association of Manufacturers
Health Care Survey[8]

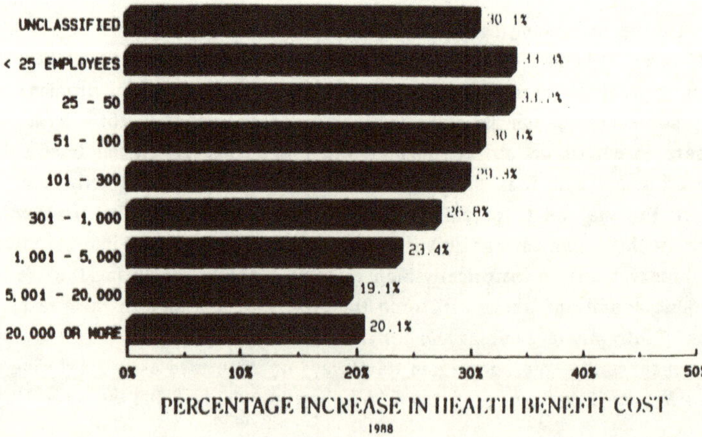

But even if small business firms made every effort to provide their employees with health insurance, the insurance industry may not play along. There is evidence that the industry is now using what is known as "tighter underwriting standards" but may be more aptly described in a New York Times headline "Health Insurers, to Reduce Losses, Blacklist Dozens of Occupations,"[9]. Although one can understand such exlusions from a purely commercial viewpoint, they have an explosive potential from the viewpoint of public policy: the industry literally now seems on a path of self-destruction. Probably its best hope for the long run is survival under very tight public regulation of prices and underwriting standards.

Covering the Uninsured

We can expect strong lobbying from doctors, hospitals and the champions of the poor (especially children) to cover uninsured somehow and at long last. The government is likely to respond to that pressure and to attemps by business and the insurance industry to dump high-risk employees into the pool of uninsured by mandating all employers, large and small, to provide their employees with employer paid private health-insurance coverage. This is a politically appealing way to impose taxes upon the private sector without actually saying so and without having any political accountability for those taxes. Furthermore, it is the strategy preferred by doctors and hospitals who prefer dealing with private insurers rather than with a more powerful public payer.

Although currently a legislative weapon mainly in the arsenal of Demokrats, the idea of mandated, employer-paid health insurance is really Richard Nixon's old idea[10]. Republicans even President Bush are apt to return to the fold on it, once their feet are pushed closer to the fire by the provider lobbies. May advice would be to market the strategy not as "mandated benefits" - Americans hate the world "mandate - but istead as the **"All American, Private-Public Sector, Judeo-Christian-Islamic-Confucian Health-Care Partnership Act"**. Thus it may fly, even in the White House.

Faced with a mandate to purchase health-insurance for their employees, small business firms are likely to cry foul, because they will be forced to pay higher premiums (and prices for care) than will large, self-insured employers. Having been forcibly driven into the arms of hitherto unaccommodating private health insurers, small business-usually the stalwarts of free enterprise - can and probably will add to demands for tighter public regulation of the underwriting practices of private health insurers. There will be calls for a return from actuariallly fair premiums that reflect the claims experience strictly of the employees of a single firm to community rated premiums that reflect the claims experience of an entire community.

Furthermore, small business is likely to demand from the government a parallel mandate for an "all-payer" system. Under such a system all insurance carriers negotiate jointly with providers in a given state (or region) for single price schedules on wich all of them pay (as is already the case in New Jersey's hospital system). Once an all-payer health-insurance system is in place, the nation is well on its way to stumbling, keister backwards, towards the type of statutory, national health insurance system now operated in Germany.

Further down the path in the 1990s, Congress is likely to introduce a Kiddiecare program (which would be kind, gentle, and relatively cheap) and ultimately expand Medicaid to sweep up the rest of the unemployed, adult uninsured. Conceivably, these initiatives may precede the election year 1992, although one ought not to bet too many chits on that prospect.

It may also come to pass that, in the mid 1990s, calls will come forth for the means-testing of Medicare through the premium side. It is easy to defend such a policy on both economic and ethical grounds, and one can expect economically hardpressed Baby Boomers to push for that policy, especially after a narrow segment of well-heeled aged successfully pushed for the abolition of the Catastrophic Medicare Act in late 1989. When the dust of this particular battle between the generations has settled, the well-to-do aged may well pay more for their health care than they would have under the Catastrophic Act.

Other Policy Options

Figure 7 presents a larger menu of alternative approaches to financing and organizing health care. That display distinguishes explicitly between the ownership of the *health insurance* mechanism and the *production* of health care. Almost all health-care systems in the world can fit into this grid.

Figure 7: Alternative Mixes of Health-Insurance and Health Care Delivery

PRODUCTION AND DELIVERY	COLLECTIVIZED (SOCIALIZED) FINANCING OF HEALTH CARE.			DIRECT FINANCING
		Private Health Insurance[a]		Out of Pocket
	Government Financed Insurance	within a statutory framework	within an unregulated market	by Patients at point of Service
Purely Government Owned	A	D	G	J
Private Not-for-Profit Entities	B	E	H	K
Private For-Profit Entities	C	F	I	L

[a] Note: Technically, whenever the receipt of health care is paid for by a third party rather than by the recipient at point of service, it is financed out of a collective pool and is thus "socialized" financing. In this sense, private health insurance is just as much "collectivist" or "socialized" as is government-provided health insurance. Both forms of financing destroy the normal workings of a market, because both eliminate the individual benefit-cost calculus that is the sine-qua-non of a proper market.

The health system of the United Kingdom and of Sweden, for example, occupy primarily Box A in Figure 7. One may think of Box A as socialized medicine, because the production of health care is substantially owned by the government. Clearly, the health system of the U.S. Department of Veterans Affairs resides in Box A as well, as does the bulk of the health-care system for the U.S. armed forces. It has been said that President Eisenhower, staunch opponent to socialized medicine, actually spent the bulk of his adult life in just such a system.

The Canadian health system occupies primarily cells A, B and C, as do the bulk of the American Medicare and Medicaid programs. These systems represent public health insurance, but not socialized medicine.

Germany's health system is best described by cells D, E and F. It also does not represent socialized medicine. As noted above, the American health system is likely to slide towards that sort of arrangement before too long. At this time, the bulk of that system continues to reside in boxes G to L.

Canada's universal, national health-insurance system is now widely offered as a model for the United States. That system, however, has emerged from a parlamentary system with party discipline, and in a nation that, unlike the United States, has a tradition of respect for government and the civil service. It is hard to imagine, however, that the U.S. Congress, which gave us the so-called "Tax Simplification (sic) Act" of 1986, would ever be able to legislate a streamlined, coherent program of the Canadian variety. It is even harder to imagine this economically heterogenous country, with its inbred disrespect for government and "bureaucrats", could ever operate such a system, even if a coherent program could be legislated.

One could imagine for the United States an honest, two-track health-insurance system, in which the government backs up a largely, private health-insurance system, with a public, income-tax financed Fail-Safe system. I have proposed such a system about a year ago in The Wall Street Journal[15]. It ought to be more attractive to the business sector than would be mandated employer-paid health-care benefits. Remarkably, there has been little support for it from the business sector. Perhaps the latter mandated employer-paid health-care benefits. Remarcably, there has been little support for it from the business sector. Perhaps the latter prefers mandated benefits after all, or simply muddling through as usual.

Anmerkungen:

1. Source: Berk, Monheit and Hagan (1988), Exhibit 1, p.50

2. In Sickness and in Wealth: A History of the American Hospital in the Twentieth Century (1988)

3. Source: Health Care Financing Administration

4. Source: Organization for Economic Cooperation and Development, Health Data Bank

5. With the exception of Canada, where these items are covered only for low-income families.

6. See Robert J. Blendon, "Three Systems: A Comparative Story, " Health Management Quarterly, Vol. XI, No. 1, First Quarter, 1989; pp. 2-10

7. Ibid.

8. In this connection, see also the fascinating analysis of this facet of British health care in Henry J. Aaron and William B. Schwartz, The Painful Prescription, Washington, D.C., The Brookings Institution, 1984

9. The typical airline, for example, prices its services similary, without much social opprobrium.

10. Source: Adapted from Lewin/ICF, Inc.

11. In this connection, see U.E. Reinhardt "Health Care Spending and American Competitiveness, "Health Affairs, Winter, 1989; pp. 5-21, as well as: Perspectives: Competitiveness and Health Spending. Health Affairs, Spring 1990; pp. 162-17711.

12. Source: NAM/Foster Higgins, Meeting the Health Care Crisis (1989)

13. Milt Freudenheim, February 5, 1990

14. See his Health Message to the congress dated February 18, 1971

15. U.E. Reinhardt, Toward a Fail-Safe Health-Insurance System, The Wall Street Journal, January 11. 1989

Willi Rückert

Bedeutung und Entwicklung des Familienstandes älterer Frauen und Männer

Aus Sicht der Sozialplanung ist es von großem Interesse, welche Bevölkerungsgruppen in welchem Ausmaß Heime und andere soziale Dienste in Anspruch nehmen und wie sich diese Bevölkerungsgruppen in Zukunft entwickeln werden.

Seit langem ist bekannt, daß sehr viel mehr Frauen als Männer Heime für ältere Menschen und andere soziale Dienste in Anspruch nehmen (müssen). Von den über 65jährigen Männern leben z.Zt. etwa 2,5 % in einem Heim der Altenhilfe, von den älteren Frauen 5,7%. Mit zunehmendem Alter steigt bei Männern und Frauen der Anteil derjenigen, die in einem Heim wohnen, stark an (Rückert 1987); die Unterschiede zwischen Männern und Frauen in der Inanspruchnahme von Heimen zeigen sich jedoch in allen Alterstufen (Abb. 1).

Abb. 1: Anteile älterer Menschen in Heimen der Altenhilfe

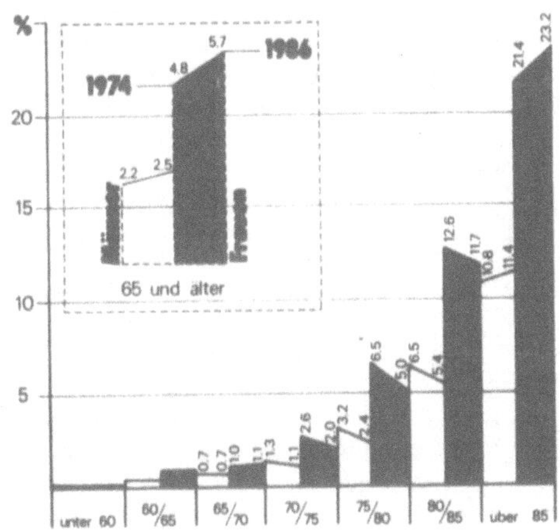

Dies liegt allerdings weniger daran, daß Frauen einen tendenziell höheren Unterstützungsbedarf angeben (Rückert 1989), viel bedeutsamer ist, daß es zwischen älteren Frauen und Männern große Unterschiede in der Ausprägung ihres informellen sozialen Netzes gibt, die von soziodemographischen Merkmalen - bestimmt werden (Garms-Homolová & Hütter 1990).

In welchem Ausmaß der Familienstand die Inanspruchnahme von Heimen beeinflußt, zeigt Abb. 2.

Abb. 2: Anteil älterer Menschen in Heimen nach Familienstand 1974[1]

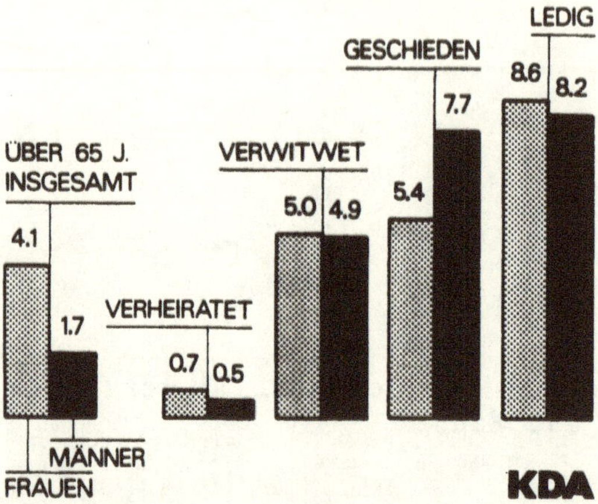

Von den Verheirateten - ob Frau oder Mann - leben sehr viel weniger in einem Heim der Altenhilfe als von den Nichtverheirateten.

Neuere Befunde über das Unterstützungspotential verheirateter und nichtverheirateter 70-90jähriger Frauen und Männer einer Großstadtspopulation[2] lassen ebenfalls erkennen, daß nicht das Geschlecht, sondern vor allem der Familienstand Unterschiede im informellen sozialen Netz bewirkt. Von den 70-90jährigen Männern in Berlin erhalten im Kranheitsfall über 90% Pflege durch ihre Frauen; aber auch 84% der noch verheirateten Frauen dieser Altergruppe werden bei Krankheit von ihren Männern gepflegt.

Abb. 3: Unterstützungspotential 70-90jähriger Frauen und Männer*

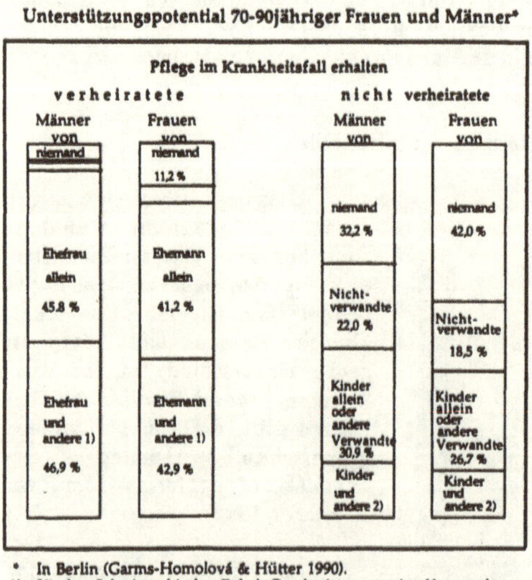

* In Berlin (Garms-Homolová & Hütter 1990).
1) Kinder, Schwiegerkinder, Enkel, Geschwister, sonstige Verwandte, Freunde, Bekannte, Nachbarn, Mitbewohner und sonstige Personen.
2) Enkel, Geschwister, sonstige Verwandte, Freunde, Bekannte, Nachbarn, Mitbewohner.

Bei den Nichtverheirateten stellt sich das Unterstützungspotential ganz anders dar. Ihre Haupthelfer sind neben Kindern und anderen Verwandten in erstaunlich hohem Maße Nichtverwandte. Im Durchschnitt ist das informelle soziale Netz von Frauen schwächer als das der Männer, dennoch sind die Unterschiede möglicherweise geringer als vermutet (Abb. 3).

Wenn nun dem Familienstand älterer Menschen zentrale Bedeutung für das Unterstützungspotential im informellen sozialen Netz zukommt, ist es aus Sicht der Gerontologie von Interesse abzuschätzen, welche Entwicklungen im Hinblick auf dieses Merkmal zu erwarten sind.

Abb. 4: Anteil verheirateter Frauen 1910-1970-1987[3]

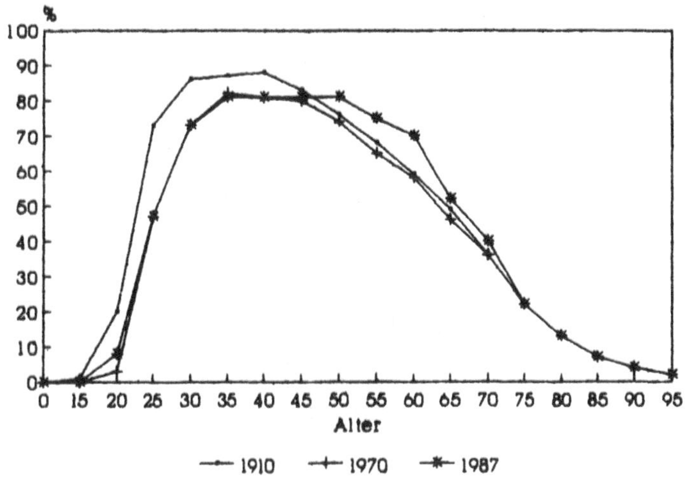

Abb. 4a: Veränderungen im Zeitraum von 1970 bis 1987

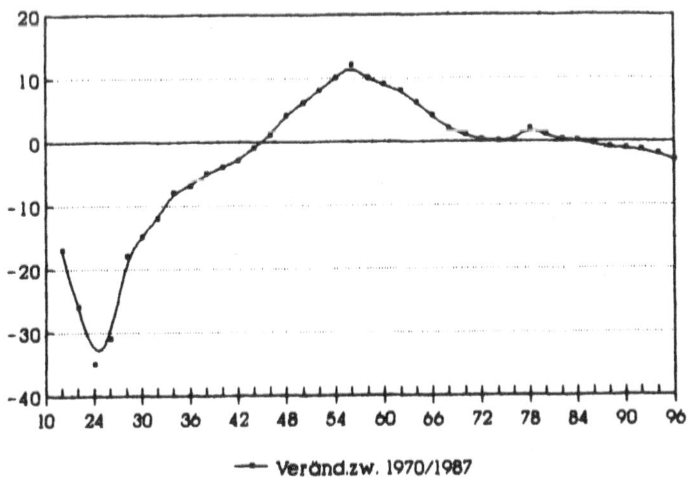

Abb. 5: Anteil verheirateter Männer 1910-1970-1987

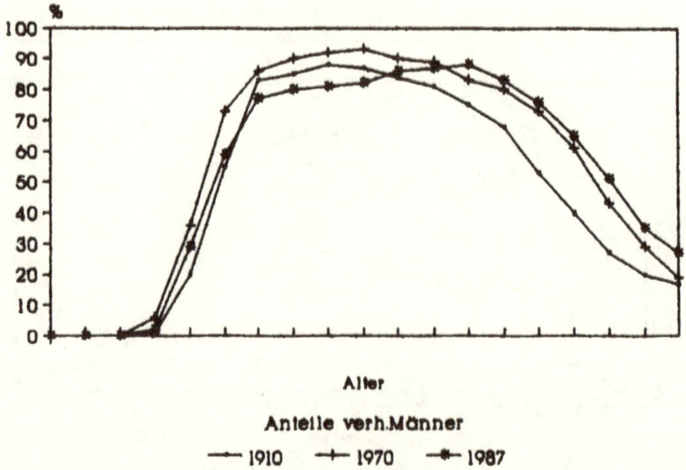

Abb. 5a: Veränderungen im Zeitraum von 1970 bis 1987

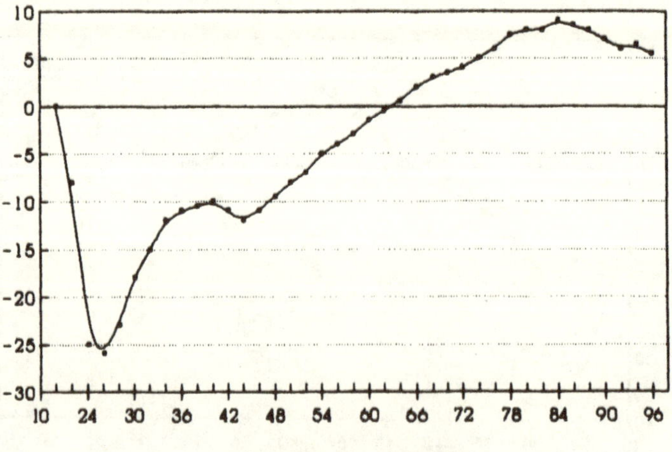

Die Abb. 4 und 5 ermöglichen einen Zeitvergleich; sie veranschaulichen zum einen, wieviel Prozent der Frauen und Männer der verschiedenen Altersjahrgänge zum Zeitpunkt der Volkszählungen von 1910, 1970 und 1987 verheiratet waren, und sie zeigen die Veränderungen zwischen den Jahren 1970 und 1987.

Bei den Männern ist der Verheiratetenanteil von 1910 bis 1970 in allen Jahrgängen stark angestiegen. Von 1970 bis 1987 haben sich die schon sehr hohen Verheiratetenanteile der über 65jährigen nochmals erhöht, am stärksten bei den über 80jährigen. So waren z.B. 1987 von den 85-86jährigen Männern noch rund 50% verheiratet gegenüber 43% bei den im Jahre 1970 85-86jährigen.

Stärker zurückgegangen sind die Verheiratetenanteile bei den Altersjahrgängen unter 65 Jahren; allerdings sind von den unter 30jährigen Männern im Jahre 1987 immer noch etwas soviele verheiratet wie im Jahre 1910. Bei den 30-55jährigen Männern haben veränderte Heriatsgewohnheiten dazu geführt, daß die Verheiratetenanteile z.T. deutlich unter denen des Jahres 1910 liegen.

Bei den Frauen zeigt sich ein etwas anderes Bild. Im Jahre 1987 waren von den 45-70jährigen Frauen deutlich mehr verheiratet als von den Frauen dieses Alters im Jahre 1970. Bei den 70-85jährigen liegen die Verheiratetenanteile geringfügig über den der Gleichaltrigen des Jahres 1970.

In den jüngeren Altersjahrgängen ist der Verheiratetenanteil von 1970-1987 zwar stark zurückgegangen - bei den 22-23jährigen Frauen z.B. um 35 Prozentpunkte von 61% auf 25%. Im Vergleich zu 1910 kann man dies jedoch als eine Normalisierung ansehen.

Die Konsequenzen dieser Entwicklungen für das informelle soziale Netz der älteren Menschen sind unterschiedlich für Frauen und Männer.

Bei den Frauen wächst in den nächsten 20 Jahren eine Gruppe in das Alter von 70 und mehr Jahren, von denen überdurchschnittlich viele noch verheiratet sind und sein werden. Wahrscheinlich wird im Jahre 1910 der Anteil Verheirateter unter den dann über 70jährigen Frauen höher sein als heute. Bei den Männern hingegen tritt eine Gruppe ins Rentenalter, die sehr viel weniger als die Kohorten vor ihr darauf hoffen kann, im Alter von der Ehefrau versorgt zu werden. Das Altenhilfeproblem wird in Zukunft verstärkt auch ein Problem für die Männer werden.

Die vermuteten Auswirkungen lassen sich auch an den Abb. 6 und 7 verdeutlichen, die zeigen, in welcher Haushaltsform ältere Männer und Frauen leben. Mit steigendem Alter sinkt der Anteil der Frauen, die in Ehepaarhaushalten leben, rasch ab, dementsprechend ist in den höheren Alterstufen der Anteil der in Einpersonenhaushalten und Heimen lebenden Frauen sehr hoch. Von den Männern leben viele bis ins hohe Alter in einem Ehepaarhaushalt und vergleichsweise wenig allein und in einem Heim.

Mit einiger Wahrscheinlichkeit wird in den nächsten 20 Jahren bei den älteren Frauen der Anteil derjenigen steigen, die in Ehepaarhaushalten leben. Bei den Männern hingegen ist eine starke Zunahme der Alleinstehenden zu erwarten und damit ein Anstieg der Nachfrage nach organisierter Versorgung.

Abb. 6: Frauen nach Alter und Haushaltsform (1982)

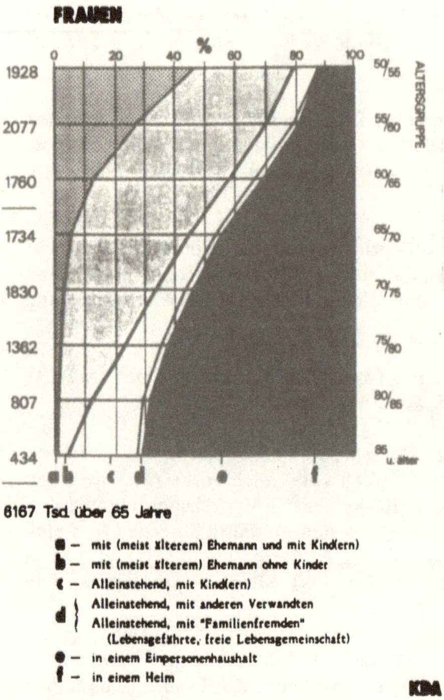

Abb. 7: Männer nach Alter und Haushaltsform (1982)

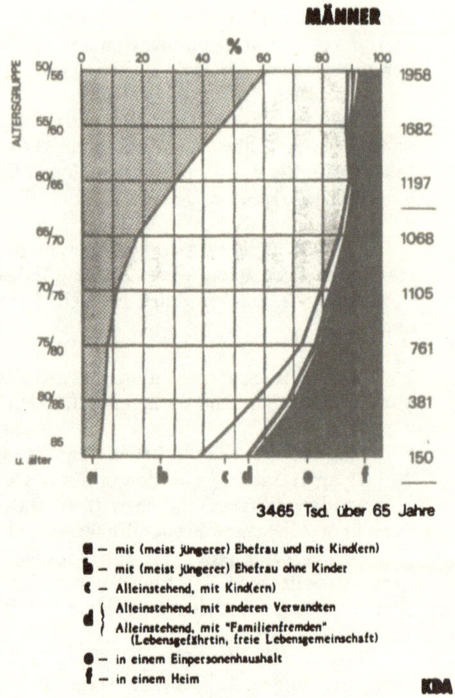

Literatur

Garms-Homolová, V. und Hütter, U. (1988) Siebzig- bis Neunzigjährige in der Großstadt. Differentielle Betrachtung ihrer Lebenssituation. Berlin: Freie Uniersität, Berichte der Arbeitsgruppe "Gesundheitsanalysen und soziale Konzepte", Nr. 1, vervielf.Manuskript, 222 S.

Garms-Homolová, V und Hütter, U. (1990) Das soziale Netz'Hochbetagter in der Großstadt. Berlin: Freie Universität, vervielf.Manuskript, 28 S.

Rückert, W. (1987) Demographische Grundlagen zur Altenhilfe-Planung In: Brandt, H.,Dennebaum, E.-M., Rückert, W.: Stationäre Altenhilfe, Freiburg, 59-97

Rückert, W. (1989) Die demographische Entwicklung und deren Auswirkungen auf Pflege-, Hilfs- und Versorgungsbedürftigkeit In: von Ferber, Ch./Radebold, H./Graf v.d. Schulenburg (Hrsg.) Die demographische Herausforderung, Gerlingen, 111-148

Anmerkungen:

1. Aktuellere Daten der Heimbewohner nach Alter, Geschlecht und Familienstand liegen nicht vor.

2. Eine 427 Personen umfassende geschichtete Stichprobe der zwischen 1887 und 1916 geborenen Deutschen in Berlin (West), die in Privatwohungen leben (Garms-Homolová & Hütter 1988, 1990).

3. Die Zahlen für 1987 wurden auf Basis der Volkszählungsergebnisse in Bayern berechnet, sie stimmen jedoch weitgehend überein mit den vorliegenden Werten aus einigen Bundesländern, so daß sie dem z.Zt. noch nicht bekannten Bundesdurchschnitt entsprechen dürfen.

Alfred Schmidt, Erich Standfest, Gerd Muhr

Kritik und Vorschläge zur Weiterentwicklung der Sozialversicherung und ihrer Strukturen.

Die sozialpolitischen Auseinandersetzungen des vergangenen Jahrzehnts drehten sich schwergewichtig um die ökonomische Tragbarkeit sozialer Sicherung. Nahezu alle Konzepte - ob aus dem wissenschaftlichen oder politischen Bereich -, die in die Diskussion eingebracht wurden, waren aus der Perspektive gegenwärtiger und künftig erwarteter Finanzierungsprobleme entwickelt worden. In diesem Zusammenhang wurden und werden wesentliche Strukturelemente der Sozialversicherung hinsichtlich ihrer weiteren Tragfähigkeit in Frage gestellt. Dies gilt gleichermaßen für die Finanzierungs- wie die Leistungsseite.

In Frage gestellt wird, ob der Lohnbezug der Beiträge auch künftig eine ergiebige Basis für den Finanzierungsaufwand darstellt, ob die erwartete Belastung von den Betroffenen akzeptiert wird. Kritisiert wird das Prinzip der Statussicherung bei weitgehendem Fehlen einer Grundsicherung, schließlich die Verknüpfung von abhängiger Erwerbstätigkeit und Sozialversicherung schlechthin. Bezweifelt wird die Anpassungsfähigkeit der Sozialversicherung an "neue" Problemlagen, z.B. Armut zu bekämpfen, die Integration pflegerischer Dienste zu bewältigen, die Versorgung und Rehabilitation chronisch Kranker wirksamer zu organisieren.

Der Diagnose entsprechend laufen die Vorschläge vielfach darauf hienaus, bestimmte Strukturprinzipien der Sozialversicherung abzuschaffen, im Extrem die Sozialversicherung zu ersetzen. Ungeachtet dieser grundsätzlichen Kritik hat der Gesetzgeber in den letzten Jahren Reformen in der Renten- und Krankenversicherung vollzogen, die diese Zweige der Sozialversicherung finanziell stabilisieren und gleichzeitig gegenüber neuen Problemen anpassungsfähig halten sollen. Im kürzlich verabschie-

tig gegenüber neuen Problemen anpassungsfähig halten sollen. Im kürzlich verabschiedeten Sozialpolitischen Programm des DGB versuchen die Gewerkschaften, Antworten auf die Probleme in der Sozialpolitik zu formulieren, die im wesentlichen in einer Weiterentwicklung, im Ausbau der Sozialversicherung gesehen werden. In diesem Beitrag sollen daraus einige wichtige Aspekte skizziert werden.

Die demographische Entwicklung und die Sozialversicherung

Allgemein thematisiert - um nicht zu sagen dramatisiert - wurde und wird die demographische Entwicklung im Zusammenhang mit der Finanzierung der Alterssicherung. Die besondere Dramaturgie einer bevorstehenden Kündigung des "Generationenvertrags" konnte durch das Herausstellen des demographischen Belastungsquotienten inszeniert werden. Dessen Verdopplung bis zum Jahr 2030 suggeriert die Notwendigkeit entweder einer Verdopplung der Abgaben oder einer Halbierung des Versorgungsniveaus. Nur mühsam konnte und kann gegenüber diesen demographischen Katastrophenszenarios sich eine ökonomische und politische Sicht durchsetzen: der Rückgang der Zahl der Personen im erwerbsfähigen Alter ist nicht gleichbedeutend mit einem Rückgang der Zahl der Erwerbstätigen , schon gar nicht mit dem Arbeitsvolumen oder der Produktivität. Unberücksichtigt blieben bei den demographischen Modellrechnungen im wesentlichen auch internationale Wanderungsprozesse sowie Aspekte europäischer Integration. Aus heutiger Sicht läßt sich vermuten, daß die demographische Entwicklung hinsichtlich der Finanzierung der Alterssicherung lediglich ein Problem der zunehmenden Zahl älterer Menschen sein wird, nicht jedoch ein Problem der rückläufigen Zahl von Personen im erwerbsfähigen Alter. Die Lösung dieses Problems liegt daher eher in der Beschäftigungs- und Arbeitsmarktpolitik sowie in Anpassungen im Rahmen des Verteilungskonflikts - wie im Rentenreformgesetz vollzogen - nicht aber bei einer gründlichen Umgestaltung des Alterssicherungssystems.

Es ist daher angebracht, das Augenmerk stärker von den Renten- auf die sozialen Probleme der demographischen Entwicklung zu lenken. Aus sozialpolitischer Sicht geht es vor allem um die bisher unzureichende soziale Sicherung Pflegebedürftiger, einschließlich der Defizite im Bereich sozialer Dienste.

Die Absicherung Pflegebedürftiger

Der Gesetzgeber hat mit dem "Gesundheitsreformgesetz" die Unterstützung häuslicher Pflege Schwerpflegebedürftiger zu einer Aufgabe der Krankenversicherung gemacht. Gleichzeitig wurde und wird aber immer wieder betont, daß mit diesem "Einstieg" nicht die ordnungspolitische Richtung einer Gesamtlösung vorgegeben sei. Ob diese Feststellung eher zur Beruhigung der Krankenkassen oder des Bundesarbeitsministeriums getroffen wurde, sei dahingestellt, den Betroffenen ist wenig damit geholfen. Aus dieser Sicht wäre es konsequent - nicht aus ordnungspolitischem Fanatismus heraus, sondern um der Effektivität Willen - auch den Bereich der pflegerischen

Leistungen in Pflegeheimen in die Zuständigkeit der Krankenversicherung zu bringen. Die notwendige Integration medizinischer und pflegerischer Leistungen könnte dadurch am ehesten gewährleistet werden. Das Gesetz verpflichtet die Krankenkassen ja nicht nur, ambulante Pflegeleistungen zu erbringen, sondern auch dazu, durch präventive und rehabilitative Leistungen dazu beizutragen, Pflegebedürftigkeit zu vermeiden oder zu mindern (§§ 11, 23 SGB V). Aufgrund bisheriger Erfahrungen haben wir Anlaß anzunehmen, daß die Motivation der Krankenkassen dazu nicht gestärkt wird, wenn die Möglichkeit besteht, durch "Verheimung" von Ausgaben entlastet zu werden. Es ist auch nicht zu sehen, daß im Rahmen der vorhandenen unterschiedlichen Zuständigkeiten und Finanzverantwortungen aus der Diskussion um die sog. "Fehlbelegung" von Akutkrankenhäusern sinnvolle versorgungspolitische Konsequenzen gezogen werden können. Die Abschiebung der "Fehllieger" in das Niemandsland der Unzuständigkeit oder auf die Sozialhilfe ist jedenfalls keine sinnvolle Konsequenz.

Da durch die Übernahme der Absicherung Pflegebedürftiger durch die Krankenkassen die öffentliche Hand (Sozialhilfe) nicht unerheblich entlastet würde, wäre es angemessen, der Krankenversicherung durch einen Bundeszuschuß einen Teil ihrer Ausgaben für Pflegebedürftige zu erstatten.

Einkommensarmut und Sozialversicherung

Die Sozialhilfe war in den achtziger Jahren der expansivste Zweig der sozialen Sicherung. Vor allem die Hilfe zum Lebensunterhalt verzeichnete erhebliche Zuwachsraten: die Empfängerzahl stieg zwischen 1980 und 1987 um 76,4 %, die Aufwendungen im selben Zeitraum um 136,7 % (In diesem Zeitraum stiegen die Leistungsausgaben der Gesetzlichen Krankenversicherung, die gewöhnlich als besonders expansiv gekennzeichnet werden, um vergleichsweise bescheidene 38,4%).

Mit dieser Expansion veränderte sich gleichzeitig die Struktur des Empfängerkreises, da der größte Teil des Zuwachses bei den Empfängern im Verlust des Arbeitsplatzes resultierte. Diese beiden Fakten - Expansion und Strukturverschiebung - rechtfertigen sehr wohl die Bezeichnung "neue Armut". Sie verweisen gleichzeitig auf Lücken in den Sozialversicherungssystemen (Renten- und Arbeitslosenversicherung), wenn man den bei uns eingebürgerten Grundsatz gelten läßt, daß die typischen Risiken durch Sozialversicherungs- (bzw. Versorgungs-)Systeme aufgefangen werden sollen. Für nicht begründet halten wir allerdings die Schlußfolgerung, die häufig daraus gezogen wird: die Strukturprinzipien der Sozialversicherung hätten diese Ergebnisse zwangsläufig zur Folge; notwendig sei daher die Ablösung des Statussicherungs- durch ein Grundsicherungskonzept.

Der Großteil des Problems scheint uns lösbar durch eine bessere Gestaltung der Strukturprinzipien, z.B. bei Dauer und Niveau des Arbeitslosengeldes, durch eine dauerhafte Regelung für die Rente nach Mindesteinkommen etc.. Ergänzend sollte allerdings eine staatlich finanzierte, bedarfsorientierte Mindestsicherung bei Arbeitslosigkeit hinzukommen. Bei der Alterssicherung schlagen wir vor, daß zu niedrige Renten auf die Sozialhilfe aufgestockt, und zwar als Auftragsgeschäft durch die Träger der Rentenversicherung ausbezahlt werden.

Massenarbeitslosigkeit und in Verbindung damit die prognostizierte, dauerhafte Erosion des Normalarbeitsverhältnisses gelten als wichtige Ursachen für die "Krise" der Strukturprinzipien der Sozialversicherung. Das "Normalarbeitsverhältnis" ist das arbeitsmarktliche Äquivalent eines ausreichenden Sozialversicherungsschutzes. Die zunehmende Auflösung des ersteren höhlt den sozialen Schutz aus. Als Konsequenz wird daher häufig gefordert, Arbeit und (Sozial-)Einkommen zu "entkoppeln". Wir halten diese Idee weder gesellschafts- noch sozialpolitisch für akzeptabel. Arbeits- und Sozialpolitik sind eine funktionale Einheit, sie können zwar durch rechtliche Normen "entkoppelt" werden, aber gesellschaftliche und ökonomische Zusammenhang bleibt bestehen. In dieser Sicht sind solche Konzepte resignativ, weil sie politische Einwirkungsmöglichkeiten auf den Arbeitsmarkt gering schätzen; sie sind naiv hinsichtlich ökonomischer Rückwirkungen und gefährlich hinsichtlich der Konsequenzen für die Gesellschaftsstruktur, weil Ausgrenzungen und Sichtungen zementiert werden[1]. Die Forderung nach Vollbeschäftigung und Sicherung des Normalarbeitsverhältnisses kann nicht durch sozialpolitische Konzepte ersetzt werden, die - auf dem Papier - davon unabhängig konstruiert werden. Notwendig ist allerdings, die Flexibilität innerhalb der Normalarbeitsverhältnisse durch sozialversicherungs- und arbeitsrechtliche Regelungen flankierend zu stützen (z.B. generelle Versicherungspflicht, Anerkennung fiktiver Zeiten, Kündigungsschutz).

Organisationsstruktur der Krankenversicherung

Die gesetzlichen Regelungen und die Gliederung in der sozialen Krankenversicherung führen in mehrfacher Weise zu unbefriedigenden Ergebnissen:

- Der solidarische Ausgleich ist begrenzt und gestört durch die Existenz einer Versicherungspflichtgrenze. Dies ermöglicht der Privaten Krankenversicherung eine Politik des "Rosinenpicken", d.h. des Abwerbens günstiger Versicherungsrisiken mit entsprechenden Nachteilen für die Gesetzliche Krankenversicherung. Aus unserer Sicht ist durch die Existenz der Versicherungspflichtgrenze das verfassungsrechtliche Prinzip der Belastungsgleichheit verletzt.
- Das Solidarprinzip ist aber auch innerhalb der sozialen Krankenversicherung erheblich gestört, da sich im gegliederten System die Risiken nicht gleichmäßig verteilen. Die Kombination von (jeweils begrenzten) Wahl- und Zuweisungsmöglichkeiten führt systematisch zu strukturellen Verwerfungen. Die Folge dieser ungleichen Risikoverteilung sind höchst unterschiedliche Beitragssätze, während die Leistungsansprüche für die Versicherten im wesentlichen gleich sind.
- Unhaltbar ist ferner die Ungleichbehandlung von Arbeitern und Angestellten hinsichtlich der Regelungen über die Kassenzugehörigkeit. Nach unserer Auffassung

verstoßen diese Regelungen (ungleiche Behandlung von Arbeitern und Angestellten, das Ausmaß der unterschiedlichen Beitragssätze) gegen das Grundgesetz.

- Der bestehende Finanzausgleich für die Krankenversicherung der Rentner hat zwar einen nivellierenden Effekt auf die Beitragssätze, er ist jedoch insofern unproduktiv, da er in bezug auf Wirtschaftlichkeit falsche ökonomische Anreize setzt.
- Schließlich muß noch erwähnt werden, daß das gegliederte System zu einer Kassenkonkurrenz führt, die in manchen Bereichen sozialpolitisch bedenklich ist, z.B. wenn das Konkurrenzdenken notwendige gemeinsame Aktivitäten in der Prävention behindert. Mit dem "Gesundheitsreformgesetz" hat der Gesetzgeber den Bereich gemeinsamer Aufgabenerfüllung durch die Krankenkassen erheblich erweitert. Es kann begründet vermutet werden, daß die Entscheidungsstrukturen im bestehenden gegliederten System dieser gemeinsamen Aufgabenerfüllung nicht förderlich sind.

Nach längeren Diskussionen hat der Gesetzgeber darauf verzichtet, mit dem "Gesundheitsreformgesetz" auch die Organisation der Krankenversicherung zu reformieren. Es ist allerdings allgemeine Auffassung, daß ein dringlicher Handlungsbedarf besteht, so daß vermutlich in der kommenden Legislaturperiode des Deutschen Bundestages mit entsprechenden Gesetzesinitiativen zu rechnen ist.

Wissenschaftlich ist dieses Thema mittlerweile ziemlich umfassend aufbereitet. Aus unserer Sicht kommt es darauf an, Lösungen zu finden, die ein Optimum der Ziele: Solidarausgleich, Bedarfsgerechtigkeit, Wirtschaftlichkeit, Freiheitlichkeit, Innovationsfreudigkeit und sozialpolitische Mitbestimmung anstreben. Wir plädieren für einen Risikoausgleich zwischen allen Kassen und Kassenarten, durch den neben den Grundlöhnen die unterschiedliche Verteilung der Versichertenstruktur (z.B. Alters- und Geschlechtsstruktur, Familienquote) auf der Basis standardisierter Ausgabenprofile ausgeglichen wird. Bei einem solchen Ausgleich verbleibt die Finanzverantwortung grundsätzlich bei den einzelnen Kassen, d.h. es gibt keinen Anreiz sich unwirtschaftlich zu verhalten. Im Gegenteil, unter den Bedingungen eines Risikoausgleichs wären die Beitragssätze eher Ausdruck wirtschaftlichen Verhaltens als unter den bisherigen Bedingungen, unter denen die Beitragssatzdifferenzen vor allem auch Ergebnis der unterschiedlichen Risikoverteilung sind.

Unter diesen Voraussetzungen der Chancengleichheit der Kassen ließe sich die generelle Freiheit der Kassenwahl auch für Arbeiter einführen, ohne daß dadurch die Existenz von Kassenarten gefährdet würde. Es kann also erwartet werden, daß dieser Risikoausgleich in Verbindung mit einer Versicherungspflicht aller (Haupt-)Beschäftigungsverhältnisse (unabhängig von der Einkommenshöhe) den solidarischen Ausgleich auf Dauer sichern könnte. Zu ähnlichen Einschätzungen kommt der Sachverständigenrat für die Konzertierte Aktion im Gesundheitswesen (vgl. Jahresgutachten 1989).

Mit den Konzepten des Risikoausgleichs und der allgemeinen Kassenwahlrechte ist allerdings noch keine erschöpfende Antwort auf die künftige Funktion der Krankenversicherung gegeben. Sie sind ordnungspolitisch neutral und lassen sowohl Orientierungen für die Krankenkassen zu, die zwischen den Polen eines marktförmigen Wettbewerbs und politischer Steuerung (im wesentlichen über Verhandlungssysteme und sozialpolitische Mitbestimmung) liegen. Je nach gewählter Option sind unterschiedliche rechtliche und organisatorische Rahmenbedingungen erforderlich. Zur marktwirtschaftlichen Orientierung müßten monopolistisch/oligopolistische Strukturen auf der Anbieterseite, die Verpflichtung zum gemeinsamen Handeln auf der Kassenseite gelockert, tendenziell aufgelöst werden. Im Falle marktlicher Steuerung regeln sich die Beziehungen der Kassen zu den Versicherten eher über individuelle ökonomische Anreize (z.B. Wahltarife), im Falle der politischen Steuerung eher über kollektive, gesundheitspolitisch motivierte Mitbestimmungsmöglichkeiten. Wir plädieren für die Option der politischen Steuerung, da wir glauben, daß das Ziel der Bedarfsgerechtigkeit dadurch am ehesten erreicht werden kann. Es müßte auch möglich sein, in einem künftigen pluralistischen System der Krankenversicherung (durch Wahlfreiheit würde die bisherige Gliederung nach z.B. betrieblichen und beruflichen Bezügen aufgelöst), das zur Ausformung neuer Kassenidentitäten herausfordert, begrenzte wettbewerbliche Elemente und effektivere Mitbestimmungsform so zu etablieren, daß innovative Kassenpolitik gefördert werden kann.

Sozialversicherungsstruktur und gesundheitspolitische Inhalte

Wenn wir vorschlagen, daß bei der anstehenden Organisationsreform der Krankenversicherung vor allem auch der Gesichtspunkt gesundheitspolitischer Aufgabenerfüllung berücksichtigt werden müßte, so gilt dies für die Struktur der Sozialversicherung insgesamt. Für den immer bedeutsamer werdenden Bereich der Therapie und Rehabilitation chronisch Kranker ist in jüngster Vergangenheit wieder deutlich gemacht worden, daß es einen gewichtigen "sozialbürokratischen Risikofaktor" gibt, d.h. die therapeutische Abschottung der Versorgungsbereiche wird in den negativen Wirkungen auf Kontinuität und Qualität der Bahandlung durch die unterschiedlichen Zuständigkeiten im Sozialversicherungssystem [2] noch verstärkt.

Das zentrale Problem dürfte sein, daß bei der Rehabilitation unterschiedliche Versorgungsbereiche zuständig sind (z.B. Akutkrankenhaus - Reha-Klinik - niedergelassener Arzt), obwohl das Problem der Abgrenzung zwischen Akut- und Rehabilitationsmedizin nicht lösbar ist. Dies führt zu einer Zerstückelung des Behandlungsverlaufs mit Uneinheitlichkeiten in Diagnose und Therapie. Verstärkt wird dies dadurch, daß in den jeweiligen Etappen der Behandlung unterschiedliche Kostenträger (Krankenversicherung - Rentenversicherung - Krankenversicherung) zuständig sind. Diese Verwerfungen gaben immer wieder Anlaß für Forderungen nach einer Neuordnung der Zuständigkeiten in Richtung eines einheitlichen Trägers. Uns erscheinen die Defizite aber zu komplex, als daß sie durch einen solchen Akt beseitigt werden könnten. Die inzwischen verbreitete Einsicht, daß sich z.B. Behandlung und Rehabilitation nicht trennen lassen, verbietet die Verwirklichung von Vorschlägen eines eigenständigen Reha-Trägers. Konsequent wäre unter dem Gesichtspunkt der Integration, die Rehabilitation den Krankenkassen zu übertragen. Dagegen lassen sich kaum systematisch-theoretische

Einwände vorbringen, wohl aber pragmatische Argumente: z.B. das bei den Rentenversicherungen aufgebaute Know-how und die Tatsache, daß die Rentenversicherungsträger den Sicherstellungsauftrag haben, d.h. über die Instrumente zur Leistungssteuerung verfügen.

Einen praktikablen Lösungsweg aus diesem mehrfachen Dilemma könnte man sich wie folgt vorstellen: Im Rahmen der Organisationsreform der Krankenversicherung erscheint es uns ohnehin nötig, das im "Gesundheitsreformgesetz" verstärkte " einheitliche und gemeinsame" Handeln der Krankenkassen durch gesetzlich verbindliche gemeinsame Gremien (z.B. in Form von Verbänden der Gesetzlichen Krankenversicherung mit vertikaler Gliederung und klar definierten Kompetenzen) auszuformen. Darüber hinaus wäre es notwendig, so strukturierte Gremien bzw. Arbeitsgemeinschaften aufgabenbezogen (hier: Rehabilitation, Versorgung chronisch Kranker) für die Sozialversicherung gesetzlich vorzuschreiben.

Rück- und Ausblick

Die Sozialpolitik, speziell die Sozialversicherung hat es in der letzten Dekade nicht leicht gehabt. Sie stand im Brennpunkt vielfältiger Kritik - das Spektrum reichte von Denunziation als "soziale Hängematte" bis hin zu mehr oder weniger fundierten Abhandlungen über die "Krise des Sozialstaats" - und sie war begehrtes Objekt finanziellen und wirtschafts- und gesellschaftspolitischen Krisenmanagements. Betrachtet man die heutige Situation, so drängt sich die Feststellung auf, daß die Sozialversicherung genauso wie sozialstaatliche Idee relativ unbeschädigt diese Phase überstanden haben. Mit dieser Bemerkung soll keinesfalls die Politik des Sozialabbaus rehabilitiert, sondern in erster Linie angemerkt werden, daß offensichtlich das Prinzip Sozialversicherung es ist, das der sozialen Sicherung Kontinuität und Verläßlichkeit gibt, auch gegenüber politischen Wendeabsichten. Dies ist ein wichtiger, wenn auch nicht der einzige Grund, dieses Prinzip und seine wichtigsten Strukturelemente auch für die Zukunft als Kern sozialpolitischen Handelns zu betrachten.

In unserem Beitrag haben wir versucht zu zeigen, daß die Sozialversicherung grundsätzlich flexibel genug ist, um Änderungen in den gesellschaftlichen Voraussetzungen sinnvoll verarbeiten zu können. Wir haben in der Sozialpolitik keinen Bedarf an großen Krisenszenarios und Alternativentwürfen, die lediglich die Sinne befriedigen. Wir haben aber für die nächsten Jahre einen großen Bedarf, Motivationen und Sachverstand zu fördern, um die Sozialversicherung für "neue" Probleme zu öffnen und den

Wandel ihrer Strukturen voranzutreiben und damit ein nicht ausgeschöpftes Lösungspotential zu mobilisieren.

Anmerkungen:

1. vgl. Baecker, G., Normalarbeitsverhältnis und soziale Sicherung, sowie: Praetorius, R., Abschied vom Versicherungsprinzip? In: Zeitschrift für Sozialreform 10/1988

2. vgl. Schmidt, A.(1989) Aufgaben eines Krankenversicherungssystems in der Rehabilitation, Gutachten für die Enquête-Kommission "Strukturreform der gesetzlichen Krankenversicherung" des Deutschen Bundestags, v. Ferber, Chr. (1987) Neuorganisation der Versorgungsstrukturen, in: Reha-Forum 1989; Badura, B. und Lehmann, H., Herzinfarktrehabilitation in der BRD: Sozialpolitische Rahmenbedingungen, Thesen und Empfehlungen, in: Badura, B. u.a.(1987), Leben mit dem Herzinfarkt, Eine sozialepidemiologische Studie, Springer, Heidelberg, Berlin

Eckart Pankoke

Ungleichheiten und Unterschiede
Grenzfragen sozialer Unterscheidung

I.

"*Sozialpolitik als Gesellschaftspolitik*": diese längst klassische Programmformel Hans Achingers[1] zielt darauf, sozialpolitische Programme und Projekte in ihren gesellschaftlichen Bedingungen und Wirkungen zu beobachten, zu beschreiben und zu beurteilen. Sozialwissenschaftliche Forschung versprach damit Klärung des Horizonts gesellschaftspolitischer Verantwortung. In der 'Deutschen Gesellschaft für Soziologie' führte dieser Anspruch zur Gründung einer Sektion "Sozialpolitik". Bei den vorbereitenden Verhandlungen auf dem Bielefelder Soziologentag 1976 stellte Christian von Ferber als erster Sektionssprecher die Frage nach der Verwendbarkeit von Soziologie und der Vermittelbarkeit zwischen sozialpolitischer Praxis und sozialwissenschaftlicher Forschung. Seine einleitenden Thesen zum Verhältnis von "*Soziologie und Sozialpolitik*"[2] formulierten das Erkenntnisziel einer auf die Praxis von Sozialpolitik ausgerichteten Sozialforschung:

"*Die Sozialpolitik <....> würde mit Hilfe der Soziologie eine ihr fehlende oder zumindest eine weitere theoretische Dimension gewinnen. Sozialpolitische Maßnahmen könnten, würden sie soziologisch fundiert, wirksamer eingesetzt werden.*"[3] Für soziologische Theoriebildung wurde dies zur Herausforderung, unter dem Erwartungsdruck sozialpolitischer "Wirkungsanalyse" die Beobachtung und Beurteilung gesellschaftlicher Prozesse theoretisch und methodisch abzuklären.

Gerade im Praxisfeld sozialstaatlicher Intervention kam es darauf an, die Komplexität und Dynamik von gesellschaftspolitischer Gestaltung, Steuerung und Verantwortung differenzierter und reflektierter zu fassen, als die älteren Unterscheidungen von "Staat und Gesellschaft" oder "Kapital und Arbeit" es nahelegten. Die soziale Gestalt gesellschaftlicher Wirklichkeit war nun zu rekonstruieren als Auswirkung sozialpolitischer Entscheidung, Gestaltung und Bewertung. Neuere Suchformeln wie "*Moralökonomie*"[4] oder "*Wohlfahrtskultur*"[5] signalisieren den sozialwissenschaftlichen Anspruch, die Wirksamkeit von Erwartungen und Bewertungen, Entscheidungen und Unterscheidungen bewußt zu machen. So waren Begriffe zu rechtfertigen über den durch sie programmierten Zugriff auf Praxis, so waren grenzsetzende Unterscheidungen zu verantworten mit Blick auf die damit gesetzten Unterschiede und Ungleichheiten. Dies gilt für die in der industriellen Moderne durchsetzten Systemtrennungen von "Arbeit" und "Armut", "Gesundheit" und "Krankheit", aber auch für die dabei wirksame Wertladung von Unterscheidungen nach "Handlungsfähigkeit" und "Hilfebedürftigkeit", Selbstständigkeit" und "Abhängigkeit".

Die durch Steuerungsmedien wie Geld, Recht oder Macht installierten und auch kontrollierten Systemgrenzen lassen sich jedoch nur noch bedingt über scheinbare "Naturschranken" (wie die Unterscheidungen des Lebenszyklus von "Jugendlichen". "Erwachsene" und "Alten", wie die an vorgeblichen biologischen Unterschieden festgemachten Frauen- und Männerrollen oder wie über medizinische Indikationen gesteuerte Abtrennungen zwischen "Gesunden" und "Kranken") "natural" vorgeben. Deutlich wird, daß solche "Naturschranken" jeweils erst als geschichtliches Ergebnis gesellschaftlicher Definitionsprozesse wirksam wurden. Dies demonstrierten die individuellen Versuche und Zwänge, die lange als "Natur" hingenommenen "Grenzen" durch Migration, Mobilität oder neue Flexibilität zu korrigieren.

In klassischer Analyse arbeitsgesellschaftlicher Systembildung war die Logik und Dynamik kapitalistischen Wachstums auf die Formel gebracht, daß die scheinbaren "*Naturschranken der Arbeiterbevölkerung*" im Modernisierungsprozeß "*wegräumbar*" wurden.[6] Damit erst wurden die den Lebenszyklus bestimmenden naturalen Koordinaten wie Lebensalter, Geschlecht oder Gesundheitszustand über die Funktionen der arbeitsgesellschaftlichen Verwertbarkeit kalkulierbar und manipulierbar. Die historische Betrachtung kann dazu deutlich machen, wie solche Grenzen sich verschoben. Dies gilt für die Eingrenzung von Gesundheit nach der Erwartbarkeit unterschiedlich verwertbarer Arbeitskraft - wie auch umgekehrt für die Abgrenzungen von Arbeitsplätzen nach wechselnden Kriterien der Gefährlichkeit, Belastbarkeit und Zumutbarkeit.

Wie sehr im Zuge arbeitsgesellschaftlicher Modernisierung die "*Naturschranken*" in Bewegung blieben, zeigt der Rückblick auf die arbeits- und sozialpolitische Regulierung von lebens- und familienzyklischen Schwellen wie Berufseintritt, Mutterschaft oder Rentenalter.[7] So wurde im Zuge industrieller Modernisierung die Einteilung des Lebens in ökonomisch aktive und ökonomisch entlastende Phasen zum Regelungsbedarf sozialer Kontrolle und sozialer Sicherung.

Zugleich aber entwickelte sich der Anspruch auf "soziale Sicherheit" als Menschenrecht. Dieses programmatisch in der Atlantik-Charta von 1941 formulierte Recht auf "*Freiheit von Angst und Not*" fand Eingang in die Erklärung der Menschenrechte der Vereinten Nationen von 1948. Hier wurde neben dem "*Recht auf Arbeit*" (§23) auch das Grundrecht der "*Sozialen Sicherheit*" formuliert als der Anspruch jedes Menschen darauf, "*in den Genuß der für seine Würde und seine Persönlichkeit unentbehrlichen wirtschaftlichen, sozialen und kulturellen Rechte zu gelangen.*" (§22). Dies bestätigte die wohlfahrtsstaatliche Politik der Inklusion, aller Menschen, - bewußt auch jenen, die "außerhalb" der Normalitätsgrenzen des modernen Arbeitslebens standen, - gesellschaftliche Teilnahme und Teilhabe zu garantieren.

Im praktischen Interesse einer sozialwissenschaftlichen Klärung der Gliederungen und Grenzen des Lebens[8] wird eine gesellschaftstheoretische Beurteilung der systembildenden Wirkung von Grenzen und Unterscheidungen[9] bewußt machen können, daß die Grenzen und Gliederungen des Lebens sich nicht konstituierten als das Ergebnis naturaler Konstanten sondern als Produkt gesellschaftlicher Organisation. Entsprechend reflektieren wir die gesellschaftliche Funktion sozialpolitischer Intervention und Regulierung in gesellschaftstheoretischer Perspektive, so können wir soziale Politik und soziale Arbeit beschreiben und bewerten als Grenzkontrolle gesellschaftlicher Systembildung. Die zur herrschenden gesellschaftlichen Modernität passend gemachte soziale Normalität wird in ihren Grenzen kontrollierbar durch das Abarbeiten von Abweichungen, durch den Ausgleich von Ungleichheiten und den Abgleich von Verschiedenheiten.

II.

Das gesellschaftstheoretische Interesse an der Sozialwirksamkeit wechselnder Systemgrenzen läßt sich verdeutlichen im gesellschaftsgeschichtlichen Rückblick auf kritische Schwellen des Aufbruchs, Ausbaus oder auch des Umbruchs der industriellen Moderne. Systemwandel wird hier jeweils markierbar über die Durchsetzung, Aufhebung oder Umwertung der systembildenden Unterscheidungen.[10]

a) Die Moralisierung der Arbeit: Im Aufbruch der industriellen Moderne wurde der von Max Weber beschriebene Wirkungszusammenhang von "*protestantischer Ethik und Geist des Kapitalismus*" programmiert über eine geschichtswirksame Umwertung der klassischen Grenzen von "*unfreier Arbeit*" und "*herrschaftlicher Freiheit*". In der reformatorischen Bekenntnisschrift "*Von den Guten Werken*" (1520) forderte Martin Luther die Aufhebung der ständischen Abgrenzung zwischen den "*guten*" Werken geistlichen Lebens und der verachteten Mühe weltlicher Arbeit. Luther setzte theologische Koordinaten, in denen nun auch weltliche Arbeit - wenn sie gut und gern geleistet wurde - Gottgefälligkeit und Gesellschaftsfähigkeit begründen durfte.

b) Die Ökonomisierung der Muße: Erst die Aufhebung des Unterschieds zwischen geistlichen Werken und weltlicher Arbeit schärfte den Blick für Unterschiede und Ungleicheiten in der Welt der Arbeit. Arbeit war nun zu messen an ihrem Ertrag und die Aufwertung der produktiven Arbeit verband sie bald mit einer Abwertung all jener Tätigkeiten, die ihren ökonomischen Wert nicht als Lohn und Ertrag ausweisen konnten. Die von Luther aus theologischem Interesse begründete Aufwertung der Arbeit wurde zum Kriterium gesellschaftlicher Unterscheidung, wobei die moralische Dichotomie "faul" oder "fleißig" ins Ökonomische verschoben wurde. Diesen Übergang markiert die spätreformatorische Kampfansage gegen den "*Faulteufel*"[11], welche die "*Faulheit*" verteufelte und zugleich dem Armen, der sich nicht durch wertschaffende Arbeit ausweisen konnte, die Gesellschaftsfähigkeit absprach.

Deutlicher wird die Wende von moralischer Achtung bzw. Ächtung zu ökonomischer Schichtung bei Christian Wolff, der zugleich auch in der von Arbeit freien Zeit einen radikalen Schnitt legte zwischen der als der nach getaner Arbeit verdienten "Muße" und dem "Müßiggang" als dem sich schaffender Arbeit entziehenden Leerlauf, der als "aller Laster Anfang" sittlich verworfen wurde. Die Schichtung der Gesellschaft nach der abstufbaren Chance, von eigener Arbeit leben zu können, setzte zugleich den Rahmen, aus dem ökonomischen Erfolg eines Menschen auf seinen moralischen Wert schließen zu können.

c) Klassenbewußtsein der Entfremdung: Die im Aufbruch der industriellen Moderne durchgesetzte Schichtung sozialer Ungleichheit nach dem wirtschaftlichen Wert der geleisteten Arbeit trieb mit der Dynamik des industriegesellschaftlichen Ausbaus in fundamentale Krisen. Das Spektrum einer immer radikaleren Kritik ließe sich markieren über die gegenbildliche Radikalität eines Karl Marx und eines Friedrich Nietzsche.

Auf kritischer Schwelle der industriellen Revolution wurde im "*Manifest der Kommunistischen Partei*" (1848) die Situation beschworen, in der das Klassenbewußtsein sozialer Ungleichheit zum revolutionären Potential werden mußte.

Mit der Durchsetzung des industriellen Prinzips der Vermarktung und Verwertung menschlicher Arbeit hatte für Marx die "*Bourgeoisie in der Geschichte eine höchst revolutionäre Rolle gespielt*", ständische Unterschiede in ökonomisch verrechenbare und damit vergleichbare Ungleichheiten zu überführen. Nach der industriellen Erosion ständischer Unterschiede sei "*kein anderes Band zwischen Mensch und Mensch übriggelassen, als das nackte Interesse, als die gefühllose 'bare Zahlung'. <...> Alles Ständische und Stehende verdampft, alles Heilige wird entweiht, und die Menschen sind endlich gezwungen, ihre Lebenstellung, ihre gegenseitigen Beziehungen mit nüchternen Augen anzusehen.*"[12]

Mit der Aufrechenbarkeit von Ausbeutung und Ungleichheit wollte Karl Marx beim Proletarier das "*kritische Bewußtsein*" schärfen, daß die auf fremde Verwertung ihrer Arbeitskraft angewiesene "*Klasse*" industrieller Arbeit in eine immer totalere "*Entfremdung*" getrieben werde, "*in der Arbeit außer sich zu sein*". "*Der Mensch, der nichts mehr ist als Arbeiter,*" aber, der seine Arbeitskraft nicht existenztragend vermarkten konnte, fiel aus dem System ökonomischer Vergesellschaftung heraus und konnte allenfalls "*außerhalb dieses Arbeitsverhältnisses*" als "*Fall*" fürsorglicher Versorgung oder auch als "*Gespenst*" sozialer Ausgrenzung und Entsorgung sein Leben fristen:

"Sobald es also dem Kapital einfällt, <...> nicht mehr für den Arbeiter dazusein, ist er selbst nicht mehr für sich, er hat keine Arbeit, darum auch keinen Lohn, und da er nicht als Mensch, sondern als Arbeiter Dasein hat, so kann er sich begraben lassen. <...> Das Dasein des Kapitals ist sein Dasein, sein Leben, wie es den Inhalt seines Lebens auf eine ihm gleichgültige Weise bestimmt."[13]

Die Ausgrenzung der Arbeitslosen, der "*Arbeitsmenschen außerhalb des Arbeitsverhältnisses*" erkennt Marx in der neuen Problemgruppe subproletarischer Verelendung, von denen die liberale Ökonomie jener Zeit abstrahieren mußte: "*Die Nationalökonomie kennt daher nicht den unbeschäftigten Arbeiter, den Arbeitsmenschen, so weit er sich außer diesem Arbeitsverhältnis befindet. Die Spitzbuben, Gauner, Bettler, der Unbeschäftigte, der Elende, der verhungernde und verbrecherische Arbeitsmensch sind Gestalten, die nicht für sie, sondern nur für andere Augen, für die des Arztes, des Richters, des Totengräbers und Bettelvogts existieren. Gespenster außerhalb ihres Reiches.*"[14]

d) Das Glück im Handeln: Auch Friedrich Nietzsche ging es und die Radikalisierung qualitativer Unterschiede. Seine Vision zielte eine von Arbeit befreite Aktivität und Kreativität, wie sie den zur Arbeit gezwungenen Klassen strukturell verweigert schien. So bestimmt sich für Nietzsche der jenseits der industriellen Moderne geforderte "*neue Mensch*" dadurch, daß dieser dazu fähig werden könnte, in der Aktivität tätigen Lebens sein Glück zu finden: Für Nietzsche machte es allerdings den gesellschaftlich entscheidenen Unterschied, daß sich erst jenseits der Zwänge abhängiger Arbeit das "*Glück des Handelns*" eröffnete. Während die Industriemoral nach Nietzsche beim Menschen Apathie, Lethargie und Passivität erzeugen mußte, die sich dann auch in der von Arbeit freien Zeit in Leere und Langeweile fortsetzten müsse, könnte sich in bewußter Distanz zur Arbeit ein neuer Typus aktiven Lebens entwickeln, also "*volle, mit Kraft überladene, folglich notwendig aktive Menschen, - das Tätigsein wird bei ihnen mit Notwendigkeit ins Glück hineingerechnet*".[15]

Diese Suche nach qualitativen Unterschieden zwischen entfremdender Arbeit und einer aktiven und produktiven Muße war auch das Motiv des im Todesjahr von Karl Marx von seinem Schwiegersohn Paul Lafargue veröffentlichten Streitschrift "*Vom Recht auf Faulheit*".[16]

e) "Aktive Gesellschaft" im Wohlfahrtsstaat: Die hier nur stichworthaft vorgestellten klassischen Positionen von Luther, Marx oder Nietzsche machten zugleich deutlich, daß es neben quantitativ verrechenbarer und im Sinne sozialer Gerechtigkeit auch als Unrecht kritisierbarer Ungleicheit immer auch qualitativ zu bewertende Unterschiede gibt, die sich danach bestimmen lassen, welche gesellschaftlichen Lagen die Freiheit des Handelns gewähren - und welche Lagen es dem Menschen verweigern, "*das Tätigsein ins Glück hineinzurechnen*".

Die soziale Unterscheidung nach gesteigerter oder verweigerter Aktivität bezog sich in der Arbeitsgesellschaft primär auf die Handlungsfreiheit und Selbstverantwortlichkeit in der Welt der Arbeit. Das Forschungsprogramm "*Humanisierung der Arbeitswelt*" hat dazu die unterscheidenden Kriterien und Koordinaten herausarbeiten können. Die Kriterien einer "aktiven Gesellschaft" gelten jedoch nicht nur für die Organisationsstrukturen von "Arbeitsgesellschaft", sondern auch für die Interventionsfelder von "Wohlfahrtsstaat": In der Dienstleistungsgesellschaft können wir die entscheidenden und unterscheidenen gesellschaftlichen Rollen jedoch nicht allein über die Produzentenrolle definieren: In der Angewiesenheit modernen Lebens auf fremde Sorge und fremde Hilfe, sind auch die scheinbar "passiven" Rollen des Patienten oder des Klienten, oder allgemein des Leistungsadressaten sozialstaatlich angebotener Sozialgüter danach zu bewerten, inwieweit sie sozialen Raum öffnen, um in der Selbsterfahrung eigenen Handelns Selbstbewußtsein und Selbstverantwortung zu "verwirklichen".

III.

Der moderne Wohlfahrtsstaat suchte die Modernität und Normalität arbeitsgesellschaftlicher Produktionsverhältnisse zu stabilisieren durch eine soziale Politik der Inklusion, also der flächendeckenden Ausweitung der Teilhabe an sozialen Errungenschaften und am gesellschaftlichen Reichtum.

Richtungsweisend für einen Perspektivenwechsel im sozialstaatlichen Spannungsfeld von versicherungsmäßig regulierter Vorsorge und einer demgegenüber diskriminierten Fürsorge wurde in der Bundesrepublik die Rentenreform von 1957, die zwar einerseits das Äquivalenzprinzip einer je individuell zurechenbaren Relation zwischen Beitragsleistung und Leistungsanspruch fortschrieb und damit das Versorgungsniveau im Alter an das Arbeitsleben rückband, dennoch aber das Versicherungsprinzip durch ein Umlageprinzip ersetzte und damit - wenn auch mit unterschiedlichem Anteil - die alten Menschen am wachsenden Wohlstand teilhaben ließ. Zumindest war so die Grenze zwischen dem Erwerbsleben und dem nicht mehr arbeitsberechtigten und arbeitsfähigen Ruhestand ökonomisch entschärft. Folgerichtig stellte sich die Frage, ob auch bei anderen Gründen der Nicht-Arbeit die ökonomische Ungleichheit zu Arbeitenden ausgeglichen wird. Auch bei Ausschließung von den Erwerbsschancen der Arbeitsgesellschaft bleibt damit die gleiche Teilhabe (Inklusion) am Wohlstand der Konsum- und Dienstleistungsgesellschaft als Anspruch anerkannt.

Damit verlagerte sich die Funktion der sozialen Sicherung von der Absicherung gesellschaftlicher Unterschiede zur ausgleichenden Umverteilung gesellschaftlichen Wohlstands. Auf diesen gesellschaftspolitisch entscheidenden Perspektiven- und Führungswechsel einer "Sozialpolitik in der Wohlsstandsgesellschaft" von einem die Unterschiede des Erwerbslebens fort- und festschreibenden Leistungs- oder Äquivalenzprinzip der sozialen Sicherung (als Gegenleistung für Vorleistungen) zu einem von solchen Unterscheidungen abkoppelnden Bedarfs- oder auch Finalprinzip, das nicht an

Anwartschaften, sondern an Bedürftigkeiten und Bedürfnissen orientiert ist, hat gerade Christian von Ferber immer wieder aufmerksam gemacht:

"Der Übergang zum Finalprinzip bedeutet einen prinzipiellen Wandel in der Kategorisierung sozialpolitischer Zielgruppen. Er verändert und vermehrt die Kriterien der Auswahl sozialpolitischer Aktivitäten. (...) Denn unter dem Finalprinzip beantworten sich die Fragen nach der 'Wirksamkeit der Sozialleistungen' nicht länger mit der ordnungsgemäßen Erfüllung der Rechtsansprüche oder der rechnerischen Entlastung in der kameralistischen Buchführung, sondern das Finalprinzip fordert den Nachweis, daß ein sozialpolitisch angestrebter Zustand für die Zielgruppen mit dem erforderlichen Aufwand nicht erreicht wurde. (...) Die im Bedarfsprinzip angelegte Verpflichtung der Sozialleistungsträger, die Effektivität der Sozialleistungen im Bedürfnishorizont der Empfänger zu ermitteln sowie die damit der Sozialkritik geöffnete Einstiegsstelle geben der Sozialpolitik eine starke Dynamik."[17]

Damit wird über Gleichheit und Ungleichheit nicht entschieden im marktlogischen Spiel der wirtschaftlichen Chancen und Interessen, sondern nach den für die Definition sozialpolitischer Bedarfsnormen wirksamen Unterscheidungen.

"Der Entstehung von 'Bedarfsnormen' liegt ein politisch kontrollierter und gesteuerter Prozeß der Durchsetzung von Gruppeninteressen zugrunde."[18] Aber es gibt auch die "*vergessenen*" Gruppen.[19] Ungleichheit erscheint so auch als Folge der unterschiedlichen Beteiligungs-, Berücksichtigungs- und Durchsetzungschancen im sozialpolitischen Verteilungskampf. "*Es gehört daher zu den in der Sozialpolitik anstehenden, in der sozialpolitischen Diskussion immer wieder neu aktualisierten sozialen Konflikten, in welcher Weise und in welchem Umfang das Bedarfsprinzip für den Einstieg anderer als der bisher privilegierten Gruppen geöffnet werden kann (z.B. für die Hausfrauen, die Behinderten, die psychisch Kranken, die Sozialisationsbedürfnisse von Kindern, für Gastarbeiterfamilien, arbeitslose Jugendliche usf.)*"[20]

Gesellschaftspolitische Grenzfragen neuer Art ergeben sich auch beim Einräumen und Abgrenzen von Ansprüchen auf Sozialgüter. So entstehen "*sozialpolitische Verteilungsprobleme mit der entgeltlichen Abgabe von Sozialgütern, deren Aneignung allgemein oder für bestimmte Personenkreise das Budget der Privathaushalte übersteigt, <sowie> mit der Anerkennung von Lebenschancen als Sozialgüter, d.h mit der Verbürgung, daß Versorgungsstandards für bestimmte Personenkreise und für spezifische Lebenssituationen garantiert sein sollen, unabhängig von ihren sozioökonomischen oder familiären Status und unabhängig von ihrer Zustimmung im einzelnen.*"[21]

Im Bewußtsein der verteilungspolitischen Wirkungen von Sozialpolitik gewinnen qualitative Aspekte an Interesse, wonach Sozialpolitik sich auch als Gestaltung von Lebensweisen zu verantworten habe:

"An die Stelle des Problems der individuellen Einkommenssicherung und Einkommensverteilung - das im Vordergrund der Sozialpolitik in der Rekonstruktionsperiode der Bundesrepublik stand - ist das Problem der politischen Gestaltbarkeit der gesellschaftlichen Lebensverhältnisse ins Zentrum des sozialpolitischen Interesses getreten. Die Problemformel 'Lebensqualität' brachte den Einstellungswandel - die Abkehr von einer bloß an ökonomischen Größenordnungen orientierten Einkommenssicherungspolitik zugunsten des Anspruchs auf politische Gestaltung der menschlichen Lebensverhältnisse, auf geplante und gezielte Beeinflussung der Qualität defizitärer Lebenslagen - auf einen nahezu allgemein akzeptierten Begriff."[22]

IV.

Im Sinne einer soziologischen Aufklärung sozialer Ungleichheit[23] interessieren neben einer Bestandsaufnahme der Verteilung gesellschaftlicher Chancen auch die Bedingungen und Wirkungen jener Prozesse, in denen soziale Ungleichheit konstituiert und kontrolliert, thematisiert und problematisiert, reguliert oder revolutioniert wird. Das heißt, es interessieren die Grenzfragen des Unterscheidens: die Abgrenzungen und Ausgrenzungen, aber auch die Einebnungen und Abschmelzungen gesellschaftlicher Grenzen und sozialpolitischer Fronten.

Die durch sozialpolitische Grenzkorrekturen im Bezug auf die Produktionsverhältnisse hergestellten Vergleichbarkeiten und Gleichheiten der materiellen Lebenslagen sind zu beziehen auch auf die kulturellen Unterschiede der Lebensweise, insbesondere im sensiblen Feld sozialen Kommunikationsverhaltens und gesellschaftlicher Kommunikationsverhältnisse. Oft sind es gerade die *"feinen Unterschiede"*[24] des Lebensstils, deren kulturelle Gewalt den sozialpolitisch intendierten Ausgleich der Lebenschancen durchkreuzen kann. Die Inklusion in die Wohlstandsgesellschaft allein verspricht noch nicht Partizipation an den Reflexmöglichkeiten kultureller Kommunikation. Damit kann Gesellschaftspolitik sich nicht auf die sozialpolitische Verteilung materieller Teilhabechancen beschränken, sondern muß sich ausweiten auf Policy-Felder einer aktiven Kultur-, Bildungs- und Kommunikationspolitik.

Im Zuge der öffentlichen Diskussion von Unterscheidungskriterien der "Lebensqualität" entwickelten sich gesellschaftpolitische Programme einer gesellschaftlichen Demokratisierung. Dabei ging es nicht nur um die Gewährung von Teilhabe und die Austeilung sozialer Leistungen und Dienste sondern immer auch um den Anspruch auf aktive Partizipation.

Schließlich wird im Sinne der politischen Kultur einer "aktiven Gesellschaft" und eines wohlfahrtsstaatlichen Verständnisses von "*Kulturpolitik als Gesellschaftspolitik*"[25] die Offenheit moderner Gesellschaften bewertet nach der Lebendigkeit ihrer Kommunikationsverhältnisse. Das wohlfahrtsstaatliche Prinzip der gesellschaftlichen Inklusion verbindet sich so mit dem kommunikationsgesellschaftlichen Anspruch auf aktive Öffentlichkeit und kulturelle Reflexion.

V.

Die entscheidene Bedeutung gesellschaftspolitisch gesetzter Normalitätsstandards und Grenzkontrollen verdeutlichte der "*Systemvergleich*" zwischen der Bundesrepublik und der DDR, wie ihn Christian von Ferber und Detlev Zöller 1974 für das Policy-Feld der Sozialpolitik durchführte.[26] Deutlich wurde hier, daß zwischen den typischen Lebenslagen beider "Systeme" nicht nur monetär meßbare Ungleichheiten - etwa in der Einkommensverteilung oder in der Zuteilung sog. Sozialgüter herauszuarbeiten waren, sondern auch die jeweils unterschiedlichen Wirkungen von Sozialpolitik als 'Gestaltung von Lebensweisen'. So wird sich der jeweils entscheidene gesellschaftspolitische Stellenwert gesellschaftlicher Arbeit in beiden Gesellschaften letztlich darauf zurückführen lassen, daß die systembildenden "Grenzen der Arbeit" unterschiedlich gesetzt waren. Besonders deutlich wird dies - gleich zum Auftakt der Untersuchung - am prinzipiellen Unterschied einer moralischen Ökonomie der gesellschaftlichen Arbeit.[27] Dem in der Verfassung der DDR verankerten "Recht auf Arbeit" steht die im Artikel 12 des Grundgesetztes grundrechtlich verankerte "Freiheit der Arbeit" entgegen: "Alle Deutschen haben das Recht, Beruf, Arbeitsplatz und Ausbildungsstätte frei zu wählen."

Beide Grundsätze programmierten entscheidende Grenzen, Trennlinien und Konfliktfronten der sozialpolitischen Systembildung:

Das "Recht auf Arbeit" war soziologisch zu beschreiben als programmatische Prämisse einer gesellschaftlichen Systembildung, mit welcher die "Grenzen der Arbeit" durch Vergesellschaftung der Arbeitswelt unter Kontrolle kommen sollten. Damit sollten die durch Angebot und Nachfrage auf dem Arbeitsmarkt diktierten Ungleichheiten, aber auch die Unterschiede von abhängiger Arbeit und arbeitsloser Armut getilgt werden.

Zugleich aber entfiel das motivierende Element der Chance, sich durch den Lohn von Leistung persönlich zu bestätigen und gesellschaftlich zu unterscheiden. Die gesellschaftliche Folge des "Rechts auf Arbeit" war das Abschleifen der Möglichkeiten sozialer Unterscheidung und gesellschaftlicher Differenzierung,-etwa durch Einschränkung des subjektiven Freiheitsrechts der freien Berufswahl und des eigenen Berufsweges - damit gewiß aber auch der Risiken arbeitsmarktlicher Eigendynamik. So folgte aus dem "Recht auf Arbeit" die gesellschaftliche Pflicht, alle subjektiven Motivationen und Aspirationen eines eigenen Weges den "*gesellschaftlichen Erfordernissen*" unterzuordnen: "*Durch sozialistische Erziehung und Bildung, durch ökonomische Hebel und moralische Stimuli, durch Schaffung und Gestaltung von Arbeitsplätzen und die Verbesserung von Arbeits- und Lebensbedingungen nehmen Staat und Gesellschaft darauf Einfluß, daß die Bürger ihre ehrenvolle Pflicht erfüllen."*[28]

In den so durch die unterschiedlichen gesellschaftlichen Paradigmen einer "Freiheit des Berufs" und eines "Rechts auf Arbeit" unterschiedlich gesetzten Grenzen der Arbeit manifestierte sich im *"Systemvergleich"* von 1974 ein grundsätzlicher Unterschied zwischen beiden "Gesellschaften": Deutlich wurde dies in den unterschiedlichen Möglichkeiten der staatlichen Einflußnahme auf die Nachfrage nach Arbeitskräften. In der Bundesrepublik erschien die Allokation von Arbeitskräften nach Marktmechanismen regulierbar. Entsprechend schien staatliche Einflußnahme allenfalls auf indirektem Weg möglich, indem für die autonomen Entscheidungen der Nachfrager und der Anbieter der Rahmen gesetzt wurde.

Heute - im Bewußtsein der "Grenzen des Wachstums" - wird diese Konstellation anders zu beurteilen sein: In der DDR führte die Verweigerung beruflicher Eigenverantwortung und betrieblicher Selbststeuerung zwar einer offiziellen Neutralisierung sozialer Ungleichheit. Doch zugleich wurde die damit durchgedrückte Immobilität und Unterkomplexität als "Unfreiheit" empfunden, was zu Motivationsverlusten und Legitimitätsverfall führte - und schließlich mit dem Aufbrechen der territorialen Grenzen auch die scharf kontrollierten Systemgrenzen "volkseigener" Arbeit außer Kraft setzten.

In der Bundesrepublik wurden die 1970er Jahre erfahren als kritische Phase eines erschreckten Erwachens aus dem *"kurzen Traum der Vollbeschäftigung"*[29] Problemformeln wie "soziale Schließung", "Gesellschaftsspaltung" oder "Zweidrittelgesellschaft" signalisierten, daß soziale Ungleichheit sich nicht nur über die in Tarifverhandlungen ausgehandelte und in Arbeitsmärkten bestätigten Verrechnungen von Arbeitslohn und Arbeitsleistung regulierte, sondern die Front der Lohnkonflikte durch eine sich verschärfende gesellschaftliche Systemspannung überlagert wurde: zwischen dem harten Kern arbeitsgesellschaftlicher Besitzstandswahrer und einem marginalisierten Weichbild von Grauzonen und Schattenlagern verweigerter oder sich-verweigernder Arbeit. War das Problem der sozialen Ungleichheit lange als "Arbeitsfrage" im Griff, so galt es nun, jenseits der Arbeitsgesellschaft und außerhalb der Arbeitswelt gesellschaftliche Unterschiede und Ungleichheiten wahrzunehmen.

VI.

Eine Grenzverschiebung des sozialpolitischen Unterscheidungs-und Entscheidungsbedarfs ergab sich auch mit dem Blickwechsel vom klassischen Kontext der Arbeitsgesellschaft auf die systembildenden Unterscheidungen und Unterschiede der Dienstleistungsgesellschaft. Dies spiegelte sich auch in der Themenpolitik der Sektion Sozialpolitik: etwa in dem von Chr. von Ferber und B. Badura initiierten Arbeitszusammenhang "*Laienpotential, Patientenaktivierung und Gesundheitsselbsthilfe*"[30] oder in den von F.X. Kaufmann koordinierten DFG-Sonderforschungsbereich "*Gesellschaftliche Bedingungen sozialpolitischer Intervention. Staat, intermediäre Instanzen und Selbsthilfe*"[31]. Suchen wir nach einer übergreifenden Formel, so läßt sich sagen,daß jeweils aus der Beobachtung kritischer Felder sozialpolitischer Intervention die unterscheidenden Kriterien sozialer Ungleichheit nun auch der gespannten Relation zwischen sozialpolitischen Bedarfslagen sozialer Hilfsbedürftigkeit und dem Leistungsspektrum professioneller wie offizieller Systeme zu ermitteln waren. Beobachtbar wurden Unterschiede und Ungleichheiten nun in auch einer unterschiedlichen Angewiesenheit auf professionelle Systeme und einer dabei zu beobachtenden unterschiedlichen Handlungs- und Verhandlungschance: die Gefahr einer sich bei Hilfsbedürftigkeit bestätigenden und verstärkenden Abhängigkeit und Unabhängigkeit, aber auch die Chance der Entwicklung von Eigenständigkeit und Selbststeuerung wurde in ihrer gesellschaftlichen Lagerung identifiziert und problematisiert. Vielleicht kann gerade der Grenzfall der Angewiesenheit auf offizielle und professionelle Hilfe deutlich machen, daß die Chance, aktiv und vital zu bleiben, unterschiedlich verteilt blieb.

So wie in den frühen 1970er Jahren der Systemvergleich der zwei deutschen Arbeitsgesellschaften deutlich machte, daß allzuviel Regelung und Gängelung individuelle Initiative strukturell blockieren kann, scheint auch in den Einflußzonen professionalisierte Dienstleistung sich der Verhängnisraum sozialer Abhängigkeitserfahrung gegenüber dem Aktionsraum eines selbst-bewußten Lebens auszuweiten.

Der spätmoderne Schwund des sozialen Handlungsraums war im Blickfeld eines kulturkritischen Pessimismus längst als Problem geortet, etwa von Arnold Gehlen, der in einer gleichermaßen "*überreizt und handlungsarm*" erscheinenden "*Spätkultur*" den Menschen überrollt und zugleich überfordert sah - oder noch prinzipieller gefaßt in der Existenzialphilosophie Martin Heideggers, der in den funktionalen Zonen organisierter Vorsorge und professionalisierter Fürsorge die "*Eigentlichkeit*" menschlichen Handelns geblockt und gebrochen sah:

Diese Enteignung der eigenen "*Sorge*" (vgl. den niederländischen Ausdruck "*eigenzorg*") durch fürsorgliche Fremdhilfe hat der Philosoph Martin Heidegger in der Radikalität seiner Existenzphilosophie auf den Begriff gebracht: "*Die Fürsorge übernimmt das, was zu besorgen ist, für den anderen. Dieser wird dabei aus seiner Stelle geworfen, er tritt zurück, um nachträglich das Besorgte als fertig Verfügbares zu übernehmen bzw. sich ganz davon zu entlasten. In solcher Fürsorge kann der andere zum Abhängigen, zum Beherrschten werden, mag diese Herrschaft auch eine stillschweigende sein und dem Beherrschten verborgen bleiben.*" Dagegen setzte Heidegger das Prinzip der aktivierenden Überantwortung eigener und so im existenzphilosophischen Sinne "*eigentlicher*" Sorge:

"Fürsorge, die für den anderen nicht so sehr einspringt, als sie ihm in seinem existentiellen Seinkönnen vorausspringt, nicht um die 'Sorge' abzunehmen, sondern erst eigentlich als solche zurückzugeben. Diese Fürsorge, die wesentlich eigentliche Sorge, d.h. die Existenz des anderen betrifft und nicht das 'Was', das er besorgt, verhilft dem Anderen dazu, in seiner Sorge durchsichtig und für sie frei zu werden."[32] Der sozialpolitisch engagierte Soziologe sollte gegenüber solchem *"Jargon der Eigentlichkeit"* (Adorno) gewiß eher auf Distanz gehen. Doch kann das hier formulierte Pathos durchaus sensibilisieren für Entwicklungstrends, wie sie im Interferenzbereich von Soziologie und Sozialpolitik in den letzten Jahren zu beobachten waren. Hinzuweisen ist auf soziologische Untersuchungen zu den gesellschaftlichen Bedingungen von Eigensorge und Selbsthilfe. Jedoch könnte eine euphorische Isolierung auf die soziale Dynamik von Selbsthilfe den Blick ablenken von den Ungleichheiten, die sich herausbilden im alltäglichen Feld der Relationen zwischen individueller Hilfsbedürftigkeit und professionellem System. So ist die Fähigkeit des Klienten oder Patienten, Autonomie zu behaupten oder Aktivität zu entwickeln, neben den gewiß nicht abzustreitenden subjektiven Faktoren immer auch programmiert durch strukturelle Prämissen des sozialpolitischen Systems, das mit einer Aktivierung von Selbst- und Laienhilfe nur bedingt kompatibel erscheint und so gerade bei jenen sozialen Not- und Problemlagen, die in Angewiesenheiten und Abhängigkeiten verstrickt sind, zur Eigeninitiative nur bedingt Raum geben.

Einen solchen Perspektiven- und Führungswechsel vom objektivierenden Fallbezug zur Orientierung an den Interaktions- und Relationsmustern "sozialaktiver Felder" suchten die Studien zu *"Laienpotential, Patientenaktivierung und Gesundheitsselbsthilfe"*[33]. In seiner abschließenden Bilanz warnte Christian von Ferber davor, die unterschiedlichen Aktionspotentiale sozialer Vitalität, Aktivität und Reflexivität über die Annahme einer psycho-physischen Grundausstattung zu personalisieren. Vielmehr richtete sich der soziologische Blick gerade auf die strukturell wie kulturell programmierten Handlungschancen im Interferenzbereich zwischen Lebensfeld und Systemprogramm. Zu beobachten bleibt, wie es sich an der sozialen Gestaltung gesellschaftlicher Verhältnisse, hier insbesondere an den Relationsmustern zwischen den unterschiedlichen Welten von Medizinalsystem und Alltagsleben entscheidet, ob Mechanismen sozialer Abgrenzung und Ausgrenzung auf neue Weise die gesellschaftliche Unterschiede und Ungleichheiten bestätigen und befestigen, - oder aber, ob mit einer Aufhebung sozialer Grenzen, etwa im Sinne einer aktivierenden Wirkung von Subsidiarität und Solidarität, Inklusion und Partizipation der mündige Bürger einer "aktiven Gesellschaft" institutionell verbindlich Gestalt gewinnt.

Anmerkungen

1. Hans Achinger (1958) Sozialpolitik als Gesellschaftspolitik, Hamburg

2. Ch. von Ferber; F.X. Kaufmann (Hg.) (1982) Soziologie und Sozialpolitik. Kölner Zeitschrift für Soziologie und Sozialpsychologie, Sonderheft 19, Westdeutscher Verlag, Opladen

3. Chr. von Ferber (1982) Soziologie und Sozialpolitik In: Chr. v. Ferber, F.X. Kaufmann (Hg.) Soziologie und Sozialpolitik, a.a.O., 11

4. vgl. zur Frage der gesellschaftspolitischen Bedeutung moralischer Ökonomie: M. Kohli (1989) Moralökonomie und "Generationenvertrag", in: Haller u.a. "Kultur und Gesellschaft", Soziologentag Zürich 1988, Frankfurt, 532-555, 526

5. vgl. dazu die Verhandlungen der DGS-Sektion "Sozialpolitik" auf dem Züricher Soziologentag, in: H.J. Hoffmann-Nowotny (Hg.), Kultur und Gesellschaft. Gemeinsamer Kongress Deutsche - Österreichische - Schweizerische Gesellschaft für Soziologie. Beiträge des Forschungskomitees, Sektion und Ad-hoc-Gruppen, Zürich 1988, 381-392; vgl. auch: R. Habich, W. Glatzer, W. Zapf, Alltagskultur und Wohlfahrt, ebd. 263-266

6. Karl Marx, Kapital I, 1867/ 1968: I, 661f

7. Nicht nur die vorgeschaltete Jugend- und Bildungsphase, sondern auch die nach dem Erwerb geschaltete Seniorenphase weiten sich relativ zu der durch kontinuierliche Lohnarbeit bestimmten Erwerbsphase aus. Denkbar sind künftig auch zwischengeschaltete "Pausen" fürs Familienleben, für die Weiterbildung oder für den großen Urlaub.

8. Ein Zeugnis des neuen Problembewußtseins ist die 1829 in Bonn erschienen Schrift des Statistikers und Staatswissenschaftlers Wilhelm Butte über "Die Biotomie des Menschen; oder die Wissenschaft der Natur-Einteilungen des Lebens als Mensch, als Mann und Weib, nach seinen aufsteigenden und absteigenden Linien, seinen Perioden, Epochen, Stufen und Jahren in ihrem Normalbestand und in ihren Wechseln." Zu Butte vgl. Robert Hepp, Der Holzweg der Biotomie. Randbemerkungen zum Problem der Altersstufen grenzen, in Justin Stagl, Aspekte der Kultursoziologie, Berlin 1982: 353-384

9. Zum systemtheoretischen Bezugsrahmen vgl. Niklas Luhmann (1987) Politische Theorie im Wohlfahrtsstaat, München 1981; oder ders. Soziologische Aufklärung Bd.4 Beiträge zur funktionalen Differenzierung der Gesellschaft, Opladen

10. Besonders deutlich wird moderne Systemtrennung mit den an den Schwellen der Moderne durchgesetzten oder umgebauten "Grenzen der Arbeit". Zum gesellschaftsgeschichtlichen Hintergrund ausführlicher: E. Pankoke (1990) Die Arbeitsfrage. Arbeitsmoral, Beschäftigungskrisen und Wohlfahrtspolitik im Industriezeitalter, Frankfurt

11. Joachim Westphal: Faulteufel. Wider das Laster des Müssiggangs/ Christlicher wahrhafttiger vnderricht vnnd warnnung/ auß grundt der heiligen Schrifft/ vnnd den alten Christlichen lerern/ Auch andern weisen Sprüchen/ mit fleiß zusammen bracht. In: Theatrvm Diabolorum, Das ist: Ein sehr nutzlicher verstenndiges Buch <...> Gebessert vnd gemehret/ mit einem newen Pestelentz Teuffel/ so zuvor noch nie im Truck außgangen/ sampt einem nutzlichen Register. 1569." (Münch S. 80)

12. Marx, Engels, Manifest der Kommunistischen Partei (1848). Schon vor Marx wurde die ernüchternde Verrechenbarkeit menschlicher Ungleichheit im Sinne revolutionärer Mobilisierung des Interesses an Gleichheit eingesetzt. Klassicher Text jener Verbindung von Statistik und Agitation bei der Problematisierung und der Politisierung sozialer Ungleichheit ist Georg Büchners 'Hessicher Landbote', der dem kleinen Mann, seine Ungleichheit durch statistisches Rechenwerk nachvollziehbar machte. Aber auch auf konservativer Seite finden sich Zeugen jener Beobachtung, daß die Verrechenbarkeit des wirtschaftlichen Wertes menschlicher Arbeit Verrechenbarkeit des wirtschaftlichen Wertes menschlicher Arbeit Vergleichbarkeiten schafft und damit die soziale Gerechtigkeit einer nun unabweisbaren sozialen Ungleichheit in Frage stellt.

13. vgl. dazu die von Karl Marx schon in seinen im Pariser Exil niedergeschriebenen philosophisch-ökonomischen Manuskripte: "Nationalökonomie mit Staat, Recht, Moral und bürgerlichem Leben" (1844), in: Karl Marx, Die Frühschriften Hg. S. Landshut (1953), Stuttgart, 302f.

14. ebd. 303

15. F. Nietzsche, Zur Genealogie der Moral. Erste Abhandlung, §10, in: F. Nietzsche, Werke III, Hg. K. Schlechta (1977) München, 783

16. Paul Lafague, Das Recht auf Faulheit. (Widerlegung des "Rechts auf Arbeit" von 1848. (Aus dem Französichen übersetzt von E. Bernstein), Hottingen-Zürich, Verlag der Volksbuchhandlung 1887 (Sozialdemokratische Bibliothek XIX). Das französische Original erschien unter dem Titel "Le droit á la paresse. Réfutation du 'Droit au Travail' de 1848, Paris 1883. Die deutsche Übersetzung erschien zuerst im Feuilleton des 'Sozialdemokrat'. Vgl. den Neudruck: Paul Lafargue, Das Recht auf Faulheit und andere Satiren. Berlin (Stattbuch-Verlag) 1986

17. von Ferber (1982) Soziologie und Sozialpolitik, a.a.O., 16f

18. von Ferber (1982) Soziologie und Sozialpolitik, a.a.O., 23

19. von Ferber (1977) Soziologie und Sozialpolitik, a.a.O., 23

20. von Ferber (1982) Soziologie und Sozialpolitik, a.a.O., 23f

21. von Ferber (1977) Soziologie und Sozialpolitik, a.a.O., 30

22. F.X. Kaufmann, Sozialpolitisches Erkenntnisinteresse und Soziologie. Ein Beitrag zur Pragmatik der Sozialwissenschaften. In: v. Ferber, Kaufmann (Hg.) (1982) Soziologie und Sozialpolitik. Opladen, 35-75, 37

23. Als Bilanz soziologischer Ungleichheitsforschung vgl. Karl Martin Bolte, Stefan Hradil (1984) Soziale Ungleichheit in der Bundesrepublik Deutschland, Opladen; Hans-Werner Franz, Wilfried Krause, Hans-Günter Rolff (Hg.) (1986) Neue alte Ungleichheiten. Berichte zur sozialen Lage in der Bundesrepublik, Opladen

24. P. Bourdieu (1984) Die feinen Unterschiede. Kritik der gesellschaftlichen Urteilskraft, Frankfurt

25. "Kulturpolitik ist Gesellschaftspolitik". Gedenkschrift für Alfons Spielhoff, Dokumentation 30 der Kulturpolitischen Gesellschaft, Hagen 1988

26. Chr. v. Ferber, D. Zöller (1974) Sozialpolitik. Bundesministerium für innerdeutsche Beziehungen (Hg.) Bundesrepublik Deutschland - DDR Systemvergleich III, Bonn, 492 ff

27. von Ferber, Zöllner (1974) Sozialpolitik, 414

28. Verfassung der Deutschen Demokratischen Republik. Dokumente - Kommentar, Berlin (Ost) 1969 II, 78, v. Ferber, Zöllner (1974) Sozialpolitik, 415

29. B. Lutz (1989) Der kurze Traum immerwährender Prosperität. Eine Neuinterpretation der industriell-kapitalistischen Entwicklung im Europa des 20. Jahrhunderts, Frankfurt, New York

30. Chr. v. Ferber, B. Badura (1983) Laienpotential, Patientenaktivierung und Gesundheitsselbsthilfe

31. vgl. F.X. Kaufmann (1987) Staat, intermediäre Instanzen und Selbsthilfe. Bedingungen sozialpolitischer Intervention

32. Martin Heidegger (1957) Sein und Zeit, Tübingen, 122

33. Chr. v. Ferber (1983) Laienpotential, Patientenaktivierung und Gesundheitsselbsthilfe. Zur Soziologie des Laien vor den Ansprüchen der Medizin, in: Chr.v. Ferber; B. Badura Laienpotential, 265-294

Hans Günther Abt

Förderung der Laienkompetenz in Gesundheit und Krankheit - eine gesundheits- und sozialpolitische Aufgabe

Die Expansion medizinischer und paramedizinischer Dienstleistungen in den vergangenen Jahrzehnten hat gerade auch durch ihre Erfolge verdeutlicht, daß die Grenzen der Medizin wesentlich enger gesteckt sind, als die Hoffnungen der Menschen wahrhaben wollten. Die Fortschritte der kurativen Medizin haben zur Verlängerung der Lebenserwartung beigetragen, aber immer weniger zu einem Leben frei von Krankheit. In der Diskussion um gesundheitspolitische Ziele wird dies in der provozierenden Forderung ausgedrückt, dem Leben nicht nur mehr Jahre, sondern den Jahren auch mehr Leben hinzuzufügen. Eine zweite Richtung, in der sich eine weitere Ausschöpfung der medizinischen Möglichkeiten angeboten hat, ist die Gesundheitsvorsorge. Aus der Erkenntnis heraus, daß die modernen Volkskrankheiten geringe Heilungschancen bieten, andererseits ihre Behandlung ebenso wie die Kompensation ihrer Folgen immer größere Teile des Volkseinkommens verschlingt, hat die Schlußfolgerung, die Entstehung von Krankheiten durch vorbeugende Maßnahmen zu verhindern oder wenigstens zu verzögern, erhebliche gesundheitspolitische Überzeugungskraft gewonnen.

Beide Entwicklungen haben dazu geführt, daß von den Menschen selbst wieder eine größere Bedeutung für ihre eigene Gesundheit und damit letztlich auch für die Volksgesundheit beigemessen wird. In den siebziger Jahren hat sich diese Erkenntnis in einer spezifischen und noch wenig reflektierten Weise im Gesundheitsbericht der Bundesregierung niedergeschlagen: *"Die Gesundheitsvorsorge (...) ist in erster Linie abhängig von der persönlichen Lebensführung, einem gesundheitlich vernünftigen Lebensstil jedes einzelnen. (...) Dabei stellt Gesundheitsvorsorge sehr stark ab auf die Eigenverantwortung des einzelnen. Er muß aktiv seine täglichen Lebensgewohnheiten den natürlichen Lebensgesetzen anpassen (...)"*[1]

Mit einer auf den ersten Blick ganz anderen Stoßrichtung als diese von der Gesundheitspolitik thematisierten Erwartungen an die gesundheitsbezogene Rationalität der Menschen haben in den achtziger Jahren die selbstorganisierten Gruppen chronisch kranker und behinderter Menschen auf sich aufmerksam gemacht. Sie haben neue Formen der Kommunikation untereinander und mit dem bestehenden System der medizinischen Versorgung gesucht und in der verbandlich formierten Gesundheitspolitik für sich, die von Krankheit und Behinderung direkt Betroffenen oder über ihnen nahestehende Personen, Mitsprache gefordert.[2]

Auf der gesundheitspolitischen Bühne besticht eher das Trennende zwischen der geforderten Eigenverantwortung auf der einen Seite und der Selbsthilfe Betroffener auf der anderen. Ihre Verbindung spiegelt sich nicht unmittelbar im Selbstverständnis der jeweiligen Gruppen wider, die sie artikulieren. Zwar sind Eigenverantwortung und Selbsthilfe inzwischen einträchtig nebeneinander in das Sozialgesetzbuch eingegangen, doch ist ihrer Interpretation noch ein erheblicher Spielraum belassen. Der Versuch, eine gemeinsame Problemformulierung über den eher widersprüchlich anmutenden Begriff der Laienkompetenz vorzunehmen, muß sich daher rechtfertigen.

Experten und Laien in Gesundheit und Krankheit

Der soziologische Begriff des Laien verweist auf gesellschaftliche Differenzierungsprozesse, die zur Institutionalisierung beruflicher Rollen auf der Basis eines Sonderwissens führen. Erst die gesellschaftliche Anerkennung von Experten grenzt die übrigen Gesellschaftsmitglieder als Laien aus.[3]
Dies ist für das Problemfeld Krankheit in allen modernen Gesellschaften der Fall. Die gesundheitliche Versorgung liegt in modernen Gesellschaften ganz wesentlich in der Verantwortung der medizinischen Profession, welche ihr Sonderwissen über die universitäre Ausbildung weitergibt und fortentwickelt.

Im allgemeinen kann unterstellt werden, daß die Laien nicht über das spezielle Wissen der Experten verfügen, auch wenn es punktuell Ausnahmen gibt. Dies besagt nicht, daß das Wissen einer Expertengruppe, hier der Medizin, das Problemfeld von Gesundheit und Krankheit völlig einschließen würde. Die Medizin hat eigene Problemperspektiven entwickelt, die zunächst viele subjektbezogene Aspekte ausschließen. Die wissenschaftliche Bearbeitung von Krankheiten hat dazu geführt, daß in die medizinische Auffassung von Krankheit vorrangig diejenigen Merkmale eingehen, die sich personenunabhängig immer wieder isolieren lassen.[4] Dadurch wird der Vorrang der biologischen, intersubjektiv meß-und vergleichbaren Merkmale gesichert, während psychische und soziale Aspekte der Kranheitsentstehung wie der -bewältigung zunehmend aus dem Blickfeld geraten. Anstelle der Person des Kranken tritt die Krankheit als naturwissenschaftlich beschreibbarer Prozeß in den Mittelpunkt des medizinischen Interesses.[5]

Diese Grundansicht von Krankheiten, die wir als paradigmatisch für die moderne Medizin bezeichnen können, wird vermittelt durch eine Ausbildung, die von ihrer ganzen Anlage her naturwissenschaftlich dominiert und am Krankenhausalltag - zunächst sogar am spezifischen Typ der Universitätsklinik orientiert ist.[6] Wesentliche Bestandteile der späteren Berufsausübung, wie sie beispielsweise in der Allgemeinmedizin notwendig sind, bleiben in der Ausbildung marginal.

Angesichts der gesellschaftlichen Bedeutung, welche die Medizin erlangt hat, ist es zu erwarten, daß sie mit einer solchen eingeengten Perspektive zumindest partiell auf Schwierigkeiten stoßen mußte. Innovative Ansätze zur Veränderung des medizinischen Paradigmas wurden aus der Medizin heraus daher zu dem Zeitpunkt entwickelt, wo sie sich stärker dem kranken Menschen selbst und seiner Umwelt zuwandte. Dieser Anspruch wurde beispielsweise mit der Rehabilitation erhoben, und konsequenterweise entwickelten sich dort auch neue Ansätze zur Betrachtungsweise der Krankheiten. Neben der körperlichen Versehrtheit gewannen als Folgen von Krankheit und Behinderung funktionelle Einschränkungen im Alltag, die Identität des kranken bzw. behinderten Menschen und dessen soziale Einbindung auch für die Medizin an Bedeutung.[7]
Jedoch haben sich solche Erweiterungen des herkömmlichen Paradigmas noch nicht nachhaltig durchgesetzt. Eine Umorientierung auf die eingangs beschriebene Situation und die sich daraus ergebenden Aufgaben, wie die Steigerung der Lebensqualität bei vorliegender Krankheit oder Behinderung sowie die Erhaltung der Gesundheit, wird daher auch nur zögernd angegangen.

Laienkompetenz in Gesundheit und Krankheit

Experten grenzen sich wie erwähnt durch institutionalisierte Formen des Wissenserwerbs und der Wissensanwendung ab. Vergleichbare eindeutige Vermittlungswege für Laienwissen über Gesundheit und Krankheit existieren nicht. Es bleibt noch im großem Umfang von den Zufälligkeiten person- und situationsspezifischer Erfahrung abhängig.[8] Zur Beschreibung solcher situationsbezogenen Wissensformen eignet sich der Begriff der Kompetenz. Darunter wird in den Sozialwissenschaften die Fähigkeit verstanden, unter einer Vielzahl von Handlungsalternativen diejenigen auszuwählen, die der Realisierung bestimmter Ziele am besten dienen.[9]

Zwar ist eine spezifische Kompetenz immer auch abhängig vom Wissensbestand einer Person, jedoch können nur unmittelbar handlungsrelevante Ausschnitte des Expertenwissens zum Tragen kommen und darüber hinaus sehr viele Elemente des Erfahrungswissens.

Obwohl Kompetenz vordergründig eine psychologische Kategorie darstellt, sind ihre soziologischen Implikationen unübersehbar. Weder sind auf ein bestimmtes Ziel bezogen die situativen Bedingungen gleich verteilt, noch gestaltet sich der Zugang zu nützlichen Wissensbeständen und Fertigkeiten für alle sozialen Gruppen gleich.[10] Gesundheits- und krankheitsbezogene Handlungskompetenz läßt sich daher im

Konkreten nicht völlig unabhängig von der Person des Handelnden bestimmen. Jedoch hat die empirische Forschung bereits einige verallgemeinerungsfähige Elemente einer solchen Kompetenz ermittelt, die im folgenden am Beispiel der Selbsthilfe Betroffener und der Gesundheitsvorsorge aufgezeigt werden sollen.

Das Beispiel der Gesundheitsselbsthilfe

Selbsthilfe setzt sich begrifflich gegenüber der Fremdversorgung ab. Die Gegenüberstellung gründet sich jedoch nicht allein darauf, daß der - in der Gesundheitsselbsthilfe von Krankheit - Betroffene auf die Hilfe anderer angewiesen ist. Vielmehr liegt die Hauptbetonung darauf, daß die Hilfen bei Fremdversorgung auf beruflichen, in der Regel auf formale Qualifikationen beruhender Basis erbracht werden.[11]

Die Eingrenzung der Krankheit auf ein naturwissenschaftlich-mechanistisches Verständnis, läßt nur wenig Raum für das subjektive Empfinden der Betroffenen selbst. Fremd ist deshalb nicht nur die Person, die sich der Krankheit annimmt, sondern auch die Perspektive, mit der dies geschieht. Die Distanz zur ärztlichen Betrachtungs- und Behandlungsweise des Kranken, zu der es keine Alternativen im Versorgungssystem gibt, erzeugt Abhängigkeitsgefühle und Unsicherheiten auf Seiten der Betroffenen. Die unter anderen Bedingungen aufgebaute Identität gerät durch chronische Erkrankungen und Behinderung ins Wanken.[12] Soziale Rollen, die lange Zeit hindurch mit großer Selbstverständlichkeit ausgefüllt wurden, müssen aufgegeben oder verändert werden.[13] Insbesondere wird die mühsam aufgebaute Zukunftsorientierung auf die Endlichkeit von Leistungsfähigkeit oder gar des Lebens selbst verwiesen, die gesellschaftlich eher verdrängt wird.[14]

Die Ziele der Selbsthilfegruppenmitglieder richten sich konsequenterweise auf die persönliche Bewältigung der Krankheit, auf die Einstellung der Mitbetroffenen, der medizinischen und paramedizinischen Leistungsbringer und auch der Öffentlichkeit.[15] Die Bewältigung dieser Schwierigkeiten wird in der Regel den Betroffenen und ihren sozialen Netzwerken überlassen, da sie außerhalb des medizinischen Verantwortungsbereichs angesiedelt sind, selbst wenn es Indizien für Rückwirkungen auf medizinisch relevante Tatbestände wie beim Herzinfarkt gibt.[16] Sie ist damit Bestandteil der Laienkompetenz, die chronische Krankheit oder Behinderung beansprucht.

Die Forschungsergebnisse über Selbsthilfegruppen belegen gerade auch in diesen Bereichen, welche nicht die medizinischen Aspekte betreffen, positive Wirkungen der Gruppenteilnahme. Die Erfolge reichen hierbei von der Übernahme Entlastung schaffender Deutungsmuster für die Krankheitssituation, über die bessere Bewältigung von Einschränkungen im Alltagsleben, bis hin zur Erleichterung sozialer Kontakte.[17]

Das große Interesse der Selbsthilfegruppen an einer Kooperation mit den Leistungsbringern, insbesondere mit den Ärzten, belegt, daß neben den psychischen und sozialen Aspekten chronischer Krankheit, die Schnittstelle zur ärztlichen Profession von zentraler Bedeutung bleibt.[18] Hoffnungen auf Besserung, gar Heilung der Krankheit oder wenigstens auf die Möglichkeit, progrediente Entwicklungen aufzuhalten oder hinauszuschieben, gründen sich auf Fortschritte der Medizin. Ebenso fordert die Notwendigkeit der Therapie den Kontakt zur Ärzteschaft. Alternativen zu den medizinischen Wissensbeständen bzgl. therapeutischer Möglichkeiten existieren nur noch selten. Insofern können sich die Kranken nicht völlig von der ärztlichen Profession und deren Wissensbeständen lösen.

Spezifische Kenntnisse über Krankheitssymtome, -verlauf und Therapiemöglichkeiten sind ebenso wie Kommunikations- und Interaktionsfähigkeiten im und mit dem Versorgungssystem Teil der Kompetenz. Immer wieder wird der Betroffene zitiert, der als "Experte seiner Krankheit" sogar viele in der ambulanten Versorgung tätige Ärzte punktuell an relevantem medizinischem Wissen übertrifft. Die Kompetenz Betroffener kann damit aber nicht umschrieben werden. Am ehesten dominiert das Interesse an solchen spezifischen Kompetenzen in den Gruppen von Angehörigen kranker Personen.[19]

Das Beispiel der Gesundheitsvorsorge

Die Gesundheitsvorsorge nahm eine andere Entwicklung. Die lange Zeit sehr enge Auslegung des Vorsorgegedankens, die geprägt war von der Seuchenprophylaxe, erhielt Anstöße zu ihrer Veränderung vor allem aus der Medizin heraus und zwar nicht aus deren klinischem Zweig. Die Epidemiologie als neu aufkommende Disziplin ermittelt mit ihrem methodischen Instrumentarium, welches über die klinische Medizin und die Alltagserfahrung gleichermaßen hinausging, neue Gesundheitsrisiken.

Die Erforschung der Krankheitsgenese vor dem üblichen Stadium der Behandlung hat zur Identifizierung von Risiken geführt, die von allgemeinen Verhaltenbeschreibungen über beobachtbare körperliche Merkmale bis hin zu biochemisch meßbaren Einzelparametern reichen. Die ermittelten Risikofaktoren lassen sich als eine hierarchische Ordnung von Abhängigkeiten begreifen.[20] Über diese wiederum wird zweierlei sichtbar:

- Es existieren somit Risiken , die sich in das medizinische Paradigma nahtlos einfügen lassen, sich aber gleichzeitig der Alltagserfahrung entziehen.

- Umgekehrt lassen sich Risiken identifizieren, die bisher außerhalb der Reichweite ärztlichen Handelns lagen, unter dem Anspruch der Gesundheitsvorsorge aber medizinisch relevant werden. Gleichwohl ist diese Relevanz aus der Erfahrung von Laien heraus häufig nicht oder nur sehr eingeschränkt nachvollziehbar.

Somit ist die Gewährleistung der Gesundheit weitgehend auf wissenschaftliche Erkenntnisse angewiesen, und sei es nur in der Weise, daß die gesundheitliche Bedeutung von Tatbeständen aufgedeckt wird, die im gesellschaftlichen Leben akzeptiert sind.[21]

Wenn nun aber die Gesundheitsrisiken von Experten definiert werden, zieht dies dort, wo Verhaltensweisen oder Situationsbedingungen angesprochen werden, deren Neubewertung nach sich. Anders als bei der Selbsthilfe kranker und behinderter Menschen stellt sich bei der Gesundheitsvorsorge die Aufgabe, Bedürfnisse nach Kompetenz in Gesundheitsfragen bei den Laien allererst zu wecken und zu fördern.

Bei den Überlegungen, was die Laienkompetenz beinhalten muß, um sich in handlungsrelevanten Situationen auch niederzuschlagen, stößt man auf eine vergleichbare Problematik, wie sie für die Kranken beschrieben wurde. Auch mit der Risikodefinition schränkt die Medizin ihre Perspektive auf einen, nämlich den Gesundheitsaspekt ein, wie er dem professionellen Paradigma entspricht. Die wissenschaftlichen Ergebnisse werden teilweise von anderen Expertengruppen (Ernährungs-, Sportwissenschaftler, Psychologen u.a.) weiterverarbeitet, die wiederum eigene Denkweisen einbringen können. Die Integration dieser oft mehrfach transformierten Erkenntnisse in die alltäglichen Handlungsorientierungen ist jedoch immer von den Laien selbst zu leisten.

Rationale, gesundheitsbezogene Bewertungen sind hierbei genauso in der Lage, Unsicherheiten zu schaffen, wie Krankheiten, denn sie wirken ebenfalls auf das Selbstverständnis und die sozialen Beziehungen zurück. Sie entfalten diese Wirkung nicht nur aufgrund ihrer Neuartigkeit, sondern mehr noch aufgrund ihrer eindimensionalen und damit dem Alltagsleben fremden Wertung. Gegenüber der Konflikt- und Kompromißhaftigkeit des realen Alltagshandelns besitzen gesundheitliche Empfehlungen eine rationale Eindeutigkeit. Neben der rationalen Argumentation, die von den Experten angeboten wird, hat, als Teil einer gesundheitsbezogenen Kompetenz, die Integrationsfähigkeit solcher isolierten, aus einem fremden Wissensfundus stammenden Elemente, eine gewichtige Bedeutung. Integration ist dabei nicht zu verstehen als bedingungslose Übernahme solcher gesundheitlichen Orientierungen, sondern als die Ausbalancierung verschiedenartiger Bedürfnisse, die subjektiv alle ihre Berechtigung haben.

Als Sonderfall von Integrationsfähigkeit können wir die gesundheitsgerechte Gestaltung situativer Gegebenheiten einordnen. Die Laienkompetenz erstreckt sich in diesem Fall auf die Kenntnis der gesundheitsrelevanten Wirkungen äußerer Rahmenbedingungen sowie auf deren Veränderungsmöglichkeiten. Innovative Ansätze zur Gesundheitsförderung im Betrieb setzen hier an.[22]

Kompetenzgewinn braucht Kommunikation

In den Selbsthilfegruppen wiederholen sich Prozesse der Bewältigung von Krankheit und Behinderung und die daraus erwachsenden Anforderungen immer wieder von neuem. Erfahrungen lassen sich nur über intensive Kommunikation weitergeben. In der Kumulation von Erfahrungen in der Gruppe lassen sich verallgemeinerungsfähige Aspekte herausarbeiten, die aber immer wieder auf die Situation der Betroffenen zurückbezogen werden müssen. Kompetenzerweiterung ist für die Betroffenen daher ein aufwendiger Austauschprozeß, der sich nur sehr beschränkt rationeller gestalten läßt.

Auch die Veränderung eingelebter Verhaltensweisen, die auf Unterstützung aus dem sozialen Umfeld rechnen können, erfordert einen höheren Kommunikationsaufwand, als eine rationale Darlegung von Erkenntnissen. Die Ausarbeitung und Übernahme neuer Standards in das Verhaltensrepertoire wird in der Regel nur nach einem Prozeß der Vergewisserung über die Akzeptanz bei den näherstehenden Personen erfolgen.

Entwicklung von Kommunikationsstrukturen

Bedarf besteht, wie aufgezeigt wurde, an einer Kommunikation in zwei Richtungen. Zum einen ist ein Austausch zwischen den Experten und dem Laiensystem erforderlich. Auf der anderen Seite kann diese nicht die Kommunikation im Laiensystem selbst ersetzen, sei es nun innerhalb der Gruppen von Betroffenen oder in anderen sozialen Gruppen, an die sich gesundheitliche Empfehlungen richten.

Am Beispiel der Selbsthilfegruppen läßt sich ein Weg verfolgen, wie Kommunikationsstrukturen entstehen können. Über die Selbstdefinition als Betroffene wird ein Rahmen geschaffen, der bei aller definitorischen Unschärfe, Bedürfnisse nach neuen Kommunikationsformen legitimiert. Die Gründung von Gruppen ist schließlich die adäquate Form der Umsetzung.

Vielerorts, besonders im ländlichen Raum, sind besondere Kristallisationspunkte notwendig, um zur Gruppenbildung zu gelangen. Die überregionale Vernetzung von Betroffenen durch die Schaffung verbandlicher Strukturen stellt eine Möglichkeit dazu bereit. An der gesundheitlichen Versorgung Beteiligte, Einrichtungen der Wohlfahrtspflege und ehrenamtlich engagierte Gruppen können eine solche Funktion ebenfalls übernehmen und tun dies bereits.[23] Es existiert daher keine eindeutige Zuordnung der Förderung von Gruppen Betroffener zu gesundheits- und sozialpolitischen Aufgabenbereichen.[24] Darüber hinaus sind Modellversuche mit regionalen Informations- und Kontaktstellen angelaufen, die bei der Selbstorganisation Betroffener Hilfe leisten sollen.[25]

Die Schaffung ausreichender Kommunikationsstrukturen ist zwar gegenwärtig noch nicht erreicht, immerhin sind aber Gesundheits-und Sozialpolitik in dieser Richtung in Bewegung geraten.

Es darf hierbei jedoch nicht übersehen werden, daß die Kommunikation Betroffener an Voraussetzungen gebunden ist, die nicht bei allen Krankheitsarten und Patientengruppen vorhanden sind. Erhebliche Mobilitätseinschränkungen bilden, ebenso wie Multimorbidität, bei vielen alten Menschen eines der Hauptthindernisse für die Kontaktaufnahme.[26] Für diese Gruppen sind andere Unterstützungsformen gefordert.[27]

In der Gesundheitsvorsorge liegen solche Merkmale, anhand derer sich Kommunikationsstrukturen aus eigener Kraft herausbilden könnten, nicht auf der Hand. Es ist daher verständlich, daß kommunal ausgerichtete Institutionen hierzu ganz wesentlich beitragen.[28] Auf der Basis von vergleichbaren Risikofaktoren zusammengestellte Gruppen sind jedoch in der Regel von vornherein auf befristete Kommunikation ausgerichtet, auch wenn die nachträgliche Definition gemeinsamer Betroffenheit auf längere Sicht nicht ausgeschlossen ist, so bspw. bei Personen mit Übergewichtsproblemen. Die Ausrichtung der Kommunikation über Gesundheit unterliegt, sofern sie innerhalb eines institutionalisierten Rahmens angesiedelt ist, mithin einer stärkeren Kontrolle von Experten.[29]

Zwar existieren auch im Laiensystem Kommunikationsstrukturen, doch diese sind meistens nicht sichtbar, da sie mit den alltäglichen Verkehrskreisen zur Deckung kommen, wie etwa bei Ernährungsfragen.[30]

Eine Alternative zur Kommunikation, die an ein eng gefaßtes gesundheitliches Thema angebunden wird, ist der Ansatz an gemeinsam geteilten Sozialsituationen. Beispiele hierfür sind in der Arbeitswelt entwickelt worden, wo in Gesundheitszirkeln Zusammenhänge zwischen Arbeitsbelastungen und Gesundheit von den Beschäftigten selbst thematisiert werden.

Prinzipiell ist ein solcher Ansatz auch in außerbetrieblichen Feldern und für andere Themen vorstellbar. Dies können existierende soziale Netzwerke sein, in die gesundheitliche Themen eingebracht werden. Dazu bedarf es aber auf soziale Netzwerke statt auf Individuen hin ausgerichtete Formen von Beratungsangeboten, die neben der Massenkommunikation eingesetzt werden. Auf diesem Gebiet gibt es gegenwärtig erhebliche Defizite, die nur gemeinsam von den Trägern der Gesundheitsberatung und -bildung abgebaut werden können.

Anmerkungen:

1. Bundesminister für Jugend, Familie und Gesundheit (Hrsg.) Gesundheitsbericht. Bonn 1971

2. Trojan A. (Hrsg.) Wissen ist Macht. Frankfurt/Main: Fischer 1986

3. Sprondel W.M., "Experte" und "Laie": Zur Entwicklung von Typenbegriffen in der Wissenssoziologie. In: Sprondel W.M., Grathoff R. (Hrsg.) Alfred Schütz und die Idee des Alltags in den Sozialwissenschaften. Stuttgart: Enke 1979, 140-154.

5. Hartmann F., Krankheitsgeschichte und Krankengeschichte. In: Marburger Sitzungsberichte Bd. 87, 1966, H. 2:17-32

6. Freidson E., Der Ärztestand. Stuttgart: Enke, 1979

7. Bundesarbeitsgemeinschaft für Rehabilitation (Hrsg.) Rehabilitation Behinderter. Köln: Deutscher Ärzte-Verlag, 1984

8. von Ferber C., Mobilisierung der Laien - Deprofessionalisierung der Hilfen. Ein Verlust an gesellschaftlicher Rationalität? In: Lutz B. (Hrsg.) Soziologie und gesellschaftliche Entwicklung. Frankfurt/Main: Campus, 1985: 497-508.

9. Greif S., Soziale Kompetenzen. In: Frey D., Greif S. (Hrsg.) Sozialpsychologie. München: Urban & Schwarzenberg, 1983: 312-320

10. Böhme G., von Engelhardt M., Einleitung. In: -dies. (Hrsg.) Entfremdete Wissenschaft: Frankfurt/Main: Suhrkamp, 1979: 7-25.

11. von Ferber C., Laienpotential, Patientenaktivierung und Gesundheitsselbsthilfe. Zur Soziologie des Laien vor den Ansprüchen der Medizin. In: von Ferber C., Badura B. (Hrsg.) Laienpotential, Patientenaktivierung und Gesundheitsselbsthilfe. München: Oldenbourg, 1983, 265-293

12. Aengenendt H., Identitätsfindung in der Selbsthilfe? Zum Selbsthilfeverständnis von Behindertenorganisationen und Selbsthilfegruppen. Düsseldorf (Vervielfältigtes Manuskript) 1985

13. Badura B., Kaufhold G. u.a., Leben mit dem Herzinfarkt. Berlin: Springer, 1987.

14. von Ferber C., Soziologische Aspekte des Todes. In: von Ferber C., von Ferber L., Der kranke Mensch in der Gesellschaft. Reinbek: Rowohlt, 1978: 45-70

15. Trojan A. a.a.O., 173

16. Badura B., Kaufhold G. u.a., a.a.O., 1987

17. Trojan A. a.a.O., 180ff

18. Röhrig P., Kooperation von Ärzten mit Selbsthilfegruppen. Köln: Brendan-Schmittmann-Stiftung, 1989

19. Trojan A. a.a.O., 191ff

20. Schaefer H., Die Hierarchie der Risikofaktoren. Medizin, Mensch, Gesellschaft, 1, 1976: 141-146

21. von Ferber C., Gibt es ein sozialstaatliches Recht auf Gesundheit? Archiv für Wissenschaft und Praxis der sozialen Arbeit, 2, 1971: 104-119

22. von Ferber C., von Ferber L., Slesina W., Medizinsoziologie und Prävention. Am Beispiel der Gesundheitsvorsorge am Arbeitsplatz. In: Beck U. (Hrsg.) Soziologie und Praxis. Göttingen: Schwartz, 1982: 277-306
Slesina W., Arbeitsschutz - ein Berufsfeld für Medizinsoziologen? Medizinsoziologie, 2, 1989: 8-21.

23. Braun J., Röhrig P., Umfang, Beteiligungsinteresse und Unterstützungsbedarf sozialer Selbsthilfe. In: Schriftenreihe des BMJFFG Bd. 231, Ehrenamtliche Dienstleistungen. Bericht eines Arbeitskreises der Gesellschaft für Sozialen Fortschritt. Stuttgart: Kohlhammer, 1989: 183-208

24. Motsch P., Selbsthilfeförderung aus der Sicht eines kommunalen Praktikers. In: Klages H., Braun J., Röhrig P. (Hrsg.) Soziale Selbsthilfe. Speyerer Forschungsberichte Bd. 56, Speyer: Forschungsinstitut für öffentliche Verwaltung, 1987: 109-118.
Röhrig P. a.a.O., 1989

25. Braun J., von Ferber C., Klages H. (Hrsg.) Modellprogramm: Informations- und Unterstützungsstellen für Selbsthilfegruppen. Köln (ISAB-Berichte Nr.5) 1989.

26. von Ferber C., Forschungsbedarf: Bestimmungsgründe und Perspektiven. In: von Ferber C. (Hrsg.) Gesundheitsselbsthilfe. München: GSF, BPT-Bericht 12/88, 1988: 85-101
Sosna U., Soziale Isolation und psychische Erkrankung im Alter. Frankfurt/Main: Campus, 1983

27. Ehrenamtliche soziale Dienstleistungen. a.a.O., 1989

28. Forschungsverbund Laienpotential, Patientenaktivierung und Gesundheitsselbsthilfe (Hrsg.) Gesundheitsselbsthilfe und professionelle Dienstleistungen. Berlin: Springer, 1987: 105-130

29. Abt H.G., Laienwissen und professionelles Wissens in der Gesundheitsvorsorge. Prävention, 8, 1985: 79-84.

30. Abt H.G., von Ferber C., Bestimmungsgründe der Ernährungsweise. Abschlußbericht an den BMJFFG. Düsseldorf: Vervielfältigtes Manuskript, 1990

Dieter Grunow

Laienpotential (im Gesundheitswesen) für Wen? - Von den Schwierigkeiten, sich helfen zu lassen

I. Von der Krise des Sozialstaates zur Kultur des Helfens?

Die "Krise des Sozialstaates" ist zu einem Dauerthema für politische Kontroversen und für wissenschaftliche Abhandlungen geworden. Daran werden vermutlich auch die durch das Gesundheitsreformgesetz (GRG, 1989) und die für 1992 geplante Reform der gesetzlichen Rentenversicherung nichts ändern, denn sie halten im wesentlichen an den Prinzipien fest, die zu den wachsenden Schwierigkeiten sozial- und gesundheitspolitischer Sicherungssysteme beitragen.

Als wesentliche Gründe für die notwendig gewordenen Transformationen gelten:

- die Änderung der demographischen Strukturen, insbesondere die Zunahme der durch schnittlichen Lebenserwartung und das ansteigende Durchschnittsalter der Bevölkerung,
- die Bindung der Ressourcenbeschaffung und -verteilung (in den Sicherungssystemen) an die Erwerbstätigkeit der Bevölkerung,
- die Kostenexplosion in der Dienstleistungserbringung (insbesondere im Gesundheitssystem).
- die Mängel in der Bürgerorientierung und Effektivität professioneller Dienstleistungen.
- die unzureichende Beachtung des Laienhandels und der Selbsthilfe als notwendiges Leistungs- und Steuerungspotential der Gesellschaft.

Die Wiederentdeckung und vorsichtige Neubewertung des Laienpotentials (z.B. im Gesundheitswesen) seit Ende der 70er Jahre hat teilweise zu einer kurzschlüssigen Verknüpfung verschiedener Problemgesichtspunkte des Gesundheitssicherungssystem in der Bundesrepublik geführt. Zu den wesentlichen Fehleinschätzungen gehören,

a) daß das kompetente Laienhandeln eine selbstverständliche Leistung der Bevölkerung darstellt,
b) daß Laienhandeln und Selbsthilfe als Ersatz für Leistungskürzung und Qualitätsmängel bei professionellen Dienstleistungen gelten können,
c) daß Selbsthilfe sozialstaatlich bzw. verbandsbürokratisch organisiert werden kann,
d) daß fehlendes Laienhandeln und Selbsthilfe notfalls auch durch professionelle oder institutionelle Leistungen ersetzt werden können.

Es war u.a. das Verdienst des von Chr. von Ferber koordinierten Forschungsverbundes, diese Behauptung zu widerlegen oder zumindest zu differenzieren:

"*Gesundheitsbezogenes Laienhandeln ist versorgungspolitisch bedeutsam. Das Niveau der Krankheitsbehandlung ebenso wie der Schutz vor Gesundheitsgefahren und -risiken, die persönliche und soziale Verarbeitung von chronischer Krankheit und bleibender Behinderung hängt unter den derzeitigen gesellschaftlichen Verhältnissen wesentlich von Erfahrungen, der Kompetenz und der Hilfebereitschaft der Bürger ab. Gesundheitsbezogenes Laienhandeln läßt sich aber versorgungspolitisch nicht "dienstverpflichten", es organisiert sich nach anderen gesellschaftlichen Prinzipien als professionelles Handeln. Deshalb läßt es sich nur in Grenzen durch professionelle Dienstleistung ersetzen. Es hat seine eigene Domäne, in der es unersetzlich und unvertretbar ist. ...Gesundheitsbezogenes Laienhandeln wird diskussions-, verhandlungs- und konfliktfähig in den Zusammenschlüssen der Bürger in Selbsthilfegruppen. Daher ist es wichtig, auf die gesundheitspolitische Repräsentation der Gesundheitsselbsthilfe der Bürger zu achten, die Gesundheitsselbsthilfegruppen stehen insgesamt für das gesundheitsbezogene Laienhandeln in der Gesellschaft, sie vertreten gesundheitspolitisch mehr, als an ihren eingeschriebenen Mitgliedern abzulesen ist. Unter dem Aspekt der Unteilbarkeit der Gesundheit reicht das gesundheitsbezogene Laienhandeln bis in die Situationen hinein, die ein nach Spezialitäten und Intensitätsgraden ausdifferenziertes Versorgungssystem hervorgebracht hat. Der Bürger ist in diesen Situationen nicht nur Herr des Behandlungsauftrages oder Leidender oder Duldender des medizinischen Eingriffs, sondern als Betroffener definiert er die Situation, bringt er seine Ressourcen ein, mobilisiert er soziale Unterstützungen aus seinen primären Sozialbeziehungen, ist er Mithandelnder in den Situationen der Krankheitsbehandlung, der Rehabilitation und der Gesundheitsvorsorge.*" (v. Ferber, 1987, 232f.)

Der Perspektivenwandel zu einer "*bürgerorientierten Gesundheitspolitik*" ist damit jedoch noch keineswegs gesichert. Die sozialen und gesellschaftlichen Grundlagen von Laienhandeln und Selbsthilfe sind voraussetzungsvoll und nuanciert:

"Die Bürger leben in zum Teil sehr intensiven Bindungen miteinander, solche sozialen Primärbeziehungen motivieren auch zu gegenseitiger Hilfe, doch finden diese Beziehungen nicht ihren primären Sinn in der Gesundheitselbsthilfe. Nur weil es gesundheits- und sozialpolitisch oder aus fiskalischen Gründen erwünscht sein mag, verwandeln sich Ehe, Verwandtschaft, Freundschaft, Nachbarschaft und kollegiale Solidarität nicht in Behinderten- und Krankenpflege - oder in Gesunderhaltungsorganisationen. Gesundheitsbezogenes Laienhandeln organisiert sich anlass- und situationsbezogen sowie personengebunden; unter versorgungspolitischen Anforderungen gesehen ist es stets mangel- und lückenhaft. Es kann keine flächendeckende Versorgungsaufgabe übernehmen. Nicht nur in Zeiten finanzieller Bedrängnis der Sozialhaushalte ist gesundheitsbezogenes Laienhandeln gesundheitspolitisch beachtlich, sondern auch bei vollen Kassen. Gesundheitsbezogenes Laienhandeln entfaltet sich in Bereichen, die den professionellen Dienstleistungen verschlossen sind, wie den Bereich der psychosozialen Unterstützung, die nur aus einer sehr persönlichen Beziehung heraus gegeben werden kann oder ihnen sehr schwer zugänglich sind, wie die häusliche Dauerpflege. Gesundheitsbezogenes Laienhandeln hat seine eigene Domäne, in der es durch professionelle Dienstleistung nicht ersetzt werden kann. Es ist die erste, aber naheliegende Ressource, die die Bürger befähigt, selbst ihre Situation zu meistern, aber auch die letzte Zuflucht, wenn alles andere versagt". (v. Ferber, 232).

Eine verbandsbürokratische oder angebotsorientierte Gesundheitsversorgung wird diesen Grundbedingungen nicht gerecht. Dies soll im folgenden anhand der Forderung konservativer Sozialpolitiker nach einer *"Kultur des Helfens"* deutlich gemacht werden. So schlägt beispielsweise Fink zur *"Schließung der Dienstleistungslücke"* vor, eine *"Kultur des Helfens"* zu schaffen.

"Wir brauchen eine Infrastruktur ehrenamtlicher Hilfen. Ehrenamtliche Arbeit kann oft unmittelbarer, natürlicher, wärmer sein, als professionelle, die immer auch eine gewisse Distanz voraussetzt. Es gibt Bereiche, wo professionelle Qualifikationen nicht notwendig sind, wo persönliche Betroffenheit die Hauptsache ist. Und: Betreuung bedeutet oft ganz schlicht: Zeit haben, Zeit haben für Alltäglichkeiten.

Der Staat kann ehrenamtliche Hilfe nicht verordnen. Er kann aber die Voraussetzung schaffen, unter denen ehrenamtliche Hilfe möglich wird. Ehrenamtliche Hilfen sind nicht voraussetzungslos. Unsere Aufgabe ist, Helfen leichter zu machen. Wir brauchen eine Infrastruktur für ehrenamtliche und freiwillige Hilfen. Darüber hinaus müssen die Fähigkeit und die Bereitschaft zum Helfen eingeübt werden." (Fink, 1988, 18)

Die Bereitschaft zum Helfen soll u.a. durch folgende Maßnahmen gefördert werden: " - *Aufwandsentschädigungen verschiedener Art müssen eingeführt werden. Zwar bleibt es bei dem Grundsatz, daß freiwillige Hilfe nicht bezahlt wird. Kosten darf sie die Gemeinschaft dennoch etwas.*

- *Pflege- und Erziehungsjahre in der Rentenversicherung;*
- *überdacht werden sollten z.B. auch sehr einfache Vorschläge*
- *wie etwa "freie Fahrt für freiwillige Helfer" (im öffentlichen Nahverkehr);*
- *Gutscheinsysteme in verschiedenen Formen, z.B. auch generationenübergreifende Selbsthilfegruppen, die Pflegeleistungen austauschen und Förderungen erhalten;*
- *Omaläden analog zu Kinder- und Schülerläden. Gedacht ist daran, auch hier Betroffene zusammenzuführen und ihnen gemeinsam die Betreuung ihrer Angehörigen zu erleichtern."* (Fink, 1988)

Auch wenn man bei Fink keine vordergründige Substitutions- oder Subsidiaritätsstrategie unterstellt, bleiben die Überlegungen doch weitgehend realitätsfern und problematisch. Dies soll im folgenden näher erläutert werden.

II. Selbsthilfe und Hilfsbereitschaft gegenüber dritten: empirische Forschungsergebnisse

Die empirischen Ergebnisse aus dem Forschungsverbund "Laienpotential, Patientaktivierung und Gesundheitsselbsthilfe" haben wichtige Begleitumstände und Voraussetzungen für Laienhandel und Selbsthilfe deutlich gemacht:

a) es gibt ein beachtliches Potential von Hilfebereitschaft, das bisher nicht genutzt wurde: so konnte die Untersuchung von GRUNOW u.a. (1983) im Sinne einer bisher noch nicht genutzten Hilfebereitschaft zeigen, daß

- 27 % bereit wären, kranken Familienmitgliedern konkret und praktisch zu helfen;

- 50 % bereit wären, auch dauerhafte Pflegetätigkeiten in der Familie durchzuführen;

- 37 % würden bei Bedarf Freunde und gute Bekannte mit Informationen unterstützen;

- Einfluß auf gesundheitsschädigendes Verhalten würden 36 % nehmen;

- 51 % wären bereit, die Nachbarn in Gesundheitsbelangen zu unterstützen;

- 45 % würden dies auch für Arbeitskollegen tun.

b) Es gibt eine in der Bevölkerung immer wieder zu beobachtende explizite Arbeitsteilung im Hinblick auf die Hilfeleistungen insgesamt, auf Arten von Hilfeleistungen und den daran beteiligten Personen (Personen, die Hilfe geben und Personen, die Hilfe annehmen); dies verweist darauf, daß es ein zum Teil explizites, zum Teil implizites Normen- und Erwartungsgefüge gibt, das die sozialen Bedingungen der Gesundheitsselbsthilfe "reguliert". Eine wichtige Rolle spielt die soziale Distanz der helfenden Person von der hilfebedürftigen Person. So zeigt sich, daß bei geringer sozialer Distanz (im engeren Familien- und Verwandtskreis) universell geholfen wird, d.h. weitgehend unabhängig von konkreten Anlässen und Ausgangssituation Hilfe geleistet wird. Die Unterstützung durch Dritte (z.B. haushaltsexterne Personen) ist dagegen an bestimmte Voraussetzungen gebunden bzw. spezifischer zugeordnet:
- für Freunde, Bekannte sind gemeinsame Freizeitaktivitäten, die der Gesunderhaltung dienen das wichtigste Unterstützungselement;
- für Verwandte sind es Maßnahmen zur Krankheitsfrüherkennung und praktische Hilfen bei der Krankheitsbewältigung sowie bei der alltagsbezogenen Entlastung kranker Haushaltsmitglieder;
- bei Nachbarn spielt die situationbenötigte praktische Hilfeleistung im akuten Krankheitsfall (z.B. bei Unfall, eiligem Krankenhaustransport u.ä.) die bevorzugte Rolle.

Im Hinblick auf die Arbeitsteilung innerhalb des Haushaltes bzw. der Familie läßt sich in verschiedenen Nuancen die ungleiche Beteiligung von Frauen und Männern belegen: Frauen (als Ehefrauen, Mütter, Töchter, Schwiegertöchter, Schwestern) leisten den weit überwiegenden Teil von gesundheitsbezogenen Unterstützungsleistungen - insbesondere wenn es um die aufwendigen, z.B. pflegerischen Tätigkeiten geht.

c) Es gibt erhebliche situationsbedingte Varianten für Breite und Intensität des Laienhandels: so zeigt sich beispielsweise eindeutig abnehmendes Hilfepotential in Abhängigkeit von den damit verbundenen Anforderungen und Belastungen. Während gelegentliche krankheitsbedingte Unterstützungserfordernisse von mehr als der Hälfte der Haushalte auch für längere Zeit geleistet werden kann, so reduziert sich das Hilfepotential auf 1/5 der Haushalte, wenn es sich um eine intensive Pflegetätigkeit über längere Zeit hinweg handelt.

Ein weiterer wichtiger Differenzierungsgesichtspunkt ist die Motivation zu spezifischem gesundheitsbezogenen Handeln; so zeigen sich hinsichtlich der "*sportlichen Betätigung*" deutliche Unterschiede, wenn man einerseits das Motiv der "*Gesunderhaltung*", andererseits das Motiv "*Spaß*" oder das Motiv der "*Geselligkeit*" als wesentlichen Antriebsfaktor zugrunde legt. Dies bedeutet, daß gesundheitsförderliche Handeln im Alltag nicht immer explizite gesundheits- oder krankheitsbezogene Motive und Ziele zugrunde liegen müssen (vgl. Engler, Grunow, 1987).

gewinnen sind. Für einzelne Gruppen von Betroffenen (z.B. chronisch Kranke) finden, nach vorliegenden Erfahrungen, unter Umständen bis zu 10 % (der Betroffenen) den Weg in Selbsthilfegruppen. Als Voraussetzung für eine Teilnahme an Selbsthilfegruppen gelten häufig die gleichartige Betroffenheit ihrer Mitglieder oder der Interessenten (z.B. durch eine bestimmte Krankheit). Die empirischen Ergebnisse zeigen jedoch, daß diese spezifische Krankheits- oder Beschwerdebelastung als unmittelbares Beitrittsmotiv bei den Personen, die den Selbsthilfegruppen aufgeschlossen gegenüberstehen nur eine geringe Bedeutung hat. Im Mittelpunkt steht stattdessen als Einzelmotiv die Bereitschaft, "anderen zu helfen". Als zweitwichtigster Grund wird die "Gegenseitigkeit der Hilfeleistung" in der Gruppe genannt: die Möglichkeit, sich mit Menschen aussprechen zu können, die die gleichen Probleme haben. Auch hier kommt also ein "Überhang" an Hilfebereitschaft zum Ausdruck, der u.U. in Selbsthilfegruppen nicht hinreichend eingebracht werden kann. Insofern läßt sich auch erklären, warum eine große Zahl von Selbsthilfegruppen nach außen gerichtet Aktivitäten entwickeln oder sich zur "Beratungsstelle mit Selbsthilfeetikett" wandeln (vgl. Trojan u.a. 1987).

e) die Wohlfahrtsverbände, die die "Organisation der Ehrenamtlichkeit" übernommen haben, können einen großen Teil der Hilfepotentiale nicht binden. Die bei ihnen vorherrschende bürokratische Struktur und die auch hier nicht einzudämmende professionelle Arroganz halten viele hilfsbereite Menschen von einem Engagement in Wohlfahrtsverbänden ab. Die Öffnung der Verbände zur Selbsthilfebewegung (insbesondere beim DPWV) zeigt das Bemühen, zumindest ein Teil der Potentiale in die Domänen der Verbände einzubinden. Bei genauer empirischer Prüfung läßt sich also zeigen, daß es durchaus ein beachtliches, bisher nicht genutztes bzw. nicht aktiviertes Potential für Laienhandeln und Selbsthilfe im Hinblick auf Gesunderhaltung und Krankheitsbewältigung gibt. Dieses Potential kann insbesondere durch die traditionellen Formen der verbandsbürokratisch organisierten Ehrenamtlichkeit nicht genutzt oder eingebunden werden; auch die Selbsthilfegruppen sind nur z.T. in der Lage, "überschießende" Hilfebereitschaft einzubinden. Es ist jedoch unzureichend, diese überwiegend organisatorischen Gesichtspunkte als Hauptschwierigkeit bei der Aktivierung des Laienpotentials anzusehen - auch wenn man nach wie vor die Verknüpfung alltäglicher Lebensgestaltung und organisierter alltagsüberschreitender Hilfeleistungen als wichtige Herausforderung einer bürgerorientierten Gesundheitspolitik ansehen muß.

Die wichtigste Auslassung der Vorschläge zur "Kultur des Helfens" liegt m.E. in der mangelnden Berücksichtigung von Reziprozitätsvorstellungen im Kontext alltäglicher im Rahmen primär sozialer Beziehung erbrachten Hilfeleistungen. Dies ist im nächsten Abschnitt näher zu untersuchen.

III. Die Normen der Reziprozität und die Schwierigkeiten, sich helfen zu lassen

Daß die Inanspruchnahme von Hilfe ein größeres Problem für die Bevölkerung ist (sein kann) als die Hilfebereitschaft gegenüber anderen, zeigen die folgenden Ergebnisvergleiche aus der Studie von Grunow u.a. (1983):

- Unterstützung durch die Familie lehnen 14 % der Befragten ab, Hilfe an die Familie lehnen aber nur 8,5 % der Befragten ab;
- Unterstützung durch Freunde und Bekannte lehnen 42 % der Befragten ab, Unterstützung an Freunde und Bekannte würden aber nur 20 % verweigern;
- Unterstützung durch Nachbarn lehnen 59 % der Befragten ab, Unterstützung an Nachbarn würden aber nur 35 % der Befragten verweigern;
- Unterstützung durch Arbeitskollegen würden 59 % der Befragten ablehnen, eine Hilfestellung für Arbeitskollegen würden aber nur 36 % verweigern.

Dieser deutliche Überhang von Hilfebereitschaft legt die Vermutung nahe, daß die Aktivierung prinzipiell vorhandener sozialer Ressourcen für die Gesundheitsselbsthilfe höchst voraussetzungsvoll und schwierig ist. Nicht nur hinsichtlich auf sozial distanzierter Personen (wie Nachbarn, Bekannte und Arbeitskollegen) existieren Ängste vor Abhängigkeit, Hilflosigkeit, Domäne- und Identitätsverlusten, die ein wechselseitiges Hilfe geben und Hilfe annehmen schwierig gestalten. Das folgende Zitat illustriert, wie nuanciert und sensibel mit diesbezüglichen Fragen umzugehen ist. Auf die Frage, an wen sich die Befragte im Krankheitsfall wenden könnte bzw. wer sich um sie kümmern würde, antwortet sie:

"Ich mein, das ist auch wieder so eine Sache. Jetzt, wo ich da die ganze Zeit gelegen bin, da habe ich auch nicht viel im Haushalt machen können. Meine Schwägerin und so, die haben sich alle angetragen, soll ich Dir was putzen, oder soll ich Dir was machen oder so. Da hab ich jedesmal neu gesehen - .... ein anderer hätte gesagt, vielleicht, ach ja, komm mal und mach mir das oder das, also da bin ich dann wieder so, da sag ich nein, das braucht ihr nicht machen, oder das geht schon so, und daß macht dann mein Mann und so. Obwohl ich manchmal denke, wenn sie einfach kommen würden und sagten, ich mach Dir das jetzt, das wäre mir dann oft recht gewesen, aber ich hätte nicht sagen können, ja, komm und hilf mir oder so. Das hätte ich nicht machen können. Warum, weiß ich auch nicht. Aber wenn sie jetzt gekommen wären und hätten gesagt, ich putz' Dir jetzt deine Fenster fertig aus, Du kannst es nicht machen, ich mach das jetzt, dann wär mir das schon recht gewesen, und ich hätte mich also auch riesig gefreut. Aber wenn man sagt, wenn Du mich irgendwie brauchst, dann sag' es, ja, ich sag' das auch oft so zu jemand, wenn Du irgendwelche Hilfe brauchst, dann kannst Du ruhig zu mir zurückkommen, aber da kommt dann auch niemand und sagt, machst Du mir das oder hilfst Du mir da. Und so, also da greif ich da immer wieder auf meine Schwester oder auf meine Mutter zurück, wenn irgendwie so was zu machen wär im Haushalt, wo ich es nicht erledigen kann oder machen kann" (Forschungsverbund 1987, 46).

An diesem Beispiel wird deutlich: Eine Unterstützung bei Gesundheitsproblemen wäre schon wünschenswert, aber nur wenn sie spontan und ohne Anfrage erfolgt. Derartig nuancierte Überlegungen gelten jedoch nicht nur für Personen mit größerer sozialer Distanz zu der hilfebedürftigen Bezugsperson. Sie zeigt sich auch im Verhältnis der Familienmitglieder und insbesondere auch der Ehepartner. Zwar gehört die funktional unspezifische Hilfeverpflichtung - nach vorliegenden empirischen Ergebnissen - zu den weithin akzeptierten Grundlagen der Institution Familie, so daß auch für die Krankheitsbewältigung und Gesundheitsselbsthilfe die Reziprozitätsnorm als Austausch zwischen Ehepartnern anerkannt wird, doch erfährt diese normativ geltende Reziprozität in ihrer alltagspraktischen Interpretation und der Konkretisierung im Handeln erhebliche Variationen bzw. nur noch abgeschwächt und relativiert Beachtung.

Fast alle Äußerungen zum Thema Reziprozität der Hilfen zur Gesundheitserhaltung und Krankheitsbewältigung enthalten zwar im Grundsatz die Auffassung, daß für Ehepartner eine Verpflichtung zur gegenseitigen Hilfe besteht, diese Verpflichtung wird aber von einem Teil der Befragten je nach Dauer und Schwere der Erkrankung modifiziert. In eher abstrakten bejahenden Aussagen zur Gegenseitigkeit der Hilfeleistungen gibt es eine Vielzahl kritisch differenzierter Aussagen, die auf die Schwierigkeiten gegenseitiger Unterstützung verweisen.

"*Das war sehr schwierig bei meiner Frau, daß sich das eben so in die Länge zog mit dieser Kiefernsache. Das fiel mir sehr schwer. Da hab' ich auch gefühlt, daß das von mir hinterher keine Hilfe mehr war, die ich ihr geben konnte. Teilweise schon, höchstens das Vertrauen, daß sie wußte, daß ich da bin. Also daß, was getan werden mußte, was ich so erfüllen mußte, das hab' ich wohl gemacht. Bloß war das manchmal nicht so vielleicht liebevoll, wie es sein kann, manchmal war so irgendwie ein Widerwille da.*" (Herr F.)

"*Wenn ich durchhänge, bekomme ich wenig Unterstützung. Wenn ich irgendein bestimmtes Problem hab', das jetzt nur eine andere Beziehung betrifft, dann kann ich schon mit ihm drüber reden. Aber wenn ich jetzt selber so durchhänge und selbst nicht weiß, was das ist jetzt mit mir oder so, dann spür' ich irgendwo auch seine Hilflosigkeit und von daher bekomme ich wenig Unterstützung*". (Frau G.)

"*Ich denk mir halt, der macht sich dann auch irgendwie Sorgen, und das möcht ich ihm halt ersparen. Dann ist das eigentlich bei uns schon so, von jeher, er sagt eigentlich nicht groß zuerst was, wenn ihm was wehtut und weil er dann das eben für sich zuerst behält, dann denkt man, da kommst du mit deinen Wehwehchen und so, dann denkt er, du bist wehleidig, und dann behält man das zuerst für sich.*" (Frau H.) (Grunow u.a. 1984, 141)

Die Beispiele zeigen deutlich, daß die Reziprozitätsnorm keinen hinreichenden Orientierungsrahmen für die Gesundheitsselbsthilfe darstellt. Problematisch ist die Entscheidung darüber, was wechselseitig in die "Waagschale" der Reziprozität geworfen wird bzw. werden soll und die Frage, wie gleichgewichtig oder ungleichgewichtig diese jeweiligen Beiträge der Ehepartner sind. Da gerade im Hinblick auf Krankheitsereignisse und -folgen kaum eine Vorhersage über wechselseitige Überlastungen möglich sind und da die objektiven Bedingungen für eine Hilfe oft nicht gleich verteilt sind, müssen "asymmetrische" Verteilungen von Hilfeleistungen einkalkuliert werden. Außerdem müssen ggf. ganz andere Beiträge zur alltäglichen Lebensgestaltung (Einkommenssicherung, Freizeitaktivitäten, Kinderbetreuung usw.) in das Reziprozitätskalkül einbezogen werden. Anderen etwas schuldig zu bleiben, ist nach den vorliegenden empirischen Ergebnissen für die meisten Befragten sehr viel schwieriger, als "überproportional viel zu geben".

Die "bezahlte Dienstleistung", für die derartige Reziprozitätsüberlegungen über den Preis abgewickelt werden, stellen deshalb oft eine favorisierte Lösung dar. Allerdings gibt es hierfür einige gravierende Einschränkungen: Einerseits lassen sich für bestimmte Hilfeleistungen im Alltag keine bezahlten Dienste organisieren; zum anderen fehlen oft die finanziellen Ressourcen, um eine solche Hilfe "einzukaufen"; und schließlich droht dabei der Verlust der eigenen Autonomie, der eigenverantworteten Gestaltung von Hilfebeziehungen und Hilfeleistungen, so daß das Einsetzen eines "professionellen Regimes" nur in Situtationen absoluter Hilflosigkeit als Alternative angesehen werden kann. Es bleibt in allen übrigen Fällen nur die Möglichkeit, die schwierige Aufgabe die Inanspruchnahme von Hilfeleistungen aus dem sozialen Netz und durch das System professioneller Leistungen zwischen den Extremen der vollständigen Autonomie und der völligen Abhängigkeit zu "balancieren".

Die Schwierigkeit, sich helfen zu lassen bzw. Hilfe anzunehmen wird dann zum Problem, wenn ein entsprechender Unterstützungsbedarf zunimmt - wie z.B. im Hinblick auf Krankheitsepisoden, generall aber im Hinblick auf die späten Lebensphasen. In einer Studie über die Lebenssituation älterer Menschen in drei ländlichen Gemeinden zeigt sich folgendes Ergebnis (vgl. Grunow,Radebold 1990):

10,3 % der befragten Personen (60 Jahre und älter) fällt es schwer, mit anderen Personen in Kontakt zu kommen; Hilfe von anderen anzunehmen bereitet 30,2 % der Befragten Schwierigkeiten; und andere um einen Gefallen zu bitten, halten 45 % für sehr schwer oder ziemlich schwer. Ganz leicht fallen diese Aktivitäten nur 30,2 % bzw. 10,1 % bzw. 6,7 % der Befragten. Damit werden die zuvor beschriebenen, indirekt erschlossenen Ergebnisse über die Schwierigkeiten und Barrieren, Hilfe anzunehmen, in Form expliziter Aussagen bestätigt. Eine weitere Frage befaßte sich indirekt mit der Reziprozitätsnorm: "Finden Sie, daß Sie alles in allem mehr für andere tun, als Sie selbst bekommen - oder finden Sie, daß Sie selbst eher mehr erhalten?" Hier sprechen 53,2 % der Befragten von einem ungefähr ausgeglichenen Verhältnis; 29,6 % sagen, daß sie eher mehr geben; 15,8 % daß sie von anderen eher mehr Unterstützung erhalten. Auch hier zeigt sich - trotz der höheren Altersgruppen, die im Mittelpunkt der Untersuchung standen -, daß die Hilfeleistung für andere mehr Gewicht hat als die Inanspruchnahme der Hilfe Dritter.

Beachtenswert ist bei der näheren Betrachtung dieser Ergebnisse, daß es sich um einen relativ "eigenständigen Faktor" handelt, der zumindest durch die soziodemographischen und sozioökonomischen Standardfaktoren nicht erklärt werden kann. Nur die folgenden sehr schwach ausgeprägten (nicht signifikanten) Tendenzen lassen sich aufzeigen:

- Die Frauen haben geringfügig mehr Schwierigkeiten Hilfe anzunehmen oder um Hilfe zu bitten;
- Mit der Zunahme von notwendigen Unterstützungsleistungen (gemäß der ADL-Skala) ergeben sich (überraschenderweise) geringfügig größere Schwierigkeiten Hilfe anzunehmen; dies ist insofern überraschend, weil hier schon ein entsprechender Hilfebedarf sichtbar und "etabliert" ist;
- Die deutlichsten Variationen finden sich zwischen ledigen und verheirateten Personen: Verheiratete Personen haben besonders große Schwierigkeiten, andere um einen Gefallen zu bitten (49,2 %); bei den Ledigen sind es hier nur 36 %; dagegen haben Ledige überproportional große Schwierigkeiten, Hilfe anzunehmen (40 %); bei den Verheirateten sind es hier 34 %. Ein ähnliches Bild zeigt sich auch bei der Betrachtung der Haushaltsgröße, wobei die Personen aus Mehr-Personen-Haushalten etwas seltener über die diesbezüglichen Schwierigkeiten berichten.

Das Alter, die Schulbildung, die Selbsteinschätzung der Gesundheit sowie die Zahl der Krankheiten und Beschwerden zeigen keinerlei Zusammenhänge mit der Frage, ob es schwerfällt, jemanden um einen Gefallen zu bitten bzw. ob es schwerfällt Hilfe anzunehmen. Dieses Phänomen, das die Möglichkeiten der Aktivierung von Laienhandeln und Selbsthilfe in erheblichem Maße beeinflussen kann, entzieht sich also einer einfachen Interpretation und Erklärung. Ein Teil der Ursachen sind wahrscheinlich als Persönlichkeitsmerkmale relativ dauerhaft und fest verankert, z.T. sind es Ergebnisse spezifischer biographischer Erfahrung, die sich auf die Austauschprozesse im primären sozialen Netz der Bezugspersonen beziehen. Dies läßt sich jedoch aus dem vorliegenden Material nicht weiter überprüfen oder differenzieren. Im abschließenden Abschnitt soll deshalb noch einmal die Frage nach den gesundheitspolitischen Implikationen dieser empirischen Ergebnisse gestellt werden.

4. Gesellschaftliche Rahmenbedingungen für die Fortentwicklung und Nutzung des Laienpotentials

Die im Forschungsverbund zusammengetragenen Ergebnisse über "Laienpotential und Selbsthilfe im Gesundheitswesen" haben nicht nur den Umfang und die weitgehende Unersetzbarkeit der Hilfen aus dem sozialen Netz sichtbar gemacht, sondern auch auf Lücken und aktuelle bzw. zukünftige Risiken hingewiesen. In vielen Bereichen zeigen die Forschungsergebnisse, daß soziale Netze im Schwinden begriffen sind oder über alle Maßen belastet werden. Dies ist keineswegs eine Folge abnehmender individueller Hilfebereitschaft, sondern die Auswirkung einer in unserer Gesellschaft komplizierter gewordener informalen Gestaltung von Hilfe geben und Hilfe nehmen. Einige der wichtigsten gesellschaftlichen Rahmenbedingungen seien hier kurz skizziert:

a) Die demographische Entwicklung sowie die Gestaltung von Lebensphasen und Familienzyklen zeigt insgesamt eine größere Flexibilisierung der Lebensverläufe, doch mit deutlichen Trends zur Verkleinerung der Haushalte bzw. der Familien: Zunahme von Ledigen, Paaren ohne Kinder, Alleinerziehenden, Geschiedenen usw. Insgesamt führt dies zu einer Verringerung des sogenannten primären sozialen Netzes der einzelnen Personen in der Bevölkerung. Damit verlagern sich Prozesse des Helfens und des sich Helfenlassens in zunehmendem Maße auf andere Personengruppen des sozialen Netzes, bei denen kompliziertere Formen der Arbeitsteilung und "riskantere" Modelle der Reziprozität zu berücksichtigen sind.

b) Zum Teil in Abhängigkeit von den zuvor beschriebenen Entwicklungen, zum Teil aber auch unabhängig davon lösen sich Norm- und Erwartungsmuster sowie Rollenvorschriften und informelle Formen der Arbeitsteilung im sozialen Netz auf. Hilfeleistungen sind nicht mehr ohne weiteres selbstverständlich; einem anderen Menschen etwas zu schulden, erscheint weniger leicht akzeptabel. Die geschlechtsspezifische, aber auch die alterspezifische Arbeitsteilung muß vielfach neu bedacht und neu begründet werden. Dies schließt in Einzelfällen nicht aus, daß sich Bereiche, mit "selbstverständlichen Erwartungsmustern" erhalten haben; so zeigen die Untersuchungen in den ländlichen Gemeinden, daß hier familiäre Hilfe weitgehend noch als unüberwindliche soziale Norm besteht - auch wenn die Erfüllung dieser Norm in vielen Einzelfällen zu einer erheblichen Überlastung der daran beteiligten Personen (insbesondere Ehefrauen und Töchter/Schwiegertöchter) führt.

c) Die Modellvorstellung vom "Homo oeconomicus" hat auch Auswirkungen auf gesundheitsbezogenes Laienhandeln und Selbsthilfe. Der empirische Beleg für die Leistungen der Gesundheitsselbsthilfe läßt sich nur dann nachhaltig und wirksam belegen, wenn sie in finanziellen Kosten (zu Marktpreisen) definiert werden können. Dabei erschwert die zunehmende Orientierung an kurzen Zyklen der Kosten-, Ertrags-- Bilanz die Überlegungen zur mittelfristigen oder langfristigen Reziprozität (z.B. im Sinne eines Generationenvertrages). In einem solchen, gesellschaftlich dominierenden Bewertungsrahmen wird altruistisches Handeln zunehmend suspekt (Was mögen für hintergründige Motive existieren?) und läßt sich kaum als Positivbeispiel sozialen Handelns begründen. Dies macht es zugleich plausibel, daß es leichter fällt, nach dem Preis einer Dienstleistung zu fragen, als um Hilfe und Unterstützung zu bitten.

Insgesamt ergibt sich eine deutliche Entwicklung zur Individualisierung und Flexibilisierung von Erwartungsmustern und Gestaltungsformen alltäglicher Hilfe und Inanspruchnahme von Hilfe. In größerem Maße als bisher müssen die konkreten Rahmenbedingungen, die Reziprozitätsnormen und die netzinterne Arbeitsteilung von Fall zu Fall konkret ausgehandelt werden. Empirische Studien zur Versorgung unterstützungsbedürftiger älterer Menschen zeigen, daß diesbezügliche Fragen lange Zeit unausgesprochen bleiben, daß widersprüchliche Erwartungen sich herausbilden und im konkreten Problemfall unzureichende ad hoc - Lösungen oder "radikale" institutionelle Problemlösungen die Folge sind.

Eine Gesellschaftspolitik, die die Hilfepotentiale in der Bevölkerung im Rahmen sozialer gesundheitsbezogener Problemkonstellationen aktivieren möchte, ist dementsprechend gehalten, die Voraussetzungen und Schwierigkeiten der Aktivierung sozialer

Hilfenetze zu beachten. Die Propagierung einer "Kultur des Helfens" reicht aber ebensowenig aus wie die implizite Unterstellung, die informelle Norm reziproker Hilfeleistungen im sozialen Netz würden auch weiterhin die Hauptlast bestimmter Leistungserfordernisse tragen (wie z.B. die Pflege von schwerkranken und behinderten Personen). Es ist vielmehr nötig, diese Bedingungen explizit zu machen und in die gesellschaftliche und gesellschaftspolitische Diskussion einzubringen. Es ist auch eine Folge der Modernisierung unserer Gesellschaft, daß diese Themen explizit und rational diskutiert werden müssen, mit Empathie und Nüchternheit, ohne romantisierende Selbstverpflichtung und Schönfärberei. In diesem Sinne tragen die von Chr. von Ferber selbst durchgeführten und geförderten Forschungsarbeiten über die sozialen und gesundheitsbezogenen Sicherungssysteme der Bundesrepublik zur Sichtbarmachung dieser gesellschaftlichen Widersprüche, Konflikte und Entwicklungsprozesse bei und leisten ein wesentliches Stück soziologischer Aufklärung.

Literatur

Engler, R., Grunow, D. (1987) Gesundheitsbezogenes Alltagshandeln im Lebenslauf. Kleine Verlag, Bielefeld

Fink, U. (Hg.) (1988) Der neue Generationen Vertrag. Ich für Dich. Die Zukunft der sozialen Dienste. Piper, München

Forschungsverbund, Laienpotential, Patientenaktivierung und Gesundheitsselbsthilfe (Hg.) (1987) Gesundheitsselbsthilfe und professionelle Dienstleistungen. Springer Verlag, Berlin, New York

Grunow, D. u.a. (1983) Gesundheitsselbsthilfe im Alltag. Enke, Stuttgart

Grunow, D. u.a. (1984) Gesundheitsselbsthilfe durch Laien. Erfahrungen, Motive, Kompetenzen. Ergebnisse einer qualitativen Intensivstudie. Kleine Verlag, Bielefeld

Grunow, D., Radebold, H. (1990) unveröffentlichte Teilergebnisse aus dem Projekt "Lebensverhältnisse und Bedürfnisentwicklung älterer Menschen und gesundheitsbezogene Bedarfsdeckung in einer ländlichen Region", Duisburg, Kassel

Trojan, A., Halves, E., Wettendorf, H.W. (1987) Handlungsfelder und Entwicklungen von Selbsthilfegruppen, in: F.X. Kaufmann (Hg.): Staat, intermediäre Instanzen und Selbsthilfe. Oldenbourg, München, 175-194

Friedhart Hegner

Angebotsketten und verkettete Organisationsprinzipien der Versorgung

Perspektiven für die Gestaltung der Sozial- und Gesundheitsdienste in West- und Ostdeutschland.

1. Vorbemerkung: zur Aktualität ordnungspolitischer Fragestellungen

Schon in den 60er Jahren, als ich Christian von Ferber noch nicht persönlich kannte, haben mich an seinen Schriften zwei Dinge besonders fasziniert (vor allem: von Ferber, 1967, 1968, 1971):

- die Bereitschaft, sich auf die organisatorischen und prozeduralen Alltagsaspekte sozial- und gesundheitspolitischer Fragestellungen einzulassen, obwohl dadurch elegante theoretische Entwürfe, die beim wissenschaftlichen Publikum gut ankommen, enorm erschwert werden, sowie
- die Fähigkeit, trotz der notwendigen Sorgfalt im Detail bei der Beschäftigung mit institutionellen Einzelfragen und empirischen Daten fast niemals die ordnungspolitischen Leitfragen und theoretischen Grundorientierungen aus den Augen zu verlieren.

Diese beharrliche Doppelgleisigkeit des Forschens und Lehrens scheint mir die Voraussetzung dafür zu sein, daß wissenschaftliche Erkenntnisse praktisch wirksam werden können, ohne politisch-administrativen Modethemen und Schlagworten zu verfallen, die stets kurzatmig sind und in der Praxis allzu leicht bei kosmetischen Korrekturen enden.

Die gebotene Kürze der folgenden Überlegungen zwingt mich dazu, auf organisatorische und prozedurale Details einer Reform der Sozial- und Gesundheitsdienste anläßlich der Zusammenführung von DDR und BR Deutschland zu verzichten. Stattdessen werden lediglich einige theoretische Grundorientierungen in schematisch vereinfachter Form dargestellt. Dabei wird angeknüpft an ordnungspolitische Fragestellungen, die seit der Entstehung der zeitgenössischen "*socialen Politik*" im 19. Jahrhundert immer wieder diskutiert worden sind (Pankoke, 1970), wenn die realen gesellschaftlichen Veränderungen dazu zwangen, das "*Konstruktionsprogramm*" des Systems der sozialen Sicherung zu überdenken (von Ferber, 1967, 1971).

In einer solchen Phase grundlegender Veränderungen befindet sich gegenwärtig die DDR. Dort sind keineswegs nur mit Bezug auf das Wirtschaftssystem fundamentale Reformen erforderlich (Gutmann, Klein 1990, Haffner, 1990). Vielmehr bedarf auch das "Konstruktionsprogramm" (von Ferber) der sozialen Sicherung und der Wohlfahrtspflege grundlegender Veränderungen (Vortmann, 1985, 1989). Sie erfordern theoretische und ordnungspolitische Orientierungspunkte. Nur so können ausschließlich interessenbedingter machtpolitischer Wildwuchs ebenso vermieden werden wie ein völliger Verlust sozialer Identität, der notwendigerweise mit Desorientierung, Verhaltensunsicherheit und angstbedingten sozialen Unruhen verbunden ist. Grundsätzlich stehen zwei Wege offen, um zu solchen Orientierungspunkten für eine gemeinsame Sozial- und Wohlfahrtspolitik zu gelangen:

- Der DDR wird gegen den Widerstand oder bei völliger Apathie der gewachsenen Organisationen und Prozeduren sowie mit hohen Reibungsverlusten oder bei völlig fehlender Eigeninitiative, d.h. mit hohen materiellen und sozialen Kosten, das bundesdeutsche "Konstruktionsprogramm" der sozialen Sicherung und Wohlfahrtspflege übergestülpt. Dabei wird ihr keinerlei Zeit für ordnungspolitische Diskussionen und Entscheidungen gelassen.
- In der BR Deutschland wird der Prozeß des Zusammenwachsens der beiden Staaten zum Anlaß genommen, zunächst das eigene "Konstruktionsprogramm" systematisch zu überdenken, um es sodann an die veränderten gesellschaftlichen Verhältnisse in einem neuen staatlichen Gebilde anzupassen. Dabei wäre dann auch zu prüfen, welche Gestaltungsansätze aus der DDR in modifizierter Form übernommen werden können. Ein solches abgestuftes Vorgehen ließe den Ostdeutschen Zeit und Gelegenheit, eigene Initiativen zu entfalten und schrittweise zu einer neuen sozialen Identität zu gelangen.

Beide Wege sind mühsam. Nur scheinbar bietet der erstgenannte Weg den Vorteil der schnellen Bewältigung dringender sozialer Probleme; scheinbar deshalb, weil die Folgeprobleme und -kosten des Überstülpens erst im Laufe der Zeit voll zutagetreten werden, wenn sich die Widerstände gegen ein als fremd empfundenes System von Rechten, Pflichten und Prozeduren im Alltag auswirken. Auf der anderen Seite kann der zweitgenannte Weg keineswegs mit einem großen Zeitverzug beschritten werden, denn allzu drängend sind in der DDR die sozialen Anpassungsschwierigkeiten bei der Übernahme marktwirtschaftlicher Formen der Versorgung mit Sachgütern, Dienstleistungen und Geldmitteln. Vielmehr kommt es darauf an, zügig und gezielt die in der BR Deutschland seit Ende der 70er Jahre geführte Diskussion um die institutionelle Gewichtung, Abgrenzung und Verzahnung einzelner Formen der Fremdversorgung über Markt und Staat sowie der Selbstversorgung über Eigenhilfe und Selbstorganisation fortzuführen, um daraus Konsequenzen für die notwendige Neugestaltung der Sozial-

und Gesundheitsdienste zu ziehen (Badura, Gross, 1976, Kaufmann, 1979, Hegner, 1979, Badura, von Ferber 1981, Kaufmann 1982, Krüger, Pankoke 1985, Heinze 1986, Opielka, Ostner, 1987). Mit Blick auf die Weiterentwicklung der europäischen Integration müßten dabei auch Denkansätze und Erfahrungen aus anderen Ländern berücksichtigt werden (Kaufmann, Majone, Ostrom, 1986).

Die folgenden Überlegungen bauen auf den genannten Diskussionen der 70er und 80er Jahre auf und versuchen in holzschnittartig vereinfachter Form, ein begrifflich--theoretisches Raster vorzustellen, das zweierlei leisten soll:

1. praxisleitende Orientierungspunkte geben für die Planung und Organisation ■ Angebots- und Akteursketten auf lokaler und regionaler Ebene, sowie

2. ordungspolitische Leitgedanken bereitstellen, um von den bisherigen sowohl unfruchtbaren als auch wirklichkeitsfremden Schwarz-Weiß-Dichotomien wie 'Staat oder Markt' und 'Staat oder Selbsthilfe' und 'Markt oder Selbstversor g u n g ' wegzukommen.

Mit beiden Absichten soll dazu beigetragen werden, eine gemeinsame gedankliche Ausgangsbasis für den zeitlich parallelen ostdeutschen Aufbau und westdeutschen Umbau des Systems der sozialen Sicherung und Wohlfahrtspflege zur Diskussion zu stellen. Dessen "Konstruktionsprogramm" darf nicht - zumindest nicht nur - auf ideologischen Schwarz-Weiß-Bildern nach dem Motto 'schlechte staatliche Planwirtschaft' versus 'gute soziale Marktwirtschaft' beruhen. Vielmehr muß es - zumindest auch - auf empirisch fundierte Entscheidungen über zweckmäßige Kombinationen von Angeboten, Organisationsprinzipien und Prozeduren gegründet sein, also auf Formen der "*sozialen Aktion*" (Hegner, 1979, 1985a).

Die Beurteilung der Zweckmäßigkeit oder Angemessenheit der Komponenten eines solchen "Konstruktionsprogramms" kann je nach Erkenntnisinteresse unter vier Blickwinkeln erfolgen, die in den folgenden Abschnitten skizziert werden:

- Perspektive der Problembetroffenen (potentielle/aktuelle Nutzer von Angeboten) und der zu bearbeitenden Probleme
- Perspektive der Anbieter und Angebotsträger (z.B. kirchliche Sozialstation, Altenheim eines Wohlfahrtsverbands, kommunale Sozialverwaltung, Kranken- oder Rentenversicherungsträger)
- Perspektive der Angebotsentstehung (Prozeß der Planung und Implementation von Diensten, Leistungen oder Einrichtungen)
- Perspektive der Angebotsübermittlung (Prozeß der Selektion von Adressaten, der Zusammenführung von Angeboten und Adressaten sowie der Interaktion mit den Nutzern).

Jeder einzelne Blickwinkel, aber auch die Überschneidung mehrerer Perspektiven dient dazu, die verschiedenen Komponenten, die in jedem sozialen Dienstleistungsangebot enthalten sind, genauer zu beleuchten. Diese facettenreiche Analyse ist die unerläßliche Voraussetzung für die Suche nach dem jeweils problemadäquaten 'Wohlfahrtsmix'.

2. Unterschiedliche Angebotsketten: vielfältige Anworten auf soziale Probleme

Ausgangspunkt der Suche nach dem jeweils problemadäquaten 'Wohlfahrtsmix' ist die gleichermaßen pragmatische wie normative Frage, welche Angebote am besten geeignet sind, ein bestimmtes soziales Problem zu bewältigen (Hegner, 1985b; 1986a). Dabei werden soziale Probleme in Anlehnung an Robert K. Merton (1971) abstrakt definiert als Diskrepanzen zwischen a) gesellschaftlich anerkannten, d.h. beispielsweise rechtlich verankerten, Standards des materiellen und psychosozialen Wohlbefindens sowie der Teilhabe an Sachgütern, Dienstleistungen und Entscheidungsprozessen einerseits und b) empirisch feststellbaren Mangelsituationen hinsichtlich des tatsächlichen Befindens oder der faktischen Teilhabe andererseits. Konkret sind soziale Probleme beispielsweise gesetzlich definiert als Mangel an Ernährung, Kleidung oder Unterkunft im Sinne des Bundessozialhilfegesetzes (BSHG), an Gesundheit oder an Möglichkeiten zur Verhütung von Krankheit im Sinne des Gesundheitsreformgesetzes (GRG) und an Einkommen nach Verlust des Arbeitsplatzes oder an Möglichkeiten, ausschließlich aus eigener Kraft einen neuen Arbeitsplatz zu finden, im Sinne des Arbeitsförderungsgesetzes (AFG). Neben derartigen gesetzlich definierten sozialen Problemen stehen die Problemwahrnehmungen und Hilfeerwartungen der Betroffenen sowie ihrer Fürsprecher und Interessenvertreter. Sie sind keineswegs immer deckungsgleich mit den gesellschaftlich akzeptierten Problemdefinitionen. Daraus können Forderungen nach einer Revision sowohl der Standards des Wohlergehens (z.B. "Bedarfsnormen") als auch der Mangeldefinition und der Verfahren zur Mangelbeseitigung resultieren (von Ferber 1977; Albrecht 1977; Hegner 1980). Derartige Abweichungen zwischen den gesellschaftlich akzeptierten und den erlebten oder für wichtig angesehenen sozialen Problemen werden über Jahre hinweg ein Kennzeichen der sozialpolitischen Diskussionen sein, die das Zusammenwachsen der beiden deutschen Staaten begleiten.

Aus dem Blickwinkel derjenigen, die von bestimmten Problemen (materieller, psychischer, somatischer etc. Art) betroffen sind, geht es in erster Linie um die Frage nach den verfügbaren bzw. erreichbaren Arten von Angeboten, die bei der Milderung oder Beseitigung von Mangelsituationen helfen können. Hier sind Unterschiede auf zwei Ebenen zu beachten (vgl. Abbildung 1):

- Zum einen sind hier die unbezahlten Angebote in Form der Eigenhilfe im Familien- oder/und Nachbarschaftskontext oder der Selbsthilfe in selbstorganisierten Gruppen sowie die bezahlten berufsmäßigen Angebote erwerbswirtschaftlicher oder staatlicher Art zu unterscheiden (Hegner, 1979, 1985a).
- Zum zweiten geht es um den Unterschied zwischen ambulanten, teilstationären und stationären Dienstleistungsangeboten sowie zwischen Geld-, Sach- oder Dienstleistun-

gen und Infrastruktureinrichtungen. Mit Blick auf die dominierende Art der Einflußnahme auf die Mangelsituationen kann hier auch zwischen rechtlichen, ökonomischen, ökologischen und pädagogischen Interventionsformen gesprochen werden (Kaufmann, 1982).

Abb. 1: Soziale Probleme und Grundformen der Problembewältigung

Bewältigung von a) ausschließlich individuell erlebten und b) auch gesellschaftlich anerkannten sozialen Problemen

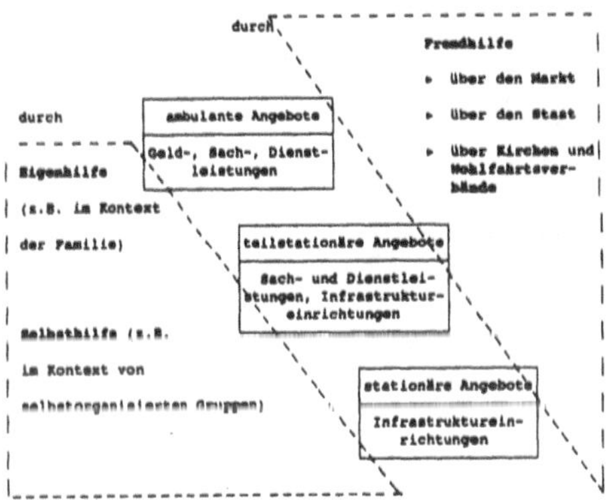

Je nach Art und Intensität des psychischen, somatischen, ökonomischen etc. Problems sind die einzelnen Arten von Angeboten besser oder schlechter für die Problembewältigung geeignet. Deshalb sind die Kriterien für die genaue Beurteilung eines sozialen Problems ein unverzichtbarer Startpunkt jeder Auswahlentscheidung bezüglich der Gestaltung von Angeboten (Leistungen, Dienste, Einrichtungen).

Dabei sind zwei prinzipielle Merkmale sozialer Probleme zu beachten: a) Oftmals sind die Hilfebedürftigen von einer Mehrzahl von Defiziten betroffen, also beispielsweise von fehlenden Geldmitteln, schlechter Gesundheit, seelischen Depressionen und unzureichender Fähigkeit zur Artikulation oder Durchsetzung ihrer Anliegen. b) Alle Problembetroffenen befinden sich jeweils in einer bestimmten Phase ihres Lebenszyklus und ihrer Problem-'Karriere'. Sie befinden sich also prinzipiell immer in einem Stadium des Übergangs. Der Problemvielfalt und der Problemveränderung versucht man von seiten der Träger oder Anbieter sozialer Dienstleistungen etc. durch sogenannte Versorgungsketten zu begegnen, d.h. durch mehr oder weniger gut aufeinander abgestimmte Arten von Angeboten. Solche Angebotsketten können sehr unterschiedlich strukturiert sein:

- als Versorgungsschienen mit starren Vorgaben bezüglich des Übergangs von einer Angebotsart zur nächsten sowie mit geringen Optionen für eine 'Umkehr' des Problembetroffenen (so beispielsweise im Falle der "Drehtürpsychiatrie" oder der "Hospitalisierung" Altersschwacher), oder aber

- als Versorgungsnetzwerke, wobei der Problembetroffene im Mittelpunkt steht und verschiedenartige Optionen bezüglich der Inanspruchnahme von und der Übergänge zwischen den einzelnen Angebotsarten hat.

Abbildung 2 illustriert sowohl die verschiedenen Dienstleistungsangebote als auch den Unterschied zwischen Versorgungsschiene und Versorgungsnetzwerk. Dabei stehen die berufsmäßigen Dienstleistungsangebote zwar im Vordergrund, jedoch sei nochmals auf die Bezüge zur Eigen- und Selbsthilfe verwiesen (Hegner, 1985a, 1985b). - Die zu treffende Auswahl-entscheidung bezieht sich gemäß Abbildung 2 auf die jeweils problemadäquate Strukturierung der Angebotsketten, also auf den Kettenmix.

Abb. 2: Aus dem Blickwinkel der Betroffenen: Angebotsketten

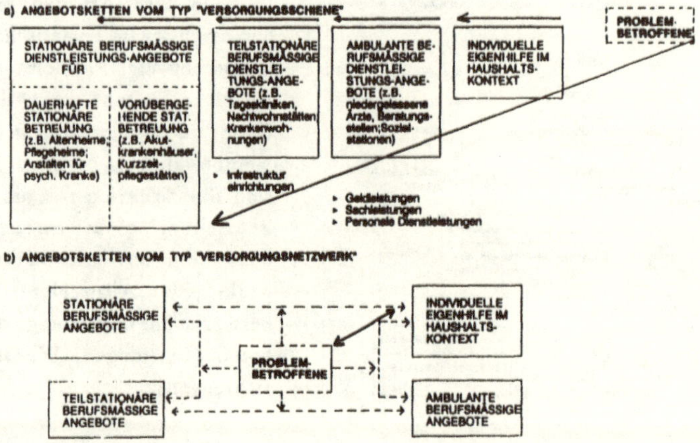

Zwar suggeriert die Versorgungsschiene öffentlich-bürokratisch geregelte Übergänge zwischen Angeboten, während das Versorgungsnetzwerk gedankliche Assoziationen zur 'Freiheit des Marktes' nahelegt; jedoch handelt es sich analytisch um zwei Arten der Strukturierung von Angebotsketten. Jede der beiden kann sowohl mit hierarchisch organisierter Redistribution durch staatliche Stellen als auch mit marktpreisgesteuertem Austausch zwischen Anbietern und Nachfragern einhergehen (Hegner, 1986a; Krüsselberg, 1986). Wie die makabren Beispiele des Drogenkaufs und -konsums bis hin zum "goldenen Schuß" oder des Alkoholmißbrauchs bis hin zum Korsakow' Syndrom zeigen, kennt auch der Markt Versorgungsschienen. Deshalb sind ordnungspolitische Schwarz--Weiß-Malereien viel zu pauschal, um entscheiden zu können, ob ein soziales Problem eher durch eine nahezu unumgängliche Versorgungsschiene wie beispielsweise im Falle der degenerativen Alzheimer' Krankheit oder durch ein Versorgungsnetzwerk wie etwa im Falle normaler Altersschwäche bewältigt werden kann.

3. Vielfältige Akteursketten: Versäulung oder Vermischung verschiedenartig organisierter Akteure

Wählt man nicht die Perspektive der Problembetroffenen, also der Hilfe- oder Leistungsbedürftigen, sondern diejenige der Anbieter, dann lautet die vorrangige Auswahlentscheidungsfrage: Welche Grundform der Organisation von Erbringung, Finanzierung und Übermittlung des Angebots ist am zweckmäßigsten?

Zur Auswahl stehen - grob vereinfacht - drei Grundformen (Gretschmann, 1986; Hegner, 1986b; Krüsselberg, 1986):

- Staat als Abkürzung für: hierarchische Redistribution in Verbindung mit einer funktionalen und hierarchischen Differenzierung zwischen Zentrumspositionen und Peripheriepositionen. Dabei ziehen die Zentrumspositionen per rechtlich kodifizierter Anordnung bestimmte Wirtschaftsgüter (z.B. Geld, Dienstleistungen, Sachgüter) an sich, während die Peripheriepositionen auf der Basis rechtlich kodifizierter Regelungen teils dem Zentrum bestimmte Wirtschaftsgüter zur Verfügung stellen (z.B. Steuern, Sozialabgaben) und teils im Wege der Redistribution vom Zentrum solche Güter zugeteilt bekommen. Beispiel: Der Staat (Bundesebene) erhebt Steuern von den Bürgern und transferiert einen Teil der Steuern an die öffentlichen Sozialhilfeträger (Kommunalebene), von wo sie auf der Basis des BSHG an die freigemeinnützigen Träger der Wohlfahrtspflege und an die Hilfebedürftigen transferiert werden (Schulte, TrenkHinterberger, 1982).

- Markt als Abkürzung für: Äquivalenten-Tausch von Wirtschaftsgütern zwischen formal gleichgestellten Marktteilnehmern (Anbietern, Nachfragern). Dabei tragen vor allem die Marktpreise, aber auch gesetzliche Verfahrensregeln (z.B. Wettbewerbsrecht) und vertragliche Abmachungen dazu bei, daß auf der Basis des Wettbewerbs die Bedarfsdeckung sowohl für die Anbieter als auch für die Nachfrager insgesamt gemäß dem Prinzip der Äquivalenz von Input und Output verläuft. Das heißt beispielsweise: Die gewerblichen Anbieter von Pflegediensten erwirtschaften trotz wettbewerbsgerechter Leistungsqualität aufgrund einer straffen Organisation und marktgerechter Preise ausreichende Überschüsse, und die Pflegebedürftigen erhalten rasche und fachlich kompetente Betreuung, wofür sie ein nach Preisvergleich für angemessen angesehenes Entgelt zahlen (Freier, 1989).

- Solidarische Selbstorganisation als Abkürzung für: weder über hierarchische Redistribution noch über Wettbewerb und Marktpreise, sondern über Reziprozität und Solidarität gesteuerter Austausch von Wirtschaftsgütern. Dabei erfolgen sowohl die Eigenbedarfsdeckung als auch der Naturalientausch teilweise im Rahmen institutionalisierter Eigenhilfe (z.B. im Familienkontext oder der ursprünglichen Diakonie und Caritas) und teilweise im Rahmen inszenierter Selbsthilfe (z.B. von den Beteiligten gegründete und gestaltete Gruppen). Der Austausch von Sachgütern oder Dienstleistungen vollzieht sich sowohl auf der Basis des Reziprozitätsprinzips ("do ut des") als auch auf der Grundlage von Solidarität ("einer für alle, alle für einen"). Beides beinhaltet mit Bezug auf einzelne konkrete Sach- oder Dienstleistungen ein - zumindest vorübergehendes - Ungleichgewicht zwischen dem aktuell Gebenden und dem aktuell Nehmenden. Jedoch handelt der Gebende in der sozial verankerten Erwartung, daß auch ihm gegeben wird, wenn er - später - einmal in Not ist (Hegner 1985a).

In Abbildung 3 werden diese drei Grundformen der Organisation von Erbringung und Übermittlung sozialer Dienstleistungen zu den verschiedenen Angebotsarten (gemäß Abschnitt 2) in Beziehung gesetzt. Die in der Praxis zu treffende grundsätzliche Auswahlentscheidung kann durch folgende Fragen umrissen werden (Dahl, Lindblom, 1953/1963, Teil V):

Abb. 3: Aus dem Blickwinkel der Organisation der Anbieter: Akteursketten

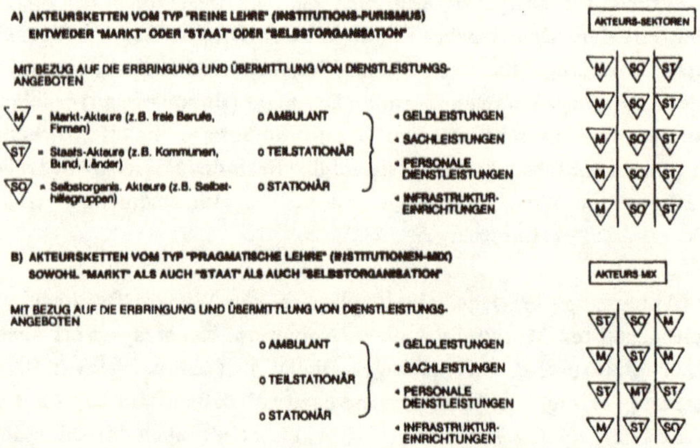

- Unter welchen Umständen ist es gemäß der "reinen Lehre" (z.B. des Manchesterliberalismus oder Staatssozialismus) zweckmäßig, bestimmte oder gar fast alle sozialen Probleme durch Angebote zu bewältigen, die ausschließlich entweder von Staats-Akteuren oder von Markt-Akteuren oder von Selbstorganisations-Akteuren erbracht, finanziert und übermittelt werden? In diesen Fällen wird eine Angebotskette ("Schiene" oder "Netzwerk") ausschließlich von Akteuren eines einzigen Sektors (Markt oder Staat oder Selbstorganisation)konstituiert.
- Welche Kombinationen von Akteuren aus unterschiedlichen Sektoren, also welche Verkettungen von 'Staat', 'Markt' und 'Selbstorganisation', sind gemäß der "pragmatischen Lehre" (z.B. des Ordoliberalismus oder demokratischen Sozialismus) zweckmäßig, um bestimmte Arten von Angeboten für die Bewältigung spezifischer sozialer Probleme zu erbringen, zu finanzieren und zu übermitteln? In diesen Fällen sind an einer Angebotskette (Schiene oder Netzwerk) ein oder mehrere Akteure aus verschiedenen Sektoren beteiligt.

Sind die Akteurs-Ketten homogen, so handelt es sich um eine inter-organisatorische Versäulung von Akteuren, die jeweils gemäß gleichartigen Prinzipien organisiert sind und funktionieren. Sind die Akteurs-Ketten demgegenüber heterogen, so besteht das Problem, Akteure mit jeweils verschiedenartiger spezifischer Eigendynamik miteinander zu vernetzen. Die Prozesse der inter-organisatorischen Versäulung und Vernetzung der organisierten Akteure und Akteursarten erfolgen teils durch hierarchische Regulierung, teils durch preisgesteuerten Äquivalenten-Tausch und teils durch den Koordinationsmechanismus des "*bargaining*", d.h. durch Aushandeln und Kompromißbildung (Dahl, Lindblom, 1953/1963). Demgegenüber eignet sich die solidarische

Selbstorganisation als Koordinationsmechanismus bei organisierten Akteuren nur dann, wenn bedrohliche Notlagen zur raschen Kombination von Ressourcen zwingen oder wenn es sich um einen kleinen Kreis einfach organisierter und miteinander vertrauter Akteure handelt (Kennet, 1980; Ouchi, 1980).

4. Wohlfahrtsmix I: problemadäquate Kombination von Angeboten und Akteuren

Betrachtet man die Frage der zweckmäßigen Problembewältigung unter beiden Blickwinkeln, also sowohl mit Bezug auf die Angebots-Ketten als auch mit Bezug auf die Akteurs-Ketten, dann spricht zweierlei für heterogene Akteurs-Ketten, also für einen "*Wohlfahrtsmix*" der Anbieterarten (Hegner, 1979; Dahme, Hegner, 1982):

- zum einen die Verschiedenartigkeit sozialer Probleme (psychischer, somatischer, finanzieller etc. Art) sowie deren Veränderung im Verlauf individueller Biographien und Problem-'Karrieren'. Beides erfordert mehrere Optionen für die Problembetroffenen. Genauer: sowohl mehrere Optionen, weil die Probleme und Individuen unterschiedlich sind, als auch mehrere Optionen, weil sich im Zeitverlauf die Beschaffenheit der Probleme und die Handlungsfähigkeit der Problembetroffenen verändern;

- zum zweiten die Verschiedenartigkeit der erforderlichen Angebote und Interventionsformen (Kaufmann 1982), die auf die Heterogenität und Dynamik der zu bewältigenden Probleme zugeschnitten sein müssen. Damit verbunden sind unterschiedlich aufwendige und komplexe Kombinationen von Geld- und Sachleistungen, professionellem Know-how für personale Dienstleistungen sowie infrastrukturellen Vorkehrungen für ambulante, teilstationäre und stationäre Angebote.

Die zu treffende Auswahlentscheidung wird durch folgende Frage verdeutlicht: Welche Angebotsarten, die mit Bezug auf bestimmte Probleme für zweckmäßig gehalten werden, können jeweils am besten durch eine bestimmte Verkettung von Akteuren, die auf unterschiedliche Weise strukturiert sind, erbracht, finanziert und übermittelt werden?

Abb. 4: Aus dem Blickwinkel sowohl der Anbieter als auch der Betroffenen: Wohl fahrtsmix I

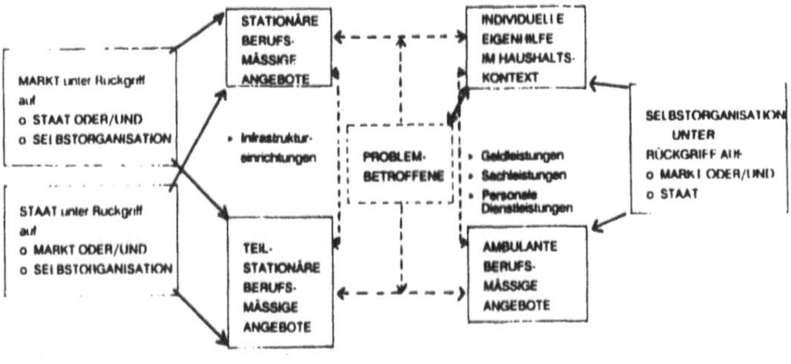

Abbildung 4 enthält nicht nur einen Überblick über die Angebotsarten und ihre Netzwerkstruktur, sondern auch den Versuch einer angebotsspezifischen Gewichtung der jeweils zweckmäßigen Akteurs-Ketten, also der Kombination von Staat, Markt und Selbstorganisation. Dabei wird Selbstorganisation bei den ambulanten Angeboten in den Vordergrund gerückt (unter Rückgriff auf Flankenschutz durch Markt und Staat), weil hier zum einen ein Höchstmaß an flexibler Abstimmung auf individuelle Lebenssituationen und Mitwirkungspotentiale erforderlich ist und weil zum zweiten nicht unbedingt oder ständig aufwendige und hochkomplexe Vorkehrungen zu treffen sind. Demgegenüber werden Markt und Staat bei den teilstationären und stationären Einrichtungen in den Vordergrund gerückt (unter Rückgriff auf Flankenschutz durch Selbstorganisation), weil hier dauerhaft teils baulich und personell aufwendige sowie teils technisch und professionell komplexe Vorkehrungen zu treffen sind. Innerhalb und im Umfeld der Einrichtungen (z.B. Krankenhäuser, Heime, Kindergärten) besteht allerdings Bedarf an Selbstorganisation, um trotz des Anstaltsbetriebs auf individuelle Lebenssituationen eingehen sowie Mitwirkungspotentiale aktivieren zu können. Das Letztgenannte ist besonders wichtig, wenn es um die Nachsorge im Anschluß an eine stationäre Plazierung geht (z.B. bei Krebskranken, Herzinfarktpatienten, Suchtkranken).

5. Wohlfahrtsmix II: verschiedenartige Akteursketten im Prozeß der Implementation von Angeboten

Für eine "pragmatische Lehre" vom Wohlfahrtsmix spricht aber nicht nur die Vielfalt der zweckmäßigen Zuordnungen von Angebotsarten und Akteurs-Ketten. Vielmehr rückt die Kombination von Markt, Staat und Selbstorganisation auch dann ins Blickfeld, wenn man den Prozeß der Planung und Implementation der Angebote näher betrachtet (Dahme u.a. 1980; Mayntz, 1980; Altenstetter, 1985). Gerade eine solche Prozeßperspektive macht deutlich, daß in den einzelnen Phasen der Erbringung und Übermittlung von Angeboten je nach Art und Umfang der benötigten Ressourcen ganz unterschiedliche Akteurs-Konstellationen benötigt werden.

So handelt es sich beispielsweise bei der Formulierung und Verabschiedung von Rechtsnormen primär um staatliche Akteurs-Ketten auf Bundes-, Landes- und Kommunalebene. Sie können allerdings den Hintergrundeinflußversuchen von Markt-Akteuren (z.B. Lobbies) ausgesetzt sein. Demgegenüber wirken bei der Bereitstellung baulicher und technischer Ressourcen für den Bau eines Krankenhauses oder Pflegeheims sowohl Staats-Akteure (z.B. bei der Bereitstellung von Geldmitteln) als auch parastaatliche Akteure (z.B. Krankenversicherungsträger) als auch Markt-Akteure (z.B. bei der Bauausführung) in der Implementationskette mit. Dabei agieren sie teils separat und nebeneinander, teils als Konkurrenten und teils in enger Zusammenarbeit.

Der Schwerpunkt der Beteiligung von Selbstorganisations-Akteuren, die teilweise allein und teilweise zusammen mit Markt- oder Staats-Akteuren tätig werden können, liegt demgegenüber in der Phase der Übermittlung von Dienstleistungsangeboten an die Problembetroffenen. Insbesondere bei der Übermittlung personaler Dienstleistungen, die von Markt- oder Staatsakteuren erbracht im Sinne von vorbereitet oder finanziert werden, wird die beabsichtigte Wirkung oft nur dann erreicht, wenn nicht nur der Klient aktiv mitwirkt, sondern auch durch ein aktives selbstorganisiertes Umfeld unterstützt wird (Badura, Gross, 1976; Gross, 1983). Aber auch in der vorangehenden Phase der konkreten Ausgestaltung der Angebote 'vor Ort' kann Selbstorganisation eine wichtige Rolle spielen (etwa in Form von Bürgerinitiativen; Vilmar, Runge, 1988). Durch ihre Aktivitäten können die Markt- und Staats-Akteure dazu bewegt werden, ihre Angebote auf die Besonderheiten von Personen und sozialen Situationen abzustimmen sowie ausreichende Spielräume für die aktive Mitwirkung der Betroffenen einzubauen.

In Abbildung 5 werden einige - wahrscheinliche - Akteurs-Kombinationen mit Bezug auf die einzelnen Phasen der Planung und Implementation von Dienstleistungsangeboten dargestellt.

Abb. 5: Aus dem Blickwinkel der Implementation der Angebote: Wohlfahrtsmix II

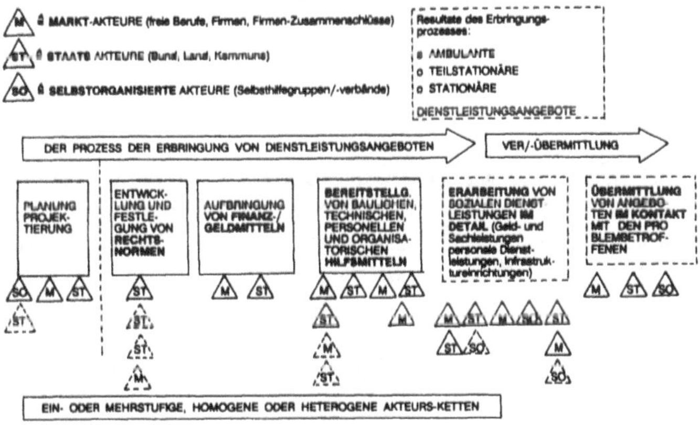

Welche Akteurskette jeweils zweckmäßig ist (z.B. ein- oder mehrgliedrig, homogen versäult, heterogen vernetzt), sollte sich nicht aus ideologischen Präferenzen für Markt, Staat oder Selbstorganisation ergeben. Vielmehr ist es aus den zu bewältigenden Aufgaben in den einzelnen Phasen herzuleiten und zu begründen. Anders ausgedrückt: Mit Bezug auf die Aufgaben und Anforderungen, die im Vordergrund einzelner Phasen stehen, muß die jeweils zweckmäßige Akteurskette geschaffen oder ausgewählt werden. Das ist eine normative Aussage, bei der keineswegs übersehen werden kann, daß in der Praxis etablierte Interessen und verfestigte Organisationsdomänen eine Rolle spielen (Olson, 1965, 1982). Sie werden die jeweilige Auswahlentscheidung ebenso beeinflussen wie die Bezugnahme auf die zu bewältigenden Probleme. Als Folge dieser Entscheidung werden sich zum einen unterschiedlich lange, also ein- oder mehrstufige, sowie zum zweiten mehr oder weniger heterogene Akteursketten ergeben (Hegner, 1985b).

6.Schlußbemerkung

Das Zusammenwachsen der DDR und der BR Deutschland wirft nicht nur vielfältige soziale Probleme und Chancen auf. Vielmehr erfordert die institutionelle Neuordnung auch eine beiderseitige ordnungspolitische Besinnung. Das gilt für die Wirtschaftsverfassung ebenso wie für das "*Konstruktionsprogramm*" (von Ferber, 1967, 1971) der sozialen Sicherung und Wohlfahrtspflege. Zu dieser ordnungspolitischen Diskussion sollten in diesem Beitrag einige analytische Unterscheidungskriterien und pragmatische Auswahlgesichtspunkte beigesteuert werden.

Den Ausgangspunkt der Suche nach zweckmäßigen Trägern und Anbietern sozialer Dienstleistungen bilden zum einen die Probleme der Hilfebedürftigen und die darauf abgestimmten Angebotsarten (innerhalb der "Versorgungsschienen" und "Versorgungsnetzwerke") sowie zum zweiten die zu bewältigenden Aufgaben in den einzelnen Phasen der Angebotsimplementation. Aus beidem ergeben sich zahlreiche brauchbare Kriterien für die Auswahl des "Wohlfahrtsmix" aus Markt, Staat und Selbstorganisation. Die Auswahl und Gestaltung der jeweils problemadäquaten Akteurskette bietet weitaus bessere Chancen für Qualitätsverbesserungen beim Dienstleistungsangebot als der Prinzipienstreit über den "einen besten Weg" - heiße er nun Staat oder Markt oder Selbstorganisation.

In den nächsten Jahren wird es in Ost- und Westdeutschland darauf ankommen, den Führungsnachwuchs und die Führungskräfte im Bereich der Sozialpolitik und -verwaltung (einschließlich der Gesundheitsdienste und -einrichtungen) zügig darauf vorzubereiten, die richtigen Auswahlentscheidungen treffen zu können. Sowohl in der Ausbildung als auch in der Weiterbildung geht es darum, zum einen die Ordnungsprinzipien des preisgesteuerten Markttauschs, der hierarchischen Redistribution und der selbstorganisierten Reziprozität oder Solidarität transparent zu machen sowie zum zweiten die Auswahlkriterien für die Kombination von Angebots- und Akteursketten einzuüben. Sowohl in Ost- als auch in Westdeutschland besteht im Prozeß des Zusammenwachsens die Chance, neben Techniken des pragmatischen Sozialmanagements zugleich ordnungspolitische Entscheidungskriterien bezüglich des jeweils problemadäquaten Wohlfahrtsmix zu entwickeln. Diese Chance muß in den Jahren nach Inkrafttreten des Ersten und Zweiten Staatsvertrags sowie der Schaffung einer erweiterten föderativen Republik zügig genutzt werden.

Literatur

Albrecht, G. (1977) Vorüberlegungen zu einer 'Theorie sozialer Probleme' In: Chr.v. Ferber/F.X. Kaufmann (Hrsg.) Soziologie und Sozialpolitik, Westdeutscher Verlag, Opladen, 143-185

Altenstetter, Chr. (1985) Krankenhausbedarfsplanung, Oldenbourg-Verlag, München/ Wien 1985

Badura, B./Ferber. Chr. v. (Hrsg.) (1981) Selbsthilfe und Selbsthilfeorganisationim Gesundheitswesen, Oldenbourg-Verlag, München/Wien 1981

Badura, B./Gross, P. (1976) Sozialpolitische Perspektiven: Eine Einführung in die Grundlagen und Probleme sozialer Dienstleistungen, Piper, München

Dahl, R.A./Lindblom, Ch.E. (153/1963) Politics, economics, and welfare. Harper & Row Torchbook, New York u.a.

Dahme, H.J./Hegner, F. (1982) Wie autonom ist der autonome Sektor? In: Zeitschrift für Soziologie 11, 28-48

Dahme, H.J. u.a. (1980) Die Neuorganisation der ambulanten Sozial- und Gesundheitspflege, Kleine-Verlag, Bielefeld

Ferber, Chr.v. (1967) Sozialpolitik in der Wohlstandsgesellschaft, Wegner, Hamburg

Ferber, Chr.v. (1968) Zur Gültigkeit von Aussagen über Verhaltensweisen der Sozialversicherten In: Die Ortskrankenkasse 50, 324-331

Ferber, Chr.v. (1971) Gesundheit und Gesellschaft, Kohlhammer, Stuttgart u.a.

Ferber, Chr.v. (1977) Soziologie und Sozialpolitik In: Chr.v.Ferber/F.X. Kaufmann (Hrsg.) Soziologie und Sozialpolitik, Westdeutscher Verlag, Opladen, 11-34

Freier, D. (1989) Soziale Dienstleistungen zwischen Reglementierung und Wettbewerb In: Nachrichtendienst des Deutschen Vereins für öffentliche und private Fürsorge 69, 369-371

Gretschmann, K. (1986) Solidarity and markets In: F.X. Kaufmann/G.Majone/V.Ostrom (Hrsg.) Guidance, Control, 387-405

Gross, P. (1983) Die Verheißung der Dienstleistungsgesellschaft, Westdeutscher Verlag, Opladen

Gutmann, G./Klein, W. (1990) Skizzen zu Reformen des Wirtschaftssystems in der DDR, Jakob-Kaiser-Stiftung e.V. (Hrsg.) Eigenverlag, Königswinter

Haffner, F. (1990) Wirtschaftliche Probleme, Neuansätze und Perspektiven der Reformen in der DDR, Jakob-Kaiser-Stiftung e.V. (Hrsg.) Eigenverllag, Königswinter

Hegner, F. (1979) Bürgernähe, Sozialbürgerrolle und soziale Aktion. Praxisbezogene Orientierungspunkte für notwendige Änderungen im System der sozialen Sicherung (Schriftenreihe der Forschungsgruppe Sozialplanung und Sozialverwaltung e.V., Bd. 5) Kleine, Bielefeld

Hegner, F. (1980) Historisch-gesellschaftliche Entstehungsbedingungen und politisch soziale Funktionen von Bürgerinitiativen. In: Hauff, V./Rammstedt, O. (Hrsg.) Bürgerinitiativen in der Gesellschaft, Neckar-Verlag, Villingen

Hegner, F. (1985a) Öffentliche Förderung von Selbsthilfe und Selbstorganisation. In: Keim, K.D./-Vascovics, L.A. (Hrsg.) Wege zur Sozialplanung. Erfahrungen und Chancen in der Bundesrepublik Deutschland, Westdeutscher Verlag, Opladen, 156-181

Hegner, F. (1985b) Soziale Dienste zwischen Beruf und Freiwilligkeit In: Dierkes, M./Strümpel, B. (Hrsg.) Wenig Arbeit - aber viel zu tun. Neue Wege der Arbeitsmarktpolitik, Westdeutscher Verlag, Opladen, 109-123

Hegner, F. (1986a) Handlungsfelder und Instrumente kommunaler Beschäftigungs- und Arbeitsmarktpolitik. In: Blanke, B./Evers, A./Wollmann, H. (Hrsg.) Die Zweite Stadt. Neue Formen lokaler Arbeits- und Sozialpolitik, Westdeutscher Verlag, Opladen, 119-153

Hegner, F. (1986b) Solidarity and Hierarchy: Institutional arrangements for the coordination of actions In: Kaufmann, F.-X./Majone, G./Ostrom, V. (Hrsg.) Guidance, Control, a.a.O., 407-429

Heinze, R.G. (Hrsg.) (1986) Neue Subsidiarität: Leitidee für eine zukünftige Sozialpolitik?, Westdeutscher Verlag, Opladen

Kaufmann, F.-X. (Hrsg.) (1982) Elemente einer soziologischen Theorie sozialpolitischer Intervention In: Kaufmann, F.-X. (Hrsg.) (1982) Staatliche Sozialpolitik und Familie, Oldenbourg, München/Wien, 49-86

Kaufmann, F.-X. (1982) Bürgernahe Sozialpolitik, Campus, Frankfurt a.M./New York

Kaufmann, F.-X., Majone, G., Ostrom, V. (Hrsg.) (1986) Guidance, Control, and Performance Evaluation in the Public Sector, de Gruyter, Berlin/New York

Kennet, D.A. (1980) Altruism and economics behaviour. In: American Journal of Economics and Sociology 39, 183-198, 337-352

Krüger, J./Pankoke, E. (Hrsg.) (1985) Kommunale Sozialpolitik, Oldenbourg, München/Wien

Krüsselberg, H.-G. (1986) Markets and Hierarchies In: Kaufmann, F.-X./Majone, G./Ostrom, V. (Hrsg.) Guidance, Control a.a.O., 349-386

Mayntz, R. (Hrsg.) (1980) Implementation politischer Programme, Athenäum, Königstein/Ts.

Merton, R.K. (1971) Social Problems and Sociological Theory In: Merton, R.K. Nisbet, R.N. (Hrsg.) Contemporary Social Problems, Harcourt, New York, 3.Aufl., 697-737

Olson, M. (1965) The logic of collective action, Harvard University Press, Cambridge

Olson, M. (1982) The rise and decline of nations, Yale University Press, New Haven

Opielka, M., Ostner, I. (Hrsg.) (1987) Umbau des Sozialstaats, Essen

Ouchi, W.G. (1980) Markets, bureaucracies, and clans. In: Administrative Science Quarterly 25, 129-141

Pankoke, E. (1970) Sociale Bewegung - Sociale Frage - Soziale Politik. Grundfragen der deutschen Sozialwissenschaft, Klett-Cotta, Stuttgart

Schulte, B., Trenk-Hinterberger, P. (1982) Sozialhilfe, Athenäum, Königstein/Ts.

Vilmar, F., Runge, B. (1988) Handbuch Selbsthilfe, Zweitausendeins, Frankfurt a.M.

Vortmann, H. (1985) Sozialpolitik In: Bundesministerium für innerdeutsche Beziehungen (Hrsg.) DDR-Handbuch, Verlag Wissenschaft und Politik, Köln, 3.Aufl., 3-35

Vortmann, H. (1989) Die soziale Sicherheit in der DDR In: Weidenfeld, W./Zimmermann, H. (Hrsg.) Deutschland-Handbuch, Bundeszentrale für politische Bildung, Bonn, 326-341

Manfred Herrmann

Patienten zwischen Angst und Wunderglaube

Gesundheit ist unser höchstes Gut. Wir lassen sie uns auch einiges kosten. 1989 waren es über 223 Mrd. DM. Die Tendenz ist steigend. Arzneimittel sind an den Gesundheitskosten mit über 10% beteiligt. Dahinter stehen über 700 Millionen Arzneimittelpackungen, die von etwa 70.000 niedergelassenen Ärzten zu Lasten der Gesetzlichen Krankenkassen verschrieben wurden. Weitere 500 Millionen Packungen sind ohne Rezept im Rahmen der Selbstmedikation gekauft worden.

Diese Zahlen belegen die Wichtigkeit von Arzneimitteln bei Beschwerden und Krankheiten. Ob dieser hohe Stellenwert der medikamentösen Therapie gerechtfertigt ist, soll nicht beurteilt werden. Fest steht jedoch, daß Arzneimittel zur Heilung, Linderung, Verhütung und Erkennung von Krankheiten, Leiden und Körperschäden bei vielen Patienten unentbehrlich sind.

Arzneimittel wirken nur, wenn sie auch eingenommen werden. Sie wirken gut, wenn sie richtig eingenommen werden. Damit beruhen Wirksamkeit und Sicherheit von Arzneimitteln wesentlich auf der Zuverlässigkeit der Patienten. Die Einnahme bzw. Anwendung von Arzneimitteln ist aber nicht nur mit Chancen, sondern auch mit Risiken verbunden, die wiederum individuell unterschiedlich eingeschätzt werden.

Etwa drei Viertel der Patienten mit Angina pectoris sowie Hypertonie bewerten die Chance der Arzneimittel gegen ihre Krankheit höher als die mit ihnen verbundenen Risiken. Bei Diabetikern werden von zwei Drittel der Betroffenen die Chancen höher eingestuft als die Risiken, während Rheumatiker ihre Arzneimittel vergleichsweise schlechter einstufen. Nur 40% schätzen die Chancen von Antirheumatika höher ein, als die mit ihnen verbundenen Risiken.

Es gibt hohe Risiken und solche, die es nicht sind, aber als hoch empfunden werden. Meist glaubt man, Risiken richtig einschätzen zu können, auch wenn man nicht angeben kann, worauf die Risikobewertung beruht.

Das gilt besonders für Arzneimittel, deren Problem nicht darin liegt, daß ihr Schaden größer ist als ihr Nutzen, sondern darin, daß man sich nicht klar ist, welche Risiken tolerierbar sind. Ein weiteres Problem liegt darin, daß Risiken nicht gemessen und verglichen werden.

Risikobereitschaft

Unsere Bevölkerung zeichnet sich nicht gerade durch eine große Risikobereitschaft aus. In einer 1988 durchgeführten repräsentativen Bevölkerungsumfrage von 2.000 Bundesbürgern stellte Infratest Gesundheitsforschung fest, daß zwei Drittel der Bevölkerung sich als "eher vorsichtig" einstufen. Mit dem Lebensalter nimmt die Risikobereitschaft ab.

Abb. 1: Risikofreudigkeit der Gesamtbevölkerung

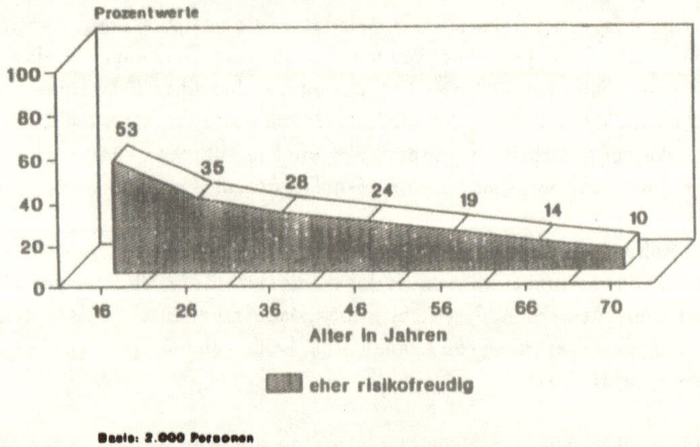

Arzneimitteln gegenüber hat die Bevölkerung eine als distanziert, vorsichtig und gelegentlich auch als ängstlich zu beschreibende Einstellung:

- 70% der Bevölkerung stimmen dem Statement zu; "Arzneimittel nehme ich nur im äußersten Notfall".

- 76% stimmen dem Statement zu: "Mit Arzneimitteln muß man vorsichtig umgehen, da man mit Nebenwirkungen rechnen muß".

Andererseits bestätigt jeder zweite Bundesbürger, daß Arzneimittel auch Sicherheit vermitteln und zur Verbesserung der Lebensqualität beitragen. Patienten, die sich aufgrund einer lebensbedrohlichen Krankheit in einer nahezu ausweglosen Situation befinden, haben ein anderes Verhältnis zu Arzneimitteln als gesunde Menschen. Der vom Tod bedrohte Herzpatient bewertet die Arzneimittelrisiken deutlich geringer als der "nur" von Schmerzen belästigte Rheumapatient.

Einnahmeverhalten

Die unterschiedliche Chancen-Risiko-Bewertung von Medikamenten äußert sich auch im Einnahmeverhalten. Skepsis gegenüber Arzneimitteln ist ein Grund für die erschreckend hohe Non-Compliance. Zwei Drittel aller Patienten nehmen die ihnen vom Arzt verordneten Arzneimittel unvorschriftsmäßig ein. Je älter die Patienten sind und je mehr Medikamente die Patienten einnehmen müssen, desto besser ihre Compliance.

Abb. 2: Ausmaß der Non-Compliance[1]

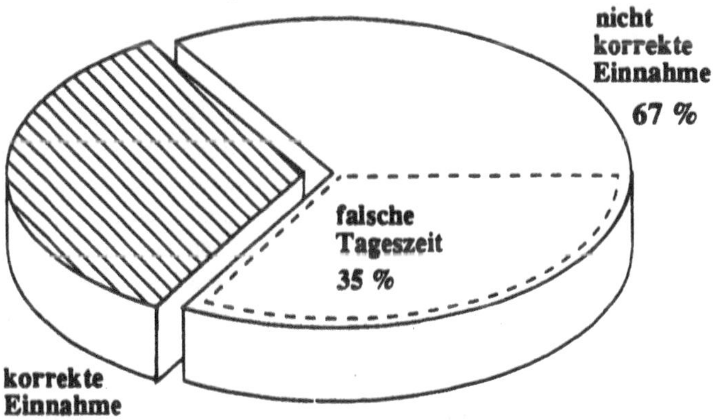

Eine 1990 veröffentlichte Studie der Infratest Gesundheitsforschung belegt, daß die Einnahme zur falschen Tageszeit die häufigste Abweichung von den ärztlichen Anweisungen ist. 35% aller Patienten halten sich nicht korrekt daran. Weitere 9% überspringen gelegentlich die Einnahmetermine. Wir sprechen von Frequenzfehlern. Eine weitere Art der Falschanwendung sind Dosierungsfehler. 14% der Patienten nehmen weniger Medikamente ein als verordnet (unter jungen Patienten beträgt der Anteil sogar 31%). Eine kleine Gruppe von 3% erhöht dagegen eigenmächtig die Tagesdosis. 15% der Patienten sind Therapieabbrecher. Ihre Beschwerden haben entweder nachgelassen oder am Beschwerdezustand hat sich nichts geändert.

Gründe für Non-Compliance

Vergeßlichkeit, nicht griffbereite Medikamente und die Sorge vor Nebenwirkungen, die man in Beipackzetteln gelesen hat, sind die häufigsten Gründe für die Non-Compliance. Aber auch eine generell skeptische Einstellung gegenüber Arzneimitteln führten zur Falschanwendung bei 10% der Patienten.

Die Tablettengröße, ein unangenehmer Geschmack oder Geruch sowie die Menge der täglich einzunehmenden Tabletten spielen bei der Falschanwendung eine untergeordnete Rolle.

Abb. 3: Gründe für die Non-Compliance[2]
(Mehrfachnennungen)

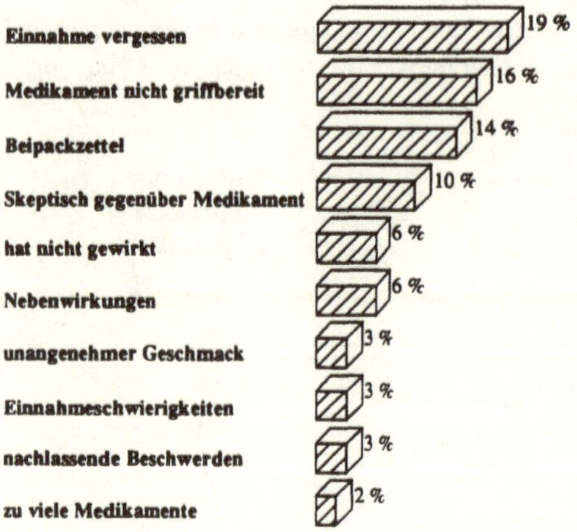

Folgen der Non-Compliance

95% aller Bundesbürger geben an, daß die Nichtbeachtung der ärztlichen Einnahmeanordnungen Konsequenzen hat. In erster Linie werden gesundheitliche Schäden für den Patienten genannt (78%). Darunter wird verstanden, daß sich die Behandlung in die Länge zieht, andere oder zusätzliche Medikamente verordnet werden oder sogar ein Krankenhausaufenthalt notwendig wird.

Ökonomische Folgen der Non-Compliance sind jedem zweiten Befragten (58%) bewußt. Die Folgen werden allerdings weniger beim einzelnen Patienten gesehen, als vielmehr bei den Krankenkassen und dem Gesundheitswesen.

Berücksichtigt man nur diejenigen 32% aller Patienten, die wegen Therapieabbruch, Dosierungsabweichung oder Einnahmeverweigerung ihre Medikamente nicht ordnungsgemäß angewandt haben (und läßt 35% der Patienten unberücksichtigt, die ihre Medikamente zu falschen Tageszeiten nehmen), dann ergibt sich daraus - betrachtet man den Arzneimittelumsatz zu Lasten der Geseztlichen Krankenversicherungen (1989: 20,7 Mrd. DM) - eine Belastung der Solidargemeinschaft der Versicherten in Höhe von rund 6,6 Mrd. DM. Diese Berechnung bezieht sich ausschließlich auf Arzneimittelkosten der Gesetzlichen Krankenversicherungen; alle Folgekosten wie z.B. verlängerte Krankschreibungen oder Krankenhauseinweisungen blieben unberücksichtigt. Die Patienten sind mehrheitlich überzeugt, daß ihr Arzt die Falschanwendung nicht bemerkt. 70% der Patienten, die ihre häufige Non-Compliance zugeben, glauben, daß

Abb. 4: Folgen der Non-Compliance[3]

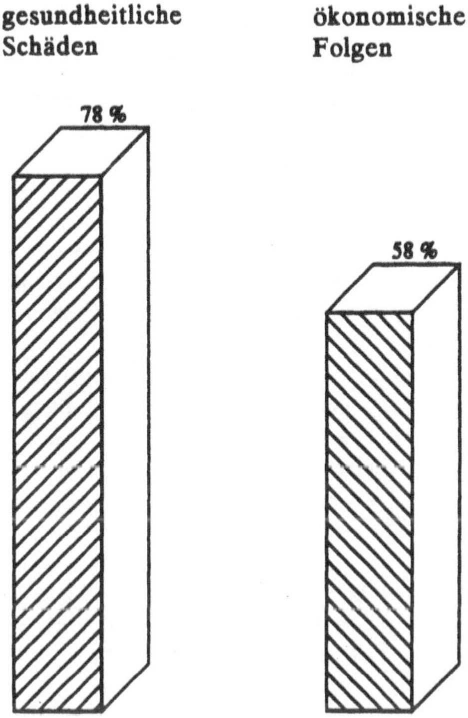

der Arzt nicht beurteilen kann, ob die von ihm verordneten Arzneimittel ordnungsgemäß oder nicht eingenommen werden.

Risiken und Chancen

Das Einnahmeverhalten der Patienten ist ein Indikator für die zwischen Angst und Wunderglaube liegende Einstellung gegenüber Arzneimitteln. Die Risikoforschung befaßt sich mit diesem Thema. Sie geht von der Überlegung aus, daß dem menschlichen Handeln vermutlich ein mehr oder weniger unbewußtes Abwägenvon Chancen und Risiken zugrundeliegt. Risiken werden eingegangen, wenn man sich einen Nutzen davon verspricht. Je größer der Leidensdruck ist, desto größer sind die Erwartungen an das Medikament und dementsprechend hoch werden die Chancen eingeschätzt.

Gemessen an ihrem Nutzen sind Arzneimittel relativ risikoarm. Sie gehören jedoch aus der Sicht der Öffentlichkeit eher zu den schwer überschaubaren Risiken, die dann zu Unsicherheit, Vorsicht oder sogar Angst führen.

Die Einschätzung von Arzneimittelrisiken ist schwer, weil die meisten Menschen Schwierugkeiten haben, Risiken quantitativ zu sehen und einzuordnen. Von Patienten wird geschätzt, daß jeder vierte Rheumatiker, jeder fünfte Diabetiker und jeder achte Hypertoniker sowie Angina pectoris-Patient mit therapiebedingten Nebenwirkungen rechnen muß.

Zwischen dem Grad der Informiertheit über Nebenwirkung und ihre Bewertung besteht ein klarer Zusammenhang. Informierte Patienten bewerten die möglichen Nebenwirkungen häufiger als weniger schwerwiegend und auch als leichter behebbar.

Abb. 5: Arzt bemerkt Non-Compliance[4]
(aus der Sicht von Patienten, die Medikamente nicht vorschriftsmäßig einnehnehmen)

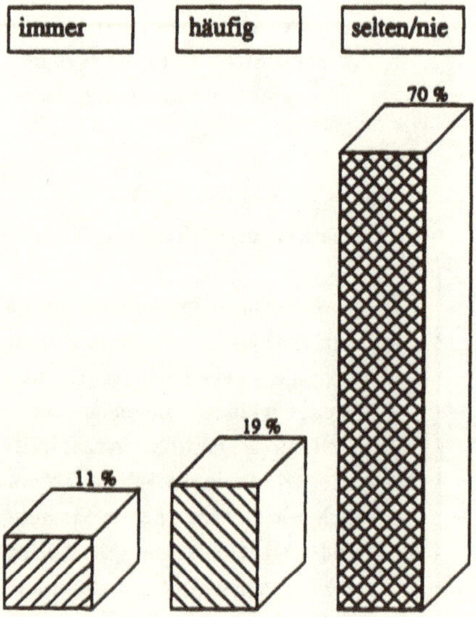

Nach Schätzung von Patienten liegt die Todesrate aufgrund von Arzneimittelnebenwirkungen je nach Krankheit zwischen 1:450 (Angina pectoris) und 1:700 (Hypertonie). Ärzte schätzen die Zahl der zu erwartenden Todesfälle niedriger ein. Je nach Anwendungsgebiet liegen die Angaben zwischen 1:825 und 1:2500.

Diese Einschätzungen therapiebedingter Todesfälle bei chronischen Erkrankungen sind nach Expertenmeinung zu hoch. Das Todesrisiko wird eher bei 1:10000 liegen.

Die Risikoeinschätzung von Arzneimitteln sollte aber nicht unter dem Gesichtspunkt des wahrscheinlichen Eintretens von Nebenwirkungen und der Wahrscheinlichkeit des Todesrisikos aufgrund von Nebenwirkungen erfolgen, sondern vor allem in Verbindung mit der Krankheit gesehen werden, gegen die Arzneimittel angewendet werden.

Auf die Frage, ob die Nichtbehandlung einer Krankheit zu Gesundheitsschäden für den Erkrankten führt, geben die Befragten an, daß etwa zwei von fünf nicht behandelten Patienten mit Folgewirkungen zu rechnen haben. Diabetiker vermuten sogar, daß einer von zwei Nichtbehandelten mit Gesundheitsschäden zu rechnen hat.

Für die öffentliche Diskussion über Chancen und Risiken von Arzneimitteln sind für die Urteilungsbildung vor allem sachlichliche Informationen erforderlich. Dabei ist zu beachten, daß Nebenwirkungsraten und Todeszahlen ohne jegliche Bezugsgröße nichts über die Dimension des Risikos sagen. Erst im Zusammenhang mit Informationen über die Zahl der Patienten, die in einem bestimmten Zeitraum das jeweilige Medikament eingenommen haben, wieviele davon erkrankten und sogar starben und wieviele durch das Medikament gesund wurde, können Einschätzungen von Chancen und Risiken gemacht werden.

Weder Angst noch Wunderglaube sind dem Arzneimittel gegenüber adäquate Einstellungsdimensionen. Intensive Gespräche zwischen Ärzten und Patienten führen zu einem verbesserten Patientenverhalten. Die Qualität eines Arzneimittels hängt nicht nur

Abb. 6a: Anteil von unbehandelten Kranken, bei denen eine Folgewirkung erwartet wird[5]

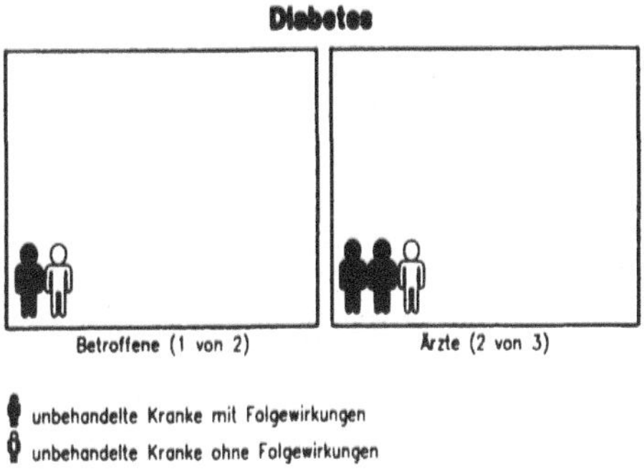

von der Wirksamkeit und Unbedenklichkeit der Substanz ab, sondern auch von der Intensität und Verständlichkeit der Informationen über das Arzneimittel.

Abb. 6b: Anteil von unbehandelten Kranken, bei denen eine Folgewirkung erwartet wird[6]

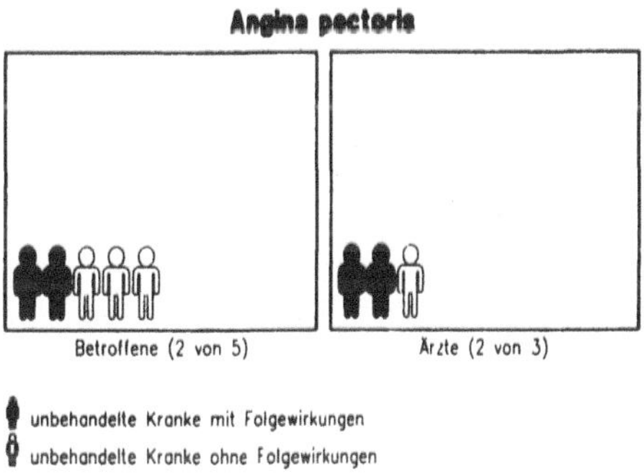

Abb. 6c: Anteil von unbehandelten Kranken, bei denen eine Folgewirkung erwartet wird[7]

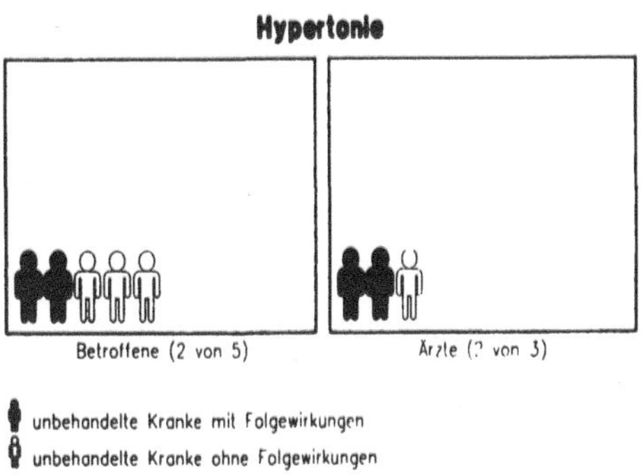

Abb. 6d: Anteil von unbehandelten Kranken, bei denen eine Folgewirkung erwartet wird[8]

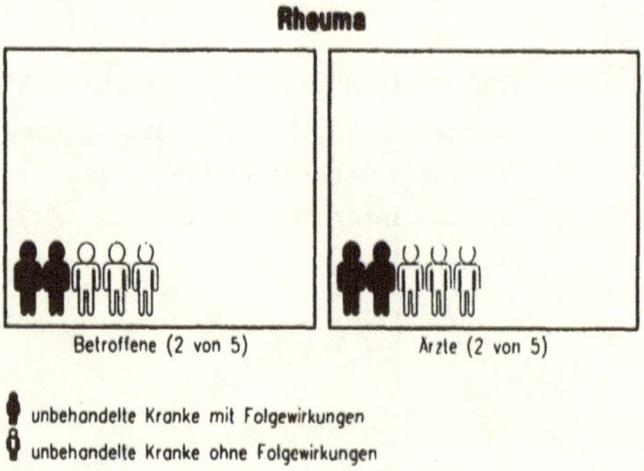

Literatur

Heilmann, K., Herrmann, M. (1988) Medikament und Öffentlichkeit, München

Heilmann, K., Herrmann, M. (1990) Patient und Medikament, München

Anmerkungen:

1. Infratest Gesundheitsforschung 10/90 - 03
2. Infratest Gesundheitsforschung 10/90 - 04
3. Infratest Gesundheitsforschung 10/90 - 07
4. Infratest Gesundheitsforschung 10/90 - 07
5. Infratest Gesundheitsforschung 1989
6. Infratest Gesundheitsforschung 1989
7. Infratest Gesundheitsforschung 1989
8. Infratest Gesundheitsforschung 1989

Hans Albrecht Hesse

Der Experte als Laie: eine berufssoziologische Analyse mit einem ausbildungspolitischen Ausklang

Experte-Laie-Beziehungen gehören nicht zu den Standardthemen der Soziologie. Soweit sie diskutiert werden, werden sie als inter-personale Beziehungen behandelt. Daß es nützlich ist zum Verständnis sozialen Handelns und Leidens, dem Experte-Laie-Muster mehr Aufmerksamkeit zu widmen und daß es dabei darauf ankommt, das Muster auch als ein Intra-personales Muster zu diskutieren, ist die These dieses Beitrages. Bei jeder Person, die im Rahmen einer Experten-Position agiert, wiederholt sich die äußere Trennung als eine innere: die Person in der Experten-Position agiert sowohl als Experte als auch als Laie, und wer ihr gegenübertritt in der Laien-Position, agiert zugleich auch als Experte. Damit ist ausdrücklich nicht gemeint jenes der Alltagserfahrung vertraute und in den verschiedenen Rollen-Konzepten theoretisierte Phänomen, daß der Mensch von den verschiedenen Positionen und Rollen, die das Zusammenleben organisieren, jeweils nur partiell erfaßt wird, so daß er neben seiner jeweiligen Experten-Position noch mancherlei andere Positionen innehat, in denen er dann als Laie agieren muß. Hier geht es vielmehr und die beruflich und/oder betrieblich verfaßte Beziehung zwischen Experten und Laien: im Blick auf diese Konstellation wird behauptet, daß die darin verwickelten Experten zugleich als Laien daran beteiligt sind, die darin verwickelten Laien zugleich als Experten. (Von einer dritten, häufig gegebenen Möglichkeit, daß die Beteiligten als Dilettanten beteiligt sind, kann im folgenden aus Platzmangel leider nicht die Rede sein.)

Zunächst sind die Begriffe "Experte" und "Laie" näher zu bestimmen, wie sie in der üblichen inter-personalen Konstellation diskutiert werden, und das soziologische Interesse an dieser Diskussion ist zu verdeutlichen.

Zur Begriffsbestimmung

Der Begriff "Experte" soll im folgenden gleichbedeutend mit dem Begriff "Fachmensch" gebraucht werden vor allem dazu dienen, Spezialisierung auf Ausschnitte aus den Zusammenhängen von Wissen und Arbeit zu bezeichnen. Im Mittelpunkt steht der "Experte", der über eine wissenschaftlich bearbeitetes Sonderwissen verfügt und der dies zur Grundlage seines Berufes macht; daß die Diskussion zugleich exemplarische Elemente enthält für den "Experten" bzw. "Fachmenschen" im Handwerk, in der Kunst und in der Industrie, wird vermutet. Die für die Position des "Experten" bzw. des "Fachmenschen" bis in die jüngste Zeit übliche Reservierung für Männer wird im Hinblick auf Gegenwart und Zukunft nicht mitgedacht; freilich wird davon ausgegangen, daß sie bis in die Gegenwart nachwirkt.

Der Begriff "Laie" wird als Kontrastbegriff dazu benutzt; er soll den für keinerlei Tätigkeit Bevorrechtigten, den Nicht-Fachmenschen, den Ungelernten, bezeichnen. Die - geschichtlich primäre - Bedeutung des Begriffs, die Kennzeichnung des Kirchenvolkes im Unterschied zum Geistlichen, soll keine Rolle spielen, sie mag freilich zur Illustration herangezogen werden.

Wichtig ist, daß im folgenden die aus der Umgangssprache vertraute Wertfärbung der Begriffe auf Distanz gehalten wird.

Zur soziologischen Diskussion von Experten und Laien

Die soziologische Fachliteratur hat viel Material zusammengetragen, um einzelne Experten-Positionen/-Rollen zu beschreiben oder um einen theoretischen Zugang zum Experten- bzw. Fachmensch-Phänomen zu gewinnen (z.B. Sprondel, 1979; Seyfarth, 1989). Eher am Rande des Fach-Interesses steht die Laien-Frage; um so verdienstvoller sind die zahlreichen Arbeiten des Jubilars zu Position und Rolle der Laien in der Medizin (von Ferber, 1983; -ders., 1985; -ders., 1988; -ders., o.J.)

Die Beziehung zwischen Experten und Laien fand bisher wenig Beachtung. Sie steht im Mittelpunkt diese Beitrages; das Konzept dazu ist in Auseinandersetzung mit der Soziologie Max Webers zum Fach-, Berufs- und Kulturmenschentum Weber,1922,-ders., 1971, -ders., 1976)[1] sowie mit systemtheoretischen Überlegungen von Niklas Luhmann entstanden (vor allem Luhmann, 1988). Die Experte-Laie-Beziehung wird im folgenden als Muster sozialer Ungleichheit gesehen und im Hinblick auf die ungleiche Verteilung von Wissen, Macht und Arbeit diskutiert. Sie wird zugleich verstanden als Muster von Rang-Ungleichheit und insofern als hierarchisch organisierte Muster.

Ungleiche Verteilung von Wissen heißt, daß der Experte im Besitz eines Sonderwissens ist, das dem Laien fehlt, auf das der Laie aber zur Lösung seiner Probleme angewiesen ist. Ungleiche Verteilung von Macht heißt, daß der Experte über sein Sonderwissen und mit Hilfe seines Sonderwissens Verfügungen trifft, ohne daß der Laie ihn kontrollieren kann, heißt also, daß der Experte im Umgang mit dem Laien Autonomie und Autorität für sich beansprucht, während der Laie darauf weithin verzichten mmuß. Ungleiche Verteilung von Arbeit heißt schließlich, daß dem Experten bestimmte Ausschnitte aus der Gesamt-Arbeit zu beruflicher Nutzung, also zu Erwerbs- und Versorgungszwecken, vorbehalten sind, während sie dem Laien, soweit er davon nicht völlig ausgeschlossen ist, lediglich zu "ehrenamtlicher " Betätigung oder als "Hobby" offensteht. Die Hierarchisierung des Musters schließlich kommt darin zum Ausdruck, daß im Vergleich der Experte als dem Laien überlegen angesehen wird: sein Sonderwissen gilt als wertvoll, das Laienwissen als wertlos; die Anordnung, die der Experte gegenüber dem Laien trifft, gelten als legitim, während der Laie bei Versuchen, das Verhalten des Fachmenschen durch Anordnungen zu steuern oder auch nur die Handlungen des Fachmenschen zu kontrollieren, nicht auf Akzeptanz rechnen kann, schließlich hat die Arbeitsleistung des Fachmenschen von vornherein die Vermutung für sich, kompetente, korrekte, wertvolle Arbeit zu sein, während die des Laien von vornherein als wertlos oder gar als gefährlich gilt: wer eine Arbeit als laienhaft oder auch als dilettantisch bezeichnet, der wertet sie damit ab.

Dieses Muster ist sozialgeschichtlich gesehen ein junges Muster; es hat sich im 19. Jahrhundert durchgestzt, in dem auch die Begriffe "Fachmensch" und "Experte" eingebürgert wurden. Eine Weile galt das fraglos, so daß man im Blick auf das 19. Jahrhundert und für das 20. noch bis in unsere Tage sagen konnte, daß der Fachmensch und nicht der Laie das Bild dieser Gesellschaft repräsentiert - lange freilich und bis in unsere Tage der Fach-Mensch nicht als Mensch, sondern als Mann und als Bürger: der bürgerliche Fachmann repräsentiert(e) die Gesellschaft und Laien, Frauen und Arbeiter waren/sind Negativbilder dazu.

In jüngster Zeit ist das Bild in Bewegung geraten, was sich auch darin zeigt, daß im Prinzip alle Fachmensch-Positionen - bis auf die des katholischen Geistlichen - Frauen offenstehen; freilich finden sich diese immer noch äußerst selten in den Spitzen der Pyramiden, die die Fachmensch-Berufe repräsentieren. Daneben oder davor zeigt sich die Veränderung des überkommenen Musters darin, daß

- die Ungleichverteilung des Sonderwissens abgebaut wird zugunsten der Laien. Das Sonderwissen der Fachleute verliert seinen exklusiven Charakter; mit steigendem Bildungsniveau und mit zunehmender Vermarktung über die verschiedenen Medien wird es immer mehr und für immer mehr Laien verfügbar. Schon diskutieren Experten den Einsatz von Experten-Systemen für jedermann oder erörtern Möglichkeiten, "*home computerization of professional services*" zu verhindern (Cannataci, 1989);
- das Macht-Ungleichgewicht zugungsten der Laien abgebaut wird, z.B. über kollektive Zusammenschlüsse von Laien (Verbraucherverbände, Selbsthilfegruppen); auch der steigende interne Konkurrenzdruck führt bei vielen Fachleuten wohl dazu, die Kommunikationsformen den Anordnungen von Kontrollansprüchen der Laien anzunähern;
- Laientätigkeiten aufgewertet werden und andererseits Defekte und Defizite der Expertentätigkeit stärker und offener thematisiert werden.

Man mag in alledem auf allgemeiner Ebene eine Wiederkehr dessen sehen, was Max Weber speziell am Beispiel der Beziehung von Geistlichen und Laien als zunehmenden "*Laien-Rationalismus*" bezeichnete (Weber, 1976)[2]; damit allein freilich sind die das Muster betreffenden Veränderungen noch nicht voll erfaßt. Verändert wird das überkommene Muster vom Fachmensch (-mann), der die Gesellschaft repräsentiert, auch von dem weithin zu beobachtenden Trend zur Reduzierung von Berufsarbeit und zur Ausweitung von Freizeit und Freizeitbeschäftigung, in dessen Folge die Arbeits- und Berufsgesellschaft und als ihr Repräsentant der Fachmensch immer weniger dazu taugt, dem Selbstverständnis der Menschen Ausdruck zu geben. Schließlich verliert der Fachmensch in dem Maße an Kraft, als gesamtgesellschaftliches Leitbild zu fungieren, in dem der wissenschaftlich-technische Fortschritt seine Überzeugungskraft verliert. Im Experten konkretisierte sich die mit dem wissenschaftlich-technischen Fortschritt verbundene Verheißung zunehmender Problembewältigung. Wie aber die wissenschaftlich-technische Entwicklung zunehmend unter Risikogesichtspunkten diskutiert wird, wird der Experte für viele zu einer gesellschaftlichen Figur, die eher die Schatten- als die Lichtseiten der Entwicklung symbolisiert (Beck, 1986).

Zur inter-personalen Abgrenzung von Fachmensch und Laie: einige abschließende Thesen

Die Grenze zwischen Fachmensch und Laie betrifft für die Lebensführung elementare Handlungschancen; sie war und ist deshalb eine umkämpfte Grenze. Die Grenze teilt ungleich zu; sie privilegiert und diskriminiert zugleich.

Die Grenze zwischen Fachmensch und Laie ist eine verrechtlichte Grenze. Durch die Verrechtlichung soll die Grenze individueller und momenthafter Verhandlungen und Verfügung entzogen werden; zugleich wird sie damit zum Dauer-Gegenstand institutionalisierter Auseinandersetzungen gemacht.

"*Legenden*" stützen zusätzlich die Grenzziehungen und sorgen für Verinnerlichung und Akzeptanz (zum Konzept der "*Legende*" s. Weber, 1976)[3]. An der Spitze steht das Zauberwort "Rationalität". Legenden bescheinigen dem Sonderwissen der Fachmenschen, daß es rationales Wissen sei und zu rationalem beruflichen Handeln befähige. Legenden bescheinigen den Grenzziehungen, die die Exklusivität des Sonderwissens der Fachmenschen und den Monopolcharakter ihrer Arbeit jedenfalls als Erwerbsarbeit sichern sollen, daß sie auf rationale Weise zustande gekommen seien und daß sie zu nichts anderem dienten, als die Erfüllung von Leistungen sicherzustellen, auf die für Leben und Zusammenleben alle angewiesen seien. Der Trend der US-amerikanischen Professions-Soziologie und in ihrem Gefolge etwa der Kölner Schule (z.B. Daheim, 1969; 1970) ging lange Zeit dahin, solchen Legenden kräftig zuzuarbeiten. Dieser Beitrag zielt ebenso wie schon meine vom Jubilar angeregte Dissertation (Hesse 1968) auf Legenden-Kritik.

Die intra-personale Abgrenzung von Fachmensch und Laie

Ich exemplifiziere das Thema am Juristen, weil ich mit Ausbildung und Beruf von Juristen am besten vertraut bin (u.a. Hesse, 1976; 1982; 1983; 1984; 1985; 1988), und behaupte zugleich, daß der Befund im Kern auf alle Fachmenschen zutrifft.

Der Jurist als Fachmensch lebt von der Verfachlichung und Verwissenschaftlichung seiner Ausbildung, wie sie sich im 19. Jahrhundert durchgesetzt hat (Naucke, 1983), lebt davon, daß das juristische Denken als ein besonderes Denken entwickelt wurde, das auf "*juristische Wahrheit*" als eine besondere Wahrheit zielt (zur "*juristischen Wahrheit*" Max Weber, 1922)[4].

Das Besondere an dieser Wahrheit ist einerseits, daß sie isoliert worden ist gegen konkurrierende Wahrheiten, mit denen sie bis dahin zusammengedacht werden mußte: gegen religiöse, philosophische, politische, ökonomische, gesellschaftliche, historische Wahrheiten, nicht zuletzt auch gegen praktische Vernunft, gesunden Menschenverstand und Rechtsgefühl. Das Besondere der juristischen Wahrheit ist andererseits, daß sie über spezielle Methoden und Verfahren vermittelt wird, die den Kern der Fachlichkeit juristischer Arbeit bilden sollen. Indem diese exklusiv vermittelt werden an künftige Juristen, sichern sie die Exklusivität des juristischen Sonderwissens und die Unkontrollierbarkeit seiner Anwendung auch für den Fall, daß das Recht über popularisierende Medien jedermann verfügbar wird. So sorgt die Verfachlichung auf doppelte Weise für die Diskriminierung der Laien: sie entwertet in Verbindung mit der üblichen Hochschätzung des Fachlichen gegenüber dem Laienhaften die Wahrheiten aus praktischer Vernunft, gesundem Menschenverstand und Rechtsgefühl, und sie erschwert den Zugang zum juristischen Sonderwissen durch die Entwicklung einer fachspezifischen Logik und Methodik, zu deren exklusiver Vermittlung jahrelang andauernde Studiengänge für erforderlich gehalten werden und deren Verinnerlichung eher auf Sozialisation als auf Lernen beruht.

Was hat es auf sich mit der über Logik und Methodik vermittelten Rationalität der Juristen-Arbeit? Sie ist weithin nichts als eine Legende: eine Botschaft, die man nur auf der Basis blinder Glaubensbereitschaft für wahr halten kann. Näherer Nachprüfung hält sie nicht stand; sie ist in den internen Debatten der Juristen auch längst destruiert - was nicht heißt, daß sie nicht immer wieder Anhänger fände bis in die höchsten Ränge der Profession. Tatsächlich muß der Rationalitäts-Anspruch von vornherein auf die Norm-Arbeit und damit auf einen geringen Bruchteil der beruflichen Tätigkeit von Juristen reduziert werden. Für die Tatsachen-Arbeit und damit für den weit überwiegenden Arbeitsanteil von Juristen geben juristische Logik und Methodik nichts her; die Tatsachen bearbeitet der Jurist ausschließlich als Laie. Doch selbst in der Norm-Arbeit herrschen Logik und Methodik nicht unumschränkt; ja, es ist überhaupt unzutreffend, von herrschender Funktion zu reden. Logik und Methodik haben allenfalls dienende Funktion. Das wird deutlich, wenn man im Blick auf die Tätigkeiten von Juristen zwischen herstellender und darstellender Tätigkeit unterscheidet (Esser, 1972). Über die Darstellung herrschen in der Tat Logik und Methodik, aber die Darstellung bildet die

Herstellung nicht ab; sie dient den Juristen vielmehr dazu, die Ergebnisse ihrer Arbeit in die juristische bzw. nicht-juristische Umwelt zu transportieren (Hartwig/Hesse, 1981; Luhmann, 1981). Die Darstellung soll die Umwelt von der Rationalität der fachlichen Arbeit überzeugen; ihre Wahrheit ist Wahrheit um der Überzeugungskraft willen. Die Wahrheit der Herstellung dagegen ist die Wahrheit eines Entscheidungsprozesses, der nur am Rande von Logik und Methodik begrenzt, im Kern aber nicht von der Vernunft, sondern von sozialer Interaktion bestimmt wird, mag sich diese nun soziologisch, psychologisch, sozialpsychologisch oder ökonomisch auflösen lassen und dem schließlich der von wirklicher oder vermeintlicher Zeitnot oder sonstwie motivierte Wille des/der daran beteiligten Juristen ein Ende setzt. Wo immer aber im Herstellungsprozeß Logik und Methodik eine Rolle spielen, da eignen sie sich lediglich dazu, Alternativen fachlicher Arbeit herauszuarbeiten und Zweifel zu begründen, nicht aber dazu, die Alternativen zu reduzieren und den Zweifel zu beseitigen. Wie sollten sie auch, bezeichnen Logik und Methodik doch nichts anderes als ein Repertoire von unterschiedlichen Methoden und Verfahren der Norminterpretation zu beliebiger, jedenfalls durch Logik und Methodik nicht gesteuerter Auswahl!

Viele Juristen wissen intern längst, daß sie sich mit dem nach außen vertretenen Rationalitäts-Anspruch übernehmen; intern steht dafür das geflügelte Wort von den drei juristischen Wahrheiten, von denen zwei - die mündliche und schriftliche - Darstellungs-Wahrheiten sind, während allein die dritte, die Herstellungs-Wahrheit, als die "*wahre Wahrheit*" apostrophiert wird (Adomeit, 1979). Nach außen freilich, also auch vor allem im Verkehr mit den Laien, muß die "wahre Wahrheit" unterdrückt werden; ein guter Teil der Ausbildung einschließlich der dafür existierenden Literatur hat nichts anderes zum Ziel, als die Trennung von Herstellung und Darstellung und Geheimhaltung der Herstellung in der Darstellung - bis in die Stilebene! - den jungen Juristen aufzunötigen (zur Kritik Hartwig/Hesse, 1981).

Wenn die Juristen also fachlich arbeiten, so ist zu einem geringen Anteil ihr fachliches Sonderwissen daran beteiligt; zum weitaus größeren Anteil setzen sie, um die Aufgaben bearbeiten zu können, die die Umwelt ihnen als dafür exklusiv zuständigen Fachleuten stellt, ihre Laienprogramme ein: all das, was das 19. Jahrhundert und in seinem Gefolge das 20. aus der Suche nach der juristischen Wahrheit verbannt haben. Laienhafte und fachliche Arbeit der Juristen laufen nicht isoliert nebeneinander her, sondern bedingen sich gegenseitig. So gestaltet jeder Jurist seine berufliche Arbeit intra-personal als Experte-Laie-Beziehung; nach außen tritt sie freilich nur in einer von allen laienhaften Anteilen sorgfältig gereinigten Form hervor.

Der ausbildungspolitische Ausklang

Ausbildungspolitische Konsequenzen der berufssoziologischen Analyse liegen auf der Hand: statt immer mehr Rechtsgebiete in die Studienpläne aufzunehmen und prüfungspflichtig zu machen, müßte die Beschäftigung mit der Rechtsmaterie drastisch reduziert und der so gewonnene Freiraum dazu genutzt werden, juristische Arbeit vor allem als Herstellungsprozeß zu lehren mit dem Ziel, daß die Studierenden neben dem dafür erforderlichen "*Verfügungswissen*" das ebenso erforderliche "*Orientierungswissen*" (Mittelstraß, 1986) erwerben, das sie erst instand setzt, in ihrer beruflichen Arbeit den fachlichen Anteil und den laienhaften Anteil gleichermaßen verantwortlich wahrzunehmen und gegenüber der Umwelt transparent zu machen. Einzelheiten gehören nicht hierher, schon deshalb nicht, weil die angedeutete Konsequenz völlig illusorisch ist. Weshalb sie illusorisch ist, das gehört allerdings noch zum Thema.

Die Ausbildung der Juristen ist seit Jahrzehnten Dauer-Gegenstand sogenannter Reformpolitik von links und rechts, der weithin der Bezug auf die wirklichen Probleme beruflich-fachlicher Arbeit verlorengegangen ist, sosehr freilich jeder neue Reformansatz diesen Bezug behauptet. Das Studium ist von Reform zu Reform nur immer stärker als Dauerfolge von Prüfungen organisiert worden, gekrönt von einer Abschlußprüfung als Staatsprüfung, die nahezu ausschließlich die Norm-Arbeit betrifft, überwiegend auf Verfügungswissen abstellt und Darstellungstechniken bevorzugt honoriert. Der ohnehin ja nur auf einen geringen Teil der beruflichen Arbeit reduzierte Anspruch fachlicher Qualifikation wird so minimiert; um so deutlicher tritt der Sozialisations-Charakter der Juristenausbildung hervor. Das Laienprogramm aber, das die Studierenden einbringen in das Studium, bleibt vom offiziellen Studienplan nahezu unberührt; um so mehr wird es vom inoffiziellen Studienplan geformt und von den Faktoren, denen wir unsere Alltagserfahrungen und -theorien verdanken. So bietet das Studium gute Voraussetzungen für all das, was den Juristen in ihrer weiteren beruflich-fachlichen Sozialisation noch widerfährt. Daß aber der Rationalitäts-Anspruch im Verkehr mit den Laien gegen alle interne Einsicht derart maßlos überdehnt wird, scheint mir am ehesten dadurch erklärbar, daß von den für Ausbildungs- und Berufspolitik Verantwortlichen in der tatsächlich ja nur behaupteten - fachlichen Rationalität der letzte Hort der Exklusivität juristischen Sonderwissens gesehen wird und daß daran festgehalten werden soll um der allein von diesem Sonderwissen mit Legitimitätsanspruch abgeleiteten Vorrechte und Vorzüge der Juristen-Berufe willen, wie sie eingangs beschrieben wurden. Anders gesagt: da der Experten-Status ein privilegierter Status ist, sind Ausbildungs- und Berufspolitik auf die status-verleihenden Merkmale fixiert, und da Rationalität und Wissenschaftlichkeit für den Experten als status-verleihende Merkmale fungieren, sind Ausbildungs- und Berufspolitik auf Wissenschaftlichkeit und Rationalität fixiert - um welchen Preis auch immer.

Literatur

Adomeit, Klaus (1979) Rechtstheorie für Studenten. Normlogik - Methodenlehre - Rechtspolitologie. Heidelberg, Hamburg

Beck, Ulrich (1986) Risikogesellschaft. Auf dem Wege in eine andere Moderne. Frankfurt/M.

Cannataci, Joseph A. (1989) Law, Liability and Expert Systems. Artificial Intelligence and Society (3). 169 ff

Daheim, H.J. (1969) Soziologie der Berufe, in: R. König (Hrsg.) Handbuch der empirischen Sozialforschung. Bd. II. Stuttgart

ders. (1970) Der Beruf in der modernen Gesellschaft. 2. Aufl. Köln, Berlin

Esser, Josef (1972) Vorverständnis und Methodenwahl in der Rechtfindung. Frankfurt/M.

von Ferber, Christian (1983) Zur Soziologie des Laien vor den Ansprüchen der Medizin. In: ders. u. B. Badura (Hrsg.) Laienpotential, Patientenaktivierung und Gesundheitsselbsthilfe. München, Wien 265 ff

ders. (1985) Mobilisierung der Laien - Deprfessionalisierung der Hilfen. Ein Verlust an gesellschaftlicher Rationalität? In: Soziologie und gesellschaftliche Entwicklung. Frankfurt/M. 497 ff

ders. (1988) Medizinkultur und Laienkultur: nebeneinander - gegeneinander - miteinander. Vortrag auf einer Tagung der Kath.Akademie Freiburg. Typoskript

Hartwig, Oskar/Hesse, Hans Albrecht (1981) Die Entscheidung im Zivilprozeß. Frankfurt/M.

Hesse, Hans Albrecht (1968) Beruf im Wandel. Stuttgart

ders. (1976) Die Einbeziehung der Soziologie in die juristische Dogmatik am Beispiel der Auslegung von Art. 12 GG. Deutsches Verwaltungsblatt, 657 ff

ders. (1982) Die Praxis der juristischen Berufe und die Juristenausbildung. In: Juristenzeitung, 272 ff

ders. (1983) Das Recht der Bundesrepublik Deutschland. Heidelberg

ders. (1985) Gierkes Kritik des Labandschen Staatsrechts und die Rechtskultur heute. Juristische Schulung, 170 ff

ders. (1988) Die Bedeutung der Laienprogramme der Richter am Beispiel der Auslegung von § 1246 RVO in der Sozialgerichtsbarkeit, Zeitschrift für Rechtssoziologie, 247 ff

Luhmann, Niklas (1981) Ausdifferenzierung des Rechts. Frankfurt/M.

ders. (1988) Frauen, Männer und George Spencer Brown. Zeitschrift für Soziologie, 47 ff

Mittelstraß, Jürgen (1986) Wissenschaft als Kultur. Vortrag auf der Jahreshauptversammlung der WRK 1986. Typosskript

Naucke, Wolfgang (1983) 'Verfachlichung' des Strafrechts im 19. Jahrhundert, in: J. Schönert (Hrsg.) Literatur und Kriminalität. Tübingen, 55 ff

Seyfarth, Constans (1989) Über Max Webers Beitrag zur Theorie professionellen beruflichen Handelns, zugleich eine Vorstudie zum Verständnis seiner Soziologie als Praxis. In: J. Weiß (Hrsg.) Max Weber heute. Frankfurt/M., 371 ff

Sprondel, Walter M. (1979) "Experte" und "Laie". Zur Entwicklung von Typenbegriffen in der Wissenssoziologie. In: ders. u. R. Grathoff (Hrsg.), Alfred Schütz und die Idee des Alltags in den Sozialwissenschaften. Stuttgart, 140 ff

Weber, Max (1922) Die protestantische Ethik und der Geist des Kapitalismus. In: ders. Ges. Aufsätze zur Religionssoziologie. Bd. 1. Tübingen, 1 ff

ders. (1922) Die "Objektivität" sozialwissenschaftlicher und sozialpolitischer Erkenntnis. In: ders. Ges. Aufsätze zur Wissenschaftslehre. Tübingen 146 ff

ders. (1922) R. Stammlers "Überwindung" der materialistischen Geschichtsauffassung. In: ders.: Ges. Aufsätze zur Wissenschaftslehre. Tübingen, 291 ff

ders. (1922) Über einige Kategorien der verstehenden Soziologie. In: ders. Ges. Aufsätze zur Wissenschaftslehre. Tübingen, 403 ff

ders. (1922) Wissenschaft als Beruf. In: ders. Ges. Aufsätze zur Wissensschaftslehre. Tübingen, 524 ff ders. (1971) Zur Lage der bürgerlichen Demokratie in Rußland. In: ders. Ges. Politische Schriften. 3. Aufl. Tübingen, 63 ff

ders. (1971) Parlament und Regierung im neugeordneten Deutschland. In: ders. Ges. Politische Schriften. 3. Aufl. Tübingen, 306 ff

ders. (1976) Wirtschaft und Gesellschaft. 5. Aufl. Tübingen

Anmerkungen:

1. Weber, M., 1922, 1ff; 146ff, 403fff, 524ff; -ders., 1971, 63ff, 306ff, -ders., 1976

2. Weber, M., 1976, 284f

3. ders., 1976, 549

4. ders., 1922, 291ff, 347

Wolfgang Slesina

Betroffene und Experten
- Einige Bemerkungen zu Wissen und sozialer Kontrolle -

1. Arbeitsteilung und Spezialisierung

Die Entwicklung der gesellschaftlichen Arbeitsteilung, ihre Ursachen und sozialen Folgen zählen zu den bleibenden Themen der Soziologie. Wichtige Beiträge finden sich bereits in der sich entfaltenden bürgerlichen Gesellschaft des 18. Jahrhunderts. Produktivitätssteigerung und soziale Ungleichheit, Wohlstandsmehrung und Entfremdung, Integrationsprobleme und Integrationsverstärkung sind seither einige kontroverse Perspektiven auf das Geschehen (z.B. Mandeville 1714; Ferguson 1767; Smith 1776; Marx 1867; Spencer 1876-1896; Durkheim 1893).

Der **Fachmann** ist ein Produkt gesellschaftlicher Arbeitsteilung. Arbeitsteilung bedeutet Aufgabendifferenzierung und Zuständigkeitsbeschränkung; sie ermöglicht bzw. fordert persönliche Spezialisierung auf das eingegrenzte Aufgabenfeld.

Nicht jegliche Arbeitsteilung und Spezialisierung führt zum qualifizierten Fachmann (professional). Spezialisten finden sich in vielen bzw. allen Bereichen menschlicher Arbeit und Problemlösung (Luckmann, Sprondel 1972). Die von A. Smith beschriebene und von F.W. Taylor systematisch vorangetriebene Aufgabenspezialisierung sind Beispiele extremer Arbeitszerlegung, die nicht den Fachmann hervorbringen, vielmehr ihn beseitigen. Als Fachmann bzw. Experte (professional) gilt erst der mit zusätzlichen Eigenschaften versehene Spezialist. Hierzu zählen u.a. ein nicht extrem eingegrenztes, komplexes Aufgabengebiet, zu dessen fachlicher Beherrschung eine längere Qualifizierungsphase mit dem Erwerb eines systematisierten Wissens erforderlich ist (Hesse 1968; Wilensky 1972).

M. Weber (1964) beschreibt den Fachmann als einen historischen Typus im Zuge der Rationalisierung des Zweck-Mittel-Schemas im Rahmen von Herrschaftsverbänden und Herrrschaftsausübung. Fachmann oder Amtsinhaber ist der fachlich geschulte "Beamte", der in einem Verband (Behörde, Betrieb) eine vordefinierte Funktion erfüllt zur effektiven Durchsetzung herrschaftlicher Ziele. Der "Apparat" (Organisation) ist ein formales Netzwerk funktionell differenzierter Rollen und auf deren Ausfüllung orientierter Stelleninhaber. Längere Ausbildung und Schulung bilden wichtige Merkmale des Beamtenstabs (Expertenstabs). Die überlegene Effektivität solcher Spezialisten-Organisationen gegenüber allen anderen Verbandsformen ist bei Weber eindringlich beschrieben (Weber 1964).

Eine in Webers Analyse nicht einbezogene Expertengruppe sind die **"freien Berufe"**. Bei ihnen verbinden sich Spezialisierung und hohe Qualifikation mit einem rechtlich-organisatorisch autonomen Status: der Experte als selbständiger Kleinunternehmer. Die Literatur zum *"professionellen Experten"* erwähnt die berufliche, fachliche Entscheidungsautonomie als ein wichtiges Merkmal (Hesse 1968; Freidson 1975). Bei dem in einer Organisation angestellten oder beamteten Experten mag der Autonomierahmen durch organisatorische Reglements und Vorgaben stärker eingegrenzt sein, doch trifft dies nicht durchgängig zu (Wilensky 1972; Daheim 1970). Gerade der frei praktizierende Experte unterliege u.U. erheblichem Druck und Autonomiebegrenzungen durch die Klienten.

Verbreitet wird darauf hingewiesen, daß Spezialisierung und Expertentum neben der sozial erwünschten Problemlösungssteigerung unerwünschte **Nebenwirkungen** hervorbringen können:

- Die Problemdefinition durch Experten führe typischerweise zu einer Problemverengung auf das professionelle sytematisierte Wissen, was dem Gesamtproblem nur teilweise gerecht werde (Sprondel 1979; von Ferber 1987).
- Der Experte lerne, strikt zwischen Experten und Laien zu unterscheiden; das Bestreben sei stark, sich dem Einfluß von Klienten zu entziehen (Wilensky 1972; Daheim 1977).
- In demokratischen politischen Verbänden (demokratischen Parteien, Gewerkschaften) bestehe aufgrund der Notwendigkeit eines Stabs "wissenschaftlich gebildeter Funktionäre" das Risiko der Oligarchisierung, d.h der Beherrschung der Vielen durch Wenige (Michels 1911).

2. Experten- und Laienwissen

Das Expertentum des Experten ist stets thematisch gebunden, auf einen bestimmten Problemausschnitt bezogen. Für einen anderen Problemaspekt derselben Sache mag es andere Experten geben. Expertentum gilt jeweils für einen bestimmten Sektor (Parsons 1964).

Erst die offizielle soziale Anerkennung eines Expertentums, die offizielle soziale Auszeichnung eines bestimmten Wissens als Expertenwissen - als relevantes, richtiges, Wissen - macht tendenziell alle anderen Personen, die nicht hierüber verfügen, zu Laien und alle anderen Wissensbestände zu Laienwissen (Sprondel, 1979). Für die Entwicklung der technisch-wissenschaftlichen Zivilisation, den spezifisch abendländischen Rationalisierungsprozeß ist kennzeichnend, daß ein bestimmtes methodenkontrolliertes und -generiertes Wissen das Gütesiegel des gesicherten, objektiven, wissenschaftlichen Wissens gewinnen kann (Verwissenschaftlichung, s. Hartmann 1968). Auseinandersetzungen zwischen sozialen Gruppierungen nehmen daher häufig die Form des Paradigma- und Methodenkonflikts bzw. der Methodenkritik an, wie sich etwa an der Diskussion zu "gesicherten arbeitswissenschaftlichen Erkenntnissen" (nach §§ 90,91 BetrVG) belegen läßt. Von Bedeutung ist ferner das "*institutionelle Wissen*", dessen Geltung aus anderen Wurzeln stammt (Daheim 1970; Rüschemeyer 1972).

Der **Geltungsverlust** des Laienwissens erscheint dort unproblematisch und zudem rational, wo das "neue" Wissen eine verbesserte Erkenntnis und Prognose sowie eine bessere, humanere, vollständigere Problemlösung ermöglicht. Teilweise steht auch "neue" Wissen in keiner Konkurrenz zu vorgängigem Wissen, so z.B., wenn der soziotechnische Wandel neue Situationen kreiert und neue Möglichkeiten schafft, wofür keine früheren Problemlösungen existierten. Die Frage muß sich folglich darauf richten, welche "alten" oder allgemein welche lebensweltlichen Wissensbestände - und hier z.B. das Erfahrungswissen der Menschen - neben oder ergänzend zum Expertenwissen praktisch wichtig sein können: zum Situationsverständnis und zur Problembearbeitung.

3. Experten und Betroffene

Einen besonderen Ausschnitt im Verhältnis Experten - Laien bildet das Verhältnis Experten - Betroffene (hier: "betroffene Laien"). Wie Expertentum, so stellt sich auch Betroffenheit unter einem bestimmten Problembezug her (von Ferber 1987). "*Betroffenheit*" resultiert aus der Gefährdung, Einschränkung, Infragestellung, Inhibierung der Werte und Ziele von Einzelnen, Vielen oder von Gruppen.

Expertenpositionen sind auf Betroffenheitslagen hin entwickelt. Die Inanspruchnahme oder Beauftragung von Experten kann durch Konsultation seitens des Betroffenen oder über Dritte (z.B. Gesetzgeber, Organisationsleitung) erfolgen. Inwieweit die Problemdefinitionen von Betroffenen und Experten zur Deckung kommen, bildet eine wichtige Frage. Die Problemsicht (z.B. eine Risikovermutung) eines "*Laien*" mag vom Experten geteilt werden oder nicht - und vice versa (zu divergierenden Bezugssystemen s. von Ferber 1970). Ferner ist zu unterscheiden zwischen dem Problemwissen und dem Problembearbeitungswissen, d.h. der Problemdefinition und Problembearbeitungsdefinition von Laien und Experten.

Die Divergenz der Bezugssysteme von Experten und Betroffenen ist struktureller Art. Betroffenheit stellt für den Betroffenen ein vieldimensionales, auch emotional besetztes Geschehen dar. Der Experte wählt daraus "seine" Problemdimension aus. Ließe der Experte sich auf die Vieldimensionalität des Betroffenen ein, begäbe er sich außerhalb seiner Expertendomäne.

Zunehmend wird die Auffassung geäußert, daß in einer stärkeren **Verbindung** von Experten- und Betroffenenwissen ein Schlüsssel zur umfassenderen, qualitativ überlegenen Problembearbeitung liege. Eine solche Zusammenführung sei vielfach der unverbundenen Koexistenz beider Wissenssysteme oder der Negation und Ausschließung eines der beiden Systeme überlegen. Mit der Verknüpfung beider Wissensbestände ergeben sich jedoch zahlreiche Fragen:

- Führt dies zu einer Rücknahme von fachlicher Spezialisierung, zu einer sozialen Entdifferenzierung, zu einem Rationalitätsverlust?
- Wird der Expertenstatus unterhöhlt, wenn Expertenwissen an Exklusivitätsgeltung verliert?
- Was ist überhaupt die Basis des Expertenstatus und Expertenwissens? Was sind die Durchsetzungsformen des Expertenwissens bzw. der Expertenpraxis?
- Ist es möglich, Experten- und Betroffenenwissen zu einem dauerhaften Austausch zu verhelfen, ohne Rationalitätsverlust und auf der Basis der Kooperation?

Nicht alle diese Fragen können hier aufgegriffen werden. Einigen gehen wir im folgenden am Beispiel des Verhältnisses von betrieblichen Arbeitsschutzexperten und Arbeitnehmern sowie von niedergelassenen Ärzten und Gesundheitsselbsthilfegruppen nach. Die Überlegungen stützen sich auf Erfahrungen aus zwei Forschungsprojekten (im einzelnen s. Slesina, Schröer, von Ferber 1987; Meye/Slesina 1990).

4. Betriebliche Arbeitsschutzexperten und Beschäftigte

4.1 Bedeutung des Arbeitsschutzrechts

Die Institution des betrieblichen Arbeitsschutzes in der Bundesrepublik weist einige Besonderheiten auf (Schröer 1989). Zu den betrieblichen Arbeitsschutzexperten rechnen nach ASiG Betriebsärzte und Sicherheitsfachkräfte. Einerseits Angestellte oder Beauftragte des Betriebs, sind sie andererseits für die Erfüllung außerbetrieblich generierter (staatlicher, berufsgenossenschaftlicher) Normen zuständig. In der Anwendung ihrer Fachkunde bei der Erfüllung der arbeitschutzrechtlichen Aufgaben sind sie autonom; gegenüber dem Arbeitgeber sind sie beratend tätig.

Die staatlichen und berufsgenossenschaftlichen Schutznormen geben Gestaltungskriterien für Arbeitsplätze und Arbeitsbedingungen vor. Sie dienen der Ist-Analyse von Arbeitsbedingungen als Leitlinie für Maßnahmenbedarf. Bei normativ vorgezeichnetem Handlungsbedarf verfügt der Abeitsschutzexperte über eine abgesicherte Argumentationsbasis für Gestaltungsvorschläge. Erfüllen dagegen die Arbeitsbedingungen die Schutznormen und Richtlinien, fehlt die normativ verpflichtende Basis für Schutzmaßnahmen, auch dann, wenn aus Sicht der Beschäftigten an den Arbeitsplätzen ein Gestaltungsbedarf besteht.

Für den Arbeitnehmer gibt es keine unmittelbaren, offiziellen Kommunikationswege zum Arbeitsschutzexperten, sei es, um auf normativ verankerten oder nicht normativ begründbaren Handlungsbedarf (im Sinne des Arbeitsschutzrechts) hinzuweisen. Der Arbeitsschutzexperte bildet für den Arbeitnehmer formell keine direkte Appellationsinstanz. Bei einem wahrgenommenen Arbeitsschutzproblem (z.B. Sicherheitsmangel) hat der Arbeitnehmer seinen Vorgesetzten zu informieren, der entweder die Arbeitsschutzabteilung informiert oder die Behebung des Mangels selbst veranlaßt. Von den Beschäftigten beim Arbeitsschutzexperten eingehende Problemhinweise kann dieser allenfalls in den betrieblichen Beratungs- und Entscheidungsweg einschleusen.

4.2 Autoritätsbasis

Die Position des betrieblichen Arbeitsschutzexperten ist mit Amtsautorität ausgestattet. Die Grundlagen dieser Amtsautorität sind heteronom, durch das Arbeitsschutzrecht gesetzt. Das Arbeitsschutzrecht definiert die Aufgaben der betrieblichen Arbeitsschutzexperten und legitimiert ihre Durchführung: bestimmte Arbeitsplatzanalysen, Vorsorgeuntersuchungen, die Ausarbeitung von Gestaltungsempfehlungen, u.a. Es eröffnet dem Experten jedoch keine Durchsetzungsmacht gegenüber dem Arbeitgeber. Handlungsbasis des Arbeitsschutzexperten gegenüber dem Arbeitgeber ist außer der gesetzlich umrissenen Zuständigkeit sein spezifisches Expertenwissen (funktionale Autorität), dessen Anwendung weisungsfrei zu erfolgen hat (§ 8 ASIG).

Gegenüber Äußerungen der Unzufriedenheit und Gestaltungswünschen von Arbeitnehmerseite kann sich der Arbeitsschutzexperte durch Hinweis auf die Erfüllung der Arbeitsschutzvorschriften legitimieren oder durch Verweis auf die Entscheidungszuständigkeit des Arbeitgebers. Die Arbeitsschutzvorschriften eröffnen ihm Argumentationen gegenüber Arbeitgeber wie Beschäftigten.

4.3 Wissensbasis und -lücken

Das fachliche Wissen der betrieblichen Arbeitsschutzexperten besteht zum einen in theoretisch-allgemeinem Wissen über Krankheitsbilder und -ursachen, über Unfallrisiken, Diagnostik, Meßverfahren, Möglichkeiten der Arbeitsgestaltung usw. Eine zweite Säule bildet die im Zuge der Berufsausübung gewonnene berufspraktische Erfahrung in Diagnostik, Arbeitsplatzbeurteilung und Gestaltungsempfehlung. Hinzu kommt das institutionelle Wissen über Arbeitsschutznormen.

Sowohl das theoretische wie das Berufserfahrungswissen werden auf die Erfüllung der Arbeitsschutznormen hin aktiviert. Welche Expositionen gesundheitsschädlich oder sicherheitlich bedenklich sind, welche Expositionsgrade zu welchen Beschwerden und

Krankheiten beitragen können, welche Maßnahmen für eine völlige oder teilweise Expositionsminderung in Betracht kommen - solche Fragen sind durch Rückgriff auf theoretisches und berufspraktisches Wissen der Experten in beträchtlichem Umfang gesichert bearbeitbar.

Zumindest nach zwei Seiten hin gerät das Expertenwissen jedoch an Grenzen. Diese Grenzen sind nicht durch die persönlich höhere oder geringere berufliche Kompetenz des Fachmanns bedingt, sondern haben einen tieferen Grund.

a) Die mannigfachen Arbeitsschutzvorschriften (Gesetze, Verordnungen) verlangen in der Umsetzung durch den Experten eine Detailkenntnis der Bedingungen und Abläufe an den betrieblichen Arbeitsplätzen sowie eine stete Aktualisierung dieses konkreten **Situationswissens**. Die Einführung "betrieblicher" Arbeitsschutzexpertenpositionen durch das ASiG hatte eben die Gewährleistung solchen Detail- und Aktualitätswissens zum Ziel. Praktische Erfolge sind unbestreitbar. Für Grenzen des Expertenwissens und deren Ursachen gibt es jedoch Belege. Wir greifen hierbei auf Mitteilungen von Beschäftigten und Gesprächsverläufe in Gesundheitszirkeln zurück (s. Slesina 1987; Slesina et al. 1990):

- Arbeitsplätze im Betrieb unterliegen z.T. einem für den Arbeitsschutzexperten schwer erkennbaren Wandel, Arbeitsbelastungen ändern sich dabei unbemerkt.
- Keller und Nebenbereiche von Produktionshallen sind für Sonderaufgaben (z.B. größere Reparaturen) teilweise nur unzureichend ausgestattet. Die dabei auftretenden Probleme können starke Beanspruchungen hervorrufen und inoffizielle, improvisierende Arbeitsmethoden nahelegen.
- Umständlich erscheinende Verfahren, Maschinen- und Anlagenmängel, zeitraubende Kommunikationswege führen bei der Belegschaft z.T. zu "Verhaltensabkürzungen", die sicherheitlich wie ergonomisch ungünstig sind.
- Zwischen offiziell vereinbarten und genehmigten Anlagenkonstruktionen und ihrer schließlichen Ausführung können Differenzen bestehen, die zu unvorhergesehenen und unbemerkten Mehrbelastungen für die Arbeitnehmer führen.
- Störungen im Produktionsablauf führen mitunter zu unkonventionellen Wegen der Störungsbehebung, zum Nachteil der Arbeitssicherheit. Bei Standardstörungssituationen können sich solche abweichenden Lösungswege verfestigen.
- Unangenehme, stark beanspruchende Situationen entstehen mitunter erst durch das Zusammentreffen mehrerer Bedingungen: z.B. starke Zugluft aufgrund offenstehenden Hallentors und bestimmter Außenwindrichtung oder bestimmten Klimaverhältnissen in der Halle. Der Arbeitsschutzexperte wird dieses Bedingungsgefüges nicht stets gewahr.
- Vorhandene Schutz- und Sicherheitsausrüstungen werden nicht immer von den Beschäftigten genutzt. Für die Nichtbenutzung können persönliches Beeinträchtigungsempfinden, Kommunikationsbehinderung, Zeitverzögerung beim Arbeitsablauf, Bevorzugung bisheriger Arbeitsroutinen (z.T. unter stillschweigender Duldung der Aufsichtsperson) maßgeblich sein. Nur teilweise wird der Experte von den abweichenden Verfahren Kenntnis erhalten. Aber auch bei Problemkenntnis mag er auf Grenzen seines Änderungswissens und seiner Änderungsmöglichkeiten treffen. Ein Appell an

die Einsicht der Betroffenen vermag nicht immer den Erfolg herbeizuführen. Die strikte Einschaltung der Vorgesetztenautorität dagegen zur Normendurchsetzung kann bei den Beschäftigten demotivierend wirken und zu Konflikten führen. Ist die Mitteilung solcher Vollzugsdefizite durch den Sicherheitsfachmann "nach oben" somit eine nur begrenzt wirksame Durchsetzungsstrategie, so könnte die wiederholte Anrufung der Linienautorität dort auch mögliche Zweifel an seiner beruflichen Kompetenz aufwerfen.

- Vorhandene Körperschutzmittel sind mitunter für den Arbeitnehmer, der sie benötigt, umständlich zu beziehen: so z.B., wenn für die Bereitstellung einer Atemschutzmaske erst über den Vorgesetzten die Werksfeuerwehr bemüht werden muß. Die erforderliche Pflege solcher Masken erfordert eine sachgerechte Aufbewahrung, z.B. bei der Werksfeuerwehr. Der umständliche Bereitstellungsweg mag aber nutzungshemmend wirken.
- Manche Arbeitnehmer können aufgrund unzureichender Instruktionen bei der Übernahme des Arbeitsplatzes oder aufgrund der Sozialisation durch die Arbeitsgruppe vorhandene Arbeitseinrichtungen und Geräte nicht adäquat nutzen (z.B. Regulierung von Stuhlhöhe und Rückenlehne; Verwendung kraftsparenden Werkzeugs) - eine vermeidbare Mehrbelastung.

Die kleine Beispielsammlung läßt die Schwierigkeiten für den Arbeitsschutzexperten erkennen, über sämtliche vor-Ort-Gegebenheiten einen vollständigen Überblick zu gewinnen und die Informationen stets in geeignete Verfahren umzusetzen (unvollständiges Situationswissen, begrenztes Lösungswissen).

b) Die Schutzbestimmungen legen für den Arbeitsschutzexperten Aufgaben, Gestaltungsstandards und Verfahrenswege fest. Für jene Arbeitsbelastungen und -beanspruchungen, die nicht über Schutznormen definiert und geregelt sind wie die **psychosozialen** oder manche ergonomischen Belastungen, ergeben sich Beurteilungsprobleme und Begründungsprobleme. Welche Belastungsgrade können Gesundheit schädigen? Zu welchen chronisch-degenerativen Krankheiten, funktionellen Störungen können sie beitragen? Um es an zwei Beispielen zu verdeutlichen: ob der bei Reparaturen für den Sofort-Instandhalter auftretende psychosoziale Streß kurz-, mittel- oder längerfristig ein Gesundheitsrisiko darstellt, entzieht sich mangels Anhaltswerten verläßlicher ärztlicher Beurteilung. Ob die bei einem Steuermann aufgrund unzureichender Steuerungsanzeigen auftretende tägliche psychische Spannung und Konfliktsituation eine gesundheitliche Bedeutung hat, ist für den Fachmann schwer auszumachen. Insbesondere die Summenwirkung der unterschiedlichen Belastungen läßt sich für den Arbeitsschutzexperten nicht hinreichend unter dem Gefährdungsaspekt objektivieren.

In den aufgeführten Fällen bildet das **Erfahrungswissen** der Beschäftigten ein Reservoir für die Ergänzung und Aktualisierung vieler arbeitsschutzrelevanter Informationen. Das Erfahrungswissen umfaßt z.B. Situationswissen (technisch, physikalisch, sozial usw.) und Ablaufwissen (technisch, sozial). Es bedarf jedoch einer thematischen Zuspitzung. Die Mitteilung, der Knüppelzähler sei defekt oder die Anhängerkupplungen seien ungeeignet oder aufgrund fehlender Kranunterstützung ergäben sich öfter Arbeitsverzögerungen, lösen bei Arbeitsschutzexperten nicht unbedingt Interesse und Aktivität aus. Erst die Problempräsentation in arbeitsschutzrelevanten Kategorien wie Sicherheitsproblem, körperliche Überforderung, Expositionsintensität, gesundheitliche Beschwerden erhöht die Chance der Problemwahrnehmung durch die Zuständigen. Andererseits ist das arbeitsschutzrelevante Situationswissen (Belastungs-, Beanspruchungs-, Beschwerdewissen) der Beschäftigten nicht völlig homogen. Es streut in Abhängigkeit von Normalitätsvorstellungen, persönlicher Konstitution und Leistungsfähigkeit u.a.. Unterschiedliche Normalitätsvorstellungen und persönliche Merkmale können zu unterschiedlichen Situationsdefinitionen führen. Das Erfahrungswissen der Mitarbeiter enthält daher auch Wissensdifferenz und -konkurrenz, z.B. folgende Mitarbeiteräußerung: "Der Umgangston im Betrieb hier ist normal", dazu die Kollegenmeinung "Wenn das normal ist, kann ich nur weinen".

Als Aufgabe für die Arbeitsschutzexperten ergibt sich , die Situationsmitteilungen der Beschäftigten in ihrem gesundheitlichen Stellenwert einzustufen: liegt eine Bagatelle vor oder nicht, und was bedeutet Bagatelle? Vor dem Hintergrund von Schutznormen und dem Erlebnishintergrund der Beschäftigten vermag sich der gleiche Sachverhalt sehr unterschiedlich darzustellen (divergierende Bezugssysteme i.S. von Ferbers). Die Konfrontation der Arbeitsschutzexperten mit den gesundheitsrelevanten Beschäftigtenmitteilungen wirft somit die Frage nach der Möglichkeit der Experten auf, diesen Wechsel der Bezugssysteme mitzuvollziehen und zusätzliche Arbeitsschutzindikatoren als wissensrelevant zuzulassen, die im Sinne der vorliegenden konkreten Arbeitsschutznormen eine irrelevante Größe bilden.

Austausch von Betroffenen- und Expertenwissen

Auf seiten der Arbeitsschutzexperten finden sich 1. begrenztes Situationswissen und 2. begrenztes Risikowissen über mögliche gesundheitliche Folgen mancher Belastungen. Zum Erfahrungswissen der Beschäftigten ist festzuhalten, daß es 1. nur teilweise inhaltlich homogen ist und 2. in keiner normierten Sprache verfügbar ist. Beides erscheint für den Austausch zwischen Experten- und Betroffenenwissen bedeutsam.

Das standardisierte, generalisierte Expertenwissen mutet die Betroffenen oft fremd, abgehoben und indifferent an gegenüber ihrer persönlichen Betroffenheit von Arbeitsbelastungen. Sie vermissen an diesem Wissen z.T. eine Bestätigung der aus ihrer Sicht "*eigentlichen*" Probleme der Belastung und Beanspruchung, sehen in dem Expertenwissen dann eine soziale Kontrolle des "*Wichtigen*" (zu Relevanzsystemen s. Schütz 1971). Andererseits, indem die Beschäftigten den Experten einen Vorsprung an vor-Ort-Wissen voraus haben, können sie für die Experten zu einer Kontrollinstanz werden. Diese Kontrollmöglichkeit vermag auf die Experten statusbedrohend zu wirken, insbesondere wenn die Wissenslücken in der Organisation weitergegeben werden. Solche Spannungen sind jedoch, wie die Gesundheitszirkel zeigen, für die Experten bei einer versachlichenden Aussprache im Zirkel sowie einer lernoffenen Haltung der Vorgesetzten auszuhalten.

Das teilweise heterogene Erfahrungswissen der Beschäftigten liegt noch nicht als Erfahrungsbilanz vor. Es muß sich aus dem subjektiven Situationsverständnis der Beschäftigten erst zu einem sozialen Erfahrungswissen, zu einer gemeinsamen Erfahrungsbilanz entwickeln (Sprondel 1979). Das Expertenwissen hat diesen Diskussionsprozeß bereits durchlaufen und liegt als konzentriertes "*gesichertes*" Wissen vor.

Das Betroffenenwissen verfügt über keine normierte Sprache. Es präsentiert sich in unterschiedlichen sprachlichen Formen. Seine Konstitution zu einem überpersonalen, sozialen Wissen wird im Gesundheitszirkel erst geleistet, persönliche Erfahrungen und Gruppenerfahrung werden getrennt oder kommen zur Deckung. Der Weg zur Erfahrungsbilanz ist ein Weg gemeinsamer Vergegenwärtigung und ggf. auch zusätzlicher Recherche außerhalb des Zirkels. Mäandrische Schleifen können vorkommen, sie sind aber auch dem Prozeß wissenschaftlicher Erkenntnisfindung nicht fremd. Die fehlende Präformierung des Erfahrungswissens der Beschäftigten muß seine Wirksamkeit nicht schmälern. Die Einsicht der im Zirkel vertretenen Arbeitsschutzexperten und Vorgesetzten in den Prozeß der Erfahrungsartikulation und der Konsensfindung unter den Beschäftigten ermöglicht Nachvollzug, Glaubwürdigkeit und Verständnis. Gerade der Umstand, daß das Erfahrungswissen nicht schon fertig aufbereitet vorliegt, sondern seine Konstitution zu sozialem Wissen im Zirkel offen liegt, kann seine Echtheit belegen und Motivationen für Gestaltungsmaßnahmen schaffen oder verstärken.

Wie der Wissenstransfer von den Betroffenen hin zu den Experten, so vermag auch der Informationsfluß in umgekehrter Richtung von den Arbeitsschutzexperten zu den Betroffenen eine wichtige Funktion haben. Expertenmitteilungen über Belastungen und Risiken können entängstigend wirken, unzutreffende Risikovorstellungen abbauen (z.B. zur gesundheitlichen Bedeutung von Grobstaub), aber auch unterschätzte Risiken verdeutlichen (Folgen von Lärm, Sicherheitsdefiziten u.a.). Der Diskurs über Arbeitsschutzthemen im Gesundheitszirkel kann einen Wahrnehmungs- und Einstellungswandel bei allen Beteiligten bewirken.

Niedergelassene Ärzte und Selbsthilfegruppen

Der niedergelassene Arzt als selbständiger Kleinunternehmer ist im Falle des Kassenarztes über das Kassenvertragsrecht zur Behandlung von Kassenpatienten verpflichtet; zudem entspricht der Auftrag seinem Eigeninteresse. Eingebunden in die kassenärztlichen Bestimmungen (SGB V, Richtlinien der Selbstverwaltung) unterliegt er jedoch keiner organisatorischen Eingliederung, ist der Selbständigenstatus unberührt. Gleichwohl ergeben sich aus den kassenarztrechtlichen Bestimmungen Eingrenzungen seiner ärztlichen Handlungsautonomie in der Patientenversorgung.

Die Position des Kassenarztes im Verhältnis zum Kassenpatienten enthält Komponenten von Amtsautorität (z.B. bei AU-Schreibung, Kurverordnung, meldepflichtigen Krankheiten). Die Geltung seiner diagnostischen und therapeutischen Maßnahmen gegenüber dem Patienten basiert im wesentlichen jedoch auf funktionaler Autorität, d.h.

dem Glauben des Patienten an die überlegene medizinische Fachkunde des Arztes. Gegenüber der Kassenärztlichen Vereinigung und der Krankenversicherung legitimiert sich das ärztliche Handeln durch Beachtung der kassenarztrechtlichen Vorschriften.

Inwiefern kann der niedergelassene Arzt vom Patientenwissen **lernen**? Wo bestehen Ergänzungsmöglichkeiten von Arztwissen und dem in Selbsthilfegruppen vorfindbaren Patientenwissen? Wenige Andeutungen müssen hier genügen.

Aus den Mitteilungen von Selbsthilfegruppen im Rahmen gemeinsamer Veranstaltungen mit Ärzten ("*Foren*") schälen sich mehrere Wissensaspekte heraus (Meye, Slesina 1990):

- Zu ihrer speziellen Krankheit verfügen die Gruppen über beträchtliche Informationen, was diagnostisch-therapeutische Möglichkeiten anbelangt. Hier übertreffen sie mitunter Ärzte an Aktualitätswissen.
- Es gibt in den Gruppen ein selbsterworbenes Erfahrungswissen, das sich nicht in der Kenntnis medizinisch-technischer Möglichkeiten erschöpft (von Ferber 1989). Dazu können z.B. aus der eigenen Betroffenheitslage erfahrene regionale Versorgungslücken zählen. Dazu rechnen ferner die Erfahrungen von Kommunikationsproblemen im Arzt-PatientenKontakt, insbesondere bei schwer therapierbaren Krankheiten.
- Selbsthilfegruppen besitzen Kenntnisse über Therapieprobleme wie über therapeutische Zugangsmöglichkeiten, so z.B. bei Suchterkrankungen:
  Gruppen Alkoholabhängiger verweisen auf die Risiken von Tablettenverordnungen (z.B. auch gegen Erkältungskrankheiten, Schmerzzustände usw.) bei Alkoholkranken wegen des möglichen suchtbildenden Potentials.
  Oder: Der ärztliche Umgang mit Alkoholkranken müsse sich an Kriterien wie "zugewandte Konsequenz" orientieren. Konsequenz sei angebracht in der Konfrontation des Kranken mit seiner Krankheit und deren Folgen. Zuwendung sei vonnöten, um das Selbstwertgefühl des Kranken nicht zu verletzen, da es andernfalls zum Kommunikationsabbruch kommen könne.

Solche Forderungen sind aus den Reflexionen der Betroffenen zu ihrem Krankheitsproblem gewonnen. Die Mitglieder von Selbsthilfegruppen haben persönliche Erfahrungen mit Krankheit, ärztlichem Handeln und Therapien gesammelt. Zu sozialem, gemeinsamem Wissen erweitert sich die persönliche Erfahrung bei einer Gleichartigkeit der Erfahrungen mehrerer Betroffener und ihrem Konsens hierüber im kommunikativen Austausch. Aus der Eigenerfahrung, ihrer Bewußtmachung und gedanklichen Verarbeitung entsteht ein explizites Wissen, z.B. über Zugangswege und Blockierungen bei der Behandlung Alkohokranker. Manche Wissensbestände werden unter den Betroffenen allgemein geteilt, andere bleiben mehr oder minder partikular.

Die Gruppen tragen die eigenen Erfahrungen und Kenntnisse an die Ärzteschaft als Erwartungen an Wissen und Verhalten heran. Hierin drückt sich auch der Wunsch aus, zu einer Unterstützug und künftigen Verbesserung des Gesundheitswesens beizutragen. Doch kann dabei des Problem einer doppelten Überforderung auftreten: zum einen durch die gelegentliche Erwartung ärztlicher Allkompetenz, zum anderen durch die Präsentationsform. Denn die Erwartungen und das Wissen der Selbsthilfegruppen geben sich in der Regel die Form eines negativen Erfahrungsberichts zu ärztlichen Behandlungs- und Kommunikationsweisen. Aus der Schilderung von Defiziten und Problemen sollen die Ärzte lernen. Leicht kann es jedoch dabei zum Gefühl der Statusbedrohung und zur Lernblockierung kommen. Daher ist auch hier die Suche nach geeigneten Vermittlungsformen erforderlich.

Schlußfolgerungen

Erfahrungswissen der Betroffenen und Expertenwissen sind eng mit der sozialen Arbeitsteilung verknüpft. Das Verhältnis von Laie und Experte stellt sich jeweils unter einem spezifischen Themen- oder Problembezug her (Krankheit, Arbeitsschutz u.a.). Die Akzeptanz des Erfahrungswissens der Betroffenen durch die Experten ist an besondere Voraussetzungen gebunden, während umgekehrt die Akzeptanz des Expertenwissens bei den Betroffenen zwar nicht durchgängig gesichert ist (z.B. bestimmte Arbeitsschutznormen), aber es verfügt über offizielle Geltung. Durch Gesundheitszirkel lassen sich, bezogen auf den konkreten Betrieb mit seinen besonderen Arbeitssituationen, zusätzlich zu dem erreichten Stand des Arbeitsschutzes konsensfähige Gestaltungserfordernisse ermitteln und -entwürfe entwickeln. Über den Einzelbetrieb hinaus sind vielleicht manche der aufgearbeiteten Probleme auch auf andere Betriebe generalisierbar, z.B. bei Standardproblemen von Berufen. Nicht übertragbar hingegen ist der Konsens, der nur innerbetrieblich herbeigeführt werden kann. In der Zusammenarbeit von Ärzten und Selbsthilfegruppen lassen sich konsensfähige Probleme der Krankenversorgung und der Versorgungsentwicklung benennen. Allerdings wird die Problemlösung auf lokaler Ebene teilweise überfordert sein, wenn übergeordnete Probleme oder Problemursachen vorliegen. Manche Erfahrungsbestände der Selbsthilfegruppen erscheinen generalisierungsfähig. In erster Linie wird die Kommunikation von Arzt und Gruppen jedoch zu einem Wissensfortschritt bei den direkt beteiligten Akteuren führen, einen persönlichen Erfahrungs- und Lerngewinn darstellen und teilweise Maßnahmen auf lokaler Ebene auslösen können. Der Diskurs zwischen Betroffenen und Experten in Form der Zirkelarbeit oder von Forum-Veranstaltungen hat, zumindest der Chance nach, eine sozialisierende Wirkung und vermag ohne Verlust an Fachkompetenz, Rationalität und Expertenstatus die soziale Integration zu verstärken.

Literatur

Daheim, H. (1977) Berufssoziologie. In: König, R. (Hrsg.), Handbuch der empirischen Sozialforschung. Band 8. Enke: Stuttgart, 1-100

Daheim, H. (1970) Der Beruf in der modernen Gesellschaft. Kiepenheuer & Witsch: Köln

Durkheim, E. (1977) Über die Teilung der sozialen Arbeit. Suhrkamp: Frankfurt/Main (Erstausgabe 1893)

Ferber, C. von (1970) Vom Nutzen der Soziologie für die Medizin. In: Arbeitsmedizin, Sozialmedizin, Arbeitshygiene. 5. Jg., 213-217

Ferber, C. von (1987) Soziale Voraussetzungen gesundheitsbezogenen Laienhandelns. In: ders. (Hrsg.), Gesundheitsselbsthilfe und professionelle Dienstleistungen. Springer: Berlin, 1-28

Ferber, C. von (1989) Selbsthilfe im sozialen Wandel in der Bundesrepublik. In: Blüm, N., Zacher, H.F. (Hrsg.): 40 Jahre Sozialstaat Bundesrepublik Deutschland. Nomos: Baden-Baden, 609-627

Ferguson, A. (1988) Versuch über die Geschichte der bürgerlichen Gesellschaft. Suhrkamp: Frankfurt/Main (Erstausgabe 1767)

Hartmann, H.(1968) Arbeit, Beruf, Profession. Soziale Welt. 19. Jg., 197-212

Hesse, H.A. (1968) Berufe im Wandel. Enke: Stuttgart

Luckmann, T., Sprondel, W.M. (1972) Einleitung. In: dies. (Hrsg.), Berufssoziologie. Kiepenheuer & Witsch: Köln 11-21

Mandeville, W. (1968) Die Bienenfabel oder Private Laster, öffentliche Vorteile. Suhrkamp: Frankfurt/Main (Erstausgabe 1714)

Marx, K. (1962) Das Kapital. Band 1 (hgg. von Lieber, H.-J., Kautsky, B.). Cotta, Stuttgart (Erstausgabe 1868)

Meye, M.R., Slesina, W. et al.(1990) Zusammenarbeit von Ärzten und Selbsthilfegruppen. Deutscher Ärzte-Verlag: Köln

Michels, R. (1925) Zur Soziologie des Parteiwesens in der modernen Demokratie. Kröner: Stuttgart (Erstausgabe 1911)

Parsons, T. (1964) Die akademischen Berufe und die Sozialstruktur. In: Rüschemeyer, D. (Hrsg.): Talcott Parsons: Beiträge zur soziologischen Theorie. Luchterhand: Neuwied, Berlin, 160-179

Rüschemeyer, D. (1972) Ärzte und Anwälte: Bemerkungen zur Theorie der Professionen. In: Luckmann, T., Sprondel, W.M. (Hrsg.), Berufssoziologie. Köln, 169-181

Schröer, A. (1989) Soziologie und menschengerechte Arbeitsgestaltung - Eine wissenssoziologische Untersuchung des Arbeitsschutzes, Inauguraldissertation, Univ. Bochum

Schütz, A. (1971) Das Problem der Relevanz. Suhrkamp: Frankfurt/Main

Slesina, W., Lorenz, I., Beuels, F.R., Sochert, R. (1990) Gesundheitszirkel im Dienste der gesundheitsgerechten Arbeitsgestaltung. In: Brandenburg, U. et al. (Hrsg.), Prävention im Betrieb. Saur: München, 120-133

Slesina, W., Schröer, A., Ferber, C. von (1988) Soziologie und menschengerechte Arbeitsgestaltung. In: Soziale Welt. 39. Jg., H. 2, 205-223

Slesina, W. (1987) Gesundheitszirkel - Eine präventive Strategie in Betrieben. In: Drogalkohol, 11. Jg., H. 3, 203-222

Smith, A. (1937) An inquiry into the nature and the causes of the wealth of nations. Random House (Erstausgabe 1776)

Spencer, H. (1876-1896) Principles of sociology, Vol. I-III.

Sprondel, W.M. (1979) "Experte" und "Laie": Zur Entwicklung von Typenbegriffen in der Wissenssoziologie. In: Sprondel, W.M., Grathoff, R. (Hrsg.): Alfred Schütz und die Idee des Alltags in den Sozialwissenschaften. Enke: Stuttgart, 140-154

Weber, M. (1964) Wirtschaft und Gesellschaft. Kiepenheuer & Witsch: Köln

Wilensky, H.L. (1972) Jeder Beruf eine Profession? In: Luckmann, T., Sprondel, W.M. (Hrsg.): Berufssoziologie. Köln, 198-215

Alf Trojan

Selbsthilfegruppen: Sozialpolitische Bedeutung und Forschungsperspektiven

Eine der Grundthesen des "*Forschungsverbundes Laienpotential, Patientenaktivierung und Gesundheitsselbsthilfe*" (1987) nahm an, daß die medizinische Versorgung durch "*biomedizinischen Reduktionismus*" gekennzeichnet ist. In einer Befragung von 232 Mitgliedern aus 65 verschiedenen krankheitsbezogenen Selbsthilfegruppen hat sich diese Annahme erhärten lassen: Mehr als 3/4 der Befragten stimmten 7 Mängelaussagen zu, die als Indikatoren für das Zu-kurz-kommen kommunikativer Leistungen gewertet werden können; den 6 Aussagen, die sich auf Strukturmängel der Versorgung bezogen, wurde jeweils von mehr als der Hälfte der Befragten zugestimmt (vgl. Tab. 1).

Indirekt lassen sich die Ergebnisse auch als (Teil-) Beleg für eine - an den Bedürfnissen der Patienten vorbeigehende - "Anbieterorientierung" im Gesundheitswesen interpretiert bzw. - in einem medizinsoziologischen Bezugsrahmen ausgedrückt - als Beleg für die "professionelle Dominanz" der Gesundheitsberufe über die Patienten.

Die sozialpolitische interessante Frage lautet nun: Sind Selbsthilfegruppen lediglich gut dazu, Tränen und Ärger über die Defizite loszuwerden, oder tragen sie auch dazu bei, die festgestellten Mängel zu verringern?

Tab. 1: Häufigkeit der Zustimmung zu einzelnen Versorgungsmängeln vor Beitritt

Mängelaussagen	Zustimmung in %
Zu wenig Aufklärung und Informationen	85%
Zu viel autoritäre Entscheidungen	82%
Zu wenig Zeit für Kranke und Angehörige	79%
Zu große Undurchschaubarkeit des Versorgungssystems	79%
Zu unpersönliche Versorgung	77%
Zu große Undurchschaubarkeit von Rechts- und Finanzierungsregelungen	75%
Fehlende Versorgungsmöglichkeiten für Psychosoziale Probleme	75%
Schlechte Kooperation zwischen Ärzten und anderen Berufen	67%
Schlechte Kooperation zwischen Akutversrogung und Nachsorge	63%
Schlechte Kooperation zwischen ambulanten und stationäre Bereich	59%
Fehlen bestimmter sozialer Dienste	53%
Unnötig starkes Abhängig-Gehalten-Werden	58%
Fehlen organmedizinischer Versorgungsmöglichkeiten	49%

Zur sozialpolitischen Bedeutung der Selbsthilfegruppen (SHG)

Zunächst zur Frage, ob Selbsthilfegruppen gegen die "**inneren Grenzen**" des Sozialstaates helfen. Die mangelnde humanitäre Qualität, die fehlende Orientierung an Nutzerbedürfnissen wird vom Patienten als technokratische und bürokratische Kälte erlebt. Welche grundsaätzlichen Handlungsoptionen hat der unzufriedene und enttäuschte Dienstleistungskonsument?

Heinze und Olk (1983) führen 4 Wahlmöglichkeiten (im Anschluß an Liberny) auf:

1. *Loyalität*
2. "*Exit*" a) Ortswechsel, b) Selbermachen
3. "*Voice*" a) Verantwortliche abwählen, b) Beschwerden/Interessenvertretung

Die Optionen 1 und 2a sind ganz offensichtlich nicht geeignet, Veränderungen zu bewirken; die übrigen Optionen hingegen sind wirksame Ansätze, durch eigene Aktivitäten Mängel und Defizite zu verringern.

Meine hier nicht im einzelnen empirisch zu belegende These lautet: *Selbsthilfegruppen helfen gegen die "inneren Grenzen" des Sozialstaates.* Sie tun dies auf folgende Weise:

a) Sie schaffen die notwendigen Voraussetzungen für die Nutzung der wirksamen Optionen.

- *Wissen, Information, Kompetenz* werden in den Gruppen zusammengetragen und weiterverbreitet (gemeint ist sowohl Erfahrungs- wie auch Fach-Wissen).
- Sie bewirken eine allgemeine und spezielle, auf die Versorgung gerichtete, *soziale Aktivierung,* d.h. sie bewirken den sinnvollen Gebrauch von Informationen und die Anwendung des Wissens.
- Daß sie dazu in der Lage sind, ist sicher auch Ergebnis der in der Gruppe erreichten *Entängstigung und des wachsenden Selbstvertrauens in ihr Expertentum als Betroffene.*

b) Mitglieder vom SHG *nutzen die wirksamen Optionen* nicht alternativ sondern komplementär, d.h. einander ergänzend und verstärkend.

Zusammenfassend läßt sich sagen: Selbsthilfegruppen und ihre Mitglieder nutzen ausnahmslos *alle* zur Verfügung stehenden wirksamen Möglichkeiten, den Sozialstaat *qualitativ* zu verbessern. Die Frage, ob sie gegen die inneren Grenzen des Sozialstaates helfen, läßt sich also bejahen. Ausmaß und Geschwindigkeit dieses Prozesses werden allerdings einerseits von dem *politischen* Druck abhängen, den Selbsthilfegruppen als Teil der "neuen sozialen Bewegung" erzeugen können und andererseits von der Bereitschaft des "Systems" sich verändern zu lassen, statt mit repressiven Maßnahmen zu reagieren.

Zur 2. Frage: Helfen Selbsthilfegruppen gegen die "äußeren Grenzen" des Sozialstaates? Oder - direkter gefragt: Helfen Selbsthilfegruppen Kosten sparen? - Zur Beantwortung dieser Frage muß man kurzfristig von langfristigen Perspektiven unterscheiden.

Kurzfristig lautet die Frage: *Lassen sich bestehende Dienste* durch Selbsthilfegruppen ersetzen? Dies läßt sich *verneinen,* da

- die Funktionen von *Selbsthilfegruppen und professionellen Diensten* sich kaum überschneiden.
- die *geringe quantitative Verbreitung* von Selbsthilfegruppen dies nicht rechtfertigen würde
- eine flächendeckende, dauerhafte Versorgung durch Freiwillige in Laien- und Selbsthilfegruppen generell *nicht garantiert* werden kann, und weil sich zeigt, daß
- Mitglieder von Selbsthilfegruppen *professionelle Dienste nicht weniger, sondern tendenziell häufiger nutzen.*
- Hinzu kommt, daß ca. 3/4 der Betroffenen sich eine *Ausdehnung und* keine Verringerung *professioneller Dienste für ihren Problem-Bereich* wünschen.

Langfristig sind kostenbremsende und -reduzierende Wirkungen mit Sicherheit anzunehmen (allerdings jedoch schwer im Einzelnen nachzuweisen),

- weil in Selbsthilfegruppen in starkem Maße eine allgemeine soziale *Aktivierung in Richtung freiwilliger Fremdhilfe* stattfindet,
- weil Selbsthilfegruppen in vielfältiger Weise darauf einwirken, das *System professioneller bzw. sozialstaatlicher Dienste qualitativ zu verbessern,*
- weil sie als "kritishe Konsumenten" für sich und andere eine *gezieltere Nutzung* des professionellen Systems bewirken; dies kann auch zu einer weniger schädlichen Verteilung der Ausgaben im Gesundheitswesen (z.B. zu weniger Medikamenten) führen,
- weil sie einer weiteren *"Therapeutisierung"* von psychosozialen Problemen (besonders durch Psychologen und Sozialarbeiter, zunehmend auch durch Ärzte) *entgegenwirken,*
- weil die Bearbeitung von Lebensproblemen in Selbsthilfegruppen *psychsoziale Krankheitsursachen vermindert,* d.h. psychosomatischen ("funktionellen", "vegetativen") und psychische Störungen sowie allen wichtigen chronischen Krankheiten vorbeugt,
- weil die primären sozialen Netze (Familien, Freunde) durch Selbsthilfegruppen neu aufgebaut, ergänzt und unterstützt werden. Auf diese Weise werden die *lebensweltlichen Zusammenhänge gestärkt,* in denen die entscheidende *Vorarbeit für "soziale Sicherheit" geleistet wird* (vgl. hierzu im einzelnen Dobler, Kickbusch, Trojan u.a. 1984; Trojan 1986, Forschungsverbund 1987).

Die gesellschaftliche Bedeutung der Selbsthilfegruppen

Von Ferber hat 1981 und 1983 den zivilisationstheoretischen Ansatz von N. Elias in den Medizin-Bereich übertragen. Die für uns zentrale These von N. Elias lautet, daß durch die *Konzentration (bzw. Akkumulation und Monopolisierung)* von Verfügungsgewalt über bestimmte gesellschaftliche Güter - hier die Heilkunde - der breite Rest der Bevölkerung von der Verfügung über diese Güter ausgeschlossen wird. Dieser schon sehr lang andauernde *gesellschaftliche Prozeß* wird subjektiv vom Individuum als *"Kontrollverlust"* wahrgenommen.

Illich benutzt den Asudruck *"Enteignung der Gesundheit"*, die Medizin Soziologie thematisiert das schon früh als *"professionelle Dominanz"*. Dies sind verschiedene theoretische Zugriffe auf das *Herrschaftssystem Medizin,* das an vielen Stellen unter dem Deckmantel des "Hilfssystems Medizin" sichtbar ist. Eine Kernthese unserer Projektgruppe bezieht sich auf diese - hier nur angedeuteten - theoretischen Perspektiven. Sie lautet: Die *eigentliche* Bedeutung der Selbsthilfegruppen liegt in ihrer - meist wenig spektakulären, aber durchaus wirksamen - Gegenwehr gegen den Kontrollverlust, gegen Enteignung von Gesundheit und gegen professionelle Dominanz. Diese *gesellschaftspolitische* Bedeutung der "Selbsthilfebewegung" weist eindeutig Parallelen zu den übrigen sog. "neuen sozialen Bewegungen" auf.

Vermutlich wird die gesellschaftspolitische Dimension der Selbsthilfegruppen langfristig viel nachhaltigere Wirkungen haben als das, was die Selbsthilfegruppen gegen die inneren und äußeren Grenzen des Sozialstaates leisten: "Vermutlich " muß ich sagen, weil dies natürlich schwer zu erforschen ist und faktisch in der Forschung - unser eigenes Projekt eingeschlossen - bisher leider auch "unterbelichtet" geblieben ist.

Es fehlt bisher weitgehend an Untersuchungen über die langfristigen Entwicklungsprozesse von Selbsthilfegruppen und der Selbsthilfe-Bewegung. Erst hieraus würden sich Möglichkeiten ergeben, die gesellschaftliche Entwicklung des Verhältnisses zwischen Laien und Professionellen genauer und prognostisch zu erfassen.

Die *soziokulturelle* Bedeutung von Laienpotential und Selbsthilfe, die Herr v. Ferber mit N. Elias zivilisationstheoretischer Perspektive freigelegt hat, kann m.E. am besten im Rahmen der Soziologie sozialer Bewegungen empirisch weiter untersucht werden. Wie soll dies aber geschehen? Mit welchen Methoden? - Ganz offensichtlich stößt man hier auf Probleme. Beim 21. Deutschen Soziologentag hat Alain Touraine (1983) über soziale Bewegungen referiert unter der Fragestellung "*Spezialgebiet oder zentrales Problem sozologischer Analyse?*" Darin propagiert er die "*Methode soziologischer Intervention*". Zum Ziel dieser Methode sagt er folgendes:

"*Die Forschungstechnik muß erlauben, das Verhältnis der Akteure zur Praxis umzustürzen: Unter dem Verhalten, das auf eine Situation antworte, jenes Verhalten zu entdecken, das diese Situation in Frage stellt und so die sozialen Beziehungen und kulturellen Orientierungen ans Licht bringt, die ihr zugrundeliegen ... So nähern die Akteure sich eventuell dem Handlungsteil, der als soziale Bewegung in ihrem kollektiven Verhalten und ihren sozialen Kämpfen verborgen ist.*"

Es geht Touraine also darum, die Tiefenstruktur gesellschaftlicher Entwicklung durch das Studium sozialer Bewegungen freizulegen. Soweit ich sehe, sind seine Anregungen - insbesondere seine methodischen Vorschläge - unberücksichtigt geblieben. Theoretisch, methodisch und praktisch könnte die Selbsthilfeforschung von der Soziologie sozialer Bewegungen profitieren, und umgekehrt würde dieses soziologische Teilgebiet durch Anwendung auf die "Gesundheitsbewegung" neue Stimuli bekommen und weiterentwickelt werden können.

Dank

Der Beitrag ist auf der Basis zweier (eines vom BMFT und eines von der DFG geförderter) Projekte über Selbsthilfegruppen entstanden. Er geht auf einen Beitrag beim 22. Deutschen Soziologentag und den Berichtsband über diese Tage zurück. Ich danke den Mitarbeitern dieser beiden Projekte. Meine besondere Danksagung gilt an dieser Stelle Herrn Prof. v. Ferber, der die Hamburger Selbsthilfeforschung mit konstruktiver Kritik und vielfältigen Anregungen über lange Jahre begleitet hat.

Literatur

Dobler, M., Enkerts, V., Kranich, Chr., Trojan, A. (Hg.) (1984) Wünsche - Wissen - Widerstand, Hamburg

v. Ferber, Chr. (1981) Zur Zivilisationstheorie von Norbert Elias - heute, in: Matthes, J. (Hg.) Lebenswelt und soziale Probleme, Frankfurt/M., 355-368

v. Ferber, Chr. (1983) Zur Soziologie der Laien vor den Ansprüchen der Medizin, in: v. Ferber, Chr., Badura, B. (Hg.), 265 ff.

v. Ferber, Chr., Badura, B. (Hg.) (1983) Laienpotential, Patientenaktivierung und Gesundheitsselbsthilfe, München

Forschungsverbund Laienpotential, Patientenaktivierung und Gesundheitsselbsthilfe (Hg.) (1987) Gesundheitsselbsthilfe und professionelle Dienstleistungen. Springer, Berlin

Heinze, R.G., Olk, Th. (1983) Demokratisierung des kommunalen Sozialsektors in. Hesse, J.J., Wollmann, H. (Hg.)

Kickbusch, I./Trojan, A. (Hg.) (1981) Gemeinsam sind wir stärker, Frankfurt/M.

Touraine, A. u.a. (1982) Die antinukleare Prophetie, Frankfurt/M.

Touraine, A. (1983) Soziale Bewegungen: Spezialgebiet oder zentrales Problem soziologsicher Analyse? in: Krise der Arbeitsgesellschaft? - Verhandlungen des 21. Deutschen Soziologentages in Bamberg, Frankfurt/M, 151

Trojan, A. (Hg.) (1986) Wissen ist Macht. Eingenständig durch Selbsthilfe in Gruppen, Frankfurt/M.

Luciano Alberti, Johannes Kruse, Wolfgang Wöller

Subjektive Krankheitstheorien bei chronischen Krankheiten

Einleitung

Subjektive Vorstellungen von Patienten über Krankheit und Gesundheit gehören zu den wichtigsten Einflußfaktoren auf das Gesundheitsverhalten. Dabei wird die eminente handlungsleitende Relevanz subjektiver Theorien im Bereich von Krankheit und Gesundheit erst in letzter Zeit in ihrer großen Bedeutung erkannt. Unter der Vorstellung, daß Personen zu einer für sie typischen und spezifischen Art der Auseinandersetzung mit der krankheitsbedingten Bedrohung neigen, rückte die Krankheitsbewältigungsforschung, die ihren Ausgang von Konzepten der Streßbewältigung genommen hatte, zunehmend die subjektive Seite der kognitiv-affektiven Verarbeitung der Krankheit in den Blick: Subjektive Krankheitstheorien und Krankheitskonzepte gelten als wichtige intervenierende Variable zur Determination des Coping-Verhaltens. Die Überzeugungen der Patienten können aber auch die Compliance der ärztlichen Behandlung beeinflussen; Diskrepanzen zwischen Krankheitstheorie von Ärzten und Patienten werden zur Erklärung des Phänomens der Non-Compliance herangezogen.

Dies gilt vor allem für die chronischen Krankheiten. Die Besonderheiten chronischer Erkrankungen gegenüber Akuterkrankungen liegen nicht nur in der oft notwendigen Änderung der Lebensgewohnheiten und dem Erfordernis einer Anpassungsleistung, in der Verarbeitung von Verlust und Verzicht, nicht nur in der Einbuße an persönlicher Autonomie; chronisch krank zu sein und stellt vielfach durch den Wegfall äußerer Selbstwertstabilisatoren eine narzißtische Krise dar, da bis zum Ausbruch der Erkrankung kompensatorisch wirksame Sicherheitssysteme zusammenbrechen können. Chronische Krankheiten erfordern oft eine lebenslange Kooperation mit Ärzten und anderen Instanzen des Medizinsystems, so daß das Handeln des Kranken für den Erfolg der Behandlung oft ausschlaggebend ist.

"Subjektive Krankheitstheorie" meint - im Gegensatz zu professionellen, medizinischen Theorien - die Konstruktionen der mit Krankheit verbundenen subjektiven Realität, die durch die Kognitionen, Alltagserfahrungen, Wahrnehmungen, Erwartungen und Bewertungen handelnder Personen vermittelt werden. Die so entstehenden kognitiven Theoriegebilde können mehr oder weniger explizit und konsistent sein.

Trotz seiner offenkundigen Relevanz ist der Forschungsgegenstand theoretisch und empirisch bisher nur wenig systematisiert. Empirische Ergebnisse fokussieren bisher meist nur einzelne Elemente subjektiver krankheitsbezogener Realität; kaum wird eine zusammenhängende Rekonstruktion erreicht, wie sie beispielsweise für die subjektiven psychologischen Theorien von Lehrern versucht wurde (Treiber und Groeben 1980, Wahl 1981).

Folgt man dem Vorschlag von Groeben und Scheele (1977), subjektive Theorien analog den wissenschaftlichen zu rekonstruieren, bietet sich eine vorläufige Systematisierung an:

- Subjektive Krankheitstheorien können nach dem im Vordergrund stehenden, mit Krankheit zusammenhängenden Gegenstandsbereich eingeteilt werden, je nach dem, ob sie - ganz in Analogie zum medizinischen Erkenntnismodell - Ätiologie, Pathogenese, Diagnostik, Therapie oder Prognose einer Krankheit fokussieren. Ist einmal der subjektive Tatbestand einer "Krankheit" etabliert, finden sich dann Sub-Theorien der Krankheitsursache (Laienätiologie), der Krankheitsentstehung, der Diagnostik, der Behandlungserwartungen sowie der Zukunftserwartungen. Darüber hinaus werden sich subjektive Krankheitstheorien abgrenzen lassen, die den Laien die Grundlage für Entscheidungen liefern, wann und unter welchen Bedingungen eine bestimmte Realität als Krankheit zu definieren sei. Im Idealfalle wird es dann möglich, aus den Sub-Theorien oder Theorie-Elementen eine umfassendere subjektive Krankheitstheorie zu entwickeln.

- Subjektive Krankheitstheorien können unterschieden werden nach den Produzenten der Theorien: in der Regel sind die betroffenen Kranken gemeint, doch zeigt sich zunehmend die Relevanz der subjektiven Krankheitstheorien der Professionellen, im wesentlichen von Ärzten und Krankenschwestern.

- Subjektive Theorien können schließlich in ihrer Funktion erklärt werden. Für Krankheitsverhalten werden subjektiven Krankheitstheorien erklärende Funktionen zugesprochen. Innerhalb der psychischen Realität sind sie andererseits in ihrer Funktion erklärungsbedürftig.

Elemente subjektiver Krankheitstheorien

Subjektive Krankheitstheorien enthalten im allgemeinen Vorstellungen darüber, was sich im Körper bzw. den erkrankten Organen abspielt. Es konnte gezeigt werden, daß die Vorstellungen über Lokalisationen und Funktionen bestimmter Körperorgane (Boyle 1970), aber auch diejenigen über Krankheitserreger wie Bakterien und Viren

(Helman 1978) oft ganz erheblich von den entsprechenden medizinischen Erkenntnissen abweichen.

Zentrales Interesse beanspruchen Theorieaussagen zur Krankheitsverursachung und -entstehung. Angeregt durch die Attributionsforschung und deren Beschäftigung mit dem Einfluß wahrgenommener Ursachen - Kausalattributionen - auf Erleben und Verhalten, hatte Pflanz bereits 1958 Untersuchungen zur "Laienätiologie" vorgelegt. Spätere Studien (Plaum 1968, Scheer und Moeller 1976) konnten krankheitsbezogene Kausalattributionen vorteilhaft danach unterscheiden, ob sie primär eine psychische bzw. psychologisch verstehbare oder eine somatische Verursachung annehmen. Nach Ahrens und Elsner (1981) ließen neurotische Patienten ein eher innenbezogenes, persönlichkeitsorientiertes Krankheitskonzept erkennen, die psychosomatischen und somatisch Kranken dagegen ein außenbezogenes, streßorientiertes Krankheitskonzept. Mehrere Untersuchungen liegen zu den Ursachentheorien von Herzinfarktpatienten vor. So wird von Patienten mit Herzinfarkt durchweg spontan an erster Linie berufliche Belastung und Zeitdruck (Fahrenberg et al. 1985) bzw. allgemeiner "Streß" (Shekelle und Liu 1978, Koslowsky et al. 1978) angegeben. Recht konsistent messen die subjektiven Theorien der Herzinfaktpatienten so mit beruflichen Belastungen und eigenen Leistungsansprüchen ein größeres Gewicht zu, als familiären oder anderen privaten Belastungen. Interessanterweise wird das persönliche Ursachenmodell durch den Aufenthalt in Kliniken kaum modifiziert (Trichtinger 1980).

Neben einer Ursache wird den Krankheiten durchweg auch eine Bedeutung attribuiert. Krankheiten können nach Lipowski (1970), der die bisher umfassendste Zusammenstellung von Bedeutungszuweisungen chronischer Erkrankungen versucht hat, gedeutet werden als:

1. Herausforderung;
2. Angriff feindlicher innerer und äußerer Kräfte;
3. gerechte oder ungerechte Bestrafung für Schuld oder Verfehlungen;
4. persönliches Versagen;
5. Befreiung von unangenehmen Anforderungen oder Verantwortlichkeiten;
6. als Möglichkeit, Zuwendung vom anderen zu erhalten;
7. als unersetzbarer Verlust.

Zur Erklärung dieser subjektiven Theorien werden dann ihrereits wieder Theorien oder Hypothesen bemüht: so etwa die Hypothese einer gerechten Welt, in der Menschen das bekommen, was sie verdienen (Bulman und Wortman 1977). Klinischen Erfahrungen zufolge erscheint es günstig, wenn es Betroffenen gelingt, ihrer Erkrankung auch positive Aspekte abzugewinnen.

Neben der Erforschung der Kausalattributionen waren die subjektiven Kontrollüberzeugungen Gegenstand zahlreicher medizinpsychologischer Untersuchungen. Kontrollüberzeugungen werden definiert als "generalisierte Erwartungshaltungen eines Individuums darüber, ob es durch sein eigenes Verhalten Verstärker und wichtige Ereignisse in seinem Leben beeinflussen kann (internale Kontrolle) oder nicht (externale

Kontrolle)". Es zeigt sich, daß sich die Kontrollüberzeugungen bei einzelnen Krankheitsgruppen in typischer Weise unterscheiden (Wallston et al. 1976) und daß innerhalb einer Krankheitsgruppe bestimmte Kontrollüberzeugungen mit einem charakteristischen Krankheitsverhalten einhergehen. Als besonders aufschlußreich für das Verständnis der intrapsychischen Funktion der Kontrollüberzeugungen sei die Beobachtung von Bulman und Wortman (1977) angeführt, derzufolge sich querschnittsgelähmte Unfallopfer einen großen Teil der Schuld an den Unfällen auch dann gaben, wenn keinerlei Eigenverschulden vorlag. Es wird deutlich, wie die Übernahme von Eigenverantwortlichkeit auch die Funktion haben kann, noch rückwirkend die Kontrolle über eine entstandene Situation herbeizuführen und damit Gefühle von Hilflosigkeit abzuwehren.

Schließlich wurde auch der Frage nachgegangen, wie Laien ihre Behandlungserwartungen bzw. ihre Vorstellungen von der "richtigen" Behandlung formulieren. Plaum (1968) konnte ebenso wie Scheer und Moeller (1976) zeigen, wie ätiologische und therapeutische Vorstellungen in Form eines kognitiven Konzepts aufeinander bezogen waren.

Methoden der Erfassung subjektiver Krankheitstheorien

Das methodische Problem, wie subjektive Krankheitstheorien der wissenschaftlichen Durchdringung zugänglich gemacht werden können, bedarf besonderer Erwähnung. Wie grundsätzlich nicht alle Kognitionen im Handlungszusammenhang der handelnden Person bewußt sind, beruhen auch die handlungsrelevanten auf Krankheit und Gesundheit bezognen Kognition häufig auf gesellschaftlichen Situationsdeutungen. Im psychoanalytischen Verständnis sind sie somit vorbewußt, d.h. nicht bewußt, aber bei entsprechender Auferksamkeitszuwendung bewußtseinsfähig. Subjektive Theorien und ihre Elemente können aber auch unbewußt sein und sich so dem auf sprachliche Mitteilung angewiesenen methodischen Zugriff entziehen. Nach tiefenpsychologischer Überzeugung entfalten sie gerade durch ihre Unbewußtheit ihre stereotype, verhaltensbestimmende Kraft.

Bereits auf bewußtseinsnaher Ebene ist offenkundig, wie alle Verbalisationen durch den kommunikativen Bezug zwischen Berichtendem und Forscher beeinflußt und bestimmt werden. Wie Becker (1983) hervorhebt, gibt ein Patient im Gespräch mit dem Arzt in der Regel mehrere subjektive Krankheitstheorien an, wobei in der Reihenfolge der Patientenäußerungen oft eine prozeßhafte Entwicklung mit spezifischer Tendenz von mehr rationalen, äußeren, sozial akzeptierten zu mehr persönlichen, irrationalen, magischen und psychodynamischen Krankheitsvorstellungen zu beobachten ist.

Wenn es sich um unbewußte, nur mit Hilfe tiefenpsychologischer Verfahren erfaßbare Inhalte subjektiver Theorien handelt, wird im allgemeinen von unbewußten krankheitsbezogenen Phantasien gesprochen. Nach Blumenfield (1983) hat jeder Patient auf bewußter und unbewußter Ebene mindestens eine Kernphantasie über seine Krankheit und deren Ursache, wobei diese Phantasie einen zentralen Kernkonflikt des Patienten widerzuspiegeln pflegt. Die Inhalte unbewußter krankheitsbezogener

Phantasien unterscheiden sich von den bewußten subjektiven Theorien durch ihre offenkundige Irrationalität und Infantilität. Gerade weil sie verpönt und dem kontrollierenden Ich der Person nicht akzeptierbar sind, unterliegen sie im allgemeinen der Verdrängung. Die oft starke Regression unter dem Einfluß schwerer körperlicher Erkrankung läßt nicht selten Bedürfnisse und Wünsche nach oraler Abhängigkeit in der Kernphantasie zur Darstellung kommen. In typischer Weise wird der Ausbruch einer Krankheit in diesen Phantasien damit in Zusammenhang gebracht, daß in der Kindheit nicht genügend gute Nahrung aufgenommen wurde.

Ob im Einzelfalle derartige Kernphantasien über die eigene Krankheit dem Bewußtsein zugänglich werden können, hängt jeweils von der Art der psychischen Abwehr ab. In der Regel gelangen sie erst nach längerer psychonalytischer Arbeit an die Oberfläche des Bewußtsein, wenn die Schranke der Verdrängung allmählich gelockert wird. Nur ausnahmsweise sind sie der unmittelbaren Exploration zugänglich: wenn - für den Forscher ein Glücksfall - unter dem Einfluß der krankheitsbedingten Regression oder aus charakterologischen Gründen nicht der Abwehrmechanismus der Verdrängung, sondern ein unreiferer Abwehrmechansimus wie Projektion, Spaltung usw. dominiert. Dies ist häufig unter dem Einfluß der schweren Regression von Krebspatienten, besonders Leukämiepatienten der Fall. Aus den genannten Gründen konnte bisher nur in diesem Bereich eine systematische Forschung durchgeführt werden, deren wichtigste Ergebnisse im folgenden dargestellt werden sollen.

Subjektive Krankheitstheorien bei bösartigen Tumorerkrankungen

Subjektive Krankheitstheorien wurden häufig in Zusammenhang mit bösartigen Tumorerkrankungen erforscht. Verdeutlichen wir uns, daß diese subjektiven Krankheitstheorien immer einerseits eine Abwehr- bzw. Bewältigungsfunktion, andererseits aber auch den Ausdruck der primären Krankheitsphantasie der Patienten darstellen, so lassen sich mannigfaltige Gründe aufzählen, die erklären können, warum insbesondere die subjektiven Krankheitstheorien der Tumorpatienten ins Zentrum des Interesses rückten:

1. Die bösartigen Tumorerkrankungen stellen für den Patienten eine extreme Bedrohung für seine körperliche Integrität und sein Selbstbild dar. Intensive Gefühle von Angst, Depression, Trauer, Wut und Zorn wechseln mit Phasen rigider und stabiler Abwehrstrukturen. Der Patient regrediert und entwickelt ausgeprägte Verschmelzungswünsche und Abhängigkeitsgefühle. Verbunden mit dieser Regression ist auch ein Zurück zu einem bildhaften metaphorischen Denken zu beobachten. Patienten haben in dieser Phase häufig einen sehr unmittelbaren Zugang zu den bedrohlichen Bildern ihrer Erkrankung (Bahnson 1986) bzw. benutzen metaphorische Bilder zur Abwehr dieser Bedrohung.

2. Charakteristikum vieler Tumorerkrankungen ist es, daß die Erkrankung zunächst nicht mit sehr ausgeprägten Schmerzen oder körperlichen Beeinträchtigungen verbunden war. Häufig ist z.B. eine scheinbare Erkältung oder allgemeine Abgeschlagenheit Anlaß für die Konsultation des Arztes. Die Diagnose, die für den Patienten

äußerste Bedrohlichkeit darstellt, wird ihm vom Arzt aufgrund seiner technischen Untersuchungen übermittelt. Es entsteht somit ein Bedürfnis des Patienten, von dieser, von ihm aufgrund seiner körperlichen Wahrnehmung kaum nachzuvollziehenden Bedrohung eine bildhafte Vorstellung zu entwickeln, insbesondere dann, wenn eine aggressive Therapie Konsequenz der Diagnose ist.

3. Wohl wie nur bei sehr wenigen Erkrankungen sind subjektive Krankheitstheorien über bösartige Erkrankungen handlungsleitend für das gesellschaftliche Umfeld. So berichtet Dornheim (1983) in seiner sehr eindrucksvollen Untersuchung, daß Ehemänner von Patientinnen mit Mammacarcinomen nach der Operation aus dem gemeinsamen Schlafzimmer auszogen bzw. die Leute auf der Kirchbank von den Patientinnen abrückten. Nichterkrankte assoziieren zu der Krebserkrankung überwiegend die tödliche Perspektive, den unberechenbaren Verlauf und die Gefährlichkeit. Als Ursache wird häufig ein vom Mittelmaß abweichender Lebensstil angesehen. Der Übergang zwischen psychosomatisch zu nennenden und normativ abwertenden Sichtweisen in den subjektiven Krankheitstheorien Nichtbetroffener erscheint daher häufig fließend. Zu verlockend ist es, zur Abwehr eigener Bedrohungsängste, Patienten spüren zu lassen, daß sie ihre Erkrankung unbewußt selbst verursacht haben (Sonntag 1981, Becker 1984).

Obwohl die subjektiven Krankheitstheorien einerseits Ausdruck der individuellen subjektiven Erlebensweise des Patienten sind, lassen sich auch Gemeinsamkeiten bei Tumorpatienten aufzeigen. Diese erleben ihre Erkrankung häufig im Zusammenhang mit Schuld und Strafe. Nicht selten erkennen sie eine psychische Belastung als Ursache für den Ausbruch der Erkrankung an. Sehr eindringlich beschreibt Meerwein (1985) den assoziativen Kontext zahlreicher Krebserkrankungen: "*Sie, (die Krebserkrankung), gelten, wie Krebstiere, als meist unsichtbare Lebewesen der Nacht, die sich in unberechenbarem "Krebsgang" scheinbar widersinnig fortbewegen. Wie die durch Schalen geschützten Krebse sind auch die Krankheiten dieser Metapher folgend unangreifbar, ihrerseits aber aggressiv, zupackend, mit starrem Blick verfolgend, unersättlich, Qualen bereitend und den Tod des Opfers zum Ziele habend*". Entsprechend dieser Metapher beschreiben Patienten, die an einer chronischen Leukämie bzw. an einem Morbus Hodgkin leiden wie folgt ihre Erkrankung: "*Die Erkrankung ist wie ein Piranha, der sich auf die anderen Zellen draufstürzt, sie zerfrißt...So'n Piranha ist immer im Wasser drin und wenn die irgendwas sehen, so'n rotes Blutkörperchen, dann stürzen sie sich wieder drauf und fressen es dann...Sie (die Erkrankung) ist wie etwas Pulsierendes, Kribbelndes, Auffressendes, wie eine Säure, die Sie auf Leder kippen und die sich durchfrißt". (Kruse und Stock 1988)*

In diesem Bedeutungsfeld impliziert eine Tumorerkrankung einen zentralen Angriff auf das Selbstbild des Patienten. Er fürchtet, ausgestoßen und verlassen zu werden, quasi als wäre er selber bösartig. Um einen Gegenbeweis anzutreten passen sich zahlreiche Tumorpatienten sehr ausgeprägt den Wünschen ihrer Umgebung an. Gleichzeitig steht das Verlusterelebnis im Vordergrund: verloren werden die körperliche Unversehrtheit, die Arbeitsfähigkeit, die Unabhängigkeit, die gegen die Abhängigkeit vom medizinischen Behandlungsteam und eventuell von Pflegepersonen eingetauscht werden müssen. Als Resultat bildet sich eine ausgeprägte narzißtische Krise. Meerwein (1985) weist darauf hin, daß die Tumorerkrankungen nicht nur die körperliche sondern auch die seelische Integrität bedrohen.

Zur Abwehr dieser Bedrohung, die sich auch aus der primären Krankheitsphantasie verstehen läßt, kann der Patient nun subjektive Krankheitstheorien entwickeln, die u.a. geprägt sind von der emotionalen Gestimmtheit geprägt sind und somit von der Notwendigkeit zur Abwehr, aber auch von den zwischenmenschlichen Interaktionen des Patienten.

Im folgenden möchten wir darstellen, wie sich die subjektiven Krankheitstheorien entsprechend der emotionalen Welt des Patienten und der Notwendigkeit zur Abwehr aber auch entsprechend den Interaktionen des Patienten verändern.

Subjektive Krankheitstheorie und die Bedeutung der Abwehr nicht zu ertragender Wahrnehmungen

Einer der Hauptabwehrmechanismen bei Patienten mit bösartigen Erkrankungen stellt die Verleugnung dar. Verleugnende Patienten erwecken den Eindruck, als wenn sie die Tatsache ihrer Krebserkrankung nicht oder nur rational zur Kenntnis genommen hätten und zwar auch dann, wenn sie darüber aufgeklärt worden sind. Zahlreiche Untersuchungen zeigen auf, daß 10% bis 30% der aufgeklärten Patienten zunächst ihre Erkrankung verleugnen. Diese Verleugnung kann entscheidend die subjektive Krankheitstheorie der Patienten prägen. So berichtet eine Patientin, die an einem Morbus Hodgkin leidet und über ihre Erkrankung ausführlich aufgeklärt worden war, daß sie unter einer Entzündung leide, die sich ein wenig hinstrecke, die sie jedoch nicht belaste. Zum Arzt müsse sie nur gehen, da sich eine sehr schmerzhafte Gürtelrose entwickelt habe. Die Entzündung mache ihr keine Sorgen, da sie wisse, daß Entzündungen kommen und gehen.

Die Verleugnung kann sich auch auf Teilbereiche der Erkrankung beziehen. So berichten zahlreiche Bronchialkarzinompatienten, daß sie die Ursache ihrer Erkrankung in der starken industriellen Luftverschmutzung, in der Belastung durch ihre Arbeit oder im familiären Streit sahen. Es ist jedoch bekannt, daß in der Genese des Bronchialkarzinoms das Rauchen eine große Rolle spielt. Dieses wurde in der überwiegenden Zahl von den rauchenden Patienten nicht angesprochen, ja, es ist sogar nicht selten zu beobachten, daß Patienten, die sich infolge des Bronchialkarzinoms einer sehr aggressiven Chemotherapie unterzogen, sich kurze Zeit später eine Zigarette anzündeten. Es ist offensichtlich, daß diese subjektive Theorie über die Ursache der Erkrankung somit als Entlastung von Schuldgefühlen anzusehen ist, mit der in einer contraphobischen Weise umgegangen wird. Umgekehrt hingegen schildern zahlreiche Patienten mit Morbus Hodgkin, daß sie die Ursache ihrer Erkrankung in persönlichen Eigenarten und Fehlern sahen. So vermutete ein Patient mit Morbus Hodgkin als Ursache seiner Erkrankung, daß er in seinem Leben immer sehr viel Süßes gegessen habe. Eine weitere Patientin schildert, daß sie einmal in ihrem Leben etwas sehr Anstößiges begangen habe, wofür sie nun wohl büßen müsse. Es ist zu vermuten, daß diese Theorie über die Genese der Erkrankung wohl eher einem reaktiven Kausalbedürfnis entspringt und somit Gefühle der Ohnmacht bekämpft werden sollen. Wie schwierig jedoch zu beurteilen ist, ob der Patient mit Hilfe seiner subjektiven Krankheitstheorie nicht akzeptable Gefühle abwehrt, oder inwieweit er über seine subjektive Kernphantasie berichtet und vielleicht einen Zugang zu psychosomatischen Betrachtungsweisen seines Leidens gefunden hat, zeigt folgendes Beispiel: Ein 35-jähriger Mann, der an einem Mammakarzinom erkrankte, berichtete, daß er Jahre zuvor an einer Selbsterfahrungsgruppe teilgenommen habe, in der ihm die Mitglieder verdeutlicht hätten, daß er gar keine männliche Identifizierung erworben hätte, sondern sich in vielen Bereichen wie eine Frau verhalte. Der Patient berichtete, daß er vaterlos bei seiner Mutter aufgewachsen sei, die ihn immer fest an sich gebunden hätte. Erst einige Monate vor dem Ausbruch seiner Erkrankung sei es ihm gelungen, sich aus der Umklammerung durch die Mutter ein wenig zu lösen. Er selbst sehe einen Zusammenhang zwischen seiner fehlenden männlichen Identifikation, dem Versuch, sich von seiner Mutter loszulösen und dem Ausbruch gerade dieser Erkrankung.

Subjektive Krankheitstheorie in Abhängigkeit von den Objektbeziehungen

Subjektive Krankheitstheorien von Tumorpartienten verändern sich in Abhängigkeit von der Beziehung, die der Patient zu seinem Arzt unterhält. So ist zu verstehen, daß ein Patient mit einer chronisch lymphatischen Leukämie zunächst berichtete, daß seine Erkrankung ihn überhaupt nicht berühre. Er wisse zwar, daß er eine bösartige Erkrankung habe, aber sein Arzt habe ihm versichert, daß er diese Erkrankung in den Griff bekäme und von daher würde er tapfer kämpfen. In einem weiteren Gespräch mit dem Patienten, welches im Hause des Patienten in Anwesenheit der Ehefrau stattfand, wurde deutlich, daß der Patient außerhalb der Klinik eine andere Vorstellung von seiner Erkrankung hat. Seine Ehefrau schilderte, daß er häufig von Angst überwältigt zu Hause kaum ansprechbar sei. Er habe Angst, in nächster Zeit zu sterben, da der Blutkrebs eine Erkrankung sei, gegen die kein Kraut gewachsen sei. Dieser Patient verheimlichte somit seine Krankheitstheorie vor den Ärzten, in der Angst, die Ärzte zu kränken bzw. von ihnen verlassen zu werden, wenn er sein wahres Gesicht zeigen würde.

Doch nicht nur die Interaktion zwischen Arzt und Patient, sondern auch die Beziehungen zu Familienangehörigen können die subjektive Krankheitstheorie der Patienten prägen. Ein vierzigjähriger Patient mit Bronchialkarzinom erkennt zum Beispiel die Ursache seiner Erkrankung in dem Biß einer Katze. Es habe sich nach dem Biß eine Entzündung im Körper entwickelt, die ihn so geschwächt habe, daß er am Lungenkrebs erkrankte. Der Patient führte aus, daß einige Monate vor dem Ausbruch seiner Erkrankung die Tochter seiner Frau aus erster Ehe in die Nähe der Familie gezogen sei. Seine Frau habe daraufhin sich sehr um diese Tochter aber auch um ihre Katze bemüht. Der Patient fühlte sich daraufhin von seiner Frau vernachlässigt. Er könne nicht, so der Patient, mit zwei Dritteln der Liebe seiner Frau leben, sondern wolle ihre ganze Aufmerksamkeit. Aus dieser Enttäuschung entsprang somit die subjektive Krankheitstheorie des Patienten.

Subjektive Krankheitstheorien des Behandlungsteams

Wenig erforscht wurden bisher die subjektiven Krankheitstheorien der Ärzte und des medizinischen Pflegepersonals. Auch ihre Vorstellungen, Erwartungen und Wünsche gegenüber Patienten mit chronischen Erkrankungen und gegenüber der Erkrankung selbst prägen die Interaktionen zwischen Patient und Behandlungsteam. Äußerungen wie z.B.: Jeder Diabetiker kann Blutzuckerwerte wie ein Gesunder erreichen, oder: Patienten, bei denen eine Knochenmarkstransplantation durchgeführt wurde, sollten dankbar für den Einsatz der Ärzte sein, können als Elemente expliziter oder impliziter subjektiver Krankheitstheorien aufgefaßt werden.

Eine systematische Untersuchung subjektiver Theorien von Ärzten und Pflegeteams wurde bisher nicht geleistet. Eine strukturierte Befragung erscheint wenig aussichtsreich. Es soll daher im folgenden über eigene Erfahrungen mit subjektiven Krankheitstheorien des Behandlungsteams berichtet werden, wie sie sich in Balint-Gruppen (Balint 1969) darstellen.

Die von uns zusammengestellten Balint-Gruppen bestanden aus ca. zwölf Teilnehmern und einem Leiter, zeitweise auch einem Co-Leiter. An ihr nahmen aus den Behandlungsteams Vertreter unterschiedlicher Berufsgruppen teil. In den Sitzungen der Balint-Gruppen berichtet ein Teilnehmer in freier Form über seine Beziehung zu einem Patienten, die übrigen Gruppenmitglieder teilen ihre Einfälle zu seiner Erzählung in Form einer freien Diskussion mit. Somit entsteht mit der Zeit in der Gruppe ein Klima, das auch Raum für tabuisierte Inhalte gibt, die, authentischer als es im klinischen Alltag möglich ist, die Vorstellungen des Behandlungsteams widerspiegeln.

Wir beschränkten uns zunächst auf die Problematik onkologischer Stationen. Onkologische Erkrankungen und ihre Behandlungsmethoden, beispielsweise die Knochenmarkstransplantation, sind in hohem Maße angstbesetzt und beinhalten immer die Gefahr eines letalen Ausgangs, zudem bringen die Behandlungsmethoden oft ein Höchstmaß an Einschränkungen und Nebenwirkungen mit sich. Bruchstücke von subjektiven Theorien von Therapeuten onkologischer Patienten werden an Äußerungen sichtbar wie: Es ist beschämend, sich eingestehen zu müssen, daß manchmal keine Möglichkeiten der Behandlung mehr bestehen. Eine zugrunde liegende Theorie des Behandlungsteams könnte besagen, daß Ärzte immer in der Lage sein müssen, eine Therapie für einen Patienten bereitzustellen. Es ist leicht, sich vorzustellen, wie schwierig es für einen Arzt ist, einem Patienten gegenüber seine Ohnmacht einzugestehen, wenn eine derartige Theorie untergründig aktiv ist. Es wird so verständlich, daß Ärzte unter dem Eindruck dieser Theorien verführt werden, Therapien zu verordnen, die aus streng medizinischer Perspektive nicht indiziert erscheinen. Nach unserer Auffassung dienen bewußte subjektive Theorien in erster Linie dazu, Schutz vor unangenehmen Gefühlen zu gewähren. Auch wenn die ärztliche Erfahrung Gefühle der

Ohnmacht und Hilfslosigkeit nahelegen würde, wenn also die Theorie ärztlicher Omnipotenz durch die Realität falsifiziert werden müßte, so sind es doch gerade diese Gefühle, die vermieden werden müssen. Schuld und Scham werden eher ertragen, als die Falsifikation dieser Theorie. Aus der Wissenschaftsgeschichte wissen wir, wie schmerzlich für den Forscher die Falsifizierung seiner Theorien ist und wie Theorien immer wieder so angelegt werden, daß sie unfalsifizierbar bleiben (Popper 1962).

Die Vorstellungen vieler Ärzte über die richtige Einteilung der zur Verfügung stehenden Zeit sind ein vielleicht noch deutlicheres Beispiel für die Funktionen subjektiver Theoriebildung: Ärzte würden einem Patienten alles in körperlicher und seelischer Hinsicht Wünschenswerte bieten, stünde nur genügend Zeit zur Verfügung. Gespräche mit Patienten scheitern daher nach dieser Auffassung stets am Zeitmangel. Aus der Überlegung, daß der Verzicht auf Gespräche keine Lebensbedrohung für den Patienten darstellt, wird abgeleitet, daß an dieser Stelle ein Verzicht am ehesten zu rechtfertigen ist.

Wie sich in den Gruppendiskussionen zeigte, steht hinter dieser Theorie die Befürchtung, Patienten könnten dem Arzt unangenehme Fragen stellen. Die genannte Zeit-Theorie ermöglicht es, ein weites Feld von Befürchtungen im Umgang mit dem Patienten auszuklammern. Vor allem der Konfrontation mit eigenen Todesängsten kann so ausgewichen werden. Patienten könnten in solchen Gesprächen Vorwürfe wegen des fehlenden Behandlungsfortschritts erheben, die sie für Behandlungsfehler halten, besonders dann, wenn bei Patienten mit schlechter Prognose keine Verbesserung, sondern eher eine Verschlechterung unter der Therapie erfolgt.

Diese freien Diskussionen in Gruppen von Ärztinnen, Ärzten, Schwestern und Pflegern ermöglichen es, die Zusammenhänge zwischen der subjektiven Krankheitstheorie und den eigenen Ängsten und Sorgen aufzuzeigen. So wird die Schutzfunktion dieser Theorie den Teilnehmern einfühlbar. Als abschließendes Beispiel einer sehr verbreiteten, weitgehend unbewußten, aber handlungsleitenden Theorie niedergelassener Hausärzte sei die Vorstellung genannt, daß die Wünsche der Patienten in jedem Falle erfüllt werden müssen, auch wenn der Arzt dies nicht für indiziert hält. So berichten Ärzte in Balintgruppen über ihre Ambivalenz, wenn Patienten Tranquillizer verlangen. Als erste Begründung für die Verordnung von Tranquillizern wider besseres Wissen führen sie - meist schamhaft - an: sie täten es, weil sonst die Patienten zu einem Kollegen gingen. Im weiteren Verlauf dieser Gruppe wurden jedoch auch tieferliegende Gründe für das Verschreibungsverhalten sichtbar. In der Sozialisation des Arztes hat dieser gelernt, daß Medikamente nur aufgrund einer exakten Diagnose zu verschreiben sind. Der Arzt findet aber in den meisten Fällen keine im üblichen Sinne vertretbare Diagnose, die eine Verschreibung von Tranquillizern rechtfertigen würde; er dürfte also nicht verschreiben. Die handlungsleitende subjektive Theorie, die dem Arzt das Verweigern der Verschreibung verbietet, könnte lauten: Der Arzt ist ein immer versorgender Helfer, dessen Aufgabe darin besteht, die Probleme der Patienten zu beseitigen und keine Wünsche des Patienten offen zu lassen.

Eine auf den ersten Blick tabuisierte subjektive Theorie, derzufolge ein Arzt ein Medikament aus Konkurrenzbefürchtungen vor Kollegen verscheibt, scheint somit tiefer liegende Identitätskonflikte zu verbergen, die für den Arzt offensichtlich noch bedrohlicher sind.

Ähnlich wie für Patienten, sind für Angehörige des ärztlichen und pflegerischen Personals Krankheitstheorien nicht nur das Produkt wissenschaftlicher Erkenntnis, sondern auch das Spiegelbild der subjektiven, emotionalen Verarbeitung berufsspezifischer Belastungen.

Literatur

Ahrens, S., Elsner, H., (1981) Empirische Untersuchungen zum Krankheitskonzept neurotischer, psychosomatischer und somatisch kranker Patienten. Med. Psychologie 7: 95-109, 1981

Bahnson, C.B., (1986) Das Krebsproblem in psychosomatischer Dimension. In: Uexküll, Th. v. et al. (Hrsg.): Lehrbuch der psychosomatischen Medizin, München-Wien-Baltimore Urban & Schwarzenberg

Balint, M., (1969) Unterrichtung von Medizinstudenten in patientenzentrierter Medizin. Psyche 23, 532-546

Becker, H., (1983) Compliance und subjektive Krankheitstheorie des Patienten. Deutsches Ärzteblatt 80, 25-28

Becker, H., (1984) Die Bedeutung der subjektiven Kranheitstheorie des Patienten für die Arzt-Patient-Beziehung. Psychother. Psychosom. Med. Psychol. 34: 313-321

Blumenfield, M. (1983) Patients' fantasies about physical illness. Psychother. Psychosom. 39: 171-179

Boyle, C.M.(1970) Difference between patients'and doctors'interpretation of some common medical terms. Br. med. J. 2: 286

Bulman, R.J., Wortman, C.B.(1977) Attributions of blame and coping in the "Real World": severe accident patients react to their lot. J. Pers. Soc. Psychol. 35: 351-363,

Dornheim, J.(1983) Kranksein im dörflichen Alltag - soziokulturelle Aspekte im Umgang mit Krebs, Tübingen, Tübinger Verein für Volkskunde

Fahrenberg, J., Myrtek, M., Trichtinger, I.(1985) Die Krankheitsursache aus der Sicht des Koronarpatienten. In: Langosch, W. (Hrsg.) Psychische Bewältigung der chronischen Herzerkrankung, Springer, Berlin-Heidelberg-New York

Groeben, N., Scheele, B.(1977) Argumente für eine Psychologie des reflexiven Subjekts. Darmstadt, Steinkopff

Helman, C. G. (1978) Feed a cold 'starve a fever', Folk models of infection in an English suburban community and their relation to medical treatment. Cult. Med. Psychiat. 2: 107,
Koslowsky, M., Croog, S.H., Lavoie, L. (1978) Perception of the etiology of illness: Causal attributions in a heart patient population. Perceptual and Motor Skills 47: 475-485

Kruse, J., Stork, M. (1988) Das bildhafte Erleben von Krebserkrankungen. Med. Diss. Universität Düsseldorf

Lipowski, J.Z.(1970) Physical illness, the individual and the coping process. Psychiat. Med. 1: 91-102

Meerwein, F. (Hrsg.) (1985) Einführung in die Psycho-Onkologie, Bern Huber

Pflanz, M. (1958) Entstehung und Bedeutung von Vorstellungen über die Ursachen der Krankheiten. Psychotherapeutica Sep. 6: 156-169

Plaum, F.G. (1968) Krankheitstheorien und Behandlungserwartungen psychosomatischer Patienten. Diss. Medizinische Fakultät, Gießen

Popper, K.R. (1962) Conjectures and refutations. New York Basic Books

Scheer, J. W., Moeller, M. L.(1976) Krankheitskonzept psychotherapeutischer Patienten, Teil I u. II. Medizinische Psychologie 1: 13-29, 30-48

Shekelle, R.B., Liu, S.C. (1978) Public beliefs about causes and prevention of heart attacks. JAMA 240: 756-758

Sonntag, S.(1981) Krankheit als Metapher, Frankfurt Fischer

Treiber, B., Groeben, N. (1980) Handlungsforschung in epistemologischer Rekonstruktion. In: Moser, H., Zedler, P. (Hg.): Theorie und Aktion. Leverkusen

Trichtinger, I.(1980) Individuelle Krankheitskonzepte von Herz-Kreislauf-Kranken am Anfang und am Ende eines stationären Heilverfahrens. Unveröffentl. Diplomarbeit am Psycholog. Institut der Universität Freiburg

Wahl, D. (1981) Methoden zur Erfassung handlungssteuernder Kognitionen von Lehrern. In: Hofer, M. (Hrsg.): Informations- und Entscheidungs-verhalten von Lehrern. München: Urban & Schwarzenberg

Wallston, B. S., Wallston, K. A., Kaplan, G.D. (1976) Development and validation of the Health Locus of Control (HLC) Scale. J. Consult. Clin. Psychol. 44: 580-585

Michael Arnold

ARZT 2000*
Begründung und Perspektiven einer zukunftsweisenden Reform der Medizinerausbildung

Mit allen guten Wünschen in langjähriger, durch das Thema begründeter Verbundenheit Herrn Prof. Dr. Christian von Ferber, Düsseldorf, zum 65. Geburtstag gewidmet.

Einleitung

Ziele, Umfang und Inhalt einer Reform der Medizinerausbildung hängen ganz entscheidend von der Stichhaltigkeit und der Art der zu ihrer Begründung angeführten Argumente ab: Es darf nicht reformiert werden, um der Reform willen, sondern eine Reform soll dazu beitragen, neuen Herausforderungen im Gesundheitswesen gerecht zu werden und bestehende Defizite abzubauen, um am Ende jene Optimierung der medizinischen Versorgung zu erreichen, die von allen Beteiligten - Patienten, Ärzten, Kassen, Politikern usw. - angestrebt und gewünscht wird. Daraus ergibt sich eine Begründung, die sich von denen unterscheidet, die sonst in den Forderungen nach einer Reform eine Rolle spielen. Es geht meist um eine Verbesserung der Studiensituation, etwa durch die Beseitigung von teilweise sehr unerfreulichen Mängeln bei Form und Inhalt der Lehrveranstaltungen oder der Technik von Prüfungen. Nur selten und mehr am Rande hat man beim Entwurf von Reformvorschlägen die medizinische Versorgung als Ganzes im Auge und strebt über eine Ausbildungsreform deren Verbesserung an. Das aber steht hier ganz im Vordergrund, indem bei der Begründung von einem gewissermaßen epidemiologischen Ansatz ausgegangen wird: Argumentiert wird auf der Makroebene, und es soll dabei all das zur Begründung verwendet werden, was vom Sachverständigenrat für die Konzertierte Aktion im Gesundheitswesen über die Versorgungswirklichkeit in der Bundesrepublik ausgesagt wurde.

Der Sachverständigenrat hat nach dem Errichtungserlaß die Aufgabe, die Effektivität und Effizienz der medizinischen Versorgung in der Bundesrepublik zu verbessern, und er soll Vorschläge machen, um bestehende Unter- und Überversorgungen abzubauen. Um dieser Aufgabe gerecht werden zu können, war es notwendig, das ganze Leistungsgeschehen einer kritischen Betrachtung zu unterziehen. Die Vorschläge des Rates zur Reform der Medizinerausbildung im Jahresgutachten 89 stehen am Ende dieser Analysen und beruhen demnach auf einer sehr genauen Kenntnis von Stärken und Schwächen unseres Versorgungssystems. Sie unterscheiden sich dadurch wesentlich von anderen Vorschlägen einer Reform der Medizinerausbildung, die nicht auf einer so genauen Kenntnis der Versorgungswirklichkeit beruhen. Die Vorschläge werden vom Rat als eine Maßnahme der Qualitätssicherung für die Zukunft verstanden.[1]

Gründe für eine Reform

In seinem 1876 veröffentlichten Buch "Über das Lehren und Lernen der medizinischen Wissenschaften an den Universitäten der deutschen Nation nebst allgemeinen Bemerkungen über Universitäten" hat Billroth die Reform des Medizinstudiums als eine Daueraufgabe der Fakultäten bezeichnet.[2] Er hat abgeleitet, wegen der Fortschritte der medizinischen Wissenschaft seien die Ausbildungsordnungen den ständig veränderten Bedingungen anzupassen, um so vor allem dem zunehmenden Wissen gerecht zu werden.

Dies könnte in unserer Zeit mehr denn je permanente Reformen begründen, denn sowohl der technische Fortschritt in der Medizin als auch der Zuwachs an Wissen erfolgen heute mit einer, gegenüber früher, fast atemberaubenden Geschwindigkeit. Das nahezu unvorstellbare Ausmaß dieses Wissenszuwachses macht es aber gerade unmöglich, jeweils mit Reformen zu antworten.

Reformen können und müssen anders begründet werden, und das ist möglich, ja es ist so gut möglich, daß es schwer fällt, nicht von der Stichhaltigkeit der Gründe überzeugt zu sein:

- Es gibt gegenüber der Vergangenheit veränderte Ansprüche der Bevölkerung an ein medizinisches Versorgungssystem: Der Arzt ist in einer emanzipierten und säkularisierten Gesellschaft nicht nur Fachmann für Gesundheitsfragen, sondern auch Beichtvater und Ratgeber in komplizierten Lebenslagen, und er sollte nicht nur Heiler sein, sondern auch Gesundheitserzieher, der den Gesundungswillen der ihm anvertrauten Patienten für die Behandlung ausnutzt, lenkt und stärkt.

- Es gibt geradezu dramatische Verschiebungen im Morbiditätsspektrum von den früher führenden akuten zu den chronischen und Alterskrankheiten bei einer gleichzeitigen Abnahme der vorzeitigen Mortalität durch Infektionskrankheiten, Mangelerscheinungen, Geburtskomplikationen etc.

- Das Aufkommen der Transplantationsmedizin, der Neonatologie, der Reproduktionsmedizin, der Intensivmedizin u.a. hat Probleme entstehen lassen, die ethische Kosten-Nutzen-Abwägungen von einer bisher unbekannten Größenordnung erforderlich machen.

- Der Ressourcenbedarf der modernen Medizin ist unvorstellbar groß und hat Kritiker auf den Plan gerufen und ganze Berufsgruppen von Analytikern entstehen lassen, die es vor kurzem noch nicht gegeben hat. Sie stellen Fragen, auf welche die medizinische Profession bis heute kaum befriedigende Antworten geben kann.

- Mit dem weiteren Anstieg der Gesundheitsausgaben stellt sich für den Politiker immer schärfer die Frage nach den Opportunitätskosten. Er muß aus Verantwortung gegenüber dem Ganzen abwägen, wo die grundsätzlich beschränkten Mittel für Gemeinschaftsaufgaben alloziert werden sollen, denn auf anderen Gebieten (z.B. der Bildung, der Sicherheit, der Rauschgiftbekämpfung, der Altenpflege) gibt es konkurrierende Bedürfnisse. Die Medizin kommt hierdurch immer mehr in einen Begründungszwang, aus dem sie sich nicht einfach durch den lapidaren Hinweis auf ihre humanen Ziele und Absichten stehlen kann. Sie muß vielmehr lernen, nach Mitteln und Wegen zu suchen, um die Effizienz der Versorgung zu erhöhen.

- Die Fakultäten waren ihrem Selbstverständnis nach früher in erster Linie Stätten der Forschung und Lehre, sie sind nun, vor allem in den klinischen Disziplinen, immer mehr zu Trägern der Maximalversorgung geworden.

- Die theoretischen Grundlagen der Medizin ändern sich, wobei es müßig ist, darüber zu streiten, ob es bereits einen Paradigmenwandel gegeben hat, oder ob sich erst ein Anfang davon abzeichnet: Es ist nicht mehr möglich, mit einem einmal im Studium erworbenen Wissen ein ganzes Berufsleben auszukommen.

Keineswegs alle diese Punkte haben in jenen Vorschlägen einen ausreichenden Niederschlag gefunden, die für eine Reform - und gemeint ist hier eine grundsätzlichere Reform - des Medizinstudiums abgefaßt worden sind. Solche Vorschläge gibt es u.a. vom Murrhardter Kreis, zu nennen wäre weiterhin der Sachverständigenrat für die Konzertierte Aktion im Gesundheitswesen, die Arbeitsgemeinschaft der Sozialdemokraten im Gesundheitswesen, der Marburger Bund und der Wissenschaftsrat mit seinen Empfehlungen zur Verbesserung der Ausbildungsqualität in der Medizin. Die Gesundheitsminister der Länder haben ihr Interesse an einer Reform bekundet und das alles zusammen hat dazu geführt, daß kürzlich (1989) ein Expertenkreis im BMJFFG gebildet worden ist, der über eine achte, nun wirklich grundsätzlichere Novellierung der Approbationsordnung (AppOÄ) nachdenken soll.

Speziell in Baden-Württemberg haben einschlägige Aktivitäten des Sozialministeriums eine Bedeutung für das Zustandekommen des zweiten Bad Boller Konsultationsgespräches "Arzt 2000", vom 17.-19.11.1989 in Sasbachwalden gehabt: Es ist durch eine gemeinsame Anstrengung des Ministeriums mit der Robert-Bosch-Stiftung, der Evangelischen Akademie in Bad Boll und der Landesärztekammer Baden-Württemberg ermöglicht worden. Man darf all dies als Indiz dafür nehmen, daß die Bereitschaft, nun eine wirkliche Reform in Angriff zu nehmen, zunimmt.

Die Position der Gegner einer Reform

Dem weitverbreiteten Reformwillen steht ein sehr starker Reformunwillen gegenüber und dem Reformbemühen wird erheblicher Widerstand entgegengebracht, wie das auch in den Diskussionen der genannten Konsultationstagung zum Ausdruck kam. Der Widerstand gegen eine Reform auf Seiten des größten Teils des medizinischen "Establishments" ist nun keineswegs von vornherein Zeichen von Uneinsichtigkeit oder Rechthaberei: In der Biologie werden Strukturen und Prozesse grundsätzlich konservativ erhalten bzw. fortgeführt - soweit es beispielsweise die Zellteilung betrifft, sind wir alle Nutznießer davon. Wie im biologischen, so ist konservatives Verhalten auch im sozialen Bereich das normale und überwiegend richtige, weil den Erfordernissen der jeweiligen Wirklichkeit angepaßte: Die Beweislast für eine Änderung muß deshalb der tragen, der etwas verändern will.

Die Fakultäten können das aus sich heraus nur in engen Grenzen leisten, denn es ist von ihnen kaum zu erkennen, daß eine Reform der Verhältnisse erforderlich ist und welchen Umfang und welches Ziel sie haben soll. Die allgemein akzeptierte und für die Praxis so wichtige Medizintheorie, die diagnostischen und therapeutischen Methoden, die Vergütungsformen, die Forschungsschwerpunkte, die Approbationsordnung, das von all diesen Elementen bestimmte Verhalten der Leistungserbringer, und auch die Erwartungen der Bevölkerung passen in sich schlüssig zusammen. Aber dieses erstaunliche "In-sich-schlüssig-Zusammenpassen", muß nicht beweisen, daß das Leistungsgeschehen den Bedürfnissen der Patienten tatsächlich angepaßt ist, sondern kann auch so interpretiert werden, daß die Bedürfnisse der Patienten im Versorgungssystem dem theoretischen Ansatz der Medizin und dem damit vorgegebenen Leistungsgeschehen sowie den daraus folgenden Auffassungen der Leistungserbringer angepaßt werden. Im Laufe der Geschichte haben ein und dieselben Krankheitszustände und Gesundheitsstörungen völlig verschiedene Deutungen erfahren und Reaktionen der "Heiler" ausgelöst, die jeweils fest davon überzeugt waren, "richtig" und angemessen auf scheinbar objektive Gegebenheiten auf Seiten der Patienten zu antworten. In Wirklichkeit können wir uns aber dem Objektiven immer nur mehr oder weniger dicht annähern. Dieses Objektive liegt im Falle der Medizin vorrangig in den epidemiologisch erkennbaren Gegebenheiten, nicht aber zwingend in den aus dem Inanspruchnahmeverhalten des Einzelnen und seinen Beratungsgründen abgelesenen Bedürfnissen.

Was nicht in Frage gestellt wird, wenn man sich innerhalb des Systems befindet, läßt sich in Frage stellen, wenn man es von außen betrachtet. Kritische Bestandsaufnahmen des aktuellen Leistungsgeschehens, wie sie aus der Sicht von Medizinern vorliegen (hier sei Hans Schäfer, Heidelberg, genannt), Urteile über seine Effektivität und Effizienz von Ökonomen, sowie die Worte und Taten von Politikern (nämlich bei der Gesetzgebung) zeigen, daß am derzeitigen Leistungsgeschehen durchaus Kritik ansetzen kann und ansetzen darf, ja eben in mancherlei Hinsicht sollte. Das Gesundheitsreformgesetz (GRG) beispielsweise ist auf der Grundlage von Analysen und unter Berücksichtigung von bestimmten Zielen der Politik durch einen demokratischen Willenbildungsprozess zustande gekommen. Im GRG aber wird implizit, an vielen

Stellen sogar explizit, das Mißtrauen deutlich, das man dem medizinischen Leistungsgeschehen offenbar mehrheitlich entgegenbringt. Es wird im GRG in allgemeiner Form definiert, auf was sich das Leistungsgeschehen zu beschränken hat: auf das Notwendige, das Erforderliche, das Wirtschaftliche, das im Einzelfall Angemessene und es werden auch die Instrumente genannt, wie dies zu erreichen ist: Durch Wirtschaftlichkeitsprüfungen auf Stichprobenbasis, Qualitätssicherung, die Vorgabe von Richtgrößen, also durch eine Außensteuerung, weil man das System sich nicht selbststeuernd überlassen kann. Das wäre nur möglich, wenn von der Aus- und Weiterbildung bis zu den Strukturen und Anreizen das Leistungsgeschehen den Bedürfnissen stärker als im Augenblick angenähert werden könnte.

Die Funktion des Studiums

Wer eine Antwort auf die Frage sucht, wie eine Reform des Medizinstudiums aussehen könnte, um den oben genannten veränderten Bedingungen und neuen Herausforderungen gerecht zu werden, muß zunächst zu klären suchen, worin eigentlich die Funktion eines Studiums besteht. Zwei Möglichkeiten sind denkbar:

Das Medizinstudium ist ein akademisches Studium, in dem sich der angehende Arzt zweckfrei mit Wissensgegenständen ähnlich wie in der Philosophie beschäftigt. Stimmt man dem zu, dann entfällt nachgerade die Berechtigung, über eine Reform des Medizinstudiums zu sprechen und neue Inhalte zu fordern. Es bliebe der Freiheit des akademischen Lehrers überlassen, was er für die Beschäftigung mit dem Gegenstand heranzieht und für geeignet hält, um Studenten in das Wissensgebiet Medizin einzuführen und sie zu einem akademischen Arzt heranzubilden.

- Das Medizinstudium ist die Ausbildung für eine spätere praktische Tätigkeit. Dann sollte es auf die aus den Bedürfnissen auf der Patientenseite und aus den sozialpolitischen Zielen folgenden Versorgungsaufgaben ausgerichtet sein. In diesem Sinne gestaltet wird es berufsqualifizierend, weil der Inhalt des Studiums eine Beziehung zu den aktuellen, vielschichtig bedingten Versorgungsproblemen und Versorgungsaufgaben hat.

In allen hoch entwickelten Nationen sind Gesundheitswesen riesige und komplizierte Sozialsysteme (der NHS in Großbritannien ist nach der Roten Armee der größte Arbeitgeber der Welt!). Die Aufgabe, eine Bevölkerung mit allen der modernen Medizin verfügbaren Möglichkeiten zu versorgen, setzt eine große Zahl von Leistungserbringern voraus, die durch das Studium qualifiziert sein müssen. Es gibt somit Sachzwänge, die es erforderlich machen, eine ausreichend große Zahl von berufsfähigen Ärzten heranzuziehen (um nur diesen einen Berufstand herauszugreifen). Angesichts dieser unabweisbaren Notwendigkeit wäre es ganz unrealistisch, an der idealistischen, durch Humboldt geprägten Vorstellung eines zweckfreien Studiums der Medizin festzuhalten.

Von den beiden denkbaren Funktionen eines Studiums kommt bei Berücksichtigung dieser Aspekte nur die zweite Alternative in Frage. Dies verbaut nicht die Möglichkeit, im Rahmen eines derart versorgungsaufgabenbezogenen Studiums übergeordnet das Ziel einer Persönlichkeitsbildung und einer Erziehung zum wissenschaftlichen Denken zu verfolgen. Im Gegenteil: Dies sollte explicit mit dem Studium angestrebt werden.

Inhalte des Studiums

Den Versorgungsbedürfnissen, die im Studium berücksichtigt werden müssen, wird nicht allein durch die Vermittlung von Fachkenntnissen und Spezialtechniken Rechnung getragen, deren Rang im Curriculum sich aus ihrer Bedeutung im ärztlichen Alltag oder für die Morbidität ergeben sollte. Es ist erforderlich, auch die aus den inneren Einstellungen zur Krankheit folgenden Erwartungen der Bevölkerung an die Heiler und Institutionen eines Gesundheitswesens aufzuzeigen. Ganz entscheidend werden hierdurch und durch die Morbidität, die demographische Entwicklung, den technischen Stand der Wissenschaft sowie die ökonomischen und kulturellen Rahmenbedingungen, in denen sich das medizinische Leistungsgeschehen abspielt, die Bedürfnisse bestimmt.

Gesundheitssysteme kommen durch die Organisation von sozialen Reaktionen auf das Phänomen Krankheit zustande. Sie sind deshalb zwangsläufig sehr stark von der jeweiligen Kultur eines Landes abhängig, wie das Lynn Payer[3] anschaulich dargelegt hat. Das, was sich im Versorgungssystem abspielt, ist in weiten Teilen ebenso landestypisch und kulturspezifisch wie die Sprache oder eine Religion. Diese Feststellung ist nur schwer mit der Vorstellung der Medizin als einem möglichst eng an den Naturwissenschaften orientierten Lehrgebäude in Einklang zu bringen, aber nur wenn die Mehrdimensionalität der Medizin zum Ausdruck gebracht wird, wenn ein Bewußtsein von der Wechselbeziehung zwischen dem Handlungsansatz und dem ärztlichen Vorgehen auf der einen Seite und den Bedürfnissen des Einzelnen und der Gesellschaft auf der anderen Seite besteht, kann es eine problemadäquate und damit auch effiziente Versorgung geben.

Diese Zusammenhänge sind im Studium darzustellen. Es muß deutlich werden, daß es keine Naturgesetze sondern in erster Linie Normen sind, nach denen Behandlungsmethoden ausgewählt und sozial akzeptiert werden. Das sind zwar im Augenblick weitgehend, aber eben keineswegs ausschließlich, wissenschaftliche Methoden. In Kenntnis dieser Sachverhalte kommt man zu einem kritischen Ausgangspunkt, von dem aus zu bestimmen ist, was solidarisch finanziert werden soll. Dies auf das Notwendige zu beschränken, liegt bei der Grenzenlosigkeit der Anforderungen an ein Gesundheitswesen im Interesse der Versichertengemeinschaft, deren Sachwalter die Kassen sind.

Die Ärzteschaft steht bis heute den Forderungen nach einer Mitsprache von Kassen und den kritischen Fragen nach der Berechtigung einer solidarischen Finanzierung von großen Teilen des Leistungsgeschehens weitgehend ratlos gegenüber. Aber die

Kostspieligkeit der Medizin läßt es einfach nicht zu, Gesichtspunkte der Effektivität und Effizienz außer Acht zu lassen und im angenommenen Interesse des Patienten alles Vorstellbare mit welchem Aufwand auch immer zu leisten. Gerade die Ärzte aber müssen für solche Fragen sensibilisiert werden, denn sie verfügen über die entscheidende Definitionsmacht im Sozialsystem Gesundheitswesen: Sie bestimmen, was wann und unter welchen Umständen an Leistungen erbracht werden soll: Ca. 0,2 % der Einwohner der Bundesrepublik können so über die Verwendung von ca. 10 % des Bruttosozialproduktes verfügen. Das Bewußtsein davon und der damit zusammenhängenden Probleme setzt einen nichtkasuistischen, einen im weitesten Sinne epidemiologischen Beobachtungsansatz voraus, der im Studium gebildet werden muß.

Die Verlagerung des Leistungsgeschehens

Bei den Gegnern einer grundsätzlicheren Reform ist die Perspektive oft eingeschränkt, weil nicht ein epidemiologischer Beobachtungsansatz gewählt, sondern - wie in der Medizin üblich - kasuistisch gedacht und argumentiert wird: Man extrapoliert vom Einzelfall auf das Ganze und Allgemeine. Das ist eine fast unausweichliche Folge des Umstandes, daß der Arzt grundsätzlich auf der Mikroebene entscheidet und handelt. Beim epidemiologischen Ansatz, von der Makroebene herkommend, können hingegen Sachverhalte und Zusammenhänge aufgezeigt werden, die dem einzelnen Arzt z.T. als Problem gar nicht bewußt werden können, weil er sie aus seiner Perspektive nicht zu erkennen vermag.

Dies kann erklären, daß die Fakultäten - wie Gallwas in seinem Vortrag "Optimierung des Medizinstudiums - Aufgabe der Medizinischen Fakultäten?" auf der Konsultationstagung "Arzt 2000" in Sasbachwalden deutlich gemacht hat - wenn überhaupt, dann nur eine vage Kenntnis von dem haben, was es im niedergelassenen und außerärztlichen Bereich an Versorgungsproblemen gibt. Es ist eine der großen Aufgaben der Zukunft und muß Ziel einer umfassenderen Reform sein, die Erfahrungen und die Bedürfnisse, die sich dort ergeben und deutlich werden, für die Universitätsausbildung von Ärzten wirksam zu machen. Die Notwendigkeit hierfür besteht nicht nur in der Bundesrepublik: In den USA hat es kürzlich eine Umfrage der Association of Medical Schools gegeben, um in Erfahrung zu bringen, ob es sinnvoll sei, ambulant tätige Ärzte für die Ausbildung heranzuziehen. Anlaß für diese Initiative war die dramatische Leistungsverschiebung vom stationären in den ambulanten Bereich, die durch eine Umstellung der Vergütung des Krankenhauses auf Diagnosis Related Groups (DRGs) bewirkt wurde. So etwas zeichnet sich in abgeschwächter Form auch bei uns ab, denn es besteht die feste Absicht, die Zahl der Sonderentgelte für die Krankenhausvergütung zu erhöhen.[4] Dies wird tendenziell dazu führen, daß auf der einen Seite regelrechte Interventionskliniken entstehen dürften, in denen schwerstkranke Patienten hauptsächlich chirurgisch versorgt werden und auf der anderen Seite konservativ-pflegerisch tätige Kliniken, in denen jene Patienten versorgt werden, bei denen größere Interventionen diagnostischer oder therapeutischer Art nicht (mehr) erforderlich sind. Es bestehen dann fließende Übergänge von diesen Kliniken zu Pflegeheimen.

Als Konsequenz dieser Entwicklung wird es zu einer noch stärkeren Selektion des Krankengutes an den Universitätskliniken kommen, als das heute schon der Fall ist. Es ist kaum vorstellbar, wie es dann noch möglich sein soll, an diesem Krankengut die Aus- und Weiterbildung der Ärzte für die Versorgungsaufgaben von morgen vorzunehmen. Deshalb ist in Zukunft nicht nur verstärkt sondern vornehmlich auf die Erfahrungen des niedergelassenen Bereiches zurückzugreifen und dieses Anliegen muß bei einer Reform des Medizinstudiums zum Tragen gebracht werden. Die Frage ist eigentlich nur, wie man das realisieren kann, nicht aber ob man es anstreben sollte.

Detailverbesserungen und Stofferweiterungen

Nicht nur aus den Änderungen der Patientenverteilung auf die einzelnen Sektoren, der Ansprüche, der Erwartungen, der Bedürfnisse, der Rahmenbedingungen und der leistungsmitbestimmenden Faktoren Morbidität, Demographie, Stand der Wissenschaft, sondern auch aus der Detailkritik am medizinischen Leistungsgeschehen im engeren Sinne, läßt sich die Notwendigkeit einer grundsätzlicheren Reform ableiten.

Der Sachverständigenrat hat in bisher all seinen Jahresgutachten eine große Zahl von Mängeln des Leistungsgeschehens aufgeführt. Beispielhaft genannt werden soll an erster Stelle die oft fehlerhafte Pharmakotherapie: Es werden zu viele Medikamente und solche von zweifelhafter Wirksamkeit verschrieben bei ungenauer Indikation und nicht selten ohne Berücksichtigung von pathophysiologischen Vorstellungen oder Kosten--Nutzen-Abwägungen. Diese Einschätzung der Situation wird von vielen Experten geteilt.

Vergleichbare Defizite gibt es auf den Gebieten der Heil- und Hilfsmittel, etwa bei der Verschreibung von physiotherapischen Maßnahmen, überhaupt auf dem Gebiet der Rehabilitation, beim Einsatz von orthopädischen Hilfsmitteln, vor allem aber auch bei der Indikation zu diagnostischen Leistungen.

Der Rat hat daraus die Forderung abgeleitet, die Fortbildung der Ärzte zu verstärken. Es darf aber kein Zweifel sein, daß dies nur eine Notmaßnahme sein kann, und im Grunde genommen die Dinge schon in der Ausbildung in die richtige Richtung gelenkt und in der Weiterbildung vertieft werden sollten: Die Ärzte müssen in einer Art und Weise aus- und weitergebildet werden, die eine Gewähr dafür bietet, daß verantwortungsvoll von den Möglichkeiten der Medizin und von den der Medizin verfügbaren Ressourcen Gebrauch gemacht wird. Ob das dann auch tatsächlich der Fall ist, hängt noch von vielen anderen Bedingungen ab, die ersten und wesentlichen Voraussetzungen für eine Verbesserungen der Versorgungsqualität werden aber an dieser Stelle geschaffen. Wer das derzeitige System mehr oder weniger vorbehaltlos verteidigt und für eine weitgehende Bewahrung des status quo plädiert, sollte sich bewußt sein, daß alle heute vorhandenen Mängel auf dem Boden eben der von ihnen verteidigten und für nicht verbesserungenwürdig erachteten Ausbildung entstanden sind. Dazu zählt auch eine mangelnde Einsicht und Kenntnis von den Grenzen der Medizin.

Die breite Darstellung pathophysiologischer und pathobiochemischer Theorien im Studium, die bis in molekulare Größenordnungen gehen, täuscht darüber hinweg, daß bis heute der überwiegende Teil der Krankheiten nur palliativ und symptomatisch, nicht aber kausal behandelt werden kann. Dies wird im Studium ebensowenig mit all seinen Konsequenzen verdeutlicht, wie es ein klar herausgestelltes Ziel des Studiums ist, die Kriterien zu erarbeiten, die erfüllt sein müssen, damit eine Therapie als rational gelten und so der Anspruch der Medizin eingelöst werden kann, wissenschaftlich zu sein.

Im Laufe des Medizinstudiums wird offensichtlich weder explizit noch implizit jenes Maß an erkenntnistheoretischem Wissen vermittelt, das erforderlich ist, um selbstkritisch das eigene Tun zu reflektieren und eine Standortbestimmung vorzunehmen. Durch die starke Betonung naturwissenschaftlicher Fächer ganz am Anfang entsteht vielmehr fast zwangsläufig beim Anfänger der Eindruck, das darauf aufbauende Gesamtgebäude Medizin und das medizinische Leistungsgeschehen seien ebenso wissenschaftlich begründet wie die in der Physik, Chemie, Physiologie, Biochemie, Zytologie etc. gesehenen Grundlagen. Damit wird eine falsche Grundhaltung und eine falsche Erwartung anerzogen und die überragende "Sozialfunktion" der Medizin wird nicht erkannt. Sie besteht darin, mit der Medizin dem Einzelnen und der Gesellschaft ein System zur Verfügung zu stellen, um rational mit Krankheit und Tod fertig zu werden. Diese ins Grundsätzliche reichende Positionsbestimmung der Medizin muß im Studium beginnen.

Zur Wissenschaftlichkeit von Ausbildungsordnungen

Es wird oft, auch von reformwilligen Hochschullehrern der Eindruck erweckt, es sei möglich, Curricula und Studienordnungen wissenschaftlich abzuleiten und durchgehend rational zu begründen. So etwas hat es noch nie gegeben und wird es auch nie geben: Bei der Dynamik, mit der sich die Dinge in den modernen Wissenschaften entwickeln, hätte ein solcher Versuch heute weniger Sinn denn je zuvor. Curricula sind im letzten immer Ausdruck des Zeitgeistes und werden von bestimmten, gesellschaftlich akzeptierten Grundannahmen oder den Ansichten sozial wichtiger "Peer-Groups" bestimmt.

Dies war auch dem Murrhardter Kreis bewußt: Er ist nicht angetreten, um wissenschaftlich stringent ein neues Medizinstudium abzuleiten oder zu konstruieren, sondern Anstöße zu geben und die Notwendigkeit und das Ziel einer Reform zu begründen. Es ist mit anderen Worten ein bemerkenswertes soziales Phänomen, daß es zur Bildung des Murrhardter Kreises gekommen ist und wie und mit welcher Zielsetzung dort über eine Reform der Medizinerausbildung diskutiert wurde. Seine Bildung und die anderer Kreise zeigt eben unübersehbar, daß ein weit verbreitetes Unbehagen über die Medizinerausbildung vorhanden ist, und daß wichtige Gründe gesehen werden können, die Dinge zu verändern.

Daß Curricula auch in der Vergangenheit nicht wissenschaftlich abgeleitet worden sind, kann durch zahlreiche Erfahrungen belegt werden:

- Gegen Ende des vorigen und Anfang dieses Jahrhunderts hat es einen heftigen Streit um die Frage gegeben, ob es vertretbar sei, Absolventen von Realschulen zum Medizinstudium zuzulassen, oder ob dies nicht auf die Absolventen von humanistischen Gymnasien beschränkt sein sollte. Der behauptete Qualitätsverlust im Falle einer Zulassung von Realschulabgängern ist später nicht eingetreten - im Gegenteil gab es in der Zeit danach enorme Fortschritte, die ihrerseites vermutlich nicht das Geringste mit den Zulassungsvorausssetzungen zu tun hatten.
- Es kam zur Aufgabe u.a. der Fächer Mineralogie und der früher gesondert vermittelten Fächer Zoologie und Botanik, was ohne Einfluß auf die Befähigung zur Berufsausübung blieb.
- Mit der letzten großen Reform, der AppOÄ wurde eine umfassende Neugewichtung der Fächer vorgenommen, wobei die Anatomie drastisch reduziert und die Biochemie aufgewertet wurde.

Das nun war völlig unverständlich: Zu einem Zeitpunkt, als man mit anatomischen Kenntnissen kaum etwas anfangen konnte, weil die Chirurgie und Anaesthesie noch nicht weit genug entwickelt waren, um praktischen Gebrauch davon zu machen, wurde mit großer Intensität auch die letzte Feinheit anatomischer Sachverhalte gelehrt und gelernt. Heute, da die Chirurgie Leistungen erbringt, die früher von der wildesten Phantasie kaum hätten ausgemalt werden können und für deren Erbringung man sehr präzise anatomische Kenntnisse benötigt, ist das Stoffvolumen im Studium fast auf das Allgemeine gekürzt worden, ohne daß daraus ein Nachteil für die Versorgungsqualität folgen würde: Die erforderlichen Kenntnisse werden in der Weiterbildung vermittelt und zwar auf der Basis der im Studium erarbeiteten Grundlagen. Umgekehrt hat man mit der AppOÄ die Bedeutung der Biochemie stark aufgewertet, obwohl Kenntnisse auf diesem Gebiet für die ärztliche Alltagstätigkeiten praktisch keine Relevanz haben.

In diesen Schwerpunktverschiebungen kommt die Ablösung der einen Betrachtungsweise durch eine andere zum Ausdruck, doch gibt es keinen Bezug zu den realen Versorgungsbedürfnissen. Es geht in erster Linie um den Ausdruck eines bestimmten Zeitgeistes, und zwar des Zeitgeistes der meinungsbestimmenden Schicht von Universitätslehrern.

Von ihnen wird im Augenblick der Eindruck erweckt, der Verzicht auf Physik und Chemie am Anfang eines grundsätzlich reformierten Medizinstudiums sei das Ende der wissenschaftlichen Medizin. Dies ist jedoch ein reiner Glaubensartikel, für den keine empirische Evidenz erbracht werden kann. Die aktuellen Versorgungsmängel jedenfalls können nicht dadurch beseitigt werden, daß man den Unterricht in Physik und Chemie intensiviert, sondern wohl eher dadurch, daß man andere, heute weniger beachtete Gesichtspunkte schon ganz am Anfang stärker in den Vordergrund stellt. In der Ausbildung ist der Anfänger mehr als der Fortgeschrittene bereit, Neues aufzunehmen, sich am Vorbild auszurichten und so Grundpositionen zu gewinnen. Dieser Bildungsprozess muß an wichtigen Gegenständen in der richtigen Weise gefördert werden. Was richtig ist, ergibt sich in erster Linie aus den späteren Anforderungen, die ihrerseits aus den Bedürfnissen der Patienten folgen, wie sie sich bei einer epidemiologischen Betrachtung ergeben.

Neue Anforderungen an eine veränderte Medizin

Mit einer grundsätzlicheren Reform, die unter Hinnahme von Protesten mit einer Reduzierung auch der Naturwissenschaften einhergehen könnte - denn dafür lassen sich gute Gründe nennen! - ließe sich die Ausbildung an unstrittige neue Entwicklungen anpassen.

- Es gibt in der Bevölkerung ein (immer stärker werdendes?) Bedürfnis nach dem Magischen und dies trotz aller behaupteten Wissenschaftlichkeit unserer Welt. Wir sind eben nicht homo sapiens, sondern wir heißen homo sapiens. Im Alltagsverhalten wir uns keineswegs so vernünftig, daß es jeweils wissenschaftlichen Ansprüchen genügen könnte; wir werden in weitem Umfang von ganz anderen Motiven als von Argumenten der Vernunft gesteuert. Das trifft erst recht zu im Falle einer Gesundheitsstörung. Wir haben, wenn wir zum Arzt gehen, nicht nur -ja nicht einmal in erster Linie - den Wunsch nach nüchterner Wissenschaftlichkeit sondern auch nach dem Magischen und dem Emotionalen, wir suchen die Empathie des Arztes und des Pflegepersonals.

Einen Beweis kann die Behauptung einer zunehmenden Bedeutung des Magischen in der wachsenden Bedeutung alternativer Heilverfahren finden, aber auch in der Forderung nach mehr Zuwendung, nach einer "Humanisierung" des Krankenhauses - was immer das im einzelnen sein mag!

- Es gibt einen Paradigmenwandel in der Medizin der darin besteht, daß man von der immer stärker als einseitig empfundenen physiologisch-morphologischen Betrachtung der Krankheit zu einer stärkeren Beachtung auch der psycho-sozialen Komponenten von Krankheit und Kranksein kommt. Untersuchungen, die durchaus exakt-naturwissenschaftlichen Kriterien gerecht werden, haben enge Beziehungen zwischen der sozialen Dimension des Daseins, der Psychologie, dem Neuroendokrinum, der Immunlage aufgezeigt. Diese Einsichten könnten, sobald erst einschlägige diagnostische und therapeutische Techniken zur Verfügung stehen, eine zunehmende Bedeutung für die ärztliche Tätigkeit gewinnen.
- Die Altersentwicklung stellt ganz andere medizinische und vor allem auch *nicht-medizinische* Probleme in den Vordergrund, als die bisher führenden Akutkrankheiten. Darauf bereitet das Studium derzeit so wenig in angemessener Form vor, wie auf die Notwendigkeit, im Interesse einer angemessenen Versorgung mit nichtärztlichem Personal zusammen zu arbeiten. Im heutigen Studium wird über die Angemessenheit des Leistungsgeschehens kaum geredet, daher auch die apparativ-pharmazeutische Monomanie.

- Die Ökonomen stellen immer schärfer die Frage nach der Effektivität und Effizienz des medizinischen Leistungsgeschehens. Ihre Forderung lautet, die prinzipiell knappen Ressourcen besser einzusetzen und mehr Nutzen zu erzielen, als dies im Augenblick der Fall ist. Die ökonomischen Konsequenzen ärztlicher Entscheidungen bleiben im Studium praktisch unerwähnt.
- Fast jede neue Methode, die es ermöglicht, Menschen am Leben zu erhalten, die bisher unbehandelt gestorben sind, bringt die Notwendigkeit einer ethischen Risikoabwägung von Fortschritten der Medizin und von praktisch-ärztlichem Handeln mit sich. Darauf werden die Studenten an der Universität nicht vorbereitet, doch kann dies auch nicht im Rahmen einer formalisierten Ethikvorlesung geschehen, sondern muß erlebt und immer wieder vorgeführt werden, indem der Student schon ganz am Anfang und dann immer wieder an Entscheidungen über Behandlungen teilnimmt.
- Es gibt das Phänomen des abnehmenden Grenznutzens der kurativen Medizin: Selbst wenn wir noch sehr viel mehr Geld in das System hineinstecken als im Augenblick, werden wir doch nur noch mit marginalem Nutzen - gemessen mit wenigen, globalen Indikatoren - rechnen können: Wir sind an biologischen Grenzen der Lebensdauer angelangt.

Der medizinische Fortschritt

Es gibt biologische Grenzen, welche bei der Entscheidung, ob und welche Maßnahmen ergriffen werden sollen, zu respektieren sind, jedoch gibt es keine Grenze für den wissenschaftlich-technischen Fortschritt. Er ist einer der Ursachen des Kostenanstieges im Gesundheitswesen. Auf die Dauer - so sieht es aus - werden wir wegen des Kostenanstieges nicht in der Lage sein, all das zu finanzieren, was aus den verschiedenen Entwicklungen (Morbidität, Alter, Fortschritt, höheres Leistungsangebot) an Notwendigkeiten folgt. Es sind dann Prioritäten zu setzen und hierfür müssen Entscheidungsinstrumente erarbeitet werden.

Mit den Fortschritten der Wissenschaft, noch gefördert durch den Druck hoher Ärztezahlen, wird die Neigung zur Spezialisierung zunehmen. In Kenntnis dieser sich abzeichnenden Entwicklung hat der Sachverständigenrat im Gutachten 89 ein primärärztliches Versorgungsmodell vorgeschlagen. Der Patient ist bei einem Arzt eingeschrieben, der obligat im Falle einer Krankheit aufgesucht werden muß, bevor ein Spezialist in Anspruch genommen werden kann. Es ist dies ein struktureller Beitrag zu der von so vielen Kritikern des derzeitigen Medizingeschehens geforderten ganzheitlichen Betrachtung des Patienten: Nur der gut aus- und weitergebildete Allgemeinmediziner ist dazu in der Lage. Damit läßt sich nachdrücklich eine Beschränkung auf das Wesentliche im Studium begründen und noch einmal die Berücksichtigung von Gesundheitsproblemen aus dem niedergelassenen Bereich.

Der Fortschritt fordert nicht nur Opfer an Geld, sondern verursacht noch Kosten ganz anderer Art: Er kann mit einer psychischen Belastung des Personals einhergehen, was ein wesentlicher Grund für den aktuellen Pflegenotstand sein dürfte: Die

Angehörigen medizinischer Assistenzberufe sind zunehmend weniger vom Sinn dessen überzeugt, was in der Medizin alles geschieht. Beispielsweise sehen sie nicht ein, daß in großem Umfang bis kurz vor dem Tode eine sehr oft therapieirrelevante Diagnostik betrieben wird, sie sehen aber auch den Sinn von therapeutischen Maßnahmen bei offensichtlich infauster Prognose nicht ein. Die Folge ist, daß nicht Wenige resignieren und aus dem Beruf ausscheiden. Es erscheint nicht zu weit hergeholt, dies auch als eine Auswirkung der Ärztedominanz in unserem System anzusehen, auf die Jens Alber in einer vergleichenden Studie über das medizinische Leistungsgeschehen in OECD-Ländern hingewiesen hat.[5] Wie fragwürdig auch mancher dieser Untersuchung verwendeten Zahl und manche daraus gezogene Schluß sein mag - wir haben keine besseren Daten - kaum bestritten werden, daß die Bundesrepublik an erster Stelle bei den Ärztezahlen und den Ärzteeinkommen steht, jedoch zusammen mit Portugal an letzter Stelle bei der Ausstattung mit Pflegepersonal. Im Interesse der Kostenentwicklung und der Versorgungsqualität muß hier eine Änderung eintreten: Die Assistenzberufe müssen nach ihrer Zahl und ihrem Rang aufwertet werden und der Arzt sich stärker als Mitglied eines "Gesundheitsteams" verstehen, in dem er primus inter pares, aber nicht auf allen Gebieten sachkompetent ist.

Kein Beweis für die Überlegenheit von Reformstudiengängen

Wie sehr auch zutrifft, daß weltweit an der Medizinerausbildung Kritik geübt wird, es gibt Unterschiede von Land zu Land. Die angelsächsische Ausbildung wird allgemein als besser angesehen als die in der Bundesrepublik - aber weder bei den Gesundheitsindikatoren noch bei der Zufriedenheit der Patienten mit ihrem jeweiligen System gibt es eindeutige Unterschiede. Die Effizienz der Leistungserbringung mag unterschiedlich sein, aber das hat viele Gründe und interessiert kaum den Patienten.

Die Erklärung für das Fehlen von groben Unterschieden in der Gesundheitlichkeit der Bevölkerung liegt darin, daß Defizite in der Ausbildung im Zuge der Berufsausübung verschwinden, die Rahmenbedingungen einen ganz wesentlichen Einfluß auf das aktuelle Leistungsgeschehen haben und die Bedürfnisse des Patienten sich offensichtlich den jeweiligen Bedingungen und Spezifikationen eines Versorgungssystems anpassen. Lohnt sich dann die Mühe, die Ausbildung zu reformieren?

Die Frage, ob es sich lohnt, kann jedenfalls nicht mit dem Nachweis einer höheren Versorgungsqualität durch Absolventen eines neuen Ausbildungsganges beantwortet werden. Zwar konnte an der McMaster's Universität in Hamilton/Kanada im Rahmen einer Evaluationsstudie verdeutlicht werden, daß die Ärzte von dieser Reformuniversität in einigen Punkten das zu praktizieren scheinen, was sie gelehrt wurden, nämlich weniger auf die Pharmakotherapie und mehr auf die Interaktion mit dem Patienten zu setzen und mehr Leistungen ambulant zu erbringen und die Patienten weniger oft in die Klinik einzuweisen. Dem stehen aber die Ergebnisse anderer Untersuchungen (Newcastle) gegenüber, die verdeutlichen, wie rasch sich offensichtlich das ärztliche Verhalten von Absolventen einer Reformuniversität dem Verhalten von Absolventen orthodoxer Studiengänge angleicht.[6] Die Validität solcher Untersuchungen wird gewiß durch methodische Schwierigkeiten geschmälert, denn es ist schon kaum möglich, die Qualität ärztlichen Verhaltens zu definieren und noch weniger, den Einfluß einer unterschiedlichen Praxisausübung auf die Gesundheit zu messen. Hinzu kommt, daß sich auch die Bedürfnisse der Patienten rasch ändern und der medizinische Fortschritt Änderungen im Verhalten der Ärzte erzwingt. Aber noch wahrscheinlicher ist wohl, daß die Strukturen, die Kapazitäten und die wirtschaftlichen Anreize in einem System das Verhalten der Ärzte und damit das Leistungsgeschehen stärker beeinflussen als Form und Inhalt der Ausbildung.

Solche Erfahrungen können leicht zur Resignation führen. Sie können aber auch nicht nur eine Reform der Ausbildung begründen, eine Reform der Weiterbildung, der Strukturen und der wirtschaftlichen Anreize in Angriff nehmen, um die Bedürfnisgerechtigkeit in einem Versorgungsgebiet zu gewährleisten.

Eine solch umfassende Reform des Gesamtsystems hatte der SVR im Blick, als er seine Vorschläge zur Weiterentwicklung der Angebotsstruktur und einer Reform des Studiums formulierte. Ziel ist es, mit einer umfassenden Reform die derzeitige apparativ-pharmazeutische Monomanie der Medizin zu beseitigen und ihren Ansatz so zu erweitern, daß nicht nur die Prävention, sondern vor allem die Rehabilitation und das spezifische Stoffgebiet der Geriatrie neben den bereits genannten Gegenständen eine stärkere Beachtung findet.[7]

Erreicht werden kann dies nicht ohne eine Ausdehnung des Anschauungsfeldes für die Studierenden. Die Ausbildung sollte, um dies zu gewährleisten, nicht nur im Akutkrankenhaus erfolgen - in den Universitätskliniken werden in erster Linie Aufgaben der Maximalversorgung erfüllt! - sondern es müssen zusätzlich Alten- und Pflegeheime für die Ausbildung nutzbar gemacht werden.

Was tun?

Im Laufe der Tagung "Arzt 2000" ist in mehreren Vorträgen und Diskussionsbeiträgen gezeigt worden, daß schon heute Reformschritte möglich wären - wenn, ja wenn die Fakultäten dies nur wollten! Explizit ist es das Ziel des Sozialministeriums Baden-Württemberg, mit seiner Anfrage an die Fakultäten im SS 89 ein solches "Wollen" zu fördern.

Diesem Bemühen stehen einige Entwicklungen entgegen, über die ebenfalls auf der Tagung gesprochen wurde: Der Primat der Krankenversorgung, die ganz unterschiedlich motivierten Interessen der Fakultätsmitglieder an wissenschaftlichen Aktivitäten, die Tatsache, daß die Lehre nicht karriererelevant ist. Ein Anderes kommt dazu: Der Wegfall der Polikliniken alten Zuschnittes hat dazu geführt, daß das Krankengut im niedergelassenen Bereich an der Universität fast nicht mehr repräsentiert ist.

In den Fakultäten selbst muß ein Nachdenken einsetzen: Die wenigsten Hochschullehrer erkennen derzeit an, daß bestimmte Kriterien erfüllt sein müssen, um eine Therapie guten Gewissens anwenden zu können. Das Sinnhafte der heutigen "Extrem-Medizin", wie sie sich beispielhaft in der onkologischen Chemotherapie, in der Neonatologie, der Intensivmedizin und der Reproduktionsmedizin zeigt ist in Frage zu stellen. Eine epidemiologische Betrachtungsweise sollte neben der individualmedizinischen selbstverständlich werden, weil mit der Kasuistik allein Erkenntnisse über das Sinnhafte und den Wert bestimmter Maßnahmen nicht gewonnen werden können. So ist es nicht möglich, ein Verfahren als gesichert anzusehen, das nur ganz selten und ausnahmsweise zu einem positiven Ergebnis führt - ob es sich dabei nun um eine alternative oder um eine "wissenschaftliche" Methode handelt.

In den Beiträgen zur Tagung "Arzt 2000" ist so viel über die Verantwortung der Fakultäten gesprochen worden, daß man diese allgemein beklagten und schon lange bekannten Dinge ebensowenig noch einmal wiederholen muß, wie das, was Kritisches zu den Multiple-choice-Prüfungen, über die Gruppengröße im Unterricht und über die Kursgestaltung im einzelnen ausgeführt wurde. Die Überfüllung der Fakultäten soll deshalb im vorliegenden Zusammenhang nicht noch einmal gesondert und ausführlich betrachtet werden, auch wenn etwa der Verzicht auf eine grundsätzliche Novellierung der Kapazitätsverordnung dies verdiente.

Man sollte mit einem positiven Ausblick enden und darauf verweisen, daß Vieles von dem, was gemacht werden sollte, schon heute gemacht werden könnte, und zwar unabhängig von einer Novellierung der Kapazitätsverordnung oder der Approbationsordnung - wenn, ja wenn die Fakultäten nur wollten!

Was kann getan werden?

Als erstes sollte es zu einer gewissen Trennung von Lehre und Forschung auf der einen Seite und dem überbordenden Volumen an Maximalversorgungsaufgaben auf der anderen Seite kommen. In den Ministerien sollte ein Nachdenken darüber einsetzen, ob es nicht sinnvoll sein könnte, das Bettenangebot an den Universitätskliniken auf ein Volumen abzubauen, das unter vernünftigen Annahmen für die Aufgaben der Lehre und Forschung als ausreichend angesehen werden kann. Im Gegenzug sollten Lehr-Alten- und Lehr-Pflegeheime einbezogen werden.

In diesem Zusammenhang ist weiterhin zu prüfen, ob nicht die Finanzierung der Universitätskliniken voll von den Wissenschaftsministerien übernommen werden könnte, um klare Verhältnisse zu schaffen und eine effiziente Mittelverwendung zu gewährleisten. Im Augenblick kann beispielsweise keiner sagen, wofür genau die Zuschüsse für Forschung und Lehre verwendet werden: Für die Lehre nur sehr wenig, für die Forschung wohl mehr, ganz gewiß aber recht viel für die Krankenversorgung.

Eine überragende Bedeutung kommt der Bestallung von Studiendekanen zu. Sie sollten über weitgehende Befugnisse verfügen und deshalb sind nur gestandene Persönlichkeiten für diese Aufgabe in Betracht zu ziehen.

Die Fakultäten sollten angeregt werden, fakultätseigenes Lernmaterial herzustellen: So wird es möglich sein, das von einer Fakultät für wichtig Erachtete von dem als weniger wichtig Eingestuften zu trennen. Wer ein allgemein verwendbares Lehrbuch schreibt, der wird sich um eine möglichst umfassende Darstellung der Gegenstände bemühen und deshalb kaum eine solche Unterscheidung vornehmen oder als wichtiges Ziel der Stoffgestaltung betrachten. Eine Beschränkung auf das Wesentliche ist aber nun einmal zwingend erforderlich, weil heute nicht einmal ein Teilgebiet mehr völlig erfasst werden kann. In Harvard gibt es fakultätseigene Lehrmaterialien in Form der sog. "Camels". Ein Nebengewinn davon ist, daß Aktivitäten bei der Herstellung von Lernmittel als karriererelevante Beweise für ein Engagement in der Lehre gewertet werden können.

Die Fakultäten stehen bei all diesem Bemühen nicht verlassen da und müssen nicht am Punkt Null anfangen: Der Murrhardter Kreis hat ein Bild des Arztes der Zukunft entwickelt und einige Grundsätze aufgestellt oder besser: Grundsätze aus dem entworfenen Arztbild der Zukunft abgeleitet, die für eine Weiterentwicklung des Medizinstudiums und seine Reform Bedeutung gewinnen können.[8] Dazu gehört, daß man die Grenze zwischen Vorklinik und Klinik durchlässiger machen sollte, was nach den Tübinger Erfahrungen etwa durch die Mitwirkung von klinischen Assistenten in den Präparierkursen leicht realisiert werden kann.

Weiterhin ist (schon heute), wenn auch nur punktuell, eine problemorientierte Behandlung einiger Gegenstände im Studium möglich. Nach Tübinger Erfahrungen können die Studenten bei einigem Nachdenken der Lehrkräfte zu mehr Aktivität angespornt werden, zum Beispiel, indem man Referate ausgibt oder indem man Essays schreiben läßt.

Es wäre möglich, die Allgemeinmedizin stärker zu fördern und für die Ausbildung nutzbar zu machen, etwa durch den Aufbau von Einheiten für Allgemein- oder Familienmedizin.

Unbedingt müssen Anstrengungen unternommen werden, um die Gerontologie und Geriatrie in den Fakultäten zu etablieren. Über Lehraufträge wäre es möglich, sich ansonsten abzeichnende "Durststrecken" zu überwinden.

Was dem Anliegen des Murrhardter Kreises nicht entsprechen würde, wäre, wenn man seine Vorschläge unter Hinweis auf unvermeidliche Lücken im Konzept zurückweisen würde. Es war nie die Absicht und konnte auch nie die Absicht des Kreises sein, ein einheitliches und für alle Fakultäten verbindliches Curriculum zu entwerfen. Aufgabe und Ziel war es vielmehr, beispielhaft die Realisierbarkeit von Vorschlägen zu verdeutlichen und im übrigen Anregungen zu geben: Es war und muß ein Fernziel sein,

Freiraum für die Fakultäten zu schaffen, den sie selbst ausfüllen können. Es ging dem Kreis darum, Prinzipien aufzuzeigen, aber die Gestaltung im einzelnen den Fakultäten zu überlassen.

Die Fakultäten sind durch die Entwicklung der letzten 15 bis 20 Jahre weitgehend ihrer Autonomie in der Lehre beraubt worden. Hier ist eine Änderung der Verhältnisse erforderlich und es ist nachgerade ein Gebot des Selbstwertes, alle Entwicklungen zu unterstützen, die zu mehr Autonomie führen. Begründet werden kann dies leicht durch das Bemühen und die Absicht, die Ausbildung stärker als im Augenblick den Versorgungsbedürfnissen von heute und den absehbaren der Zukunft anzupassen.

* Erscheint in: Reform der Medizinerausbildung - Widerstreit und Konsens. Beiträge und Ergebnisse der 2. Bad Boller Konsultation. Materialien und Berichte Nr. 33 - Herausgegeben von der Robert-Bosch-Stiftung GmbH, Stuttgart

Anmerkungen:

1. Jahresgutachten 1989 des Sachverständigenrates für die Konzertierte Aktion im Gesundheitswesen, Nomos-Verlag, Baden-Baden 1989

2. Billroth, T.: Über das Lehren und Lernen der medizinischen Wissenschaften an den Universitäten der deutschen Nation nebst allgemeinen Bemerkungen über Universitäten. Eine kulturhistorische Studie. C. Gerold's Sohn, Wien 1876

3. Payer, Lynn: Medicine and Culture. Varieties of Treatment in the United States, England, West Germany, and France. Henry Holt and Company, Inc. New York 1988

4. Jahresgutachten 1990 des Sachverständigenrates für die Konzertierte Aktion im Gesundheitswesen. Nomos-Verlag Baden-Baden 1990

5. Alber, Jens: Die Gesundheitssysteme der OECD-Länder im Vergleich. Schmidt, Manfred G. (Hrsg.): Staatstätigkeit. International und historisch vergleichende Analysen, Politische Vierteljahresschrift, Sonderheft (1988) International und Historisch vergleichende Analysen M.G. Schmidt (Hrsg.), Westdeutscher Verlag, Opladen

6. Wiedersheim, R., Witten-Herdecke: Persönliche Mitteilungen

7. Jahresgutachten 1990 des Sachverständigenrates für die Konzertierte Aktion im Gesundheitswesen a.a.O.

8. Beiträge zur Gesundheitsökonomie 26. Das Arztbild der Zukunft. Abschlußbericht des Murrhardter Kreises. Hrsg. von der Robert-Bosch-Stiftung, Stuttgart Bleicher-Verlag, Gerlingen, 1989

Fritz Hartmann

Miteinander über Gesundsein sprechen[1]

Grabrelief des Arztes Jason. Um 100 n. Chr. Der auf einem Klappstuhl sitzende Jason aus Acharnai palpiert den Oberbauch eines vor ihm stehenden kranken Knaben.

Ein Grabrelief des Arztes Jason aus dem 1. nachchristlichen Jahrhundert bildet die typische Szene der Begegnung Kranker-Arzt ab (Abb.1). Die Art des Bildaufbaus zieht unseren Blick unwillkürlich auf die Zugewandtheit der Gesichter, der Gegenseitigkeit von Blick, Sprechen, Hören in gespannt-gelassener Aufmerksamkeit. Beide sprechen miteinander. Wie beiläufig tastet in der Mitte der Bild-Diagonale die ärztliche Hand nach der Milz. Und erst am Ende der Diagonale, rechts unten, im Rücken des Kranken entdecken wir den Schröpfkopf als Zeichen medizinischer Technik, obwohl er sehr überdimensioniert ist.

Diese ideale Ordnung ärztlicher Kunst mahnt uns an unveränderte Erwartungen der Menschen an ihre Ärzte und führt in die Absicht ein, wie ich das mir gestellte Thema des diesjährigen Weltgesundheits-Tages vor und mit Ihnen erörtern möchte.

[1] Herrn Prof. Dr. Christian von Ferber zum 65. Geburtstag

Das Thema dieses Beitrages ist eine meine Absicht verdeutlichende Übersetzung des Mottos zum Weltgesundheits-Tag 1989: let's talk health. Ich gliedere es in vier Abschnitte, denen ich jeweils einen kennzeichnenden Aphorismus voranstelle:

I. Erst das Wort, dann die Arznei, dann das Messer (hippokratisch)

II. Die Gesundheit ist zwar nicht alles, aber ohne sie ist alles nichts
(Arthur Schopenhauer)

III. Wir grünen für und für und haben vieltausenderlei Gesundheit
(Paracelsus)

IV. Wenn der Mensch über sein Physisches und Moralisches nachdenkt, findet er sich gewöhnlich krank.
(J.W. v. Goethe)

I. "Erst das Wort, dann die Arznei, dann das Messer"

Mit Bedacht habe ich die Übersetzung "miteinander sprechen" gewählt und nicht "reden über", obgleich ich nun monologisierend rede und nicht spreche. Jedoch hoffe ich, in einen gedanklichen Diskurs hineinziehen zu können, der einem Dialog nahekommt. Diese Absicht wird erleichtert durch den Sachverhalt, daß, was immer über "gesund" gesagt wird, jeder dies auch auf sich bezieht. Nicht vollständig aufhebbar ist indessen die Einschränkung, daß ich als Arzt schreibe, obwohl das Thema auf das Gesamt privater und öffentlicher Diskurse zielt. Das "Miteinander" sind Gesunde und Kranke, besonders chronisch Kranke im Übergangsfeld zu "bedingtem Gesundsein".

Sprache und Gepräch sind in den letzten Jahren in den analytische Zugriff von Informatik und Hermeneutik geraten, Künsten von Botschaft und deren Entschlüsselung, von Bedeutung und Verstehen. Information ist die eindimensionale Mitteilung einer Botschaft von Sender, Sprechenden, an einen Hörenden. Kommunikation ist die wechselseitige Mitteilung von Botschaften, die aufeinander eingehen und sich abstimmen. Interaktion bezieht die nichtsprachlichen Träger von Botschaften ein, die die sprachlichen Inhalte mit Bedeutungen, Bewertungen, Appellen anreichern: Haltung, Gestik, Mimik, Sprechen. Mitteilung ist auf dieser Ebene gegenseitiges Teilnehmen von Menschen, Gesprächspartnern, als Personen. Begegnung und Umgang, Begriffe Martin Bubers und Viktor von Weizsäckers, versuchen, eine Ebene mitmenschlicher, zwischenmenschlicher Gemeinschaft zu beschreiben, deren tragender Grund die Subjekt-Subjekt-Beziehung ist, das Unsagbare und - im Sinne Karl Jaspers - Umgreifende mit einbezieht. Viktor von Weizsäcker faßt diese Beziehung als Gegenseitigkeit elementarer menschlicher Leidensverfassungen wie Angst, Schmerz, Niedergeschlagenheit und als

Abb. 2: Grund - Leidensformen des Homo patiens

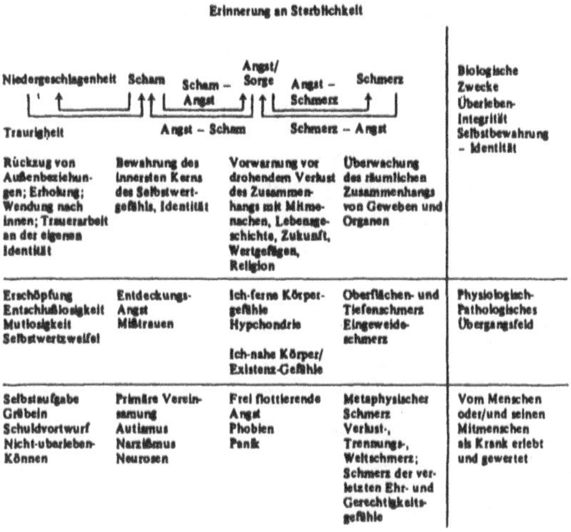

Gemeinsamkeit, Solidarität, des Todes, besser von Endlichkeit und Sterblichkeit. Trotzdem warnt Viktor von Weizsäcker vor dem Hochgefühl, ein Mensch könne mit einem anderen so verschmelzen, daß gegenseitiges Verstehen vollkommen wäre. Der Andere bleibt der Andere. Eine Vergegenwärtigung der Bedingungen und Möglichkeiten von Begegnung, Umgang, Verständigung belehrt uns schnell auch über die Grenzen. Einige davon machen uns auch die Widerständigkeiten von Gesundheits-Erziehung bewußt.

Abb. 3: Formen der Verständigung
S = Sender, E = Empfänger, P = Person

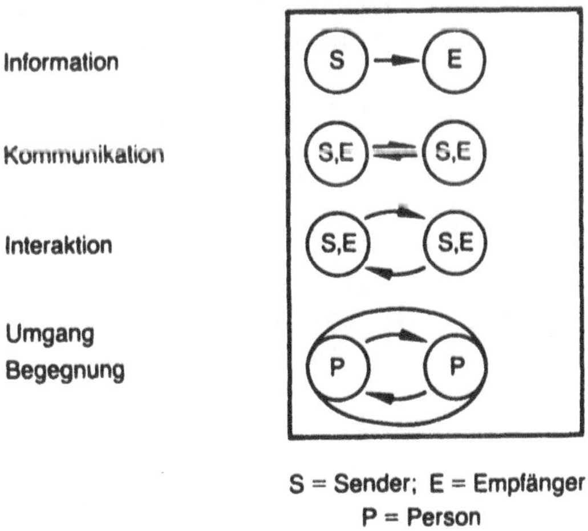

Absolute Gemeinsamkeiten, a priori, unseres Menschseins sind Merkmale wie aufrechter Gang, Sprachlichkeit, Geschichtlichkeit aber auch elementare Leidensfähigkeiten wie Angst, Schmerz, Scham,Niedergeschlagenheit. Mehr oder weniger starke Unterschiede werden durch genetische Ausstattung, Erziehung, Geschichte, Kultur, Sprache, Alter, Geschlecht, soziale Schicht und Rolle bedingt.

Die Entwicklung der Medizin in unserem Jahrhundert zwingt den Arzt vor das Problem, ob die klassische Gliederung seiner Aufgabe in Diagnose, Prognose, Therapie noch genügt. Dieses dreidimensionale Ordnungsmuster bedarf einer Ergänzung um drei Dimensionen, die über das ärztliche Gespräch hinaus für jedes Gespräch über Gesundsein und Kranksein gelten und auch für jede Form von Gesundheitserziehung: Unmittelbarkeit - Verständigung - Personalisierung. Unmittelbarkeit meint das unverstellte einander Gegenübersein von Menschen. Mittelbar ist jede Problembeschreibung und -Lösung, die sich der

Instrumente und Apparate bedient, die ein Gegen-Über zum Gegen-Stand machen. Unmittelbarkeit ist die Grundlage von Miteinandersprechen, eine Voraussetzung dafür. Sprache steht an der Grenze von Unmittelbarkeit und Mittelbarkeit mitmenschlicher Beziehungen. Ihre Worte sind instrumentell-mittelbar. Das gilt auch in der Gesundheitserziehung für Schrift, Buch, Bild, Bild-Tonschau, Graphik, Diapositiv. Unmittelbar sind das Sprechen, die Stimmgebung, Mimik, Gestik, Haltung.
Sie sind im Gespräch am wirksamsten. Ziel ist Verständigung, eine ebenso notwendig wie vielfältig gewordene Leistung. Gültigkeit gewinnt solche Verständigung letztlich für einen Kranken und Gesunden durch einen Arzt, oder Gesprächsteilnehmer: 1. Personalisierung oder Individualisierung, Auslegung allgemeiner Aussagen über Gesundsein und Kranksein auf den Fall eines Menschen.

Was dabei mit den Sprechenden und Hörenden geschieht fällt in die Pragmatik, wie Immanuel Kant sie definiert hat: was der Mensch als verständiges freihandelndes Wesen aus sich machen kann und soll. Kant sagt auch, der Mensch sei ein vernünftiges Wesen - Vernunft leitet sich von vernehmen her - wirksam kann sie nur werden, wenn das Vernommene auch verstanden wurde. Schon wenige Jahre nach Kant 1798 hat Johann Karl Osterhausen diesen Anspruch auf die Medizin übertragen: "*Medizinische Aufklärung .. (ist) ... der Ausgang eines Menschen aus seiner Unmündigkeit in Sachen, welche sein physisches Wohl betreffen*". Man darf die Einschränkung auf das physische Wohl nicht überhören. Sie steht in einer abendländischen Tradition, die schon bei dem vorsokratischen Philosophen Protagoras zu der Formulierung führt: *Die Ärzte sind die an den Leibern Kundigen;* Paracelsus sagt 2000 Jahre später: *der Arzt ist Stellvertreter Gottes an den Körpern;* nicht anders Martin Luther: *die Ärzte sind unseres Herrn Gottes Flikker*. Die Ausweitung ärztlicher Kompetenz ist jüngeren Datums. Die Definition der Weltgesundheitsorganisation wendet sich aber keineswegs nur an die Ärzte: *Gesundheit ist der Zustand vollkommenen körperlichen, sozialen und seelischen Wohlbefindens.* Einwände treffen die statische Begrifflichkeit eines Zustandes, die Benutzung eines subjektiven Maßstabes, des Wohlbefindens und die Forderung von Vollkommenheit. Der Anspruch auf verhaltens- und handlungsbezogenes aufklärendes Miteinander-Sprechen hat in Hinsicht auf Gesundsein und Kranksein eine lehrreiche Geschichte, an die ich an vier Beispielen erinnrn möchte, die uns verschiedene Blickwinkel öffnen.

Im Dialog " *Die Gesetze*" vergleicht Plato Gesetzgebung mit Gesundheitserziehung. Der Athener beschreibt die Analogie so: "*Es war kein unglückliches Bild, als wir alle, denen heutzutage Gesetze gegeben werden, mit Sklaven verglichen werden, die von anderen Sklaven ärztlich behandelt werden. Dabei muß man sich folgendes wohl merken: Wenn einmal ein solcher Arzt, der nur durch Probieren ohne Wissenschaft die Medizin praktisch betreibt (Sklavenarzt als Empiriker) einen freien Arzt erwischt (der Kenner des Warum und der Theorie), der mit einem freien Patienten sich unterhält, dabei in seinen Reden nahezu philosophiert, indem er die Erkrankung in ihrem ersten Grunde anfaßt, dann hinaufsteigt zu einer Belehrung über die Natur des Körpers und dergleichen, dann würde der erstere (der Sklaven-Arzt) bald in ein lautes*

Lachen ausbrechen und gar nichts anderes sagen als was die meisten nur sog. Ärzte bei einem derartigen Vorfall gleich bei der Hand haben: "Einfältiger Mensch" würde er sagen "das heißt ja nicht den Kranken kurieren, sondern ihm Lektionen geben! Als ob er ein Doktor werden sollte und nicht vielmehr ein gesunder Mensch". Ähnlich scheiden sich im Fortgang des Gesprächs die Geister über die Frage, wie man dem Volk Gesetze geben oder verständlich machen könnte und sollte.

Hippokrates mahnt, daß es in keiner Kunst so notwendig wie in der ärztlichen ist, verständlich für die Menschen zu sprechen. Aber er erwartet von diesen auch eine Anstrengung des Verstehens: *"Ein einsichtiger Mensch"* (so lesen wir in *"de affectionibus") "der erwägt, daß für die Menschen die Gesundheit (Hygiea) von höchstem Wert ist, muß sich darauf verstehen aus eigener Überlegung in den Krankheiten sich zu helfen; er muß verstehen, was von den Ärzten gesagt und seinem Körper verordnet wird und muß es beurteilen können. All das muß er verstehen, soweit es von einem Laien zuerwarten ist."*

So haben es die Landes- und Hausväter in den feudalen und bürgerlichen Epochen unserer Kulturgeschichte mit ihren Hof-, Leib- und Hausärzten auch gehalten. Das bringt uns zu einer kritischen Überlegung darüber, ob unser Begriff der Aufklärung nicht einseitig zu kurz greift; denn er fordert eine Leistung nur vom Arzt an den Kranken. Der englische Begriff "informed consent" bezieht die Verantwortung des Kranken deutlich ein. Er wäre angemessener zu übersetzen mit "einsichtigem Zustimmungsverhalten", so wie der Begriff "compliance" mit "einsichtigem Befolgungsverhalten."

Das zweite Beispiel entnehme ich der Fortführung der antiken Traditionen des Mittelalters, ausgeformt durch den pädagogisch-didaktischen Sinn der Araber, der die Gesundheitsregeln in einprägsame Verse und Aphorismen zu fassen verstand. Die Quelle sind die in der Schule von Salerno im 11. Jahrhundert entstandenen Merkverse für gesunderhaltene Lebensordnung. Der erste Vers:

Mangelt an Ärzten es dir, so gibt es vortreffliche Ärzte.
Drei: ein heiter Gemüt, die Ruhe und maßvolles Tafeln.

Der zweite Vers ist in einer modernen Fassung wohlbekannt; ich zitiere ihn in der Form Hermann Boerhaaves aus der 1. Hälfte des 18. Jahrhunderts:

Den Kopf halt kalt, die Füße warm und reinige recht oft den Darm.

Diese salernitanische Gesundheitsordnung war Lehrstoff für die Medizinstudenten, für die Mönche, denen im Mittelalter gesundheitsdienstliche Aufgaben anvertraut waren und für alle, die in Selbstverantwortung auf Selbsthilfe angewiesen waren.

Gottfried Wilhelm Leibniz hat als Frühaufklärer in einem umfassenden Entwurf zur Medizinreform um 1675 an die Gewissen appeliert; er greift damit auf die Antike zurück, die der Gesundheit und dem Gesundheitswillen den Charakter einer Tugend, einer sittlichen Pflicht gegeben hatte. Leibniz verbindet das mit christlichem Lehrgut: "*Und das wir Menschen mit höchstn Unverstand unsere Seligkeit nicht allein, damit es zwar kein Wunder dieweil wir noch nie einen seeligen oder verdammten gesehen, sondern auch gesundheit nicht achten. Da wir täglich sehen was gleichsam für höllische Marter schohn in diesem Leben, denen so mehr für güther als ihren Leib sorgen (von der seele will ich nicht sagen) angethan werden.*"

Im Stile von Schillers Kapuziner-Predigt in "*Wallensteins Lager*" hatten der protestantische Stadtarzt von Gelnhausen Joachim Strupp 1573 und der katholische Gemeindearzt von Hall in Tirol Hippolytus Guarionius 1610 den Menschen ihre sündhaften krankmachenden Gewohnheiten vorgehalten und sie zur Gesundheitsverantwortung als christlicher Tugend ermahnt. Sie nehmen damit aber auch einen älteren antiken Topos auf, der bei Demokrit lautet: Gesundheit erbitten die Menschen von den Göttern, daß sie aber selbst die Ursachen ihrer Krankheiten sind, wollen sie nicht wahrhaben.

Einen Höhepunkt erreicht medizinische Volksaufklärung in der zweiten Hälfte des 18. Jahrhunderts. Während Franz Anton Mai mit seinen "*Medizinischen Fastenpredigten*" im Foyer des Mannheimer Theaters nur gebildete Bürger erreicht, setzt der Bückeburger Hofarzt Bernhard August Faust breiter und früher an: in der Volksschule. Dazu schreibt er einen Gesundheits-Katechismus, ein glänzendes Dokument vorbeugenden Gesundheitsschutzes eines aufgeklärten und verantwortlich aufklärenden Arztes. Früh propagierte Faust auch die Jennersche Pockenschutzimpfung.

Faust eröffnet seinen "*Gesundheits-Katechismus zum Gebrauch in den Schulen und beym häuslichen Unterricht*" 1794 mit einer Gebrauchsanweisung für die Schullehrer: "*Ihr, würdige Männer, liebt die Kinder, die zu Euch in die Schule kommen. Sie kommen zu Euch, um durch Euren Unterricht und Eure Lehre gesunde, verständige, tugendhafte und glückselige Menschen zu werden.*" Bemerkenswert, wie der Begriff der Frömmigkeit als Ziel eines Katechismus vermieden und innerweltlich ausgefaltet wird. Faust hält nichts vom Auswendiglernen. Im Gespäch miteinander sollen die Kinder lernen: ein Kind liest die Frage, ein anders die Antwort; der Lehrer erläutert: "*Er erklärt den Sinn und die Bedeutung der Wörter und der Gedanken... Alsdann löst er die Frage und Antwort... in einzelne und solche Sätze auf, die auch dem Verstande der Kinder leicht und begreiflich sind.*" Die Kinder werden angehalten selbst Vorschläge auszudenken, wie sie gesundheitsförderliche Bedingungen im Alltag ihrer Familie verwirklichen könnten. In zwei Wochenstunden soll der Katechismus zweimal im Schuljahr durchgenommen werden.

Einige Beispiele veranschaulichen die gesundheitspädagogischen Ziele und die didaktische Methodik:

1. Kind: *Was versteht man unter Gesundseyn?*
2. Kind: *Dass der Körper, ohne Fehler und Schmerzen, alle seine Verrichtungen frey und leicht ausübe und der Seele zu Gebote stehe.*
1. Kind: *Hat der Mensch genug gethan, wenn er für sich und seine eigene Gesundheit sorgt?*
2. Kind: *Nein; es ist seine Pflicht, für das Leben und die Gesundheit seiner Nebenmenschen zu sorgen.*

Zur "Wartung und Pflege kleiner Kinder" lesen wir den folgenden Dialog:

1. Kind: *Was ist dem kleinen und hülflosen Kinde das größte Bedürfnis?*
2. Kind: *Die Liebe und Sorgfalt der Mutter.*
1. Kind: *Kann diese Liebe und Sorgfalt der Mutter durch andere Menschen ersetzt werden?*
2. Kind: *Nein, nichts kommt der mütterlichen Liebe gleich.*
1. Kind: *Warum bedarf es mütterlicher Liebe und Sorgfalt?*
2. Kind: *Weil das Kind einer so mühsamen Wartung und Pflege und einer so liebreichen Behandlung bedarf, dass nur die Mutter sie willig und gerne erfüllt.*
1. Kind: *Wie müssen kleine Kinder gewartet und gepflegt werden?*
2. Kind: *Sie müssen immer frische, reine Luft haben, beständig trocken und rein gehalten und alle Tage über den ganzen Körper, auch auf dem Kopf mit kaltem reinen Wasser gewaschen werden.*
1. Kind: *Warum muß dies geschehen?*
2. Kind: *Weil Kinder dann viel ruhiger sind, nicht leicht wund werden und viel besser wachsen und gedeihen.*
1. Kind: *Ist es gut, dass man kleine Kinder wickelt?*
2. Kind: *Nein, das Wickeln ist nicht gut; es verursacht den Kindern Angst und große anhaltende Schmerzen; man kann sie nicht rein und trocken halten; und es schadet sehr dem Wachstum des Körpers.*
1. Kind: *Ist das Wiegen der kleinen Kinder gut?*
2. Kind: *Nein; das Wiegen macht die Kinder unruhig, betäubt, trunken, schwindelig und dumm; und schadet daher sehr dem Körper und der Seele.*

Ein Beispiel zur Küchen-Hygiene:

1. Kind: *Muß alles gewaschen werden was gekocht wird?*
2. Kind: *Ja, man muß alles gut reinigen und waschen ehe man es kocht, der Kohl und die Gemüse sind oft durch Mehltau und Ungeziefer unrein und schädlich.*
1. Kind: *Welche Küchengeschirre können sehr schädlich werden?*
2. Kind: *Kupferne, die nicht recht vollkommen und gut überzinnt und irdene Töpfe, Geschirre, die schlecht oder mit vielem Bleie glasurt sind.*
1. Kind: *Wenn besonders saure Speisen in solchen Geschirren zubereitet werden, oder darin erkalten und stehenbleiben, was sind die Folgen davon?*
2. Kind: *Sie lösen etwas vom Kupfer oder Blei auf und durch den Genuß dieser Speisen kann man langsam seine Gesundheit, oder plötzlich sein Leben verlieren.*

Der Katechismus ist auch eine Einführung in die Hausmedizin wie am Beispiel Fieber gezeigt werden kann:

1. Kind: *Welche Speisen sind den Fiebern am zuträglichsten wenn der Fieberkranke selbst und aus eigenem Triebe etwas verlangen sollte?*
2. Kind: *Buttermilch, saure Milch, frische, reife, saftige Früchte und Obst, Himbeeren, Kirschen, Zwetschen, Weintrauben, gekochtes, frisches der getrocknetes Obst, dünner Gersten- oder Haferschleim mit Essig oder Zitronensaft sauer gemacht; was den Kranken kühlt und ihm wohltut.*

Zur Einstimmung der Kinder in Gesunderhaltung als aufgeklärte Christenpflicht empfiehlt Faust ein Kirchenlied, das er einer Sammlung von 1779 entnommen haben dürfte. Ich zitiere daraus die Verse 1, 3 und 5:

Des Leibes warten und ihn nähren das ist o Schöpfer meine Pflicht
Mutwillig seinen Bau versehren verbietet mir dein Unterricht
Oh stehe mir mit Weisheit bei
Dass diese Pflicht mir heilig sei
Ihn (den Leib) zu erhalten, zu beschützen gibst Du mit milder Vaterhand
Die Mittel die dazu uns nützen und zum Gebrauch gibst Du Verstand
Dir ist die Sorge nicht zu klein wie sollte sie denn mir es sein
So lass mich denn mit Sorgfalt meiden was meines Körpers Wohlsein stört
Dass nicht wenn seine Kräfte leiden mein Geist den inneren Vorwurf hört:
Du selbst bist Störer Deiner Ruh
Du zogst Dir selbst Dein Übel zu.

Dieses Lied läßt sich auf die Melodie "Wer nur den lieben Gott läßt walten" singen, aber eben das genügt dem Gesundheitsaufklärer Faust nicht. Eigene Anstrengung ist gefordert, sie soll gefördert werden durch das Gespräch der Kinder in der Schule miteinander und mit dem Lehrer.

Fortwirken antiker Diätetik

Über 2300 Jahre ist die antike Diätetik die Grundlage für ärztliche und nichtärztliche Verantwortung fürs Gesundbleiben und Gesundwerden geblieben bis zu Christoph Wilhelm Hufelands "*Makrobiotik; oder die Kunst, das menschliche Leben zu verlängern,*" 1798. Sie zerfiel dann in die verschiedenen Sparten der Hygiene; der Zusammenhang von Technik und Moral lockerte sich. In der gegenwärtigen Ökologik tritt das alte diätetische Gedankengut wieder ans Licht. Es lohnt sich deswegen ein Blick zurück.

Modische Schwärmerei von Ganzheits-Medizinern beruft sich gerne auf diese antike Medizin. Die Wahrheit ist, daß Verantwortung für und Gespräch über Gesundsein auf drei Ebenen stattfanden:

1. der Gesunden und Kranken miteinander;
2. Gesunde und Kranke mit ihren Ärzten;
3. Gesunder und Kranker im Rahmen des Asklepioskultes an den antiken Kurorten der Asklepios-Heiligtümer.

Wäre Lebensordnung im Sinne antiker Diätetik und Verantwortung mit Medizin identisch, so wäre Ganzheitsmedizin die Vollendung der von Ivan Illich befürchteten umfassenden Medikalisierung des Gemeinschaftslebens. Die antike Diätetik ist verfaßt in der Lehre von den 6 res non naturales, den 6 Umwelt- und Mitweltbedingungen, die nicht dem Menschen natürlich eingeboren sind, die er vielmehr für sich gestalten muß.

Diese Aufgaben sind:

Licht und Luft
Speise und Trank
Arbeit und Ruhe
Schlafen und Wachen
Ausscheidungen und Absonderungen
Gleichgewicht der Leidenschaften.

Es gab auch Orte, an denen diese Bedingungen er- und gelebt, gelernt und eingeübt werden konnten, die schon genannten Asklepios-Heiligtümer, die antiken Kurorte. Ihr Idealbild war der locus amoenus, der angenehme Aufenthaltsort der Idyllik, der Schäferdichtung Theokrits und Vergils. Nicht zufällig fällt die Renaissance dieser Literaturgattung mit der Gründung des europäischen Bade- und Kurortwesens im 17. und 18. Jahrhundert zusammen. In der Gestaltung unserer Kurorte finden wir alle jene Merkmale wieder: Wald und Quelle, Kurkapelle und -Theater, Spaziergang, Gymnastik und Ruhe, gesunde Kost, Kurgast und Kurschatten. Es ist nicht nur der Ort des Gesundseins und des Gesundwerdens; es ist auch Ort und Zeit erhofften Glücklichseins.

Gesundsein und Glück in Kulturen mit Werte-Vielfalt

In Gesellschaften mit vielfältigen innerweltlichen Wertbezügen (sog. säkularisierten und pluralistischen) stellt sich die Frage nach den Gemeinsamkeiten, ohne die eine Verständigung im Gespräch über Gesundsein, Gesundbleiben, Gesundwerden nicht möglich ist. "*Wo kein gemeinsames Wissen ist, gibt es auch keine Möglichkeit der Verständigung*" (H.J. Feuerstein u. H.J. Heringer).

Abb. 4: Bedingungen der Möglichkeit diagnostischer und therapeutischer Beziehungen

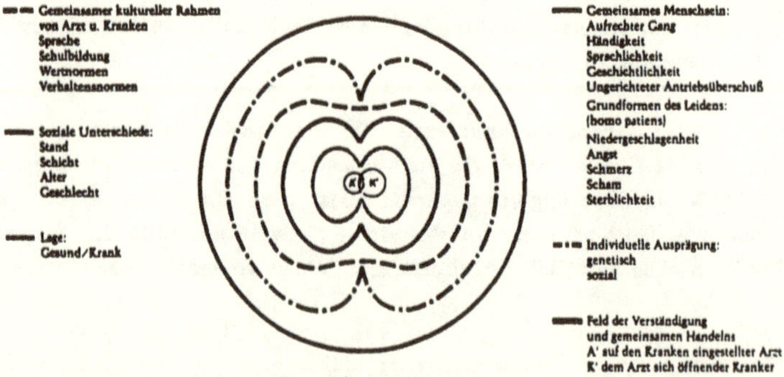

Die Gemeinsamkeiten können gesucht werden auf der moralischen Ebene von Rechten und Pflichten oder von Selbst- und Fremdverantwortungen als Tugenden. Sie kann aber auch beschrieben werden als gemeinsames Wissen über die menschliche Natur, so wie die gegenwärtigen Ergebnisse vieler Wissenschaften sie darzustellen erlauben. Wir beobachten eine Verständigung von Physik und Chemie bis zur Biologie, Psychologie, Soziologie und Philosophie auf der Grundlage eines Modells vom Menschen als offenes System entworfen: thermodynamisch - biologisch - kulturell/geschichtlich - personal/biographisch. Die Medizin ist offen zu beiden Seiten. Ihr Beitrag zu einer modernen naturalistisch-empirischen Anthropologie sind ihre Erfahrungen mit Krankwerden und Gesundwerden mit der Gestaltung personaler und öffentlicher Hilfen in der Not des Krankseins, der Ordnung in den offenen Beziehungen von homo patiens und homo compatiens.

"Die Gesundheit ist zwar nicht alles; aber ohne sie ist alles nichts".

Die Hochachtung vor dem brillanten Geist des Autors diese Aphorismus, Arthur Schopenhauer, behindert ein kritisches Nachdenken über den logischen, sachlichen und moralischen Gehalt dieser gerne zitierten Aussage. Logisch scheitert diese an der Verwendung der zweiwertigen Logik des alles oder nichts. Wenn ohne Gesundheit alles nichts ist, dann ist sie eben doch alles; sie wäre die notwendige Bedingung für ein vollendetes Menschsein. Die sachliche Richtigkeit dieses Satzes hängt davon ab, wie die Gesundheit begrifflich bestimmt wird. Er trifft nur dann zu, wenn Gesundheit mit den älteren Begriffen des Glücks oder der Idee des Guten gleichgesetzt wird, die in der neuesten Moralphilosophie als Ziel sog. guten Lebens wieder zu Ansehen gelangt. Damit ist zugleich der Schritt zur moralischen Bewertung der Schopenhaueschen Behauptung getan. Christen müßten ihr erwidern mit des heiligen Augustinus Kennzeichnung irdischen Daseins als *"dauerndes Kranksein"* - *"haec longa aegritudo"* - oder mit Blaise Pascals Ermahnung, das Kranksein der eigentliche Zustand des Christen sei. Man wird heute solche Einwände nicht mehr allgemein verbindlich vortragen können; denn sie binden Gesundsein und Kranksein an Schuld, Sünde, Gnade, Läuterung, Prüfung und nicht an menschliche Anstrengung und Vermögen.

Schopenhauer hat so an anderer Stelle auch einschränkender formuliert: "*Besonders überwiegt die Gesundheit alle äusseren Güte, so sehr, dass wahrscheinlich ein gesunder Bettler glücklicher ist als ein kranker König.*" (Parerga und Paralipomena).

Zwei andere im Zusammenhang unseres Themas gerne gebrauchte Zitate geben diese durch Verstümmelung wesentlicher Aussageteile, jeglichem Mißbrauch und Mißverständnis preis. Das gilt besonders für die Rede vom gesunden Geist in einem gesunden Körper, so als ob das einen Voraussetzung des anderen sei. Bei Juvenal heißt die Quelle: *Orandum est, mens sana in corpore sano;* wir sollen um beides bitten und beten.

Noch schlimmer steht es mit dem Bekenntnis von Krankenhaus-Personal zum "*Salus aegroti suprema lex.*" In dieser Form ist es einen Tatsachenfeststellung: es ist so. Der Satz ist eine Umwandlung der von Cicero stammenden politisch-philosophischen Maxime: "*Salus populi suprema lex esto.*" Das Wohl des Volkes soll oberstes Gesetz - politischen Handelns - sein; das ist etwas anderes als: es ist so. Es handelt sich also um einen naturalistischen Fehlschluß, der Sein und Sollen gleichsetzt; er wird damit zur Quelle von Selbsttäuschung. Als Maxime des mittelalterlichen Hospitals hatte das salus seinen Sinn, der als Heiligung jenseits jeder ärztlichen und pflegerischen Bemühung lag. Deswegen ist der Krankensaal ein Kirchenschiff; alle Kranken liegen mit Blick auf den Altar; Decken und Vorhänge der Krankenbetten sind von der Purpurfarbe des Mantels des leidenden Christus. Krankendienst ist Gottesdienst und die Pfleger sollen die Kranken wie den Herrn behandeln, quasi dominus, wie es in der Benediktinerregel heißt. Skeptisch müssen wir auch fragen, ob nicht mit salus auch jenes Heil mitgemeint war, daß sich die Krankenpfleger mit ihrem Kranken-/Gottes-Dienst verdienten. Das säkularisierte Krankenhaus kann aber allenfalls sanitas aegroti als Ziel setzen. Das macht freilich die Begriffsbestimmung nicht einfacher. Der Grund liegt in der Schwierigkeit der Verallgemeinbarkeit einer Definition; er gehört zu den Gemeinsamkeiten, ohne die Verständigung im Gepräch nicht möglich ist. Gespräche über Gesundsein kommen, wenn wir aufrichtig sind, auch aus einer gemeinsamen Verlegenheit, eben einer allgemeinen Definitionsnot.

Sie können aber in eine Offenheit führen, in der nach persönlicher Gültigkeit gefragt und geantwortet wird. Solche Gespräche sind Suche nicht nur nach - theoretisch/begrifflichen - Antworten, sondern auch nach persönlichen Verhaltensweisen.
Das Wortfeld "gesund" beschreibt nicht nur Zustände und Befindlichkeiten von Menschen. Wir sprechen auch von gesunder Luft, gesunden Verhältnissen und Anschauungen. Damit meinen wir gesundheitsfördernd, -erhaltend oder wiederherstellend, aber auch Ausdruck von Gesundsein eines Menschen. In einem Falle wird gesund gleichbedeutend mit natürlich, im anderen mit normal, d.h. gesellschaftlich anerkannten Wertbezügen entsprechend. Da kommt uns aber sogleich die skeptische Bemerkung Michel de Montaignes in den Sinn: *Was wir das Natürliche nennen, ist in der Regel nur das Gewohnte - das zugleich das Gewöhnliche ist.* Gerade das aber möchte ein Mensch, der nach seinem Gesundsein fragt, übersteigen.

Gespräche über Gesundsein sind also immer bezogen auf die Teilnehmer des Gesprächs; sie sind Versuche, das Allgemeine auf den persönlichen Fall hin auszulegen. Für Gespräche mit Kranken tritt dieses Persönliche so in den Vordergrund, daß das Allgemeine weit zurücktritt. Karl Jaspers schreibt: "*Was gesund und was krank im allgemeinen bedeute, darüber zerbricht sich der Mediziner am wenigsten den Kopf... was krank allgemein sei, das hängt weniger vom Urteil der Ärzte als vom Urteil der Patienten ab und von den herrschenden Auffassungen der jeweiligen Kulturkreise.*" Wir können auch sagen: der in einem Gespräch wirksame Begriff von Gesundsein ist der jeweilige kulturgeschichtliche Stand eines Diskurses wie zwei Teinehmer ihn für sich lebensgeschichtlich auslegen und anwenden.

"Wir grünen für und für und haben viel tausenderlei Gesundheit" (Paracelsus)

Grün - ein Lieblingswort der Hildegard von Bingen

Im Folgenden möchte ich begründen, warum ich von Gesundsein und nicht von Gesundheit, vom Kranksein und nicht von Krankheit spreche. Gesundheit und Krankheit sind Zustände, Konstrukte, Ge-stelle aus Befinden und Merkmalen. Sie stehen zum Menschen im Verhältnis von Besitz und Verlust. Daraus leiten sich Verantwortungen ab, Rechte und Pflichten. Gesund-Sein und Krank-Sein hingegen sind lebendige Bewegungen, Prozesse, Daseins- und Lebensformen und -Vollzüge. Gesund und Krank sind Aussagen über momentane Zustände eines komplexen Systems labiler Gleichgewichte. Gesund-Heit und Krank-Heit meint man zu haben. Gesundsein und Kranksein sind Leistungen, Zeitgestalten, die ge- und er-lebt werden.

Die offensichtliche Verflochtenheit von Gesundsein und Glück im Gefühl von Menschsein macht die Frage unabweisbar, ob Anthropologien, die auf Dichotomien von Körper und Seele oder auf Trichotomien von Körper-Seele-Geist gegründet sind, uns ausreichende Kenntnisse mit Wirkungen für Gesundsein-Verhalten und Handeln bereitstellen können. Eine Menschenkunde als Theorie des Menschseins, eine Anthropologie als Wissenschaft von der empirischen Natur des Menschen, müßte die Bedingungen der Möglichkeit von Gesundsein nennen können. Aussagen über das Wesen des Menschen sind vorwissenschaftlich und haben persönliche Hoffnungen und Sinngebungen zum Inhalt. Sie können dem Menschen aber Kraft und Ziel geben, mit seiner Menschen-Natur verantwortlich umzugehen. Die Unterscheidung von Natur und Wesen des Menschen ist notwendig geworden, um Ansprüche und Versprechungen von Ganzheitsmedizinen kritisch zu bedenken. Das Körper-Seele-Geist-Modell jedenfalls vermag die Komplexität von Menschsein und Gesundsein nicht angemessen zu beschreiben und zu bewerten. Seine Einfachheit ist das Geheimnis seiner Wirkung über nichtchristlichen und christlichen Platonismus. Die zusätzliche Vereinfachung durch Descartes, der Zugänglichkeit für Wissenschaft nur für das ausgedehnt-körperliche für möglich hielt, hat in der Medizin zu fruchtbaren Ergebnissen geführt, aber auch zu bedrückenden Vernachlässigungen. Für sie gilt die Mahnung Friedrich Nietzsches besonders dringend:

"*der verkümmerte Mensch ist ein Rückschritt der Menschheit; er wirft in alle Zeit seinen Schatten voraus.*" Auch Psychosomatik gründet noch im Körper-Seele-Modell. Aber die Erklärungen von Wechselwirkungen, Gleichzeitigkeit, Komplementarität von Körperlichem und Seelischem drückt Verlegenheiten aus. Ungern gesteht sich unser armer begrenzter Verstand ein, sich nur mit Hilfe von Vereinfachungen und Vergröberungen in der Vielgestaltigkeit der Wirklichkeit zurechtfinden zu können. Trotzdem bricht er aus dem Gehäuse gewohnter Ordnung immer wieder aus, um Möglichkeiten auszukundschaften, die jenseits der Schemata von Raum und Zeit, Körper und Seele liegen. Es ist also geboten und nicht nur gerechtfertigt, andere Ansätze daraufhin zu prüfen, ob sie dem Gespräch über Menschsein und Gesundsein nicht dienlicher sein könnten, sich den damit bezeichneten Erscheinungen nicht angemesener annähern könnten.

Gesundsein eines Menschen ist Überlebensleistung gegen Verfall mit Hilfe der Bedingungen der Möglichkeiten menschlicher Artung allgemein und persönlicher Gestaltung im Besonderen. Eine Anthropologie des Gesund- und Krankseins versucht, systemtheoretische Ansätze zur Beschreibung lebender Systeme zu verbinden, mit der lebensdienlichen Wirkung jener Eigenart des Systems Mensch, das wir Ich-Identität nennen. Systemtheoretisch heißt in diesem Zusammenhang: Eine Ordnung vielfacher, miteinander vermaschter anfälliger Gleichgewichte, deren Gesamtgefüge Eigenschaften besitzt, die weder in den einzelnen Komponenten noch in deren Summe vorkommen. Solche Eigenschaften sind Selbsterhaltung durch Stoffwechsel, Selbst-Ordnung (Selbst-Organisation), Selbst-Bildung (Selbst-Reproduktion) und beim Menschen Identität, Selbigkeit, Einerleiheit (wie das Historische Wörterbuch der Philosophie übersetzt), Eigen-Sinn, im wörtlichen Verstande. Selbstbezogenheit ist ein lebhaft bewegtes Gefüge von positiv und negativ rückgekoppelten Vorgängen, das man auch Selbstreferentialität nennt.

Konstituiert ist dieses Selbst auf dreifache Weise:
1. als statistisch unwiederholbare genetische Ausstattung,
2. als Besonderheit aller kultureller Bedingung, in die hinein sich ein Mensch entfaltet, entwirft und verwirklicht,
3. das Bewußtsein seines besonderen Wertes, seiner Einzigartigkeit, seines Sinnes, principium individuationis, individuum ineffabile d.h. unsagbar.

Je komplexer Systeme sind, umso mehr Möglichkeiten bieten sich für Störungen; umso größer sind aber auch die Fähigkeiten, solche Störungen auszuregeln und -zugleichen. Thermodynamisch betrachtet ist Leben ein Gefüge bewegter Ordnungszustände, die mehr oder weniger weit vom Gleichgewicht entfernt, umso empfindlicher. Ihre Träger sind organische Makromoleküle, Biopolymere. Deren ständige Tätigkeit und Erneuerung bedarf der stetigen Energiezufuhr. Im genetischen Material werden z.B. pro Minute 300 chromosomale Störungen repariert. Enzyme steuern Stoffwechselleistungen in einer Vorzugsrichtung. Solche offenen Systeme durchlaufen, besonders an Verzweigungspunkten ihrer Prozesse, Phasen von Instabilität, Anfälligkeit, vorübergehender Unordnung. Neuere Chaos-Theorien versuchen zu beschreiben, wie in belebten und unbelebten Systemen Ordnung gegen Unordnung immer wieder aufgebaut wird. Ja, die Evolution ist wahrscheinlich Ergebnis solcher Phasendurchgänge . Das gilt auch für die Menschwerdung. Zu ihr gehören aber zwei besondere Phasensprünge:

1. die Notwendigkeit und Fähigkeit, Lebensbedingungen selbst zu gestalten und zu erfinden, z.B. die natürliche Thermoregulation zu ergänzen durch Kleidung, Behausung, Feuer.

2. Der Sprung in das individuelle Bewußtseins des Selbstseins, erkennbar z.B. an Stilbildungen von Kleidung, ästhetischer Ausformung von Gebrauchsgegenständen.

Menschheitswerdung und Menschwerdung sind sich wiederholende und entwikkelnde Vorgänge in offenen Systemen. Die darin auftretenden Orte und Zeiten sicherer, gefährlicher, im Ausgang nicht vorhersehbarer und umkehrbarer Ereignisse nennen wir nicht Chaos sondern Krisen. Münden diese in neue Gleichgewichte ein, so sprechen wir von gesunden Kulturen und Personen. Da diese noch offenere Systeme als die vormenschlich-biologischen sind, die offene Systeme thermodynamisch erhalten, metaphorisch gesprochen kulturelle und personale Energien.

Was ich unter kultureller "Energie" verstehe, möchte ich am Beispiel chronischer Krankheiten erläutern. Diese überwiegen bereits die akuten. Viele der an chronischen Krankheiten Leidenden fühlen sich in einem Zwischenbereich zwischen Krank- und Gesundsein oder in einem ständigen Wechsel zwischen Krank- und Gesundsein. Das hängt von eigenen Einstellungen, vom Verhalten der mitmenschlichen Umgebung und von öffentlichen Verhaltens- und Bewertungsmaßstäben und -Üblichkeiten ab. Gesund fühlt sich ein Mensch solange seine Organe "*schweigen*", wie Leriche gesagt hat. Das gilt für kranke Organe, z.B. das symptomlose Geschwulst, das kompensierte Altersgehirn; es gilt für transplantierte Organe wie Niere und Hornhaut und auch für prothetischen Organersatz: Hüftgelenks- und Gefäßprothese, Herzschrittmacher, Seh- und Hörhilfe.

Für diesen Zwischenbereich, den man im Mittelalter *status neuter* nannte, schlage ich den Begriff "bedingtes Gesundsein" vor. Es ist ein pragmatischer Begriff, der die Begriffsbildenden und -nutzenden, sich verhaltenden und handelnden Personen in den Mittelpunkt rückt und nicht medizinische, juristische und soziale Definitionen. Nur ein Beispiel dazu: Ein Zuckerkranker, der mit Diät und Insulin gut eingestellt ist, der seine sozialen Rollen voll ausfüllen und sein persönliches Leben ungehindert gestalten kann ist "bedingt gesund". Diese Zuweisung verpflichtet ihn und die Umgebung für Bedingungen zu sorgen, unter denen er sich gesund fühlt und als Gesunder gewertet und behandelt wird. Jede Kultur ist auch eine Heilkultur; diese ist weit mehr als Medizin in arbeitsteiligen Gesellschaften. Demgemäß gibt es auch kein ärztliches Monopol für die Definition von Gesundsein selbst dort nicht, wo es eines für Krankheit gibt. Diese Asymmetrie erlebt wohl jeder Arzt. Wenigstens ist es mir immer schwer gefallen, einem Menschen nach der Untersuchung zu sagen er sei gesund; und diese Auskunft hat mehr und länger Unruhe in mir hinterlassen als die Feststellung einer Krankheit. Mein

Vorschlag bedingtes Gesundsein zu kennzeichnen lautet folgendermaßen: "*Gesund ist ein Mensch der mit Hilfe anderer Gleichgewichte seiner Leiblichkeit allein oder mit Hilfe anderer Gleichgewichte findet, entwickelt und aufrecht erhält, die ihm ein sinnvolles auf die Entfaltung persönlicher Anlagen und Lebensentwürfe eingerichtetes Dasein und die Erreichung von Lebenszielen in Grenzen ermöglichen, so, daß er sagen kann: mein Leben; dazu gehört dann auch meine Krankheit, mein Sterben.*" Was für den Zuckerkranken gesagt wurde, kann auch für den leistungs- und genußfähigen Dialysekranken, die Träger von Trans- oder Implantaten, von Herzschrittmachern gelten.

Der Kern einer Anthropologie des Gesund- und Krankseins ist aber jener personale Bereich menschlicher Artung, den man Ich-Identität nennt. Die Muster von Fähigkeiten, mit Krankheiten zu leben bezeichnet man heute oft als *coping,* mit Bewältigungsmechanismen nur unzureichend übersetzt. Zu schnell und häufig wird Krankheit mit Krise der Identität gleichgesetzt. Das trifft nicht zu und verstellt den Blick auf jene personalen Kräfte, die ein Leben mit der Krankheit, Kranksein als erträgliche Daseinsform und erst recht bedingtes Gesundsein ermöglichen. Identität ist das, was sich in der Regel auch im schwer und lange Kranksein als Unverwechselbarkeit eines Kranken durchhält und darstellt. Es ist ein personales Gesundsein im Kranksein als Systemeigenschaft. Mit dem vereinfachenden Körper-Seele-Schema ist diese Behauptung schlecht zu begründen. Ich-Identität ist eine immanente Kraftquelle mit vorbeugender, heilender und wieder heimisch machender Wirkung für Gesund-sein und -werden. Erikson hat sie auch Sich-Selbstgleichheit genannt, besser: Sich-selbst-gleich- bleiben.

Für das "Miteinander über Gesundsein sprechen" ist die Einsicht hilfreich, daß diese Ich-Identität als heilsame Kraft sich nicht spontan ausbildet. Sie ist das Ergebnis von Begegnungen mit vielen Du-Identitäten. Sie gehören als mitmenschliche existentielle Grundfigur zusammen. Martin Buber spricht vom Grundwort: Ich-Du. Zutreffender hat Friedrich Heinrich Jakobi 1785 geschrieben "*Ohne Du ist das Ich unmöglich*". Denn Friedrich Nietzsche hat den stammesgeschichtlichen und lebensgeschichtlichen Zusammenhang genetisch richtig geordnet: "*Das Du ist vor dem Ich*". Adolf Portmann hat das später wiederholt: "*Das Du ist vor dem Wir.*" Wenn Gespräche über existentielle Fragen zwischen zwei Menschen wirksamer sind als alle instrumentell vermittelten Belehrungen, so liegt hier der Grund. Es wird aber deutlich, daß sie in jener Lebensphase der Menschwerdung am wirksamsten ist, in der sich die Du-Ich-Beziehung ausbildet. Was Eltern, Lehrer, Pfarrer früh versäumt haben kann der Arzt später nur begrenzt nachholen.

Das ist zugleich eine Antwort auf den soziologisch argumentierenden Begriff von Gesundheit, wie Talcot Parson ihn vorgeschlagen hat: "*Gesundheit ist der Zustand optimaler Leistungsfähigkeit eines Individuums für die wirksame Erfüllung der Rollen und Aufgaben, für die es sozialisiert worden ist.*"

Die drei Haupteinwände gegen diese Definition sind:

1. Zustand statt Bewegung;
2. Optimum statt ausreichend,
3. Äußerlichkeit des Rollenmusters statt Selbstwertgefühl des Rollenträgers, der eben nicht durch die Summe und das Muster seiner sozialen Merkmale definierbar ist.

Gedacht ist diese Definition wohl auch mehr für den Umgang von Helfern und Kranken, für die funktionale Ordnung eines Gesundheitssystems. Sie erinnert an jene pragmatische Definition von Gesundheit bei afrikanischen Eingeborenen: Ein Kranker ist wieder gesund, wenn er im rituellen Stammes-Tanz wieder teilnehmen kann. Vergleichbare Rollenspiele kennen wir aus der Gegenwart: Mao durchschwamm unter den Augen der Öffentlichkeit den gelben Fluß; Carter ließ sich beim Jogging filmen für das Fernsehen. Arnold Gehlen hat den Menschen eine Schnittpunkt-Existenz genannt und Phillip Lersch hat das ausgearbeitet. Der "Punkt" ist die Ich-Identität. Es entsteht erst, wenn sich Linien, Beziehungen, Ereignisse dort schneiden und dieser Sachverhalt bewußt wird. Jedoch nähern wir uns menschlicher Wirklichkeit an, wenn wir zwei Schnittmuster unterscheiden, auch wenn ihr gemeinsamer Bezugspunkt ein - reales oder virtuelles - Ich ist: Realbeziehungen und Transzendenzen.

In meiner Definition bedingten Gesundseins habe ich Leib gesagt und nicht Körper. In der Anthropologie Maurice Merleau-Pontys und Helmut Plessners hat der Mensch seinen Leib und er ist sein Leib. Durch ihn hindurch wirkt er auf Mit- und Umwelt; und durch ihn hindurch wirken diese auf ihn. Es sind positiv und negativ rückgekoppelte Wechselbeziehungen, die eine Person konstituieren. Sie sind bewußtseins- und erlebnisfähig, wenn auch nicht immer und notwendig erfahrungs- und erlebniswirklich, d.h. im Bewußtsein anwesend. Entscheidend ist der Schritt aus dem einfachen Körper-Seele-Modell in ein lebendiges Geflecht vielfältiger Beziehungen und Spannungen, in denen sich Bewegungen, Vorgänge, Leistungen, Veränderungen und Entwicklungen ausdrücken, die auf einen virtuellen Bezugspunkt zulaufen, den wir Ich-Identität nennen. Das zweite wesentliche Merkmal diese Versuchs, menschlicher Existenz sich wirklichkeitsgerechter anzunähern ist Helmut Plessners Einführung des Begriffs der exzentrischen Positionalität als eine Fähigkeit des Menschen, sich zu sich selbst zu verhalten, sich kritisch anzusehen und zu bewerten und dabei doch immer auch wieder als Person, als einmaliges, besonderes Selbst wiederzufinden und zu erleben. Für eine anthropologisch angeleitete Krankseins-Lehre leiten sich daraus wesentliche Einsichten ab: Krankwerden heißt, daß diese exzentrische Position mehr oder weniger verloren geht; sie nähert sich der Mitte der Daseinsordnung an; Übersicht geht verloren; Selbstvertrauen schwindet bis zur Auflösung im Zustand der Panik; das Ich findet sich nicht wieder, wenn es keinen Ort der Selbstbetrachtung aus einem Abstand heraus mehr gibt; hemmungsloses Weinen, "Kopf-Losigkeit" sind Merkmale.

Die Schnittpunkt-Existenz des Menschen konstituiert sich auch aus den Fähigkeiten und Versuchen, sich selbst zu übersteigen, seinen Transzendenzen, genauer aus deren Begegnungen und Ergebnissen. Gesundsein als persönliches Daseins- und Lebensgefühl läßt sich aus den Erfahrungen und Erlebnissen, Gewißheiten und Zweifeln, Bindungen und Befreiungen nicht herauslösen, die sich bei diesen Fragen und Antworten er-eignen.

Abb. 5: Anthropologisches Modell der Störung der Person im Kranksein

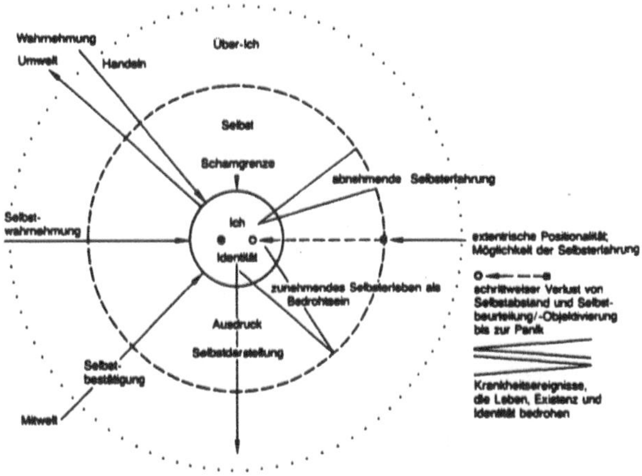

Es ist leicht einzusehen, daß es anderen Menschen verwehrt und unmöglich ist, in dieses Gefüge einzudringen und sich darin zu orientieren. Da dieses Geschehen durch unsere empfindlichste Leidenschaft, die Scham, geschützt ist, ist jeder Versuch, ohne Zustimmung eines Menschen in es einzudringen oder es zu manipulieren, schamlos.

Abb. 6: Richtungen des sich selbst übersteigenden Menschen

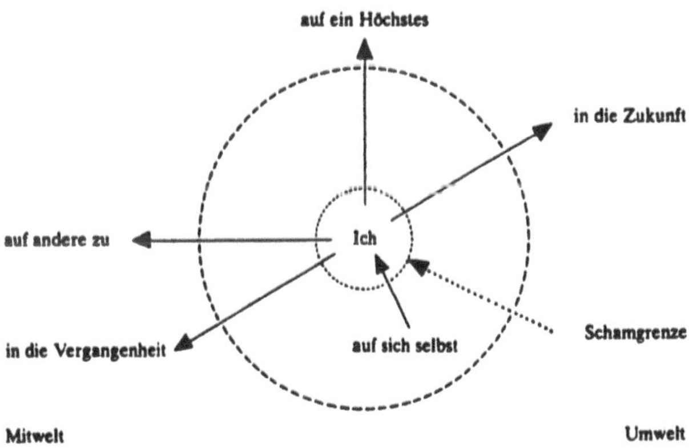

Während über die Fähigkeiten, mit Krankheit zu leben, also gesund zu werden, krank zu sein oder "bedingt gesund" immer mehr bekannt wird, wissen wir wenig über die psychischen Bedingungen, sich gesund zu fühlen. Eine Gruppe Hamburger Psychosomatiker (A. Haag, S. Ahrens, B. Bühring, F.-W. Deneke, K. Lamparter, R. Richter und U.Stuhr) hat sich die Frage gestellt: Wie gesund sind Gesunde? Ihre noch kleine und nicht zufällige Stichprobe ergab: trotz schwerer Lebenskrisen fühlen sich Menschen gesund, wenn sie über ein starkes "*Autarkie-Ideal*" und ein "*archaisches Hoffnungs-Potential*" verfügen können: Eigenverantwortung, Selbstbestimmung und Unabhängigkeit einerseits, Vertrauen in Möglichkeiten der Überwindung von Not andererseits. Arbeit und Erfolg haben einen höheren Stellenwert als Partnerschaft; sie haben "*die Fähigkeit" zur aktiven und konstruktiven Krisenbewältigung in einem fundamentalen Vertrauen auf die eigenen Fähigkeiten, sowie die Betonung einer aktiv gebenden Rolle in Beziehungen.*" Als Beleg mögen folgende Zahlen dienen:

Fähigkeit:	Anteil:
aus Krisen lernen	57%
neu anfangen können	59%
sich auf eigene Fähigkeiten besinnen	73%
sich Herausforderungen stellen	54%
Arbeitszufriedenheit	89%
Ziel und Erfolg zur Deckung zu bringen	75%
Übereinstimmung von Fähigkeiten und Anf.	78%
Selbstverwirklichung durch Arbeit	81%
Spaß und Freude	81%
Kontakt	74%
Anerkennung durch andere	70%

Es muß hier unerörtert bleiben, welche lebensgeschichtlichen, primär-charakterologischen, psychodynamischen Bedingungen zu diesem Ergebnis führten.

Die Untersucher, stuften 45% der sich-gesund-fühlenden Probanden als nicht oder fraglich gesund sein ein. Aufschlußreich ist der Vergleich der Gesunden und der - nach psychoanalytischem Urteil - latent nicht Gesunden: letztere beschäftigen sich verhältnismäßig mehr mit sich selbst und nehmen sich wichtiger. Die wirklich sich mit Recht gesund Fühlenden sind altruistischer; sie ziehen "Stolz und Freude daraus, von anderen gebraucht zu werden und anderen helfen zu können". Die positive Rückkopplung verstärkt ihr Selbstwertgefühl: Kraft für andere macht stark.

Solche Beispiele geben Hinweise, wie Ich-Stärke und Selbstvertrauen zum Gefühl des Gesundseins beitragen und wo die Ansatzpunkte für hilfreiche Gespräche von Menschen miteinander liegen, wo immer diese sich begegnen und auf das Thema Gesundsein kommen.

Viktor von Weizäcker hat dem Begriff Ent-scheidung auch die Bedeutung zugewiesen: Aufhebung einer Trennung, einer Unterscheidung, einer Gegensätzlichkeit und Unvereinbarkeit. Für die dialektische Gleichzeitigkeit begrifflich sich ausschließender Zustände hat er den nicht sehr glücklichen Ausdruck Antilogik verwendet. Die Antwort auf die Frage, ob Gleichzeitigkeit von Gesundsein und Kranksein möglich ist oder sein soll kann persönlich von einem Menschen für sich und öffentlich allgemein beantwortet, in persönlichem und sozialen Verhalten und Handeln wirksam werden.

"Wenn der Mensch sein Physisches und Moralisches bedenkt, findet er sich gewöhnlich krank"

Menschsein gibt sich als ein reflektierter Oberbegriff menschliche Daseinsverfassung zu erkennen, in dem sowohl Gesundsein wie Kranksein inbegriffen sind. Beide schließen sich nicht aus. Es gibt gesunde Weisen, krank zu sein und kranke Weisen, gesund zu sein, in der Sprache mittelalterlicher Medizin eine infirmitas salubris und eine sanitas perniciosa; letzere hat Birchner-Benner auch "*trächtige Gesundheit*" genannt, Gesundheit, die mit Krankheit schwanger geht. Während Gesund-heit und Krank-heit sich gegenseitig logisch ausschließen, nicht gleichzeitig im Menschen als Sache oder Besitz anwesend sein können, können Gesund-sein und Krank-sein als dynamische, ineinandergreifende, ja sich gegenseitig steigernde Lebensvorgänge und anthropologische Leistungen sehr wohl miteinander - nicht nebeneinander - und gleichzeitig existieren. Viele Beschwerden und Zeichen, die sog. allgemeinen Krankheitssymptome sind Hinweise auf natürliche, gesunde Abwehrleistungen: Fieber, Entzündung, Katarrh, Durchfall, Erbrechen, Müdigkeit, Niedergeschlagenheit, Ohnmacht, Schmerz, Angst. Darüber aufzuklären ist nicht nur Aufgabe des ärztlichen Gesprächs. Es sollte ein wesentlicher Gesichtpunkt jedes Gespräches über Gesund- und Krank-sein sein. dabei werden viele An- und Einsichten zutage treten, deren Ergebnis sein wird, daß jeder auf seine Weise gesund und und krank ist. Den vorhin zitierten Satz des Paracelsus "*Wir grünen und für und für*" führe ich nun zu Ende "*und haben vieltausenderlei Gesundheit*". Die "*tausenderlei Gesundheit*" heißt nicht nur, daß jeder auf seine Weise gesund ist, sondern daß jeder von uns, sich von Gesundheit zu Gesundheit hindurchlebt, sich entwickelt und wandelt. Das ist in den naturalistischen Definitionen von Gesundheit und Krankheit im Begriff der Anpassungsfähigkeit verfaßt. Zur Welt- und Zukunftsoffenheit des Menschen gehört auch die Fähigkeit, die Um- und Mitwelt in Grenzen sich anzuähneln und nicht nur sich den äußeren Lebensbedingungen einzufügen. Dazu gehören auch die Möglichkeiten und Grenzen einer Ver-Änderung im Umgang mit anderen.

Die Klassifikationen der Krankheiten, wie sie seit dem 17. Jahrhundert versucht worden sind, als natürliche oder künstliche, und wie sie vor allem für epidemiologische Untersuchungen z.B. als Internationaler Diagnoseschlüssel (ICD) benutzt werden, sind ein verhältnismäßig starres System. Die Erweiterung differentialdiagnostischer Methoden und pathogenetischer Erkenntnisse führt zu Unterteilungen von bisher als Einheit betrachteten Krankheitsbildern oder zu einer veränderten Zuordnung zu Untergruppen. Betrachtet man jedoch das Ganze krankhafter Störungen systemtheoretisch als ein bewegtes Gefüge, in dem keine starren Grenzen herrschen, sich Krankes mit Gesundem und Krankes mit Krankem dynamisch überschneidet und beeinflußt, so wird jeder Einzelfall, jeder Kranke zum Störfaktor an Verzweigungspunkten mit Durchgangs-Unordnung (Instabilität an chaotisch-schwingenden Bifurkationen).

Die sittliche, d.h. wertbezogene, Dimension des Gesprächs über Gesundsein kann deswegen nicht beiseite gelassen werden, weil im Rahmen moderner Verfassungen über auf Gesundheit bezogene persönliche und öffentliche Rechte und Pflichten gesprochen wird. Wir stehen im Spannungsfeld von Gesundsein-Wollen und -Sollen. Die Spannung erhöht sich, wenn sie mit der anderen von öffentlichem Wohl und persönlichem Glück in einer Person oder einer Solidargemeinschaft spannungsreich zusammentrifft.

Die Frage lautet nicht, was ist Gesundheit, sondern Wie, Warum und Wozu gesund sein? Mit dieser Frage stellt sich sogleich wieder das Problem des Zusammenhangs von Glücksstreben und Gesundsein ein. Er ist für die abendländische Philosophie kennzeichnend. Sigmund Freud hat ihn als Spannung zwischen Lust- und Realitätsprinzip dargestellt. Ein gegenwärtiges Gespräch über Gesund- und Glücklich-Sein wird nicht von dem Sachverhalt absehen können, daß die gegenwärtig gesellschaftlich und politisch wirksame Anthropologie eine hedonistische ist: im Entwurf idealen Menschseins steht das Lustprinzip über dem der Wirklichkeit unabhängig von den realen Zielen des Lustgewinns. Max Scheler hat das den vulgären Hedonismus genannt. Dieser richtet sich auf nahe und einzelne Ziele von Lustgewinn. Philosophischer Hedonismus hingegen faßt das Ganze eines geglückten Lebens, die Einheit von Tun und Erleben ins Auge, ein "*mit sich selbst einig leben*" können (Plato) von dem Robert Spaemann sagt: "*Krankheit, augenblicklicher Ärger kann zusammen bestehen mit einer das Dasein tragender Heiterkeit*". In der Definition der Weltgesundheitsorganisation sieht Spaemann die moderne Form einer Glückseligkeitsideologie, von der schon die Antike 288 inhaltliche und formale Bestimmungen kannte (Varro, Augustinus): "*Wenn die Weltgesundheitsorganisation vor einigen Jahren Gesundheit definierte als Zustand vollständigen physischen, psychischen und sozialen Wohlbefindens bei gleichzeitiger Fähigkeit, ein normales Maß von Beanspruchung zu verkraften, so haben wir es hier offenkundig mit einem Äquivalent der Glückseligkeit zu tun. Daß dieser aber künftig in Kliniken hergestellt und durch Krankenkassen finanziert werden soll, ist doch wohl eine gespenstische Vorstellung. Aber dahin kommt es, wenn die Philosophie ihre Themen verkommen läßt. Irgend jemand reklamiert dann die Zuständigkeit. Man könnte in diesem Zusammenhang auch von dem erwachenden ökologischen Bewußtsein sprechen, einem Bewußtsein, von einer Grenze der Bedürfnissteigerung*". Aber "*indessen muß jeder zugeben, daß es eine untere Grenze der Mäßigung und eine obere der Steigerung gibt*". Schlechtes Gewissen, unzeitige Müdigkeit, Traurigkeit, deren Grund nicht sofort zu erkennen sind, machen zwar unglücklich; aber deswegen auch krank? Ist nicht eher die Unfähigkeit zu trauern, beunruhigtes Gewissen zu haben, rechtzeitig müde zu werden eine sanitas perniciosa? Gesundsein ist auch das Vermögen, mit Gefühlen von Unlust und Mißbefinden erfolgreich umzugehen. Glücklichsein "trotz ...." ist eine Hilfe zu bedingtem Gesundsein, wie die stoische Philosophie, die im Abendland wirksamste, es vertreten hat. Glück mit momentaner Euphorie, mit rauschhafter Selbstvergessenheit zu verwechseln ist vulgärer Hedonismus; daraus folgt ein utopischer Begriff von Gesundsein, der über die Abwesenheit von Krankheit hinaus auch noch die Bedingungen von Glücklichsein einfordert.

Das neuerdings geforderte Recht auf Gesundheit ist, genauer gesagt, ein Recht auf gesunderhaltende Lebensbedingungen. Bedenkt man das nicht, so wird jede Krankheit zu einem vorenthaltenen, verweigerten einklagbaren Recht. Das kann aber nur für die bekannten Bedingungen des Krankwerdens gelten, denen allgemein vorgebeugt werden kann.

Für Gespräche über Gesundsein bedeutsamer ist das Problem der individuellen Verpflichtung, gesund zu leben, um sich gesund zu erhalten: für welches Ziel und für wen? Persönliches Glück oder überpersonales Wohl? Es handelt sich um Sollensforderungen. Solche Gespräche bewegen sich auf verschiedenen Ebenen moralischer Wertungen. Immanuel Kant hat drei Arten von Imperativen unterschieden. Der sog. kategorische Imperativ würde lauten: Jeder muß gesund leben; denn gesund sein ist ein absoluter Wert ohne Setzung eines Zwecks. der problematische Imperativ lautet: Wenn du gesund bleiben willst, solltest du so und so leben, dies und jenes unterlassen. Er ist hypothetisch: wenn - dann. Der pragmatische Imperativ setzt als selbstverständlich einen allgemeinen, anthropologisch vorgegebenen Zweck voraus: Weil du gesund sein bleiben und werden willst, mußt du dies und jenes tun oder unterlassen.

Für ein Gespräch über Gesundsein sind dies drei Gesichtspunkte. Sie werden ergänzt durch zwei andere: zielt das Gespräch auf persönliche Ziele oder auf Rücksichten auf andere Menschen? Im persönlichen Bereich dürfte die problematische Sollensbestimmung die Regel sein: Wenn du einem Bronchialkarzinom entgehen willst, solltest/darfst du nicht 40 Zigaretten rauchen. Geht das Gespräch auf die Ebene mitmenschlicher Rollenverpflichtungen, die von den Gesprächspartnern als selbstverständlich angenommen sind, so wirkt der pragmatische Imperativ: Weil du ein Familien-Vater bist und dich deinen Kindern solange wie nötig erhalten willst, solltest/mußt du ... Der kategorische Imperativ setzt ein absolutes Gebot der selbstverantworteten Gesunderhaltung voraus, wie der christliche Aufklärer Bernard August Faust es in dem zitierten Kirchenlied übermittelt.

Es ist hier nicht der Ort, die Folgerungen solcher Überlegungen für Art und Kraft äußerer Einwirkungen auf das Gesundheits-Verhalten von Mitbürgern zu erörtern. Trotzdem werden Gesundheits-Gespräche unter Bürgern nicht unbeeinflußt sein von Argumenten öffentlichen Interesses. Günther Patzig tritt für einen "*schwachen Paternalismus*" ein, der sich aus einem pragmatischen Imperativ rechtfertigen läßt: das Wohl des Einzelnen wird stellvertretend in engen Grenzen übernommen, z.B. Verbot der Zigarettenwerbung. Das Prinzip der sozialen Gerechtigkeit, faire Verteilung der sozialen Lasten, hat im Gespräch die Aufgabe von Erinnerung an eigene Grundsätze, Appell, Ermahnung: wenn du dir selbst helfen, mit deiner Krankheit leben kannst, nimm nicht andere - Familie, Versicherung, Arzt, Krankenhaus, Staat - in Anspruch. In persönlichen Gesprächen dürfte das utilitaristische Argument des größtmöglichen allgemeinen, auch volkswirtschaftlichen Nutzens am schwächsten sein.

Gelegentlich hört man im privaten und öffentlichen Gespräch die Bemerkung: "Das hat mein Arzt mir verboten". Das hört sich wie ein starker Paternalismus an, jedoch handelt es sich hier um eine Schutzbehauptung: Ein Rat wird zum Verbot gesteigert, um sich vor Ansprüchen und Versuchungen, die gesundheitsgefährdend sind zu schützen. Denn für den Arzt ist nach wie vor gültig was der jüdisch-arabische Arzt Maimonides vor 800 Jahren geschrieben hat, als er einen kategorischen Unterschied zwischen Religion und Medizin beschrieb: "*Die Medizin aber weist nur hin auf das Nützliche, sie warnt vor dem Schädlichen, zwingt nicht und straft nicht*".

Nachdenklicher Beschluß

Das Ergebnis meiner Überlegungen, so wie ich sie angelegt habe ist: Menschliche Existenz ist die gelebte, erfahrene und erlebte Dialektik von gesund und krank, ein Wechselverhältnis. Sie ist Dauerleistung an Grenzen. So gibt es soviele Gesundheiten wie es Menschen gab, gibt und geben wird. Und jeder Mensch leistet stets neue Gesundheiten. So hat Paracelsus eine tiefe und weitvorausschauende Wahrheit ausgesprochen wenn er sagt: "*Wir grünen für und für und haben vieltausenderlei Gesundheit*". Und Friedrich Nietzsche schreibt in "*Fröhliche Wissenschaft*": "*Denn eine Gesundheit an sich gibt es nicht und alle Versuche ein Ding derart zu definieren sind kläglich mißraten. Es kommt auf Dein Ziel, Deinen Horizont, Deine Kräfte, Deine Antriebe, Deine Irrtümer und namentlich auf die Ideale und Phantasmen Deiner Seele an, um zu bestimmen, was selbst für Deinen Leib Gesundheit zu bedeuten habe; somit gibt es unzählige Gesundheiten Deines Leibes*". Gesund ist also eine Aussage eines Menschen über seine gegenwärtige Lage und über sein Lebensgefühl.

Gesund leben im Sinne der antiken Diätetik heißt nicht nur gelebtes Gleichgewicht von Licht und Luft, Essen und Trinken, Schlafen und Wachen, Arbeiten und Ruhen, Ausscheidungen und Absonderungen. Die sechste Bedingung sind die affectus animi, der Gefühls-, Gemüts-, Stimmungs-Haushalt.

Alle verallgemeinernden Bestimmungen, so unverzichtbar sie im Gemeinschaftleben sind, wenn Solidarität öffentlich geordnet sein soll, verengen den Begriff, verarmen ihn um das Personale, von dessen Kraft wir erfuhren, in weiten Grenzen auf eine gesunde Weise krank zu sein und bei chronischer Krankheit sich wie ein bedingt Gesunder zu verhalten. Für Gesundsein gibt es mindestens ebenso viele Definitionen wir für das Glücklichsein nur ganz selten sind sie von praktizierenden Ärzten versucht worden, die einen allgemeinen Begriff von Gesundsein und Krankheit eher als hinderlich empfinden und die Unmöglichkeit einer allgemeinen Definition, die dann auch praktikabel im Einzelfall sein soll, sehr wohl spüren. Der chronisch Astmakranke Arzt und Philosoph Karl Jaspers hat es ausgesprochen: "*Immer ist der Mensch in seiner Lage als einzelner vor die Aufgabe gestellt, mit seiner Krankheit in seiner Welt eine Lebensform zu finden, die nicht allgemein entworfen und nicht identisch wiederholt werden kann*". Und der Kranke Friedrich Nietzsche bekennt " *.... daß ich mit einem äußerst schmerzhaften Leben doch auf ein Ziel zusteuere, um dessentwillen es sich schon lohnt, hart und schwer zu leben.*" Die Sinnfrage, die jeder Mensch nur für sich beantworten kann und soll übergreift also den Sachverhalt von Kranksein in einem medizinischen verengten Sinne. Dieter Rössler hat die Erinnerung daran und an die Fähigkeiten der Menschen als Mahnung in den Rang einer moralischen Pflicht der Ärzte erhoben: "*Die ärztliche Ethik verpflichtet heute nachdrücklicher als zuvor zur öffentlichen Aufklärung darüber, daß Gesundheit nicht die Abwesenheit von Störungen ist, sondern die Kraft mit ihnen zu leben*". Er weist damit auch auf einen geläuterten Begriff von Aufklärung hin, der eben nicht mehr nur die Einheit und Übereinstimmung von persönlichem Glück und öfentlichem Wohl verspricht. Solche Aufklärung ist nun nicht alleine ärztliche und nicht nur öffentliche Aufgabe von Erziehung zum Gesundsein. Es ist Inhalt vieler und vielfältiger Gespräche von Menschen miteinander, zwischen Generationen und zwischen Gesunden und Kranken.

Das "durch Leiden lernen" der sophokleischen Tragödie durchzieht die abendländische Literatur und Philosophie. In einem Aphorismus Georg Christoph Lichtenbergs bekennt dieser: "*Ich glaube, daß es im Krankenbette oft besser zugeht als am ersten Platz der königlichen Tafel. Ich habe wenigstens in einer kleinen Kammer als Kranker im Bett zuweilen Augenblicke gehabt, die ich den glücklichsten meines übrigen Lebens ohne Scheu gleichsetze; traurige auch, das versteht sich, aber auch ebenso traurige bei vollkommener Gesundheit außer dem Bette*": ein Beispiel tief menschlicher Gemeinsamkeiten in Gesundsein und Kranksein. Am Beginn der "*Bekenntnisse einer schönen Seele*" in "*Wilhelm Meisters Lehrjahre*" schildert Johann Wolfgang von Goethe offenbar ein prägendes Erlebnis eigenen frühen Krankseins: "*Mit dem Anfang des achten Jahres bekam ich einen Blutsturz und in dem Augenblick war meine Seele ganz Empfindung und Gedächtnis. Die kleinsten Umstände dieses Zufalls stehen mir noch vor Augen, als hätte er sich gestern ereignet. Während des neunmonatigen Krankenlagers, das ich mit Geduld aushielt, ward, so wie mich dünkt, der Grund zu meiner ganzen Denkart gelegt, indem meinem Geist die ersten Hilfsmittel gereicht wurden, sich nach seiner eigenen Art zu entwickeln.*"

In der ihm eigenen Weise hat Viktor von Weizäcker den systemtheoretischen Gedanken des Verhältnisses von gesund und krank früh ausgesprochen ("*Pathosophie*" 1956): "*Man versteht das kranke Wesen am besten, wenn man sich das ganze Leben als einen unablässigen Krieg mit der Krankheit vorstellt ... Wer ein Sinnesorgan besäße, welches eigens fürs Krankhafte da wäre und welches so stets bereit und hell wie das Auge wäre, der begriffe diese beständige Entstehung des Gesunden aus der Abwehr des Kranken am leichtesten. Wer sich für völlig gesund hält, der ist nur blind für das Pathologische und man kann das Kranke nicht aus dem Gesunden ableiten, sondern muß versuchen, die Entstehung des Gesunden aus dem Kranken zu begleiten*".

Was Gesundsein, was unser Leib ist, lernen wir nicht nur durch eigenes Krankwerden. Von Kranken können Gesunde lernen, welche Einsichten und Einstellungen besonnenes Kranksein öffnet: "*Der Wert aller morbiden Zustände ist, daß sie in einem Vergrößerungsglas gewisse Zustände, die normal, aber als normal schlecht sichtbar sind, zeigen*" - so wiederum Friedrich Nietzsche. Goethe scheint geahnt zu haben, daß in Schwärmerei umschlagender Rationalismus, wie er in der Definition der Weltgesundheitsorganisation sich ausspricht eine weltweite Hypochondrie zur Folge haben würde, wenn er in einem Brief an Charlotte von Stein eine Zeit voraussieht, in der "*die Welt ein großes Hospital und einer des anderen humaner Krankenwärter werden wird.*" Selbstkritisch und sarkastisch hat er jeden Einzelnen von uns gewarnt "*Wenn der Mensch über sein Physisches oder Moralisches nachdenkt, findet er sich gewöhnlich krank*" (Maximen und Reflexionen). Dieter Rösslers Aufruf will und soll der Gefahr begegnen, eine Menschheit von Hypochondern als Ergebnis selbst übernommener Stammesgeschichte hervorzubringen.

Wenn ich in meiner Schlußbetrachtung soviel von biographischen Be- und Erkenntnissen Gebrauch mache, so deswegen, um auf die anthropologische Persistenz des Problems hinzuweisen, aber auch auf von Vorfahren praktizierte Einstellungen zum Leben mit Leiden. Über Goethe schreibt sein Freund, der Dresdener Arzt Carl Gustav Carus: "*Wenn ich die Gesundheit als eine Grundeigenschaft Goethes aufgestellt habe, so will ich damit keineswegs aussprechen, daß er frei von Krankheit geblieben sei; im Gegenteil. Gerade eine von Grund auf gesunde Natur äußert sich eben darin, daß sie auch, wenn man so sagen darf gesunder Krankheiten fähig ist, d.h. daß Krankheiten - physische oder psychische - von welchen nun einmal kein Sterblicher ganz unangetastet bleibt in einem gewissen regelmäßigen Gange und mit kräftigen und vollkommenen Entscheidungen sich entwickeln und vorübergehen*". Einen nachdenkenswerten Vergleich zwischen Gesundsein und Reisen hat Andre Gide in sein Tagebuch notiert: "*Ich habe unter denen, die sich einer unerschütterlichen Gesundheit erfreuen, noch keinen getroffen, der nicht nach irgendeiner Seite hin ein bißchen beschränkt gewesen wäre wie solche, die nie gereist sind*". Die Metapher Kranksein als auf einer Reise sein hat einen anthropologischen Kern, den Georg Christoph Lichtenberg erkannt hat: "*Das Gefühl von Gesundsein erwirbt man sich nur durch Krankheit*". Noch weiter greift Jean Paul aus: "*Große Krankheiten, sowie die sieche Ermattung nach einem verschwelgten Gestern, drängen uns solche Aschermittwoche auf, die zuweilen das ganze Leben sichten und lenken.*"

Einer der weisesten Erzieher zu Gesundsein und zu Umgang mit Kranksein, Johan Peter Hebel schreibt 1825 an seinen Freund Gustav Fecht: "*Da ich gewöhnt bin die halbe Gesundheit, d.h. die erträgliche für die ganze gelten zu lassen, so habe ich gottlob nichts zu klagen*". Solche Einsicht und Einstellung wünsche ich Ihnen lieber Herr von Ferber als Ergebnis nachdenklicher und besonnener Gespräche über Gesundsein, Kranksein, bedingtes Gesundsein miteinander.

Peter Helmich

Lieber Herr v. Ferber!

Mit besonderer Freude bringe ich einen kleinen Beitrag für Ihre Festschrift: Zum einen möchte ein Allgemeinarzt dem Medizinsoziologen dankende Anerkennung zollen für jahrzehntelange Hilfe, Kooperation und fundierte Argumentation bei der akademischen Etablierung und Gestaltung unseres Faches.

Zum anderen findet der Landarzt Peter Helmich eine gute Gelegenheit, Christian v. Ferber zu danken für die 15jährige partnerschaftliche, engagierte, stützende und schützende Zusammenarbeit mit den Allgemeinärzten der Heinrich-Heine-Universität.
Der unbestechliche Wissenschaftler förderte und begleitete in konstruktiver Kritik und vor allem in einem unerschütterlichen Wohlwollen die Suche nach Ziel und Weg unseres jungen Faches in Lehre und Forschung.

Die zuverlässige, ehrliche Akzeptanz und die Gesinnungsfreundschaft dieses international renommierten Gelehrten war und ist für uns Allgemeinärzte in Deutschland und im besonderen in Düsseldorf eine Alliance von unschätzbarem Wert.

Ihnen meine konkreten Vorstellungen zur universitären Allgemeinmedizin in Ihrer Festschrift zu widmen, ist zugleich Ehre und Zeichen meiner Dankbarkeit.

Auftrag und Organisation der universitären Allgemeinmedizin

Institutionalisierung

Die Fachvertretung der Allgemeinmedizin in Lehre und Forschung ist, wie in jedem anderen Fach der Medizin, nur durch eine selbständige universitäre Einrichtung mit adäquater personeller und sächlicher Ausstattung wahrzunehmen.

"Institutionalisierung heißt zunächst, einen Vorgang auf Dauer stellen, ihn aus der Beliebigkeit von Absichten und Handeln einzelner Personen herauszunehmen, ihn in diesem Sinne "personenunabhängig" zu machen. Die Religionsausübung institutionalisiert sich in der Gemeinde, in der Kirche; der Erwerb von Bildung institutionalisiert sich in der Schule, und die Wissenschaften institutionalisierten sich im Ausgang des 19. Jahrhunderts an den Universitäten nach dem Fachprinzip im Unterschied zu dem bis dahin geltenden Personalprinzip: Die Physiologie wurde unabhängig von ihren Gründergestalten, sie wurde als Fach gepflegt, gefördert, zu einer personenunabhängigen Dauereinrichtung.

Institutionalisierung vollzieht sich auf zwei Ebenen:

1. Auf der Ebene der Organisation: Damit ein Universitätsfach personenunabhängige Dauer gewinnt, müssen Stellen im Stellenplan, müssen Mittel im Sachetat, müssen Räume in der Raumverteilung, müssen Unterrichtsstunden im Lehrplan vorgesehen werden und unter den Bedingungen einer bundeseinheitlichen Ausbildung an allen Fakultäten in der Bundesrepublik kann man zu all diesen Fragen ggf. über Minimal- und Maximalkonditionen verhandeln.

2. auf der Ebene schöpferischer Ideen: Ein Universitätsfach wird dann institutionalisiert, wenn es eine Perspektive eröffnet, in der sich wissenschaftliche Arbeit für eine im Prinzip offene Anzahl von Personen organisieren läßt. Ein Universitätsfach muß eine unverwechselbare Identität als ein wissenschaftliches Arbeitsprogramm gewinnen, es formulieren, es gegen Konkurrenz durchsetzen, es bewahren und fortschreiben."[1]

Lehre

Medizinstudium als Berufsqualifikation verlangt direkten Bezug zur ärztlichen Primärversorgung. Die Allgemeinmedizin ist einem am Patienten, am Berufsfeld der Ärzte der Primärversorgung und an den Bedürfnissen der Bevölkerung orientierten Ausbildungsziel verpflichtet.

Die Hochschullehrer der Medizinischen Fakultäten sind im Regelfall in einer hochspezialisierten Hochleistungsmedizin, der Endstufe der stationären Versorgungsstruktur, ärztlich und forschend tätig; der Beginn einer akademischen Karriere verlangt mit der Habilitationsphase eine Begrenzug des Tätigkeitsfeldes auf spezialisiertes, ja subspezialisiertes, krankheitsbezogenes Wissen und Forschen. Die großen klinischen Fächer, wie Innere Medizin, Chirurgie oder Pädiatrie, wurden in je 4-6 getrennte Lehrstühle an einer Fakultät aufgeteilt.

Ein Hochschullehrer, welcher sein ganzes Fach in der Lehre vertreten kann, wird so zwangsläufig immer seltener zu finden sein. So wurden in der Lehre mehr und mehr die Ausbildungsinhalte mit Weiterbildungsinhalten durchsetzt. Die Antwort der Studierenden hierauf war und ist ein Studierverhalten, welches im wesentlichen am Examen und den Krankheiten, nicht aber am zukünftigen Versorgungsauftrag und den Bedürfnissen der Patienten orientiert ist.

Unabhängig von allen anderen Reformbemühungen (7. + 8. Novelle der Approbationsordnung) kann hic et nunc durch eine angemessen etablierte Einrichtung für Allgemeinmedizin die Ausbildung verbessert werden:

- der primärärztliche Patient, d.h. die zu versorgende Bevölkerung rückt in das Blickfeld ärztlicher Ausbildung;
- ein bio-psycho-soziales ärztliches Denk- und Handlungskonzept wird ausbildungsrelevant und studienbegleitend in das bestehende Ausbildungskonzept integriert;
- allgemeinärztliche Unterrichtsangebote bereiten die angestrebte Überwindung von Vorklinik und Klinik vor und gestalten ein erstes verzahnendes Element;
- interdisziplinäre Unterrichtsangebote lehren zukünftige interdisziplinäre ärztliche Arbeitsweise (Koordinationsfunktion des Allgemeinarztes).

Handlungsleitendes Basiswissen und Fertigkeiten für eine zukünftige Kompetenz in der Primärversorgung werden sowohl allgemeinmedizinisch wie im interdisziplinär erarbeiteten fächerintegrierenden Unterrichtsangebot vermittelt.

Spezifisch allgemeinmedizinische Lehrinhalte sind solche, welche von anderen Fächern nicht angeboten und vom Berufsbild wie den Versorgungsaufgaben des Allgemeinarztes bestimmt werden.

Die favorisierte Lehrmethode in der Allgemeinmedizin ist das problemorientierte Lernen. Gleichzeitig werden Schritte ärztlichen Handelns (Beobachten - Zuhören - Reden - Untersuchen) untereinander und mit den Patienten aus den allgemeinärztlichen Praxen geübt. Entsprechend dem individuellen Standort auf der Lern- und Kompetenzspirale werden den Studierenden reale Versorgungs- und Betreuungsaufgaben übertragen, die sie unter Anleitung und Kontrolle sowohl professioneller wie studentischer Tutoren erarbeiten.

Die Gegenstände der Lehre sind im "Gegenstandskatalog" Allgemeinmedizin erarbeitet. Listet man die Lehrinhalte auf, die im Studium vermittelt werden sollten, wird ersichtlich, daß nur ein studienbegleitender Einbau des Faches solche Forderung erfüllen kann und nicht eine einsemestrige Vorlesung:

- Handlungsstrategien für ein unausgelesenes Patientenkollektiv
- Vermittlung eines bio-psycho-sozialen Handlungskonzeptes für die allgemeinärztliche Tätigkeit
- Vermittlung handlungsleitenden Wissens in Diagnostik und Therapie häufiger Krankheiten
- Übungen zum Umgang und Gespräch mit dem Patienten
- Übungen zu Verhaltensänderungen bei Patienten mit Risikofaktoren und Suchtverhalten
- rationaler und rationeller Umgang mit Medikamenten in der hausärztlichen Betreuung
- Wirtschaftlichkeitgebot in der Kassenpraxis
- Die Rehabilitation als unverzichtbarer Teil jedes Therapieplanes
- Betreuungskonzepte für chronisch Kranke und Behinderte
- Die Notarfunktion bei der Verordnung von Arbeitsunfähigkeit
- Der Umgang mit unheilbar Kranken, Sterbenden und dem Tod
- Die Hausbesuchstätigkeit
- Notfälle in der allgemeinärztlichen Tätigkeit
- Allgemeinmedizin für Vorkliniker
- Arzt/Patient und die sogenannten Außenseitermethoden
- Übungen zur Kooperationsfähigkeit mit Gebietsärzten, Öffentlichem Gesundheitsdienst, Betriebsärztlichem Dienst, Gesetzlichen Krankenkassen, Selbsthilfegruppen
- Die Gesundheitsberatung in der ambulanten Praxis, Gesundheitsförderung und Prävention für Körper, Geist und Seele für Gesunde und Kranke

Die Allgemeinmedizin wird sich der Aufgabe stellen, die Ausbildungsdefizite für den Versorgungsbereich der alten, meist multimorbiden Menschen, der geronto-psychiatrisch Kranken und der unheilbar Kranken abzubauen.

Ein Beispiel für ein spezifisch allgemeinärztliches Ausbildungsangebot ist das Düsseldorfer Hausbesuchsprogramm. Hier gewinnen die Studierenden Einblick und erste persönliche Erfahrungen in das Prozeßhafte allen Krankseins, und sie erleben die soziale Dimension gestörter Gesundheit. Ein Allgemeinarzt übernimmt zwei Studenten aus Vorklinik oder Klinik und führt sie in je eine seiner Familien mit einem chronisch Kranken bzw. Behinderten ein. Die Studenten besuchen 1 Jahr monatlich einmal alleine "ihre Familie"; die Besuche werden mit dem Hausarzt besprochen. Ein Dozententeam aus der Allgemeinmedizin, der Medizinischen Soziologie und der Psychotherapie begleiten die Studenten in regelmäßiger Seminararbeit während ihres Hausbesuchsjahres. Die beteiligten Hausärzte stehen im Kontakt mit der universitären Allgemeinmedizin.

Neben den allgemeinmedizischen Praxen werden regelhaft Alters-/Pflegeheime als Ausbildungsstätten mit der Abteilung Allgemeinmedizin kooperieren. Wie im Hausbesuchsprogramm sollen auch hier die Studierenden regelmäßig über Monate einzelne Altenheimbewohner selbständig besuchen, erste Kontakte zum Pflegepersonal und behandelnden Arzt gestalten und so in die Versorgungs- und Betreuungsaufgaben alter und siecher Patienten eingeführt werden.

Die universitären Fachvertreter der Allgemeinmedizin sind aufgerufen, angemessene Methoden zur Vermittlung ihrer Lehrinhalte zu erarbeiten. Eine einzelne Lehrveranstaltung mag eine individuelle Färbung durch den Dozenten erhalten, die Qualität der Ausbildung kann nur durch evaluierte, strukturierte Lehr- und Lernkonzepte gesichert werden. Evaluation heißt hier Beurteilung auf Grund von vorgegebenen Kriterien durch Lehrenden, die Lernenden und durch Außenstehende.

Forschung

Der heute schon bestehende Forschungsschwerpunkt der medizinischen Fakultät der Heinrich-Heine-Universität "primärärztliche Versorgung", der von Allgemeinmedizin, Epidemiologie, Medizinischer Soziologie und Psychotherapie gebildet wird, soll zu einem "Zentrum primärärztliche Versorgung" ausgebaut werden.

Gegenstand allgemeinmedizinischer Forschung sind die Erarbeitung von qualitätsfördernden und qualitätssichernden Maßnahmen in der primärärztlichen Regelversorgung und die Erarbeitung und Evaluation von adäquaten Lehr- und Lernmethoden.

Klinische Medizin ist nur begrenzt übertragbar auf ambulante Krankenbetreuung. Ein bio-psycho-soziales Betreuungskonzept verlangt in seiner Vielseitigkeit der Anforderungen spezifische Handlungsstrategien.

Defizite der Versorgungsqualität lassen sich nachweisen, wenn anerkannte Standards (Expertenstandards) nicht oder nur unzureichend erreicht sind.

Werden neue Standards, welche gegenüber dem aktuellen Leistungsniveau nur wenig höher angesetzt sind, von den Handelnden akzeptiert und auch erreicht, so ist trotz verbleibendem absolutem Niveauunterschied zum Expertenstandard eine relative (und auf lange Sicht zunehmende) Anhebung des Betreuungsniveaus möglich. Die unter "Feldbedingungen" kaum erreichbaren, deshalb von vornherein entmutigenden, nicht akzeptierten Experten-Standards sollten ersetzt werden durch "Betroffenen-Standards". Diese werden von Primärärzten erarbeitet, Experten bringen ihr aktuelles Wissen, auch über die ökonomischen Rahmenbedingungen, in diese Arbeit ein. Dem Anspruch von "Betroffenen-Standards" werden diese handlungsleitenden Regeln dann gerecht, wenn sie auch Patientenbedürfnisse, -erwartungen und -rechte erfüllen.

So arbeiten im primärärztlichen Forschungszentrum die universitären Experten zusammen mit allen für die Gesundheitsversorgung relevanten Institutionen und Berufsgruppen an einer gemeinsamen Aufgabe: Öffentlicher Gesundheitsdienst, Kassenärzte, Gesetzliche Krankenversicherungen, Betriebsärztlicher Dienst, Psychologen, Sozialarbeiter, Physiotherapeuten, Ernährungsberater, Rehabilitationsexperten und Selbsthilfegruppen.

So gelingt ein Brückenschlag von den universitären Einrichtungen zum Versorgungssystem und zu den Bürgern, denen alle Medizin und Forschung gilt.

Klinische Medizin ist pathogenetisch orientiert. Die medizinsche Wissenschaft erforscht, wie und warum ein Mensch krank wird. Die Primärärzte leben und arbeiten im Lebensmilieu ihrer Patienten. So erleben und beobachten sie auch, daß Menschen gesund sind und bleiben. Die Wissenschaft der Salutogenese (Antonovsky) ist eine große Herausforderung allgemeinärztlichen Forschens.

Ein weiterer allgemeinärztlicher Forschungsgegenstand wird vorgegeben durch die bestimmende allgemeinärztliche Berufssituation, den Arzt-Patienten-Kontakt. Es gilt, qualitätsbestimmende Merkmale für die Arzt-Patienten-Begegnung zu erarbeiten. Um das bio-psycho-soziale Betreuungskonzept zu verwirklichen, ist sein wissenschaftliches Bearbeiten notwendig und möglich, wie in den anderen Bereichen der Medizin auch. Wo - in welchem "Laboratorium" - sollen die "Natur" von Gesundheit und der Kontext, in dem Krankheit entsteht, wahrgenommen und wissenschaftlich bearbeitet werden? In den institutionalisierten Bereichen der akademischen Medizin lassen sich sowohl Gesundheit als Prozeß wie auch das Umfeld von Krankheiten höchstens theoretisch oder "simuliert" wissenschaftlich bearbeiten.

Wo sonst also, wenn nicht im Wirkungsbereich der Allgemeinärzte? Derartig grundlegende Erwartungen an die Forschung in der Allgemeinmedizin sind - zumindest in Europa - höchstens in Ansätzen erfüllt. Die übliche Frage: "Soll man Allgemeinmedizin auch (ein wenig) Forschung und Wissenschaft zugestehen?" läßt sich aber ergänzen: *"Ist die Allgemeinmedizin ein für die Erweiterung von umfassenden Gesundheits- und Krankheitsbegriffen prädestinierter Forschungsbereich?"* In der heutigen Situation werden die weiteren Erfolge medizinischer Wissenschaft vermutlich von dieser Erweiterung abhängen.[2]

Fortbildung

Wie in den USA, England und Holland sollen die Allgemeinärzte ihre Fortbildung auch durch Allgemeinärzte erhalten. Nur wer die Aufgabenstellung, die Probleme der primärärztlichen Versorgung wie auch ihre Rahmenbedingungen kennt, hier selber langjährige kompetente Erfahrung hat, kann Defizite benennen, zu ihrer Beseitigung beitragen und den Stand des Wissens angemessen integrieren und vermitteln. Organisation und Gestaltung von Fortbildung sind somit Aufgabe der universitären

Allgemeinmedizin, welche die Einordnung neuer diagnostischer und therapeutischer Strategien und Möglichkeiten für das Gebiet übernimmt.

Organisation der Abteilung

Neben den hauptberuflichen Mitarbeitern der Abteilung gehören aus dem Einzugsgebiet der Universitätskliniken 15-20 allgemeinärztliche Kassenpraxen zum Lehr- und Forschungspotential der universitären Allgemeinmedizin. Die Praxisinhaber kooperieren als Famulaturärzte, Lehrärzte oder Lehrbeauftragte mit dem allgemeinmedizinschen Fachvertreter. Motivation, Vermittlung von Lehrkompetenz sowie Supervision von Lehrveranstaltungen der Kollegen gehört zu den Aufgaben der Abteilung wie eine Einführung in allgemeinärztliche Forschung.

Nach der 7. Novelle der Approbationsordnung sind Gruppengrößen bei Kursen ohne Patienten von maximal 20 Studierenden gesetzlich vorgeschrieben. Bei Semesterstärken von 250-300 Studenten, wie zur Zeit gegeben, verlangt der Kurs Allgemeinmedizin mehr als 15 Dozenten, wenn jeder Dozent 1 x wöchentlich eine Gruppe 2 Stunden unterrichtet.

Heute ist jede Praxisfamulatur ohne Einfluß, Kontrolle und vor allem Betreuung der verantwortlichen Ärzte durch die Fakultät. Somit ist der Ausbildungsnutzen dieser Praktika dem Zufall überlassen.

Ein enger Kontakt der Abteilung Allgemeinmedizin zu den Ärzten, die mit Ausbildungsaufgaben extra muros betraut werden, wird erstmals erlauben, die Verantwortung für diesen externen Ausbildungsteil zu übernehmen.

Personelle Ausstattung

1. Leiter/in der Abteilung ist ein/e C4 Professor/in in beamteter Stellung oder im Angestelltenverhältnis.

Berufungsvoraussetzungen:
- Gebietsarztanerkennung als Allgemeinarzt/ärztin
- eine mindestens 10jährige selbständige Tätigkeit in eigener allgemeinärztlicher Kassenpraxis
- mindestens 10jährige Lehr- und Forschungstätigkeit in der universitären Allgemeinmedizin
- Habilitation oder Habilitationsäquivalent nach dem Hochschulrahmengesetz
- 1. Gutachter von mindestens 10 Dissertationen aus der AM

Der/die Stelleninhaber/in arbeitet tageweise in seiner/ihrer bisherigen Kassenpraxis weiter. Ist die Praxis von der berufenden Universität hierfür zu weit entfernt, (was bei Berufungen aus dem gesamten Bundesgebiet häufig der Fall sein wird!), ist eine Praxiskooperation mit einem der vor Ort berufenen Lehrbeauftragten zu organisieren. Es soll gewährleistet sein, daß der Fachvertreter durch Teilnahme an der kassenärztlichen Primärversorgung einen aktuellen Bezug zu seinem Lehr- und Forschungsbereich behält und diesen in seine universitäre Tätigkeit permanent integriert.

2. Eine C1 Stelle für eine/n promovierte/n Allgemeinarzt/ärztin, mit Facharztanerkennung und Erfahrung in Lehr- und Forschungstätigkeit in universitärer Allgemeinmedizin, der die verpflichtende Absicht hat, sich zu habilitieren, um nach der Habilitation eine kombinierte Universitäts- und Praxistätigkeit aufzunehmen.

3. Zwei BAT II Stellen für
a) 1 Rotationsassistenten in Weiterbildung zum Allgemeinarzt ab zweitem Weiterbildungsjahr
b) 1 Sozialwissenschaftler/Epidemiologe/Psychologe

4. Eine BAT VI Stelle für das Sekretariat

5. 10 Lehrbeauftragte als Praxisinhaber einer allgemeinärztlichen Kassenpraxis.
Tätigkeiten: Lehre in allen Lehrveranstaltungen der Allgemeinmedizin an der Universität; als anerkannte "Famulaturpraxis" gezielte Öffnung der Praxis für die Ausbildung; beobachtende Teilnahme an mündlichen Prüfungen in Allgemeimedizin bei 2. und 3. Staatsexamen; Betreuung von Dissertationen.

Voraussetzungen für die Erteilung eines Lehrauftrages: Mitarbeit, Schulung, Supervision in einer 4jährigen Tätigkeit als Lehrarzt der universitären All gemeinmedizin. Honorar des Lehrbeauftragten: DM 1.000,-- (12xjährlich)

6. 10 Lehrärzte mit Gebietsbezeichnung Allgemeinmedizin als Praxisinhaber einer allgemeinärztlichen Kassenpraxis.

Tätigkeiten 2 Jahre Teilnahme an Lehrveranstaltungen der Allgemeinmedizin sowie an Schulungen und Einführungen für Lehrärzte in Lehre und Forschung der Allgemeinmedizin. Nach 2 Jahren - bei Eignung - "anerkannter Lehrarzt". Honorar: für zweijährige "Probezeit" unentgeltliche Mitarbeit; Tätigkeit als "anerkannter Lehrarzt" wird mit monatlich DM 500,-- vergütet. Die Praxis ist als "anerkannte Famulaturpraxis" für Studierende gekennzeichnet. (In Holland erhält ein Hausarzt für einen Studenten für eine einmonatige Famulatur 700 Gulden (DM 630,--) ! Die gesamte Aus- und Weiterbildung für Allgemeinmedizin ist per Gesetz an die allgemeinmedizinischen Abteilungen der 8 Fakultäten delegiert.)

Dieses Konzept einer universitären Allgemeinmedizin orientiert sich an Reformbemühungen, Reformwillen und Reformzielen folgender Gremien:

- Murrhardter Arbeitskreis "Medizinerausbildung" (Abschlußbericht 1989 Robert Bosch Stiftung)
- Sachverständigenrat für die konzertierte Aktion im Gesundheitswesen (Jahresgutachten 1989)
- Beschluß der Kultusministerkonferenz der Länder vom September 1989
- Universitäre Reformmodelle in der USA, Schweden und den Niederlanden (zitiert im Abschlußbericht Murrhardter Kreis)
- verabschiedete 7. und in Vorbereitung befindliche 8. Änderung der Approbationsordnung
- Gutachten Prof. Dr. H.G. Pauli, Institut f. Ausbildungs- und Examensforschung Med. Fakultät der Universität CH-3010 Bern, im Auftrage des Europarats, zur Reform des Medizinstudiums (1989)

Anmerkungen:

1. aus: Referat Chr. v. Ferber (Okt. 1984), Dekan-Symposion, München,

2. Pauli, H. G. (1/1990) in: "Der Allgemeinarzt"

Hemmo Müller-Suur

Die Krankheiten und das Kranksein - und Paradoxien des Krankseins in Psychosen

Das Adjektiv "krank" und das abgeleitete, pluralisierbare Substantiv "Krankheit"

Wenn einer einem anderen sagt, er sei krank, dann fragt im allgemeinen der andere: Was haben Sie denn? Und wenn der andere ein Arzt ist, fragt er meistens zunächst nach bestimmten Beschwerden, um diese dann als Symptome für die Diagnose von Krankheiten zu verwerten. Das hat offensichtlich den Sinn, für das Wort "krank" eine bestimmte Bedeutung zu erhalten. Denn das Prädikat "bin krank" ist in bezug auf die Art des Krankseins ja ganz unbestimmt.

Wenn aber "*bin* krank" gesagt wird, "*habe* die Krankheit mit dem Namen X", dann wird damit etwas Bestimmtes über die Art des Krankseins gesagt. Das Wort "krank" wird dabei nominalisiert, d.h. das Adjektiv "krank" wird zum Substantiv "Krankheit".

Krankheit wird so ein prädikatives Objekt in einem Aussagesatz mit dem Subjekt "Ich". Und diese prädikative Objektivierung von "krank" besagt zugleich, daß diese oder jene bestimmte Krankheit nicht nur bei dem einen Kranken, der von sich sagt, daß er krank sei, sondern genauso auch bei vielen anderen Kranken mit derselben Krankheit als eine qualitative Modifikation ihres substantiellen Seins vorkommen kann. Und so, nominalisiert oder sunstantiviert, kann "krank" als "Krankheit" Prädikat sowohl in Ich-Sätzen als auch in Er-Sätzen sein, das heißt als Gegenstand von Selbstbeurteilung und Fremdbeurteilung dieselbe Qualität bezeichnen, welche die Seinsweise des Kranken modifiziert.

Wenn so *der Kranke* in bezug auf sein Kranksein sagen kann: "Ich, diese hier vorhandene Person, bin jetzt einer von allen den Menschen, welche die Krankheit X haben (oder: die an der Krankheit X erkrankt sind)", dann können **auch alle anderen**, wenn sie nur statt "Ich" und "bin" "Er" und "ist" sagen, damit in bezug auf das, durch die

Krankheit X qualifizierte Kranksein dieses Menschen etwas sagen, was in Hinsicht auf diese Krankheit dasselbe bedeutet; wobei übrigens der Name der Krankheit auch noch auf ein bestimmtes, kulturbedingtes Klassifikationssystem von Krankheiten verweist.

Das orginäre, nicht pluralisierbare Substantiv "Kranksein"

Es ist nun bemerkenswert, daß das originäre, auf die Person des Kranken bezogene Substantiv "Kranksein", welches als "mein Kranksein" Aussagesubjekt in dem ist, was die Kranken von sich sagen, dem aussagenden "Ich" des Kranken zukommt, und daß es sich nicht, wie das aus dem Adjektiv "krank" abgeleitete Substantiv "Krankheit" pluralisieren läßt. Denn dem einzelnen Kranken, wie er durch die Pronomina Ich und Er als dieser oder jener Mensch, welcher krank ist, repräsentiert wird, entspricht mit dem originären Substantiv, das Subjekt der Aussage ist, ein nicht-pluralisierbares, sogenanntes singulare tantum.

Damit aber zeigt sich, daß der Ausdruck "bin krank" noch mehr als nur Krankheit haben besagt. Denn in dem Satz: "Ich bin (oder: Er ist) krank" kommt offensichtlich neben dem Bezogensein von "krank" auf das prädikative Objekt "Krankheit" auch noch ein Bezogensein auf das "Kranksein" des Kranken, welcher das aussagende Subjekt der Aussage ist, zum Ausdruck. Und das heißt: Mit "Ich bin krank" wird, über die auf Krankheit reduzierte prädikative Bedeutung hinaus, auch etwas gesagt, was den Kranken selbst in seiner Seinsweise als Subjekt betrifft.

Kranksein: eine durch Krankheiten modifizierte Seinsverfassung

Aber auch das subjektive Kranksein eines Kranken kann Gegenstand eines prädikativen Urteils werden, wenn man das Kranksein des einzelnen Kranken als eine Seinsverfassung auffaßt, welche außer durch Krankheiten auch noch auf andere Weise modifiziert sein kann. Und damit bekommt man dann einen pluralisierbaren Ausdruck, in dem Kranksein nicht nur als Krankheithaben, sondern auch noch als Nicht-Gesundsein zu denken ist.

Die Beurteilung von Seinsverfassungen, welche von Krankheit **modifiziert werden**, ist dann allerdings sehr viel komplizierter als die Beurteilung von Krankheiten, welche die Seinsverfassung **modifizieren**. Denn schon, wenn man "Gesundheit" als eine nicht modifizierte Seinsverfassung auffaßt, ist das ja ein Sachverhalt, der nicht einfach nur so, wie es bei Krankheiten möglich ist, einem Gegenstand entsprechend gedacht werden kann und so prädikativ objektiviert wird.

Unterschiedsnuancen von "krank" und "nicht gesund" in der einfachen Umgangssprache

Das zeigt schon ein Blick auf Unterschiede im Gebrauch der Ausdrücke "krank" und "nicht gesund" beim umgangssprachlichen Verhalten. So kann z.B. jemand sagen: "Ich war zwar schon krank, hatte die Krankheit X, ich glaube aber, ich bin noch nicht gesund." Und der andere kann dann fragen: "Warum denn?" und darauf die Antwort erhalten: "Weil mir noch gar nicht gut ist, wenn auch der Arzt festgestellt hat, daß ich nicht mehr krank bin". Damit wird für das Sich-noch-nicht-gesund-Fühlen nicht mehr Krankheit als Ursache angenommen, sondern es wird auch angedeutet, daß man noch an andere Ursachen für das durch "Es ist mir nicht gut" mitgeteilte ungute Befinden denken kann.

Aber es wird dabei zugleich durch "mir" als casus obliquus von "ich" auch eine Beziehung auf sich selbst mitgeteilt, der gegenüber die Beziehung zur Krankheit als eine Beziehung zu etwas anderem erscheint als das, was man selbst ist. Man kann daher auch sagen: **Krankheit** erscheint hier wie ein Faktum, welches in bezug auf die Person des Kranken, als ihr äußerlich bleibend, als denominatio extrinseca gedacht werden kann, und **Gesundheit** wird als ein die Person des Kranken essentiell betreffender Sachverhalt, als eine denominatio intrinseca verstanden; Kranksein aber kann dann als ein Sachverhalt verstanden werden, der in bezug auf die kranke Person als denominatio intrinseca gedacht werden muß, aus dem aber Krankheiten als Fakten im Sinne einer denominatio extrinseca abstrahiert werden können.

Mit den Ausdrücken "Es ist" und "gut" in der auf Gesundheit bezogenen Aussage "Es ist mir gut" wird aber außerdem auch gesagt, daß hier die Person, welche mit dem zum casus obliquus "mir" gehörigen "ich" sich auf sich selbst bezieht, dies nicht einfach nur sachbezogen, ihr faktisches Existieren feststellend tut, sondern daß sie darüber hinaus auch zu ihrer Existenz bewertend Stellung nimmt.

Detaillierte Unterscheidung von krank sein und nicht gesund sein

In detaillierterer Form lassen sich die Unterschiede von "Krankheit" und "Kranksein" aber auch noch vergegenwärtigen, wenn man die Aussagen "Ich bin krank" und "Ich bin gesund" einander gegenüberstellt und folgendermaßen etwas genauer miteinander vergleicht:

(1) Ich bin **krank** besagt: Ich, diese hier vorhandene Person, bin jetzt **einer** von allen den Menschen, welche eine Krankheit (und speziell die Krankheit X) haben.

(2) Ich bin **nicht krank** besagt: Ich, diese hier vorhandene Person, bin jetzt **nicht** einer von allen den Menschen, welche eine Krankheit haben.

(3) Ich bin **gesund** besagt: Ich, diese hier vorhandene Person, bin jetzt **einer** von allen den Menschen, welche nicht krank sind (welche also keine (nicht eine) Krankheit haben) und welchen es gut geht **und** die deshalb auch Gesundsein gut finden.

(4) Ich bin **nicht gesund** besagt: Ich, diese hier vorhandene Person, bin jetzt einer von

allen den Menschen, welchen es **nicht gut** geht, und zwar **entweder, weil** sie eine Krankheit haben, **oder** wenn sie **nicht** eine Krankheit haben, **dann** aus anderen Gründen.

Dabei zeigt sich deutlich, daß Gesundheit nicht, wie Krankheit, Gegenstand eines objektbezogenen, sondern nur Gegenstand eines subjektbezogenen Urteils sein kann, in dem das Werthafte von Gesundheit und das Unwerthafte von Krankheiten zum Ausdruck kommt. Und weiter, daß schon in "Gesundheit" mit dem impliziten "Es geht mir gut und ich finde das gut" mehr zum Ausdruck kommt als nur Nicht-eine-Krankheit-haben, daß aber zur Begründung der Negation von Gesundsein es nicht genügt, nur Krankheiten als Ursachen anzunehmen, sondern daß dazu, wegen der Wertbezogenheit des Gesundheitsbegriffs, auch noch andere, aus dem Existenzwertgefühl für die eigene Daseinssituation des Kranken hervorgehende Gründe infrage kommen können. In bezug auf das Existenzwertgefühl aber muß man an ein, ja doch in jeder individuellen Existenz anzunehmendes Streben denken, über das einfache Existieren hinaus, durch das Verwirklichen von im individuellen Dasein bereitliegenden Entfaltungsmöglichkeiten in einem accessus as suum summum auch noch zu dem Besten zu kommen, was ein Individuum selbst aus sich machen kann.

Das Erfassen von Graden des Krankseins mit einem differenzierten Individualnormbegriff

Mit den Differenzen eines differenzierten Individualnormbegriffs[1] läßt sich nun zeigen, daß, weil bei der Verwirklichung des Maximums von personalen Entfaltungsmöglichkeiten eines Individuums auch Förderungen und Beschränkungen dieser Entfaltungsmöglichkeiten aus dem kollektiven Bezogensein des Einzelnen zu den Mitmenschen eine Rolle spielen, deshalb eine auf jenes Maximum (das suum summum) orientierte **individuelle Werdensnorm** immer auch auf ein Kollektiv bezogen ist, bei dem es ebenfalls ein normbezogenes Werden gibt, das rückbezogen auf einen Seinszustand ist, von dem das Werden ausgeht, so daß man individuelle und kollektive Seins- und Werdensnormen unterscheiden kann. Und von diesen vier verschiedenen Normdifferenzen entspricht, in bezug auf die Entfaltungsmöglichkeit des Individuums, die individuelle Werdensnorm dem Meisten, was vom Individuum aus sich selbst verwirklicht werden kann; und der **kollektiven Seinsnorm** entspricht das Mindeste, was an eigener Verwirklichung vom Individuum aus Gründen seiner **kollektiven Mitmenschlichkeit** gefordert werden muß.

Wenn nun aus Krankheitsgründen die Verwirklichung dieser Normen behindert ist, entsprechen dem bei solchen Graden der Behinderung, welche nur bewirken, daß die Möglichkeiten für das Erreichen der individuellen Werdensnorm reduziert sind, je nach den Schweregraden der dies verhindernden Krankheiten, verschieden große individuelle Krankheitswerte des von den Krankheiten verursachten Krankseins. Und wenn bei höheren Graden der Behinderung die mindesten, aus den kollektiven Bezügen des Individuums sich ergebenden Normforderungen, welche der kollektiven Seinsnorm entsprechen, nicht mehr erfüllt werden können, dann hat das kollektiven Krankheitswert zur Folge.

Eine Krankheit kann danach eine schwere oder leichte Krankheit sein, je nachdem, ob sie als solche, in bezug auf sich als Krankheit prinzipiell mehr oder weniger ernst genommen werden muß, oder ob ihr aktueller Schweregrad für den Kranken mehr oder weniger groß ist, was von der jeweiligen Beeinträchtigung der Seinsverfassung des Kranken durch die Krankheit abhängt und natürlich im Verlauf des Krankheitsprozesses nicht immer gleich sein muß.

Durch klinische Befunde kann dabei der aktuelle Schweregrad der Krankheit mittels meßbaren Feststellungen mehr oder weniger erheblicher ("pathologischer") Abweichungen von physiologischen Normwerten objektiviert werden, so daß u.U. sogar dann, wenn die krankhaften Befunde durch therapeutische Maßnahmen zwar nicht ganz wieder aufgehoben werden können, aber dennoch wieder ein Zustand leidlich normalen Lebenkönnens erreicht ist, der Kranke als "bedingt gesund" beurteilt werden kann, wenn er sich angemessen an das Haben der Krankheit richtig verhält (wie z.B. bei gut eingestellter Zuckerkrankheit).

Schweregrade bei Krankheiten und beim Kranksein

Damit zeigt sich aber, daß es auch quantitative Unterschiede in den qualitativen Modifikationen der Seinsverfassungen der Kranken durch die Krankheiten gibt, deren Intensitätsgrade nun aber nicht, wie die Schweregrade der Krankheiten, durch das Feststellen von meßbaren Daten objektiviert werden können. Denn wenn auch "Ich bin gesund, es geht mir gut" ebenso wie "Ich bin nicht gesund, mir geht es schlecht" beides für den einen wie für den anderen jeweils dasselbe bedeutet, so kann doch hier das, was der eine sagt, vom anderen nicht durch das Nachweisen von Krankheiten, die man hat oder nicht hat, begründet werden, wenn es auch auf Grund von Ausdrucks- und Verhaltensbeobachtungen für glaubhaft gehalten oder bezweifelt werden kann.

Das "Ich bin" des einen kann hier vom anderen nicht in ein "Er ist" transformiert werden, sondern der andere kann statt "Er ist" nur sagen: "Er sagt, daß es ihm gut gehe und er gesund sei; und ich glaube ihm das (oder evtl. auch: ich bezweifele aber, ob das auch stimmt)". Und dies deshalb, weil jene Aussagen, über das faktisch Objektive hinaus, subjektiv bewertend, ein Sich-sorgen um das eigene Sein zum Ausdruck bringen, das von den anderen als solches, genauso subjektiv vollauf verstanden werden kann und in bezug auf seinen Sinn auch ebenso beurteilt wird. Und wenn sich das auch nicht, wie das Vorhandensein von Krankheiten, mit nicht-subjektiven, wertindifferenten Daten begründen läßt, so läßt es sich doch allgemeingültig begründen, weil es etwas betrifft, was nicht über das faktisch Subjektive, sondern auch über zufällige subjektive Meinungen hinausgeht, und weil es von etwas bestimmt wird, das alle einzelnen Subjekte mit allen anderen Subjekten gedanklich gemeinsam haben, so daß alle anderen als selbstverständlich voraussetzen können, daß sie in bezug auf Kranksein und Gesundsein ebenso denken müssen wie der Kranke, wenn er sich darüber äußert, daß er krank ist. Anders gesagt: Das Krankseins des Kranken ist in der Subjektivität des Kranken begründet, und diese Subjektivität ist nicht nur etwas, was als Subjektives dem zufälligen Subjektsein des einzelnen Kranken entspricht.

Transzendentale Subjektivität und faktisch-subjektives Kranksein

Das Denken an das Wertsein der eigenen Existenz führt so zum Gedanken einer über-subjektiven Subjektivität, die von den Philosophen "transzendentale Subjektivität" genannt wird. In dieser "begegnet sich", wie Heidegger[2] meinte, faktisch Seiendes mit transzendentem Sein. Husserl unterschied vom zufälligen "mundan" Subjektiven das für die Intersubjetivität notwendige transzendental Subjektive und beschäftigte sich mit dessen Bedeutung für die formale Logik.[3] Auch Leibniz hat in seinen Nouveaux Essais sur l'Entendement humain schon vermutet, daß es vielleicht asyllogistische "formes universelles de la logique commune" gibt, welche untergründige (in Husserls Sinn also "transzendentale") Bedingungen für das formale syllogistische Denken sein könnten.[4]

Man kann aber auch unter formallogischem Aspekt in bezug auf prädikative Aussagen über Krankheiten und über Kranksein feststellen, daß "Krankheit" ein Name für einen Gegenstandsbegriff ist, unter den verschiedene Krankheiten fallen, und der, nach Frege[5], als Funktion eines einzigen Arguments aufgefaßt werden kann. "Kranksein" ist aber dann ein Name für einen Begriff höherer Ordnung, der als Beziehungsbegriff eine Beziehung des Kranken sowohl zur Krankheit als auch zu sich selbst beinhaltet und als Funktion von mehr als einem Argument zu denken ist. Und in bezug auf die Möglichkeit, als Gegenstände von Urteilen prädikative Objekte sein zu können, ergibt sich dann, daß "Krankheit" ein, verschiedene Krankheiten als Tatsachen repräsentierendes einstelliges Prädikat sein kann, "Kranksein" aber, wegen seines Beziehungsgehalts, ein Sachverhalt ist, dem ein mehrstelliges Prädikat entsprechen muß.

Unter diesem Aspekt wird es aber nun auch möglich, das Kranksein eines einzelnen Kranken als **Fall von Kranksein** einem Begriff des Krankseins zu subsummieren, und dann weiter auch noch den Begriff des Krankseins einem Begriff von Seinsverfassung, welcher ein Begriff von noch höherer Stufe ist als der des Krankseins. Und letzteres wird nötig, weil es bei psychotischen Erkrankungen gewisse Paradoxien des Krankseins gibt, die unverständlich bleiben müßten, wenn sie nicht von einem solchen Begriff noch höherer Stufe aus gedacht werden könnten.

Paradoxien des Krankseins in Psychosen

Paradoxien des Krankseins sind z.B. in folgenden Aussagen von (1) schizophrenen, (2) psychotisch-depressiven und (3) manischen Kranken enthalten:

(1) "Es geht mir zwar nicht gut, aber nicht deshalb, weil ich krank bin, sondern deshalb, weil die anderen Menschen meinen, ich sei krank, weil ich nicht der bin, für den

sie mich halten, sondern weil ich ein Anderer, und zwar der X bin." (Wobei X z.B. der der Kirchentreppenmettwurstruntertreter; oder: Victor Immanuel, die Gottheit in dritter Person verkörpert unter dem Deckmantel Otto Zeuch, Landwirt; oder: Die Mondprinzessin Kagujahime, welche sich hier im Terrestrischen nur auf Besuch befindet, sein kann).

In Fällen dieser Art zeigt sich ein, durch die Beziehung zu den Mitmenschen bestimmter kollektiver Krankheitswert der durch die psychotische Erkrankung modifizierten Seinsverfassungen der Kranken. Und dieser Krankheitswert kann, je nach dem Intensitätsgrad der Modifikation und deren Konsequenzen für das Verhalten der Kranken, verschieden groß sein; er reduziert sich jedoch, wenn der Kranke dadurch, daß er sich, wenn er merkt, daß die anderen ihn nicht verstehen können, dies hinnehmend, sich mehr und mehr auf sich selbst und seine fiktive Welt zurückzieht. Zugleich damit setzt er sich dann auch vom Dilemma seines Krankseins ab. Und man kann ihm dabei sogar auch helfen, wenn man sich unvoreingenommen auf das einstellt, was der Kranke einigen wenigen Menschen, denen er vertraut, über seine Fiktionen erzählt; denn es tut ihm gut, wenn man dabei mit ihm imaginativ partizipiert. Und dann kann er wohl manchmal auch sagen: "Ich bin nicht nur gesund, sondern jetzt geht es mir auch gut", weil sich so, zusammen mit jemand anderem, der kollektive Krankheitswert seines Krankseins reduziert und der Kranke schließlich sein Krankheitsproblem ganz vergessen kann; ja er kann dabei womöglich sogar manchmal auch noch zu bisher nicht verifizierten Möglichkeiten seines Selbstseins finden, welche, wie z.B. künstlerisches Gestalten, auch für andere wertvoll sein können. Und so kann es vorkommen, daß das Kranksein des Kranken trotz seiner schweren psychotischen Erkrankung gelegentlich überhaupt keinen Krankheitswert mehr hat.

(2) Anders, wenn der Kranke sagt: "Es geht mir zwar schlecht, aber nicht, weil ich krank bin, sondern weil ich schlecht bin und es einem schlechten Menschen nicht gut gehen kann. Das beängstigt mich und ist zum Verzweifeln".

Hier tritt die Paradoxie des psychotischen Krankseins ganz brutal in Erscheinung und droht bei dem Kranken deshalb zur Verzweiflung zu führen, weil seine Krankheit für ihn nicht mehr eine von sich wertdifferente und ihn nur zufällig betreffende Tatsache ist, die ebensogut sein wie auch nicht sein könnte, sondern weil er sich selbst als notwendige Ursache eines aus ihm selbst hervorgegangenen Übels zu erkennen meint und deshalb überzeugt ist, daß er nicht krank, sondern nur schlecht ist, und daß deshalb für ihn "Es geht mir schlecht" und "Ich bin schlecht" dasselbe bedeutet. Und im Umgang mit dem Kranken wird hier einsichtig, daß diese seine Aussage von einer Seinsverfassung mit maximalem individuellem Krankheitswert Auskunft gibt, daß es für den Kranken aber sehr schwer sein kann, zu erkennen, daß das Wort "krank" nicht nur metaphorisch als ein auf die schlechte Seinsqualität seiner Person bezogenes, und zugleich auch auf seine innere Not hinweisendes Wertprädikat verstanden werden kann, sondern daß "krank" auch wertneutral "einfach nur eine Krankheit haben" bedeuten kann, und daß, wenn diese beiden Bedeutungen von "krank" als verschiedene verstanden werden, man nicht mehr, wie der Kranke, sagen muß, man sei nicht gesund (also krank) und habe keine Krankheit (also sei man gesund).

In dieser Seinsverfassung motiviert die innere Not der Kranken sie nun meistens, die ihren (äußeren) kollektiven Bezügen entsprechenden Normforderungen so weit wie irgend möglich zu erfüllen. Und wenn ihnen das gelingt, kann der kollektive Krankheitswert ihres Krankseins so gering gehalten bleiben, daß den Mitmenschen im alltäglichen Umgang mit den Kranken verborgen bleibt, wie schwer diese Kranken in Wirklichkeit krank sind. Wenn aber die anderen schließlich doch merken, daß die Kranken nicht mehr so sind wie sonst, und daß sie sogenannte "depressive Beschwerden" haben, dann erkennen die psychotisch depressiven Kranken für sich meistens nicht an, "eine Depression zu haben" und damit krank im alltäglichen Sinne zu sein, sondern für sie selbst bedeutet das nur, jetzt auch von den anderen als Versager erkannt worden zu sein.

Aus dem Bemerken des kollektiven Krankheitswerts ihrer Seinsverfassung schließen diese Kranken also nicht, daß sie im alltäglichen Sinne des Wortes krank sind, sondern nur, daß sie minderwertige oder schlechtere Menschen als andere sind, und präzisieren das dann z.B. so: "Ich leide unter dem Gedanken, anders zu sein als die anderen Menschen, schlechter als die anderen, ja vielleicht sogar der schlechteste von allen Menschen zu sein; und ich fürchte, die anderen werden das auch bald merken und dann ebenfalls wissen, daß ich schlecht und ein boshafter Versager bin."

(3) Bei Kranken mit manischen Psychosen zeigt sich die Paradoxie ihres Krankseins in Äußerungen wie dieser: "Es geht mir nicht gut, sondern sogar sehr gut, und **ich bin** auch gut, ja sogar **besser** als die anderen. Ich finde es nur nicht gut, daß diese es mich manchmal so merken lassen, daß die mir mein Gutsein neiden."

Hier wird offensichtlich da, wo die psychotisch-depressiven Kranken ihr Schlecht- und Schlechtersein als die anderen annehmen, mit gehobenem Existenzwertbewußtsein verbundenen Seinsverfassung erscheint den Kranken der Gedanke, daß sie trotzdem krank sein könnten, sinnlos. Und wenn sie mit der Tatsache konfrontiert werden, daß sie in ihrer gehobenen Seinsverfassung kollektive Normforderungen nicht genügend beachten, so ärgert sich das wohl, beängstigt sie aber nicht. Denn sie können in ihrer Krankheit nicht einsehen, daß sie krank sind und daß ihr krankhafter Zustand kollektiven Krankheitswert hat.

So bleibt die Paradoxie ihres Krankseins, die für ihre Mitmenschen offensichtlich ist, diesen Kranken wegen ihres Krankseins verborgen, ähnlich wie denjenigen Kranken, denen ihre Fiktion, von der menschlichen Species verschiedene Wesen zu sein, die Paradoxie ihres Krankseinsim Verlauf ihrer Krankheit schließlich nicht mehr bemerkbar werden läßt.[6]

Zur prädikativen Objektiviertheit jeden Krankseins

Wenn man bedenkt, daß so, im Umgang mit den Kranken, konfrontiert mit verschiedenen Formen des psychotischen Krankseins, dieses manchmal als etwas faszinierend Phantastisches, manchmal als etwas erschreckend Grauenhaftes mit eventuell auch deutlich vernehmbarer suicidaler Bedrohlichkeit, manchmal jedoch auch nur als etwas durch expansives Extremwerden Belästigendes, immer aber doch eindrucksvoll als gelebte Wirklichkeit erfahren wird, dann muß man sich doch fragen, ob es richtig ist, anzunehmen, all das sei, trotz seiner emotionalen Wirksamkeit, wegen seiner Subjektivität nicht "empirisch" objektivierbar wie die Krankheiten, die solchem Kranksein zugrundeliegen, und deshalb sei diese Erfahrungsweise der rationalen Beurteilung nicht zugänglich. Und wenn man weiter bedenkt, daß ja nicht nur bei psychotischen Erkrankungen, sondern doch auch bei allen anderen Krankheiten das Kranksein der Kranken als etwas mehr oder weniger unheilvolles Wirkliches erfahren wird, wird damit die weitere Frage aktuell, was denn eigentlich ganz allgemein bei allen Kranken, im Unterschied zu den Krankheiten der Kranken, deren Kranksein ist. Und dazu läßt sich mit Bezug auf auf das vorstehend unter No. 1-8 Beschriebene nun sagen: Das Kranksein, d.h. eine durch Krankheiten mehr oder weniger intensiv qualitativ modifizierte Seinsverfassung der Kranken, ist etwas gelebtes Wirkliches. Dieses ist zwar nicht wie das faktisch Tatsächliche der Krankheiten mit Gegenstandsbegriffen prädikativ zu objektivieren, sondern es muß mit Beziehungsbegriffen prädikativ objektiviert werden, welche Begriffe von höherer Stufe als Gegenstandsbegriffe sind, und die der Erfahrung der Wirklichkeit gedanklichen Sich-zu-sich selbst-Verhaltens entsprechen. Und so läßt sich abschließend allgemein behaupten, daß jedes Kranksein als gelebtes Wirklichsein prädikativ objektiviert werden und so auch Gegenstand logisch begründbarer Urteile sein kann.

Anmerkungen:

1. Näheres dazu in H. Müller-Suur: Das psychisch Abnorme. Berlin/Göttingen/-Heidelberg, Springer 1950 Und: Abgrenzung neurotischer Erkrankungen von der Norm. In: Handbuch der Neurosenlehre u. Psychotherapie, Hrsg. v. V.E. Frankl, V.E. v. Gebsattel, J.H. Schultz. München/Berlin, Urban & Schwarzenberg Bd. I 1957, S. 250-262, sowie in: Grundzüge der Neurosenlehre. München/Berlin/Wien, Urban & Schwarzenberg 1972, Bd. 1, S. 1-13 Und: Über kulturelle Bedingtheit des Begriffs der Normalität. Sozialpsychiatrie Vol. 1, No. 3, 1966, p. 138-141.

2. M. Heidegger: Vom Wesen des Grundes. In: Festschr. Edmund Husserl z. 70. Geburtstag. Max Niemeyer, 2. Aufl. Tübingen 1974

3. E. Husserl: Formale und transzendentale Logik. (Halle Saale) Max Niemeyer 1929

4. G.W. Leibniz: Nouv. Essais ... Buch IV, Kap. XVII, §4. Philos. Schriften hrsg. v. Wiss. Buchges. Darmstadt 1961, Bd. III/2, S. 550

5. G. Frege: Funktion und Begriff. In: Funktion, Begriff, Bedeutung. Hrsg. G. Patzig 3.Aufl. Göttingen, Vandenhoeck & Ruprecht 1969

6. Weiters bezüglich psychotischer Seinsverfassungen ist zu finden in H. Müller-Suur: Verschiedenheiten des Sichselbstverstehens bei psychotisch Kranken. Nervenarzt 57 (1986), 349-353 und: Konstitutive Unterschiede des Wähnens in verschiedenen psychotischen Krankheitszuständen. Nervenarzt 59 (1988), 477-481

6. Weiters bezüglich psychotischer Seinsverfassungen ist zu finden in H. Müller-Suur: Verschiedenheiten des Sichselbstverstehens bei psychotisch Kranken. Nervenarzt 57 (1986), 349-353 und: Konstitutive Unterschiede des Wähnens in verschiedenen psychotischen Krankheitszuständen. Nervenarzt 59 (1988), 477-481

Reinhardt Peter Nippert

Für eine Weiterentwicklung der Medizinischen Soziologie! Ein kritischer Vorschlag.

Medizinische Soziologie ist in Deutschland ein Ausbildungsfach im Rahmen des vorklinischen Abschnittes des humanmedizinischen Studiums und zugleich eine Bezeichnung für eine äußerst heterogene sozialwissenschaftliche Forschungsrichtung, mit Beziehung zum Thema Gesundheit. Ein akademisches Fach, für das es bisher keinen speziellen Ausbildungsgang gibt, unter dessen übergreifender Bezeichnung eine Vielzahl unterschiedlichster Biographien und akademischer Karrieren zusammentrafen.[1] Medizinische Soziologie vereinigt mehrere unterschiedliche Wissenschaftstraditionen, von der deutschen Sozialmedizin des 19. Jahrhunderts, bis zur Medical Sociology der U.S.A. der fünfziger und sechziger Jahre.[2] Sie hatte ihre Wieder-Geburtsstunde nach dem 2. Weltkrieg am 30. 06. 1958 in Köln, durch ein Treffen von an Medizinischer Soziologie Interessierten, das unter der Leitung von R. König und M. Tönnesmann im Beisein von namhaften amerikanischen Soziologen stattfand.[3,4] Auf deutscher Seite waren überwiegend Ärzte vertreten. Zu den amerikanischen Teilnehmern zählten R. Elling, J. Elinson, A. Hollingshead, also Soziologen die vorallem an der Erforschung von Problemen der Gesundheitsversorgung interessiert waren und dafür eine internationale Perspektive entwickelt hatten.[5,6]

Probleme der Gesundheitsversorgung hieß damals vor allem, Probleme der kurativen Versorgung. Medizinische Soziologie hatte ganz selbstverständlich das medizinische Versorgungssystem und die Belange der institutionalisierten Medizin zum Gegenstand.[7]

Bereits ein Jahr zuvor hatte die Disziplin Medizinische Soziologie eine Definition erfahren, die, obwohl schon zum Zeitpunkt ihrer Veröffentlichung als zu eng kritisiert, bis heute weiter existiert und benutzt wird.[8] Die klassische Begriffsbestimmung von R.

Straus unterschied damals zwei Ausprägungen der Medizinischen Soziologie: die eine, die als Soziologie der Medizin (Sociology of Medicine) gekennzeichnet war und die andere, die die Bezeichnung Soziologie in der Medizin (Sociology in Medicine) erhalten hatte.[9,10,11] Der ausschließliche Bezug auf Medizin als Gegenstand Medizinischer Soziologie, verdeutlicht die vorrangige Orientierung der angewandten Soziologie der fünfziger und sechziger Jahre in den USA, ihre Institutionsbezogenheit; so auch im Falle der Medizinischen Soziologie.

Das Paradoxon, daß eine als nicht hinreichend empfundene Definition dennoch immer wieder zur Kennzeichnung des Faches herangezogen wird, läßt sich professionsspezifisch erklären. Durch die vorrangige Befassung mit der institutionalisierten Medizin verbindet sich für die Soziologie eine gratifikationsreiche, prestigevermittelnde Tätigkeit.[12]

Die Eingängigkeit der Straus'schen Unterscheidung, die vermutlich ebenfalls zu ihrem Überleben beigetragen hat, läßt sich bei einer um Vollständigkeit bemühten Neudefinition nicht reproduzieren. Der Erweiterung und Verlagerung des Arbeitsgebietes des Faches muß Rechnung getragen werden. Heute müßte man von der Soziologie des Gesundheitswesens (i.S. des Health System Research) sprechen, um diese Veränderungen zu berücksichtigen. Damit soll hervorgehoben werden, daß nicht nur eine quantitative Vermehrung der Forschungsaktivitäten im Rahmen des vorgenannten Arbeitsgebietes in den letzten in den letzten 20-25 Jahren stattgefunden hat, vielmehr verdeutlicht diese Ergänzung, daß sich der wissenschaftliche Aspekt der Disziplin insgesamt verändert und erweitert hat, obwohl sie, entsprechend der ihr verordneten Zuständigkeit im medizinischen Curriculum, eigentlich nur einen sehr engen thematischen Ausschnitt zu vertreten hätte.[13] Die restriktive Zuweisung von Einzelinhalten aus dem medizinsoziologischen Gegenstandsbereich habe ich an anderer Stelle kritisiert, das Auswahlprinzip mit der Bezeichnung: Arztrelevanz benannt und darauf hingewiesen, daß so enge, an bestimmten Berufsinhalten und -ausformungen orientierte Kriterien, die gesellschaftlichen Phänomene mit Medizinrelevanz ausschließlich auf berufsspezifische Verwertungs- bzw. Anwendungsgesichtspunkte reduziert, was nur einen Aspekt medizinsoziologischer Forschung betrifft.[14]

Aber selbst bei alleinigem Bezug auf die Straus'sche Begriffsbestimmung muß aus heutiger medizinsoziologischer Perspektive betont werden, daß sich seit damals auch die institutionsvermittelte, kurativ-medizinische Versorgung der Bevölkerung grundlegend gewandelt hat und somit unter anderen Kategorien neu zu beschreiben ist. Die Wandlung betrifft die interne Struktur und institutionelle Gliederung des medizinischen Versorgungssystems wie auch das Verhältnis zu gesellschaftlichen Institutionen außerhalb dieses Systems. Während die traditionelle medizinsoziologische Perspektive hauptsächlich der Interaktion von Arzt und Patient gewidmet war und von den Rahmenbedingungen der medizinischen Versorgung weitgehend absehen konnte, wurde durch den enormen Kostenschub während der siebziger und achtziger Jahre sowie die Probleme ihrer Erbringung, die Rückbesinnung auf den Systemzusammenhang der

Gesundheitsversorgung wieder erzwungen. Die Entstehung und Implementierung "neuer" Finanzierungs- und Kostenkontrollverfahren in den U.S.A. verdeutlichen diesen Kontext.[15,16] Selbst in Europa, wo die medizinischen Versorgungssysteme in fast allen Staaten die Existenz eines umfassenden Sozialen Sicherungssystems voraussetzen, haben diese Prozesse zu deutlichen Veränderungen geführt. Sie haben inzwischen teilweise Ausprägungen angenommen, die eine Reihe von medizinsoziologisch relevanten Konsequenzen bis hin zu Fragen der Versorgungsinhalte zeitigen.

Es scheint, daß aus Gründen der unterschiedlichen Veränderungen und Entwicklungen der Versorgungssysteme, eine divergente inhaltliche Entwicklung in der Medizinischen Soziologie in der Europäischen Gemeinschaft im Vergleich zu der amerikanischen die Folge sein wird. Insofern stellt der medizinsoziologische Ansatz, wie er von Beginn an von Chr. von Ferber eingebracht wurde - oft genug zum Erstaunen der Kollegen - indem er stets die Gesundheitsversorgung als Teil der Sozialpolitik auffaßte und damit die Eingebundenheit der medizinischen Versorgung in das Soziale Sicherungssystem hervorhob, eine in Europa sich immer mehr durchsetzende und der Medizinsoziologie strukturgebende Zukunftsperspektive dar.[17,18,19]

Zwar stellt das System der kurativen Versorgung nach wie vor die zentralen Institutionen des Gesundheitssystems, also des Systems in dem die Gesamtheit an Gesundheitsleistungen generiert, bereitgehalten und nachgefragt werden, und somit das zentrale Arbeitsgebiet der Medizinischen Soziologie. Aber neben die institutionsbezogene Versorgungsforschung, ist auch die Erforschung externer Einflüsse auf die Medizin, etwa des Einflusses der Technologie, sowie die Erweiterungen des Systems getreten, die, aufgrund von Bedarfssteuerung vorwiegend von medizinischen Laien ins Leben gerufen, das Gesundheitssystem ergänzen.

Zur Zeit ist die Wandlung der kurativen Medizin, durch zunehmende Verwissenschaftlichung und intensivierte Arbeitsteilung der medizinischen Disziplinen gekennzeichnet und ihre Auswirkung auf die Versorgung, ein wesentlicher Gegenstand.
Diese Veränderung und die verstärkt durch die Bevölkerung artikulierten Präventionserfordernisse haben eine Vielzahl neuer Beziehungen zwischen Arzt und Patient/Klient entstehen lassen, die ihren Niederschlag in einem bereits umfangreichen und sich ständig erweiternden Medizin- und Arztrechts gefunden haben. Die Entwicklung alternativer, teilweise unter Einbeziehung von medizinischen Laien bzw. von Betroffenen in Selbstorganisation realisierten Versorgungseinrichtungen schaffen Probleme des Informationstransfers und der rechtlichen Zuordnung, die auch von Medizinsoziologen bearbeitet werden.

Im Kontex der sozialen Auswirkungen, die das veränderte Verhältnis von Arzt und Patient bzw. Ratsuchenden betreffen, sind ärztliche Diagnose- und Interventionsmöglichkeiten mit völlig neuen Konsequenzen für die Klientel entstanden. Sie sind ein weiteres Arbeitsgebiet der Medizinischen Soziologie im Bereich der Patient-Arzt-Interaktion.

Im prä- und postmorbiden Stadium bietet das Bedürfnis nach Beratung, das sich auf vermeidbare gesundheitliche Risiken sowie auf therapiebezogene Wirkungen und Beeinträchtigungen richtet, den Hintergrund für medizinsoziologische Betrachtung der sich wandelnden Patient-Arzt-Beziehung und der dadurch hervorgerufenen Veränderungen der Gesundheitsversorgung.

Mit der Verstärkung des präventiven Anteils ärztlicher Tätigkeit, d.h. den Beratungsanteilen, sind ebenfalls Veränderungen zwischen Sozialem Sicherungssystem und Gesundheitssystem, zwischen Finanzierung, Bewertung und Bereitstellung im Gange.[20] Sie werden sich in der Zukunft noch verstärken.

Somit befindet sich die Medizinische Soziologie mitten in einem nationalen Prozeß der Umgestaltung des Untersuchungsgegenstandes. Gleichzeitig finden aber auch auf supranationaler Ebene Harmonisierungs- und Umgestaltungsprozesse, die das System der Gesundheitsversorgung betreffen, im Rahmen der europäischen Integration statt, die ebenfalls Berücksichtigung finden müssen. Um diesen Erfordernissen Rechnung tragen zu können, bedarf es einer breiten personellen Qualifikation, die verläßlich zur Verfügung steht.

In den späten fünziger Jahren, als die Medizinsoziologie in Deutschland aus der Taufe gehoben wurde, war von solchen Veränderungen noch nichts zu spüren. Das medizinische Versorgungssystem bot der soziologischen Forschung noch das Bild eines klar hierarchisch gegliederten Institutionengefüges, in dem ebenso hierarchisch geordnete Weisungsbefugnisse und Verantwortungsbereiche existierten und das nach innen wie nach außen von einer gewissen Invarianz gekennzeichnet zu sein schien.[21]

Die Medizinische Soziologie war zu der Zeit durch die strukturell-funktionale Theorie geleitet. Es war der damals führende theoretische Ansatz in der Soziologie. Die strukturell-funktionale Analyse hatte den Beitrag der jeweiligen gesellschaftlichen Subsysteme zum Erhalt der Gesellschaft zum Gegenstand und beschrieb sie in dieser Funktion für die Gesamtgesellschaft.[22,23] Die Ergebnisse dieser Forschung heute erneut zu rezipieren, läßt die Veränderungen, die seit der damaligen Zeit entstanden sind, besonders deutlich hervortreten.[24] Auffällig ist, mit welcher Selbstverständlichkeit damals in der medizinsoziologischen Forschung von der Finanzierung der Gesundheitsleistungen abgesehen und die ökonomische Problematik gesundheitlicher Leistungen undiskutiert bleiben konnte.[25] Daß hier ein gesellschaftlich definiertes Ziel der Medizin, Erhalt und Wiederherstellung der Gesundheit und Leistungsfähigkeit der Bevölkerung, unabhängig von den Realisierungsbedingungen diskutiert wurde, läßt sich im Nachhinein nur mit Verweis auf die sich entwickelnde ökonomische Prosperität erklären, die die Finanzierungsprobleme des Gesundheitswesens als geregelt und steuerbar erscheinen ließ. Die Erhaltung der Gesundheit war, nach gesellschaftlichen und professionellen Wertmaßstäben, ohnehin nicht in ökonomischen Kategorien abzubilden. Investitionen zur Erreichung dieser Zielvorstellung wurden widerspruchslos als notwendig hingenommen. Die Medizinsoziologie verhielt sich, was die Abstinenz hinsichtlich des Finanzierungsproblems betraf, absolut konform mit ihrer Bezugsdisziplin, der Medizin.

Probleme dieser Art standen nicht im Vordergrund des wissenschaftlichen Interesses. Die ersten größeren Veränderungen des medizinischen Versorgungssystems wurden durch externe Einflüsse aufgrund von demographischen und technischen Veränderungen hervorgerufen. Sie ließen eine Reihe therapeutischer Entwicklungen entstehen, die der kurativen Medizin zu ungeahnter Handlungsfähigkeit in Diagnostik, Therapie und Rehabilitation verhalfen. Sie hatten verschiedene soziale und professionsethische Konsequenzen, die sich heutzutage u.a. in der sich kontinuierlich öffnenden Schere zwischen diagnostizierbaren und therapierbaren Krankheiten niederschlagen und die zu beschreiben, sozusagen in statu nascendi, außerordentlich reizvoll ist.[26]

Die neugewonnenen Handlungsmöglichkeiten in Diagnostik, Therapie und Rehabilitation haben aber neben der Erweiterung der Handlungsfähigkeit auch eine andere Konsequenz: Sie vermitteln der institutionalisierten Medizin einen "Individualisierungsschub." - Medizinische Probleme sind Individualprobleme, könnte man formulieren. Die sich an den Einzelnen richtenden medizinischen Maßnahmen und Forderungen lassen über vergleichbare Lebenslagen vermittelte Erkrankungsrisiken und ihre kollektive Beeinflußbarkeit nur selten ins Blickfeld geraten.

Ein kursorischer Blick auf die Geschichte der Medizin der letzten 150 Jahre verdeutlicht, je mehr die Be-Handlungsfähigkeit des Einzelnen zunahm, desto stärker verringerte sich die Bereitschaft, Krankheit als ein soziales, viele Menschen in vergleichbaren Lebens- und Soziallagen betreffendes Phänomen anzuerkennen und als solches mittels kollektiver Strategien zu verändern.[27,28] Seit dem die Soziale Frage über die Sozialgesetzgebung kollektiv entschärft und nur noch partiell in einzelnen, modernen Erscheinungsformen im Inland überdauert hat, ist das Bewußtsein hinsichtlich der Bedeutung von Krankheit als einem Kollektivphänomen auch politisch in den Hintergrund der gesellschaftlichen Aufmerksamkeit gerückt.[29]

Daran hat die Gesetzliche Krankenversicherung (GKV), die nahezu die Gesamtbevölkerung umfaßt sowie die in diesem Rahmen nachgefragten, erbrachten und finanzierten Gesundheitsleistungen einen wesentlichen Anteil. Überall dort, wo sich aus gemeinsamer Betroffenheit Kollektive erkennen und finden können, deren Leistungsbedarf im Rahmen der GKV nur ungenügend abgedeckt wird, kann Krankheit über Primärerfahrung als Gruppenphänomen ins Bewußtsein treten. Es handelt sich um einen Prozeß, der konstitutiv für nahezu alle Selbsthilfegruppen ist.

Die U.S.A. erleben dieses Phänomen z. Zt. auf nationalem Niveau im Kontext der Versorgung der ARC- und AIDS-Erkrankten, deren Aufnahmeanträge von den kommerziellen Krankenversicherungsgesellschaften abgewiesen werden.[30] In der Bundesrepublik sind davon vorwiegend Randgruppen wie Drogenabhängige und chronisch Alkoholkranke betroffen, ihnen wird zwar nicht der Krankenversicherungsschutz über die GKV vorenthalten, aber das auch die Selbsthilfe konstituierende Kollektiverlebnis kommt häufig genug wegen des sozial stigmatisierenden Grundleidens nicht zustande.

Von dem Virchow'schen Postulat, daß die Medizin im Kern eine soziale Disziplin, die Politik nur eine Fortsetzung der Medizin mit anderen Mitteln und der Arzt der natürliche Anwalt der Armen sei, bis zu der heutigen Auffassung von Medizin führt ein Prozeß kontinuierlicher Individualisierung des Krankheitsgeschehens. Der soziale Aspekt der Medizin, der Blick auf die in unterschiedliche Betroffenengruppen gegliederte Bevölkerung, ist der individuumsbezogenen Auffassung von Krankheit inzwischen völlig untergeordnet. Die Auswirkungen dieser Einstellung finden sich wieder in der vergleichsweise geringen Bedeutung, die Prävention und Früherkennung hierzulande faktisch besitzen. Da sie sich ebenfalls in individualisierender Weise an Einzelne richten, ist ihre Wirksamkeit in hohem Maß von Ausbildung und sozialer Schichtzugehörigkeit der Adressaten beeinflußt.[31]

Auch hier spielen Finanzierungsfragen der Gesundheitsversorgung eine wesentliche Rolle. Wenn auch seit Beginn der GKV das Risikodistributionsprinzip besteht, so bleibt sie dennoch eine individualisierende Zwangsversicherung für die überwiegende Mehrzahl der Bevölkerung. Das Erkrankungsrisiko ist zwar über die Allgemeinheit in bestimmter Weise verteilt, Gesundheitsleistungen können aber nur in Anrechnung gebracht werden, wenn Einzelne als Inanspruchnehmer bzw. deren Krankenversicherung dafür herangezogen werden können. Die durch Gesundheitsvorsorge und Früherkennung begründeten Ausgaben, also solche die Kollektive als Zielgruppen haben, stagnieren in der Bundesrepublik seit 1970. Insgesamt wurden in diesem Jahr 0.6% der Gesundheitsausgaben für diese Zwecke getätigt. Von der GKV wurde ein Anteil von 1.0% der Gesamtausgaben dafür aufgewendet. Im Jahre 1986 betrug der Anteil der Gesundheitsausgaben für Gesundheitsvorsorge und Früherkennung 0.7%, der der GKV 1.0%. Hingegen stieg der Anteil der Ausgaben für Behandlung von 50.2% im Jahre 1970 auf 59.3% im Jahre 1986. In der GKV betrug dieser Anteil 1970 78.7% und 1986 84.9% der Gesamtausgaben.[32]

Die Auswirkungen des demographischen Übergangs von einer stationären zu einer schrumpfenden Bevölkerung, bei gleichzeitiger Zunahme der oberen Altersklassen in der Bevölkerung, der damit in Zusammenhang stehende Prozeß einer erneuten "Veränderung des Krankheitspanoramas", insbesondere hinsichtlich der Versorgung chronisch Kranker, die noch nicht abgeschlossene "Technologische Revolution" in der medizinischen Versorgung, die Entstehung "alternativer Versorgungsstrukturen", das Wiederauftreten von übertragbaren Erkrankungen, die erkennbar werdenden Disparitäten im Versorgungsangebot zwischen den deutschen Ländern, das Ost-West-Gefälle, um nur einige Stichworte zu nennen, macht Forschung im Gesundheitsversorgungssystem sowie über die Konsequenzen der vorrangigen gesundheitlichen Beeinträchtigungen aus gesellschaftlicher Perspektive erforderlich.

Es empfiehlt sich allerdings, dieses Unternehmen nicht als eine exklusive medizinsoziologische Aufgabe aufzufassen. Noch existieren Ressentiments gegenüber dem Fach, aufseiten der Medizin, die aus der Phase der generalisierten Medizinkritik durch die Medizinische Soziologie herrühren.[33] Auch in der Medizinischen Soziologie sind z.T. noch die traditionellen Vorstellungen über ärztliches Handeln und medizinische Handlungsmöglichkeiten verbreitet. Damit nicht überholte Stereotype Mißverständnisse entstehen lassen, empfiehlt es sich, diese Evaluation des Gesundheitssystems in kooperativ-interdisziplinären Projekten durchzuführen, um die jeweiligen informativen Defizite und vorurteilsbehafteten Zuschreibungen zwischen den Disziplinen zu minimieren und zu überwinden.

Die Medizin hat der Medizinischen Soziologie in dieser Hinsicht einiges zu geben, Kooperativität und Interdisziplinarität kennzeichnen die Medizin seit Beginn ihrer Geschichte. Ihre Disziplinen hätten nicht den Grad an Arbeitsteilung untereinander erreichen können, wenn sie diese Grundbedingung nicht erfüllen könnten. Es ist erforderlich, daß die Medizinische Soziologie dies anerkennt und sich der Frage stellt, warum es ihr selbst bisher nur partiell gelungen ist, in die Gruppe der Disziplinen aufgenommen zu werden, mit denen man in der Medizin selbstverständlich kooperiert und selbstkritisch eine Neuorientierung einleitet.

Sicher hat die uneingelöste gesellschaftliche Erwartung an die Medizinische Soziologie, sie könnte die gravierenden Folgen des Wandels in der Medizin für Patienten und Ärzte abmildern und in Einzelfällen sogar aufheben, mit dazu beigetragen, die Kooperationsbereitschaft der medizinischen Disziplinen in zu limitieren. Aber unterschiedliche Bezugssysteme zwischen Medizin und Medizinischer Soziologie (Individuum vs. Gesellschaft), divergente Zielsetzungen der Disziplinen (Intervention vs. Analyse) und, nicht zuletzt, sprachlich-terminologische Inkompatibilitäten hatten zur Folge, daß zunächst bestehende Kooperationsansätze bald wieder aufgegeben wurden. Daß die Inititative dabei überwiegend von der Medizin ausging ist darin begründet, daß sie, im Gegensatz zur Medizinischen Soziologie, viel stärkere Veränderungen vollziehen und größere Veränderungsbereitschaft hätte zeigen müssen, um die Kooperation auf Dauer zu betreiben. Diese Opfer hätten sich auch in Status- und Herrschaftsbeziehungen ausdrücken müssen. Die frühen empirischen medizinsoziologischen Studien berichten immer wieder, in welchem Ausmaß sich Statusprobleme innerhalb der Forschungsteams zwischen Medizinern und Nicht-Medizinern als Störfaktoren ausgewirkt haben.[34,35] Solche Probleme, die durch Beharrung auf traditionell medizinischem Rollenverständnis hervorgerufen wurden, ließen damals beständig Kritik an den vorgefundenen Versorgungsstrukturen entstehen. Die Medizinische Soziologie entwickelte daran die Vorstellung einer soziologisch begründeten Umgestaltung interner Beziehungen in den Institutionen der kurativen Versorgung.[36] Vorstellungen, die jedoch schon bald nachdem sie entwickelt worden war, unter dem Eindruck der sich verringernden gesellschaftlichen Legitimation an die Medizinsoziologie aufgegeben werden mußten.[37]

Dabei spielte es faktisch keine Rolle, daß das Fach in der Zwischenzeit Ausbildungsfach im humanmedizinischen Studiengang geworden war und spezifische Erwartungen und neue Loyalitäten zu berücksichtigen hatte.[38]

Der heute erkennbare und damals bereits begonnene Versachlichungsprozeß in der Auseinandersetzung der Medizinischen Soziologie mit ihrer gastgebenden Disziplin, der Medizin, aber auch die sich entwickelnde Nüchternheit und partielle Akzeptanz einer medizinischen Prärogative bei den Medizinsoziologen, machen es heute eher möglich, gemeinsam mit den jeweiligen medizinischen Disziplinen, das medizinische Versorgungssystems interdisziplinär zu evaluieren.

Interessanterweise scheint diese sich in Europa abzeichnende Entkrampfung des Verhältnisses zwischen Medizinischer Soziologie und Medizin in den U.S.A., dem "gelobten Land" der Medizinischen Soziologie, nicht in gleichem Maße zu gelten. War es bis noch vor ganz kurzer Zeit eine Selbstverständlichkeit, daß "Kooperativität und Interdisziplinarität" typische Eigenschaften der akademischen, sozialwissenschaftlichen Disziplinen in den Vereinigten Staaten seien, so zeigt sich neuerdings, daß es sich dabei z.T. um "wishful thinking" gehandelt haben muß.

Eine kürzlich erschiene Darstellung der Bedeutung der Medizinischen Soziologie für die Gesundheitsforschung in den U.S.A. von D. Mechanic erläutert im Detail, daß der Medizinischen Soziologie bisher nur begrenzte Wirksamkeit zukam. Wobei erstaunliche Parallelen zur Entwicklung und Situation des Faches in der Bundesrepublik Deutschland in der Vergangenheit zutage traten.[39] Während Mechanic die eingeschränkte Wirksamkeit der Medizinischen Soziologie vorwiegend an politische Zuschreibungen und geradezu aversive Einstellungen der konservativen Reagan Administration gegenüber der Soziologie knüpft, kann man, bei unvoreingenommener Haltung generell feststellen, daß die Medizinische Soziologie in den U.S.A. ebenfalls einen gesellschaftlichen Legitimitätsverlust erfahren hat. Analog zur hiesigen Professionsgeschichte sind die ökonomischen Kategorien zur akzeptierten Deutungs- und Steuerungssprache (von Ferber) im Gesundheitswesen avanciert. Dabei gilt für die U.S.A., daß dieser Wechsel in entscheidender Weise mit organisationellen und finanzierungstechnischen Veränderungen im Gesundheitswesen verbunden war, nämlich der Einrichtung von verstärkt auf Wettbewerb ausgerichteten Beziehungen zwischen Anbietern, Nutzern und Finanzierern der Gesundheitsleistungen.[40,41,42,43]

Heute stellt sich die Lage der Sozialwissenschaften in der medizinischen Ausbildung und Versorgung im Vergleich zwischen den U.S.A. und Europa für Europa günstiger dar. Offenbar hat die Medizinische Soziologie in den Vereinigten Staaten, im Bewußtsein ihrer vorgeblich bestehenden "Akzeptanz", sich zuwenig den sozialen Problemen der Gesundheitsversorgung und den sozialen Konzequenzen der veränderten Finanzierungskonzepte gewidmet, so daß die Übernahme einer Reihe von Themen durch andere Disziplinen, insbesondere durch die Ökonomie, erfolgen konnte.

Die europäische Medizinische Soziologie sollte die Chance nutzen und aus der für sie günstigen Position die Initiative zur generellen Erneuerung der Medizinischen Soziologie zu ergreifen.

Was eine solche Medizinische Soziologie inhaltlich kennzeichnen sollte, läßt sich nur diskursiv ermitteln, denn trotz fortschreitender europäischer Integration bestehen noch eine Vielzahl systembedingter Unterschiede zwischen den Mitgliedstaaten der EG auf versorgungstechnischem und institutionellem Gebiet sowie hinsichtlich des Gesundheitsverhaltens und der gesundheitlichen Einstellungen in den verschiedenen Populationen, so daß ein ausformulierter Vorschlag, der die europäische Situation reflektiert, noch nicht vorgelegt werden kann.[44,45]

So viel läßt sich aber jetzt schon sagen: Die erneuerte Medizinische Soziologie muß zu kooperativer und zu interdisziplinärer Arbeit mit anderen Fachgebieten der Medizin fähig sein. Denn die soziologische Kompetenz zur Evaluation des Gesundheitswesens reicht allein nicht mehr aus und führt in die gleiche Stagnation, die die Vergangenheit kennzeichnete. Die Kooperation mit den beteiligten Disziplinen erzwingt auch aufseiten der Medizinsoziologen eine Erweiterung der Kenntnisse zur stärkeren Durchdringung des Untersuchungsgegenstandes. Um interdisziplinär kooperieren zu können, muß der informierte Diskurs auf anspruchsvollem Niveau mit den jeweiligen Fachvertretern führbar sein sowie die Fähigkeit vorhanden sein, Theorien und Konzepte der Nachbardisziplinen zu verstehen und konzeptionell nutzbar machen zu können.

Um dieser Forderung gerecht werden zu können, muß rechtzeitig eine bisher vernachlässigte, aber im Zuge des Europäischen Einigungsprozesses sich dringlich stellende Aufgabe bewältigt werden: einen Ausbildungsgang in Medizinischer Soziologie zu schaffen.

Die Tendenz, daß Fach Medizinische Soziologie in Deutschland immer häufiger durch Mediziner mit einer soziologischen Zusatzqualifikation vertreten zu lassen, ist für die Zukunft unpraktikabel. Bei der Bedeutung dieser Disziplin im vorklinischen Abschnitt des humanmedizinischen Studiengangs wäre eine solche Vorbedingung ein zu anspruchsvoller Ausbildungsweg, als daß er von zukünftigen Bewerben gefordert werden könnte. Hinzu kommt, daß damit objektiv zuviel Zeit für die Ausbildung in Anspruch genommen würde, wenngleich die Doppelkompetenz für das Fach unzweifelhaft von Vorteil ist.

Aber ein Gedanke, der auf den Ergebnissen der klassischen Medizinsoziologie fußt, sollte dennoch berücksichtigt werden, ehe generell die Doppelqualifikation des Mediziners und Soziologen für einen Fachvertreter gefordert wird: Nach 6-8 Jahren kontinuierlicher Sozialisation im Rahmen der medizinischen Ausbildung, ist vermutlich eine ausgesprochen interventionistische Ausrichtung bei der Auswahl der Forschungsinteressen dieser Fachvertreter erwartbar. Der typische Gegensatz des Bezugssystems der Disziplinen Medizin und Soziologie, Individuum vs. Gesellschaft, der durchaus fruchtbare Divergenzen entstehen läßt, würde vermutlich nivelliert werden. Da medizinische Sozialisation nicht nur eine Akkumulation von arzt- und medizinrelevanten Inhalten ist, sondern darüberhinaus auch die Übernahme von Einstellungen und Verhaltensweisen ärztlicher Rollenmuster beinhaltet, die auf dem Wege des Erfahrungslernens während des Studiums erworben werden, ist zu erwarten, daß sie einen prägenden Einfluß entwickeln.[46,47] Der bei Doppelqualifikation erforderliche zu hohe zeitliche Aufwand sowie die inhaltliche Determination durch den professionellen Sozialisationsprozeß lassen es sinnvoll erscheinen, einen Studiengang zu entwickeln, der europaweit eine einheitliche Basisausbildung an Medizinischen Fakultäten bzw. Medical Schools ermöglichen sollte, der sowohl von Medizinstudenten wie fortgeschrittenen Studenten anderer Disziplinen besucht werden kann. Er böte aufgrund dieser institutionellen Anbindung die Gewähr, daß die notwendige Interdisziplinarität und Kooperativität sowie die Arzt- und Medizinrelevanz ständig gefordert und real überprüfbar wäre.

Ein Ausbildungsgang dieser Art sollte mehrere Schwerpunkte aufweisen, um den Absolventen hinreichend variable Berufschancen zu vermitteln und die Frage des akademischen Nachwuchses ebenfalls nicht unberücksichtigt lassen. Unverzichtbar sind folgende Kernbestandteile neben dem erforderlichen medizinischen Grundwissen:

Epidemiologie, Gesundheitssystemforschung, Soziologie, Gesundheitsökonomie, Demographie sowie Gesundheits- und Sozialpolitik mit nationaler wie internationaler Perspektive. Auf der Basis einer handlungs- und entscheidungsorientierten Theorie der Gesundheitsversorgung sollten diese Schwerpunkte die Gestaltung der Ausbildung in Medizinischer Soziologie kennzeichnen.

Ein solcher Ausbildungsgang würde die Entwicklung der Disziplin strukturieren und für ihren Nachwuchs die Aussicht auf Berufsmöglichkeiten innerhalb und außerhalb des medizinischen Ausbildungssystems verbessern und konkretisieren. Er würde ihnen Berufschancen auch außerhalb des Herkunftslandes sichern helfen, damit die berufliche Mobilität fördern und dem europäischen Integrationsprozeß auch auf dem Gesundheitssektor von Vorteil sein.

Anmerkungen:

1. RH Elling, M Skolowska (eds) (1978) Medical Sociologists at Work, Transaction Books, New Brunswick, N.J.

2. HU Deppe, M Regus (Hrg) (1975) Seminar: Medizin, Gesellschaft, Geschichte, Beiträge zur Entwicklungsgeschichte der Medizinsoziologie, Suhrkamp, Taschenbuch Wissenschaft, Frankfurt

3. R König, M Tönnesmann (Hrg) (1958) Probleme der Medizin-Soziologie, Sonderheft 3 der Kölner Zeitschrift für Soziologie und Sozialpsychologie, Westdeutscher Verlag 1958

4. M. Pflanz (1973) Die zunehmende Soziologisierung der Medizin, in: G Albrecht, H Daheim, G Sack (Hrg) Soziologie, Sprache, Bezug zur Praxis, Verhältnis zu anderen Wissenschaften, Festschrift für R König, Westdeutscher Verlag, Opladen, 588-600

5. R,H. Elling (ed) (1971) National Health Care: Issues and Problems in socialized Medicine, Aldine-Athkrton, New York and Chicago

6. J Elinson, (1962) The Physician's Dilemma in Puerto Rico, Journal of Health and Human Behavior, 3, 14-21

7. Daß zu dieser Zeit die Bezeichnung Medizinsoziologe noch nicht üblich war zeigt auch, daß Talcott Parsons nie als Medizinsoziologe bezeichnet worden ist, obwohl er zum zentralen Theoriebestand der Disziplin Wesentliches beigetragen hat und von Ray Elling und Mark Field als wichtiger Gesprächspartner und akademischer Lehrer in Harvard beschrieben worden ist. vgl. RH Elling, To Strike a Balance; M Field, In the Vineyards of Medical Sociology or How a Jeep Ride in Occupied Germany Changed My Life, in: RH Elling, M Sokolowska (eds) Medical Sociologists... op. cit. 47-88, 89-114

8. Z.B. in Form von "sociosalustics" von J. Elinson und als "sociology of health" von G. Rosen und V. Oleson vorgeschlagen, wegen der inhaltlichen Begrenztheit von medical sociology

9. R. Straus, (1957) The Nature and Status of Medical Sociology, American Sociological Review, 22, 2:200-204

10. R.H. Elling, To Strike a Balance, in RH Elling , M Sokolowska, Medical Sociologists..., op cit, p. 80

11. G. Rosen, (1963) The Evolution of Social Medicine, in, HE Freeman, Sol Levine, LG Reeder, Handbook of Medical Sociology, 2nd ed, Prentice Hall, Englewood Cliffs, N.J. 1963. 30-60, 52

12. RP Nippert, (1989) Medizinische Soziologie und Gesundheitssystemforschung - wie kann sich die Medizinische Soziologie profilieren, Medizin Mensch Gesellschaft 14 (1989) Heft 4: 265-277

13. Approbationsordnung für Ärzte, i.d.F. vom 14. Juli 1987 (BGBL. I S.1218) zul. geändert durch Art. 45 Nr.2 des Gesetzes vom 20. Dezember 1988 (BGLB. I S.2477) sowie die Siebente Verordnung zur Änderung der AppoÄ vom 21. 12. 1989 (BGBL.I S.2549)

14. RP Nippert, Medizinische Soziologie und Gesundheitssystemforschung... op. cit., 271

15. B Abel-Smith, (1985) Who is the Odd Man Out, The Experience of Western Europe in containing Costs of Health Care, The Milbank Quarterly 63, 1:1-17

16. RP Nippert, (1990) Competition in Health Care - Promises and Consequences, Paper read at the 2nd World Congress on Health Economics, Zürich

17. Chr von Ferber, (1967) Sozialpolitik in der Wohlstandsgesellschaft, Hamburg

18. ders. (1973) Soziologische Aspekte der Gesundheitsplanung, in: B Schäfers (Hrg) Gesellschaftliche Planung, Materialien zur Planungsdiskussion in der BRD, Enke Verlag, Stuttgart, 312-333

19. Chr. von Ferber (1971) Gesundheit und Gesellschaft, Haben wir eine Gesundheitspolitik? Stuttgart, Berlin, Köln, Mainz

20. H Weber-Falkensammer (Hrg) (1986) Gesundheitsberatung als ärztliche Aufgabe, Situationsanalyse zur Gesundheitsberatung durch den niedergelassenen Arzt, Deutscher Ärzte Verlag, Köln

21. J.J. Rohde (1974) Soziologie des Krankenhauses, Enke Verlag, Stuttgart, 2. Aufl.

22. T. Parsons (1951) The Social System,Routledge & Kegan Paul Ltd, London

23. R.K. Merton (1968) Social Theory and Social Structure, enl ed the Free Press of Glencoe, New York

24. J.J. Rohde (1970) Probleme des Arztberufs im Krankenhaus, in: A Mitscherlich, T Brocher, O. von Mehring, K. Horn (Hrg) Der Kranke in der modernen Gesellschaft, 3. Aufl. Verlag Kiepenheuer & Witsch, Köln und Berlin, 349-361

25. Chr. von Ferbers Arbeiten in der Medizinischen Soziologie sind davon weitgehend auszunehmen.

26. vgl. den Beitrag von I Nippert in diesem Band sowie
-dies. (1991) The History of Prenatal Genetic Diagnosis (PD) in the Federal Republic of Germany: A Report from the EEC-Study on the Diffusion of Health Care Technologies in Practice, Oxford University Press, London

27. G. Rosen, The Evolution of Social Medicine, in: HE Freemann, S Levine, LG Reeder (eds) Handbook of Medical Sociology, Prentice-Hall Inc. Englewood Cliffs, N.J., 2nd ed, 30-60

28. für die Zahnmedizin s. R.P. Nippert (1987) Zahn- und Mundgesundheit bei Kindern und Jugendlichen - Der Einfluß von Verhalten und Versorgungssystem - Lit Verlag, Münster, 7-55

29. Chr von Ferber nennt das "Lebenslagen mit verringerten Teilhabechancen".

30. W. Greenberg (1986) The Evolution of Blue Cross in a Competitive Marketplace, Business and Health, Nov., 44-47

31. I. Nippert, I.H. Pawlowitzki (1984) Who Get's Amniocentesis? Utilization of Prenatal Cytogenetic Diagnosis by Reg. Bez. Münster Residents, in: W van Eimeren, G Engelbrecht, D Flagle (eds) Proceedings of the 3rd International Conference on System Science in Health Care, Springer Verlag, Berlin Heidelberg, New York, 612-614

32. Statistisches Bundesamt (Hrg) (1989) Statistisches Jahrbuch für die Bundesrepublik Deutschland, 1989, Metzler-Poeschel Verlag, Stuttgart, 55
Rund 82 % der Bevölkerung der Bundesrepublik Deutschland sind in der Gesetzlichen Krankenversicherung (GKV) Pflichtmitglieder, als Rentner oder als Familienmitglieder mitversichert.

33. RP Nippert, Medizinische Soziologie und Gesundheitssystemforschung... op. cit., 266

34. E. Freidson (1970) Professional Dominance, The Social Structure of Medical Care, Aldine Publ Comp, Chicago

35. J. Siegrist (1978) Arbeit und Interaktion im Krankenhaus, Stuttgart

36. J.J. Rohde (1973) Strukturelle Momente der Inhumanität einer humanen Institution, in: O Döhner (Hrg) Arzt und Patient in der Industriegesellschaft, Suhrkamp edition, Frankfurt, 13-35

37. RP Nippert, Medizinische Soziologie und Gesundheitsystemforschung, op. cit., 268

38. Approbationsordnung für Ärzte, AppOÄ, vom 03. April 1979 (BGBl I S. 425, 609)

39. D. Mechanic (1990) The Role of Sociology in Health Affairs, Health Affairs, 9, 1:85-97)

40. L.D. Brown (1983) Politics and Health Care Organization, HMO as a Federal Policy, The Brooking Institution, Washington, D.C.

41. P Boland (ed) (1985) The New Healthcare MArket, A Guide to PPOs for Purchasers, Payors and Providers, Dow Jones-Irwin, Homewood, Ill.

42. R.P. Nippert (1988) Preferred Provider Organizations in Dental Care Delivery of the USA - Report on a WHO-Fellowship, Kopenhagen, Münster

43. U.S. Congress, Office of Technology Assessment (1985) Medicare's Prospective Payment System: Strategies for Evaluating Cost, Quality, and Medical Technology, OTA-H-262 (Washington, D.C. U.S. Government Printing Office, October)

44. M. Pfaff (1990) Differences in Health Care Spending Across Countries: Statistical Evidence, Journal of Health Politics, Policy and the Law 15, 1:129-143

45. L. Payer (1989) Andere Länder, andere Leiden, Ärzte und Patienten in england, Frankreich, den USA und hierzulande, Campus Verlag, Frankfurt, New York

46. H.S. Becker, B. Geer, E.C. Hughes, AS Strauss (1961) Boys in White, Student Culture in Medical School, The University of Chicago Press, Chicago, London

47. R.K. Merton, G.G. Reader, PC Kendall (eds) (1957) The Student Physician: Introductory Studies in the Sociology of Medical Education, Harvard University Press, Cambridge

Peter Novak

Medizin und Arzt heute: Im Prozeß der Machbarkeit und vor der Frage nach seiner Bedeutung.

Christian von Ferber zum 65. Geburtstag würdigen zu dürfen, entspricht einem persönlichen Anliegen. Dies seinemWerk und seiner Person angemessen tun zu können, bestehen ernstliche Zweifel. Langer Überlegung Schluß war, ihm ein kleines Stück Werkstatt der theoretischen und praktischen, insofern also konkreten Begegnung zwischen Medizinsoziologie und anderen Wissenschaftsdisziplinen zu widmen. Dieses ist sowohl mit der eigenen Person wie aber auch mit deren besonderer sozialer Rolle verbunden, eine Art der wissenschaftlichen und wissenschaftspolitischen Tätigkeit, die uns einander beständig nahe gebracht hat.

Was nun folgt, ist die kaum überarbeitete deutsche Version des Abschlußreferats, das die Veranstalter der 17. europäischen Konferenz über psychosomatische Forschung 1988 dem Medizinsoziologen überlassen hatten, einer Konferenz, die sich dem Thema der Beziehung zwischen ärztlicher bzw. medizinischer Spezialisierung und Gesundheitsförderung verschrieben hatte.

So gern ich Christian von Ferber diesen Beitrag zum 65. Geburtstag widme, so schmerzlich gemahnt dieser an sich freudige Anlaß daran, daß einer der Kundigsten unseres Faches und seiner Aufgaben gerade dann aus dem Amte in der Universität scheidet, da die Vorarbeiten zur Novellierung der Berufsordnung für Ärzte und damit zu einer grundlegenden Novellierung der ärztlichen Approbationsordnung angelaufen sind. Hier werden wir seines Rates bedürfen.

Doch nun zum Thema: Es kann heute kaum jemand leugnen, daß Spezialisierung ärztlicher Tätigkeit und Gesundheitsförderung als ärztliche Aufgabe im Verhältnis der Gegensätzlichkeit gesehen werden. Aber ebenso wenig kann man übersehen, daß der ärztliche Beruf vor der selbst- und nicht selbstgestellten Erwartung steht, diesen Gegensatz in einer bedarfs- und bedürfnisangemessenen Praxis aufzulösen; wenn vielleicht noch nicht sofort, so doch künftig. Doch bevor wir fragen, ob der Arzt in der Tat der geeignete oder der einzig geeignete ist, das aufgegebene Problem zu bewältigen, fragen wir nach dem Gegensatz selbst, der zwischen Spezialisierung der medizinischen Versorgung und Gesundheitsförderung besteht.

Spezialisierung medizinischer Versorgung in Gestalt fortschreitend engerer Verbindung von wissenschaftlichem Wissen und technischen Mitteln hat Bezug zum Prozeß der zunehmenden Fähigkeiten des Menschen, Objekte zu produzieren und zu verändern. Sie gehört in den Bereich des Herstellens, d.h.in den Bereich des Machbaren.

Gesundheitsförderung hat es zu tun mit Zielen, Zwecken und Werten, die man erreichen will oder nicht will, die positive oder negative Entscheidungen erfordern im Verhältnis zu den Bedingungen von Verantwortung und Rechenschaftsgabe. Dem Programm der WGO "*Gesundheit für alle bis zum Jahr 2000*" entsprechend, zielt Gesundheitsförderung darauf ab, "*den Menschen einen positiven Sinn für Gesundheit zu vermitteln, so daß sie vollen Gebrauch von ihren körperlichen, geistigen und emotionalen Fähigkeiten machen können*". Gesundheitsförderung gehört daher in den Bereich von Bedeutung, Sinn und Moral.

Gibt es also unzweifelhaft einen Gegensatz zwischen dem Bereich des Machbaren und dem der moralischen Verantwortbarkeit auf der Ebene des Begriffs, so gilt es zu erkennen, ob sich dieser Gegensatz auch in der medizinischen Praxis spiegelt. Mit Recht halten wir die Möglichkeiten und die Wirksamkeit der heutigen hochspezialisierten Medizin für einen Segen, wenn wir beispielsweise nur an die Entwicklungen der Intensivmedizin und der Organtransplantationen denken. Jedes Land, jede Universität ist stolz darauf, diese medizinischen Gebiete eingerichtet zu haben und weiter auszubauen. Es scheint, als ob es nationale und internationale Wettbewerbe gäbe um die höchstentwickelten und aufwendigen Zentren dieser medizinischen Spezialgebiete, vergleichbar Wettbewerben in Industrie und Wirtschaft.

Nur wenige Ärzte und Nichtärzte gibt es, die in Frage zu stellen wagen, ob man sich eine stärkere Erweiterung dieses Spezialteils medizinischer Versorgung im Vergleich mit der gesundheitlichen Versorgung insgesamt ökonomisch leisten kann. In dem Zusammenhang wäre auch zu diskutieren, daß Hochleistungsmedizin und allgemeine medizinische Versorgung deswegen nicht in Konkurrenz zueinander geraten sollten, weil es in beiden Versorgungsgebieten um menschliche Gesundheit als einen überragenden sozialen und individuellen Wert geht. Aber dennoch gibt es hier Konkurrenz, beispielsweise allein unter dem Gesichtspunkt eines beschränkten Sozialbudgets für Gesundheit, denn auch andere soziale Werte benötigen zu ihrer Realisierung ökonomische Mittel, wie etwa die Verteidigung einer sehr unterschiedlich definierten Freiheit mit den Mitteln sehr aufwendiger Waffensysteme.

Hier haben wir einen Fall des Gegensatzes und der Konkurrenz von Möglichkeiten des Machens um den materiellen Aufwand für die Realisierung der ihnen zugeordneten Werte, und das ist ein Fall, da die Frage nach Kosten zur Frage nach Werten wird. Andere Fälle können als spezieller und vertrauter betrachtet werden, beispielsweise ob und wann es erlaubt oder sogar zwingend ist, intensivmedizinische Versorgung einzustellen. In der realen Praxis, die sich auf reale Patienten bezieht, können nicht Wissenschaftler diese Fragen beantworten, auch wenn ihr Wissen, wie das eines Philosophen oder eines Theologen, für die wirkliche Entscheidung eines Arztes hilfreich sein kann. In diesen realen Situationen notwendiger Entscheidung wird oft eine fundamentale Beschränkung des medizinischen Personals wahrnehmbar, mit dem zum Tode kranken Patienten auf nichtverbalen Ebenen zu kommunizieren oder seine Beteiligung an notwendigen Entscheidungsprozessen zu erleichtern. Statt dessen wird der Patient meistens zu einem reinen Objekt technologischer Prozeduren reduziert. Einen weiteren Fall stellt die Organtransplantation dar. Zu oft reduziert sich die Frage nach der Indikation auf technische und biologische Probleme. Erst allmählich wächst das Bewußtsein, daß die Bewältigung der Konsequenzen dieser Interventionen nicht nur an biologische Bedingungen und technische Mittel gebunden ist, sondern auch und zwar wesentlich an die psychische und soziale Situation des Patienten, mitbedingt durch seine Einbindung in unterstützende soziale Netzwerke. Glücklicherweise können wir hier und dort beobachten, daß die wissenschaftliche Abschätzung der Anwendung medizinischer Technologie ebenso technologische und biologische Untersuchungen wie auch ökonomisch-sozialwissenschaftliche Untersuchungen umfaßt. Dies mag mit Erfahrungen zusammenhängen, daß es für eine erfolgreiche medizinisch technologische Intervention häufig von entscheidender Bedeutung ist, ob der psychosoziale Status des Patienten in Rechnung gestellt wird oder nicht.

Nicht nur hochgradig technologisch bestimmte Versorgung, sondern auch die alltägliche Praxis der Versorgung kann sich dem Diskurs entziehen über Realisierung von Interventionsmöglichkeiten hier oder Orientierung an Werten und Verantwortlichkeit dort, über Machbarkeit hier oder Rechenschaftsgabe dort, über Spezialisierung von Versorgung hier oder Gesundheitsförderung dort. Auch der Allgemeinmediziner hat in zunehmendem Maße das Problem zu bewältigen, daß eine notwendige Überweisung eines Patienten an einen spezialisierten Kollegen oder in ein Krankenhaus in aller Regel Verlust eines holistischen Zugangs zum Gesundheitsproblem des Patienten als Person bedeutet, und das heißt Fragmentierung von Versorgung und Verantwortung. Es dürfte nicht vergessen werden: Je mehr Spezialisierung und technologische Orientierung medizinische Versorgung beherrschen, umso weniger kann des Patienten eigene Sicht seiner gesundheitlichen Probleme von Bedeutung bleiben und umso weniger kann die Arzt-Patient-Beziehung betrachtet werden als eine Beziehung zwischen Partnern, die gemeinsame oder kollektive Probleme zu lösen haben. In diesem Zusammenhang erscheint die Selbsteinschätzung der Allgemeinmedizin, beispielsweise in der BRD, als spezialisierter medizinischer Disziplin, entsprechend eigenen theoretischen und methodologischen Forschungs- und Handlungsansätzen als nicht unproblematisch.

Wie schon erwähnt: die offensichtlichen Beschränkungen moderner medizinischer Theorie und Praxis sind teilweise erkannt worden, und sie wurden hauptsächlich der exklusiven Orientierung an den Naturwissenschaften und ihrer Anwendung auf Gesundheitsprobleme menschlicher Personen zugeschrieben. Dieser Erkenntnis folgend wurden sozialwissenschaftliche Disziplinen wie Medizinische Soziologie und Psychologie Anfang der 70er Jahre in den Studiengang Humanmedizin eingeführt. Nicht mehr ist zu bestreiten, daß auch die medizinische Forschung nun zu einem kleinen Teil durch sozialwissenschaftliche Forschung beeinflußt wird. Doch hat dies zu einer Einführung oder Wiedereinführung des Patienten als eines Subjekts der Versorgung anstatt eines Objekts technologischer Behandlung geführt? Hat dies wirklich den Patienten als Person hervorgebracht, durch welchen - im Wortsinne des lateinischen "personare" - in einer individuell besonderen Weise seine Vergangenheit und Zukunft durch die allgemeinen sozialen und natürlichen Umweltkontexte hindurchtönt, bestimmt durch allgemeine und besondere Wertkonzepte, Handlungsziele und Verantwortlichkeiten? Hat die Einführung der Sozialwissenschaften in die medizinische Ausbildung den Patienten als selbstverantwortliches historisches Wesen und damit eben als menschliches Wesen eingeführt oder wiedereingeführt?

Hauptsächlich aus zwei Gründen kann es keine affirmative Antwort auf diese miteinander zusammenhängenden Fragen geben. Erstens wurden die Sozialwissenschaften additiv, als Zusatz in die ärztliche Ausbildung eingeführt und nicht komplementär, als echte Ergänzung, d.h. sie erhielten nicht die Chance, integrierter und integraler Teil der Ausbildung zu werden. Einerseits stellen sie einen nur sehr kleinen Teil des Gesamtcurriculums dar, per gesetzlicher Verordnung ausschließlich im vorklinischen Studienabschnitt lokalisiert, anstatt den gesamten Studiengang ergänzend zu begleiten. Andererseits wird eine integrative Funktion der Sozialwissenschaften durch die fachorientierte, statt problem- und personorientierte Organisation des gegenwärtigen Medizinstudiums behindert. Doch der ernsthafteste Grund dafür, daß die Sozialwissenschaften keine hinreichende Unterstützung bieten, die Hauptprobleme der gegenwärtigen medizinischen Forschung und Praxis zu begrenzen oder sie gar zu bewältigen, liegt im gegenwärtigen Status der empirischen Sozialwissenschaften selbst, d.h. in ihrem vorherrschenden Selbstverständnis, welches sich ebenfalls am Modell der angewandten Naturwissenschaften orientiert. Dieses Selbstverständnis findet keinen Zugang zum historischen Charakter der Anwendungsfelder sozialwissenschaftlicher Forschung und hat unnötigerweise Fragen der Ethik vernachlässigt.

Trotz ihrer unbezweifelbaren Erfolge, wenn nicht bisweilen sogar Segnungen, erscheint die Situation der medizinischen Praxis im Ganzen gesehen nahezu hoffnungslos mit Blick auf die scheinbar unüberwindbare Kluft zwischen dem Bereich der Machbarkeit und dem der Bedeutung, der Werte, der Verantwortung und Moral. An der bestehenden Vorherrschaft des Machbaren läßt sich zwar nicht zweifeln, aber gibt es nicht doch eine Möglichkeit, diese Vorherrschaft zu brechen? Zumeist ist es hilfreich, in einer problematischen Situation nicht allein zu sein, und m.E. gilt dies auch für den Fall der gegenwärtigen Medizin, denn das Problem der Vorherrschaft des Machbaren ist ein ubiquitär den Menschen bedrohendes Problem und nicht nur den kranken

Menschen. Daher scheint es empfehlenswert, nicht ausschließlich intramedizinische Lösungen für Probleme der Medizin zu erwarten, welche in der Tat nur der Ausdruck allgemeiner Probleme sind.

Dieser Empfehlung entsprechend, nötigt uns die Bewältigung des Gegensatzes zwischen Spezialisierung medizinischer Versorgung und Gesundheitsförderung, ihn in den umfassenden Gegensatz zwischen Machbarkeit und Moral zu stellen. Der erste Schritt in diese Richtung wäre getan, wenn es gelänge, die Isolation der Medizin als eines speziellen Systems von Wissen und Praxis mit Blick auf ihre entscheidenden gegenwärtigen Probleme zu überwinden oder in anderen Worten, wenn es zunächst gelänge, die paradigmatische Medikalisierung des eigentlich allgemeinen Problems von Machbarkeit und Moral zu überwinden. Dieses Ziel wird erreichbar sein durch Rehabilitation einer auf echten Diskursen ruhenden wirklichen Kommunikation und Kooperation, nicht nur innerhalb der Medizin, sondern im besonderen auch zwischen Medizin und anderen wichtigen Systemen von Wissen und Praxis; und es wird erreichbar sein durch Rehabilitation einer wirklichen und ernsthaften Partnerschaft zwischen Experten und Laien.

Um diese Rehabilitationsbemühungen einzuleiten, ist eine Rückbesinnung auf jene Traditionen menschlichen Denkens nötig, die uns instandsetzen würden, der mißverständlichen und mißverstandenen göttlichen Anweisung zu widerstehen, "*Macht euch die Erde untertan*", gegeben in Genesis, Buch 1. Unglücklicherweise enthält diese Anweisung nicht die notwendige Ergänzung: "Aber wenn ihr dies tut, so vergeßt nicht, für sie Sorge zu tragen", d.h. die göttliche Anweisung enthält nicht ausdrücklich die unerläßliche Verbindung von Machen und Verantworten, eine Unerläßlichkeit, die wir offenbar erst jetzt wahrnehmen angesichts der Konsequenzen nuklearer Kriege sowie regionaler und globaler ökologischer Krisen, einschließlich der Konsequenzen rücksichtsloser Ausbeutung natürlicher Ressourcen, Konsequenzen, die schließlich die Existenz des Menschen selbst bedrohen.

Auf welche Traditionen unseres Denkens haben wir uns zurückzubesinnen, um die Erkenntnismittel und Vernunfthaltungen zu gewinnen oder wiederzugewinnen, welche die Macht der Machbarkeit mit der moralischen Verpflichtung zu versöhnen vermögen? Nur auf wenige Hinweise möchte ich mich in diesem Rahmen beschränken. Da ist Aristoteles Reflexion der Beziehung zwischen der Rationalität des Experten und der praktischen Vernunft, die sich in der öffentlichen Meinung darstellen kann und sich in echten Diskursen verwirklicht. Hier ist die Diskussion der Arzt-Patient- oder der Arzt-Laien-Beziehung ein hervorragendes Beispiel, welches die echte und notwendige Beziehung zwischen Politikern und Bürgern, zwischen Experten und Laien überhaupt illustriert. Zugleich demonstriert dieses Beispiel die unerläßliche Unterordnung der Rationalität von Wissenschaft und Technologie unter praktische Vernunft. Von der Unterordnung wissenschaftlicher und technologischer Rationalität unter praktische Vernunft hängt die Möglichkeit ab, den rechten Augenblick für eine Entscheidung zu einer Intervention zu treffen, und dieser richtige Augenblick wird nicht durch eine korrekte mathematische Berechnung bestimmt, sondern zuallererst durch das Erkennen geeigneter Situationen innerhalb der Lebensgeschichte realer menschlicher Wesen (Aristoteles 1959, 1967; Novak 1987).

Ein anderer Traditionszusammenhang menschlichen Denkens ist zu erwähnen. Gerade zu Beginn des Zeitalters der Machbarkeit und der Wissenschaft hatte der Renaissance-Denker und Erzbischof Nikolaus Cusanus 1440 seine berühmte Apologie der gelehrten Unwissenheit oder besser: der belehrbaren Unwissenheit "*De docta ignorantia*" vollendet. Hier bezieht er sich auf eine alte platonische Lehre, die heute zu den Grundregeln philosophischer Hermeneutik gehört. Danach ist Erkenntnis die beständige und doch immer wieder innehaltende Bemühung um Wissen, die nicht nur an den Grenzen dessen sich stößt, was sie befassen, ergreifen, festhalten und insofern beherrschen kann, sondern die diese Grenzen auch akzeptiert. Diese Wissenschaft, die auf ihre Begrenztheit und Endlichkeit bewußt und entschieden sich einläßt, sie wird das heute Machbare und Erreichbare nur nach Maßgabe dessen verstehen und das heißt, dazu stehen können, was man, belehrt durch den Rückblick auf das Vergangene und den Vorblick auf das Künftige, machen darf. Somit ist für den Cusaner Wissenschaft, gerade wenn sie ihrer Begrenztheit, ihrer Endlichkeit innewird, nicht auf das Hier und Heute fixiert, sondern sie lebt vom fortschreitenden Gespräch mit dem Vergangenen und dem Künftigen (Nikolaus von Cues 1964). In der "Rückfrage" von der gegebenen Lebenswelt aus - absichtlich ist hier eine Formulierung des 1937 verstorbenen Edmund Husserl aus seinem letzten großen Werk "*Die Kritik der europäischen Wissenschaft und die transzendentale Philosophie*" verwendet - , in der Rückfrage von der gegebenen Lebenswelt also überschreitet sich Wissenschaft beständig (Husserl 1954). Indem Wissenschaft auf diese Weise beständig fortschreitet - und das heißt, sich transzendiert oder überwindet - , erschließt sich gerade durch ihre Begrenztheit oder Endlichkeit eine Unendlichkeit des auszufaltenden Sinns, wie Hans-Georg Gadamer einmal formulierte (Gadamer 1972). Fortschritt der Wissenschaft vollzieht sich daher nicht in ihrer abstrakten, von der Alltagswelt losgelösten Form, sondern nur im engen Kontakt zu ihr und zu den an sie gebundenen konkreten Verantwortlichkeiten.

Wenn wir uns darauf einlassen können, daß Unterordnung von wissenschaftlicher und technologischer Rationalität unter praktische Vernunft eine Notwendigkeit ist, sogar ein notwendiges Mittel zum Überleben überhaupt, dann verdient unsere besondere Aufmerksamkeit Kants "*Metaphysik der Sitten*" (1797) und hier insbesondere die "*Einleitung in die Metaphysik der Sitten*" sowie der zweite Teil des Werks "*Metaphysische Anfangsgründe der Tugendlehre*". Hier bezeichnet Kant als positiven Begriff von Freiheit "*das Vermögen der reinen Vernunft, für sich selbst praktisch zu sein. Dieses ist aber nicht anders möglich, als durch die Unterwerfung der Maxime einer jeden Handlung unter die Tauglichkeit der ersteren zum allgemeinen Gesetze*" (Kant 1968). Was eben zitiert wurde, ist eine von Kants Formulierunger des kategorischen Imperativs. Eine andere, bekanntere, lautet: "*Handle nach einer Maxime, welche zugleich als ein allgemeines Gesetz gelten kann*" (Kant 1968) oder: "*Wie, wenn nun ein jeder in jedem Fall deine Maxime zum allgemeinen Gesetz machte, würde eine solche wohl mit sich selbst zusammenstimmen können?*" (Kant 1968). Gerade dieser Kontext der moralischen Verpflichtung ist die eigentliche Begründung für Kants Zurückweisung der Zwei-Substanzen-Lehre in Gestalt der Leib-Seele-Differenz. Das ist die eigentliche Begründung, weil dem kategorischen Imperativ entspricht: "*Das verpflichtete so wohl als das verpflichtende Subjekt ist immer nur der Mensch, und wenn es uns, in theoretischer Rücksicht, gleich erlaubt ist, im Menschen Seele und Körper als Naturbeschaffenheiten des Menschen voneinander zu unterscheiden, so ist das doch nicht erlaubt, sie als verschiedene den Menschen verpflichtende Substanzen zu denken, um zur Einteilung in Pflichten gegen den Körper und gegen die Seele berechtigt zu sein*" (Kant 1968).

Hinweise mit Blick darauf zu geben, wie man adäquat dem Dilemma medizinischer Spezialisierung und Gesundheitsförderung innerhalb des weiteren Kontextes des Gegensatzes von Machbarkeit und Moral begegnen kann, ist eines: Das noch verbliebene Problem jedoch ist die Bereitstellung geeigneter Mittel, dieses Dilemma auch praktisch zu bewältigen.

Wie ist es möglich, Medizinstudenten und jungen Ärzten das notwendige Wissen und die Einübung in geeignete Einstellungen zu vermitteln, damit sie dem Dilemma von Machbarkeit und Moral entgehen oder dieses Dilemma bewältigen? Wie steht es mit den Hochschullehrern der Medizin? Wie ist es möglich, medizinische Praxis und ihre Strukturdeterminanten zu verändern, um wirkliche Resultate veränderter Lehr- und Lernprozesse zu erleichtern? Am Ende mögen einige Hinweise für Antworten auf diese Fragen stehen, und zwar im Zusammenhang mit den gerade gegebenen Hinweisen für einen theoretischen Zugang zum Grunddilemma.

Nach eigener, nahezu 20jähriger Erfahrung mit der medizinischen Ausbildung scheint eine Wiedereinführung der Geisteswissenschaften als integrierter Teil ärztlicher Ausbildung unvermeidlich. An der Universität Ulm, in der ich lebe und die ich erlebe, ist es gelungen, ein geisteswissenschaftliches Begleitstudium mit dem Schwerpunkt Philosophie einzuführen, das für Studenten aller Fakultäten offen ist und das sie mit einem Zertifikat abschließen können. Allgemeine Ziele sollten und könnten sein:

- Zu jeder Zeit jeden Patienten nicht nur als Objekt, sondern auch als Subjekt zu verstehen und zu behandeln, d.h. als ganzen Menschen auch dann, wenn spezielle Probleme spezialisierte Bewältigungsmittel erfordern, das wird zum habituellen ärztlichen Verhalten:

- Spezialisierte ärztliche Behandlung wird gesteuert zugunsten von Gesundheitsförderung auf dem Wege patient- und problemorientierten Lehrens und Lernens.

Doch wir haben uns zu vergegenwärtigen, daß ein notwendiger Wandel ärztlicher Ausbildung nicht nur von den Inhalten und formalen Regulierungen des Studiums abhängt, sondern wesentlich von Lehrern medizinischer Erkenntnis und Praxis, die dafür qualifiziert sind, Wertorientierungen und eine holistische Perspektive medizinischen Denkens und Handelns zu vermitteln (Novak 1967). Mit Blick auf die Berufungspolitik medizinischer Fakultäten und Fachbereiche ist es notwendig, in leitenden Positionen Generalisten zu erhalten und ihnen nach Möglichkeit Spezialisten mit Konsultationsfunktionen zuzuordnen.

In der medizinischen Ausbildung ebenso wie in der nationalen und regionalen Gesundheitsversorgungspolitik ist Nachdruck zu legen auf die Ansätze der Primären Gesundheitsversorgung und der Allgemeinmedizin. Das "Gesundheit-für-alle-Programm" der WHO bietet hier bedeutende Empfehlungen. In diesen Kontext und mit Blick auf die deutsche Wiedervereinigung würde z.B. gehören, das BRD-spezifische System der Einzelleistungsvergütung innerhalb der sozialen Krankenversicherung gründlich neu und kritisch zu überdenken.

In die Qualifikation des Arztes im 21. Jahrhundert gehört die Betrachtung und Behandlung des Menschen als ganzen Menschen und dazu gehört die endliche Überwindung der Fragmentierung von Versorgung und Verantwortung ebenso wie die endliche Überwindung der "*therapeutischen Entmündigung des Patienten*" (v.Ferber 1971). Das ist eine Frage des Wandels von Wissen, Verstand und Einstellungen. Es ist aber auch eine unvermeidliche Frage wertorientierten Wandels mit Bezug auf die institutionellen Bedingungen ärztlichen Handelns. Es ist schließlich eine Antwort auf den Gegensatz von Machbarkeit und Moral im medizinischen Denken und in der medizinischen Praxis.

Literatur:

Aristoteles, Ethica Nicomachea, hrsg. von Bywater,I.(1959) University Press, Amen House, London

Aristoteles, Politica, hsg. von Ross, W.D. (1967) University Press, Oxford

von Ferber, C. (1971) Gesundheit und Gesellchaft. Haben wir eine Gesundheitspolitik? Kohlhammer, Stuttgart, Berlin, Köln, Mainz, 42, 91

Gadamer, H.-G. (1972) Theorie, Technik, Praxis - Die Aufgabe einer neuen Anthropologie In: Gadamer, H.-G., Vogler, P. (Eds.) Neue Anthropologie, Bd. I, pp IX-XXXVII Georg Thieme-Verlag, Stuttgart

Husserl, E. (1954) Die Krisis der europäischen Wissenschaften und die transzendentale Phänomenologie. Husserliana, Bd. VI, hrsg. von Walter Biemel Martinus Nijhoff, 1968

Kant, I. (1797) Die Metaphysik der Sitten In: Werke, Bd. 7 Wissenschaftliche Buchgesellschaft, Darmstadt 1968.

Nikolaus von Cues: De docta ignorantia. (1964) In: Philosphisch-theologische Schriften, hrsg. von Leo Gabriel, Bd. I Verlag Herder, Wien

Novak, P. (1987) Holistic concepts of illness in ancient Greece and in contemporary medicine. In: G.N. Christodoulou (Ed.): Psychosomatic medicine in past and future, pp. 1-5, Plenum Publishing Corporation, New York

Günther Patzig

Was kann die Philosophie zur Ausbildung in Medizinischer Ethik beitragen ?[1]

Es ist eine verhältnismäßig neue Entwicklung, in der professionelle Philosophen in die öffentliche Diskussion um Fragen der ärztlichen Ethik und der Bioethik einbezogen wurden. Theologen und Juristen waren in diesem Feld schon seit langem Gesprächs- und Diskussionspartner der Mediziner. Ähnlich sah es im Gebiet der Politikberatung zur Vorbereitung gesetzlicher Regelungen bioethischer Sachfragen aus. Die Meinung von Juristen und Theologen war gefragt, die der Philosophen nicht. Dafür gibt es - oder vielleicht sollte man sagen: gab es Gründe. Die Theologen vertraten, wenn auch mit Selbständigkeit, jeweils die Auffassungen ihrer Konfessionen und damit auch politisch bedeutsamer umfangreicher Bevölkerungsgruppen; die Juristen legten das geltende Recht aus und machten doch jeweils deutlich, was in kontroversen Fragen die herrschende Meinung war, auch wenn sie im Einzelfall von ihr abwichen; auch hier also stand eine bedeutsame Institution, das Recht hinter den Meinungsäußerungen von Individuen und eine gelehrte Korporation, deren Meinung Gewicht zukommt. Bei den Philosophen sah es doch sehr anders aus: hier konnte man Wohl nur individuelle Meinungen, originell vielleicht, aber auch extrem und weltfremd, erwarten. Philosophen sind notorische Einzelgänger; für Beratungen, bei denen Konsensbildung erstrebt wird, schienen sie in der Tat nicht sonderlich geeignet zu sein. Im übrigen gab es auch unter den Vertretern des Fachs Philosophie nur wenige, die sich mit den Sachfragen hinreichend vertraut gemacht hatten, um in die Normendiskussion kompetent eingreifen zu können.

Inzwischen hat sich diese Lage erheblich verändert. Es ist schwer zu sagen, was diese Veränderung in der Bundesrepublik bewirkt hat. Sicher hat eine Rolle gespielt, die Tatsache, daß in den angelsächsischen Ländern, vor allem in den USA, die philosophische Diskussion von bioethischen und medizinethischen Fragen seit den sechziger Jahren einen lebhaften Aufschwung genommen hat. Mitgewirkt hat wohl auch die Veränderung der philosophischen Landschaft, die was manche bedauern mögen - heute nicht mehr von den großen Männern wie Jaspers, Heidegger, Adorno und Bloch geprägt wird, die jeweils für eine unverwechselbare Weltinterpretation (um nicht Weltanschauung zu sagen) und eine individuelle philosophische Physiognomie einstanden. Heute sehen wir eher Gruppen von Problemlösern, die in lebhaften Diskussionsbeziehungen stehen und sich als Mitarbeiter eines übergreifenden philosophischen Klärungs- und Reflexionsprozesses verstehen.

Etwa seit 1980 werden denn auch die Philosophen in zunehmendem Maße zu Diskussionen, Symposien, Beratungsgremien in Fragen der Bioethik, ökologischen Ethik und eben auch der Medizinethik hinzugezogen. Die Zahl der Fachgenossen, die sich auf diesem Gebiet zu engagieren bereit sind, nimmt zu. Von jüngeren Kollegen hört man freilich gelegentlich, daß sie Sorge haben, sich zu fest auf dem Gebiet der angewandten Ethik anzusiedeln; denn das gelte als philosophisch nicht besonders anspruchsvoll, wenn man es mit Themengebieten wie der Theorie des Bewußtseins oder der Interpretation Plotins oder Hegels, vergleicht. Sie fürchten, vielleicht mit Recht, um ihre Berufs- und Berufungschancen. Ich hoffe, daß diese Besorgnisse übertrieben, vielleicht sogar unbegründet sind. Es sollte doch einleuchten, daß man hervorragende philosophische Kompetenz ebenso bei der Erörterung des Unterschieds zwischen sogenannter aktiver und sogenannter passiver Sterbehilfe und der Diskussion des moralischen Status des Embryos wie bei der Analyse des Verhältnisses von Geist und Gehirn oder dem Problem der Willensfreiheit beweisen kann. Und es sollte dabei auch nicht außer Betracht bleiben, daß die Philosophie hier eine unbestrittene Dienstleistung für die Allgemeinheit erbringen kann, eine Gelegenheit, ihren Nutzen für die Öffentlichkeit zu erweisen, die wir Philosophen nicht leichthin ausschlagen sollten. Wir könnten mit mehr Gemütsruhe unserer rein innerfachlichen Problemdiskussion nachgehen, wenn wir gezeigt haben, daß wir unsere Kompetenzen und Kenntnisse durchaus auch für allgemeine Aufgaben zur Verfügung stellen, wo dies sinnvoll scheint und von uns erwartet wird. Eine dieser Service-Funktionen bezieht sich nun auch auf die Ausbildung der Studenten und die Weiterbildung des medizinischen Personals in Fragen der medizinischen Ethik, und ich möchte kurz darüber sprechen, was die Philosophie auf diesem Gebiet anzubieten hat.

Bei praktizierenden Medizinern finden wir häufig noch zweieinander entgegengesezte Einschätzungen hinsichtlich der im Titel meines Vortags gestellten Frage. Manche fürchten, selbsternannte Fachleute für Ethik, die sich am "Grünen Tisch" ohne Praxisbeziehung etwas ausgedacht haben, wollten in ihre tägliche Arbeit eingreifen und über den Kopf des Arztes hinweg stellvertretend für ihn moralisch relevante Entscheidungen treffen. Andere sind eher der entgegengesetzten Meinung, daß es ohnehin ganz vergeblich sei, eine rationale und objektive Begründungsbasis für Normen des ärztlichen Verhaltens zu entwickeln; es komme doch vor allem auf die in der individuellen Sozialisation erreichete Prägung durch den Wertekatalog der Gesellschaft an, in der der Arzt jeweils lebt, und daran anschließend auf die Vorbildwirkung erfolgreicher und bewährter ärztlicher Lehrer und Chefs, die ein solches ärztliches Ethos in unaufdringlicher und daher umso wirksamerer Weise der jeweils nachwachsenden Ärztegeneration weitergeben.

Beides, die Furcht vor Entmündigung und die Skepsis gegenüber "rationalen" Begründungsstrategien, scheinen der Sache nicht angemessen. Es kann nicht darum gehen, dem einzelnen Arzt im konkreten Fall seine persönliche Entscheidung abzunehmen. Erst recht nicht kann es darum gehen, ein Programm zu entwickeln, das, in einen Computer eingegeben, eine klare Lösung für jeden Einzelfall auswirft. Die philosophische Medizinethik kann nur dazu beitragen, daß solche Entscheidungen in möglichst voller Kenntnis der normativen Elemente der jeweiligen Situation verantwortlich getroffen werden. Sie stellt ein durch lange Diskussionstradition angereichertes Argumentationspotential zur Verfügung, das dem Arzt wertvolle Entscheidungshilfe liefern kann.

Und eine solche Entscheidungshilfe ist auch nötig, weil eine traditionelle, gleichsam implizite Normenübertragung von Generation zu Generation jedenfalls heute nicht mehr genügen kann. In einer säkularisierten und zugleich pluralistischen Gesellschaft ist jeder Wertkonsens nicht mehr schlicht gegeben, den eine auf das Herkommen verpflichtete Standesethik voraussetzen müßte. Verhaltensnormen müssen begründet werden; und die schnelle Entwicklung ärztlicher Techniken und Handlungsmöglichkeiten erfordert eine entsprechende Entwicklung der Regeln darüber, wie diese medizinischen Fortschritte zum Wohl der Patienten sinnvoll eingesetzt werden sollten.

Ich möchte nun an einigen Problemkomplexen deutlicher zu machen versuchen, in welcher Weise philosophische Reflexionen dem zukünftigen Arzt helfen können, die normativen Zusammenhänge besser zu durchschauen, die für sein Handlungsfeld charakteristisch sind.

Einer dieser Problemkomplexe ist das Verhältnis von Moral und Recht. Das Verhalten des Mediziners und jedes Angehörigen anderer Heilberufe unterliegt bekanntermaßen einer Vielzahl, vielleicht einer Überzahl, von rechtlichen Regelungen, die vom Strafrecht über das Standesrecht bis zum Bürgerlichen Recht reichen. Daher gibt es oft gerade für Situationen, die auch moralische Probleme aufwerfen, schon einschlägige rechtliche Vorschriften, die Beachtung fordern. Es scheint sich darum nahezulegen, noch offene moralisch strittige Fragen dadurch zu lösen, daß auch für sie eindeutige gesetzliche Festlegungen getroffen werden. Dabei wird im Regelfall erwartet, daß entsprechende Verbote oder Gebote mit staatlichen Strafsanktionen bewehrt sind. Im internationalen Vergleich scheint in der Bundesrepublik der Ruf nach dem Staatsanwalt zur Regelung schwieriger moralischer Probleme populärer zu sein als anderswo. In der Reproduktionsmedizin z.B. ist die Forderung erhoben worden, heterologe Insemination in vitro und Ersatzmutterschaft gesetzlich zu verbieten. Breite Unterstützung in der Öffentlichkeit und im Parlament findet auch die Forderung, gentechnologische Eingriffe in die menschliche Keimbahn und wissenschaftliche Versuche an in vitro erzeugten Embryonen in der Anfangsphase ihrer Existenz unter Strafe zu stellen. Es scheint dabei eine Tendenz zu bestehen, Moral und Recht möglichst deckungsgleich zu machen. Es kann sich dann der gefährliche Schluß nahelegen, was nicht rechtlich verboten sei, müsse auch moralisch in Ordnung sein. Gegen eine solche Auffassung könnte philosophische Reflexion über das Verhältnis von Moral und Recht ein Korrektiv bieten. Zunächst muß berücksichtigt werden, daß, wie überall sonst, so auch in der Medizin, Recht und Moral einander nicht genau entsprechen können (und sollen!). Viele rechtliche Regelungen sind moralisch neutral, und viele moralisch bedeutsame Verhaltensaspekte sind rechtlicher Beurteilung und Steuerung entweder gar nicht oder nur unter moralisch nicht akzeptablen Bedingungen zugänglich. Schließlich können rechtliche und moralische Beurteilung ein und desselben Sachverhalts miteinander in Konflikt geraten. Das kann daran liegen, daß die notwendigerweise pauschalen und schematischen Rechtsregeln, die sich an Tatbestandsmerkmalen orientieren müssen, den moralisch relevanten Feinheiten des Einzelfalls nicht gerecht werden können. Es kann auch der Fall eintreten, daß eine gültige Rechtsvorschrift von den oder einigen Betroffenen aus moralischen Gründen abgelehnt wird. Auch in solchen Fällen bleibt natürlich die generelle moralische Verpflichtung zum Rechtsgehorsam in einem Rechtsstaat bestehen; aber man ist berechtigt, ja kann verpflichtet sein, die strittige Rechtsnorm unter moralischen Gesichtspunkten zu kritisieren und sich für ihre Änderung einzusetzen. In Extremfällen kann sich der einzelne aus moralischen Gründen zum Rechtsbruch verpflichtet fühlen. Er sollte dann aber auch bereit sein, die Rechtsfolgen seines Verstoßes zu zu tragen. Angesichts solcher vielfältiger Konfliktmöglichkeiten dürfte klar sein, daß es eine wichtige Aufgabe der Medizinethik sein kann, das Verhältnis von Moral und Recht in ihrem Zusammenwirken und in ihrer möglichen Spannung gegeneinander grundsätzlich zu betrachten und für konkrete Fälle bestehende oder erwogene Rechtsvorschriften auch nach moralischen Gesichtspunkten zu überprüfen.

Eine weitere wichtige Aufgabe der Philosophie im Rahmen der medizinethischen Ausbildung sehe ich in der Information über verschiedene mögliche Begründungsstrategien für moralische Verhaltensnormen. Es sollte ganz deutlich werden, daß es verschiedene ethische Theorien gibt, die eine Begründungsbasis anbieten, daß sie zum Teil gemeinsame Voraussetzungen machen (z.B. hinsichtlich der Verallgemeinerbarkeit von Normen, der Ablehnung des Egoismus und der Forderung nach rationaler Begründung von Normen), daß sie aber in wichtigen Punkten auch voneinander abweichen. Es sollte ferner offengelegt werden, daß eine unanfechtbare Letztbegründung für moralische Normen auf der Basis rational nachvollziehbarer Argumente nicht gegeben werden kann. Das ist aber nur ein Grund zur Bescheidenheit, nicht zur Resignation; denn wir können für die Ethik nicht verlangen, was wir auch auf anderen Gebieten nicht besitzen.

Mit Hilfe eines Wechselspiels von rationaler Begründung und intuitiver Erfahrung im Sinne eines "reflektiven Gleichgewichts" (John Rawls) können wir die theoretisch entwickelten Prinzipien und Regeln zur Abwägung konkurrierender Werte auf ihre Tragfähigkeit überprüfen: Wir fragen, ob die Einzelentscheidungen, die aus ihnen folgen, unseren moralischen "Intuitionen" entsprechen. Und die "Intuition" im Einzelfall wird daran gemessen, ob sie sich mit einleuchtenden Prinzipien und Regeln zur Deckung bringen läßt. Ob wir im Konfliktfall lieber das System ändern oder eine Intuition aufgeben wollen, ist dann eine Entscheidung, für die wir das Risiko übernehmen müssen.

Mit der Rationalitätsforderung (also mit der Forderung nach potentiell allgemein einleuchtender Begründung) werden trotz der mangelnden Schärfe des Vernunftsbegriffs doch wirksame Abgrenzungen innerhalb einer philosophischen Ethik ermöglicht: *apodiktische* Berufung auf Autoritäten (z.B. Hippokrates, Albert Schweizer oder Hans Jonas), auf Intuitionen, auf das eigene Gewissen oder das überlieferte ärztliche Ethos können nicht mehr als adäquate moralische Rechtfertigung für Verhaltensnormen dienen.

Zweitens wird damit über Autonomie und Heteronomie der Moral zugunsten der Autonomie entschieden. Eine theonome ärztliche Moral hätte zwar den großen Vorzug, daß sie, vielleicht, eine Letztbegründung (in Gottes Willen oder seiner Schöpfungsordnung) bieten könnte; aber dies nur um den Preis einer allein dem Glauben, nicht der Erfahrung zugänglichen Prämisse. In einer zunehmend säkularisierten Welt scheint es auch zweckmäßig, die Fragen der ärztlichen Ethik zunächst auf den Bereich zu beschränken, in dem rationale Argumente greifen. Damit sind nicht Sinn und Daseinsrecht einer theologischen Ethik bestritten, die, auf rational begründbaren Normen aufbauend, darüber hinaus spezielle Verpflichtungen begründet, die nur für denjenigen gelten, der die Voraussetzungen des religiösen Bekenntnisses mitvollzogen hat.

In diesem Sinne sollte ein Mediziner die Fähigkeit erwerben, typische Konfliktsituationen so zu sehen, wie sie sich in der Perspektive verschiedener Grundauffassungen darstellen. Das, was man "den Wert des menschlichen Lebens" nennt, wird z.B. sehr verschieden aussehen, wenn jemand es als von Gott dem Menschen verliehenes Geschenk oder als einen Wert an sich ansieht oder als einen Wert nur für den, dessen Leben es ist, sowie für alle die, denen an seiner Existenz etwas liegt. Es ist leicht zu zeigen, daß hinsichtlich etwa des Problems der Erlaubnis der sogenannten passiven und aktiven Sterbehilfe die Auffasung derer, die sich in diesem Punkt unterscheiden, voneinander abweichen werden. Sicherlich braucht sich die philosophische Medizinethik nicht darauf zu beschränken, die verschiedenen Sichtweisen voneinander zu trennen und die moralischen Konsequenzen zu betrachten, die sich aus solchen Differenzen ergeben. Z.B. scheint es mir gut begründbar, daß auch die Auffassung vom Wert des Lebens sich daran orientieren sollte, daß Werte immer Werte für jemanden oder ein empfindungsfähiges Lebewesen sind, d.h. daß es absolute Werte nicht gibt.

Daraus würde folgen, daß es keinen vernünftigen Grund geben kann, das Leben von jemandem aufrecht zu erhalten, der aus eindeutig nachvollziehbaren Gründen sein Leben nicht mehr fortzusetzen wünscht. Aber es ist auch schon eine wichtige Einsicht, die Korrelation zwischen solchen Auffassungen über den Wert des menschlichen Lebens und der moralischen Beurteilung verschiedener Formen der Sterbehilfe zu erfassen. Insbesondere kann hier der Unterschied zwischen einer rein rational argumentierenden Ethik und einer andere Quellen einbeziehenden, z.B. theologischen Ethik, exemplarisch deutlich werden.

Und es ist ein weiterer wichtiger Punkt, in dem rechtliche und moralische Beurteilung einer ärztlichen Handlungsweise exemplarisch divergieren können: So scheint es gute Gründe dafür zu geben, daß in bestimmten Einzelfällen auch eine aktive Sterbehilfe moralisch zulässig sein kann, und es scheint andere gute Gründe dafür zu geben, unter dem Gesichtspunkt der Rechtssicherheit am generellen Verbot der aktiven Sterbehilfe festzuhalten.

Ich kann nicht näher darauf eingehen, daß auch unabhängig von der moralischen Beurteilung schon die genauere Erfassung und begriffliche Einordnung der Tasachen in vielen Fällen eine Förderung durch die Technik philosophischer Analyse erfahren kann. So gibt es inzwischen eine der juristischen Literatur zum Thema parallele philosophische Literatur zu der Frage, wie etwa aktive und passive Sterbehilfe genauer voneinander abzugrenzen wären, insbesondere, ob der Unterschied von aktiver und passiver Sterbehilfe sich mit dem von Handeln und Unterlassen deckt (die überzeugende Antwort hierauf lautet: nein). Hier kann die inzwischen hoch entwickelte philosophische Handlungstheorie hilfreich sein. Ähnlich gibt es detaillierte und scharfsinnige Untersuchungen darüber, ob das Lebensrecht eines Embryos, wenn es ein solches Lebensrecht gibt, davon abgeleitet werden kann, daß es sich dabei um ein Mitglied der menschlichen Spezies handelt, oder davon, daß es sich um eine zukünftige Person, oder um eine potentielle Person handelt. Eine Gewöhnung an einen differenzierten Umgang mit Begriffen kann sehr dazu beitragen, in den schwierigen Fällen, mit denen der Arzt oft konfrontiert ist, auch über die komplexen Sachverhalte entsprechend differenziert zu denken.

Lassen Sie mich abschließend auf zwei öfters gehörte Einwände eingehen: Unter der Überschrift "Erlaubt ist, was gefällt. Medizinische Ethik in Amerika" hat in der Frankfurter Allgemeinen Zeitung vom 10. Oktober 1989 Stephan Sahm die medizinische Ethik deshalb grundsätzlich angegriffen, weil sie verschiedene Prinzipien herausstelle, wie Respekt vor der Autonomie des Individuums, Verpflichtung zur Hilfe und Verteilungsgerechtigkeit, zwischen denen im Einzelfall abgewogen werden müsse. "*Es liegt auf der Hand, daß je nach der Mischung der drei Trümpfe jedes beliebige Ergebnis vorgeblich rational erzielt werden kann.*"

Hier liegt offenbar ein doppeltes Mißverständnis vor: Ein Entscheidungsspielraum bei konfligierenden Prinzipien bedeutet ja keineswegs, daß die Gewichtung der Prinzipien im je vorliegenden Fall nicht begründungspflichtig und begründungsfähig sein könnte. So ist es ja auch in der Praxis des Verfassungsgerichts hinsichtlich der Grundwerte etwa unseres Grundgesetzes, zwischen denen ebenfalls im Einzelfall abgewogen werden muß. Zweitens scheint die Vorstellung leitend, eine Ethik, die nicht in allen möglichen Fällen genau eine Handlungsweise als die richtige auszeichnet, sei nutzlos. Demgegenüber muß man sich wohl mit dem Gedanken anfreunden, daß es in den meisten Fällen zwar ein weites Spektrum moralisch eindeutig unzulässiger Verhaltensweisen, aber doch mehrere voneinander verschiedenen Handlungen geben wird, die als moraladäquat bezeichnet werden können. Es ist leicht und leider üblich, eine Disziplin dadurch zu diskreditieren, daß man utopische Forderungen stellt und dann zeigt, daß sie diesen nicht entsprechen kann.

Zweitens könnte man einwenden, die empfohlene Reflexion auf die moralischen Grundlagen des eigenen Handelns sei zwar interessant und wünschenswert, jedoch würde der einzelne Arzt mit der entsprechenden Information und Anleitung zu eigenem Nachdenken in diesem Gebiet angesichts seiner sonstigen Verpflichtungen über Gebühr belastet. Wäre es nicht besser, dem zukünftigen Arzt schlicht gewisse Handlungsanweisungen zu vermitteln und ihre Rechtfertigung und eventuelle Reform der öffentlichen Debatte den Fachleuten zu überlassen (an der spezifisch interessierte Ärzte und Medizinwissenschaftler natürlich teilnehmen sollten)?

Ich würde in diesem Verfahren eine Art von Entmündigung des einzelnen Arztes sehen, der von solchen Vorschriften ja unmittelbar, sozusagen "hautnah" betroffen ist. Sollte man die Ärzte von der Einsicht ausschließen, daß es sich jeweils um Fragen von großer Komplexität, Relativität und Abwägungsproblematik handelt? Sollten sie nicht die verschiedenen theoretischen Ansätze und deren Begründungsstrategien kennenlernen, um zu einer eigenen Auffassung gelangen zu können? Nur so kann man auch erreichen, daß sich in einem umfassenden Diskussionszusammenhang den jeweils neuen Situationen entsprechende sachgerechte Normen herausbilden.

Moralische Sensibilität und Urteilskompetenz sind beim Arzt nicht erfreuliche zusätzliche Eigenschaften, die zur fachlichen Kompetenz noch hinzutreten können. Sie gehören beim Arzt, mehr als bei den meisten anderen Berufen, unmittelbar zu den Voraussetzungen erfolgreicher beruflicher Tätigkeit. Das Arzt-Patient-Verhältnis ist so vielfältig von moralisch relevanten Problemen besetzt, daß ihre souveräne und humane Handhabung den Arzt eigentlich erst ausmacht. Ihn auf diese schwierige Rolle in angemessener Weise vorzubereiten, dazu kann ein entsprechender Anteil der Philosophie in der medizinethischen Ausbildung, so habe ich zu zeigen versucht, einen nicht unerheblichen Beitrag leisten.

Anmerkung:

1.Vortrag, gehalten am 4. Mai 1990 bei der Einweihung der "Akademie für Ethik in der Medizin" in Göttingen.

Hannes G. Pauli

Das wissenschafliche Paradigma der Medizin in Evolution. Implikationen für die Ausbildung der Ärzte

Weil die Mediziner, welche sich ursprünglich hauptsächlich mit den Naturwissenschaften beschäftigten, dieses Evangelium, dass alles, was sei, auch vom Menschen müsse erklärt werden können, erfunden, so hielt er sie (die Naturwissenschaften) für das Licht der Welt, die den Schlüssel zu allem in der Tasche trügen und von diesem hohen Standpunkte aus lächelte er auf alle nieder, die unter ihm im Dunkeln tappten, das heisst, noch an Dinge glaubten, welche sie weder sehen noch zergliedern konnten.....
(Schilderung eines Arztes durch Jeremias Gotthelf 1843)

Dies ist der Beitrag eines Arztes, der am Ende der eng gewordenen Newtonschen naturwissenschaftlichen Epoche sein Kopf- und Handwerk gelernt und betrieben hat. Er ist gleichzeitig als Dank an diejenigen - unter ihnen Christian von Ferber - gemeint, die ihm geholfen haben, über diese wissenschaftliche Enklave hinauszublicken. Mit dieser Hilfe darf der Autor mit erneutem Enthusiasmus auf seinen menschheitsalten Beruf zurück, und vor allem vorausblicken.

Zwischen Rückblick und Vorausblick muß uns heute das Auseinanderklaffen zwischen dem Erkenntnisstand einer humanmedizinischen Theorie (von Uexküll und Wesiack 1988) und dem status quo im Bereiche ärztlicher Anwendungen, Verfahren und Errungenschaften beschäftigen. Die letzteren beruhen auf der Annahme naturwissenschaftlich-mechanistisch definierter Bandbreiten "normaler" Strukturen und Funktionen des menschlichen Organismus einerseits sowie auf in gleicher Weise definierten Modellen von deren Störungen anderseits. Da sich Bandbreiten der Normalität keineswegs zum Modell für einen Gesundheitsbegriff zusammenfassen lassen, bleibt die heute gültige medizinische Theorie eine ausschließliche **Krankheitstheorie**. Normalitätsbegriffe und Krankheitstheorien dominieren die 3 Ebenen des ärztlichen sozialen

Systems: die Situation in Wissenschaft und Forschung, das ärztliche Ausbildungswesen, insbesondere die Medizinischen Fakultäten sowie die ärztliche Versorgung. Dieses Versorgungssystem hat seinerseits eine 4. Ebene, das soziale ("Laien"-) System der von der ärztlichen Versorgung Betroffenen, zugedeckt bzw. im Sinne einer "Medikalisierung" geprägt (Ch. von Ferber 1989).

Ausgangspunkt ist die Hypothese einer primär intellektuellen Natur der damit angedeuteten Krise. Sie wird als Einschränkung oder Verfremdung ärztlichen Denkens gesehen, die sich auf die ärztliche Sozialisation, auf ärztliches Handeln sowie auf die Gesundheitskonzepte und das Gesundheitsverhalten der Bevölkerung ausgewirkt hat.

Diese Interpretation wird mit der These verbunden, daß grundsätzliche Veränderungen an der ärztlichen Sozialisation - exemplifiziert an der ärztlichen Ausbildung - anzugreifen haben. Es soll deshalb auf die beiden ersten der angesprochenen Ebenen, auf die ärztliche Wissenschaft und Forschung sowie auf die Ausbildung der Ärzte eingegangen werden. Bezüglich der Ebenen Versorgung und Laienverhalten lassen sich zwanglos und ergänzend Beiträge von Christian von Ferber (1985, 1989) daran anschließen.

Die Wissenschafts- und Forschungssituation

Ohne den status quo medizinischer Wissenschaft und Forschung umfassend darzustellen, sollen zwei miteinander untrennbar verknüpfte kritische Aspekte herausgegriffen werden: Die Einengung ärztlichen wissenschaftlichen Denkens sowohl in inhaltlicher als auch in methodischer Hinsicht. Der Begriff der Einengung bezieht sich dabei nicht auf die Gesamtheit der heute zur Verfügung stehenden wissenschaftlichen Einsichten - auf deren bereits erwähnte Erweiterung wird anschließend eingegangen -, sondern auf die mehrheitliche Usance im ärztlichen Denken und Handeln.

Die in den vergangenen anderthalb Jahrhunderten entstandene Dominanz naturwissenschaftlichen Denkens in der Medizin hat diese auf den "Gegenstand" des menschlichen Organismus eingeschränkt. Die Anziehungskraft des (schließlich in vieler Hinsicht erfolgreichen) Infektionsmodells hat in der Medizin mehr als in anderen Fachbereichen die prämoderne Newtonsche Wissenschaftstradition zementiert. Das ärztlich--wissenschaftliche Handlungsfeld wurde quasi durch das Integument dieses Organismus begrenzt. Damit ist zwar nicht gesagt, daß ärztliches Handeln psychische und soziokulturelle Aspekte ausklammert. Eine über das Somatische ("Biomedizinische") hinausgehende Sicht wird aber durch eine Mehrzahl von Ärzten nicht einem wissenschaftlichen-, sondern einem intuitiven Erfahrungsbereich oder einer "Kunst" zugerechnet. Ärzte im sehr viel weniger etablierten psychischen Bereich, Psychiater und Psychotherapeuten, haben oft eine reziprok analoge "laienhaft"-unwissenschaftliche Beziehung zu somatischen Belangen. Daraus ergibt sich für das wissenschaftliche Denken das Bild einer "Medizin für den Körper ohne Seele beziehungsweise für die Seele ohne Körper" (von Uexküll und Wesiack 1988).

Beschränkung auf naturwissenschaftliche Inhalte heißt auch methodische Beschränkung, heißt Ausklammerung von verhaltens- und sozialwissenschaftlichen Methoden. Damit bleiben - wiederum inhaltlich - das Gesundheitsverhalten, das ärztliche Handeln und der soziale und ökologische Kontext der ärztlichen Versorgung als wissenschaftliche Gegenstände ausgespart. Die Ziele dieser Versorgung: Gesundheitsförderung und -erhaltung, Vermeidung von Gesundheitsstörungen und Wiederherstellung von Gesundheit sind aber in systematischer und damit wissenschaftlich faßbarer Weise mit dem Gesundheitsverhalten von Individuen und Gruppen sowie mit den Umständen ärztlichen Handelns verbunden. Darüber hinaus, und abgesehen von den Instanzen der Gesundheitsversorgung, wird zunehmend die Bedeutung sozialer Determinanten von Gesundheit und Sterblichkeit des einzelnen Individuums erkannt (House 1989).

Die Forschungspraxis hat sich während der erwähnten Epoche der "Vernaturwissenschaftlichung" der Medizin im Zuge einer rasanten Technologieentwicklung zunehmend auf die Sammlung von dimensional numerischen Daten konzentriert. Die dem Physiker Kelvin im 19. Jahrhundert zugeschriebene These, die alles, was (im obigen Sinn) nicht meßbar ist, als unwichtig oder wertlos bezeichnet, ist zu einer ideologischen Basis auch der medizinischen Wissenschaften geworden.

Als Widerspiegelung dieser Verhältnisse auf der wissenschaftlichen Ebene hat sich die ärztlich-"klinische" Praxis zunehmend weg von den "Primärperzeptionen" (z.B. von der Beobachtung "objektiver" und "subjektiver" Symptome) auf die Verwendung von chemischen und physikalischen (dimensional numerischen, s.o.) Indikatoren verlegt. In der klinischen Nomenklatur spiegelt sich diese Chemisierung und Physikalisierung von Krankheitskonzepten in einem Wandel der Begrifflichkeit wider. So wurde z.B. aus "Schwindsucht" "Tuberkulose" oder "metastasierende Karzinomatose", aus "Atemsynkope" "CO2-Intoxikation" und aus "Angina Pectoris" "Coronarsklerose".

Außerdem sind wissenschaftliche Einsichten in das Phänomen Gesundheit rudimentär geblieben. Sie müßten an "systemischen" (s.u.) Sichtweisen ansetzen. Analysen von Einzelfaktoren können Krankheitskonzepte zum Teil, Gesundheitskonzepte jedoch nicht untermauern. So ist der heutigen medizinischen Wissenschaft der Prozesscharakter des Gesundseins, der "Salutogenese" (Antonovsky 1987) weitgehend verborgen geblieben. Damit fehlen der Prävention und der "Gesundheitsförderung" wesentliche wissenschaftliche Grundlagen, ohne die der vielbeklagte Rückstand in diesem Bereich des Gesundheitswesens nicht aufzuholen ist.

In der Abbildung (aus Pauli 1990) sind die Entstehung, die Phänomene und die Folgen von Gesundheit bzw. Gesundheitsstörungen sowie die konventionellen wissenschaftlichen Dimensionen, auf denen diese Bereiche analysiert werden, schematisch dargestellt. Mit dem Begriff "Gesundheit" ist nicht "gute" Gesundheit gemeint; er gilt für das Kontinuum von "gesund" ("ease") bis "krank" ("disease", Antonovsky 1987). Der Bereich "Ur-Sache" umfasst Struktur-, Funktions- und Organisationsprinzipien, die nicht im

Die Dimensionen der "Gesundheit"

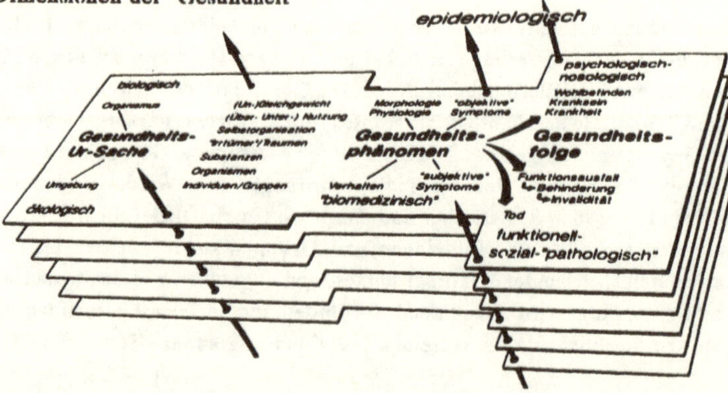

physikalisch-kausalen Sinn zu verstehende Grundlage des Lebens (und damit der Gesundheit) bzw. seiner Störungen sind. Ein vergleichsweise geringer Anteil an "Ur-Sachen" ist "medizinischer" Natur: z.B. Rehabilitation ("Nutzung"), Pharmaka ("Substanzen") oder chirurgische Eingriffe ("Traumen"). Die einzelne Ebene symbolisiert das "Gesundheitsfeld" eines einzigen Individuums. Die Juxtaposition mehrerer individueller Ebenen schafft die Möglichkeit einer (durch Pfeile angedeuteten) "epidemiologischen" Zusammenfassung von Ur-Sachen, Phänomenen und Folgen für Bevölkerungsgruppen.

Aus der Synopsis der Abbildung geht bezüglich der traditionellen Forschungsfelder (der "Disziplinen") die Prädominanz des mittleren Feldes der "Phänomene" (d.h. der Biomedizin) gegenüber den Feldern "Ur-Sache" und "Folgen" (mit Ausnahme des Folgen-Bereiches "Krankheit") hervor. Im Gegensatz zu dieser Fachtradition geht eine "Gesundheitssystemforschung" von einer interdisziplinären Sicht aus. Interdisziplinarität in diesem Kontext drückt sich u.a. im Einbezug von verbindenden Elementen zwischen den 3 Bereichen dieses Schemas aus. Liselotte von Ferber (1989, zusammen mit Ch. von Ferber 1989) hat beispielsweise Daten zur Frage der Verordnung und des Konsums von Psychopharmaka (speziell Benzodiazepine) anhand der entsprechenden Krankenkassenleistungen in demographisch definierten Bevölkerungsgruppen erhoben. Es wurden dabei (s. Abbildung) die Bereiche "Ur-Sachen" (Substanzen, Individuen, Gruppen), "Gesundheitsphänomene" (Symptome) und "Gesundheitsfolgen" (Wohlbefinden bzw. Kranksein) in ihrem Zusammenhang angesprochen. Es kamen dabei Prinzipien und Methoden der Pharmakologie, der Epidemiologie, der Sozialmedizin und der Soziologie zur Anwendung. Im Kontrast dazu würde sich die konventionelle medizinische Forschung mehrheitlich isoliert mit pharmakologischen Fragen (Biomedizin) befassen.

Ärztliches Handeln auf der Grundlage der eingeengten Sicht von Fach-Konventionen kann aber den Anforderungen an die Gesundheitsversorgung nicht genügen. Wenn die Ärzte den Anspruch auf eine wissenschaftliche Basis ihrer Bemühung um die Gesundheit von Individuen und Bevölkerungsgruppen aufrechterhalten wollen, müssen über den biomedizinischen Bereich hinausgehende Erkenntnisse miteinbezogen werden, selbst wenn die ärztliche Verantwortung auf diesen Bereich beschränkt wird (Seldin 1981).

Die Ausbildung der Ärzte

Auf die unerfüllte Forderung, die Ausbildung an den Medizinischen Fakultäten (und anderswo im Bildungssystem) nach modernen bildungswissenschaftlichen Erkenntnissen (z.B. durch Ermöglichung von Eigeninitiative, persönlichem Lernstil und Selbstevaluation der Studierenden) auszurichten, soll hier nicht eingegangen werden. Es genüge der Hinweis, daß Ärzte lebenslang auf entsprechende Lernfähigkeiten und -fertigkeiten angewiesen wären.

Es geht hier vielmehr um die inhaltlichen und methodischen Anforderungen an eine Medizin des 20. Jahrhunderts (Foss und Rothenberg 1987, White 1988).

Die Evolution der klinischen Forschung und Praxis hat die ärztliche Lehre in zweifacher Hinsicht beeinträchtigt. Dies geschah einerseits durch die Abwertung der primären klinischen Perzeption (s.o.) auch in der Ausbildung, anderseits durch die spezialistische Einengung der Kompetenzbereiche der einzelnen für die Ausbildung verantwortlichen Individuen.

Traditionelle Medizinische Fakultäten sind Konglomerate von vorwiegend spezialistisch orientierten Institutionen, deren Mitarbeiter weitgehend durch eine entsprechend reduktionistische Denkweise geprägt sind. Sie sind in ihrer heutigen Konstellation für die bedarfsgerechte Ausbildung von Ärzten ungeeignet.

Die Grundlage einer Erneuerung: Ein neues wissenschaftliches Paradigma

Die Quantenmechanik (Albert Einstein, Niels Bohr, Werner Heisenberg u.a.), die Ungleichgewichts-Thermodynamik (Ilia Prigogine), die Informationstheorie (Walter Shannon) und die Cybernetik (Norbert Wiener) haben eine allgemeine und grundsätzliche Reorientierung wissenschaftlicher Konzepte und Modelle möglich gemacht.

Diese Reorientierung weist 3 Schwerpunkte auf:

- Erstens steht im Vordergrund die Einsicht, daß wissenschaftliche **Perzeption** (Perzeption ganz allgemein) nicht als "objektive" Abbildung einer "Realität" oder einer "Wahrheit" dieser Welt im Geist des wissenschaftlichen Betrachters aufgefaßt werden darf, sondern immer **durch das Subjekt** mitbestimmt ist.
- Zweitens ist der Umstand von Bedeutung, daß das belebte und das unbelebte Universum als **"System"** gesehen werden muß, in dem alles, was durch Menschen perzipiert wird, einerseits untrennbar in ein darüber hinausgehendes ("Supra-") System inte-

griert, anderseits aus "Subsystemen" aufgebaut ist. Systeme haben "emergierende" Eigenschaften, die sich nicht durch die Summe der Eigenschaften ihrer Subsysteme erklären lassen.
- Drittens ist auf einer funktionalen Ebene das Phänomen der **Selbstorganisation** zu berücksichtigen, das vor allem als Charakteristikum lebender Systeme beschrieben worden ist (Jantsch 1982).

Subjektivität, Systemsicht und **Selbstorganisation** gehörten seit dem Altertum zu den Sichtweisen von Philosophen und Naturbeobachtern. Diese grundlegenden Konzepte wurden allerdings überrannt durch die Entwicklung der "aufgeklärten" Naturwissenschaften nach Newton, mit ihren linearen Ursache-Wirkung-Denkmodellen, ihren vorwiegend technischen Konstrukten sowie ihrer "positivistischen" Dominanz über die Sozial- und Kulturwissenschaften. Die Konzepte der "neuen Physik" wurden verblüffenderweise in einem Fachbereich erarbeitet, der als Kern und Angelpunkt ebendieser Wissenschaften betrachtet worden war.

Folgerungen für die medizinischen Wissenschaften

Es sind in diesem Zusammenhang die Folgen dieser ("postmodernen") wissenschaftlichen Revolution für die **Medizin** zu bedenken. In Analogie zur Entwicklung der Wissenschaften im allgemeinen sind die diesem Paradigmenwechsel entsprechenden medizinisch-wissenschaftlichen Erkenntnisse (im Gefolge einer "zweiten medizinischen Revolution", Foss und Rothenberg 1987, von Uexküll und Wesiack 1988) nicht neu. "Intersubjektive" und "systemische" medizinische Sichtweisen hatten allerdings zuvor ausschließlich intuitive, philosophische und phänomenologische Grundlagen. Demgegenüber ist das neue Modell einer "**Infomedizin**" (Foss und Rothenberg 1987) empirisch und analytisch validiert. Es müßte das bisherige biomedizinische bzw. biomechanische ablösen.

Feinstein (1987) hat die **methodischen** Konsequenzen einer erneuerten wissenschaftlichen Sicht folgendermaßen zusammengefaßt:
"Ein wesentlicher Ansporn für zukünftige Arbeit sollte aus der Erkenntnis hervorgehen, daß brauchbare Modelle für jeden wissenschaftlichen Bereich sich aus realistischen Beobachtungen im entsprechenden Feld selbst ableiten. Von anderswo übernommene theoretische Modelle mögen hilfreich sein, werden aber unbefriedigende Substitute für Modelle bleiben, die aus den Gegebenheiten dieses eigenen Bereiches hervorgehen."

Das erneuerte Paradigma besteht demzufolge einerseits in einem interdisziplinären bzw. systemischen Ansatz; "subjektive" Sichten von "Laien" und Ärzten werden miteinbezogen, sowohl bezüglich Wohlbefinden und Kranksein, als auch bezüglich der Interaktion zwischen den beiden Subjekten. Anderseits ergibt sich daraus eine erneute Orientierung auf primär ärztliche Inhalte, etwa im Sinne einer Wiederaufwertung der ärztlichen Primärperzeptionen.

Theoretisch lassen sich eine Reihe von Ansätzen für eine Erweiterung der medizinisch-wissenschaftlichen Basis ärztlichen Denkens und Handelns formulieren (White 1988). Ein Erfolg von Strategien, die an den heutigen soziokulturellen Umständen der ärztlichen Versorgung ansetzen, muß allerdings bezweifelt werden. Der ärztliche Berufsstand ist durch seine Strukturen und Institutionen von Ausbildung, Versorgung und Forschung intensiv sozialisiert (Freidson 1975, Ch. von Ferber 1989). Diese Strukturen und Institutionen sind in einem beträchtlichen Ausmaß durch interne Interessen und durch eine Kollusion mit denjenigen der einzelnen "Konsumenten" der ärztlichen Versorgung, der Industrie, der Medien sowie der politischen Entscheidungsträger im Gesundheitsbereich konsolidiert (Bloom 1988). Das skizzierte biopsychosoziale Modell, das diese Beschränkungen hätte aufheben sollen, hat bislang bedenklich wenig Unterstützung gefunden (Antonovsky 1989).

Was ist zu tun? - Das Primat einer ärztlichen Ausbildung

Die Hauptstoßrichtung müßte von einer **innovativen Strategie im Bereiche der ärztlichen Ausbildung** ausgehen. Zwei Erfahrungen, die seit dem 2. Weltkrieg im Bereich der ärztlichen Ausbildung gemacht worden sind, verdienen dabei besondere Beachtung:

1. **Medizinische Ausbildungsreformen** in einem kleinen Teil der Institutionen auf der ganzen Welt sind **vor allem** von didaktischen Zielsetzungen und von der Notwendigkeit, die **Lernsituation derjenigen der Berufssituation anzugleichen**, ausgegangen. Die betreffenden Studiengänge sind demzufolge mehr lerner- (als lehrer-) orientiert geworden, v.a. durch die Einführung von problemorientierten Methoden, die den Studierenden einen hohen Grad von Selbstbestimmung zugestehen (Pauli 1989). Außerdem wurde der Ort des Lernens weitgehend aus dem Vorlesungs- und Kurssaal in den Bereich der professionellen Realität (Krankenhaus, Arztpraxis, Laboratorium) verlegt (Kantrowitz 1987). Auf diesen beiden Ebenen waren die reformierten Curricula im allgemeinen erfolgreich. Die Lernmotivation der Studierenden nahm zu, und es wurden praktische Fertigkeiten im Umgang mit Patienten erworben. Diese Prinzipien und Methoden fanden aber vor allem in Europa weniger Verbreitung, als ursprünglich angenommen worden war. Der Hauptgrund dafür muß im Widerstand der Institutionen gesehen werden, die damit ihre disziplinären und disziplinierten (d.h. fachorientierten und hierarchischen, Bernstein 1977) Strukturen bedroht sahen.

2. Die traditionellen biomedizinischen Wissenschaftsmodelle des 19. Jahrhunderts prädominieren auch in reformierten Institutionen weiterhin. Zwar wurden vielerorts die biomedizinischen "Grundlagenwissenschaften" durch verhaltens- und sozialwissenschaftliche Elemente ergänzt, aber das wissenschaftliche Denken bleibt weiterhin technischen Modellen verhaftet, linear und pathogenetisch orientiert. Psychologische und soziale Faktoren werden in mehr marginale Bereiche von "Risiken" verwiesen. Innovative Curricula haben die Tendenz, sich am Ende den traditionellen anzugleichen.

Am Studienabschluß sind die Studierenden in die traditionellen Betriebe integriert bzw. ihnen untergeordnet. Auf der kognitiven Ebene werden die "neuen" Ausgebildeten ebenso durch die kontinuierliche Überproduktion von Faktenwissen und neuen Verfahren in den vielen medizinischen (Sub-) Spezialitäten bedrängt, wie ihre Kolleginnen und Kollegen in traditionellen Institutionen.

Angesichts der Überfüllung ärztlicher Studiengänge mit Faktenwissen, kann eine Integration von Elementen einer "Infomedizin" in diese Studiengänge nicht als einfache Superposition auf das Bestehende geplant werden. Die Initiation wissenschaftlichen Denkens, das sowohl konventionelle wie neue ("infomedizinische") Bereiche umfaßt, ist ohne Lösungen im Bereich der Überinformation nicht denkbar.

Auf im Sinne einer "Infomedizin" geeignete Ausbildungsmethoden kann hier nicht eingegangen werden. Es wird darum gehen, die Fähigkeit zu schulen, in einer gegebenen Problemsituation die denkbar mögliche Gesamtheit der konstituierenden Elemente zu perzipieren.

Voraussetzung für eine derartige Zielsetzung sind Institutionen, in denen die traditionellen Fachgrenzen weitgehend interdisziplinär (z.B. durch eine Matrixstruktur) abgebaut sind. Kontinentaleuropäische Medizinische Fakultäten haben bisher derartige integrative Ansätze sorgfältig gemieden.

Eine potentielle Schrittmacherfunktion darf in diesem Zusammenhang der **Allgemeinmedizin** zugedacht werden. Das Selbstverständnis der europäischen Allgemeinmedizin steht heute am Scheideweg zwischen der Rolle als Träger einer zusammenfassend-enzyklopädischen Mini-Medizin, als weiterhin kleiner Bruder der akademischen Maxi-Medizin, und einer Führungsrolle bei der überfälligen Integration der ärztlichen Lehre und Forschung in der Gesamtmedizin (Pauli 1986). Die Ansätze zur letzteren außerhalb Europas (Kantrowitz 1987) müßten ernstgenommen werden.

Christian von Ferber hat eine derart grundsätzliche Rolle der Allgemeinmedizin postuliert und zu ihrer Operationalisierung beigetragen (Ch. von Ferber 1985). Es ist den Allgemeinärzten und den in und vor ihrer Ausbildung stehenden Ärzten künftiger Generationen zu wünschen, daß die Institutionen dem von ihm vorgezeichneten Weg folgen werden.

Literatur

Antonovsky, A. (1987) Unraveling the mystery of health. How people manage stress and stay well. Jossey-Bass, San Francisco.

Antonovsky, A. (1989) The problematic status of the biopsychosocial model. In: Saladin P. et al (ed) 'Medizin' für die Medizin. Helbing & Lichtenhahn, Basel.

Bernstein, B. (1977) On the classification and framing of educational knowledge. In: ders. Class, codes and control. Vol 3. Towards a theory of educational transmission, 2nd ed. Routlege & Kegan Paul, London.

Bloom, S. (1988) Structure and ideology in medical education: an analysis of change. J. Health Soc. Behav., 29, 294-306.

Feinstein, A.R. (1987) The intellectual crisis in clinical science: medaled models and muddled mettle. Perspectives in Biol. and Med. 30,2, 215-230.

von Ferber, Ch. (1985) Allgemeinmedizin: Dem Stiefkind wird der Katzentisch zu klein. Ärztl. Praxis 27, 884-888, 956-958

von Ferber, Ch.. (1989) Medizinkultur und Laienkultur nebeneinander - gegeneinander - miteinander. In : Marquard O. et al (ed): Medizinische Ethik und soziale Verantwortung. Ethik der Wissenschaften Vol. 8, 9-27. F. Schöningh, Paderborn, Wien, Zürich

von Ferber, L. (1988) Die ambulante Versorgung im Spiegel der Verwaltungsdaten einer Ortskrankenkasse. Enke, Stuttgart.

von Ferber, L. und von Ferber, Ch. (1989) Von der Dienstleistungsfunktion des Arztes - Der Primärarzt im Sozialstaat. In: Saladin P. et al (ed) 'Medizin' für die Medizin. Helbling und Lichtenhahn, Basel.

Foss, L. and Rothenberg, K. (1987) The second medical revolution. From biomedicine to infomedicine. New Science Library Shambhala, Boston & London.

Freidson, E. (1975) Dominanz der Experten. Zur sozialen Struktur der medizinischen Versorgung. Urban & Schwarzenberg, München.

Gotthelf, J. (1978) Anne Bäbi Jowäger. Diogenes Taschenbuch, Basel.

House, J.S. (1989) Zum sozialepidemiologischen Verständnis von Public Health: soziale Unterstützung und Gesundheit. In: Badura, B. et al (eds) Zukunftsaufgabe Gesundheitsförderung. Kohlhammer, Stuttgart.

Jantsch, E. (1982) Die Selbstorganisation des Universums. Vom Urknall zum menschlichen Geist. Deutscher Taschenbuchverlag, München.

Kantrowitz, M., Kaufman A., Fülöp, T. (ed) (1987) Innovative tracks at established institutions for the education of health personnel. WHO Offset Publications Nr. 101 World Health Organization, Geneva.

Pauli, H.G. (1986) Konzepte für eine Forschungsstrategie in der Allgemeinmedizin. Münch. Med. Wschr. 128, 438-440

Pauli, H.G. (1989) Problemorientiertes Lernen in der ärztlichen Ausbildung. Schweiz. Ärztezeitg. 70, 1489-1492.

Pauli, H.G. (1990) Sozialmedizinische, medizinsoziologische und soziosomatische Aspekte zur Entstehung und Erhaltung von Gesundheit und Krankheit. In: von Uexküll Th. (Adler R. et al eds) Psychosomatische Medizin, 4. Aufl. Urban & Schwarzenberg, München, Wien, Baltimore.

Seldin, D.W. (1981) Presidential adress: The boundaries of medicine. Trans. Assoc. Am. Phys. 94, 75-84.

von Uexküll, Th. und Wesiack, W. (1988) Theorie der Humanmedizin, Urban & Schwarzenberg, München, Wien, Baltimore.

White, K.L. (1988) The task of medicine. Dialogue at Wickenburg. Henry J. Kaiser Foundation, Menlo Park.

Hero Silomon

Ärztliche Gedanken zu einer antithetischen Medizin[1]

Persönliche Vorbemerkungen

Christian von Ferber bin ich vor 25 Jahren zum ersten Male begegnet. Ich glaube, daß ich mir damals nach immerhin 21 Berufsjahren meine ärztlichen Kinderschuhe zertreten hatte. Diese Zeit hatte aber auch ausgereicht, um mir - modern ausgedrückt - ein dumpfes Unbehagen an der Medizin zu wecken. Stimmte das theoretische Fundament - wendeten wir die Medizin richtig an - und was bewirkten wir; eine auch heute noch aktuelle selbstkritische Frage.

Die Analyse dieses Unbehagens und die Arbeit an ihm war während des ganzen Berufslebens eine immer wieder faszinierende Aufgabe, zu deren Lösung die Beschäftigung mit der Sozialmedizin und der Medizinsoziologie einiges beigetragen hat. Beide Fächer haben in der Medizin, im Gesundheitswesen und in der Sozialversicherung, ohne welche die Medizin gar nicht anwendungsfähig wäre, einiges bewegt und manches verändert. Was ist hiernach von dem Unbehagen verschwunden, was ist geblieben - aber auch: was ist an neuem Unbehagen hinzugekommen?

Aus Vorstehendem ergibt sich unschwer der Bezug zum Werk Christian von Ferbers. Die nachfolgenden Zeilen mögen zugleich als ein Stück eigener beruflicher Biographie anzusehen sein.

Begriffsdefinition - Einleitung

Im Folgenden soll von einer Medizin mit dem Attribut "antithetisch" die Rede sein. Dieser Terminus bedarf, weil "antithetische Medizin" kein gängiger Begriff ist, der Definition und der Erläuterung:

"Antithese" bedeutet "*Entgegensetzung*"[2] und ist nicht zu verwechseln mit "*Alternative*", nämlich der "*Wahl zwischen zwei Möglichkeiten mit der Notwendigkeit, sich für eine von beiden nolens volens zu entscheiden*"[3]. Damit ist ausreichend verdeutlicht, daß hier nicht alternative Medizin gemeint ist, welche an die Stelle der (Schul)-Medizin treten soll.[4] Eine solche sucht nach unserem Verständnis nicht oder kaum die wissenschaftliche Auseinandersetzung mit dieser. Vielmehr argumentiert sie aus einer weltanschaulich-politischen Warte mit der Überlegenheit dessen, der im Besitz der reinen Lehre zu sein glaubt.
Eine antithetische Medizin, wie sie hier verstanden werden soll, ist vielmehr eine solche, die sich vieles hat "entgegensetzen" lassen müssen, die zur Reflexion veranlaßt wurde und die sich in einem nicht immer leichten und angenehmen Lernprozeß als prinzipiell lern- und wandlungsfähig erwiesen hat. Es ist also nicht eine total andere, sondern eine unter dem Eindruck von Antithesen zu den bisherigen Lehrmeinungen weiterentwickelte Medizin.

Dabei stellt das gewählte Thema vor die Aufgabe, die Gründe für eine primär unpolitische Medizinkritik zu untersuchen, die Kritik - sofern sie seriös und stichhaltig ist - nachzuzeichnen, dann zu beschreiben, was sie im Positiven und im Negativen bewirkt hat und schließlich den Versuch einer summarischen Kritik und Prognose zu wagen.

Das iatrotechnische Konzept der Medizin

Der Begriff

In seinem Buch "Konzepte der Medizin in Vergangenheit und Gegenwart" hat K.E. Rothschuh 1978[5] dargelegt, daß die Medizin seit dem 19. und auch noch im 20. Jahrhundert auf einem iatrotechnischen Konzept beruhe, d.h. daß sie nach der Denk- und Arbeitsweise der Technik denke und vorgehe und daß sie physikalisch-chemische Verfahren zur Verwirklichung praktischer Zielsetzungen anwende. Wenn man in der Hierarchie der Begriffe eine Stufe höher greifen will, kann man auch von einem (rein) naturwissenschaftlichen Konzept sprechen, also einem nicht-geisteswissenschaftlichen.

Hierauf fußend, werden krankhafte Zustände und Vorgänge als solche angesehen, die dem begrifflichen und technischen Instrumentarium der Naturwissenschaften, der Physik und der Chemie zugänglich und hierdurch erklärbar und zugleich auch beeinflußbar sind. Bei der Analyse von Krankheit schlechthin, von bestimmten Krankheiten oder von einzelnen Symptomen, arbeitet man auf der Grundlage und mit der Anwendung des monokausalen Ursache-Wirkungsprinzips und denkt in linearen Kausalketten.

Für die Behandlung von Krankheit wie von Krankheiten ergibt sich als Konsequenz dieses Konzepts, daß man vorwiegend mit Medikamenten, also durch chemische Wirkstoffe, die Ursachen-Wirkungskette am Entstehen oder an der Weiterentwicklung zu hindern versucht, also krankhaft ablaufende Chemismen umwandelt oder stoppt -

mittels physikalischer Wirkungen durch Apparate das Krankheitsgeschehen zu beeinflussen versucht - oder, wo dies nicht möglich ist oder gemacht wurde, mit dem Instrumentarium der Chirurgie in den kranken Organismus eingreift.

Seitdem das Paradigma das bis dahin geltende philosophisch-spekulative abgelöst hat, sind in der Verhütung und Behandlung von Krankheiten und in der Rehabilitation danach Fortschritte und Erfolge erzielt worden, die höchste Anerkennung verdienen.

Erfolge

Wir gehen zunächst von der nicht anzuzweifelnden Behauptung aus, daß sich besonders unter dem massiven Einsatz technischer Mittel die Möglichkeiten erheblich verbessert haben, Krankheiten überhaupt und in der individuell, zu einem bestimmten Zeitpunkt am einzelnen Kranken anzutreffenden Situation zu diagnostizieren, voneinander zu unterscheiden, sie zu bewerten und zu beurteilen[6]. Praktisch gibt es dabei kein oder kaum ein Organ, ein Organsystem oder eine Körperregion mehr, bei dem bzw. bei der, wenn nicht ein direkter, dann doch ein indirekter diagnostischer Zugriff möglich wäre. Die Instrumente zur Erfassung des Normalen über das Unnormale bis zum Krankhaften sind empfindlicher geworden. Der Grenzbereich zwischen "gesund" und "krank" ist breiter geworden.

Es gibt zahlreiche Krankheiten, denen der Arzt früher machtlos gegenüberstand und die jetzt heilbar sind. Wir kennen auch kaum mehr eine Krankheit, bei der nicht irgendeiner Behandlungsmethode wenigstens eine, wenn auch noch so problematische Wirkung zugeschrieben würde. Mag diese auch nicht immer in Form von Heilung bestehen, so doch als Linderung, als Abwendung unmittelbar bedrohlicher Krisen oder als In-die-Länge-Ziehen des Verlaufes. Die Gesichter der Krankheiten haben zu einem erheblichen Teil etwas weichere Konturen bekommen - auch dies alles Dank medizinischer Technik.

Je weiter sich indessen die Medizin nach dem iatrotechnischen Konzept fortentwickelte - in fast atemberaubender Weise! - umso mehr taten sich Folgeprobleme, Schwachstellen und Defizite auf, mit denen man in der Fortschritts-Euphorie nicht gerechnet hatte und welche die vom Fortschritt Faszinierten nur ungern zur Kenntnis nahmen.

Nicht uninteressant ist es dabei, daß diese Lücken weniger von der etablierten Medizin selbst wahrgenommen, beschrieben und vermessen wurden, als vielmehr von der Sozialmedizin in Verbindung mit nicht sehr goutierten Fächern[7].

Grenzen der Erfolge

Es hat überraschenderweise lange gedauert, bis man sich der Grenzen der eben beschriebenen Erfolge bewußt wurde.

Zwar hatte es dem Grunde nach schon lange - eine Zeitmarke können wir nicht nennen -in Deutschland eine Rehabilitation gegeben. Bald nach dem 2. Weltkriege gelangten jedoch aus dem westlichen Ausland stärkere Impulse zur Bewußtmachung und Umsetzung des Gedankengutes und der Methoden der Rehabilitation zu uns. Dies traf zusammen mit der Erkenntnis eines erheblichen Bedarfes an Rehabilitation. Mehr und mehr wurde man der Tatsache inne, daß die Medizin, so wie man sie betrieb, enorme Möglichkeiten zur Heilung entwickelt hatte und zahlreichen Menschen in Notsituationen unmittelbar das Leben rettete, aber vielen anderen, die sonst mittelfristig ihren Leiden erlegen wären, zwar das Leben unter welchen Umständen auch immer verlängerte, damit aber auch ihre Leiden, wodurch sie körperlich, psychisch und sozial tangiert blieben. Man sah also, daß allen Fortschritten zum Trotz der Erreichung des eigentlichen Zieles der Medizin, Krankheiten zu heilen, Grenzen gesetzt waren.

Anders gewendet: wir haben es paradoxerweise Dank der Erfolge der Medizin mit mehr Krankheit und mit mehr Kranken zu tun, unter gleichzeitiger Verlängerung zahlloser Krankheitsdauern. Wenn sich somit die Zeiten verlängern, in denen sich viele Menschen im Kontakt mit Krankheit und Medizin befinden, dann werden auch aus immer mehr Krankheitverläufen Patientenkarrieren[8]. So gesehen, besteht der "Output" der Medizin nicht zuletzt in einem medizinisch und sozial problematischen Menschenpotential, das neue sozialpolitische Initiativen und Strategien erfordert.

Zum anderen blieben die soziokulturellen Wandlungsprozesse nach dem 2. Weltkriege nicht ohne Rückwirkungen auf die Krankheitsszene und das Krankheitspanorama. Die Brüchigkeit, Fragwürdigkeit und schwere Durchsetzbarkeit von Normen des sozialen Verhaltens führten zu einer enormen Inzidenz und Prävalenz von Störungen des Befindens und des sozialen Verhaltens[9]. Ihnen wurde allerdings im allgemeinen Bewußtsein ein anderer Rang beigemessen, als etwa den Neurosen in den ersten fünf und sechs Dezennien nach Siegmund Freud und den vegetativen und den neurozirkulatorischen Dystonien zur Zeit von Gustav v. Bergmann und Max Hochrein und danach; sie wurden mit der moralischen Elle gemessen. Da fast alle diese Störungen mit somatischen Äquivalenten kombiniert sind, wurden sie medizinisch relevant, dies auch auf Grund des Selbstverständnisses der Ärzte und der Medizin, wenn auch nicht deren liebstes Kind. Formal wurde die Zustänfigkeit der Medizin für diese Zustände und Vorgänge durch höchstrichterliche Rechtsprechung bestätigt.

Wie nach heutiger Erkenntnis nicht anders zu erwarten und wie jedem Einsichtigen evident, war und ist das iatrotechnische Konzept der Medizin zu einer sachgerechten Bewertung und zur Heilung dieser Störungen nicht geeignet.

Paradigmawandel
Definition des Paradigma

An dieser Stelle müssen wir den hier schon eingeführten Begriff "Paradigma" im Hinblick auf das Folgende kurz bestimmen.

Unter einem Paradigma verstehen wir mit Thomas S. Kuhn[10] die Gesamtheit der Theorien und Lehrgebäude der Wissenschaft - oder einer einzelnen Wissenschaft - einschließlich deren Aussagen, die zum gegenwärtigen Zeitpunkt mehrheitlich anerkannt, jedenfalls nicht ernsthaft bezweifelt werden. Dabei erfolgt die Fortentwicklung der Wissenschaft nach Kuhn und entgegen allgemeiner Ansicht nicht kontinuierlich-fließend, sondern revolutionär, salopp ausgedrückt: ruckartig.

Der Wandel vom iatrotechnischen Konzept zu einer modernen Medizin

Wir wiederholen hier nur kurz die Definition des auf uns überkommenen Paradigma der Medizin als einer iatrotechnischen, somit naturwissenschaftlich orientierten Wissenschaft mit der Intention, organische, somatische Krankheiten zu erkennen und mit adäquaten Mitteln soweit wie möglich zu behandeln, um dann die Patienten so gut wie möglich zu rehabilitieren. Dabei konzentrieren sich alle Bemühungen jedoch zu sehr auf die Abschnitte der Geschehenskette: Frühstadium von Krankheit - ausgebrochene, erkennbare und behandelbare Krankheit, aber weniger auf die Folgen nach Krankheit. Vernachlässigt wird dabei das Vorstadium von Krankheit, mit der Möglichkeit durch Prävention diese zu verhüten oder wenigstens zu mindern. Gleichzeitig werden die Störungen des Befindens, Erlebens und Verhaltens nur am Rande des Interessenspektrums verortet. Instrumente, Laboratorien und Medikamente haben bei diesen keine Erfolge aufzuweisen.

Inzwischen ist "*das pathogenetische Denken im Aufbruch*"[11], jedenfalls dasjenige im Sinne des iatrotechnischen Konzeptes. Damit soll zum Ausdruck gebracht werden, daß man sich zur modellhaften Erklärung von Krankheit überhaupt, wie auch von bestimmten Krankheiten und/oder Krankheitssymptomen nicht mehr ein-, u.U. mehrgliedriger eindimensionaler Kausalketten im Sinne der Naturwissenschaften und des Ursache-Wirkung-Prinzips bedient, ebenso auch nicht nur der zweiwertigen Logik im Sinne des entweder/oder.

Die derzeitig mehrheitlich akzeptierten Krankheitsmodelle bestehen aus Geflechten von Wirkungseinflüssen, die in sehr komplizierten Wechselbeziehungen zueinander stehen, welche einander bedingen und sich dabei potenzieren oder mindern können. Jedem einzelnen Bestandteil dieser Wirkungsfaktoren kommt nicht die Eigenschaft einer Ursache im naturwissenschaftlichen Sinne zu, sondern er kann eine von mehreren Bedingungen zum Ingangkommen und weiteren Ablauf krankhaften Geschehens im Sinne von Grund und Folge darstellen muß aber nicht.

Sieht man sich diese Modelle einmal näher an, so erkennt man, daß bestimmte pathogenetisch wirksame Faktoren medizinisch im Sinne des iatrotechnischen Konzepts definierbar sind, so z.B. der Blutdruck und die Höhe bestimmter Bestandteile des Blutes wie Fett, Harnsäure und Zucker. Wir sehen und kennenaber auch andere, von denen wir wissen, daß ihre Existenz und ihre Wirksamkeit in der Menge und in der Dauer überdurchschnittlich mit dem Auftreten von Krankheitkorrelieren, ohne daß sie jedoch mit den Methoden der Individualmedizin am Einzelnen zu quantifizieren wären, so z.B. Streß im strengen Wortsinne, Bewegungsmangel, gesundheitsschädigendes Freizeitverhalten, auch die Beschaffenheit von Boden, Wasser und Luft als Lebensraum des Individuums u.a.m.. Es ist aber nicht nur die Umwelt im physikalisch-technischen Sinne, sondern auch die soziale Umwelt. Gerade die letztere wirkt auf dem Umwege über die Psyche auf das Soma. Es gilt als unbestritten, daß das Verhalten des Menschen im mikro- und makrosozialen Bereich, ob freiwillig gelebt oder sozial erzwungen, von überragender Bedeutung für die Entstehung von Krankheit ist.

Man erkennt sogleich, daß die Einwirkungen dieser Faktoren und die durch sie in Gang gesetzten Wirkungseinflüsse nicht durch Medikamente ausgeschaltet oder rückgängig gemacht werden können, wohl aber durch das Verhalten der Menschen als Individuen und in ihrer Gesamtheit. Gemeint ist damit das Erlernen und Praktizieren gesundheitsfördernden Verhaltens und das Ablegen gesundheitsschädigendender Verhaltensweisen. Es geht jedoch nicht minder darum, wie der Mensch sich in seiner physikalisch-technisch und sozial zu definierenden Umwelt einrichtet.

Wenn dem so ist und wenn wir all dies als prinzipiell - wenn auch nicht vollständig und nur unter extremen Schwierigkeiten - veränderbar ansehen, so folgt hieraus: Alles was auf diesen Feldern und in diesem Sinne erfolgt, hat auf die Entstehung/Minderung von Krankheit bedeutenden Einfluß.

Die Medizin, wenn sie dem Vorstehenden Rechnung tragen will, muß also mehr als bisher ihr Interesse und ihre Bemühungen auf den Anfang der Geschehenskette: Vorfeld - Frühstadium - Behandlungsstadium - Folgezustände von Krankheit verlegen. Sie muß in verstärktem Maße versuchen, Krankheiten am Entstehen zu verhindern, in der Erwartung, hierdurch den Bedarf an Behandlung und Rehabilitation zu senken.

Das bedeutet zugleich, daß die Eigenschaften und das Verhalten des Menschen als soziales Individuum mehr als bisher als medizinisch relevant erkannt und deshalb untersucht werden müssen, vor allem im Hinblick darauf, sie dort zu verändern, wo dies im Interesse der Verhütung oder Minderung von Krankheit erfolgversprechend erscheint. Über die dazu erforderlichen Untersuchungsinstrumente verfügt die Medizin im Sinne des iatrotechnischen Konzepts nicht.

Umsetzung
Allgemeines

Es kann kaum verwundern, daß die Übertragung in praktisches Handeln und die Säkularisierung der vorstehend skizzierten, vielleicht etwas utopisch und wirklichkeitfremd anmutenden Überlegungen nur in einem zeitaufwendigen und mühsamen Prozeß vor sich gehen können und auch gehen.

Schon auf den ersten Blick wird klar, daß z.B. das Verbot des Tabakimports und -Anbaus, wie des Rauchens und die Abschaffung der Tabakindustrie zu einer drastischen Minderung der Prävalenz von Bronchial-Carzinom, Herzinfarkt und Raucherbein führen würden. Die Kontigentierung von Fett hätte die segensreichsten Folgen. Die Einführung von Pflichtsport, die Reduzierung von Fahrstühlen und eine rigorose Drosselung der Automobilindustrie würden zu unabsehbaren positiven Rückwirkungen auf das Krankheitsspektrum und zu einer Minderung des Bedarfs an Ressourcen aus dem Gesundheitswesen führen. Welche Konflikte dabei entständen, braucht hier nicht näher ausgeführt zu werden. Der Spielraum für allerpersönlichste Entscheidungen würde tangiert, wirtschafts-, beschäftigungs- und steuerpolitische Konsequenzen von erheblicher Tragweite würden sich ergeben. Diese Konfliktmodelle sind jedoch zu simpel, als daß daraus Lösungsansätze zu gewinnen wären.

Das Gesundheitswesen im weitesten Sinne des Wortes kann eben seiner Natur und Struktur nach kaum etwas anderes sein, als ein schwerfälliges rigides Wesen, da es aus zahlreichen Bauelementen besteht, die eng miteinander verzahnt sind, gleichzeitig aber über eine gewisse Eigenständigkeit, ein spezifisches Selbstverständnis, eigene Herrscherkasten, Haushalte, eigene Interessenvertretungen und Forschungsabteilungen in einem pluralistischen System verfügen. Wenn das System als Ganzes in Bewegung gesetzt werden soll, so bedingt allein schon die innere Reibung einen hohen Energieaufwand und -Verlust.

Erstaunlicherweise wird die Diskussion zwischen Befürwortern und Ablehnern der Umsetzung durch gegenseitige Schuldzuweisungen und das gegenseitige Mißverstehen bestimmt, wogegen die wissenschaftliche Bearbeitung des Konfliktes, der jetzt näher zu beschreiben ist, mehr zögerlich und lustlos geschieht.

Hiermit hat sich v. Ferber 1971 beschäftigt[12]. Ebenfalls hat im Jahre 1971 Enke den Begriff der "*Umsetzungsforschung*" vorgeschlagen und eine solche gefordert[13]. Folgt man diesen beiden Autoren, so erkennt man, daß in der Gesundheitspolitik von vornherein ein Grundkonflikt angelegt ist, der auf der Inkompatibilität dreier Systeme beruht:

Der inneren Strukturen der Medizin als Wissenschaft - der Medizin als Trägerin praktischen Handelns - und der Politik als Ausführungsorgan politischen Willens.

Für die derzeitige Situation, die er als "trostlos" empfindet, sieht v. Ferber[14] als die wesentlichen Gründe an:

- die fehlgeschlagene Hoffnung, eine sachgerechte Gesundheitspolitik werde sachlichen Zwängen und überzeugender Theorie auf der Grundlkage auftragsunabhängiger Forschung folgend "von selbst" das Richtige tun,
- die in die wissenschaftliche Medizin nur mühsam und nicht ohne Knarren in den Fugen integrierte Sozialmedizin in Verbindung mit der Medizinsoziologie hat es nicht verstanden, an notwendigen Entscheidungsprozessen maßgeblich beteiligt zu werden[15],
- ein Großteil der hierzu erforderlichen wissenschaftlichen Grundlagen wird von Instituten der Sozialleistungsträger "hausintern" erarbeitet und zur Grundlage von Entscheidungen gemacht, übrigens auch argumentativ verwendet,- der so entstandene Einfluß anderer beruht darauf, daß die Sozialmedizin auf dem Felde der Wissenschaftspolitik als Appendix der übrigen Medizin behandelt wird und agiert und daß sie es auch nicht verstanden hat, in der sozial- und gesundheitspolitischen Diskussion das entsprechende Gehör zu finden.

Gemessen an hohen Ansprüchen und je nach persönlicher Wertung mag man die Situation als "trostlos" empfinden. Doch sieht sich der Autor an eine - natürlich gewitzelte - Formel erinnert, die im k. u. k. Heeresbericht öfter verwendet worden sein soll, wonach "die Lage ernst, aber net hoffnungslos" sei. -

Bewirktes

Vorbemerkungen

Bevor wir uns mit der Darstellung von "bewirkter Umsetzung" befassen, müssen wir uns vergegenwärtigen, daß die Hebel, durch welche Umsetzung zu bewirken sind, wie folgt anzusetzen sind und daß den entsprechenden Mechanismen außer den schon erwähnten noch weitere Hemmnisse entgegenstehen:

- Es muß gelingen, im Bewußtsein und im Verhalten der Menschen bestimmte Änderungen ohne äußeren Zwang herbeizuführen. Dies ist ohnehin schwierig, besonders aber in einem freiheitlich strukturierten Gemeinwesen. Die dazu bisher entwickelten Instrumente bedürfen noch weiterer Vervollkommnung.
- Es sind Eingriffe an der Sozialverfassung notwendig, und zwar nicht nur an deren Leistungsrecht, sondern auch per legem definierten Rahmenbedingungen. Es wird also die Gesetzgebung gefordert. Die Erfahrung zeigt, daß diese Eingriffe nicht nur wegen der hier schon erörterten Gründe, sondern auch infolge der Beteiligung von konfligierenden Partnern mühsam und zeitaufwendig sind und daß sich hierbei oft keine Ideallösungen erreichen lassen, sondern nur Kompromißlösungen.
- Gesundheitspolitisch definierte Ziele lassen sich im Allgemeinen nur zu einem bestimmten Preis erzielen. Es taucht also das Problem der Aufbringung der erforderlichen Mittel aus dem Bruttosozialprodukt auf. Fast jede Innovation wird von ihren Befürwortern dadurch schmackhaft gemacht, daß durch sie eine Minderung von Folgekosten zu erwarten sei. Ein Blick auf das Sozialbudget zeigt, daß dem nicht so

ist. Mag man sich an Hand sogenannter Gesundheitsparameter auch beweisen lassen, daß die deutsche Nation gesunder geworden ist, so zeigt doch der blanke Augenschein, daß wir ein Volk von Patienten und Rehabilitanten sind, um mit Goethe zu reden, "einer des anderen liebevoller Krankenwärter."[16]

- Erleichtert wurde die Umsetzung in das Bewirkte nicht zuletzt dadurch, daß viele Beteiligte und Verantwortliche, aber auch in der Ausbildung befindliche Ärzte problembewußter gegen die vorgeschriebenen änderungsbedürftigen Zustände geworden sind, und zwar durch ein hartnäckiges Argumentieren in der Fachwelt und in der Öffentlichkeit.-

Wenn wir uns nun dem immerhin Erreichten im Detail zuwenden, so empfiehlt sich die eine Zentrierung auf die Felder: Prävention - kurativer Bereich - Rehabilitation und Pflege - Wissenschaft.

Prävention

Ein erster bedeutender Schritt wurde nicht auf dem Gebiete der Primärprävention, sondern auf der sekundärprävention und zwar durch die Einführung der Früherkennungsuntersuchungen bei Schwangeren und Kindern, ferner durch die sogenannten Krebsfrüherkennungsuntersuchungen als Pflichtleistungen der Gesetzlichen Krankenkassen. Der Kreis der gesuchten Krankheiten und Vorstadien von Krankheiten wurde inzwischen allmählich erweitert. Die dabei erzielten Ergebnisse sind jedoch hinter den Erwartungen zurückgeblieben. Im Leistungsrecht der Berufsgenossenschaften haben die Unfall- und Krankheitsverhütung mehr Gewicht erhalten. Hinzugekommen sind jetzt die sogenannten Gesundheitsuntersuchungen.[17] Die Krankenkassen sind auch verpflichtet, ihre Versicherten über Gesundheitsgefährdungen und über die Verhütung von Krankheiten aufzuklären. Sie haben Maßnahmen zur Verhütung von Zahnerkrankungen in Form sowohl von Gruppenprophylaxe als auch von Individualprophylaxe zu ergreifen. Weiter sind zu erwähnen der Ausbau der Perinataldiagnostik und der genetischen Beratung, ferner des Impfwesens.

Die medizinischen Vorsorgeleistungen nehmen auch nach Vornahme einiger notwendiger Korrekturen im Leistungsspektrum der Krankenkassen weiterhin einen breiten Raum ein.

Auf dem Gebiete der Reinerhaltung von Wasser, Boden und Luft sind erste gesetzesgeberische Maßnahmen ergriffen, die dem Ziele der Krankheitsverhütung dienen sollen.

Kurativer Bereich

Die unnormalen Zustände und Vorgänge, die wir den paramedizinischen Krankheiten zuordnen, vor allem die Süchte und andere Störungen des sozialen Verhaltens, sind, was ihre Erkennung, Behandlung und Rehabilitation anlangt, in ihrer Mehrzahl sozialversicherungsfähig gemacht worden. Die damit notwendig gewordene Kooperation zwischen Ärzten und Nicht-Ärzten beginnt institutionalisiert und erlernt zu werden. Die Krankenhauspflege kann in den erforderlichen und möglichen Fällen zeitgerecht in eine häusliche Krankenpflege übergehen. Die Grenzen zwischen stationärer und ambulanter Behandlung sind elastischer und etwas durchgängiger geworden. Die Nachsorge der Krebskranken wurde verbessert, ebenfalls diejenige in den Bereichen, welche jetzt durch Selbsthilfe - und - Erfahrungsgruppen betreut werden.[18] In der stationären und nach-stationären Psychatrie sind Verbesserungen erreicht.

Rehabilitation und Pflege

Es wurde schon festgestellt, daß infolge der Fortschritte der Medizin das Heer der chronisch Kranken enorme Zuwächse erfahren hat. Es handelt sich dabei einmal um die Gruppe der Menschen mit nur wenig oder sehr langsam fortschreitenden Krankheiten - zum anderen um diejenige mit mehr oder weniger stationären Defekten ohne wesentliche Neigung zur Progredienz. Es geht bei ihnen um die medizinische, die berufliche und die soziale Rehabilitation.

Hierzu sind die Ansprüche auf rehabilitative Maßnahmen oder deren mehrere Kombinationen miteinander auf hohem Niveau rechtlich abgesichert. Um die Ansprüche des Einzelfalles zu befriedigen, ist qua Gesetz die erforderliche Infrastrukrur geschaffen worden. Raffinierte Hilfsmittel sind ersonnen worden und die Methodik der Rehabilitation insgesamt wurde vervollkommnet, zugleich wird die Rehabilitation hinsichtlich ihrer Effizienz kritisch überprüft.

So positiv diese Bilanz bis hierher sein mag, ist gleichzeitig nicht zu verkennen, daß eine Misere der Rehabilitation nicht zu bestreiten ist: es gelingt uns zwar zahlreiche chronisch Kranke medizinisch hervorragend zu rehabilitieren, doch ihre berufliche Rehabilitation stößt oft an Grenzen. Der medizinisch Rehabilitierte kann nicht "untergebracht" werden, weil der Arbeitsmarkt in einer Arbeitswelt, wie wir sie haben, trotz Schwerbehindertengesetz u.a.m. die medizinisch rehabilitierten Menschen nicht in der notwendigen Menge aufnimmt. Man spricht von der "Rehabilitation zum Rentner".

Um die Pflege der chronisch Kranken sieht es insgesamt besser aus als vor zwanzig Jahren. Diese verstopften damals als sogenannte Dauerlieger die Krankenhäuser. Man sieht nicht ein oder wollte nicht einsehen, daß das Problem des Krankenhauses - als Institution - nicht eines der Aufnahme war, sondern eines der Entlastung. Die hieraus entstandenen Über-Kapazitäten sind inzwischen mühsam teilweise wieder abgebaut. Dies wird dadurch ermöglicht, daß die Pflege der chronisch Kranken nach

Abschluß der Akutphase sowohl im stationären wie im häuslichen Bereich verbessert worden ist - zum einen durch rechtliche Sicherungen, zum anderen durch die Schaffung der notwendigen Infrastruktur. Lösungsbedürftig ist allerdings nach wie vor die Frage der Finanzierung der stationären Dauerpflege.

Wissenschaft

Das Ingangkommen der vorbeschriebenen Entwicklung setzte - soweit die Sozialmedizin und die Medizinsoziologie daran beteiligt sind - zunächst einmal deren äußere Etablierung in der Bundesrepublik Deutschland voraus, einen Neuanfang nach mehr als zwölfjähriger Unterbrechung. Die sichtbaren Merkmale davon sind
- die Definition der beiden Fächer im eigenen Selbstverständnis
- die Gründung und Selbstdarstellung zweier Fachgesellschaften
- die Integration einer bestimmten Staffauswahl aus der Materie beider Fächer in das Medizinstudium, einschließlich der Einführung als Prüfungsfach
- die Einführung der Zusatzbezeichnung "Sozialmedizin" in die Weiterbildungsordnung der Ärzte
- die Schaffung von entsprechenden Intitutionen und Lehrstühlen
- die Heranbildung und Auswahl der zur Lehre Befähigten
- die Herausgabe eines Handbuches der Sozialmedizin und das Erscheinen weiterführender Literatur, auch für Angehörige medizinischer Assistenzberufe[19] - last not least die Stiftung der Salomon Neumann-Plakette im Jahre 1986 zur Ehrung von Personen, die sich um die Sozialmedizin und die DGSMP verdient gemacht haben, eine Gleichstellung mit dem äußeren Status und seinen Symbolen, den sich medizinische Fachgesellschaften zu geben pflegen.

  Ohne daß dies hier im Einzelnen gewichtet werden soll.

Auf die Probleme der Umsetzung der Ergebnisse und Erkenntnisse der Wissenschaft in die Praxis wurde eingegangen. Gründlicher hat sich v. Ferber damit auseinandergesetzt [20], der von einem *"elfenbeinernen Turm"* gesprochen hat, in dem sich die Wissenschaft befände. Über den formal festgelegten Modus der Einbeziehung des Fachwissens von Experten in den Gesetzgebungsvorgang hat Fischwasser[21] berichtet.

Inwieweit dies Bewirkte nun als Erfolg und noch dazu als ein ausreichender oder gar beglückender zu betrachten ist, möge jeder für sich entscheiden.

Wir können uns hier aber nicht nur auf eine Auflistung dieser Fakten beschränken, sondern müssen uns darüber hinaus fragen, welches denn wohl die folgenreichsten Erkenntnisse und die wichtigsten Postulate beider Wissenschaften im Sinne unseres Themas sind:
- die Beseitigung der Grobeinteilung der Kranken in gute und bedauernswerte mit organischen Krankheiten und in weniger gute mit funktionellen Störungen einschließlich der sozial Gekränkten[22]

- die Anerkennung der sozialversicherungsrechtlichen Relevanz der letztgenannten Gruppe
- die mehr oder weniger moralische wertfreie Untersuchung von Kranken mit anderen als organischen Befunden
- die Erkennung und Beschreibung sozial induzierten Verhaltens als einer der Gründe für das Vorkommen, der multifaktoriellen Zivilisationskrankheiten
- das Erarbeiten von teils theoretischen, teils praktikablen Handlungsanweisungen zur Prävention derselben, ebenso zur Nachsorge.

In der Reihenfolge dieser Auflistung liegt keine Wertung.

Kritischer Ausblick

Bisher war die Rede von dem, was sich an der Medizin bewegt und was sie verändert hat. Wir haben gesehen, welche inneren Entwicklungstendenzen an ihr zu bemerken sind und welche äußeren Kräfte auf sie einwirken. Das leitet zu der Frage über, welche Gestalt eine antithetische Medizin denn annehmen könnte, wenn wir uns diese Entwicklungslinien in die nächste Zukunft verlängert denken, mit Chancen und Risiken.

Natürlich ist diese Frage besonders deshalb nur schwer zu beantworten, weil sie sich einem methodisch strengen Zugriff, also etwa dem der Hochrechnung entzieht[23]. Wir wollen uns dem Gegenstande vielmehr nähern unter Zuhilfenahme des gesunden Menschenverstandes - was dies auch immer sein möge - und indem wir den Blick auf drei Facetten unseres Objektes richten und dies unter gesellschaftlichen, rechtlichen und medizinischen Aspekten betrachten.

Gesellschaftlicher Aspekt

Entscheidend wird es daruf ankommen, welche Ethik sich unserer Gesellschaft in naher Zukunft geben wird und ob sie die Kraft aufbringt, gesellschaftliche Normen nicht nur kritisch-zerstörerisch im Zweifel zu ziehen, sondern an Stelle verworfener neue zu entwickeln und deren Beachtung auch durchzusetzen.

Die Entwicklung des Kreises der als Krankheit anerkannten unnormalen Zustände und Vorgänge stellt die Gesellschaft vor die Frage, ob und wie sie mit einer Gruppierung leben will, die in die Kompetenz der Medizin und der Sozialversicherung geraten ist und die den Mitmenschen finanzielle, soziale und moralische Lasten auferlegt - mit anderen Worten: es geht um eine einigermaßen "gerechte" Lastenverteilung zwischen Gesundenund Kranken, zwischen Leistenden und entschuldigt Nicht- oder nur wenig Leistenden. Wir wissen, daß ein nicht geringer Teil von Krankheiten prinzipiell verhütbar ist. Wir wissen weiter, daß soziales Verhalten nicht nur von außen induziert oder erzwungen wird, sondern daß der Einzelne über sein soziales Verhalten zu einem Teil darüber mitentscheidet, also dafür auch verantwortlich ist. Wenn Störungen im sozialen Verhalten als Krankheit, bzw. als Grund für Krankheit von auch den Entscheidungen des Einzelnen zu seinem Verhalten abhängen, so führt dies zwingend zu der Frage an ihn nach einem etwaigen Mitverschulden oder gar an einer Schuld bezüglich seiner Krankheit.[24] Das alleinige und oft überzogene Suchen nach Verständnis läuft Gefahr, schließlich zur Auflösung von Verschulden und von Schuld zu führen.

Eine Gesellschaft, die für die Erhaltung und Wiederherstellung der Gesundheit ihrer Bürger kostenintensive Einrichtungen aufbaut, vorhält und tätig werden läßt, kann dies nur ins Werk setzen, wenn eine Vielzahl leistungsfähiger und -williger Bürger die Kosten dafür erarbeitet. Diese Einrichtungen bieten eine breite Palette von Leistungen an und das Angebot erweckt den Bedarf so gut wie von selbst. Die Hemmschwelle, es zu nutzen, sinkt mit dem Umfang des Angebotes. Die Caritas wird säkularisiert.

Es ist auch die Gefahr nicht zu verkennen, daß auf Dauer die Leistungswilligkeit der Leistungsfähigen aus zwei Gründen nachläßt: einmal sind es die Sozialabgaben. Zum anderen könnte eine überzogene Primär- und Sekundärprävention auf dem Wege über Screening-Untersuchung mit der minutiösen Aufdeckung und Beobachtung von am Ende harmlosen oder ohnehin nicht beeinflußbaren Risikofaktoren ebenso wie ein noch weiteres Thematisieren und Problematisieren psychischer (Bagatell)-Probleme - überhaupt eine noch weitere Medikalisierung der Gesellschaft auf verschiedenen Wegen dazu führen, daß als Masseneffekt das eintritt, was Goethe meinte, als er bemerkte: *"Wenn der Mensch über sein Physisches oder Moralisches nachdenkt, findet er sich gewöhnlich krank"*.[25] Es ist zu bezweifeln, ob dieser Menschentyp, wenn er sich denn herausbildet, derjenige ist, den ein moderner Sozialstaat als Arbeitsbiene benötigt.

So könnte auch die weitere Ausdehnung des Therapeuten- und Pädagogenwesens zu einer Verunsicherung vieler Menschen führen, die schließlich im Zustande bedingter Mündigkeit kaum noch wissen, wie sie sich ernähren, ihre Freizeit und ihr Sexualleben u.a.m. regeln und gestalten sollen, weil sie außer der Bevormundung durch die Ärzte auch noch derjenigen ihrer Helfer und Berater Widerstand leisten müssen. Es könnte sich ein moderner Hypochondertyp herausbilden, der sich Gesundheit und ein langes Leben durch eine Art Über-Prävention verdienen oder gar ertrotzen will.

Diese nicht zu hoch zu bewertenden, aber auch nicht zu verkennenden Gefahren sollten die Gesellschaft dazu veranlassen, ihr Verhältnis zu Krankheiten, zu den Kranken und der Medizin kritisch zu überdenken. Das bedeutet nicht nur, daß die Stellung des Kranken in der Gesellschaft und zu ihr an modernen Normen orientiert und vielleicht geändert werden muß, ebenso wie auch sonst in der Medizin zu prüfen ist, ob alles, was auf Grund von Höchstleistungstechnologie möglich ist, denn nun auch erlaubt sei.

Rechtlicher Aspekt

Das ausgeprägte Bedürfnis des modernen Menschen nach sozialer und gesundheitlicher Sicherung, seine Empfindlichkeit gegen tatsächliche und vermeintliche soziale Ungerechtigkeiten und die Notwendigkeit, ein immer breiteres Leistungsangebot der Medizin sozialversicherungsfähig zu machen, haben die Medizin und das Sozialrecht in ein ganz besonderes Verhältnis zueinander gebracht. Die Medizin ist zunehmend verrechtlicht worden und wird dies voraussichtlich noch weiter werden. Trotzdem ist es die Frage, ob denn die Menschheit in dem wünschenswerten Umfange all das, durch was sie in Form rechtlicher Regelungen betroffen wird, immer als so "gerecht" empfindet, wie es der Fall sein sollte und intendiert wird. Immer wieder gibt es Gruppen mit bestimmten Merkmalen, die nach ihrer eigenen Meinung oder derjenigen der anderen "ungerecht" benachteiligt oder begünstigt werden. Angestrebte Wirkungen werden oft durch "Härtefälle" oder "Ausnahmeregelungen" abgeschwächt.

Eine andere Beobachtung, die teils hier zu vermerken ist, teils unter dem vorausgegangenen Abschnitt hätte erwähnt werden können, ist die, daß eine Gesellschaft, die einen sozialen Rechtsstaat schaffen will, es nicht versäumen darf, ihren Bürgern das Gewissen auch dafür zu schärfen, daß nicht immer nur das "gerecht" ist, was einem selber Vorteile und Erleichterungen bringt und ferner: daß viele, soziale Vergünstigungen, wenn nicht gar die meisten, auch auf Kosten und zu Lasten anderer gehen. Der Glaube an die unbegrenzt segensstiftende Verrechtlichung der Medizin innerhalb einer immer engen geknüpften sozialen Absicherung wird, ebenso wie das Vertrauen auf eine omnipotente Medizin-Technik, kritisch zu überprüfen sein.

Erste ermutigende Signale sind die dämmernde Einsicht, daß es nicht nur zu kurz Gekommene gibt, sondern auch "Übersicherte". Man beschäftigt sich bereits mit der "Über-Inanspruchnahme" von Rehabilitationsleistungen! Ebenso kommt die Erkenntnis auf, daß das mit der Schaffung des Sozialgesetzbuches angestrebte Ziel, nämlich das Sozialrecht zu vereinfachen und für den "kleinen Mann" verständlich und handhabbar zu machen, nicht erreicht wurde, eben weil es nicht erreichbar ist. Daß die Verbriefung sozialer Rechte den positiven Effekt hat, die Almosenempfänger zu beseitigen, ist zu begrüßen. Daß aber der Staat, indem er den Bürger zum Finanzier eines ausgedehnten sozialen Sicherungssystems zwingt, ihm gleichzeitig einen Teil seines sozialen Gewissens, die bewußt wahrgenommene und praktizierte Mitverantwortung für den kranken und schwachen Mitbürger aberzieht, ist auch nicht zu verkennen. Dem Eindruck nach erlangen und erliegen auch noch zu viele der für die Gesundheits- und der für die Sozialpolitik Zuständigen und Verantwortlichen der Verführung, man könne Sozialleistungen welcher Art auch immer in medizinischer Verpackung - "wenn es der Arzt bescheinigt und für notwendig hält" - mehr oder weniger freigiebig anbieten, das Erfordernis der ärztlichen Verordnung werde die Gefahr eines etwaigen Überkonsums schon herunterfahren. Es hat den Anschein, als ob allmählich die Erkenntnis dämmert, daß dieser Mechanismus nicht funktioniert und daß man auch durch eine rigide Kontrolle mittels ärztlicher Kontrolldienste die angebots-induzierte Nachfrage nicht auf ein niedriges Niveau bringen und den Leistungsumfang so nicht senken kann.

Medizinischer Aspekt

Die Medizin wird, wenn sie sich weiter in die prognostizierte Richtung entwickelt, noch weitere, durch Technologie ermöglichte Wunderwirkungen erbringen, immer arbeitsteiliger und immer teurer werden und immer mehr Menschen so oder so unter ihre Fittiche bekommen. Es werden zu einem nicht unerheblichen Teil Dauerkranke sein und gleichzeitig chronisch Befund-Kontrollierte und -Sanierte. Sie wird immer effektiver werden, aber wahrscheinlich immer weniger effizient. Da sie durch Ärzte allein nicht mehr zu leisten ist, wird sich das Problem des gegenseitigen Miteinander zwischen ihnen und den paramedizinischen Berufen stellen. Weiter wird es notwendig sich zu fragen, ob es auf die Dauer gut und auch vernünftig ist, Sachverhalte von mehr sozialem und weniger medizinischem Charakter und Inhalt unter den medizinischen Krankheitsbegriff zu subsumieren. Eine Richtung der Medizin favorisiert eine extreme Bewertung technische Befunde als Grundlage des Handelns und hat hierdurch eine Gegenbewegung intendiert. Auch sie arbeitet im Grunde mit Techniken - z.B. Test und Fragebogen - ist von deren Aussagefähigkeit und Treffsicherheit überzeugt[26] und übt tendenziell auch "Herrschaft" aus, indem sie ihre Klienten zur Anerkennung ihrer Interpretationen und zum Befolgen ihrer Handlungsanweisungen bewegen will. Sicher werden die Anforderungen an den Nachweis von deren Validität großzügiger gehandhabt als diejenigen von Diagnostik und Therapie in der somatisch orientierten Medizin: Hier Befundmedizin, dort Befindlichkeitsmedizin.

Schlußbetrachtungen

Die künftige Gestalt einer antithetischen Medizin hängt also von teils erwünschten Entwicklungstendenzen ab, deren skizzenhafte Darstellung hier versucht wurde und deren Einfluß auf die Ausformung der Medizin in naher und mittlerer Zukunft im Einzelnen schwer abzuschätzen ist. Jedenfalls erfordert die Erreichung des von Thomas McKeown[27] vorgegebenen Ziels ihren Preis, der sich nicht nur in einer monetären Größe ausdrücken würde - hochrechnen können wir ihn nicht - sondern auch einschlösse, daß um erwünschter Ergebnisse willen, ebenso wie in der kurativen Individualmedizin, Nebenwirkungen in Kauf genommen werden müßten.

Das eben erwähnte Ziel besteht darin, daß die Medizin den Menschen helfen sollte, möglichst sicher auf die - möglichst intakte - Welt zu kommen. Sie sollte den Gesunden schützen und den Kranken und den Behinderten pflegen. Schließlich sollte sie uns helfen, die Welt auf eine "angenehme", wenigstens nicht unnötig qualvolle Weise wieder zu verlassen. Hans Schaefer, dessen Scharfblick wir uns schließlich anvertrauen wollen, hat sich zu den Zukunftsaussichten der Medizin sehr nüchtern dahin geäußert, daß auf die Dauer nicht in unbegrenzter Höhe aufzubringende Kosten und ein automatisch weiteres Anwachsen der die Medizin verwaltenden Bürokratie am ehesten geeignet sein würden, den ärgsten Wildwuchs, so etwa in Form von Überkapazitäten, Übersicherungen u.a.m., zu begrenzen.[28]

Literatur

Ärztliche Ethik - Symposium, Köln (1.10.1977) hrsg. Groß, v. R.; Hilger,H.H.; Kaufmann, P.G.; Scheurlen, F.K.(1978) Schattauer Verlag, Stuttgart-New York

Baier, H. (1978) Medizin im Sozialstaat, Enke, Stuttgart

Dreitzel, H.P. (1968) Die gesellschaftlichen Leiden und das Leiden an der Gesellschaft, Enke, Stuttgart

Enke, H., Sozialmedizinische Forschung in der BRD und ihre gesundheitspolitischen Möglichkeiten. In: Gesundheitspolitik und sozialmedizinische Forschung, hrsg.v. Blohmke, M. (1972) Schriftenreihe A-S-P, Bd. 45, Genter, Stuttgart, 23-33

Ferber, Chr. v. (1971) Krankenrolle und Patientenkarriere. In: Sozialmedizin -eine Einführung für Sozialversicherungsfachleute, hrsg.v. Silomon, H. (1978) Asgard, St. Augustin, 59-68

ders.: Gesundheit und Gesellschaft. Haben wir eine Gesundheitspolitik? Stuttgart, Kohlhammer

ders., (1986) Sozialmedizin und Medizinsoziologie in der Bundesrepublik - Erben einer großen Tradition im elfenbeinernen Turm. Medizin - Mensch - Gesellschaft 11, 180-186

Fischwasser, G. (1986) Gesetzgebung und Sozialrecht. In: Sozialmedizin - Sozialrecht - Gesundheitsökonomie, hrsg. v. Silomon, H.; Brennecke, R.; Ferber, v. Chr.; Laaser, U., Springer, Berlin, Heidelberg, New York, Tokio, 5-12

Flöhl, R.(Hrsg.) (1979) Maßlose Medizin? Antworten auf Ivan Illich, Springer, Berlin, Heidelberg, New York

Hartmann, F. (1983) Arzt - Medizin - Technik, in: Technologie in der Medizin -Folgen und Probleme, hrsg. v. Silomon, H., Hippokrates, Stuttgart, 45-66

ders., (1986) Krank oder bedingt gesund? Mensch - Medizin - Gesellschaft 11, 170-179

Illich, I. (1972) Die Nemesis der Medizin - von den Grenzen des Gesundheitswesens, Rowohlt, Reinbek

McKneown, Th.(1982) Die Bedeutung der Medizin, Suhrkamp, Frankfurt am Main

Kuhn, Th. S. (1981) Die Struktur wissenschaftlicher Revolutionen, Suhrkamp, Frankfurt am Main, 1981

Nippert, R. P. (1989) Medizinsoziologie und Gesundheitssystemforschung. Wie kann sich die Medizinsoziologie profilieren? Medizin - Mensch - Gesellschaft 14, 265-277

Ridder, P. (1974) Die Patientenkarriere: von der Krankheitsgeschichte zur Krankengeschichte, Enke, Stuttgart

Rothschuh, K.E. (1978) Konzepte der Medizin in Vergangenheit und Gegenwart, Hippokrates, Stuttgart

Schaefer, H. (1983) Technologie in der Medizin, Synopsis - Zukunftsperspektiven -

Lösungsmöglichkeiten. in: Technologie in der Medizin -Folgen und Probleme, hrsg. v. Silomon, H., Hippokrates, Stuttgart, 228-248

Silomon, H. (1978) Sozialmedizin - eine Einführung für Sozialversicherungsfachleute, Asgard, St. Augustin

ders., Der kranke und der gekränkte Mensch in der Sozialversicherung. in: Sozialmedizin - eine Einführung für Sozialversicherungsfachleute a.a.O., 69-79

ders., Ferber, Chr. v., Der soziale Problemfall. in: Sozialmedizin - eine Einführung für Sozialversicherungsfachleute, a.a.O., 207-213

ders. (Hrsg.) (1983) Sozialmedizin für Sozialarbeiter und -Pädagogen - Grundlagen und Praxis, Asgard, St. Augustin

ders. (Hrsg.) Technologie in der Medizin - Folgen und Probleme, Hippokrates, Stuttgart

Wagner, R. Institutionelle Förderung im Sozialrecht am Beispiel der Selbsthilfegruppen. Inauguraldissertation Konstanz

Anmerkungen:

1. Die nachfolgenden Darstellungen und Bewertungen beziehen sich auf die Verhältnisse in der BRD, ohne daß hierauf im Einzelnen hingewiesen wird.

2. Philosophisches Wörterbuch, Alfred Kröner Verlag, Stuttgart 1974

3. ebd.

4. Flöhl, R. (1979) a.a.O.; Illich, I. (1972) a.a.O.

5. Rothschuh, K.E. (1978) a.a.O.

6. Silomon, H. (1983) a.a.O.

7. Nippert, R.P. (1889) a.a.O.

8. v. Ferber, Chr. (1978) a.a.O.; Ridder, P. (1974) a.a.O.; Silomon,H. und v.Ferber, Chr.(1978) a.a.O.

9. Dreitzel, H.P.(1968) a.a.O.; Silomon, H. und v. Ferber, Chr.(1978) a.a. O.

10. Kuhn, S. (1981) a.a.O.

11. Hartmann, F. (1986) a.a.O.

12. v. Ferber, Chr. (1971) a.a.O.

13. Enke, H. (1972) a.a.O.

14. v. Feber, Chr. (1986) a.a.O.

15. Nippert, R.P. (1989) a.a.O.

16. Brief aus Neapel am 27. Mai 1787

17. § 25 SGB V

18. Wagner, R. a.a.O.

19. Silomon, H.(Hrsg.) (1978 u. 1983), Sozialmedizin a.a.O.

20. v. Ferber, Chr. Gesundheit und Gesellschaft a.a.O.

21. Fischwasser, G. Gesetzgebung a.a.O.

22. Silomon, H. (1978) ders., und v. Ferber, Chr., Der soziale Problemfall a.a.O.

23. Schaefer, H., Technologie a.a.O.

24. § 52 SGB V

25. Goethe, J. W., Maximen und Reflexionen 98

26. Hartmann, F., Arzt - Medizin - Technik a.a.O.

27. McKeown, Th., Die Bedeutung der Medizin a.a.O.

28. Schaefer, H., Technologie in der Medizin, a.a.O.

Bernhard Badura

Die Renaissance der Gesundheitswissenschaften und öffentlicher Gesundheitsförderung (Public Health)

Gesundheitswissenschaften und öffentliche Gesundheitsförderung (Public Health) sind Sammelbegriffe für nichtkurative Problemstellungen und Aktivitäten moderner Gesundheitsversorgung und Gesundheitspolitik. Bereits in der Antike strebten Anhänger der Hygieia nach einem Verständnis der natürlichen Ordnung der Dinge und nach einer ihr gemäßen Lebensführung, nach Erkenntnis von Gesetzmäßigkeiten und Grundsätzen, die dem Menschen "einen gesunden Geist in einem gesunden Körper" sichern. Von ihnen unterschieden sich die Anhänger des Äskulap, die ihre Hauptaufgabe darin sahen, Gesundheit durch die Behandlung einzelner Krankheiten wieder herzustellen.[1] Spätestens seit dem ausgehenden 19. Jahrhundert liegen beide Seiten: sozialreformerisch engagierte Aktivisten und Sozialhygieniker und kurativ eingestellte Individualmediziner in einem mehr oder weniger offenen Konflikt miteinander, der zunächst zugunsten der Sozialhygiene, später dann bis in unsere Tage zugunsten der kurativen Medizin entschieden wurde. Wenn nicht dem Begriffe so doch der Sache nach haben Gesundheitswissenschaften und öffentliche Gesundheitsförderung eine lange Tradition, die auch in Formulierungen wie den folgenden zum Ausdruck kommt:

> "*Die öffentliche Gesundheitspflege hat zu sorgen: 1. Für die Gesellschaft im ganzen durch Berücksichtigung der allgemeinen, natürlichen und gesellschaftlichen Verhältnisse, welche der Gesundheit hemmend entgegentreten. 2. Für das einzelne Individuum durch Berücksichtigung derjenigen Verhältnisse, welche das Individuum hindern, für seine Gesundheit einzutreten*" (Neumann, Virchow 1849)[2].

Und: Medizin ist "*eine sociale Wissenschaft*" und die Politik "*weiter nicht als Medizin im Großen*" (Virchow, 1848)[3]. Bemühungen um eine Reform bzw. Wiederbelebung der Ideen und Bestrebungen von Public Health in Großbritannien, in den

USA und in der Bundesrepublik erlauben es, von einer Renaissance der öffentlichen Gesundheitsförderung zu sprechen. Die Ursachen dafür sind vielfältig. Sie liegen in den weltweit feststellbaren Wachstumsproblemen der modernen Medizin, in der zunehmenden Einsicht in die Grenzen des dort vorherrschenden biomedizinischen Modells und in gesellschaftlichen Entwicklungen und gesundheitlichen Herausforderungen, die eine Verstärkung präventiver Bemühungen dringend geraten erscheinen lassen. Einen weiteren Grund schließlich liefert das mittlerweile von Streßforschern und Sozialepidemiologen angehäufte Wissen über Zusammenhänge zwischen Gesellschaft und Gesundheit, aus dem sich wissenschaftlich fundierte Forderungen nach Gesundheitsförderung durch Gesellschaftsgestaltung ableiten lassen.

Wegbereiter

Der für die Renaissance der öffentlichen Gesundheitsförderung vielleicht bedeutendste Beitrag stammt von RENE DUBOS. "*Sicherlich zeugt es von erheblicher Naivität*", so schreibt er bereits Ende der 50er Jahre, wenn "*Sozialhygieniker im 19. Jahrhundert annahmen, nur ein Zurück zur Natur verspräche Gesundheit und Glück. Der moderne Mensch ist aber keineswegs weiser, wenn auch sehr viel hochmütiger, wenn er glaubt, der Königsweg zur Kontrolle aller Krankheiten läge in der breiten Anwendung naturwissenschaftlichen Wissens und medizinischer Technologie*" (Dubos 1959)[4]. Zwar habe die Medizin zur Bewältigung der Folgen von Industrie und Zivilisation beigetragen. Zu dem Zeitpunkt, als sie tatsächlich wirksame Heilmittel anbieten konnte, hätten jedoch die Sozialreformer einen Großteil gesundheitsförderlicher "*Aufräumarbeit*" bereits erledigt. Diese frühen Sozialreformer seien zwar "*wissenschaftlich naiv*", aber "*praktisch überaus wirksam*" gewesen[5]. Die großen mikrobiologischen Epidemien seien nicht durch Medikamente, sondern durch Hygiene und Sozialpolitik unter Kontrolle gebracht worden. Seine Hypothese lautet: auch die modernen Massenkrankheiten wie Krebs, Herz-Kreislauf und psychische Erkrankungen seien nicht durch medizinischen Fortschritt alleine zu bewältigen: "*Es kommt vielmehr darauf an, die Ursachen dieser Erkrankungen in der physischen und sozialen Umwelt zu bekämpfen*" [6].

Die Idee der öffentlichen Gesundheitsförderung bekam zusätzlichen Auftrieb durch die sich Ende der 60er Jahre abzeichnenden Wachstumsprobleme medizinischer Versorgung. Der englische Sozialmediziner Archibald Cochrane hat diese Probleme in seiner 1972 erschienenen Studie über "*Effectiveness and Efficiency*" geradezu paradigmatisch herausgearbeitet. Er vertritt die Auffassung, daß im modernen Wohlfahrtsstaat nur "*jede wirksame Behandlung unentgeldlich erfolgen sollte*" [7]. Unter "*wirksam*" versteht er eine Behandlung, die "*den Verlauf einer bestimmten Krankheit zum Besseren beeinflußt*".[8] Moderne Gesundheitsdienste leisten seiner Meinung nach dreierlei: Sie diagnostizieren und behandeln, sie bieten Unterkunft und Verpflegung - und sie gewähren psychosoziale Unterstützung und Pflege, die jeweils getrennt voneinander auf ihre Effektivität und Effizienz zu überprüfen wären. Cochrane's eigene Überlegungen konzentrieren sich weitgehend auf die Wirksamkeit medizinischer Behandlung, nicht weil er psychosoziale Unterstützung und Pflege für weniger wichtig, sondern weil er zum Zeitpunkt der Niederschrift seines Manuskripts ihren Erfolg für weniger leicht meßbar hielt. Die herkömmliche Erfolgsbeurteilung medizinischer Behandlung weist seines Erachtens zwei wesentliche Mängel auf: Sie erfolgt ausschließlich an Klinikpatienten, und sie beruht oft auf subjektiven Urteilen der Behandelnden und nicht auf einer methodisch kontrollierten Erfassung von Erfolg oder Mißerfolg einzelner Therapien. Um wirksame und weniger wirksame Behandlungsformen voneinander unterscheiden zu können, plädiert Cochrane für eine rigorose Überprüfung kurativen Handelns mit Hilfe randomisierter Kontrollstudien. Cochrane plädiert also für die Anwendung epidemiologischer Methoden als Instrument zur Evaluation medizinischer Dienste. Der inflationären Zunahme medizinischer Behandlung gegenüber stünden nur relativ geringfügige Verbesserungen bei der Therapie und zudem eine verbreitete Geringschätzung psychosozialer und praktisch pflegerischer Leistungen.

Die Überlegungen des Psychosomatikers George L. Engel gehen noch einen Schritt weiter. Er bemängelt den "*Reduktionismus*" des der medizinischen Wissenschaft und Praxis zugrundeliegenden "*biomedizinischen Modells*" insbesondere den in diesem Modell enthaltenen Geist-Körper-Dualismus. Aus einer durchaus heuristisch fruchtbaren wissenschaftlichen Idee sei mittlerweile - so Engel - ein "*Dogma*" geworden, aus dem jedwede somatische oder psychische Erkrankung als physiologische Abweichungen von einer unterstellten somatischen Normalität begriffen werden müsse (Engel, 1977)[9]. Er plädiert stattdessen für ein "*biopsychosoziales Modell*" und für entsprechende Änderungen in der Grundlagenforschung und praktischen Versorgung[10].

Der englische Sozialmediziner Thomas McKeown untermauert mit medizinhistorischen Studien die Argumente von Dubos und Engel. McKeown tritt der verbreiteten Meinung entgegen, die in den vergangenen 100 Jahren beobachtbare dramatische Verlängerung des Lebenserwartung sei in erster Linie der Anwendung biomedizinischer Forschung zu verdanken. Ausschlaggebend dafür seien vielmehr Verbesserungen in den Arbeits- und Lebensbedingungen gewesen und Veränderungen im menschlichen Verhalten. McKeown behauptet:

"*Medizinische Forschung und medizinische Dienste sind fehlgeleitet; was die Gesellschaft für das Gesundheitswesen ausgibt, stellt eine entsprechende Fehlinvestition dar, da bei der Mittelverteilung von falschen Annahmen über die Grundlagen menschlicher Gesundheit ausgegangen wird. Man betrachtet den Körper als Maschine, die vor allem durch direkte Eingriffe in ihre internen Vorgänge vor Krankheiten und ihre Folgen geschützt werden könne. Diese Betrachtungsweise führte dazu, daß Umwelteinflüssen und persönlichem Verhalten - den wichtigsten gesundheitsrelevanten Faktoren - mit Gleichgültigkeit begegnet wurde*" (McKeown, 1981)[11].

Die durch McKeown's provokante Thesen unter Medizinhistorikern ausgelöste. Diskussion hat zu einem differenzierteren Bild über die Rolle der Gesundheitsversorgung während der Industrialisierung geführt. Herausgestellt wird jetzt die Bedeutung des "Public-Health-Movements" und präventiver Maßnahmen für die Bekämpfung gesundheitlicher Schäden von Urbanisierung und Industrialisierung im England des 19. Jahrhunderts (Szreter, 1988).

Ganz sicherlich hat auch Ivan Illich durch seine polemische Arbeit über "*Die Nemesis der Medizin. Von den Grenzen des Gesundheitswesens*" (Illich, 1977) die bislang weitgehend auf Kostenfragen konzentrierte Diskussion auf qualitative Problemstellungen gelenkt und insgesamt zu einer breiteren Problematisierung gesundheitspolitischer Themen, auch jenseits eines bloßen Fachpublikums und zur Aufwertung des Laienwissens und Laienhandelns gegenüber der im 20. Jahrhundert entstandenen "*professionellen Dominanz*" (Freidson, 1970) medizinischer Experten beigetragen. Die genannten Autoren haben die wissenschaftlichen Entwicklungen teils angestoßen, teils zusammengefaßt und in der Öffentlichkeit bewußtseinsbildend gewirkt.

Die Public-Health-Forschung heute beschäftigt sich mit zwei grundlegenden Problemstellungen: mit den gesellschaftlichen Bedingungen von Gesundheit und Krankheit, hierzu tragen insbesondere medizinische, soziale und Umweltepidemiologie bei sowie Teile der Natur- und Ingenieurwissenschaften; und mit Gesundheitssystemanalysen, sie ist Sache vor allem der Medizinsoziologie, Gesundheitsökonomie, Gesundheitspsychologie, Politikwissenschaft, der klinischen Epidemiologie und Betriebswirtschaft. Christian von Ferber hat als Nestor der deutschen Medizinsoziologie zu zahlreichen Fragestellungen aus den genannten beiden Problembereichen für die Bundesrepublik Grundlegendes geleistet. Genannt seien insbesondere: "*Sozialpolitik in der Wohlstandsgesellschaft*" (1967), "*Gesundheit und Gesellschaft. Haben wir eine Gesundheitspolitik?*" (1972) und sein Lehrbuch "*Soziologie für Mediziner*" (1975). Zu erwähnen sind weiter seine zahlreichen Beiträge zu den Themen Laienpotential und Selbsthilfe und Gesundheitsvorsorge in der Arbeitswelt. Christian von Ferber wurde dadurch zu einem maßgeblichen Wegbereiter der Idee des Public Health in der Bundesrepublik.

Herausforderungen

Vielleicht mehr noch als die Kritik der Fehlentwicklungen und der Übermacht des in allen hochindustrialisierten Gesellschaften entstandenen medizinisch-industriellen Komplexes tragen tiefgreifende gesellschaftliche Veränderungen dazu bei, daß es in Forschung, Ausbildung und Praxis wieder zu einer langsamen aber stetigen Gewichtsverlagerung in Richtung öffentliche Gesundheitsförderung kommt (vgl. Blum 1981). An erster Stelle zu nennen ist die Entwicklung und Verbreitung neuer Technologien mit ihren potentiell destruktiven aber auch gesundheitsförderlichen Konsequenzen.

Seit den Anfängen der 70er Jahren ist die bis dahin überwiegend positive Einstellung der Öffentlichkeit zur Technik und ihren Folgen in eine eher ambivalente bis kritische Haltung umgeschlagen. Diese Entwicklung verstärkte insbesondere in den Sozialwissenschaften das Interesse an gesundheitlichen Implikationen vor allem der neuen Informationstechnologien. Computer verändern die Arbeitswelt: die Fabrik, das Büro und auch die medizinische Versorgung. In der Industrie verstärken sie den seit langem anhaltenden Trend weg von körperlichen, hin zu psychosomentalen Belastungen, z.B. Boehle/Milkau, 1988). Die Einführung neuer Technologien kann zur Unterbrechung von Routinen, Entwertung von Qualifikationen, zu Doppelbelastung in Umstellungsphasen beitragen, und nicht zuletzt zu Angst vor Statusverlust, vor neuen Herausforderungen, vor Verlust vorhandener Freiräume, gewachsener sozialer Beziehungen und Interaktionsmöglichkeiten und vor Verlust des Arbeitsplatzes (z.B. Frese/Brodbeck, 1989). Mit den Mitteln des klassischen (naturwissenschaftlich orientierten) Arbeitsschutzes wird alldem kaum mehr zu begegnen sein. Auch innerhalb der medizinischen Versorgung kommt es durch die rasche Technisierung von Laborarbeit, Diagnose, Therapie und durch die Entwicklung der medizinischen Informatik zu Veränderungen der Arbeitsinhalte und der Arbeitsorganisation, die eine verstärkte Beachtung verdienen - nicht nur unter dem bereits oben angesprochenen Gesichtpunkt der Wachstums- und Kostenproblematik, sondern auch unter dem Gesichtspunkt des Arbeitsschutzes und der Humanität im Gesundheitswesen. Technisierung der Medizin scheint zu ihrer Depersonalisierung beizutragen, eine Entwicklung, die insbesondere im Bereich der Krankenversorgung unter Public-Health-Gesichtspunkten einer intensiven Erforschung bedarf. Transplantationsmedizin und Gentechnologie werfen ganz neue, auch ethische Problemstellungen auf und bilden neue Herausforderungen für die Politik.

Umweltprobleme standen bereits im 19. Jahrhundert im Zentrum öffentlicher Gesundheitsförderung (vgl. Greenberg 1987). Industrialisierung und Urbanisierung schufen neue Formen der Armut und erhöhten die Infektionsgefahr in den entstandenen städtischen Ballungszentren. Das von periodisch wiederkehrenden Epidemien und durch die Erstarkung der Arbeiterbewegung geschaffene Drohpotential motivierte schließlich Adel und Bürgertum zu weitreichenden Maßnahmen im Städtebau, der Sozialpolitik und zur Kontrolle von Trinkwasser, Lebensmitteln und Abfallbeseitigung in den Kommunen. Pettenkofers Empfehlung, städtische Böden durch Kanalisierung zu entwässern, um dadurch den von "*miasmatischen*" Dämpfen ausgehenden Gesundheitsrisiken entgegenzuwirken, fiel (wiewohl beruhend auf einer falschen wissenschaftlichen Theorie) auf politisch fruchtbaren Boden. Ihre Realisierung wurde durch die von englischen Ingenieuren entwickelte Methode der Schwemmkanalisation möglich (Rodenstein, 1988)[12]. Sie erwies sich als eine überaus gesundheitsförderliche Maßnahme zur Bekämpfung damals verbreiteter Infektionskrankheiten. Heute ist die durch Umweltzerstörung entstandene globale Bedrohung menschlicher Gesundheit ein Hauptmotiv für die Renaissance von Public Health. Ganz im Vordergrund stehen dabei die chemischen Vergiftungen von Boden, Wasser, Luft und die von neuen Techniken ausgehenden Unfall- und Strahlenrisiken. In der Bundesrepublik wie auch in zahlreichen anderen

Ländern wurde die Kompetenz für den Umweltschutz von der öffentlichen Gesundheitsförderung abgetrennt mit der Folge, daß umweltbedingte Gesundheitsrisiken oft zu spät erforscht, erkannt und insgesamt unterschätzt (oder gelegentlich überschätzt) werden. Entwicklung und Einsatz von Kontrolltechnologien ist ein zentrales Public-Health-Problem, zwingt verstärkt mit den Ingenieurwissenschaften zusammenzuarbeiten und erfordert insgesamt eine engere Kooperation der für den Umweltschutz zuständigen Einrichtungen zur Setzung sinnvoller Prioritäten auf der kommunalen Ebene und zur Koordination von Umweltschutz und Gesundheitsförderung. Zu den Umweltproblemen hinzu kommt die Bedrohung durch die neu aufgetauchte Infektionskrankheit AIDS, für die es offenbar bis auf weiteres weder einen wirksamen Impfstoff noch eine wirksame medizinische Behandlung geben wird. Aufklärung und Prävention als klassische Instrumente der Gesundheitsförderung bleiben da der einzig wirksame Weg zur Bekämpfung.

Eine in allen Industriegesellschaften seit vielen Jahren anhaltende Bevölkerungsentwicklung führt zu einer zunehmenden Überalterung mit massiven Konsequenzen, nicht nur für die Finanzierung, sondern auch für die Leistungskataloge medizinischer und sozialer Dienste. Während chronische Krankheiten, typische Alterserkrankungen und Pflegebedürftigkeit weiter erheblich zunehmen werden, wird die alle Mittel verschlingende medizinische Versorgung immer mehr in Richtung hochtechnisierte und hochspezialisierte Akuteinrichtung fortschreiten. Die Rede ist bereits vom Krankenhaus als *"erweiterte Intensivstation"* (Halhuber 1989)[13]. Die sich daraus ergebenden Widersprüche zwischen Bedarf und Leistungsangebot liegen auf der Hand und müssen, so sie nicht hinreichend und rechtzeitig verstanden, erforscht und korrigiert werden, massive Fehlentwicklungen verursachen. In der Bereitstellung wissenschaftlicher Grundlagenforschung, Organisationsmodelle und Steuerungsinstrumente für die Versorgung chronisch Kranker und Pflegebedürftiger liegt eine weitere Herausforderung an die moderen öffentliche Gesundheitsförderung.

Geht es nach dem europäischen Büro der Weltgesundheitsorganisation, so ist und bleibt die Bekämpfung sozialer Ungleichheit im Zugang zu Gesundheitsdiensten, in Morbidität und Mortalität das erste und dringlichste Gesundheitsproblem auch entwikkelter Industriegesellschaften - trotz aller dort bereits vorhandenen enormen Anstrengungen und Aufwendungen für die medizinische Versorgung, für die Bildungs- und Sozialpolitik (WHO, 1985). Die moderne Sozialepidemiologie, neben Umwelt- und klinischer Epidemiologie das vielleicht wichtigste Instrument zukünftiger Public-Health-Forschung, hat mittlerweile zahlreiche Belege dafür geliefert, daß für die gesundheitlichen Folgen sozialer Ungleicheiten in modernen Gesellschaften weniger die materiellen als vielmehr die psychosozialen Lebensgrundlagen mitverantwortlich sind, die sich mit den Stichwörtern "Streß", "sozialer Isolation" und "selbstdestruktivem Lebenstil" kennzeichnen lassen [14]. Aufklärung soziopsychosomatischer Kausalzusammenhänge - insbesondere bedingt durch die Verkleinerung der Haushalte, die Erosion des Verwandtschaftssystems und gewandelte Arbeitsbedingungen - sowie die praktische Umsetzung bereits vorhandenen Wissens über die Wechselwirkungen zwischen Lebensbedingungen, Lebenstil, Gesundheit und Lebensqualität in Programme zur Gesundheitsförderung in Arbeitswelt und Gemeinde, bilden zentrale Problemstellungen moderner Gesundheitsförderung.

Neben diesen allgemeinen Herausforderungen gibt es in einzelnen Ländern zusätzliche spezifische Gründe, die eine Wiederbelebung, Aufwertung oder Reorganisation populationsbezogener und planerischer Aktivitäten öffentlicher Gesundheitsförderung nahelegen. In der Bundesrepublik ist es der lange Jahre anhaltende Niedergang des öffentlichen Gesundheitsdienstes, die im internationalen Maßstab insgesamt als unterentwickelt anzusehenden Präventionsbemühungen, der absolute Mangel an epidemiologischen Grunddaten und an Qualitätssicherung insbesondere medizinischer Versorgungseinrichtungen und die Vielfalt der Zuständigkeiten und Träger, die die Steuerungsfähigkeit des Gesamtssystems schwächt und eine wohldurchdachte, umfassende (wenn auch schrittweise zu implementierende) Organisationsreform im Gesundheitswesen dringend geraten erscheinen läßt.

Initiativen

Zahlreiche Länder haben die Herausforderungen für öffentliche Gesundheitsförderung (Public Health) inzwischen aufgenommen und sind dabei, auch institutionelle Konsequenzen zu ziehen. An erster Stelle zu nennen ist Kanada, wo mit dem Lalonde-Report (1974) so etwas wie ein Startschuß für neue Public-Health-Initiativen gegeben wurde. An zweiter Stelle zu nennen sind die USA, die mit ihrem Surgeon's General Report aus dem Jahre 1979 ("Health People") und mit dem jüngst erschienen Bericht des Institute of Medicine der National Academy of Science: "*The Future of Public Health*" (1988) auch international wirksame Signale gesetzt haben. In eine ähnliche Richtung weisen zwei Regierungsdokumente aus Großbritannien: die 1988 publizierte Bestandsaufnahme "*Public Health in England*" (Acheson Report) und das ebenfalls 1988 fertiggestellte Diskussionspapier "*The Development of Academic Public Health in Scotland*". Auch in der Bundesrepublik gibt es mittlerweile nach Jahrzehnten des absoluten Stillstandes zahlreiche neue Initiativen zur Etablierung von Public-Health-Studiengängen meist innerhalb und nur in wenigen Fällen außerhalb medizinischer Fakultäten (Badura/Schwartz, 1989).

Einen wesentlichen Anteil an der Weiterentwicklung von Idee und Praxis öffentlicher Gesundheitsförderung hat schließlich die Weltgesundheitsorganisation mit ihren Deklarationen von Ottawa, Adelaide und Wien geleistet. Die "*Ottawa-Charta*" definiert "*Gesundheitsförderung*" als Anstrengungen, die sich darauf richten, an "*allen Menschen ein höheres Maß an Selbstbestimmung über ihre Gesundheit zu ermöglichen, und sie damit zur Stärkung ihrer Gesundheit zu befähigen*". Gesundheit meint dabei ein "*positives Konzept, das in gleicher Weise die Bedeutung sozialer und individueller Ressourcen betont, wie körperlicher Fähigkeiten*". Die Verantwortung für Gesundheitsförderung liegt deshalb "*bei allen Politik-*

bereichen" und zielt auf "*umfassendes Wohlbefinden*". Gefordert wird eine "*systematische Erfassung*" der gesundheitlichen Folgen, "*insbesondere in den Bereichen Technologie, Arbeitswelt, Energieproduktion und Stadtentwicklung*", eine Stärkung von "*Nachbarschaft*", "*Selbsthilfe*" und "*sozialer Unterstützung*", "*Mitbestimmung*" der Bevölkerung bei Gesundheitsbelangen, Stärkung persönlicher Kompetenzen und eine gesundheitsförderliche Reorientierung medizinischer Dienste. Die "*Adelaide-Recommendations*" aus dem Jahre 1988 empfehlen eine "*gesunde Politik*" (healthy public policy), die sich durch eine "*ausdrückliche Berücksichtigung*" gesundheitlicher Belange und Auswirkungen "*in allen Politikfeldern*" auszeichnet (vgl. Milio, 1986). Explizit genannt werden hier: Landwirtschaft, Handel, Bildung, Industrie und Kommunikation. Ein weiterer Schwerpunkt, der der gesundheitsförderlichen Stadtentwicklung, zeichnet sich in dem ebenfalls vom Europäischen Büro der WHO initierten "Gesunde-Städte"-Projekt ab. Die hierfür abgegebenen "*Wiener Empfehlungen*" (1988) betonen ausdrücklich Public-Health-Aufgaben der "*Beobachtung verschiedener Parameter, der Luftverschmutzung und Lärmbelästigungen*", der "*umfassenden Information über Gesundheitszustand und Umweltbedingungen*" einer Kommune, der "*Berücksichtigung von Umweltbelangen in der Stadtplanung*" und der "*Stärkung von kommunalem Gemeinschaftssinn*" und "*lokalen sozialen Netzwerke*".

Entwicklungsbedarf

Im folgenden sollen drei mögliche zukünftige Schwerpunkte öffentlicher Gesundheitsförderung in der Bundesrepublik umrissen werden. Öffentliche Gesundheitsförderung (Public Health) war seit Anbeginn, das belegen entsprechende Darstellungen ihrer Geschichte (Deppe/Regus, 1975; Chave, 1986; Rodenstein, 1988; Institute of Medicine, 1988, 56 ff.), ein meist von Sozialreformern betriebenes, an bestimmten -wissenschaftlich mehr oder weniger gut begründeten- Kausalannahmen über den Zusammenhang zwischen Umwelt und Gesundheit orientiertes, praxisbezogenes Projekt. Geändert haben sich seit den Tagen Pettenkofers, Chadwicks, Virchows und vieler anderer die gesellschaftlichen Herausforderungen, und wesentlich weiter entwickelt ist heute unser Wissen über Kausalzusammenhänge, sind unsere Methoden der populationsbezogenen Gesundheitsdiagnose und unsere Instrumente zur Evaluation einzelner Maßnahmen. Zu dem Motiv der sozialen Reform hinzugetreten ist das der kontinuierlichen Modernisierung bzw. kontrollierten Weiterentwicklung bestehender Versorgungssysteme.

Gesundheitsförderung in der Arbeitswelt: Das wesentliche Ziel des gegenwärtigen Arbeitsschutzes ist immer noch die Bekämpfung durch chemische oder physikalische Einwirkungen verursachter Berufskrankheiten und Unfallgefahren. Seit dem Arbeitssicherheitsgesetz hinzugekommen ist die Bekämpfung "arbeitsbedingter Erkrankungen". Dieser unbestimmte Rechtsbegriff und der durch das Arbeitssicherheitsgesetz vorgeschriebene Ausbau arbeitsmedizinischer und sicherheitstechnischer Dienste ermöglicht die notwendige Umgestaltung des Selbstverständnisses, der Ziele, Aufgaben und wissenschaftlichen Grundlagen des traditionellen Arbeitsschutzes in Richtung Gesundheitsförderung durch vorausschauende Arbeitsgestaltung. Im Maschinenbau der Zukunft z.B. werden immer weniger und immer besser qualifizierte Arbeitnehmer an immer komplexeren und kapitalintensiveren Anlagen tätig sein. Dadurch wird die Verantwortung des einzelnen Facharbeiters und Ingenieurs weiter zunehmen und deren Belastungen werden, wie die der meisten übrigen Arbeitnehmer, sich nahezu gänzlich auf den psychomentalen Bereich verlagern. Streßbekämpfung wird damit zu einer Hauptaufgabe der Gesundheitsförderung und der Arbeitswelt (vgl. BZgA, 1989). Gesundheitsförderung durch Arbeitsgestaltung heißt anzustreben, daß betriebliche Rationalisierung und Gesundheitsförderung nicht zwei voneinander isolierte und womöglich nacheinander zu bewältigende Aufgaben bleiben, sondern daß sie zunehmend miteinander verzahnt, ja daß sie miteinander verschmolzen werden. Der Maschinenbau entwickelt sich langsam aber sicher in Richtung einer rechnergestützten und integrierten Fertigung (CIM). Das erfordert neue Qualifikationen, Kooperationsformen und Lenkungsstrukturen. D.h. betriebliche Planungen müssen sich mehr als dies bisher offenbar der Fall war nicht nur auf die Auswahl und den Einsatz neuer Techniken richten, sondern -in enger Verbindung damit- auf die Planung und Gestaltung der Arbeitsorganisation und der einzelnen Arbeitsinhalte. Die neuen Technologien (CAD, CAM usw.) scheinen neue Handlungsspielräume für die gesundheitsförderliche Arbeitsgestaltung zu eröffnen, zugleich drohen aber das Verlernen produktionsrelevanter Qualifikationen, umstellungsbedingte Mehrbelastungen, zunehmende soziale Isolation, Statusverluste, eine Zunahme von Schichtarbeit und ein möglicherweise schleichender Verlust an Kreativität (CIM, 1987; Böhle/Milkau, 1988; Ebel/Ulrich, 1987). Die hier nur sehr knapp angesprochenen Zusammenhänge bedürfen intensiver Erforschung. Grundlagenforschung im Bereich Arbeit, Technik und Gesundheit muß dafür sehr viel gezielter und auch wohl großzügiger als bisher gefördert werden. Auf der anderen Seite wissen wir bereits heute schon recht viel darüber, wie Streß vermieden oder bekämpft werden kann: durch Erweiterung bzw. Erhalt von Handlungsspielraum, durch ausreichende Qualifikation und durch Sicherstellung bzw. Schutz aufgabenbezogener und psychosozialer Unterstützung durch Arbeitskollegen und Vorgesetzte (Pfaff, 1989; Badura/Pfaff, 1989). Und es ist zudem absehbar, daß der Wandel der Arbeitsorganisation und der Arbeitsbedingungen ein Mehr an Arbeitsgestaltung notwendig machen wird. Um dabei mitwirken und vorhandene Gestaltungsspielräume auch tatsächlich wahrnehmen zu können, müssen Gesundheitsexperten zu Organisationsexperten werden, die dem Management und dem Betriebsrat nicht nur neue bzw. zusätzliche Probleme stellen (Cataldo/Coates, 1986), sondern ihnen auch helfen, mit aktuellen betrieblichen Problemen und Engpässen zugleich sinnvoller und gesundheitsförderlicher umzugehen. Ihre Ausbildung muß daher interdisziplinär sein, und sie muß sich neben Gesundheitsbelangen auch auf Probleme der Technik-, Organisations- und Personalentwicklung erstrecken. Nur dadurch, und wenn sie sich nicht mehr nur als Überwachungs-, sondern als Gestaltungsexperten begreifen, werden Gesundheitsexperten zukünftig auch mehr Einfluß auf das Betriebsgeschehen gewinnen können (BMAS, 1988; Badura et al, 1989).

Gesundheitsförderung in der Gemeinde: Auch der öffentliche Gesundheitsdienst müßte in ähnlicher Weise umgestaltet, d.h. von seinen hoheitlichen Funktionen befreit, professionalisiert und in eine aktive Dienstleistungseinrichtung umgewandelt werden, die weitgehend autonom folgende Aufgaben erledigt: 1. laufende sozial- und umweltepidemiologisch fundierte Bestandsaufnahme des Gesundheitszustandes einer Gemeinde, 2. Setzung von Prioritäten für die Gesundheitsförderung, 3. Entwicklung und Durchführung von Maßnahmen, 4. Evaluation dieser Maßnahmen. Ansehen und Einfluß kann der öffentliche Gesundheitsdienst zukünftig nur durch attraktive Aufgaben, eine bestmögliche Qualifikation seines Personals und durch den Erfolg seiner Arbeit gewinnen (Badura/Lenk, 1986). Für all dies ist hier ebenso wie in der Arbeitswelt eine sehr viel engere und kontinuierlichere Zusammenarbeit mit den Gesundheitswissenschaften notwendig. Gesundheitsförderung in der Kommune muß zur zentralen Aufgabe zukünftiger Public-Health-Bemühungen werden. Hier haben sich in der Vergangenheit die sozialen und gesundheitlichen Folgen der Industrialisierung konzentriert. Hier konzentrieren sich auch die Umwelt-, die sozialen - und die gesundheitlichen Probleme der Zukunft. Die bereits angesprochene Reform des öffentlichen Gesundheitsdienstes ist dabei nur ein erster Schritt in Richtung gesundheitsförderlicher Stadtentwicklung. Ein zweiter wäre eine stärkere Vernetzung aller in irgendeiner Form präventiv tätiger Sozial- und Gesundheitsdienste und ihre engere Kooperation mit den kurativen Einrichtungen einer Region. Es macht wenig Sinn, ständig neue Einrichtungen oder Ämter zu schaffen ohne systematische Beobachtung des Problempanoramas einer Kommune und ohne Nutzung der Produktivitätsreserven, die in einer besseren Zusammenarbeit bereits bestehender Einrichtungen liegen könnten. Ein dritter Schritt läge in einer Intensivierung sektorübergreifender Zusammenarbeit in Sachen Gesundheit durch Einrichtungen von Gesundheitsforen. Diese Foren sollten den gesundheitspolitischen Willensbildungsprozeß in den Gemeinden vorantreiben. Schwerpunkte zukünftiger Arbeit liegen u.a. im Bereich der Schulgesundheit, der Stärkung von Selbsthilfepotentialen, der Pflege, der Bekämpfung sozialer Isolation älterer Menschen und insbesondere in der Bekämpfung von Unfallursachen und Umweltschäden. Im Gesundheitssektor liegt ein Hauptproblem in der Anpassung kurativer Dienste an die Gesundheitsbedürfnisse einer Region und in der Notwendigkeit einer stärkeren Orientierung dieser Dienst auf die Förderung der Lebensqualität chronisch Kranker. Ein Problem verdient in diesem Zusammenhang besonders erwähnt zu werden: die mittlerweile im großen Stil betriebene Medikalisierung psychosozialer Lebensprobleme durch massenhafte Verschreibung von Psychopharmaka. Hier muß dem Grundsatz künftig mehr Geltung verschafft werden, daß psychosoziale Probleme mit psychosozialen Mitteln (Beratung, Netzwerkförderung, Streßbekämpfung usw.) zu bekämpfen sind und nicht mit Medikamenten. Im Anschluß an entsprechende WHO-Empfehlungen sollte jede Kommune eine ihrem spezifischen Problempanorama entsprechende Zukunftsvision einer gesunden Stadt entwerfen, als Gegengewicht gegen eine primär von technisch-ökonomischen Imperativen vorangetriebene Stadtentwicklung.

Gesundheitssystementwicklung: "*Das Gesundheitssystem ist ein Organismus, der dringend eines zentralen Nervensystems bedarf, um mit den Komplexitäten der modernen Medizin fertig zu werden*" (Ellwood, 1988)[15]. Angetrieben durch fortschreitende Spezialisierung und Technisierung wird diese bereits heute kaum mehr handhabare Komplexität noch weiter ansteigen. Gesundheitssystemanalyse wird dadurch für die Effektivität, Humanität, Angemessenheit und Effizienz im Gesundheitswesen auch in der Bundesrepublik von grundlegender Bedeutung. Eine besondere Beachtung verdient die Technisierung, und zwar sowohl als Mittel zur Stärkung wie auch als Mittel zur Reduzierung der Komplexität, das gewandelte Krankheitspanorama und die Pflegeproblematik. Die medizinische Technik hat in den zurückliegenden beiden Jahrzehnten die Arbeitssituatuion der Ärzte und des Pflegepersonals grundlegend verändert, hat zur Entstehung neuer Gesundheitsberufe und zu Änderungen in der Arbeitsorganisation der Kliniken beigetragen. Die Konsequenzen dieser Entwicklung für den "ärztlichen Blick", die Pflegetätigkeit und die Patientenorientiertheit der modernen Medizin sind bisher noch kaum erforscht. Vieles spricht dafür, daß der weiter zunehmende Technikeinsatz immer mehr Ressourcen und Aufmerksamkeit absorbiert, die Arbeitsbelastungen der Beschäftigten erhöht und dadurch eine Depersonalisierung in der Krankenversorgung auslöst (Mowshowitz, 1976, 122 ff.; Badura, 1989). Eine derartige sowohl die Arbeitssituation der Erwerbstätigen verschlechternde, als auch den Genesungserfolg der Patienten beeinträchtigende Entwicklung, insbesondere der Krankenhausversorgung sollte, so sie sich empirisch bestätigen läßt, aufgehalten werden, und es müßten alternative Formen der Arbeitsorganisation und Behandlung entwickelt werden, die auch im Krankenhaus der Zukunft die Vereinbarkeit von Behandlung (cure) und sozialer Unterstützung und Pflege (care) sicherstellen. Die durch die Bevölkerungsentwicklung weiter ansteigende Zahl chronisch Kranker erfordert neue Versorgungsstrukturen. Es muß das Rehabilitationsbewußtsein aller Beteiligten verbessert, und es müssen Formen der ganzheitlichen, teilstationären Versorgung durch ein Rehabilitationssteam erprobt werden. Da Akutversorgung und Rehabilitation voneinander kaum trennbare Aufgaben sind, sollten sie auch im Regelfalle nicht getrennten Institutionen zugewiesen werden. Aufgabenstellung der Renten- und Krankenversicherung müssen daher neu überdacht und besser aufeinander abgestimmt werden. Gefragt sind sowohl eine übergreifende Präventions- als auch eine übergreifende Rehabilitationskonzeption und eine entsprechende Reform der Organisationsstrukturen und Leistungskataloge (Badura et al., 1987; Schmidt, 1989; Badura, 1989). Qualitätssicherung muß alltägliches Element jedweder Gesundheitsarbeit, insbesondere der ärztlichen Tätigkeit, werden. Schließlich bedarf die Situation der Pflege einer genaueren Durchleuchtung. Eine bessere Qualifikation der Pflegekräfte scheint dringend geboten. Darüber hinaus muß auch die Pflege innerhalb der Familie oder durch Nahestehende, durch finanzielle und flankierende Maßnahmen erleichtert werden, um bei steigender Nachfrage ein ausreichendes Angebot an Laienpflege aufrechterhalten zu können.

Zwei-Sektoren-Konzept

Einer der bisher möglicherweise zu wenig gewürdigten Gründe für das starke Wachstum und den politischen Einfluß der kurativen Medizin in diesem Jahrhundert liegt in der dort gelungenen Verflechtung zwischen biomedizinischer Grundlagenforschung, Ausbildung und praktischer Tätigkeit der Ärzteschaft an den medizinischen Fakultäten, in Kliniken und in der niedergelassenen Praxis. Diese Verflechtung, so mangelhaft sie immer noch sein mag, sorgt immerhin für relativ rasche Umsetzung medizinischer Innovation, für einen ständigen Austausch von Erfahrungen und Erkenntnissen und für die Entwicklung einer gemeinsamen Identiät - alles Merkmale, die heute in Forschung und Praxis des Public Health nur recht mangelhaft oder gar nicht ausgebildet sind. Wie die vorangegangenen Darlegungen deutlich machen sollten, legen zahlreiche Gründe nahe, zukünftig die Anstrengungen im nichtkurativen, populationsbezogenen und interdisziplinär arbeitenden Public-Health-Sektor erheblich zu intensivieren. Dazu sollte parallel zum biomedizinisch kurativen Forschungs-Praxis-Verbund ein zweiter Versorgungsbereich entstehen: ein Verbund aus Forschung, Ausbildung und Praxis im Bereich der Gesundheitswissenschaften und der öffentlichen Gesundheitsförderung (siehe Abb. 1). Voraussetzungen dafür sind:

1. Der Ausbau und die Weiterentwicklung der Gesundheitswissenschaften an den Universitäten und ihre Zusammenführung "unter einem Dach", ähnlich wie dies in den Schools of Public Health an zahlreichen US-amerikanischen Universitäten gelungen ist. Zu den Gesundheitswissenschaften gehören nach weitgehender Übereinstimmung die Biostatistik und (Sozial-) Epidemiologie sowie Teile der Sozial-, Verhaltens-, Umwelt- und Ingenieurwissenschaften. Zu ihren wichtigsten Problemfeldern zählen einerseits Gesundheitsförderung und Prävention, andererseits Gesundheitssystemanalyse, Management und Planung von Gesundheitsdiensten.
2. Eine enge regionalbezogene Zusammenarbeit und eine weitgehende Umgestaltung bereits in Arbeitswelt und Gemeinde bestehender Public-Health-Einrichtungen, eine Besserqualifizierung der dort Tätigen und ein möglichst intensiver Austausch zwischen den Gesundheitswissenschaften an den Universitäten und der praktischen Gesundheitsförderung in den Kommunen. Auch hierfür gibt es bereits in den Vereinigten Staaten eine durchaus nachahmenswerte Einrichtung: den "Epidemic Intelligence Service" (Langmuir, 1980). So wie der klinischen Praxis die rasche Umsetzung biomedizinischer Erkenntnisse zukommt, muß zukünftig der öffentlichen Gesundheitsförderung die rasche Umsetzung des Public-Health-Wissens obliegen. Das Gebot der Interdisziplinarität müßte für alle drei Bereiche gelten, für die Forschung ebenso, wie für die Ausbildung und die Praxis öffentlicher Gesundheitsförderung. Dabei ist zu berücksichtigen, daß neben den Ärzten zahlreiche andere Berufsgruppen für die praktische Tätigkeit in der Gesundheitsförderung immer wichtiger werden, insbesondere Sozialarbeiter und Pflegekräfte.

Der eigentliche Engpaß für eine Wiederbelebung der Gesundheitswissenschaften und der öffentlichen Gesundheitsförderung in der Bundesrepublik liegt in dem jahrzehntelangen Versäumnis systematischer universitärer Aus- und Weiterbildung in Public Health. Er wird trotz aller aktuell erkennbaren Ansätze so schnell nicht zu beheben sein und sollte deshalb um so rascher und energischer vorangetrieben werden.

Entwicklungsprobleme

Mehr oder weniger latente Spannungen kennnzeichneten bisher das Verhältnis von Public Health und kurativer Medizin. Zwar besteht heute weithin Einigkeit darüber, daß Gesundheitsförderung und Gesundheitssystemanalyse Problemstellungen und Aufgaben beinhalten, die weit über die der biomedizinischen Grundlagenforschung und der kurativen Praxis hinausgehen. In der Zuteilung finanzieller, personeller und sonstiger Ressourcen schlägt sich dies jedoch kaum nieder: weit über 90% der mittlerweile erheblichen Aufwendungen für die Gesundheitsbudgets moderner Industrienationen (in der Bundesrepublik mehr als 95%) fließen in den kurativen Sektor. Eine gewisse Kurskorrektur in der Mittelverwendung wird hier zukünftig unumgänglich sein. Sie exakt zu quantifizieren wäre beim gegenwärtigen Wissensstand unseriös. Ich denke, daß längerfristig mindestens 10% des Gesundheitsbudgets in den Public-Health-Sektor fließen sollten. Dabei stellt sich das erste von mehreren Entwicklungsproblemen, auf die wir uns einrichten bzw. für die wir Vorkehrungen treffen müssen: Auf der einen Seite wird es angesichts des heute gegebenen Kostenbewußtseins zukünftig ohne Verteilungskämpfe kaum möglich sein, den Anteil der für Public Health verfügbaren Ressourcen nennenswert auszuweiten. Auf der anderen Seite sind Public-Health-Aktivitäten in Forschung, Ausbildung und Praxis insbesondere in dem Bereich der Gesundheitssystemanalyse auf eine enge kollegiale Kooperation zwischen Public Health und kurativer Medizin angewiesen, bilden wichtige Voraussetzungen produktiver Arbeit in den Gesundheitswissenschaften und in der Praxis der Gesundheitsförderung. Ob und inwieweit sie sich zukünftig miteinander vereinbaren lassen, ist heute schwer vorauszusagen.

Public Health war bisher ein, wenn auch nicht von Naturwissenschaftlern dominiertes, so doch sehr stark von naturwissenschaftlichem Denken durchsetztes Gebiet. Alle genannten Herausforderungen in der Prävention und Gesundheitsförderung und auch in der Gesundheitssystemanalyse bilden jedoch entweder genuin sozialwissenschaftliche Problemstellungen oder benötigen zu ihrer Bearbeitung einen erheblichen sozialwissenschaftlichen Anteil. Wesentlich für die zukünftige Entwicklung von Public Health wird sein, wie weit die hier zusammentreffenden "zwei Kulturen" der Natur- und Sozialwissenschaftler auch tatsächlich zur Zusammenarbeit und vor allem auch zur gegenseitigen Achtung der Arbeit und Erkenntnisse des anderen bereit sind. In den absehbaren Schwierigkeiten der Zusammenarbeit zwischen Sozialwissenschaftlern und Naturwissenschaftlern sehe ich ein zweites wesentliches Entwicklungshemmnis zukünftiger Gesundheitswissenschaften.

Ein drittes Problem liegt in der Institutionalisierung des Faches Gesundheitswissenschaften an den Universitäten. Internationale Erfahrungen zeigen, daß Public-Health-Aktivitäten innerhalb medizinischer Fakultäten relativ enge Grenzen gesetzt sind, ihre institutionelle Unabhängigkeit deshalb eine wichtige Entwicklungsvoraussetzung bildet (Roemer, 1985). Auf der anderen Seite sind die gegenwärtigen in der Bundesrepublik entstandenen Initiativen, mit wenigen Ausnahmen, solche innerhalb bestehender medizinischer Fakultäten. Wie weit sich dies tatsächlich als Entwicklungshemmnis erweist, muß die Zukunft zeigen.

Universitäre Ausbildung und Forschung drohen oft, so nicht ausdrückliche Vorkehrungen getroffen sind, sich von den Problemen und Perspektiven der Berufspraxis zu entfernen. Eine wirklich befriedigende Verflechtung von Forschung, Ausbildung und Praxis scheint selbst den US-amerikanischen Schools of Public Health - trotz ihrer über ein halbes Jahrhundert alten Tradition - bis heute nicht gelungen (siehe dazu: Institute of Medicine 1988). Eine solche Verflechtung zwischen Forschung und Praxis, zwischen Universitäten und Gesundheitsförderungsdienstleistungen in Arbeitswelt und Gemeinde bildet daher ein weiteres mögliches Entwicklungsproblem, das wir bei unseren neuen Bemühungen in der Bundesrepublik im Auge behalten müssen. Hier reicht nicht, daß die Universität sich offen für praktische Probleme hält. Die Gesundheitsförderungsdienste müssen auch ihrerseits bereit sein, in Zukunft enger mit den Gesundheitswissenschaften zusammenzuarbeiten.

Literatur

Acheson, D. (1988) Public Health in England. The Report of the Committee of Inquiry into the Future Development of the Public Health Function, HMSO, London

Badura, B. (1989) Ideenskizze für eine Weiterentwicklung der Herzinfarktrehabilitation durch die Betriebliche Krankenversicherung, Die Betriebskrankenkasse, Jg. 77, H. 7-8, 412-422.

Badura, B. (1989) Interaktionsstress in der Dienstleistungsgesellschaft. Über die Grenzen der Technisierbarkeit unserer Lebenswelt. Vortrag, gehalten am 09.05.89 am Institut für Soziologie, TU-Berlin.

Badura, B., Sozialepidemiologie: Fragestellung, Methoden und Ergenisse, erscheint in: Schwarzer, R. (Hrsg.), Einführung in die Gesundheitspsychologie, Kohlhammer, Stuttgart.

Badura, B., Lenk, K. (1986): Der öffentliche Gesundheitsdienst: Begräbnis oder Neubeginn?, in: Blanke, B., Evers,A, Wollmann, H. (Hrsg.), Die Zweite Stadt. Neue Formen lokaler Arbeits- und Sozialpolitik, LEVIATHAN-Sonderheft 7/1986, Westdeutscher Verlag, 306-320.

Badura, B., Kaufhold, G., Lehmann, H., Pfaff, H., Schott, T., Waltz, M. (1987): Leben mit dem Herzinfarkt. Eine sozialepidemiologische Studie, Springer, Berlin

Badura, B., Elkeles, T., Grieger, B., Kammerer, W. (Hrsg.) (1989) Zukunftsaufgabe Gesundheitsförderung, Stuttgart: Kohlhammer.

Badura, B., Pfaff, H. (1989) Stress, ein Modernisierungsrisiko? Mikro- und Makroaspekte soziologischer Belastungsforschung im Übergang zur postindustriellen Zivilisation, Kölner Zeitschrift f. Soziologie u. Sozialpsychologie, Jg. 41, H. 4, 1-25

Badura, B., Schwartz, F. W. (1989) Bericht an die Robert Bosch Stiftung, Manuskript, in Vorbereitung, Berlin/Hannover.

Blum, H.L. (ed.) (1981) Planning for Health. Generics for the eighties, Human Sciences Press, New York

Böhle, F., Milkau, B. (1988): Vom Handrad zum Bildschirm. Eine Untersuchung zur sinnlichen Erfahrung im Arbeitsprozeß, Campus, Frankfurt, New York

Bundesminister für Arbeit und Sozialordnung (BMAS) (Hrsg.) (1988) Gesundheit am Arbeitsplatz. Neue Techniken menschengerecht gestalten, Eigendruck, Bonn

BZgA (Bundeszentrale für gesundheitliche Aufklärung) (Hrsg.) (1989) Gesundheitsförderung in der Arbeitswelt: Bericht über eine Internationale Tagung der Bundeszentrale für gesundheitliche Aufklärung, Köln, in Zusammenarbeit mit der Weltgesundheitsorganisation, Regionalbüro für Europa, Kopenhagen, Köln, 07.-10-10-1985, Springer, Berlin

Cataldo, M.F., Coates, T. J. (eds.) (1986): Health and Industry. A Behavioral Medicine Perspective, John Wiley & Sons, New York

Chave, S.P.W. (1986) The Origins and Development of Public Health, in: Holland, W.W.,R. Detels,G. Knox (eds.): Oxford Textbook of Public Health, Vol. 1, Oxford University Press, Oxford, New York, 3-32.

CIM (1987): CIM oder die Zukunft der Arbeit in rechnerintegrierten Fabrikstrukturen. Ergebnisse einer Fachtagung der Innovations- und Technologieberatungsstelle der IG Metall in Berlin vom 08.-09.10.1986, Union-Druckerei, Frankfurt a.M.

Cochrane, A.L. (1972): Effectiveness and Efficiency. Random reflections on health services, Burgess & Sons, Nuffield

Deppe, H.-U., Regus, M. (Hrsg.) (1975) Seminar: Medizin, Gesellschaft, Geschichte. Beiträge zur Entwicklungsgeschichte der Medizinsoziologie, Suhrkamp, Frankfurt a.M.:

Dubos, R. (1959) Mirage of Health, Harper and Row, New York

Ebel, K.H., Ulrich, U. (1987) Some Workplace of CAD and CAM, International Labour Review, Vol. 126, No. 3, 351-370.

Ellwood, P.M. (1988) Outcomes managements: a technology of patient experience, New England Journal of Medicine, Vol. 318, 1549-1556.

Engel, G.L. (1977) The Need for a New Medical Model: A Challenge for Biomedicine, Science, Vol. 196, No. 42286, 129-136

Ferber, Chr. v. (1967) Sozialpolitik in der Wohlstandsgesellschaft, Hamburg.

Ferber, Chr. v. (1971) Gesundheit und Gesellschaft. Haben wir eine Gesundheitspolitik? Stuttgart, Berlin.

Ferber, Chr. v. (1975) Soziologie für Mediziner, Springer, Berlin

Freidson, E. (1970) Profession of Medicine: A Study of the Sociology of Applied Knowledge, New York.

Frese, M., Brodbeck, F. C. (1989) Computer in Büro und Verwaltung. Psychologisches Wissen für die Praxis, Springer, Berlin, Heidelberg

Greenberg, M.R. (ed.) (1987) Public Health and the Environment. The United States Experience, The Guilford Press, New York, London

Halhuber, M.J. (1989) Ansatzpunkte für eine Verbesserung der Herzinfarktrehabilitation durch die Betriebliche Krankenversicherung, Die Betriebskrankenkasse, Vol. 77, No. 9, 488-491.

Illich, I. (1977) Die Nemesis der Medizin. Von den Grenzen des Gesundheitswesens, Rowohlt, Reinbek bei Hamburg

Institute of Medicine (ed.) (1988) The Future of Public Health, National Academy Press, Washington

Lalonde, M. (1974) Une nouvelle perspective pour la santé des Canadiens - Document de travail, Santé et bien-etre social Canada.

Langmuir, A.D. (1980) The Epidemic Intelligence Service of the Center for Disease Control, Public Health Reports, Vol. 95, Nr. 5, 470-477

von Manger, König, L. (1975) Der öffentliche Gesundheitsdienst zwischen gestern und morgen, Öff. Gesundh.-Wesen, 37, 433-448.

McKeown, T. (1982) Die Bedeutung der Medizin, Suhrkamp, Frankfurt a.M.

Milio, N. (1986) Promoting Health through Public Policy, Canadian Public Health Association, Ottawa

Mowshowitz, A. (1976) The Conquest of Will: Informations Processing in Human Affairs, Addison-Wesley, Reading, Mass.

Pfaff, H. (1989) Streßbewältigung und soziale Unterstützung. Zur sozialen Regulierung individuellen Wohlbefindens, Deutscher Studien Verlag, Weinheim

Rodenstein, M. (1988) "Mehr Licht, mehr Luft". Gesundheitskonzepte im Städtebau seit 1750, Frankfurt, campus, New York

Roemer, M.I. (1985) More Schools of Public Health - A Worldwide Need, in: Warning, D. (ed.), Experiences in Primary Health Care Cooperation Conference Proceedings, Deutsche Stiftung für Internationale Entwicklung, Berlin, 175-196.

Schmidt, A. (1989) Aufgaben eines Krankenversicherungssystems in der Rehabilitation. Gutachten, erstattet für die Enquete-Kommission "Strukturreform der gesetzlichen Krankenversicherung" des Deutschen Bundestages, Manuskript.

Surgeon General (ed.) (1979) Healthy People, Government Printing Office, Washington

Szreter, S. (1988) The Importance of Social Intervention in Britain's Mortality Decline c. 1850-1915: A Reinterpretation of the Role of Public Health, Social History of Medicine 1, 1988, 1-37.

The Development of Academic Public Health in Scotland (1988), unpublished manuscript, Glasgow

Virchow, R. (1848) Der Armenarzt, in: Deppe, H.U., Regus, M. (Hrsg.) Seminar: Medizin, Gesellschaft, Geschichte. Beiträge zur Entwicklungsgeschichte der Medizinsoziologie, Frankfurt a.M., 1975, 175-179.

WHO (World Health Organization) (1985) Targets for Health for All. Targets in support of the European regional strategy for health for all, Kopenhagen: Eigendruck.

Anmerkungen:

1. vgl. dazu Dubos 1959, 129f

2. zit. nach Manger-König 1975, 442

3. in: Regus, 175

4. ebd., 25

5. ebd., 163f

6. ebd., 163f

7. Cochrane 1972, 1

8. ebd., 2

9. ebd., 139

10. ebd., 132

11. ebd., 22

12. ebd., 79ff

13. ebd., 488

14. vgl. zusammenfassend: Badura/Pfaff 1989

15. ebd., 1549

Irmgard Nippert

Provider Influence on the Implementation Process of New Health Care Technologies: The History of Prenatal Genetic Diagnosis (PD) in the Federal Republic of Germany

A Report from the EEC-Study on the Diffusion of Health Care Technologies in Practice

Introduction

The following report reviews the implementation and diffusion of a new health care technology: Prenatal Diagnosis (PD). The aim of the report is to provide an insight into which factors shape the provision of significant health care technologies. Special attention is given to the role of the providers in the implementation process. The data on which the report is based derive mainly from interviews with key persons in the implementation and diffusion process of PD and from document and literature analyses.

Like other health care technologies under discussion today, the introduction of PD is not simply the addition of a new item of equipment and technique in health care. Political and social decision accompany their diffusion. PD constitutes a "small technology" but its implications are large scale and affect a far greater number of the population than do many of the more expensive high technologies.

No prenatal screening programme in the FRG screens all pregnant women. However, women at known risk of producing a child with a severe genetic disease or congenital malformation because of advanced maternal age (35 years and older), previous child with a severe genetic disease or congenital malformation, or family history of such disorder are offered prenatal genetic diagnosis services.

At present, mid-trimester prenatal genetic diagnosis is an established routine in antenatal care in the FRG and a recognised standard of care in obstetric practice. The costs of prenatal genetic diagnosis are covered by the West German sick funds. The following major techniques are in use.

Ultrasonography

Ultrasonography is used to examine the fetus to establish the gestational age, to locate the placenta and fetal structures, and to assess fetal viability. Ultrasound is used at two levels. First, it allows direct examination of the external and internal anatomy of the fetus and the detection of skeletal and other major organ system malformations. Secondly, it enhances the safety and effectiveness of invasive techniques such as chorionic villus biopsy, amniocentesis and fetal blood sampling.

The most widely used obstetric imaging is provided by realtime scanners. According to the Westphalian perinatal study 83.9% of all pregnancies in 1984 were screened by ultrasound before the 21st week of gestation.

Mid-trimester transabdominal amniocentesis (amniocentesis)

Amniocentesis cannot be performed safely before 16 weeks of gestation. (Amniocentesis as early as the 10th week of gestation is still experimental). During amniocentesis, cells shed by the developing fetus are extracted from a sample of amnio fluid withdrawn from the expectant mother's uterus by means of a hypodermic needle. The cells are cultured and then tested for chromosomal defects and some biochemical defects. In addition the DNA of these cells can be analysed directly to identify specific genetic errors. Amniocentesis is the most commonly used invasive prenatal genetic screening technique. In 1989 40.000 amniocenteses were performed in the FRG.

Chorionic villus sampling (CVS)

CVS is a relatively new and still experimental method of prenatal diagnosis which has been used since 1984/85 in the FRG. This technique provides results as early as the 9th week of pregnancy. Of the two (transcervical and transabdominal) methods of obtaining chorionic villus samples, the most commonly used method in the FRG is transcervical aspiration of chorionic tissue via a flexible catheter. Chorionic villus tissue has been shown to be suitable for cytogenetic, biochemical and DNA analyses. Preliminary results can be obtained within a day. More than 5000 CVSs have been performed in the FRG since 1984/85 (Table 3). Late CVS for rapid karyotyping in the second and third trimester in high-risk pregnancies has been gaining impetus since 1987.

Alpha-fetoprotein (AFP) measurements in amniotic fluid and maternal serum for neural tube defects (NTD) and Down's syndrome

NTD's have an estimated incidence at birth in the FRG of 1.0 to 1.5 per thousand. When elevated AFP concentrations in amniotic fluid were found to be an indicator of the presence of open NTD, prenatal diagnosis became available. As AFP diffuses transamniotically into the maternal circulation, maternal serum AFP determination is a suitable means of screening for NTD during the mid-trimester. Maternal serum AFP screening and amniotic fluid AFP screening for NTD are offered in high-risk pregnancies.

Analysis for low AFP serum levels, which may indicate a fetus with Down's syndrome, have been performed at some centers since 1986, in which year 282 cases were reported. Presumably the numbers are increasing rapidly.

Fetoscopy and fetal blood sampling

The main objects of fetoscopy are fetal blood sampling, tissue biopsy and fetal visualisation. The earliest possible gestational age for fetoscopy for fetal blood sampling is 17 weeks, while that for fetal visualisation is 15-17 weeks. The improved resolution of ultrasound has allowed the development of a technique for fetal blood sampling under ultrasound guidance rather than under direct endoscopic visualisation.

Fetoscopy and fetal blood sampling are still associated with a relatively high pregnancy loss (5%), maternal complications (4%) and preterm labour (10%). These methods are therefore restricted to a relatively small number of high-risk pregnancies.

Historical background to the implementation of prenatal genetic diagnosis in the health care service of the FRG

Legacy of the Nazi regime

In post-war Germany human genetics was totally discredited by its use in the service of the Nazi state. Prominent German human geneticists had actively participated in spreading Nazi race ideology, declaring Jews to be foreign genetic material that had to be removed from the German people. A eugenic sterilisation law had made sterilisation compulsory for a variety of illnesses thought to be genetic in origin. Thousands of children born with severe birth defects as well as mentally retarded adults were put to death in so-called "mercy killings" in the process of the "euthanasia" programme. Thus after World War II, human genetics as a scientific disciplin not only had a very doubtful reputation but was in a very fragmented state. It was scarcely represented in medical school curricula. Even as late as 1959 only four departments of human genetics existed in the FRG[1].

One must bear in mind this dreadful heritage when one examines the public debate on controversial ethical and moral problems generated by the new prenatal genetic screening techniques. It is evident that the past still evokes special fears and mistrust.

The late 1960s and early 1970s

The rapid developments in cytogenetics based on the research into the mutagenic effect of radiation and fallout, together with the steady improvement of ultrasonography in the late 1960s led to the belief that mid-trimester transabdominal amniocentesis was the most potent tool for the detection of chromosomal aberrations and inherited metabolic disorders.

The first amniocenteses in the FRG were performed in 1970, the initial impetus coming from the USA. These first amniocenteses in the FRG were performed at the Medical School in Ulm for obtaining fetal cells on pregnancies that were scheduled for termination.

The aim was to test the different available methods for the culture of fetal cells from amniotic fluid. As the methods applied could not be reproduced satisfactory, a modified technique[2] was put into practice. Thus Ulm became the "training centre" for most teams that wanted to introduce prenatal genetic diagnosis at other places in the FRG. Six amniocenteses were performed in 1970, 16 in 1971 and 49 in 1972[3].

However, all the important elements for a successful installation of a prenatal genetic screening programme were missing. These include
- reliable, safe and accurate standardised testing
- laboratory quality assurance
- adequate manpower/staff
- provision of diagnostic services such as genetic counselling and abortion services
- financing of the services/funding to establish and maintain a programme
- a firm administrative base
- professional and public education.

The then existing departments of human genetics at the medical schools were small and understaffed, and because human genetics was not represented at every medical school their location was erratic. As a consequence, those medical and non-medical scientists organized an informal network. The objective was to overcome the obvious obstacles which beset the further provision of amniocenteses within the then existing health care facilities:
- Amniocentesis at that time was absolutely experimental. There existed no data about the risks of amniocentesis for the fetus and for the expectant mother.
- Nothing was known about the reliability and accuracy of the cytogenetic findings, or the efficacy of the method as a whole.

To obtain these data a substantial amount of amniocentesis had to be carried out and laboratory performance had to be calibrated. But there were not enough laboratory facilities or trained manpower to expand the number of amniocentesis adequately. Until then, only a handful of experienced scientists and technicians could perform cytogenetic and biochemical analysis and very few obstetricians with the skill to perform mid-trimester amniocentesis were available. Additionally there existed the problem of how to incorporate amniocentesis cost coverage in the existing sickness fund schemes. As a preventive measure it was not considered a curative treatment and accordingly was not reimbursable.

Thus those medical geneticists/obstetricians who wanted to incorporate amniocentesis into prenatal care had to:

- raise funds to develop amniocentesis into a standard procedure and to secure the necessary scientific and technical staff;
- lobby outside their scientific community to gain support of decision makers in health care provision;
- convince the public that amniocentesis was a useful and necessary technique within health care because individual patients as well as society at large would benefit from it.

But the effectiveness of prenatal genetic screening depended not only on its ability to detect affected fetuses but on the provision of follow-up services including genetic counselling, high risk prenatal management including parental choice. At that time only a few departments of human genetics offered genetic counselling, while genetic counselling centers did not exist. To make matters worse, it was illegal to terminate a pregnancy for genetic reasons or because of fetal abnormality.

Discussions on liberalising the abortion law, including the option of terminating a pregnancy with a severely handicapped fetus

The late 1960s and early 1970s in the FRG were characterised by active social movements to change a society regarded as too conservative, unable to cope with structural and socio-political changes regarded as necessary. For the first time after the Second World War a coalition of the social democratic party and the liberal party came into power. As far as the development of prenatal genetic screening was concerned this political change meant that the restrictive abortion law (§ 218, Civil Penal Code) would be reformed and liberalised.

As the new government went to work on that reform there were efforts by progressive (left-wing) political groups to include in the rewording of Code 218 the legalisation of the abortion of a severely affected fetus. They claimed that the freedom to choose abortion in cases of fetal malformation was a woman's fundamental right[4]. For other groups, especially the legal profession and theologians, the discussion about this special abortion topic seemed to be an uneasy one marred by the experience with the Nazi eugenic laws [5].

Both Catholic and Protestant churches were opposed to the legalisation of abortion of a fetus with a severe genetic disease or malformation, as were a substantial number of obstetricians - although apparently not the majority of them, as a vote by their professional board at that time demonstrated[6].

Early public support of prenatal genetic screening technologies

In the early 1970s the new genetic screening technologies were hardly known to the public. Occasionally daily newspapers, directly informed by those working in the field, provided coverage in which prenatal diagnosis was considered to be a promising new technology and to be beneficial[7].

The future providers of PD regarding themselves as promoters of the new techniques considered education of the public to be very important. They lectured for lay audiences, made radio and television broadcasts[8], and collaborated in the production of new textbooks for German secondary schools. Public round table discussions on genetic, medical, legal and ethical aspects of the early diagnosis of human genetic anomalies were held.

At that time they gained support form leading representatives of the main organisation of the mentally handicapped. A 350.000 DM donation in support of research on "the clinical application of prenatal genetic diagnosis techniques"[9] was made by them in 1973.

When the proceeds of this donation were about to run out, members of the Bavarian parliament and senate, as well as the president of the Federal chamber of physicans appealed to the Bavarian government to continue the funding via the state budget. These interventions were successful and in 1975 Bavaria became the first state in the FRG to provide public funding of prenatal genetic screening services[10].

The most important step in the introduction, implementation and diffusion of prenatal genetic screening in the FRG was taken in 1972, when the Deutsche Forschungsgemeinschaft (DFG - German Research Society) decided to make a multimillion DM grant for a 7-year multi-centre collaborative study on diagnosis of genetic defects as a priority programme.

The application for the priority programme grant was prepared by the informed network of scientists actively involved in research on prenatal genetic diagnosis. The DFG invited some 30 scientists from all over the FRG holding chairs in molecular genetics, human genetics and obstetrics and who were known to be ready to work in the field, to join a working party in March 1972. Before the meeting a detailed questionnaire was sent to the participants requesting views on: international scientific standards and knowledge in prenatal diagnosis of genetic defects; priorities in the development of diagnostic methods; existing capacity, know-how and manpower in prenatal diagnosis in the FRG and predicted need to meet demand until 1980; how many diagnostic procedures had already been carried out; what the ideal center for prenatal diagnosis should contain and where it should be located; what genetic counselling and abortion services were needed; costs; how many centers would be needed in the FRG; time required to recruit and train the necessary manpower, with costs; whether private practitioners should be included in the programme; and which laws needed to be revised. The working meeting gathered the information, produced an overview together with a commentary and recommendations, and 2 months later produced a consensus final research proposal.

The priority programme was approved by the DFG senate in November 1972. Since it required a substantial amount of money immediately which outstripped the available funds, a one-off 500.000 DM donation was obtained from the West German concrete industry via the "Stifterverband für die Deutsche Wissenschaft" (West-Germany industry's association for the financial support of science). An additional indicator of the importance the DFG senate attached to the promotion of prenatal diagnosis is the fact that it agreed to finance the specific costs stemming from the provision of prenatal genetic diagnosis services which were not reimbursable by the sickness funds.

The aims of the priority programme were twofold:
1) To evaluate the safety, accuracy and reliability of prenatal genetic screening via amniocentesis.
2) To introduce prenatal genetic diagnosis services at special centres. This was done by establishing cytogenetics laboratories, mainly at university departments and university hospitals, staffing and equipping them appropriately, and offering prenatal genetic diagnosis to all at-risk pregnant women who had access to or were referred to these centers and gave informed consent. Thus, the study was not confined to a defined sample size, and no control groups were included in the study design.

Over 90 departments of obstetrics, paediatrics and human genetics in 34 towns including West Berlin joined the programme. When the programme ended, more than 100 scientists and medical doctors had been trained with study funds and were familiar with the technology. More than 13.000 pregnancies had been screened. Thus when the programme ended it had completely fulfilled its goals: amniocentesis had become a reliable and safe procedure, and prenatal genetic diagnostic services and follow-up services (e.g. genetic counselling) had been established in at least 41 prenatal centers all over the FRG and West Berlin. Thus the structure to provide prenatal genetic diagnostic services in specialised university-based centers had been shaped.

Table 1 shows the dramatic increase the number of amniocenteses performed in the FRG during the study period.

Table 1. Number of prenatal diagnostic cases 1970-1977[1]

Year	No. of Cases
1970	6
1971	16
1972	49
1973	112
1974	308
1975	893
1976	1.798
1977	2.648

The mid-1970s and early 1980s

The steady increase in utilisation of prenatal genetic diagnosis was also due to the following structural changes which facilitated the accessibility and avaibility of prenatal genetic diagnoses services in the FRG:

- Since 1975 the costs of prenatal genetic screening and genetic counselling have been covered by the West German sick funds
- Since 1976 the § 218 Civil Penal Code legalises the interruption of pregnancies up to the 22nd week of gestation if the fetus is found to be "defective" and the pregnant woman wishes to terminate the pregnancy
- Direct state government financial support (mainly of the state universities) has allowed expansion of prenatal genetic screening and genetic counselling services. Cytogenetic laboratories and genetic centers were installed, predominantly at medical schools, in the following years: Bavaria 1975; North-Rhine-Westphalia 1976; Schleswig-Holstein 1977; Baden-Württemberg 1978; West Berlin 1979, Lower Saxony 1979; Bremen 1979.

A tide of medical and legal opinion in the FRG steadily forced the recognition that genetic screening was a standard part of quality care. The first successful legal action for malpractice was brought[11] by a couple not offered this service to whom a child with Down's syndrome was born. More physicians and obstetricians became aware that they were vulnerable to such actions if they failed to take into account, or act upon the knowledge of, an increased risk of the birth of an infant with physical or mental abnormalities.

[1] Source: 15. Informationsblatt über die Dokumentation des Schwerpunktprogramms "Pränatale Diagnostik genetisch bedingter Defekte" der Deutschen Forschungsgemeinschaft, Munich 1981.

Primary health care providers continued to be ignorant about genetics and the new techniques, so that one of the priorities of the genetics community was to lobby for adequate education in genetics for private practitioners.

In 1976 the federal association of the sickness funds and the sickness fund's physicians (Bundesausschuß der Ärzte und Krankenkassen), whose function is to uphold the standard of medical care provided by private practitioners for the members of the sick funds, published detailed information about prenatal genetic diagnosis in bulletins[12]. This publication notified every practising sick fund physician about the availability of this procedure, target groups, and the legal background to abortions.

As more pregnant women became aware of the existing prenatal genetic diagnosis services and more obstetricians referred patients to the centers, the demand for prenatal diagnoses outstripped the laboratory facilities of almost all centers. Waiting lists grew, and latecomers ran into difficulties in obtaining amniocentesis. With the increasing numbers receiving amniocentesis and prenatal genetic counselling, the professionalisation of the service also increased. In 1978, medical genetics was acknowledged as a medical speciality by the certification board.

Health policy decisions regarding the prenatal genetic screening services

In 1977 the conference of the State secretaries of health of the FRG recommanded[13] that the prenatal genetic diagnosis services installed and funded by the DFG should be maintained financially after that funding ceased (in 1979); that the capacity of the prenatal genetic screening services in the FRG should be enlarged to ensure that all pregnant women at increased risk could obtain amniocentesis; and that departments of human genetics should be set up in each medical school in the FRG.

To allow the states to step in and fund an outpatient medical service at its medical schools is unusual in the FRG health care system, in which most outpatient services are typically delivered by private practitioners. But because of the scarcity of the special skills required and the fact that there was likely to be little profit to the practitioners, there was no alternative, and prenatal genetic diagnosis has remained a special service at university level to the present day. (see Table 2)

Table 2 Prenatal genetic diagnoses in the FRG in 1986 in different types of laboratory[2]

Provider	No.	Amnio %	CVS %
University-based institute	26	51.1	87.9
University-based hospital	7	6.5	1.4
Other hospital	6	9.2	1.9
Public health facility	4	1.7	none
Private practitioners	16	31.5	8.8
Total	59	100.0	100.0

Utilisation of prenatal diagnosis in the early 1980s

Utilisation of amniocentesis rapidly increased in the early 1980's; CVS figures began to be collected in 1985 (Table 3).

Table 3 Prenatal diagnoses performed in the FRG, 1970-1987

Year	No. of Amniocenteses	No. of CVS*)
1970-1973	193	-
1974	308	-
1975	893	-
1976	1.798	-
1977	2.648	-
1978	3.925	-
1982	15.838	-
1984	22.506	(no data)
1985	26.130	926
1986	31.180	2.092
1987**)	35.535	3.100

*) documented years only
**) estimated numbers

Most amniocenteses and CVSs (approx. 80%) were performed on the indication of advanced maternal age. Although there were differences of opinion on what maternal

[2] Source: Schroeder-Kurth, T., Versorgung der Bevölkerung der Bundesrepublik mit humangenetischen Leistungen: Beratung und Diagnostik. In: Schroeder-Kurth, T. (ed) Medizinische Genetik in der Bundesrepublik, Frankfurt/Main 1989.

age should be the cut-off point, it was arbitrarily agreed that a mother below 35 years of age should not obtain amniocentesis on this indication. This cut-off point led and still leads to strong consumer pressure by pregnant women younger than 35, who are afraid of bearing a child affected with a chromosomal aberration. Especially feared is Down's syndrome [(14)]. Today "maternal anxiety" (regarded by most genetic counsellors as a so--called placebo indication or a so-called non-medical indication)[(15)] accounts for 10-15% of all prenatal diagnoses performed in the FRG. The sick funds do not object als long as their practitioners certify that prenatal diagnosis is necessary.

Although it is estimated currently that about 50% of all women eligible for prenatal genetic diagnosis on the indication of maternal age obtain it, Table 4 shows that, taking the FRG as a whole, 60% of women eligible for prenatal diagnosis were not obtaining it in 1985.

Table 4 Utilisation rates of prenatal diagnosis on the indication of advanced maternal age (> 35 yrs) in the different states of the FRG in the early 1980s[1]

State	1982 %	1984 %	1985 %
Schleswig-Holstein	36	36	40
Hamburg	96	89	99
Niedersachsen	10	11	14
Bremen	100	100	100
Nordrhein-Westfalen	24	28	30
Hessen	24	35	37
Rheinland-Pfalz	22	37	51
Baden-Württemberg	36	56	66
Bayern	17	25	30
Saarland	19	23	28
Berlin - West	53	63	73
FRG	29	35	40

In 1983-1985 a socio-epidemiological utilisation study conducted by the department of human genetics, Münster medical school, revealed (16) that women obtaining amniocentesis on the indication of advanced maternal age came predominantly (76.6%) from the middle and upper middle classes. These women tended to be a highly educated group (university degree or extensive vocational training 58.8%) and were living in urban or suburban areas (69.5%). These women seemed not to be merely better informed about the availability of prenatal genetic diagnostic services but it also seemed highly probable that they decided on their own initiative that prenatal diagnosis might be relevant for their family planning situation. For the less educated women coming from the lower social strata, the obstetrician played an important role in initiating prenatal diagnosis. But as this study showed, more than half (52.8%) of the private practising obstetricians licensed to work for the sick funds within the study area were not referring a patient for amniocentesis, in contrast to only 17.8% of those obstetricians working at a hospital. Thus, obstetricians' referring behaviour heavily influenced amniocentesis utilisation, to the disadvantage of the women coming from the lower social strata [16].

The mid-1980s up to the present

Despite some disagreements (ie. whether maternal anxiety should be regarded as an indication for prenatal diagnosis), a consensus professional philosophy held by medical geneticists/obstetricians providing prenatal genetic screening services clearly emerged in the mid-1980s and became instrumental in setting up guidelines as to how quality prenatal genetic screening should be performed and provided in the FRG [17]. The quintessence of these guidelines is to restrict quality provision of prenatal genetic screening techniques and methods to special obstetrical centers collaborating with medical genetics, pediatricians, pediatric surgeons etc. Genetic counselling prior to as well as after the screening if findings are positive is regarded as indispensable. The guidelines also emphasise the autonomy of the individual decision of the patient and state that the freedom of reproductive choices includes the freedom to carry a fetus with a serious genetic defect to term.

As prenatal genetic technologies and services became more complex and more widely used in the 1980s, more difficult moral and ethical dilemmas became apparent to a wider public. A vast amount of literature about ethical, medico legal and social problems inherent in the new technologies and their scope of application steadily accumulates, indicating how important these issues are to the public.

The public discussion on ethical problems in prenatal genetic in the FRG covers a wide spectrum of controversial issues, such as:

- abortion choices over a wide range of severity in some diagnosable genetic disorders, some of which are treatable [17]
- claims that mid-trimester abortion creates precedents for paediatric euthanasia
- controversial indications for prenatal diagnosis such as sex choice unrelated to sex-linked disorders, and other potential misuse ("slippery slope" argument [18,19])
- fear of the revival of eugenic policies and coercive public health programmes [20]
- reduced social acceptance of disabilities [21].

Disability organisations and churches especially express these fears and are asking for a critical evaluation of the social impact of prenatal genetic diagnosis. Even the representatives of (the organisation that helped to establish the first prenatal genetic diagnosis and genetic counselling centre in Bavaria in the early 1970's) voice their reservations concerning prenatal genetic diagnosis today [21].

As CVS, which makes fetal sexing possible in the first trimester of pregnancy, became available in 1984/1985 in the FRG, the professional organisation of medical geneticists, fearing potential misuse of prenatal diagnosis for sex selection unrelated to sex-linked disorders tried to exert moral guidance by founding an ethics board which recommended withholding information about the sex of the fetus until the 14th week of gestation [(22)].

Radical feminist groups demanded (and still demand) the closing of all prenatal genetic diagnosis and counselling centres, the cessation of all prenatal genetic diagnosis and penalisation of the abortion of an affected fetus [(23)].

Prenatal genetic screening and public health policies in the middle and late 1980s

Health policy in the FRG clearly supports prenatal genetic screening:
- by governmental funds: more than 15 millions DM were granted by the federal minister for a collaborative study on the development and evaluation of CVS, to run from 1985 to 1990.
- by supporting and explicitly favouring the existing structure of prenatal genetic dianosis services at a limited number of highly specialised centres, that provide follow-up services such as genetic counselling (eg 24).

To assess the new genetic screening technologies the Bundestag (federal parliament of the FRG) set up in 1985 a commission on chances and risks of genetic technologies. The report of the commission (25) called on the federal parliament, the federal and state governments and the medical professional organisation to ensure that:
- genetic counselling and prenatal genetic screening remains non-mandatory for prospective parents
- prenatal genetic screening does not generate social pressure to abort affected fetuses
- genetic counselling is provided as an indispensable prerequisite to prenatal genetic diagnosis
- genetic counselling is done exclusively by genetic counselling centres (quality assurance)
- psycho-social follow-up services are provided
- the manpower and technical capacities of present services are expanded

The provision of prenatal genetic diagnosis today

The process of implementation of prenatal genetic screening into the mainstream of prenatal primary care in the FRG is not yet complete. Approximately 50% of all pregnant women eligible for prenatal diagnosis on the indication of advanced maternal age do obtain it today; some urban areas have higher utilisation rates but some rural areas have very much lower ones.

Whether the existing utilisation of prenatal diagnosis has any impact on the prevalence of genetic diseases/congenital malformations can only be estimated. Probably it has not much yet. For instance: 8% of all children born in the FRG, and about 40% of all children born with Down's syndrome, are borne to mothers who are 35 years of age or older. If 50% of these at-risk women receive prenatal diagnosis and all those in whom an affected fetus is found choose to terminate the pregnancy, the incidence of Down's syndrome will be reduced by only 20%.

It is estimated that there are still social inequalities in utilisation despite there being no economic hindrances to access to prenatal diagnosis services.

Today the provision of CVS is rapidly increasing. The great advantage of CVS [26] over amniocentesis is that it can be done much earlier in pregnancy, at about 8-10 weeks, with results available within 24-28 hours whereas amniocentesis results take about 3-4 weeks. If the fetus is found to be affected, women choosing to abort the pregnancy can undergo a first-trimester abortion, with lower risks of maternal morbidity and mortality. These obvious advantages are still flawed by the absence of precise data on the risks of the procedure and the background risk of spontaneous abortions in pregnancies at the gestational age at which CVS is performed. Data from the multicenter CVS study in the FRG clearly indicate that with increasing experience and numbers of CVS performed, the numbers of spontaneous abortions after CVS decline dramatically.

The major concerns about the future of prenatal genetic diagnosis stated by medical geneticists [27,28] are that allowing free market principles to operate in genetic services (e.g. providing genetic test kits) would substantially affect the quality of counselling services. However, the main limitation on incorporation of prenatal DNA testing into primary health care is still expected to be the lack of knowledge which primary care providers have in this area.

Conclusions

When, approximately two decades ago, prenatal genetic diagnosis started in the FRG all the important elements for a successful screening programme (reliable, safe, standardised testing, laboratory quality assurance, adequate manpower and laboratory facilities, financing of the services, provision of additional diagnostic services such as genetic counselling, professional and public education) were missing and had to be developed. The future providers of the prenatal diagnostic services - medical geneticists, cytogeneticists, pediatricians, specially trained clinical geneticists and some obstetricians - clearly dominated the implementation process.

They successfully allocated research grants to implement amniocentesis, they successfuly lobbied health care decision-makers on state and federal government level. They developed a special philosophy on how prenatal genetic diagnosis and counselling should be provided in the FRG which gained the support of health care policy makers. Today the favoured scheme is to restrict prenatal genetic screening services to highly specialised centers which maintain high standards in the provision of collaborative services and follow-up care. These centers are expected to set the standards in regard to quality and ethical aspects in care and research. The commercial development of prenatal screening services is regarded with concern by medical geneticists. Only a handful of unattached practising physicians provide laboratory services in prenatal genetic diagnosis. (see Table 2)

The need and demand for prenatal genetic diagnosis services (including clinical evaluation, counselling, specialised laboratory testing, treatment and referral) will continue to grow in the FRG. With the rapidly expanding diagnostic possibilities due to molecular genetics, prenatal genetic screening services will continue to raise important public health issues such as voluntary, not mandatory approach to genetic screening, accessibility of the services especially for minorities, and prenatal diagnosis for non-medical reasons.

The major concerns about the future of PD services stated are that allowing market principles to operate in genetic services would substantially affect the quality of care.

The difficult ethical problems associated with PD abortion of affected fetuses) have made providers, politicians and administrators resistant to take a clear stand on economic analyses of PD. Apparantly, nobody wants to be accused of preventing the birth of handicapped children only to increase his income or to please the budget.

A special feature of the FRG is that providers and health care politicians conspiciously try to avoid any appearance of eugenic or economic considerations and display a general confidence about resolving forthcoming problems at the individual-family level [15]. To shy away from societal and political issues when increasingly powerful diagnostic genetic technologies emerge and to locate the problem on individual decision-making may nevertheless prove problematic as well.

References

1) Weingart P., Kroll J., Bayertz K. (1988) Geschichte der Eugenik und Rassehygiene in Deutschland. Suhrkamp, Frankfurt am Main

2) Knörr-Gärtner H., Härle I., (1972) A Modified Method of Culturing Human Amniotic Fluid Cells for Prenatal Detection of Genetic Disorders. In: Humangenetik Vol. 14, 333-334

3) 15. Informationsblatt über die Dokumentation der Untersuchungen im Rahmen des Schwerpunktprogramms "Pränatale Diagnostik genetisch bedingter Defekte" der DFG, München 20.3.1981 (hg. v. Jan Murken und Sabine Stengel-Rutkowski)

4) Krauss D., (1972) Die rechtlichen Möglichkeiten einer Schwangerschaftsunterbrechung bei genetischer und kindlicher Indikation. In: Murken Jan (ed.) op.cit., 68-88

5) Krauss D., (1972) Legal possibilities of an interruption of pregnancy in genetic and fetal indication. In: Murken Jan (ed.) op.cit., 92

6) Krauss D. (1972) op.cit., 74

7) Engel, W. (1972) Genetische Frühdiagnostik im Mutterleib. Frankfurter Allgemeine Zeitung vom 10.08.72

8) e.g. RIAS Berlin, November 13, 1972, time 22.40 to 23.10 pm: Vorgeburtliche Diagnostik von Mißbildungen und Stoffwechselstörungen. By Peter Stubbe

9) Süddeutsche Zeitung vom 3.4.1973, Stiftung für genetische Beratung - Universität übernimmt 350 000-Mark-Fonds von Ehepaar Westphal

10) Süddeutsche Zeitung vom Samstag/Sonntag 25./26. Januar 1975: Wird humangenetische Beratungstelle Opfer eines Kompetenzstreits? Landtagsabgeordneter Wilhelm: Ministerpräsident Goppel soll sich einschalten
Crefeld W., Genetische Beratung ist unerläßlich. Süddeutsche Zeitung vom Samstag/-Sonntag 15.16. Februar 1975
Urban M., Ruf nach Abteilung für klinische Genetik - Senatsantrag in Zusammenhang mit eugenischer Indikation/Beratungsstelle erhalten. Süddeutsche Zeitung vom 28. Februar 1975
Urban M., Gewißheit über das künftige Kind. Genetische Beratungsstelle kann weiterarbeiten/Freistaat stellt Mittel zur Verfügung. Süddeutsche Zeitung vom 30. September 1975
Münchner Ärztliche Anzeigen, Zur Situation der Genetischen Beratungsstelle an der Kinderpoliklinik der Universität München. 11.10.1975, p.4-6

11) Weissauer W. (1984) Beratung der Schwangeren über Methoden zur Feststellung pränataler Schädigungen. Frauenarzt 25, Heft 4, 19

12) Kassenärztliche Bundesvereinigung, Genetische Beratung und Untersuchung bei Schwangerschaft, Merkblatt Nr.8, März 1976

13) Murken J. (1978) Genetische Beratung und pränatale Diagnostik, Referat zu Tagesordnungspunkt III des 81. Deutschen Ärztetages am 24. Mai 1978. In: Deutsches Ärzteblatt - Ärztliche Mitteilungen, 75. Jahrgang, Heft 23, 1379-1396

14) Nippert, I. (1984) Die Angst ein mongoloides Kind zu bekommen - oder Risikoverhalten und der Weg zur genetischen Beratung. MMG 9, 111-115

15) Schroeder-Kurth, T. (1985) Die Bedeutung von Methoden, Risikoabwägung und Indikationsstellung für die pränatale Diagnostik. In: Genetik und Moral, Reiter J. and Theile U.(eds), Matthias-Grünewald-Verlag, Mainz, 86-108

16) Nippert, I., Pawlowitzki, I.H. (1984) Who gets Amniocentesis? Utilization of Prenatal Cytogenetic Diagnosis by Reg.Bez. Münster Residents, Third International Conference on System Science in Health Care. In: van Eimeren W., Engelbrecht R. and Flagle Ch.D. (eds), Springer, Berlin Heidelberg, New York, Toronto, 612-614

17) Empfehlungen des Wissenschaftlichen Beirates der Bundesärztekammer zur pränatalen Diagnostik. Deutsches Ärzteblatt Vol.84, Heft 10, März 1987, p. 434

18) Daele, W. van den (1985) Mensch nach Maß, Ethische Probleme der Genmanipulation und Gentherapie. Beck, München,

19) Schwangerschaften "a la carte"? Münchener med. Wschr. 126, No.7, 1984, p.17

20) Frauen gegen Gentechnik und Reproduktionstechnik. Dokumentation zum Kongreß vom 19.-21.4. 1985 in Bonn, DIE GRÜNEN im Bundestag, AK Frauenpolitik & sozialwissenschaftliche Forschung und Praxis für Frauen e.V., Köln (eds), Kölner Volksblatt Verlag, Köln 1986

21) Mutters, T. (1988) Der wirkliche Sinn des Lebens ist die Hinwendung zum Nächsten. Die Lebenshilfe Zeitung No.6,

22) Empfehlungen der Ethikkommission der Gesellschaft für Anthropologie und Humangenetik zur Geschlechtsmitteilung nach Chorionzottenbiopsie. In: Pränatale Diagnostik und Therapie, Murken Jan (ed.), Enke, Stuttgart 1987, p.321

23) Flugblatt der Feministischen Aktionsgruppe Münster zur bundesweiten Frauenaktionswoche gegen humangenetische Beratungsstellen, o.J.

24) Antwort der Landesregierung auf die Kleine Anfrage des Abgeordneten Schwandner, Grüne, vom 1.6. 1988, Landtag von Baden- Württemberg, 10. Wahlperiode, Drucksache 10/10 1988

25) Bericht d. Enquete-Kommission d. 10. Deutschen Bundestages "Chancen und Risiken der Gentechnologie" Deutscher Bundestag, Referat Öffentlichkeitsarbeit (ed.), Bonn 1987

26) Nippert, I., Miny, P., Holzgreve, W. (1988) Chorionic Villi Sampling (CVS): Acceptability and risks - A study on women's attitudes. In: Technology and Health, Problems and Promise, American Public Health Association 16th Annual Meeting, November 13-17, Boston, abstract publication, American Public Health Association (ed.) Washington, 337

27) Arbeitsgemeinschaft Medizinische Genetik Baden-Württemberg, Memorandum zur Versorgung der Bevölkerung mit Leistungen der Medizinischen Genetik, Heidelberg, Freiburg, Tübingen, Ulm 1988

28) Wolff, G., Zerres, K., Nippert, I., Tünte, W. Möglichkeiten und Grenzen der genetischen Beratung heute - Eine roundtable-Diskussion. In: Angeborene Fehlbildungen und genetisch bedingte Erkrankungen in Gesellschaft und Familie heute, Supplement Bd. zu: Nippert I., Tünte, W.(eds) op.cit.

Andreas Renner

Arbeitnehmer und gesundheitliche Risiken der Erwerbsarbeit - Arbeits- und medizinsoziologische Aspekte einer Gesundheitsvorsorge am Arbeitsplatz

Der Arbeits- und Gesundheitsschutz der Arbeitnehmer ist in den letzten Jahren verbessert worden. Zu nennen ist die Weiterentwicklung des Institutionengefüges des Arbeitsschutzes in Zeiten der sozial-liberalen Koalition mit z.B. der Neufassung des Betriebsverfassungsgesetzes (speziell § 87 Absatz 6 und den §§ 90 und 91), dem Ausbau vor allem des großbetrieblichen Arbeitsschutzes durch das Arbeitssicherheitsgesetz sowie Arbeitsstättenverordnung oder Arbeitsstoffverordnung. Hinzu kamen noch erhebliche Anstrengungen im Bereich der Forschungsförderung mit dem "Programm zur Humanisierung des Arbeitslebens".[1] Damit wurde ein Anwendungsfeld arbeits- und medizinsoziologischer Forschung eröffnet, in dem präventive, gestaltungsorientierte Absichten im Vordergrund stehen.

Ausgehend von Arbeiten am Landesinstitut Sozialforschungsstelle Dortmund zu den Themen Mitbestimung, Arbeitsschutz und Gesundheitsschutz[2] möchten wir im folgenden am Beispiel einige Dimensionen arbeits- und medizinsoziologischer Arbeitsforschung illustrieren. Grundlage dieses Beitrages[3] sind dabei keine methodisch protokollierten arbeitswissenschaftlichen Studien, sondern Alltagserfahrungen vom (fast) täglichen Weg zur Arbeit.

The journey to work oder the restaurant society

Fährt man regelmäßig im Intercity-Restaurant, dann erfaßt man recht schnell, wie belastend der Arbeitsplatz der KellnerInnen in diesem IC-Restaurant ist. Wird man dabei ebenso regelmäßig von den gleichen KellnerInnen bedient, kann man ferner erkennen, wie unterschiedlich diese Belastungen bewältigt werden. Es entsteht der Eindruck, die Atmosphäre im Restaurant hänge unmittelbar mit den KellnerInnen zusammen. Die Personen rücken in den Vordergrund, die Arbeitsbedingungen werden zweitrangig. Bei genauerer Betrachtung dieser alltäglichen Arbeitssituation lassen sich allerdings drei Einflußgrößen unterscheiden:

1. die äußere Arbeitssituation,
2. die verschiedenen Arten von Gästen und
3. die Personen, die dort als KellnerInnen tätig sind.

Die äußere Arbeitssituation

Den Arbeitsplatz IC-Restaurant gibt es in verschiedenen Versionen.[4] Da ist der Typus des Teilspeisewagens, in dem ein Teil mit 18 Plätzen als 1.-Klasse-Raum gestaltet ist, der nicht als ständiger Gästeraum gedacht war, aber zumeist mitgenutzt wird, und mit dem eigentlichen Gästeraum mit 12 Plätzen für Nichtraucher und 16 Plätzen für Raucher.[5] Das "klassische" Restaurant hat zwei getrennte Räume für Raucher und Nichtraucher mit 22 bzw. 18 Plätzen. Diesen Typus gibt es in einer neueren Version, die vor allem durch eine post-moderne innenarchitektonische Ausstattung gekennzeichnet ist.

Für die KellnerInnen ist nun die räumliche Gestaltung des Arbeitsplatzes im Hinblick auf verschiedene Arbeitsvollzüge wichtig. Aus der Sicht des Gastes sind zu nennen, der Bestellvorgang, das Bonnieren der Bestellung in eine EDV-Kasse, das Servieren, das Abräumen des benutzten Geschirrs, des Abfalls und das Leeren der Aschenbecher und abschließend das Kassieren.Damit werden als räumliche Gegebenheiten wichtig: der Gang im Wagen, der frei sein muß, damit sich die KellnerIn bewegen kann, der Platz, von dem das Bonnieren und das Erstellen des Kassierbons - vor allem bei den EDV-gestützten Kassen - erfolgt, von dem die Kellnerin und Kellner den gesamten Raum überblicken können muß, um die Platznummer des Kunden einzugeben, die Bestellung und die Abrechnung korrekt auszuführen, aber auch um zu verhindern, daß Gäste den Zug verlassen ohne zu bezahlen, sowie der Weg zur Spülküche, auf dem das gebrauchte Geschirr und der Abfall weggebracht werden. Im begrenzten Raum des Restaurants kommt es, z.B. durch durchlaufende Fahrgäste oder weil Fahrgäste ihre Koffer, Reisetaschen und Plastiktüten in den Gang stellen, immer wieder zu Problemen.

Zu nennen sind die zeitlichen Bedingungen, die die Arbeitssituation kennzeichnen. Hier ist zunächst die Arbeitszeit generell zu nennen, die vor allem durch die Gestaltung der Touren bestimmt wird, die eine bestimmte Besatzung des Restaurants absolviert. Eingesetzt werden die IC-Restaurants durch 14 Service-Leitstellen und Zweigstellen. Während die IC-Teams der Bundesbahn in einem bestimmten Rhythmus abgelöst werden, fährt das Restaurant-Team grundsätzlich die gesamte Strecke, die das Restaurant im Zug eingestellt ist. Dabei ist die Gestaltung der Touren ohne Ablösesystem sicher ein schwieriges Problem, da die Besatzung ja wieder zu ihrem Ausgangsbahnhof zurück muß. Dies führt dann u.U. zu Arbeitszeiten von morgens 6.00 Uhr bis abends 22.00 Uhr an bis zu drei aufeinanderfolgenden Tagen. Hinzu kommen noch vorbereitende und nachbereitende Arbeit sowie etwaige Verspätungen der Züge.[6]

Die Arbeit ist dabei durchgehend, mit Stoßzeiten wie Frühstückszeit, Mittag, Kaffee und Vorabend. Einen hohen Arbeitsanfall bringt z.B. die Frühstückszeit, weil hier in einem großen Umfang unterschiedliche Beilagen bestellt werden und die unterschiedlichen Frühstücksgewohnheiten als Kundenanforderungen an das Personal herangetragen werden, Marmelade, Käse oder Wurst, Brötchen, Mohnbrötchen oder Vollkornbrot, Ei, Kaffee oder Tee. Größere Ausmaße in der Arbeitsintensität treten um das Wochenende herum auf.

Von Bedeutung sind auch die unterschiedlichen Strecken der Züge, z.B. wenn morgens Orte angefahren werden, in denen Messen und Ausstellungen stattfinden, wie z.B. Düsseldorf, Hannover oder Frankfurt.

Zur äußeren Arbeitssituation gehören noch die klassischen Merkmale von Arbeit, die in die übliche arbeitswissenschaftliche Darstellung eingehen: die körperliche Arbeit, die vor allem Gehen und Tragen und das Über-den-Tisch-Beugen beinhaltet, die Umgebungsbedingungen, die vor allem durch Zugluft und die jahreszeitlich unterschiedlichen Wirkungen der Klimaanlage bestimmt werden.

Von Bedeutung für die gesamte Arbeitssituation ist schließlich, daß das IC-Restaurant ein fahrendes Restaurant ist, in dem Stöße und Bewegungen durch Kurven, durch Bremsen durchgängig die Arbeit beeinträchtigen. Dieser Aspekt verschärft einerseits die Arbeitssituation, andererseits ist er dadurch gekennzeichnet, daß er zur Arbeit untrennbar dazugehört und nur begrenzt beeinflußbar ist.

Wir haben damit skizzenhaft beschrieben, welch hohe Belastungen von der äußeren Arbeitssituation ausgehen. Eine weitere Dimension ist der besondere Charakter dieser Dienstleistungsarbeit, der Bezug auf den Gast, der Kundenbezug, eine Dimension die in Gestaltungskonzepte für Dienstleistungsarbeit oft nur sehr beschränkt eingeht.[7]

Die "Gäste" im IC-Restaurant

Hier ist nun wichtig, daß es nicht den typischen Gast im IC-Restaurant gibt oder einen bestimmten Ausschnitt von Gästen, wie es für Gaststätten und Restaurants, d.h. in der Gastronomie, üblich ist. Im IC-Restaurant treffen sich sehr unterschiedliche Reisende. Wenn wir richtig beobachten, dann lassen sich hier z.B. folgende Klassen unterscheiden:

- Geschäftsreisende auf einer routinemäßigen Geschäftsreise (Termin bei einem Kunden oder Auftraggeber) oder bei einer Reise mit besonderem Anlaß (z.B. Messebesuch),
- Urlaubsreisende (auf dem Weg in den Urlaub) und Touristen
- Reisende auf dem täglichen Arbeitsweg, (Gruppen sind hier eher selten),
- Gruppenreisende (z.B. am Wochenende Kegelclubs)
- Wochenendfahrer (oft, aber nicht ausschließlich, Bundeswehrangehörige).

Dabei sind diese Gäste danach zu unterscheiden, ob sie einzeln oder in Gruppen reisen, ob die Gruppen nur männlich, nur weiblich oder gemischt zusammengesetzt sind, ob sie selten oder häufig mit der Bundesbahn reisen, ob sie dabei selten oder häufig im IC-Restaurant fahren, ob sie deutscher oder ausländischer Nationalität sind, und schließlich läßt sich bei den Geschäftsreisenden nochmals unterscheiden, ob es sich dabei um Reisende handelt, die für eine Privatfirma unterwegs sind, die für eine öffentliche Verwaltung auf Reisen sind oder um Politiker (Bundestags- und Landtagsabgeordnete, Partei- und Verbandsfunktionäre) oder Wissenschaftler.[8]

Dabei ist schließlich von Bedeutung, daß zu unterschiedlichen Tageszeiten und auf verschiedenen Strecken jeweils eine bestimmte Zusammensetzung der Gäste wahrscheinlich ist, einschließlich spezifischer Rahmenbedingungen. Z.B. morgens, in den ersten Zügen sitzen jeweils Gruppen von Reisenden, die auf dem Weg zur Arbeit oder zu Geschäftsterminen sind, abends sind eher gleiche Gruppen (ggfs. nicht gleiche Personen) auf dem Rückweg von der Arbeit und von den Terminen.

Eine andere Typologie der Gäste läßt sich anhand von Verhaltensformen vornehmen. Die Skala reicht von unsicher bis selbstgefällig, von teilnahmslos bis hektisch, von müde bis kommunikativ. Hier ist der Unterschied: Einzelreisender/Gruppe von besonderer Bedeutung.

Dies bedeutet insgesamt, daß die KellnerInnen sich jeweils auf sehr unterschiedliche Menschen einstellen müssen und beinhaltet auch Anforderungen, die zum Teil deutlich über die rein funktionale Erfüllung der Aufgaben von KellerInnnen hinausreichen, wie z.B.:
- Ordnungshinweise (Koffer unter die Sitzbänke stellen, schwere Taschen oder Aktenkoffer aus den Hutablagen nehmen, da sie anderen Leuten auf den Kopf fallen könnten),
- Informationen geben (welcher Bahnhof kommt jetzt u.ä.), wenn kein Bundesbahnmitarbeiter zu sehen ist,
- Erklärungen geben (z.B. warum darf an diesem nicht Tisch geraucht werden, aber am Tisch daneben)
- Rechtfertigungen (wenn z. B. technische Anlagen nicht funktionsfähig sind oder bestimmte Anlieferungen nicht oder nur unzureichend erfolgt sind),
- Fremdsprachenkenntnisse
- aber auch Rechtfertigungen für Verspätungen der Züge u.ä.

Dies ist oft durch eine große Differenz zwischen Erwartungen und Verhalten der Gäste gekennzeichnet, was bei den betroffenen KellnerInnen häufig große Geduld voraussetzt, allerdings auch zum professionellen Standard von KellnerInnen gehört. Es kann dann nicht verwundern, daß "gute" Gäste für die KellnerInnen Gäste sind, die häufig mit der Bundesbahn und im IC-Restaurant fahren und "schlechte" Gäste solche Gäste sind, die selten oder zum ersten Mal im IC-Restaurant sind.

Die personalen Arbeitsbedingungen

Wer ist nun als KellnerIn tätig, wie läßt sich Ihre Arbeitssituation von der personalen Seite aus beschreiben? Nach der Statistik der DSG sind gut 1.500 Mitarbeiter in Restaurant-Wagen beschäftigt. OberkellnerIn oder KellnerIn in IC-Restaurants dürften davon vielleicht ca. 500 Mitarbeiter sein.

Das Team im IC-Restaurant besteht zumeist aus OberkellnerIn, KellnerIn, Koch/-Köchin und Spülhilfe. Die Teams sind unterschiedlich zusammengesetzt, nur Frauen, nur Männern oder gemischt. Die Zusammensetzung der Teams ist sicherlich ein recht wichtiger Aspekt. Dabei spielen nicht nur das Geschlecht und die Nationalität eine Rolle, sondern auch das Verständnis der einzelnen Mitarbeiter, wie die Arbeit zu verrichten ist, wie sie funktional aufzuteilen ist, welche Bedeutung formale Qualifikationen haben, wie die Arbeitszeiten und Touren zu gestalten sind und schließlich auch, wie das Trinkgeld aufzuteilen ist.

Die genaue Verteilung nach deutschen und ausländischen MitarbeiterInnen ist aus den hier zugrundeliegenden Alltagsbeobachtungen heraus schwer zu schätzen. Er liegt vielleicht bei ca. 40% ausländische MitarbeiterInnen. Das Spektrum an Nationalitäten ist groß. Eine größere Gruppe stellen MitarbeiterInnen aus Jugoslawien.

Der Anteil von Frauen ist ebenso schwer zu schätzen, er dürfte ebenfalls bei ca. 40% liegen.

Bezogen auf das Alter der KellnerInnen ist von einem Spektrum zwischen Anfang 20 und Anfang 60 Jahren auszugehen. Kellnerinnen sind wohl eher jünger. In den höheren Altersklassen sind eher Männer anzutreffen.

Ein weiterer Aspekt ist die Qualifikation der KellnerInnen. Nach Auskunft der DSG haben ca. 80% der MitarbeiterInnen im Fahrbetrieb eine gastronomische Qualifikation. Im IC-Restaurant wird aber nicht nur erwartet, daß man z.B. eine Speise oder ein Getränk fachgerecht und freundlich servieren kann, sondern dies erfolgt ja in einem fahrenden Restaurant unter den oben dargestellten Rahmenbedingungen. Dies bedeutet eine deutliche Erhöhung der Anforderungen, zum einen im Hinblick auf artistische Fähigkeiten, zum anderen auch in Hinsicht auf soziale Kompetenzen (s.o.).

Ein wichtiger Gesichtspunkt ist schließlich die Bezahlung. Das Grundgehalt der OberkellnerInnen liegt knapp über, das der KellnerInnen knapp unter 3.000 DM. Damit liegt es um ca. 10% über der stationären Gastronomie. Ein in etwa gleiches Einkommen haben in der Industrie SachbearbeiterInnen mit einer mittleren Qualifikation und Facharbeiter.

Versuchen wir nun einmal die Situation als Ganzes zu erfassen. Wir haben eingangs darauf hingewiesen, daß man oft den Eindruck hat, daß mit dem Restaurant--Team die Stimmung im Restaurant gekennzeichnet werden kann.

Nehmen wir als ein Beispiel die Begrüßung der Gäste, gewissermaßen den Einstieg in die "Situation":

- Es gibt sehr spezifische Formen der Begrüßung. Die Teams aus dem süddeutschen Raum erkennt man am "Grüß Gott", einer Begrüßungsformel, die gerade im westdeutschen Raum fast als "kulturelle Botschaft" zu verstehen ist.
- Es gibt prägnant professionelle Formen der Begrüßung, bei denen sehr deutlich wird, daß die KellnerInnen das IC-Restaurant "unter Kontrolle" haben. Neue Gäste werden jeweils begrüßt und ihnen wird die Speisekarte vorgelegt.
- Es gibt sehr persönliche Formen der Bedienung, wenn man bei Besatzungen bekannt ist. Der Kaffee steht schon auf dem Tisch, wenn man sich gerade gesetzt hat, oder man wird nur sehr kurz gefragt: "Claus?", was dafür steht, ob man wieder ein alkoholfreies Bier bestellen möchte.
- Schließlich gibt es - z.B. bei einem gefüllten Restaurant zur Frühstücks- oder zur Feierabendzeit - Situationen, bei denen zeitlich und räumlich die Begrüßung und die Aufnahme der Bestellung kaum getrennt werden können.

Besonders markant sind auch die unterschiedlichen Kooperationsformen zwischen den KellnerInnen:

- Es gibt ausgesprochen hierarchische Formen der Kooperation. Der Oberkellner - und dies gilt tatsächlich eher für Männer - ist der Chef, er bedient nur einen Teil der Gäste, kassiert aber bei allen.
- Eine andere Form der Arbeitsteilung bezieht sich auf die Räume des Restaurants, d.h. es wird von einem Kellner bzw. einer Kellnerin jeweils ein Raum insgesamt abgedeckt. Dies wird z.T. sehr konsequent durchgehalten.
- In einer weiteren Form der Kooperation das gesamte Restaurant bearbeitet, d.h. der Gast zwanglos von beiden KellerInnen bedient.

"Bewähren" müssen sich diese Kooperationsgefüge vor allem bei großem Arbeitsanfall und in konflikthaltigen Situationen. Beispielhaft sei dabei nochmals auf die Problematik des Nichtraucherbereichs im Teilspeisewagen und das Abstellen von Taschen und Koffern im Gang hingewiesen.

Ein weiteres Beispiel sind unvorhergesehene Situationen, wie Lokschäden oder "Betriebsstörungen", so der Bundesbahn-Begriff. Hier ist dann auch besonders wichtig, daß in solchen Situationen sich im Raum des Restaurants recht spontan ein kollektives Verständnis herausbildet. Da sprechen, diskutieren, spekulieren plötzlich Menschen über Ursache, Dauer, Folgen, die vorher zwar schon im gleichen Raum gesessen haben, sich vielleicht auch schon einmal gegenseitig angesehen haben, aber eigentlich nichts miteinander zu tun haben. Hier kommt dem Team des IC-Restaurants eine wichtige Funktion zu. Mit einem Kommentar, mit einer Randbemerkung, verändern sie die Atmosphäre, tragen zur Erklärung bei oder helfen, Stress bei den Reisenden "abzuleiten". So kommentierte eine Oberkellnerin die unruhige Fahrweise des Zuges mit "Der Lokführer hat bei Märklin gelernt!" Damit waren die Probleme der Gäste mit diesem Umstand erledigt.

Die Wirkungen der Arbeitsbedingungen

Nicht ausgespart werden soll die Frage nach den Wirkungen dieser Arbeitsbedingungen. Hier lassen sich drei Aspekte nennen:
- In erster Linie läßt sich im Alltag unmittelbar nachvollziehen, wie belastend die Arbeit ist. Wenn man Mitarbeiter am Ende von längeren Touren erlebt, dann kann man ihnen durchaus die Belastung ansehen.
- Ein zweiter Aspekt ist, daß man regelmäßiger Fahrt mit gleichen Teams nicht selten feststellt, daß aus Krankheitsgründen Vertretungen erforderlich sind.[9]
- Und schließlich entscheiden sich viele KellnerInnen in den ersten beiden Jahren dafür, den Dienst im IC-Restaurant wieder zu quittieren, d.h. sie sind nicht bereit, die Arbeitsbedingungen zu akzeptieren.

Die Bescheibung der Folgen der Arbeitsbedingungen bleibt sicherlich sehr an der Oberfläche. Bei der gewählten Form des Aufsatzes ist dies notwendig. Mit der Form der Alltagsbeobachtung lassen sich aber doch eine Reihe von Arbeitsbedingungen herausarbeiten, die den Arbeitsplatz "Kellner im IC-Restaurant" kennzeichnen. Weitergehende Schlußfolgerungen bedürfen einer systematischen Vorgehensweise und der Anwendung flankierender Instrumente. Es lassen sich aber noch einige weitere Bezugspunkte hinzunehmen, die wir - im Sinne unseres Forschungsansatzes an der Sozialforschungsstelle - als institutionellen Rahmen bezeichnen wollen.

Einige institutionelle Bezüge der Arbeit

Dieser Bezugsrahmen ist vor allem durch ineinanderverwobene Zusammenhänge gekennzeichnet, die in der Bezeichnung "Fahrgast" auf den Begriff gebracht werden.

Der Arbeitsplatz ist einmal im Zusammenhang der Gastronomie zu sehen. Die Gastronomie gibt den Maßstab für Arbeitsbedingungen. Ein Beispiel kann dies veranschaulichen. Kellnerin und Kellner nehmen z.B. hinsichtlich Dauer und Lage von Arbeitszeiten eben nicht den Normalarbeitstag von 7.30 Uhr bis 16.45 Uhr, sondern eher den Arbeitstag von 16.00 Uhr bis 2.00 Uhr als Maßstab. Für andere Arbeitsbedingungen gilt dies ebenfalls. Ein weiterer Aspekt ist, daß in der Gastronomie die Zielsetzung im Mittelpunkt steht, die Erwartungen des Gastes zu erfüllen, speziell auf dem Hintergrund zielgruppenorientierter Angebotsgestaltung, die vor allem in Art und Umfang der gastronomischen Angebote, im Preis und der personellen Organisation deutlich wird. Damit verbunden sind Standards für das professionelle Verhalten. Nimmt man zum Vergleich einen Standard der gehobenen Mittelklasse, wie ihn die DSG anstrebt, dann gibt es in der Gastronomie oft eine Aufteilung der Bedienungstätigkeit in verschiedene Funktionen, wie z.B. Geschäftsführer, Oberkellner, Zahlkellner, Servierkellner. In den verschiedenen Kooperationsformen, die wir oben beschreiben haben, finden wir diese Standards wieder. Dazu gehört weiter die Gestaltung der Tische und die Art der Servierung. Recht oft sind alle Tische zum Frühstück eingedeckt, stehen Gläser bereit, stehen Flaschen als Angebot auf dem Tisch oder ist die Flasche Rotwein mit einer

Serviette geschmückt, die einerseits den ästhetischen Eindruck verbessert und andererseits als Tropfenfänger recht funktional ist. Eine weitere Bedingung der Gastronomie, die wir wiederfinden ist der Anspruch, den Restaurantbesuch in einem bestimmten zeitlichen Rahmen zu gestalten, sich Zeit zu nehmen. Dies ist im IC-Restaurant aber nur eingeschränkt der Fall und führt uns zum zweiten Zusammenhang.

Der Arbeitsplatz IC-Restaurant ist ein "Service-Angebot" der Deutschen Bundesbahn, realisiert durch die Bundesbahn-Tochtergesellschaft Deutsche Service Gesellschaft, in einem bestimmten Konzept von Zugsystemen. Dies ist einerseits Ausgangspunkt für spezifische betriebswirtschaftliche Zusammenhänge, wie z.B. den organisatorischen Zusammenhang zwischen Bundesbahn und DSG, der den Leistungsauftrag der DSG spezifiziert und der damit auch das Angebot und das Preisgefüge bestimmt. Andererseits - und hier wichtiger, wie an den Beispielen Koffer und Taschen im Gang oder Auskünfte gezeigt - werden im IC-Restaurant Defizite offenbar, die für die gesamte Gestaltung des Angebots der Bundesbahn stehen und - hier läßt sich die Einschätzung der KellnerInnen heranziehen - vor allem Reisende betreffend, die selten reisen.

Dies läßt sich noch zuspitzen. Versucht man nämlich, anhand der Veränderungen in letzten Jahren die Entwicklung zu beschreiben, die das Konzept der DSG für diesen Service zu nehmen scheint, dann sind die Begriffe Modernisierung, Rationalisierung, Kontrolle dafür geeignet:

- Die Veränderungen der baulichen Gestaltung der IC-Restaurants, aber auch z.B. der äußeren Gestaltung der Speisekarten, veranschaulicht funktionale und betriebswirtschaftliche Perspektive. Mit den Bord-Restaurants wird einerseits eine zielgruppenorientierte Gestaltung des Speisewagens vorgenommen - Restaurantteil für eine Zielgruppe und Bistroteil für eine zweite Zielgruppe - und andererseits die Küchenhilfe eingespart.
- Die betriebswirtschaftliche Orientierung des zentralen Einsatzkonzepts wird besonders bei der technischen Planung der neuen, zweiten Generation von EDV-Kassen deutlich, die außerhalb des Restaurants plaziert werden. Man gewinnt zwei Plätze für Kunden im Raum des Restaurants. Der Gesichtspunkt, daß für die KellnerIn der Überblick über das IC-Restaurant erheblich erschwert wird, ist nicht von Bedeutung.

- Mit April 1990 hat die DSG Aufmachung und Titel ihrer Mitarbeiter - Zeitschrift verändert. Die Veränderung der Inhalte - hier durchaus aus der Perspektive betrachtet, etwas über die Arbeitsbedingungen des Personals zu erfahren - erscheint als strategischer Schritt, die Service-Aufgabe der Mitarbeiter, d.h. ihre Funktion, in den Mittelpunkt der Zeitschrift zu rücken. Die Änderung des Titels von "bz" zu "Service-Journal" steht für die Zielsetzung "Modernisierung".

- Ein eher marginaler Punkt ist schließlich die Veränderung der Preisgestaltung. So wurde vor einiger Zeit der Preis für eine Tasse Kaffee von DM 2.60 auf DM 2.70 und für eine Kännchen Kaffee entsprechend von DM 5.20 auf DM 5.40 erhöht. Bezogen auf die Kunden, die jeweils die Preise auf eine volle DM aufrunden und Trinkgeld geben, bedeutet dies, daß die DSG hier eine Umverteilung des Trinkgelds ihres Personals vorgenommen hat. Dies ist bedeutsam nicht wegen des Umfangs - weil viele Kunden ohnehin kein Tringeld geben -, sondern mehr im Hinblick auf den Symbolgehalt der Preisgestaltung.

Kennzeichnend für die Strategie der DSG, die man im Zusammenhang mit den Konzeptionen der Bundesbahn für den Fernverkehr sehen muß, sind moderne, innovative Konzepte der Gestaltung von Dienstleistungen, denen u.E. ein Begriff von Dienstleistungsarbeit fehlt. Dies hat auch etwas mit soziologischer Arbeitsforschung zu tun.

Einige konzeptionelle Schlußfolgerungen

In der soziologischen Arbeitsforschung sind theoretische und methodische Probleme vorhanden, die sich z.B. an der soziologischen Forschung zu den Wirkungen der Anwendung neuer Technologien zeigen lassen.[10] Bezogen auf den Arbeitsbegriff sind hier zwei Aspekte zu nennen:

- Es ist ein Allgemeinplatz soziologischer Arbeiten, daß in der Arbeitswelt die Dienstleistungen unterschiedlichster Art in den Mittelpunkt gerückt sind; es ist von Dienstleistungsgesellschaft, von post-industrieller Gesellschaft die Rede.
- In der Soziologie wird zunehmend der Begriff der Erwerbsarbeit thematisiert. Ein Ausgangspunkt ist hier die Diskussion um die soziale Sicherung. Einen erheblichen Anteil hat ferner die Frauenforschung beigetragen, indem der spezifisch männliche Charakter dieses Begriffs kritisiert wird, der z.B. Hausarbeit oder Erziehungsarbeit vernachlässigt.

Beide Diskussionsrichtungen problematisieren den Arbeitsbegriff, verlangen eine Revision dieses Arbeitsbegriffs. Betrachtet man nun die soziologische Forschung zu den Auswirkungen neuer Technologien, dann gewinnt man den Eindruck, daß oftmals ein recht unreflektierter Arbeitsbegriff in die Forschung eingeht, der im Prinzip von gewerblicher, industrieller Anlern- und Facharbeit geprägt ist und häufig auf den Arbeitsvollzug beschränkt ist. Klienten- oder Kundenorientierung müssen in die Arbeitsforschung noch konzeptionell eingebracht werden.

Auf der anderen Seite muß sich Gesundheitsforschung - insbesondere im Themenbereich Arbeit und Gesundheit - immer mit dem Tatbestand auseinandersetzen, daß sowohl einzelne Menschen, wie Gruppen von Gesundheitsgefährdungen und Krankheiten betroffen sind. Es ist nicht hinreichend nur das Individuum zu betrachten, es ist aber ebensowenig hinreichend nur Gruppen zu betrachten. Es ist ebensowenig hinreichend nur von den Personen (hier: KellnerInnen) auszugehen oder nur von der äußeren Gestaltung der Arbeitsbedingungen (hier: IC-Restaurants). Insbesondere präventive Absichten bedürfen einer theoretischen und methodischen Grundlegung, die den einzelnen Menschen und das soziale Umfeld, die soziale Situation einbezieht. Ausschließlich verhaltensorientierte oder verhältnisorientierte Präventionsmaßnahmen müssen dann gerade beim Gegenstandsbereich Arbeitswelt ins Leere laufen, wenn nicht die Arbeitenden selbst einbezogen sind. Dies erfordert ebenfalls methodisch-konzeptionelle Veränderungen.

Es erscheint uns ertragreich, Alltags- und institutionelle Bezüge in die soziologische Arbeitsforschung stärker einzubeziehen, d.h. vor allem auch die damit verbundenen theoretischen und methodischen Fragen zu diskutieren.

Teilnehmende Beobachtung ist dann eine Methode soziologischer Arbeitsforschung, die geeignet ist, Menschen in sozialen Bezügen, in sozialen Situationen zu erfassen, d.h. Hinweise für umsetzbare präventive Maßnahmen der Arbeitsgestaltung zu liefern.

Insbesondere am Arbeitsplatz der KellnerInnen im IC-Restaurant läßt sich zeigen, daß zum Abbau der hohen Belastungen und zur Verbesserung der Arbeitsbedingungen Schritte geeignet sind, die den Zusammenhang von alltäglicher Gestaltung und institutionellen Bezügen der Arbeit zum Gegenstand machen, d.h. auch die Chancen zu begreifen, die in der Wahrnehmung und Bewertung der Arbeitsbedingungen durch die ArbeitnehmerInnen selbst liegt.

Anmerkungen:

1. Vgl. Pöhler, W., Peter, G. (1982) Erfahrungen mit dem Humanisierungsprogramm, Schriftenreihe Wissenschaft im Arbeitnehmerinteresse Bd. 2, Köln

2. Z.B. Martens, H. (1989) Stand und Perspektiven der Mitbestimmungsforschung, Expertise für die Hans-Böckler-Stiftung, Pröll, U. (1990) Anforderungen des Einsatzes neuer Technologien an das Arbeitsschutzsystem, unveröffentlichter Forschungsbericht; Pröll, U., Peter, G. (Hrsg) (1990) Prävention als betriebliches Alltagshandeln, Tagungsbericht der BAU, Dortmund.

3. Ich möchte mich bei Hans-Jürgen Daheim für den Anstoß bedanken, diese Alltagsbeobachtungen aufzuarbeiten. Ferner danke ich Frau Beckerle und Herrn Edel von der Deutschen Service Gesellschaft für die Bahn (DSG) für Informationen (d.h. Daten und Hintergründe), die mir vor allem geholfen haben, grobe Fehler zu vermeiden.

4. Auf die neuen Typen: Bord-Restaurant, Interregio-Bistro und ICE-Restaurant soll hier nicht unmittelbar eingegangen werden.

5. Die fehlende bauliche Unterstützung dieser Aufteilung führt häufig zu Problemen.

6. Die Verspätungen der Bundesbahn halten sich - insgesamt betrachtet - sicher in erträglichen Grenzen, was die Kunden der Bundesbahn angeht. Als zeitliche Arbeitsbedingungen haben sie jedoch eine andere Qualität, vor allem wenn man am nächsten Morgen wieder sehr früh auf den Zug muß.

7. Dies läßt sich an vielen personenbezogenen Dienstleistungen verfolgen. Ein Beispiel sind die Fahrtätigkeiten im öffentlichen Personennahverkehr (speziell Straßenbahnen und U-Bahnen, die zunehmend ausschließlich auf das Fahren hin gestaltet werden (Vgl. Minssen, H., 1990, Informatisierung von Dienstleistungen - am Beispiel des öffentlichen Personennahverkehrs, in: Littek, W.u.a. (Hrsg), Dienstleistungsarbeit (im Erscheinen), Berlin).

8. Nicht daß Reisende anhand von Äußerlichkeiten sehr einfach diesen Gruppen zuzuordnen sind, aber bei ausreichender Gelegenheit, einem gewissen Einblick in bestimmte Kontexte, einer ausgeprägten soziologischen Neugier und der sehr offenen Gesprächssituation bei Bahnfahrten im allgemeinen und der Fahrt im IC-Restaurant im besonderen wird dieses breite Spektrum an Gästen im IC-Restaurant deutlich. Hinzu kommt mit der Zeit eine Menge von Geschehnissen, Erlebnissen und Anektoden und Erschwernissen, die durchaus eine Zuordnung ermöglichen.

9. Der Krankenstand der Mitarbeiter im Fahrdienst der DSG weist nun tatsächlich einen deutlich höheren Wert auf, als er z.B. für Orts- oder Betriebskrankenkassen festzustellen ist. Die Entwicklung seit Beginn der 70er Jahre weist ähnliche "konjunkturelle Schwankungen" auf, die Differenz hat sich allerdings in den letzten Jahren vergrößert.

10. Hier beziehen wir uns auf das Forschungsprojekt "Belastungsveränderungen durch neue Technologien" daß wir im Programm der Landesregierung Nordrhein-Westfalen "Mensch und Technik/ Sozialverträgliche Technikgestaltung" durchgeführt haben. Für das Zustandekommen und den Verlauf dieses Projekts waren Christian von Ferber, Gerd Peter und Willi Pöhler von großer Bedeutung.

Jürgen von Troschke

Ansätze zur soziostrukturellen Evaluation gemeindebezogener Präventionsmaßnahmen am Beispiel der Deutschen Herz-Kreislauf-Präventionsstudie (DHP)

Die Idee einer gemeindebezogenen Förderung präventiver Angebote für Bürger hat sich in der Bundesrepublik Deutschland durchgesetzt. In den letzten Jahren wurden vermehrt aller Orten 'Gesundheitstage', 'Gesundheitswochen', 'Gesundheitsfeste', 'Gesundheitsausstellungen' und 'Gesundheitsaktionen' durchgeführt. Vielerorts wurden 'Gesundheitszentren' und 'Häuser der Gesundheit' gegründet. Krankenkassen (z.B. AOK Mettmann), niedergelassene Ärzte (z.B. in Wiesloch, Bremen, Langen), Gesundheitsämter (z.B. in Freiburg, Köln, Bremen), Gemeindeverwaltungen (z.B. in Weil der Stadt) und Bürgerinitiativen (z.B. in Hamburg, Göttingen) haben Modellaktionen zur gemeindebezogenen Prävention durchgeführt. Regionale Arbeitsgemeinschaften zur Gesundheitserziehung und Gesundheitsbildung versuchen, unter Leitung des örtlichen Gesundheitsamtes, die Anbieter präventiver Dienstleistungen auf Gemeindeebene zu koordinieren.

Ausgegangen ist diese Bewegung von der 'Primary Health Care Conference', die 1978 von der Weltgesundheitsorganisation in Alma Ata veranstaltet wurde und auf der ausdrücklich eine umfassende primäre Gesundheitsversorgung auf Gemeindeebene gefordert wurde. Epidemiologische Interventionsstudien im Rahmen der WHO-Euro (CCCP-Programm zur gemeindebezogenen Herz-Kreislauf-Prävention) sowie in den USA (z.B. Stanford Three City Study) haben versucht, den Wirksamkeitsnachweis gemeindebezogener Präventionsprogramme zur Reduktion der Verteilung von Risikofaktoren in großen Bevölkerungsgruppen zu erbringen. Im Rahmen des Programms der Weltgesundheitsorganisation 'Gesundheit für alle bis zum Jahr 2000' wurde ein Gesundheitsförderungsprogramm (Health Promotion Program) entwickelt und in Resolutionen aufngressen in Ottawa (1986) und Adelaide (1988) konkretisiert. Mit der

Förderung eines europäischen 'Healthy City Program' versucht die WHO ein Netzwerk von Städten zu etablieren, die sich zur gemeindebezogenen Gesundheitsförderung bekennen.

1979 wurde vom Bundesministerium für Forschung und Technologie eine Ausschreibung zu einer gemeindebezogenen epidemiologischen Interventionsstudie veröffentlicht. In der Folge wurde das Konzept einer Deutschen Herz-Kreislauf-Präventionsstudie (DHP) entwickelt, an dessen Realisierung sich sieben Forschungseinrichtungen beteiligen. Das Interventionskonzept sieht vor, in fünf Studiengemeinden über acht Jahre hinweg durch gezielte Interventionsmaßnahmen von Seiten der beteiligten Interventionszentren die Qualität und Quantität präventiver Dienstleistungsangebote derart zu verbessern, daß die Risikofaktorenverteilungen in der Bevölkerung sich statistisch signifikant (im Vergleich zur nationalen Referenzpopulation) reduzieren.

Im Rahmen der DHP wird eine soziostrukturelle Begleitforschung gefördert, deren Aufgabe es ist, die soziostrukturellen Veränderungen in den Studiengemeinden zu dokumentieren und zu interpretieren. Mit diesem Interventionsansatz wurde insofern wissenschaftliches Neuland betreten, als zu Projektbeginn keine übertragbaren Theorien oder Modelle zur Begründung gemeindebezogener Interventionsstrategien vorlagen. 1983 hatten P. Puska et al. als Ergebnis der von ihnen durchgeführten gemeindebezogenen Präventionsstudie in Nordkarelien (Finnland) festgestellt, daß "the community approach that was adapted in North-Carelia assumes that ... the program has to be integrated within the existing social and health service structure of the community." (Puska et al. 1985).

Die Autoren kamen zu dem Schluß, daß eine ausgearbeitete Theorie fehle und stellten fest: "Any major program in influencing the disease rates has to deal with the environmental forces and structures. We feel, that the natural and also most effective way of changing population riskfactor levels is to work through the community and having the community as the major target than the individuals." (a.a.O.).

Evaluation sollte mehr sein als eine bloße Beschreibung der Angebote an die Gemeindebevölkerung und deren Akzeptanz. Die Frage nach den Bedingungen einer stabilen Implementation der Programme wurde aufgeworfen. Farquhar und Maccoby formulierten diese Anforderungen 1983 wie folgt: "*... it is also important to evaluate the success of achieving stable and meaningful change in community practices and institutions as a measure of success in leaving behind a program that runs partly or totally in its own energies.*" (Farquhar and Maccoby, 1983).

Diese Fragen führten konsequent zu einer weiteren Erkenntnis: Wenn diese Studien nicht nur mehr oder weniger erfolgreich das individuelle Gesundheitsverhalten der Einwohner der jeweiligen Gemeinde verbessern, sondern darüber hinaus einen Beitrag zur Entwicklung eines Konzeptes gemeindezentrierter Prävention - im Sinne der Übertragbarkeit und Vergleichbarkeit ihrer Ergebnisse - leisten sollten, dann mußte die

Evaluation nicht nur die Frage beantworten, ob die jeweiligen Studien erfolgreich waren oder nicht, sondern insbesondere auch die von Farquhar formulierte Frage: "*Why did it (the program) work or fail?*"

Das Projekt 'Soziostrukturelle Begleitforschung' der DHP

In der Deutschen Herz-Kreislauf-Präventionsstudie (DHP) wurde mit dem Teilprojekt 'Soziostrukturelle Begleitforschung' erstmalig ein Forschungsvorhaben gefördert, das den Einfluß soziostruktureller Bedingungen in den Gemeinden auf den Verlauf gemeindezentrierter Präventionsprogramme sowie die Veränderung präventiver Versorgungsstrukturen im Interventionsverlauf systematisch evaluierte.

Das Konzept der soziostrukturellen Begleitforschung ist in ein umfassendes Evaluationskonzept integriert, das die Wirkungen gemeindebezogener Präventionsmaßnahmen auf drei Ebenen erfaßt:

- der **Versorgungsebene:**
  präventiv tätige Organisationen und Multiplikatoren in der Gemeinde,
- der **psychosozialen Ebene:**
  präventive Kenntnisse, Einstellungen und Verhaltensweisen der Zielpopulationen,
- der **somatischen Ebene:**
  epidemiologische Befunde in der Zielpopulation

Dieses Evaluationskonzept beruht auf der Annahme einer interdependenten Verknüpfung der drei Ebenen. Die zugrundeliegende Hypothese lautet:

> Stabile Verbesserungen präventiver Versorgungsstrukturen auf Gemeindeebene (bzw. die sich daraus ergebenden präventiven Versorgungsangebote an die Gemeindebevölkerung) bewirken eine Verbesserung des individuellen Gesundheitsverhaltens und somit letztlich eine Reduktion der somatischen Risikobefunde in der Gemeindebevölkerung.

Im Rahmen dieses Evaluationskonzeptes hat die soziostrukturelle Begleitforschung die Aufgabe, die Ebenen präventiver Versorgungsstrukturen in Gemeinden zu dokumentieren und Veränderungsprozesse im Zeitverlauf zu beschreiben und zu erklären.

Die Durchführung des Forschungsvorhabens erwies sich vor allem deshalb als schwierig, weil keine Theorien oder Modelle vorlagen, die angewandt oder adaptiert werden konnten, um der gestellten Aufgabe gerecht zu werden.

Im Laufe der Durchführung des Projektes wurden verschiedene soziologische Theorien bezüglich ihrer Anwendung auf das Forschungsproblem überprüft.

Tab.1: Theoretische Ansätze zur Begleitforschung gemeindebezogener Präventionsmaßnahmen

Theoretische Grundlage	Untersuchungsgegenstand	Erfolgskriterium zur Evaluation
Theorie sozialer Konflikte	Konflikte zwischen Anbietern präventiver Informationen, Waren und Dienstleistungen auf Gemeindeebene	Auftreten und Lösung sozialer Konflikte als Indikatoren für soziale Veränderungen
Community-Power-Ansätze der Gemeindesoziologie	Soziale Beziehungen der Macht- und Einflußträger in den Studiengemeinden	Implementationen des Studienzentrums in die vorgefundenen Macht- und Einflußstrukturen
Markt präventiver Informationen, Dienstleistungen und Waren	Anbieterstrukturen und Qualität der Angebote	Stabile Implementation innovativer Angebote und Koordinierung der Anbieter
Systemtheorie	Gesellschaftliche Teilsysteme, die präventive Informationen, Dienstleistungen oder Waren auf Gemeindeebene anbieten	Steigerung der Relevanz präventiven Engagements in den beteiligten Teilsystemen
Modell optimaler präventiver Angebotsstrukturen auf Gemeindeebene in der BRD	Befriedigung von Bedarf und Nachfrage an präventiven Informationen, Dienstleistungen und Waren in Gemeinden	Grad der Erreichung des definierten Optimums

Soziale Konflikte als Indikatoren für soziostrukturelle Veränderungen in Gemeinden

Die Studienzentren greifen mit ihren Interventionsmaßnahmen in historisch gewachsene Strukturen der Studiengemeinden ein mit dem Ziel, das Angebot präventiver Informationen, Dienstleistungen und Waren zu verbessern, um dadurch gesundheitsrelevante Kenntnisse, Einstellungen und Verhaltensweisen der Gemeindebevölkerung zu verändern. Es war zu erwarten, daß die Eingriffe in die vorgefundenen sozialen Strukturen latente und manifeste Konflikte mit den lokalen, präventiv engagierten Organisationen und Institutionen provozieren würden. Von der soziostrukturellen Begleitforschung wurde deshalb die Annahme formuliert, daß das Auftreten sozialer Konflikte im Zusammenhang mit den gemeindebezogenen Interventionsmaßnahmen der Studienzentren als Indikator für soziale Wandlungsprozesse verstanden werden könnte. Demnach wurde das Auftreten sowie die für alle Beteiligten befriedigende Bearbeitung sozialer Konflikte als Erfolgskriterium definiert. Die Aufgabe der Begleitforschung war somit die Dokumentation und Analyse der im Zusammenhang mit den gemeindebezogenen Interventionsmaßnahmen feststellbaren Konflikte.

In der Praxis zeigte sich schnell, daß die Studienzentren an einer externen 'Kontrolle' und Dokumentation ihrer 'Fehler' im sozialen Feld nicht interessiert waren. Für die Begleitforschung war es deshalb schwierig, Konflikte rechtzeitig zu erkennen und die notwendigen prozeßbegleitenden Informationen zu erhalten. Darüber hinaus stellte sich das Problem der Bewertung der Effektivität der Konfliktbearbeitung.

Die Anfangsphase der DHP wurde durch einen Konflikt mit der verfaßten Ärzteschaft belastet, wodurch zeitweise die Durchführung des gesamten Forschungsvorhabens in Frage gestellt war. Die Dokumentation und Analyse dieses Konfliktes durch die Begleitforschung stieß insofern auf wenig Interesse bei allen beteiligten Gruppen, da niemand daran interessiert war, den schließlich ausgehandelten Kompromiß durch eine erneute öffentliche Diskussion in Frage zu stellen.

Wir mußten somit akzeptieren, daß eine Konfliktanalyse im Rahmen einer Prozeßevaluation mit dem Widerstand aller Beteiligten rechnen muß und nur für eine retrospektive Endpunktevaluation geeignet ist. Die Begleitforschung beschränkte sich deshalb auf die Dokumentation diesbezüglicher Daten, um diese in einer abschließenden Analyse nach der Beendigung des Modellvorhabens auszuwerten.

Die Veränderungen von Macht- und Einflußstrukturen in den Studiengemeinden

In der Gemeindesoziologie wurde die Bedeutung von Macht- und Einflußstrukturen in Gemeinden untersucht und die soziographische Methode einer Visualisierung von Beziehungsstrukturen entwickelt. Dieser Ansatz war für die Prozeßevaluation gemeindebezogener Präventionsmaßnahmen insofern interessant, als angenommen werden konnte, daß der Erfolg davon abhängt, inwieweit es den Studienzentren gelingt, sich stabil in die bestehenden Macht- und Einflußstrukturen zu integrieren bzw. die Unterstützung der wesentlichen Knotenpositionen im Netzwerk der Macht- und Einflußträger zu gewinnen. Deshalb wurde die Methode der Community Power Analyse angewandt, um die Macht- und Einflußstrukturen in den Gemeinden zu analysieren. Die Auswertung der Daten zeigte die Heterogenität der Soziogramme für die verschiedenen Studiengemeinden. Die bisher durchgeführten und publizierten soziologischen Untersuchungen hatten darauf verzichtet, verschiedene Gemeinden systematisch miteinander zu vergleichen. Somit lagen keine Kriterien vor, die eine Bewertung der vorgefundenen Beziehungsstrukturen zuließen. Die Ergebnisse der Erhebungen waren allerdings für die Mitarbeiter der Studienzentren hilfreich, da sie von diesen für eine gezielte Kontaktaufnahme mit der Werbung um Unterstützung genutzt werden konnten. Die Auswertung der Soziogramme zeigte darüber hinaus die Marginalität bzw. Zufälligkeit der Einbindung von Vertretern des präventiven Versorgungsbereiches in lokalen Macht- und Einflußstrukturen. Es wurde deshalb angenommen, daß die von der 50. Konferenz der Gesundheitsminister und -senatoren der Länder empfohlene Gründung von regionalen Arbeitsgemeinschaften auch verstanden werden könnte als eine Möglichkeit zur positiven Verstärkung von Macht und Einfluß der Vertreter präventiv engagierter Organisationen. In diesem Zusammenhang wurden netzwerktheoretische Überlegungen im Sinne der Evaluation von Strategien zum 'Networkforming' (Holland, Leinhard,1979) bedeutsam. In Interviews mit den Vertretern präventiv engagierter Organisationen sowie den Mitgliedern regionaler Arbeitsgemeinschaften wurde deshalb deren Bereitschaft und Interesse an einer Verstärkung der Koordinierung und Kooperation erfaßt. Der Vergleich der Studiengemeinden zeigte allerdings wiederum eine starke Variabilität der geäußerten Erwartungen und der Beziehungsstrukturen. Es ließ sich nicht feststellen, inwieweit diese die Folge jeweils unterschiedlich gewachsener sozialer Strukturen in den Gemeinden waren oder im Zusammenhang mit den interventiven Aktivitäten der Studienzentren interpretiert werden konnten.

Das Modell eines Marktes präventiver Informationen, Dienstleistungen und Waren auf Gemeindeebene

In der Bundesrepublik Deutschland finden sich auf Gemeindeebene eine Vielzahl von Organisationen und Institutionen, die präventionsrelevante Informationen (z.B. Beratung), Dienstleistungen (z.B. Kurse) und Waren (z.B. Lebensmittel) anbieten. Art und Menge der Angebote werden u.a. durch die Nachfrage von Bürgern in der Gemeinde gesteuert. Die DHP-Intervention greift entweder mit eigenen Angeboten in diesen Markt ein oder versucht, andere Anbieter zu qualitativen oder quantitativen Veränderungen ihrer Angebote zu motivieren. Auch durch die Beeinflussung der Nachfrage kann das Angebot im Sinne einer Angebotsverbesserung beeinflußt werden. Der Erfolg gemeindebezogener Interventionsmaßnahmen läßt sich demnach danach bemessen, inwieweit es gelingt, das Gesamt der präventiven Angebote dauerhaft, d.h. zeitstabil, zu verändern.

Bei der Umsetzung dieses Ansatzes zur Prozeßevaluation zeigten sich bald Schwierigkeiten in der Definition präventionsrelevanter Angebote, in ihrer Dokumentation und Bewertung. Schon die Arbeitsgruppe um v. FERBER hatte bei der Dokumentation der präventiven Angebote im Landkreis Mettmann die damit verbundenen methodischen Probleme herausgearbeitet. Bei der Vielzahl potentieller Anbieter ist es außerordentlich schwierig, hinreichende Informationen darüber zu erhalten, wer wie oft welche Angebote macht und in welchem Maße diese von welchen Bürgern in Anspruch genommen werden. Die inhaltsanalytische Auswertung von Programmen (z.B. der VHS) stößt auf ihre Grenzen, da nicht beurteilt werden kann, welche Kurse ausgefallen sind, oder welche Sozialgruppen wie häufig mit welchem Erfolg die Angebote in Anspruch genommen haben.

In der soziostrukturellen Begleitforschung wurde das Problem dadurch gelöst, daß regelmäßig intensive Interviews mit den Vertretern der Anbieterorganisationen geführt wurden über ihre Einstellungen zum Markt präventiver Informationen, Dienstleistungen und Waren sowie ihre Bereitschaft, im Kontext der DHP ihr Angebot zu verändern.

Präventive Angebote verschiedener gesellschaftlicher Teilsysteme

An der präventiven Versorgung von Bürgern in Gemeinden in der Bundesrepublik Deutschland sind verschiedene gesellschaftliche Teilsysteme beteiligt, die mehr oder weniger autonom ihre Angebote bestimmen. Deshalb ist die gemeindebezogene Versorgung weitgehend abhängig von überregionalen Einflüssen aus verschiedenen Teilsystemen. Die folgende Tabelle gibt einen Überblick über präventive Angebote verschiedener Teilsysteme.

Tab.2: Präventive Maßnahmen verschiedener gesellschaftlicher Teilsysteme

Gesellschaftliches Teilsystem	Präventive Maßnahmen	Auf Gemeindeebene beteiligte Organisationen
1. Medizinisches System	Kranken- bzw. Gesundenuntersuchungen und Beratungen	Ärzte, Krankenkassen, Offizinapotheken
2. Politisches System	staatliche Hygienevorschriften z.B. Lebensmittelrecht	Gesundheitsamt
3. Militärisches System	körperliche Ertüchtigung	-
4. Religionssystem	Gesundheitskatechismen mit Geboten für gesundes Leben	Kirchengemeinden
5. Wirtschaftssystem	Gesundheitsschutz am Arbeitsplatz	Betriebsärztlicher Dienst
6. Systeme sozialer Fürsorge	Rehabilitation bzw. Vorbeugung von Pflegebedürftigkeit	Sozialstationen
7. Bildungssystem	Gesundheitsunterricht	Schulen, Erwachsenenbildungseinrichtungen
8. Umweltsystem	Gesundheitsunverträglichkeitsuntersuchung	Umweltschutzbeauftragte
9. Sportsystem	Breitensportangebote	Sportvereine

In der präventiven Versorgung haben diese Teilsysteme zum Teil eine besondere Bedeutung gehabt, wie sich aus den angeführten Beispielen schlußfolgern läßt. In der präventiven Versorgung auf Gemeindeebene werden diese Teilsysteme in unterschiedlicher Weise wirksam. Dominant ist das medizinische System mit verschiedenen Organisationen, die auf Gemeindeebene mehr oder weniger autonom agieren können. Das präventive Engagement von Kassenärzten, Offizinapothekern, Gesundheitsämtern und Geschäftsstellen von Krankenkassen ist sowohl durch den Handlungsspielraum der jeweils engagierten Positionsträger bestimmt, als auch durch überregionale systemspezifische Interessen und 'Bestimmungen'. Aus dem Vergleich der verschiedenen Studiengemeinden der DHP läßt sich der Gestaltungsspielraum der auf Gemeindeebene tätigen Organisationen bzw. Positionsträger ablesen.

Die gesundheitspolitische Diskussion über die Bedeutung der Prävention im allgemeinen und die der DHP im besonderen hat auch zu Veränderungen in der Gewichtung präventiver Aufgaben in den angeführten Teilsystemen geführt. Als hervorragendes Beispiel ist das Gesundheitsreformgesetz anzuführen, das im § 1 und § 20 den Krankenkassen und im § 25 den Kassenärzten besondere Aufgaben in der Prävention zuweist.

Zwischen den Erfahrungen der Akteure in den Studiengemeinden sowie den präventiv engagierten gesellschaftlichen Teilsystemen ergaben sich Interdependenzen. Die Komplexität der Prozesse macht es außerordentlich schwierig, kausale Analysen im Sinne einer eindeutigen Erklärung von Ursachen und Wirkungen aufzustellen. Im Kontext der politischen Förderung dezentraler Versorgungsstrukturen ist die Autonomie der Anbieter präventiver Informationen, Dienstleistungen und Waren auf Gemeindeebene gewachsen.

Modell einer optimalen präventiven Versorgung von Bürgern in der Gemeinde

Aufgabe der soziostrukturellen Begleitforschung ist eine vergleichende Bewertung der Qualität präventiver Versorgungssysteme sowohl im Zeitverlauf als auch zwischen unterschiedlichen Gemeinden.

Zu diesem Zweck wurde ein Konzept erarbeitet, das auf der Annahme einer optimalen präventiven Versorgungsstruktur in einer Gemeinde basiert. Das Modell geht davon aus, daß sich ein Optimum präventiver Versorgung in unterschiedlichen Teilbereichen definieren läßt. Eine solche Definition ist kulturspezifisch, d.h. sie kann Geltung nur unter den spezifischen Gegebenheiten eines bestimmten Gesundheitssystems (wie z.B. dem der Bundesrepublik Deutschland) beanspruchen. Das Optimum kann nicht absolut, sondern nur relativ zu den bestehenden Strukturen und Angeboten definiert werden.

Die Definition des Optimums erfolgt durch die Angebote präventiver Leistungen für die Gemeindebevölkerung, die in ihrer Gesamtheit die präventive Infrastruktur einer Gemeinde widerspiegeln. Weiteres zentrales Definitionskriterium ist der Grad der strukturellen Verankerung dieser Angebote in den Organisationsstrukturen der Gemeinde, der ein Indikator sowohl für die Dauerhaftigkeit bestehender Angebote als auch für das innovative Potential für die Etablierung neuer Angebote ist.

Fünf Kriterien wurden festgelegt, denen für die Qualität des präventiven Versorgungssystems einer Gemeinde in der Bundesrepublik Deutschland zentrale Bedeutung zukommt:

a) Die Vernetzung der Anbieter präventiver Dienstleistungen zur Effektivitäts- und Effizienzsteigerung gesundheitsfördernder Maßnahmen in der Gemeinde;
b) die Anzahl und Qualität präventiver Dienstleistungsangebote aus dem engeren Feld der professionellen Versorgungseinrichtungen;
c) die Anzahl und Qualität gesundheitsfördernder Warenangebote in der Gemeinde;
d) die Relevanz des Themas "Gesundheit" in der Berichterstattung der lokalen Presse;
e) die Vernetzung des präventionsrelevanten Laienpotentials

Das Konzept eröffnet neue Möglichkeiten der Evaluation auf der Versorgungsstrukturebene. Es ermöglicht, die Qualität präventiver Versorgungsstrukturen unterschiedlicher Gemeinden vergleichend zu bewerten. Für die Evaluation gemeindezentrierter Interventionsprogramme ergibt sich die Möglichkeit, Aussagen über die soziostrukturellen Ausgangsbedingungen und deren Implikationen für den Interventionsverlauf zu machen. Damit wird die Evaluation der Wirkung interventiver Programme auf Gemeindestrukturen um ein Instrument erweitert, das eine vergleichende Bewertung interventiver Maßnahmen auf der Versorgungsstrukturebene erlaubt und damit einen wesentlichen Beitrag zur Beantwortung von Farquhars Frage: "Why did it work or fail?" leisten kann.

Ein weiterer neuer Gesichtspunkt ist die Testung von Hypothesen über Wirkungszusammenhänge zwischen den drei Interventionsebenen. Wenn es möglich ist, die Veränderungen auf der Versorgungsstrukturebene vergleichend zu bewerten, dann ergibt sich daraus die Chance einer wissenschaftlichen Analyse der Wirkungen auf der Einstellungs- bzw. Verhaltensebene sowie auf der Ebene medizinischer Befunde.

Vier Jahre nach Interventionsbeginn wurde 1989 eine Zwischenbewertung der bisher festgestellten Effekte vorgenommen. Dabei konnte mit der Methode des quantifizierenden Vergleichs die Entwicklung der präventiven Versorgung zwischen t_0 und t_1 dokumentiert werden.

Die Grafik zeigt die komprimierte Zusammenfassung aller Daten im Vergleich der Veränderungen in den Studiengemeinden der DHP. In dem Diagramm wurde der Nettoeffekt der DHP-Intervention an den festgestellten Veränderungen ausgewiesen.

Abb. 1: Entwicklungstrends präventiver Versorgungssysteme
(in den Studiengemeinden der DHP)

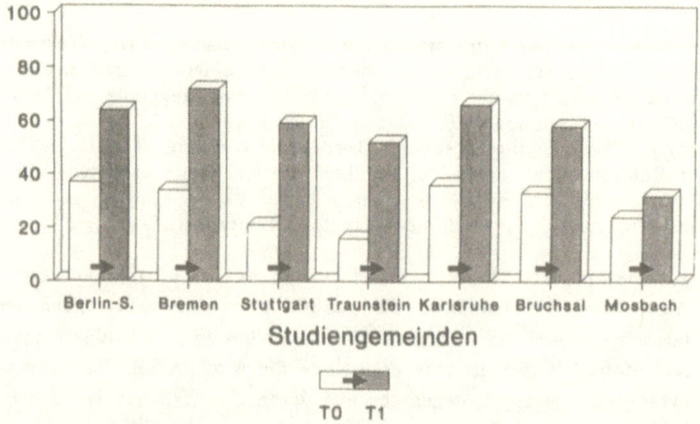

Zusammenfassung

Aufbauend auf den Vorarbeiten der Arbeitsgruppen von v. Ferber zur Dokumentation präventiver Angebote im Landkreis Mettmann sowie den Ergebnissen präventionbezogener Interventionstudien in Nordkarelien, Aarau, Stanford, Pawtucket und Minneapolis wurden erste Ansätze erarbeitet zu einer theoretisch fundierten, systematischen Analyse präventionsrelevanter Gemeindestrukturen. Fundiert durch ein umfangreiches qualitatives Datenmaterial wurde ein Erhebungsinstrument zur quantifizierenden Abbildung der gemeindebezogenen präventiven Versorgung, bezogen auf ein definiertes Optimum, erfaßt. Damit wurde ein systematischer Vergleich der Entwicklung in verschiedenen Gemeinden ermöglicht. Das Erhebungsinstrument zur systematischen Bewertung von Daten, bezogen auf ein vorgegebenes Optimum, soll im Projektverlauf weiter entwickelt und soweit standardisiert werden, daß es im Sinne der allgemeinen Gesundheitsberichterstattung zur Anwendung kommen kann.

Literatur

1. Altman, D.G.(1986) A framework for evaluating community-based heart disease prevention programs. Soc.Med. Vol 22:479-487

2. Farquhar, J.W., Maccoby, N., Wood, D.P.(1983) Education and community studies. Textbook of Public Health Vol. III: Investigative methods in public health. Oxford

3. Holland, P.W., Leinhard, S. (Hrsg.)(1979) Perspectives on social network research. New York

4. Hunter, F.(1953) Community Power Structures. Chapel Hill, University of North Carolina Press

5. Laumann, E.O., Pappi, F.U.(1976) Networks of collective action. New York

6. Luhmann, N.(1987) Soziale Systeme, Grundriß einer allgemeinen Theorie. Frankfurt

7. Mayntz, R. (Hrsg.) (1980) Implementation politischer Programme. Königstein

8. Mayntz, R., Rosewitz, B., Schimank, V., Stichweh, R.(1988) Differenzierung und Verselbständigung. Frankfurt

9. Projektbericht 1988: Zwischenergebnisse der soziostrukturellen Begleitforschung zur Bewertung der erzielten Erfolge der DHP nach drei Jahren Hauptstudienphase. Unveröff. Projektbericht. Freiburg 1988

10. Projektbericht 1989 I: Zur Entwicklung präventiver Versorgungssysteme in den Studiengemeinden der DHP. Unveröff. Projektbericht. Freiburg 1989

11. Projektbericht 1989 II: Zwischenbewertung der Veränderungen t_0/t_1 präventiver Versorgungsstrukturen in den Studiengemeinden der DHP. Unveröff. Projektbericht. Freiburg 1989

12. Puska, P., Salonen, J.T., Tuomilehto, J., Nissinen, A., Koffke, T.E.(1983) Evaluating community based preventive cardiovascular programs: problems and experience from the North Karelia Project. J. Community Hlth 9:49-64

13. Puska, P., Nissinen, A., Tuomilehto, J. et al.(1985) The comunity based strategy to prevent coronary heart disease: conclusions from the ten years of the North Karelia Project. Am. Rev. Publ. Hlth. 6:147-193

14. Rogers, E.M., Shoemaker, F.T.(1971) Communications of innovations.New York. London

15. Siewert, H.(1979) Lokale Elitesysteme

16. Troschke, J.v. et al. (1985) Die soziostrukturelle Prozeßevaluation der Deut-schenHerz-Kreislauf-Präventionsstudie (DHP) Teil I: Z. Prävention 2 ; 35-41; Teil II: Z. Prävention 3; 67-72

17. Troschke, J.v. (1987) Koordinierung präventiver Angebote auf Gemeindeebene. Voraussetzungen und interventive Möglichkeiten. Schriftenreihe der Akademie für öff. Gesundheitswesen, Band 15: Gemeindebezogene Gesundheitsvorsorge und Gesundheitsförderung". Kongreßbericht. PRÄVENTA 1986, Düsseldorf 1987, 113-131

18. Troschke, J.v. (1989) Gesundheit als Wert. Vortrag auf dem Symposium "40 Jahre Gesundeitserziehung in der Bundesrepublik Deutschland: Rückblick - Ausblick - Perspektiven", Bonn-Bad Godesberg, 3./4. April 1989 (Bundesvereinigung für Gesundheitserziehung)

19. Troschke, J.v. (1989) Gemeindebezogene Prävention in der Bundesrepublik Deutschland.In: Badura, B., Elkeles, Th., Grieger, B., Kammerer, W.: Zukunftsaufgabe Gesundheitsförderung. Dokumentation des Kongresses vom 28.-30.4.1989 in Berlin.Herausgeber: Landesverband der Betriebskrankenkassen in Berlin 129-134

20. Troschke, J.v. (1989) Präventive Gemeindestudien in der Bundesrepublik Deutschland verschiedene Ansätze zu gemeindebezogenen Projekten. In: A. Labisch (Hrsg.):- Kommunale Gesundheitsförderung. Eine Aufsatzsammlung. Schriftenreihe der Deutschen Zentrale für Volksgesundheitspflege e.V., Frankfurt

21. Troschke, J.v. (1989) Gesundheitsförderung - eine Aufgabe kommunaler Gesundheitspolitik. Vortrag auf der wissenschaftlichen Tagung der Deutschen Gesellschaft für Mezinische Soziologie zum Thema "Prävention und Gesundheitsförderung" am 13.10.1989 in Wien.

Alfred Ammen

Die "Dummheit" als soziologisches Problem

Für den Verfasser ist die Soziologie in Weiterführung der Definition von Max Weber jene Wissenschaft, "die soziales Handeln deutend verstehen und dadurch in seinem Ablauf und seinen Wirkungen ursächlich erklären will" [1] und indem sie das tut, wird sie als Wissenschaft in einer Art Rückkopplungsprozeß selbst zu einem Faktor dieses Geschehens. Die Bedingungen des sozialen Verhaltens zwingen uns zu einer Analyse der Faktoren und Interdependenzen unserer Gesellschaft und führen damit auch - ungewollt - in den gesellschaftspolitischen Raum.

Das heißt für unser Problem, daß die soziologische Analyse des Problems "Dummheit" auch zugleich eine gesellschaftspolitische Dimension erhält; nämlich jene, die uns bewußt machen könnte, daß "Dummheit" auch schon insofern ein soziopolitisches und sozialpolitisches Phänomen ist, als die Gesellschaft, oder besser, ganz bestimmte Teilgruppen der Gesellschaft bestimmen, was als Dummheit zu gelten hat.

Wilhelm Seeberger schreibt zu Beginn des Abschnittes "Ist Dummheit eine Schande?" in seinem Buch "Die menschliche Intelligenz als Entwicklungsproblem"[2] folgendes:

"Allen Ernstes für dumm angesehen und als dumm apostrophiert zu werden, schätzt niemand, denn dumm zu sein oder für dumm auch nur gehalten zu werden, gilt in unserer Zeit, die in der menschlichen Intelligenz allem zuvor einen Erfolg und Sozialprestige verbürgenden Produktionssteigerungsfaktor zu erblicken gewohnt ist, nicht nur als ein schweres Handikap für das persönliche Fortkommen und für die Aufstiegschancen in Beruf und Gesellschaft, sondern zudem, und weit über den Bereich der

Schulstube hinaus, ganz allgemein auch als entwürdigend. Dessen ungeachtet wird dieser wenig schmeichelhafte Ausdruck allenthalben häufig gebraucht, ohne daß man sich dabei groß Gedanken darüber zu machen pflegte, was mit ihm eigentlich ausgesagt und als Aussage statuiert wird." (Seeberger 1968)

Danach ist Dummheit also etwas Negatives! Vielleicht enthält sie aber auch eine positive Komponente? Wir sollten diese Frage an späterer Stelle noch einmal aufgreifen.

Was ist Dummheit überhaupt? Diese Frage müssen wir stellen, wenn wir ihre sozialen Bedingungen bestimmen wollen. Die Alltagssprache geht mit diesem Begriff in verschiedenen Zusammensetzungen sehr freigiebig um. Wissenschaftler bestimmter Disziplinen dagegen können unter Umständen auf Grund ihrer kategorialen Systeme den Grad einer vermeintlichen Dummheit sehr genau angeben. Die Dummheit zeigt sich uns soziologisch also phänomenal als Begriff und als reale soziale Ordnungskategorie, wobei wir offenlassen, ob wir hier zwischen einer public opinion-Definition und den Definitionen gesellschaftlicher Subkulturen unterscheiden müssen.

Was bedeutet "dumm" von seiner Begrifflichkeit her? Es leitet sich aus dem altgermanischen "tumb" ab, was soviel wie "nicht sprechend", "nicht sprechen können" oder "stumm" bedeutet. Das Grimm'sche Wörterbuch behandelt die Bedeutung dieses Begriffes in fast 9 Spalten.[3] Nun hat vor allem die medizinische Wissenschaft darauf hingewiesen, daß "nicht sprechen können" häufig aus dem "nicht hören können" resultiert, "tumb" und taub also oft in einem ursächlichen Zusammenhang stehen. An diesen Gedanken wollen wir anknüpfen.

"Taub" ist dabei in dem Sinne zu verstehen, daß damit ein Unvermögen ausgedrückt wird, Reize der Umwelt aufzunehmen und diese Reize mit einer angemessenen und anerkannten Reaktion zu beantworten; das können Reize audio-visueller, verbaler, emotionaler oder anderer Art sein, wie man z.B. auch von tauben Fingern spricht. Die daraus resultierende Stummheit wird dann vom Gegenüber als Dummheit identifiziert. Die Dummheit, hier als ein Phänomen aus Taubheit und Stummheit definiert, wird im einzelnen auf unterschiedliche Ursachen zurückzuführen sein. Dabei mögen zwar die Reaktionen der Umwelt, also der Gesellschaft, auf die Dummheit einander ziemlich ähnlich sein, die Ursachen der Dummheit können aber erheblich voneinander abweichen.

Entsprechend ihren Vorbedingungen können wir zwei Arten von Dummheit unterscheiden: Erstens eine solche, die auf organische Schäden oder Fehlentwicklungen zurückzuführen ist und zweitens jene, die soziale Ursachen hat.

Mit letzterer wollen wir uns im Folgenden näher auseinandersetzen. Dabei ist mir bewußt, daß zwischen den beiden unterschiedenen Vorbedingungen durchaus Interdependenzen bestehen, daß z.B. organische Schäden durch permanente soziale Belastungen entstehen können. Diese Fälle würden dann in den Bereich einer

Kommunikation der Soziologie mit der Medizin und Biologie führen, ebenso wie für die Therapie die einzelnen Wissenschaften, jeweils ihrem Erkenntnisstand entsprechend, individuelle oder kollektive Behandlungsstrategien entwickelt haben.

Beginnen wir mit einem Beispiel: Mein damals fünfjähriger Sohn stellte mit großer Entschiedenheit fest: "Papi! Du bist ja dumm!" Was war vorausgegangen? Wir wohnten noch in Hamburg, in der Nähe der Othmarschen Klinik und einer Feuerwache, so daß wir sehr häufig die verschiedenen Krankenwagen sahen und hörten. Es gab einen Unfallhilfsdienst und einen Unfallrettungsdienst, deren Wagen sich durch die Verteilung der weißroten Flächen und durch die Anzahl der Blaulichter unterschieden. Mein Sohn hatte nun einen der Wagen aus Lego-Steinen nachgebaut, stellte mir sein Produkt mit der Frage vor, welchen der beiden Wagen er gebaut habe. Ich riet natürlich den falschen Typ und bekam die vorangestellte Bemerkung mit einer anschließenden ausführlichen Belehrung zu hören.

Was war hier im Sinne unserer Analyse geschehen? Mein Sohn hatte mir meine "Taubheit" gegenüber den verschiedenen Typen von Krankenwagen nachgewiesen. Im Sinne seines Verständnisses habe ich unzureichend oder sogar falsch reagiert, was einer Stummheit gleichkommt, insofern nämlich, als für den Sender keine adäquate Antwort auf sein Problem, seinen ausgesendeten Reiz erfolgte. Ein läppisches Erlebnis? Lassen Sie mich das Beispiel einmal übertragen.

Wir alle kennen die sogenannten Intelligenztests. Je feiner ein solcher Test ausgefeilt ist, desto umfangreicher sind seine Testbatterien, um einen höheren Anteil differenzierter Intelligenz zu erfassen: Abstraktionsvermögen, Gedächtnis, Raumauffassung, Fingerfertigkeit, usw..

Der Test hat ein Ergebnis, das sich entweder differenziert, addiert oder integral in einem IQ niederschlägt. Um 100 ist definitorisch normal, unter 80 etwa beginnt die Dummheit, über 140 beginnt das Geniale im Menschen. Der Test hat aber nur dann einen Aussagewert, wenn die Getesteten im Sinne der oben erwähnten Skala differenziert reagieren und zwar nicht etwa in gleichen Stärken auf allen Bereichen, sondern in Art sog. Glockenkurven, die eine konzentrierte Häufigkeit im Mittelbereich ausweisen. Zeigt die Kurve eines Tages nicht mehr den Häufigkeitsanteil im Mittelfeld, d.h. verschieben sich die Häufigkeiten zur Spitze oder zum Ende hin, so wird der Test neu geeicht, das heißt, es werden Fragen ausgetauscht, so daß die Häufigkeitsverteilung wieder erreicht wird oder bei Schülertests können auch die Altergrenzen verschoben werden.

Für unser Problem bedeutet ein solches Verfahren aber doch eindeutig, daß nicht eine naturkonstante Intelligenz - und damit entsprechend der Interpretation auch Dummheit - gemessen wird, sondern daß gesellschaftlich, durch quasi anerkannte Schlüsselgruppen, Maßstäbe gesetzt werden, wer normal, wer mehr als normal und wer weniger als normal, d.h. dumm ist. Und das wiederum hat für die Betroffenen ganz bestimmte Konsequenzen, z.B. die Überweisung in eine Sonderschule, die früher und zum Teil auch heute noch bezeichnenderweise Dummenschule genannt wird. Mit anderen Worten: Weil bestimmte Menschen verbale oder audiovisuelle Strategien, von denen sie meinen, sie gehörten, sofern sie in einer bestimmten Anzahl auftreten, zum "Normalsein" der menschlichen Intelligenz, zu einem Test, der genau so und nicht anders aufgebaut ist, zusammengefaßt haben, werden andere Menschen mit gravierenden Folgen sozial abgestempelt. Man sollte sich dieser Tatsache bei der Auswertung von Tests zumindest bewußt sein.

Beim Testen geschieht also nichts weniger, aber auch nichts mehr, als daß geprüft wird, ob ein Mensch für einen ganz bestimmten Reiz, den andere für gesellschaftlich relevant halten, taub oder empfänglich ist.

Damit sind wir m.E. beim Kernproblem der Dummheit, wenn wir sie soziologisch untersuchen. Testen wäre danach die gesellschaftlich organisierte Prüfung der Kommunikationsfähigkeit eines Menschen, in der Regel mit anerkannten und negativen Sanktionen: für Schüler zum Beispiel Besuch der Sonderschule, des Gymnasiums, der Universität oder Erhalt einer Lehrstelle oder eines Arbeitsplatzes.

Dummheit, wie auch immer ursächlich organisiert, leitet sich ab und wird definiert von jenen Phänomenen, die als Klugheit und Intelligenz in ihrer Inhaltlichkeit gesellschaftlich festgelegt sind, die also gesellschaftliche Maßstäbe sind. Man wird der These zustimmen können, daß sogenannte "Dumme" sich untereinander nicht häufiger "dumm" nennen als Gruppen sog. normaler oder intelligenter Menschen. Das heißt aber doch, daß Dummheit nur als relativer Grad oder als ein bestimmter Standort zu anderen bestimmten Standorten begriffen werden kann. "Dem dummen Bauern wachsen die Kartoffeln am größten."Dieser Ausspruch drückt genau jene Relativität aus, die gemeint ist. Die Auswahl von Kriterien oder Qualitäten, die die dominierende Gesellschaftsschicht unter den Begriffen klug, normal und intelligent zusammengefaßt hat, trifft auf den obengenannten Bauern nicht zu. Die Inhaltlichkeit seiner Klugheit setzt sich anders zusammen; denn offensichtlich verfügt er ja über Qualitäten, die seine Kartoffeln wachsen lassen. Da aber die Qualitäten nicht in die Testbatterien der Gesellschaft aufgenommen wurden, gilt er als Dummerjan oder Tölpel, wie in alten Chroniken nachlesbar ist. Da die definierende Schicht an seinen speziellen Qualitäten uninteressiert oder für sie nicht aufgeschlossen ist, ist sie auch taub dafür.

Solche Taubheit mag im Einzelfall zwar für eine gesellschaftliche Gruppe oder auch für Individuen eine Schutzfunktion darstellen im Sinne einer Abwehr übermäßiger geistiger und seelischer Anmutungen - man denke einmal, jeder würde jeder Zeit für jedes menschliche Leid, jedes menschliche Versagen empfänglich sein und nicht partiell oder temporär taub. Es gibt, wie nachgewiesen ist, Menschen, die an einer solchen Übersensibilität zerbrochen sind. Gesamtgesellschaftlich gesehen, kann aber eine bewußt gesteuerte und anerzogene Taubheit, d.h. Dummheit, verheerende Folgen haben, denn menschliches Leben spielt sich weitgehend in Gruppen ab. Gruppen aber entwickeln und fördern gemeinsame Kommunikationsmechanismen, die sich in verbalen und nichtverbalen Symbolen ausdrücken. Diese Symbolik einer Gruppe wird bereits im frühesten

Kindesalter als individuelles Steuerungssystem internalisiert. Verschiedene Gruppen müssen also untereinander Metakommunikationssysteme zur Verständigung entwickeln, die mit größerem Geltungsbereich einen immer höheren Abstraktionsgrad erreichen - bis zu internationalen Maschinensprachen, die aus reiner Symbolik bestehen.

Für das Individuum, welches das Kommunikationssystem einer Gruppe aus irgendwelchen Gründen, seien sie organischer, emotionaler oder sozialer Art, nicht übernommen hat oder sich daraus zurückgezogen hat, entstehen nunmehr Kommunikationsschwierigkeiten gegenüber anderen Gruppen oder auch Mitgliedern der eigenen Gruppe, die von der Gegenseite als "Nichtwissen" oder gröber, als "Dummheit" definiert werden. Damit wird das Individuum, sofern es nicht kompensatorische Hilfen bekommt, die dieses Defizit ausgleichen, in eine asoziale Lage gedrängt, die sich auf Dauer in eine antisoziale Haltung verdichten kann. Das Individuum steht außerhalb des normalen gesellschaftlichen Geschehens, durch die Unfähigkeit der anderen, seine Nöte wegen fehlender Empfänglichkeit für seine Symbolik zu verstehen bzw. umgekehrt. Es wird isoliert mit individuellen und sozialen Folgen, über die Mediziner, Psychotherapeuten, Pädagogen und Sozialarbeiter berichtet haben. Wir leben in einer Zeit in der gesellschaftliche Gruppen dazu neigen, eigene Kommunikationssysteme aufzubauen. Die Sprachen der Mediziner, Soziologen, Mathematiker und nicht zuletzt der Informatiker sind Beispiele dafür. Ebenso steigt die Menge und Spezialisierung des Wissens in solchen quasi geschlossenen Systemen immer mehr an.[4] Kommunikationssysteme mit ihren Inhalten sind aber Gruppenschranken, weil die Gruppen sie definieren und zuteilen. Indem sie andere von diesem System ausschließen, verurteilen sie diese zur Dummheit. Was für den kleinen Jungen in der Schule gilt, wenn er nicht die verbalen Strategien seiner Lehrer beherrscht, d.h. weil er taub gegenüber den Reizen ist und unangemessen dumm, für den Lehrer reagiert, gilt auch für unsere Gesellschaft schlechthin.

Wenn wir zulassen, das immer mehr Gruppen in unserer Gesellschaft ihre eigenen Kommunikationssysteme mit immer spezialisierterem Wissen entwickeln, dann wird die Taubheit der Menschen untereinander immer größer, und immer größer werden auch die Aggressionen sowohl individuell als auch kollektiv. Damit verbunden ist eine steigende Unsicherheit des Verhaltens und Verstehens.[5] Individuell und gruppenbezogen sind dann zwar die meisten Menschen "normal" und "intelligent", auf die Gesellschaft bezogen, leben wir aber in einer Welt voller "Tauber". Verfolgt man die Diskussionen von Politikern oder in Gruppen wie Parteien, Verbänden usw. hat es manchmal den Anschein, als seien wir nicht mehr weit davon entfernt.

Anmerkungen:

1. Weber, M. (1964) Wirtschaft und Gesellschaft, 1. Halb. Köln, Berlin, 3

2. Seeberger, W. (1968) Die menschliche Intelligenz als Entwicklungsproblem. Darmstadt, Wiss. Buchgesellschaft

3. Grimm, J., Grimm, W. (1860) Deutsches Wörterbuch. 2. Bd. Leipzig

4. Anders, G. (1983) Die Antiqiertheit des Menschen. 1.Bd. Über die Seele im Zeitalter der zweiten industriellen Revolution. München, 6. Aufl.

5. Sennett, R. (1983) Verfall und Ende des öffentlichen Lebens. Die Tyranei der Intimität. Frankfurt a. M. 3. Aufl.

Hans Paul Bahrdt

Der Diabetiker - ein mündiger Patient?

Der folgende Beitrag ist nicht ein fachmännisch ausgearbeiteter medizinisch-soziologischer Aufsatz. Er entstand in seiner ursprünglichen Fassung, als der Autor, der selbst Diabetiker ist, aber auch Soziologe, sich in einer Diabetikerklinik zur Insulin-Neueinstellung aufhielt und nicht wußte, wie er seine Abende verbringen sollte. Ohne Fachliteratur zur Verfügung zu haben, fing er an zu schreiben. Als Adressaten dachte er weniger an Soziologen als vielmehr an seinen Sohn, der Arzt ist. Immerhin: Der Autor ist ein "Betroffener". Und "Betroffene" sollen ja in der Soziologie immer einmal wieder zu Wort kommen.

Man hört ja öfter, der Arzt solle im Patienten nicht nur den "Fall", bzw. ein "Objekt" der Therapie sehen, sondern einen Menschen, der als "Subjekt" aktiv, mit dem Arzt kooperiert, am Heilungsprozeß mitarbeitet, sofern dies möglich ist. Wieviel dazu noch geschehen muß, wie sehr sich hierzu die ärztliche Ausbildung, die Organisation der Krankenhäuser und der Praxisbetriebe für ambulante Patienten und nicht zuletzt die Einstellung der Patienten selber ändern muß, ist ein unerschöpfliches Thema. Hier sollen nur einige Ausführungen zum Thema "Der Diabetiker - ein mündiger Patient" gemacht werden.

Der Diabetes nimmt im Vergleich zu anderen Krankheiten sicher eine Sonderstellung ein. Erstens ist es in aller Regel überhaupt möglich, daß der Diabetiker die hier geforderte aktive Rolle übernimmt, weil er ja in seinen Handlungsmöglichkeiten nur ganz selten so eingeschränkt ist, daß alles, was geschehen muß, allein vom Arzt und Pflegepersonal übernommen werden kann. Ein Koma durch Überzuckerung ist heute eine große Seltenheit. Eine Bewußtlosigkeit infolge einer Unterzuckerung kann schon eher eintreten. Unterzuckerungen erlebt der Insulin spritzende Diabetiker immer wieder einmal. Daß diese sich zur Bewußtlosigkeit steigert, kommt aber selten vor. Ich habe es noch nie erlebt. Freilich ist die Befindlichkeit bei zu niedrigen Zuckerwerten so beeinträchtigt, daß es zu Fehlhandlungen kommen kann. Die Fähigkeit zur Selbstverantwortung kann eingeschränkt sein. Freilich kommt es gerade in diesen Situationen darauf an, daß der Patient das Richtige tut und auch darauf vorbereitet ist, das Richtige tun zu können. Den Zucker, der er sofort essen soll, muß er in der Tasche haben. Zum Beispiel: Ein Diabetiker fährt auf der Autobahn und spürt eine aufkommende Unterzuckerung. Er müßte jetzt sofort an den Straßenrand fahren, anhalten, seine Zuckerstückchen essen und eine halbe Stunde warten. Dann wäre alles in Ordnung. Möglicherweise ist er aber in seiner Urteilsfähigkeit bereits so eingeschränkt - er zittert, der Schweiß bricht aus, er ist aufgeregt, neigt zur Panik -, daß er dies nicht tut, sondern versucht, bis zur nächsten Raststätte weiterzufahren. Möglicherweise verursacht er dann einen Unfall. Was geschieht aber, wenn er in einem solchen Augenblick keinen Zucker oder Traubenzucker bei sich hat, wenn er ihn vergessen hat? Dann könnte es geschehen, daß er bewußtlos wird und irgendwann von einer Polizei- oder ADAC-Streife am Straßenrand aufgesammelt wird. Hoffentlich hat er anfangs noch soviel Geistesgegenwart gehabt, um die Alarmbeleuchtung einzuschalten. Hoffentlich trägt er immer in seiner Brieftasche einen Zettel, auf dem steht, daß er Diabetiker ist.

Dieses Beispiel charakterisiert aber die Gesamtsituation des Diabetikers. Einerseits ist er in der Regel geistig fit genug, um im Hinblick auf seine Krankheit das Richtige zu tun. Dies tun zu können ist für ihn aber auch lebenswichtig. Andererseits muß er damit rechnen, daß diese Fitness gelegentlich eingeschränkt ist, ja daß er sogar handlungsfähig ist. Deshalb muß er mehr als andere Menschen immer wieder Vorsorge treffen, damit Situationen mit reduzierten Handlungsmöglichkeiten nicht eintreten, d.h. daß einmal nicht jene äußeren Umstände eintreten, die ihn in ein auswegloses Dilemma bringen, zum anderen, daß er selbst subjektiv die Fähigkeit zu rationalem Handeln nicht verliert. Die Vorsorge muß zur Routine werden. Aber sie erfordert doch immer wieder Besinnung. Ganz aus dem Unterbewußtsein wie manche Gewohnheiten funktionieren sie nicht.

Hat dies etwas mit Intelligenz zu tun? Wer bewußt Vorsorge trifft, muß fähig sein, sich eine Situation, die erst in Zukunft eintritt, die also in der Gegenwart nicht anschaulich erlebt werden kann, konkret mit ihren einzelnen Details vorzustellen. Sich etwas vorstellen zu können, was z.Zt. nicht real ist, also auch unanschaulich ist, ist sicher eine wichtige Komponente von Intelligenzleistungen. Will man genauer verstehen, wie intelligent ein Patient mit Diabetes sein muß, um nicht nur richtig "eingestellt" zu werden, sondern selbst die richtige "Einstellung" zu gewinnen, so empfiehlt sich, von 3 Ebenen auszugehen. Zuerst soll man über Lernfähigkeit sprechen, sodann über Lernbereitschaft und schließlich über die Fähigkeit aus dem Gelernten auch praktische Konsequenzen zu ziehen. Diese drei Ebenen stehen, wie noch zu erörtern ist, im gegenseitigen Bedingungs- und Wirkungsverhältniss. Aber zunächst sollte man sie getrennt betrachten.

Lernfähigkeit

Der Diabetiker muß, um mit seiner Krankheit umgehen zu können, eine ganze Menge lernen. Ein intelligenter Mensch hat deshalb bessere Chancen zurecht zu kommen, als ein dummer Mensch.

Wer ein paar Wochen in einer Diabetikerklinik verbringt, wird feststellen, daß es viele wirklich dumme Diabetiker gibt. Damit sind nicht die Neulinge gemeint, deren Diabetes gerade erst entdeckt worden ist und die noch nicht Bescheid wissen können. Vielmehr gibt es auch Menschen, die trotz ständiger Beratung und Schulung nicht in der Lage sind zu verstehen, was sie wissen müßten. Wenn sie Verhaltensregeln aufnehmen, so bleiben diese isoliert im Gedächtnis haften, oder gerade wegen ihrer Isolierung haften sie nicht. Es fehlt auch das Wissen um Zusammenhänge, das eine Unterscheidung von wirklich wichtigen Regeln und unsinnigen Scheinerfahrungen und Vorurteilen ermöglicht. Sie sind auch unfähig, lange und konzentriert zuzuhören. Dies wäre aber die Voraussetzung dafür, jenes Hintergrundwissen zu erwerben, welches ermöglicht, die Einzelregeln systematisch einzuordnen und zu gewichten, d.h. das Wesentliche vom Unwesentlichen zu unterscheiden und die Regeln sinngemäß anzuwenden, d.h. gelegentlich begründet von ihnen abzuweichen.

Dem intelligenten Diabetiker nützt auch nur wenig, wenn er sich in einer Klinik an den ständigen Gesprächen der Patienten beteiligt. Diabetes ist eine redselige Krankheit. Diabetiker in einer Diabetikerklinik sind ja zumeist nicht bettlägerig. Sie können herumlaufen, haben mehr Zeit, als wenn sie erwerbstätig sind und verbringen die freie Zeit damit, immer wieder über ihre Krankheit oder andere Krankenheiten anderer Leute zu reden. Dabei wiederholen sie sich. Wenn der Tischnachbar bei der 5. Mahlzeit wieder erzählt, wie schwer die Ärzte es haben, ihm eine intravenöse Spritze zu geben, so geht dies auf die Nerven. Andererseits hat diese Art von Geschwätzigkeit einen Sinn. Die Mehrzahl der Menschen ist nicht daran gewöhnt, allein aus Büchern zu lernen. Sie lernen vor allem aus Gesprächen, die natürlich nicht immer informativ sind, gelegentlich aber doch einen neuen Gesichtspunkt zur Sprache bringen. Zum Lernen aus Gesprächen gehört eine gewisse Intellgenz: Das Wichtige und Neue muß aus der Flut des Geredes herausgefischt und mit dem Wissensbestand, den man schon hat, in Beziehung gesetzt werden.

Diese Feststellung rechtfertigt allerdings keinen Bildungshochmut oder Akademikerstolz. Das zu lernen, was ein Diabetiker wissen muß, dürfte auch einem tüchtigen Facharbeiter nicht schwerfallen. Ja, man kann das, auf was es hier ankommt, sehr gut gerade an der Tätigkeit eines Automechanikers klarmachen. Wenn dieser eine Störung diagnostiziert, muß er genaugenommen auf zwei Ebenen denken. Erstens hat er ein Modell vor Augen, bei dem alle Detailvorgänge funktional auf ein Ziel bezogen sind: Das funktionierende Auto, das läuft, sich bremsen läßt und keine vorzeitigen Verschleißerscheinungen zeigt. Die Vorstellung verlangt also finales oder teleologisches Denken, d.h. ein Denken vom erwünschten Ende her. Zur gleichen Zeit muß man aber auch bedenken, daß der erwünschte Erfolg das Ergebnis vielfältiger Verursachung ist. Man denkt also auch in umgekehrter Richtung, von der Ursache in Richtung auf die Wirkungen. Der Automechaniker, der eine Störung erklären will, muß gleichzeitig kausal und final denken, beides aber in seinem Kopf auseinanderhalten. Er muß fragen: Was könnte hier Ursache gewesen sein? Wo ist die Stelle, an der eine Ursache etwas anderes bewirkt hat, als eigentlich bewirkt werden soll? Er verhält sich hierbei ähnlich wie ein Arzt bei einer Diagnose. Er tastet Schritt für Schritt die Situation der Funktionsabläufe ab, grenzt die Störungsquelle durch gezielte Tests ein, und findet schließlich einen Kausalzusammenhang der Naturgesetzen genauso gehorcht, wie alle anderen Vorgänge, der aber unter dem Gesichtspunkt eines finalen Funktionsmodells eine Störung oder Störungsquelle darstellt.

Diese Denkweise ist aber genau diejenige, die der Diabetiker im Hinblick auf seinen Körper lernen und einüben muß. Wir finden diese zwar in einfacher Form überall in unserem Alltagsverhalten. Handelt es sich aber um kompliziertere Zusammenhänge, so ist sie keineswegs selbstverständlich.

Wenn der Diabetiker seinen Körper so ähnlich betrachten muß wie ein Automechaniker ein defektes Auto, so gehört dazu eine gewisse Intelligenz. Manchen Menschen fehlt diese. Ihnen muß man dann einige Faustregeln einhämmern, denen sie blind gehorchen. Andererseits bedarf der Diabetiker nicht eines vollwertigen wissenschaftlichen Verstandes, der in der Lage ist, die chemischen Prozesse des Stoffwechsels auf Formeln zu bringen. Was er aber eigentlich doch lernen muß, ist das Auseinanderhalten und gleichzeitig in Beziehungsetzen von Finalität und Kausalität. Dies ist jene Attitüde, die aller modernen Wissenschaft zugrunde liegt, und die in einer von Wissenschaft und Technik geprägten Kultur wie der unsrigen, nicht nur das Verhalten der Wissenschaftler, Ärzte und Ingenieure prägt, sondern weit in den Alltag vieler Menschen eindringt.

Ganz selbstverständlich ist aber dieses Verhalten auch in unserer Kultur nicht. Manche Menschen sind überfordert. Hinzu kommt, daß in unserem Leben auch andere geistige Verhaltenstypen im Schwange sind. Volksweisheiten vermischen häufig Kausalität und Finalität. In ihrem Inhalt brauchen sie nicht falsch zu sein. Aber mitunter beruhen sie auf einer einseitigen Bevorzugung eines teleologischen Denkens. Gerade die althergebrachten Sprüche und Klischees zum Thema Krankheit und Gesundheit beruhen oft auf einer Vorstellung von einem Ensemble von zielgerichteten bösen und guten "Kräften", die man sich wie handelnde Subjekte vorstellt. Dahinter kann sich eine regelrechte "Kräftemetaphysik" verbergen. Deren früheste Wurzeln liegen möglicherweise in der Medizin des Mittelalters oder der Antike. Diese ist aus heutiger Sicht nur bedingt als wissenschaftlich anzusehen, z.T. gerade deshalb, weil sie an die ehrwürdige Philosophie von Aristoteles anknüpfte. Dieser ist in mancher Hinsicht sicher ein Ahnherr der modernen Wissenschaft, z.B. dadurch, daß er die Logik erfand. Er ist aber auch ihr Gegenpol, indem er alles Geschehen in der Natur gewissen ewigen, zielgerichteten Ideen unterordnete, also genaugenommen von einem teleologischen Weltmodell ausging.

Der Diabetiker, der sich daran gewöhnt, Finalität und Kausalität auseinanderzuhalten und gleichzeitig in Relation zu setzen, ist also im ausgeprägten Sinn ein Kind unserer Kultur bzw. der wissenschaftlich-technischen Zivilisation. Er muß nicht unbedingt chemische Formeln verstehen, aber er muß z.B. wissen, daß Alkohlgenuß die Ursache dafür ist, daß die Leber keinen Zucker speichert und daß dies die Ursache dafür ist, daß sie keinen Zucker freigeben kann, auch wenn dieser aufgrund eines Regulationsmechanismus abgerufen wird, weil zu wenig Zucker im Blut ist. Dies kann der Grund für eine Unterzuckerung sein, die sonst vielleicht nicht eingetreten wäre. Wenn der Diabetiker einen Zusammenhang auf dieser Ebene verstanden hat, reicht dies völlig aus. Um dies zu lernen, bedarf es aber einiger Mühe, der sich nicht alle Menschen unterziehen.

Lernbereitschaft

Diabetiker sind häufig ältere Leute. Altersdiabetes ist viel häufiger als Juvenil-Diabetes. Es wäre interessant, zu erfolgen, wie es Kindern und Jugendlichen allmählich gelingt jenes Wissen zu erwerben, das sie benötigen und welche Hindernisse hierbei zu überwinden sind. Mangels Kompetenz kann ich hierzu nicht viel sagen. Wir kommen aber später noch kurz darauf zurück. Ist von älteren Menschen mit Altersdiabetes die Rede, so steht sicher fest, daß zwar nicht alle, aber doch viele von ihrer Intelligenz her in der Lage wären, sich das notwendige Diabetikerwissen einschließlich eines gewissen Hintergrundwissens zu besorgen. Jedoch fehlt es oft an der Bereitschaft hierzu. An der Oberfläche ihres Bewußtseins ist ihnen klar, daß sie dieses Wissen benötigen. Es mag etwas unanschaulich sein. Das ist ihnen ungewohnt. Aber es ist nicht komplizierter als das Wissen, das diese Menschen sich für ihren Beruf angeeignet haben. Aber sie befinden sich nunmehr in einer Lebens-Phase, in der man nicht mehr darauf aus ist, sich neue Wissensgebiete zu erwerben, falls dies Arbeit macht und Ausdauer verlangt. Lernen ist anstrengend. Und die Kräfte haben schon etwas nachgelassen. Untergründig fürchtet man möglicherweise, daß man es nicht schafft.

Hinzu kommt eine Tendenz zu einem "kräfteökonomischen" Verhalten. Lernen heißt ja nicht nur, daß neues Wissen hinzugefügt wird. Das neue Wissen muß ja in die alten Wissensbestände eingefügt werden, d.h. aber, daß auch diese verändert werden. Dazu müßten sie aber flexibel gehalten werden. Gerade dies ist aber dann schwierig und anstrengend, wenn die "Sedimentierung" des alten Wissens soweit fort geschritten ist, daß es sich gegen eine "Wiederverflüssigung " wehrt. Gerade das müßte aber geschehen, wenn Neuerlerntes in altes Wissen integriert wird. Alte Menschen, auch wenn von physiologischer Verkalkung noch keine Rede sein kann, neigen dazu ihr altes Wissen einschließlich der praktischen Maximen zu Kurzformeln zu vereinfachen. Dann spart man Kraft bei der Anwendung. Freilich sind diese Formeln dann starr. Sie wehren sich gegen eine Amalgamierung mit neu hinzukommendem Wissen und sabotieren damit den Lernprozeß. Man hat manchmal den Eindruck, daß ältere Leute vor solchen Anforderungen zurückscheuen. Sie lassen neues Wissens, das zu rezipieren ohnhin Anstrengnung verursacht, nicht an sich herankommen, weil sie die bewährten, bequem zu handhabenden aber starren Kurzformeln für früher erworbenes Wissen nicht in Frage stellen wollen. Man könnte auch sagen, daß hierin auch eine Verringerung der Lernfähigkeit liegt. Aber richtiger ist wohl zu sagen, daß die innerlich und durch das Bewußtsein kaum zu dirigierende Lernbereitschaft reduziert ist. Es handelt sich jedenfalls nicht um einen physiologisch bedingten Altersstarrsinn, sondern um einen Schutzmechnismus, der Verunsicherung verhindern soll und das Selbstbewußtsein schont.

Wenn man bedenkt, daß der Altersdiabetiker eine ganze Menge von Details lernen muß, die ihm bisher unbekannt waren, die aber zugleich im Widerspruch zu Auffassungen stehen, die er bisher von einem gesunden und vernünftigen Leben gehabt hat - z.B. zu essen, wenn man Hunger hat und nicht zu essen, wenn man keinen Hunger hat - und die jetzt nicht mehr gelten, so kann man sich vorstellen, daß es nicht leicht ist umzulernen.

Man könnte sich vorstellen, daß alte Menschen sich innerlich dagegen wehren, jenes "technokratische" Verhältnis zu ihrem eigenen Körper zu übernehmen, das dem Diabetiker zugemutet wird. Es ist nicht unbedingt die Menge neuen Wissens, vor der er zurückschreckt, sondern die Änderung der Einstellung, gegen die er sich sträubt. Der Diabetiker wird aber nicht nur "eingestellt", sondern muß auch subjektiv eine neue Einstellung gewinnen. Jene technische Einstellung, von der vorhin die Rede war, ist sicher in unserer Kultur weitverbreitet. Und der Diabetiker besitzt sie im Hinblick auf bestimmte Gegenstände längst, nämlich solche, die ihm aus dem Berufsleben vertraut sind und auch im Hinblick auf sein Auto oder andere technische Geräte.

Es gibt aber in unserer Kultur auch Traditionen, die vor einem solch technisierten Verständnis des menschlichen Körpers warnen. Dies kann sich ideologsich artikulieren. Man denke an die vielen Strömungen des Geisteslebens, in denen mit der Devise "Ganzheitlichkeit des Denkens" gegen ein analytisches oder technisches Vorgehen bei Behandlung menschlicher Probleme Sturm gelaufen wird. In diesen Argumentationen steckt natürlich ein Stück Wahrheit. Die kritisierte Denkweise hat in der Tat ihre Einseitigkeiten und Schwächen. Sie neigt dazu, einen Sachverhalt in lauter Einzelvorgänge aufzugliedern. Es fällt ihr schwer, diese wieder zu einem Gesamtzusammenhang zusammenzufassen. Vor allem bleiben psychische Sachverhalte häufig unberücksichtigt: diese lassen sich eben nicht so leicht mit dem gesunden Menschenverstand analysieren wie Körperfunktionen. Außerdem bleibt das analytisch-technische Denken immer unvollständig. Jeder Diabetiker erlebt, daß er sich gewisse Ereignisse (z.B. einen plötzlichen Anstieg der Blutzuckerwerte und eine kurz darauf folgende Normalisierung) auch nicht einmal kausal erklären kann. Auch der Arzt ist dann hilflos. Ist der Diabetiker belesen, dann weiß er auch, daß vieles, was im Verlauf und im Umfeld eines Diabetes geschieht, noch nicht hinreichend erforscht ist. Dann darf er sich nicht frustrieren lassen und hinsichtlich der Deutung solcher Vorgänge in Resignation fallen.

Es ist zwar nicht zwangsläufig, aber naheliegend zu sagen: " Ich bin eben kein Auto." Natürlich ist der Mensch kein Auto. Aber die Lernpraxis eines Diabetikers hat eben doch viel mit dem Umgang mit einem Auto gemein, auch wenn eine lebenslange Krankheit natürlich auch noch einen anderen Aspekt hat. Vollständig in den Griff bekommen kann man sie nicht; sie ist auch Schicksal oder "Schickung". Dieser Tatsache wird jenes aktivistische und technische Reparaturverhalten nicht gerecht, das oft mit der Illusion verbunden ist, für alles gäbe es eine perfekte Lösung.

Sicher gibt es unter Wissenschaftlern und anderen Akademikern recht häufig dieses auf perfekte Lösungen ausgerichtete technizistische Denken auch im Hinblick auf

Alltagsprobleme und Krankheiten. Wer im Universitäts-Milieu lebt und Geselligkeiten mitmacht, bei denen wie überall über Krankheiten gesprochen wird, bemerkt, wie stark diese Einstellung auch das Denken von Nichtmedizinern bestimmt. Eine Krankheit erscheint als ein lösbares technisches Problem, an das man zielbewußt herangehen muß. Man muß den richtigen Spezialisten aufsuchen, in die richtige Klinik gehen. Darüber kann man sich informieren. Dann wird der Schaden beseitigt. Die ideale Therapie ähnelt einer Operation, die einen klar definierten Anfang hat und ein Ende. Dann ist die Sache erledigt. Abzuwarten oder sich mit dem Schicksal abzufinden ist Schlamperei.

Es leuchtet ein, daß diese Haltung in Permanenz den Problemen eines Langzeitpatienten nicht gerecht wird. Wird er ständig mit ihr konfrontiert, weil er in einem Milieu lebt, in dem diese vorherrscht, so wird er sich alleingelassen fühlen. Möglicherweise bekommt er Schuldgefühle, wenn ihm von seiner Umgebung, vielleicht sogar von der eigenen Familie vorgehalten wird, er sei nicht "in Ordnung" und es müsse "endlich etwas geschehen".

Ist der Diabetiker durch Ausbildung und Beruf bzw. durch ein Leben im Akademiker-Milieu bereits vor der Erkrankung geprägt, so fällt es ihm nicht schwer, diese Einstellung auch im Hinblick auf seine Krankheit zu entwickeln. Er braucht sie nur von anderen Lebensbereichen auf seine Krankheit zu übertragen. Obwohl diese Einstellung zur Krankheit sich in unserer Kultur schon weit verbreitet und Eingang auch in unteren Schichten der Gesellschaft gefunden hat, ist sie doch in vielen Kreisen nicht selbstverständlich. Sie sich anzueignen, fällt im vorgerücktem Alter schwer. Man bleibt dann bei dem traditionellen Muster der Krankheitsbewältigung, das eher durch Bereitschaft zum Warten, durch Schicksalsergebenheit und Volksweisheiten gekennzeichnet ist, hinter denen eine irrationale ganzheitliche, bei näherer Betrachtung mystische Vorstellungsweise steht. Insofern kann es schichtspezifische Unterschiede hinsichtlich der "Lernbereitschaft" geben.

Vermutlich muß man noch ein weiteres Moment beachten. Die meisten Menschen in unserer Kultur sind dazu erzogen, fleißig zu sein. Das gilt für alle sozialen Schichten. Ob die Menschen früher einmal fleißiger oder fauler waren, oder ob es soziale Gruppen gibt, die früher härter arbeiten mußten als heute, und andere Gruppen z.B. Oberschichtsangehörige, die früher eine Mußeklasse bildeten, heute jedoch härter als die Mehrzahl der Industriearbeiter arbeiten müssen, braucht uns jetzt nicht zu interessieren. Wichtig ist aber, daß die verinnerlichte Tugend des Fleißes je nach sozialer Lage im Hinblick auf unterschiedliche Gegenstandsbereiche entwickelt wird. Jeweils in Hinsicht auf spezielle Bereiche bleibt sie dann unterentwickelt. Jetzt sprechen wir ja vom "Lernen". Wenn die Sachverhalte einen gewissen Umfang überschreiten, dann artet das Lernen in Arbeit aus. Es wird verlangt, kontinuierlich bei der Sache zu bleiben, nicht abzuschweifen und in der richtigen Reihenfolge eine Erkenntnis auf der vorigen aufzubauen. Dies ist geistige Arbeit. Angehörige bestimmter Berufsgruppen sind an solche geistige Arbeit gewöhnt. Sie müssen immer wieder, um up to date zu bleiben, aktiv und kontinuierlich sich ein Wissen über neue Themen erarbeiten. Ihnen fällt es natürlich auch nicht schwer, sich im vorgerückten Alter all das anzueignen, was ein Diabetiker wissen muß. Es gibt nun Menschen, die im Prinzip ebenso fleißig sind. Aber ihr Fleiß zeigt sich vor allem bei körperlicher Arbeit, bzw. beim tätigen Umgang mit sichtbaren Dingen. Sie sind durchaus "helle", d.h. aufnahmebereit für neue Einsichten. Aber sie erwarten aus langer Gewohnheit, daß diese ihnen bei Gelegenheit von allein "zufliegen". Die Schul- und Lehrzeit liegt lange zurück. Es fehlt an Bereitschaft, sich systematisch in einen komplizierten unanschaulichen Sachverhalt zu vertiefen.

Praktische Konsequenzen

Daß sich aus einem Lernergebnis, also aus einer Einsicht noch nicht ergibt, daß hieraus auch die praktischen Konsequenzen gezogen werden, ist eine Trivialität.

Vom Diabetiker wird viel Disziplin verlangt. Immer wieder muß er etwas tun, was er nicht möchte oder etwas unterlassen, das zu tun es ihn von innen her treibt. Disziplin funktioniert allerdings meist nur, wenn die Befolgung der festliegenden Forderungen in Fleisch und Blut übergegangen, zur Gewohnheit geworden sind und sich gleichsam automatisch vollziehen. Ganz gelingt dies freilich nie. Jeder Diabetiker wird gelegentlich von einem Gelüst überfallen, etwas Verbotenes zu tun und es bedarf eines Willensentschlusses, um dann nicht schwach zu werden. Eine besondere Gefahr dürfte darin bestehen, daß die Übertretung eines Verbotes (z.B. durch eine bewußtvollzogene Abweichung von der Diät-Norm) nicht nur ein schlechtes Gewissen erzeugen kann, sondern auch zur Entmutigung führt und so zur Entstehung von Resignation beiträgt: "Es hat ja doch keinen Zweck". "Ich schaffe es doch nicht."

Die Disziplin, die hier verlangt wird, ist eine Sekundärtugend, die zweifellos durch Erziehung vermittelt werden kann. Die üblichen Formen der Erziehung können aber scheitern, wenn die ihr entgegenstehenden Antriebe zu stark sind und zwanghaft wirken. Liegt eine Sucht vor, bei deren Nichtbefriedigung womöglich sogar pathologische Entzugserscheinungen auftreten, so versagt bekanntlich der moralische Appell. Entziehungskuren müssen immer auch andere Wege gehen, und entweder dem heilsamen Zwang oder einer komplizierteren psychologischen Behandlung Raum geben.

Ich könnte mir vorstellen, daß eine genauere Untersuchung des Verhaltens von Diabetikern unter folgender Fragestellung zweckmäßig wäre: Inwieweit liegen den "Sünden" (auch gerade beim Abweichen von der Diät, beim gelegentlichen unkontrollierten "Fressen") echte Suchtphänomene vor? Oder liegen solche Sünden noch im Bereich der moralischen Ansprechbarkeit? Vermutlich würde sich zeigen, daß es wie auch beim Alkohol und beim Rauchen eine breite Zwischenzone gibt, zwischen echter Sucht und einem Verhalten, das durch Disziplinierung zu ändern wäre. Manches könnte der Diabetologe vielleicht vom Drogenberater und vom Psychoanalytiker lernen. Jedoch wird er auf die moralische Ermahnung nicht verzichten. Falsch wäre es hier eine Entweder-oder-Frage zu sehen und zu meinen, man müßte sich entweder für einen Determinismus entscheiden, der für alles menschliche Tun die Gesellschaft oder die psychische Verfassung oder den Körper verantwortlich macht oder aber einem Volutarismus huldigen, welcher der Willensfreiheit des Menschen unbegrenzte Reichweite zubilligt. Philosophisch ist, wie schon Kant gezeigt hat, der Antinomienstreit "Willensfreiheit versus Kausaldeterminismus" unlösbar. Auf der praktischen Ebene muß man sich mit "gemischten" Einsichten empirischer Art begnügen, die darauf hinauslaufen, daß man von Menschen nicht zu viel verlangen kann, aber einiges verlangen muß.

Bewegt man sich auf dieser empirischen Ebene, so entdeckt man rasch, daß der Vorgang der Disziplinierung und damit auch der Grad der Disziplin offenbar von kulturellen Umständen abhängig ist. Prof. Willms, der Leiter der Diabetes-Klinik in Bad Lauterberg äußerte im Gespräch, man hätte oft Schwierigkeiten mit Patienten aus anderen Kulturkreisen, z.B. der Türkei oder dem Iran. Dies läge daran, daß die notwendige Disziplinierung oft bei ihnen nicht zustande komme. Dies kann natürlich auch an einem geringeren Informationsgrad liegen, der Folge von Sprachschwierigkeiten ist. Es ist diesen Patienten nie klar geworden, wieviel von der Einhaltung einer Diät abhängt. Möglicherweise liegt ihnen aber auch jenes oben skizzierte technizistische Verhältnis zu Krankheit und Gesundheit ferner als Menschen, die in einer entwickelten Industriegesellschaft groß geworden sind. Dann fehlt auch das Motiv zu diszipliniertem Verhalten. Aber es ist auch möglich, daß ihnen die von ihnen verlangte Disziplin überhaupt fremd ist. Natürlich kennt auch die islamische Kultur Disziplin als Tugend. Aber vielleicht richtet sich diese auf andere Gegenstandsbereiche als bei uns und hat eine andere Gestalt. Ich würde vermuten, daß die spezielle Arbeitsdiziplin, wie sie in einer modernen Industriegesellschaft gefordert wird (was übrigens nicht heißt, daß in ihr besonders viel gearbeitet wird), ferner die in derselben Gesellschaft in einer von Technik geprägten Umwelt (z.B. infolge von Vollmotorisierung) geforderte Selbstdisziplin, relativ gut auf jene Disziplin vorbereitet, die ein Diabetiker benötigt. Von ihm wird nicht erwartet, daß er auf Befehl einmalige Heldentaten verrichtet, sondern gewissermaßen mit der Uhr in der Hand lebt, keine Zwischenmahlzeit vergißt, rechtzeitig die richtige Insulinmenge spritzt und im Kopf bei jeder Mahlzeit registriert, wieviel Broteinheiten er essen darf und auch durch Augenmaß die richtige Menge trifft, wenn er keine Briefwaage zur Hand hat. Das was jeweils zu tun ist, stellt sich immer wieder in quantitativer Form bzw. in genauen Zeitangaben dar. Dabei ist der Patient auf Selbstdisziplin angewiesen. Er kann nicht darauf warten, daß ein anderer ihm das Kommando gibt. Er muß selbst sich jeweils selbst das Kommando geben.

Dies entspricht weitgehend der Disziplin, wie sie in modernen, hochtechnisierten Fabriken und Großbüros erlernt und geübt wird. Auch dort ist es nicht möglich, zu warten, bis ein Vorgesetzter einen Befehl gibt. Der Arbeiter muß selbst an Armaturen die Daten ablesen, wann er sofort, ohne Verzug einen bestimmten Eingriff vornehmen muß und darf sich dabei keiner Lässigkeit hingeben. Das schließt nicht aus, daß die Arbeit letzten Endes fremdbestimmt ist. Ist ein Patient auf diese Art von Disziplin trainiert, dann fällt es ihm leichter, korrekt all die Vorschriften und Zeitpläne einzuhalten, die ihm auferlegt werden.

In Kulturen, die im großen und ganzen einen vorindustriellen Entwicklungsstand verkörpern, existiert dieser Typus von Disziplin im allgemeinen nicht. Das Ausmaß an Arbeit und Anstrengung, das den Angehörigen unterer Schichten zugemutet wird, ist oft größer. Der Aufseher, der die Arbeit kontrolliert und kommandiert, ist vielleicht brutaler. Aber letzten Endes ist die Arbeit doch weniger durchreglementiert und es wird auch weniger Selbstdiziplin erwartet. Diese moderne Arbeitsdisziplin ist den Abendländern in Jahrhunderten allmählich eingedrillt worden. Vor 200 Jahren, als die industrielle Revolution begann, fiel es den Unternehmern schwer, ihre Arbeiter dazu zu bewegen, pünktlich zur Arbeit zu erscheinen, ja überhaupt täglich die Fabrik aufzusuchen. Hatten sie genug Geld in der Tasche, dann blieben sie auch gern mal zu Hause. Erst als die Not des Proletariats katastrophal wurde, als die Stundenlöhne so niedrig waren, daß nur die regelmäßige Ableistung von 12-14 Stunden täglich das Existenzminimum garantierte, gewöhnten sich die Arbeiter jene Disziplin an, die wir heute für selbstverständlich halten. Vor dieser Verschärfung ihrer sozialen Lage, zu der Frühphase der Industrialisierung, als es den Arbeitern noch besser ging, wurden sie öfter vom Pfarrer auf der Kanzel ermahnt, täglich auch rechtzeitig zur Arbeit zu gehen, denn dies sei Gott wohlgefällig.

Wer also moderne Arbeitsethos und die damit verbundene methodische Lebensführung, einschließlich ihrer Pedantrie und dem meist damit verbundenen Mangel an Spontaneität so verinnerlicht hat, daß er all dies von allein, ohne Kontrolle durch andere praktiziert, ist nicht unbedingt ein sympathischer Mensch, aber er hat das Zeug zu einem vorbildlichen Diabetiker.

Hier ist noch ein zweiter soziokultureller Aspekt zu erwähnen. Wir haben gesehen, daß es möglich ist, einen bestimmten Typus von Diziplin von einem Lebensbereich in einen anderen zu übertragen. Noch leichter ist dies natürlich, wenn sich diese Art von Disziplin in etwa auf dieselben Gegenstände bezieht, auch wenn die Motive wechseln. Bekannt ist, daß ein Faktor beim Akutwerden eines Diabetes das Übergewicht ist und daß ein Diabetiker, wenn er erst seine Krankheit hat, versuchen muß, sein Übergewicht wieder los zu werden. Es hindert ihn an der rechten Nutztung des körpereigenen oder injizierten Insulins.

Wer sich alte Bilder ansieht, stellt fest, daß in früheren Zeiten die vornehmen und reichen Leute dicker waren, als die armen Handwerker, Taglöhner und Bauern. Letztere hatten weniger zu essen. Die Wohlhabenden hatten nicht nur genug zu essen, sie ergaben sich nicht selten der Völlerei, die zwar als Laster, ja als Todsünde galt, jedoch - sonst hätte man nicht soviel gegen sie gepredigt - vielfach Suchtcharakter hatte, ähnlich wie das Saufen. Jedenfalls trugen die vornehmen und reichen Leute ihr Bäuchlein ungeniert und mit Stolz. In modernen industriellen Gesellschaften hat sich dies grundlegend geändert. In allen sozialen Schichten ist man imstande, soviel zu essen wie man will, ja mehr als gesund ist. In den höheren Schichten hat sich freilich vor einigen Jahrzehnten die Einsicht verbreitet, daß schlank zu bleiben, gesünder ist. Aus nicht geklärten Gründen hat sich auch das Schönheitsideal geändert. Schon um die Jahrhundertwende stellte man sich eine schöne Frau schlanker vor als jene flämischen Damen, die Rubens als Modell für antike Göttinnen gestanden haben müssen. Auch die Venus von Milo war molliger als eine Dame von 1900, die als schön galt. Aber auch letztere war noch beleibter als eine Dame von heute, die eine "ideale" Figur besitzt.

Das Streben nach Schlankheit hat zunächst in der Oberschicht begonnen und sich, wie viele Neuerungen, dann in der oberen und unteren Mittelschicht verbreitet. Zugleich wurden auch die Praktiken gelernt, die dies Ziel erreichbar machen und die Disziplin, die zu ihrer Anwendung gehört. Aber diese Neuerung verbreitet sich in der Gesellschaftspyramide von oben nach unten, und aus naheliegenden Gründen bei den Frauen eher als bei den Männern, die weniger auf ihre Schönheit achten und es allerdings dann, wenn sie schwer körperlich arbeiten, auch schwerer haben, sich an eine Diät zu halten. Man wird also heute in den unteren Schichten mehr dicke Männer und Frauen finden, als in den Mittelagen und den höheren Schichten. Dies hat mit Rasse nichts zu tun. In vornehmen Kurorten sind die Kurgäste schlanker, als in solchen, in denen das Volk Ferien macht. Es leuchtet deshalb auch ein, daß Angehörige unterer Schichten sich schwerer tun, wenn sie sich an jene Lebensweise gewöhnen wollen, die ein Diabetiker einhalten muß, insbesondere auch, wenn man gewöhnt ist, Bier zu trinken und die Vorzüge trockenen Weins noch nicht entdeckt hat.

Wir hatten vorhin festgestellt, daß es zwar richtig ist, die drei Ebenen: "Lernfähigkeit", "Lernbereitschaft" und "praktische Konsequenzen" zunächst auseinander zuhalten, dann aber auch auf die Querverbindungen zu achten. Gerade wenn wir an das letzte Thema des "Übergewichts" denken und ferner an die Schwierigkeiten der Iraner und Türken, die rechte Diabetiker-Disziplin zu erwerben, so ist deutlich, daß hierbei natürlich stets auch mitgespielt, ob und auf welchem Niveau das erforderliche Wissen angeeignet worden ist. Selbstverständlich hängt es auch vom Bildungsstand (bzw. von Sprachkenntnissen) ab, ob das notwendige Tatsachenwissen überhaupt zur Kenntnis genommen wird, ferner wie es verarbeitet wird, wieweit es gelingt, Wichtiges und Unwichtiges zu unterscheiden und es flexibel zu verwenden. Hiervon hängt es auch ab, ob genügend starke Motive zur Einhaltung von Disziplin entstehen, obwohl Disziplin nicht einfach eine Folge von Wissen ist.

Gerade die Flexibilität, d.h. auch die Fähigkeit sinngemäß entsprechend den jeweiligen Umständen Insulin-Dosis, Diät und Zeitplan selbstständig zu variieren, dies zu kontrollieren und nicht in Lässigkeit abzusacken, hängt von der Intelligenz und von der Bereitschaft zu systematisch vollzogenem Lernen ab. Ein dummer Mensch muß sich mit wenigen starren Regeln begnügen, dann ist aber sein praktisches Verhalten nicht optimal. Allerdings sind intelligente Menschen nicht immer im Vorteil. Sie verfügen ja auch über die Gabe, auf intelligente Weise etwas, was ihnen unbequem ist, zu verdrängen oder gemäß ihren aktuellen Gelüsten umzudeuten. Es gibt bekanntlich hochintelligente Drogenabhängige, die immer neue Begründungen erfinden, warum sie auf ihre Droge nicht verzichten können und inwiefern eine aktuelle Notlage nicht zu Lasten ihres eignen Fehlverhaltens geht. Dies gilt in abgeschwächter Form für die "Sünden" des Diabetikers. Ist er klug, so ist er nicht verlegen um faule Ausreden.

Am Schluß sei noch ein Thema angesprochen, das bisher vernachlässigt worden ist. Jeder Mensch, also auch der Diabetiker ist ein soziales Wesen. Wenn es ihm gelingt, zu der ihm gemäßen Lebensweise zu gelangen, dann geschieht dies stets im Rahmen jener sozialen Beziehungen, in denen sich sein Alltag abspielt. Die wichtigen Lernvorgänge - dies war schon erwähnt - spielen sich oft in Gesprächen ab, insbesondere bei denen, die an ein einsames Durcharbeiten von Büchern nicht gewöhnt sind. Entscheidend ist, ob die eigene Familie genügend Verständnis für seine Krankheit aufbringt aber auch, daß man im Bekanntenkreis nicht auf eine Wand von Ignoranz stößt. In besonderem Maß gilt dies natürlich für Kinder, die unter Kindern leben, und die durch unverständige Klassenkameraden in ihrer Unsicherheit noch verstärkt werden, können bzw. werden sich verführen lassen. Es wäre eine eigene Untersuchung wert, wie es möglich ist, daß ein verständiger Lehrer in Kooperation mit einer Schulklasse jenes Klima geschafft, das ein Diabetiker-Kind auf seinem schwierigen Weg benötigt. Vermutlich ließe sich hier einiges lernen aus den Erfahrungen, die man mit jenen behinderten Kindern in neuer Zeit gemacht hat, welche man absichtlich nicht in Sonderschulen geschickt, sondern in Normalklassen belassen hat.

Ein Intellektueller, der Diabetes hat, ärgert sich mitunter über das unendliche Gerede über seine Krankheit, das in einer Diabetiker-Klinik nicht nur alle Mahlzeiten, sondern auch einen Teil des übrigen Tages durchherrscht. Vielleicht rümpft er auch die Nase über die "Vereinsmeierei", die unter Diabetikern verbreitet ist: die Gesprächskreise, Selbsthilfegruppen, Kongresse, Freizeiten, Ferienlager für Diabetikerkinder, Kreuzfahrten für Diabetiker, Kongresse zu denen nicht nur die Ärzte, sondern auch die Patienten fahren. Bei all diesen Gelegenheiten gibt es viel Leerlauf. Die meisten Gespräche bringen wenig Neues.

Der Intellektuelle sollte aber wissen, daß dies in der Natur der Sache liegt. Erstens verstehen viele Menschen das, was sie lernen müssen, nicht beim ersten Mal. Erst wenn es öfter wiederholt worden ist, prägt es sich ihnen ein.

Zweitens dient der ständige Austausch über die Krankheit der Selbstständigkeit und damit der Selbstsicherheit. Die Alternative wäre die Vereinsamung des Diabetiker, der seine Krankheit wie eine Schande vor der Mitwelt verbirgt. Das dürfte sich niemand wünschen. Allerdings sollte der Diabetiker nicht der Versuchung anheimfallen, aus seiner Krankheit einen Hauptberuf zu machen oder auch ein die ganze Freizeit beherrschendes Hobby. Solchen Diabetikern begegnet man gelegentlich. Sie fallen ihren Mitmenschen auf die Nerven, d.h. sie schädigen auf die Länge ihre eignen sozialen Beziehungen, auch wenn sie auf Diabetikerkongresse reisen und zu jedem einschlägigen Vortrag eilen.

Einen Diabetes behält man sein ganzes Leben. Aber er sollte nicht das ganze Leben beherrschen. Ziel ist vielmehr, daß der Patient seinen Diabetes zu beherrschen lernt. Dies gelingt ihm, wenn er sich zu einem "mündigen" Patienten entwickelt, der nicht nur ein "Leidender" ist, wie es das Wort "Patient" ausdrückt, sondern ein aktiver

Mensch, der die Chancen der Selbstbestimmung nützt und darauf achtet, daß die Pedanterie, die er im Hinblick auf seine Krankheit benötigt, nicht zu einem Charaktermerkmal wird.

Peter Runde, Thomas Lilienthal

Technik und Rehabilitation
Techniksoziologische Aspekte des Einsatzes von Rehabilitationstechnik für die soziale Rehabilitation körperbehinderter Menschen

1. Einleitung

In den letzten Jahren läßt sich ein zunehmendes Interesse und auch Problembewußtsein gegenüber den Möglichkeiten und Folgen des Technikeinsatzes in der beruflichen und sozialen Rehabilitation feststellen. Die Relevanz dieses Anwendungsbereichs von Technik ist erkannt und wird, insbesondere mit Blick auf die berufliche Rehabilitation, unter dem Aspekt der erweiterten Möglichkeiten der beruflichen Bildung und der betrieblichen Integration breit diskutiert (vgl. Runde, Rüb 1986, Neue Technologien 1988). Trotz einer Reihe bedeutsamer vor allem ingenieurwissenschaftlicher (vgl. Dräger, Schlottermann, Thöm 1989) und ergonomischer (vgl. Reha GmbH 1985) Forschungsanstrengungen zur Verbesserung technik-gestützter beruflicher und betrieblicher Eingliederungshilfen behinderter Menschen, ist jedoch insgesamt festzuhalten, daß - zumindest im deutschsprachigen Raum - die Forschung zum Zusammenhang von Technik und Rehabilitation bisher vernachlässigt worden ist. Dies gilt in besonderer Weise für den Zusammenhang von Technik und sozialer Rehabilitation.

Neben der Eröffnung neuer Handlungsmöglichkeiten durch Technik für behinderte Menschen stellt sich insbesondere im Bereich der sozialen Rehabilitation, zunehmend aber auch der medizinischen Rehabilitation, die Frage nach den Grenzen des Ausgleichs verlorengegangener Körperfunktionen durch immer ausgefeiltere Techniken, die dabei immer komplexere Funktionen übernehmen. Die damit verbundene Technisierung des Körperumgangs und des Alltagshandelns sowie deren psychosoziale Konsequenzen - etwa im Sinne der Förderung oder der Hemmung der sozialen Integration und der Persönlichkeitsförderung im Hinblick auf kognitive und emotionale Entwicklungsmöglichkeiten - sind bisher nicht ausreichend thematisiert worden.

Auch das Problem der Akzeptanz von Rehabilitationstechnik durch deren potentielle Benutzer rückt mit den neuen technischen Möglichkeiten verstärkt in den Vordergrund.

Aus der Vielfalt der offenen Fragen soll in Anknüpfung an bisher vorliegende Arbeiten zur Techniksoziologie im folgenden geklärt werden, welche Bedeutung Rehabilitationstechnik (zur Definition s. 4.1) für die soziale Rehabilitation haben kann. Dazu wird der Forschungsstand der Techniksoziologie skizziert und ein Modell möglicher Bedeutungen technischer Artefakte für die Analyse sozialen Handelns vorgestellt, um dieses auf den Bereich der Verwendung von Rehabilitationstechniken zu beziehen. Dabei kann, anhand von Ergebnissen eines Forschungsprojekts an der Universität Hamburg zur Alltagsverträglichkeit von Rehabilitationstechnik für körperbehinderte Personen, die Relevanz techniksoziologischer Fragestellungen im Rehabilitationsbereich illustriert werden. Darüberhinaus werden angloamerikanische Forschungsergebnisse herangezogen (4).

2. Zum Forschungsstand der Techniksoziologie

Noch 1982 konnte Jokisch feststellen, daß unter dem Begriff der Technik in der Soziologie die unterschiedlichsten Phänomene verstanden und bearbeitet werden, ohne daß eine eigenständige Soziologie der Technik als Forschungsprogramm entwickelt ist. Zwar werden Modernisierungsprozesse als Technokratisierung beschrieben (Bell 1979, Schelsky 1961) für die Industrie- und Organisationssoziologie ist die Technisierung der Arbeitswelt ein wesentliches Forschungsfeld (Brand 1984, Lutz 1989, S.11) und das zunehmende Problem der Akzeptanz insbesondere umweltbelastender Großtechnologien brachte der Soziologie die Konjunktur der Technologiefolgenabschätzung (Naschold 1987) und Sozialverträglichkeitsforschung (Petermann, von Thienen 1988) - aber die Mehrzahl der bisher zu diesen Themen vorliegenden Arbeiten beschreiben Technik als sekundäres Phänomen sozialer Prozesse und entbehren der grundbegrifflichen Deutung von Technik als sozialem Phänomen. In letzter Zeit nun haben sich die Bemühungen um eine soziologisch fundierte Deutung von Technik verstärkt. Zugleich hat eine Differenzierung techniksoziologischer Forschungsfragen stattgefunden, bei denen "Technik" mehr und mehr einen "eigensinnigen" analytischen Stellenwert einnimmt.

Ausgehend von Linde (1972) entwickelt sich eine Soziologie der Alltagstechnik (vgl. Jörges 1988a). Fragen der Technikbewertung rücken in das Blickfeld soziologischer Betrachtung (vgl. Bungard, Lenk, 1988) und Technikgenese und Technikauswirkungen werden als grundlegende Kategorien der Theorie des sozialen Wandels entdeckt (vgl. Weingart 1989).

Bei der Etablierung dieses neuen soziologischen Paradigmas sind bisher allerdings zugleich fundamentale Fragen, etwa ob die Soziologie Technik "*als gegenständliche Artefakte oder als geronnenes Wissen oder schließlich als besondere Handlungsmuster*" thematisieren soll, offen geblieben (vgl. Weingart 1989b). Hier ist anzunehmen, daß die Weiterentwicklung des theoretischen Fundaments der Techniksoziologie am ehesten durch die Einbeziehung empirischer Forschungen erfolgen kann, wie sie beispielsweise im Rahmen des Projektverbundes "Sozialwissenschaftliche Technikforschung" zu den Forschungsfeldern von Technik, Produktion und Arbeit, Technisierung und Alltag und Technikgenese durchgeführt werden. Erste Ergebnisse liegen bereits vor (Lutz 1990).

In diesem Beitrag sollen, vor dem Hintergrund bisher vorliegender theoretischer Konzepte und empirischer Ergebnisse einer sich entwickelnden Techniksoziologie, zentrale Aspekte techniksoziologischer Rehabilitationsforschung skizziert werden. Dabei haben wir das umfangreiche Gebiet der Rehabilitationstechnik auf das Untersuchungsfeld der Bedeutung technischer Artefakte für die soziale Rehabilitation körperbehinderter Menschen eingeschränkt. Hierzu wird im Rahmen der Rehabilitations- und Präventionsforschung des Instituts für Soziologie an der Universität Hamburg, gegenwärtig ein entsprechendes Forschungsprojekt durchgeführt.

3. Technische Artefakte als Gegenstand soziologischer Analysen

In Anschluß an M. Weber (1913, 1922) ist grundsätzlich zu klären, inwiefern technische Artefakte überhaupt Gegenstand mikro- (3.1) und makrosoziologischer (3.2) Analyse sein können, bevor unter Einbeziehung von J. Habermas (1981) ein Modell soziologisch relevanter Dimensionen der Technikverwendung entwickelt wird (3.3). Im Rahmen dieses Beitrages kann allerdings nur eine skizzenhafte Darstellung erfolgen. Zur ausführlichen Darstellung vgl. Lilienthal (1990).

3.1 Technische Artefakte als Bezugsgröße sozialen Handelns

Auf die Frage, inwiefern Phänomene, die nicht die Eigenschaft sozialen Handelns besitzen, Gegenstand soziologischer Analyse sein können, verweist Weber auf den Bereich *"sinnfremde(r) Vorgänge und Gegenstände"*, die als *"Anlaß, Ergebnis, Förderung oder Hemmung menschlichen Handelns"* in Betracht kommen (Weber 1922, § 1, 11) und unterscheidet hierbei zwei relevante Gruppen.

Bei den Gegenständen und Vorgängen *"ohne gemeinten Sinngehalt"*, handelt es sich um bloße äußere Daten, die als *"Anlaß, .. Förderung oder Hemmung"* sozialen Handelns auftreten. Als ein Beispiel nennt Weber den Einbruch des Dollart zum Ausgang des 13. Jahrhunderts. Solche bloßen "äußeren Daten" haben zwar für die kausale Erklärung sozialen Handelns Bedeutung, bleiben aber der soziologischen Methode deutenden Verstehens verschlossen.

Zu einer zweiten Gruppe faßt Weber alle äußerlichen Gegenstände zusammen, die als *"kulturelle Produkte"* Kristallisationen von Sinn darstellen und damit einer sinnverstehenden Deutung zugänglich sind. Zu dieser Gruppe gehören nach Weber auch technische Artefakte. "*Jedes Artefakt, z.B. eine Maschine*", ist lediglich "*aus dem Sinn deutbar und verständlich, den menschliches Handeln (...) der Herstellung und Verwendung dieses Artefakts verlieh (...); ohne Zurückgreifen auf ihn bleibt sie gänzlich unverständlich*" (§ 1, vgl. auch Weber 1913).

Damit kommt technischen Artefakten eine eigenständige Qualität für mikrosoziologische Analysen zu. Inhaltlich relevant sind technische Artefakte, da ihnen für die "ursächliche Erklärung sozialen Handelns" eine von äußeren "Daten" unterschiedene eigensinnige Bedeutung zukommt. Soziale Akteure handeln in bezug auf technische Artefakte "idealtypisch" nur dann angemessen, wenn sie diese verstehen und entsprechend in ihr Handeln einbeziehen. Methodisch fungieren technische Artefakte nicht nur - wie "äußere Daten" - als Bezugsgrößen für ursächliche Erklärungen sozialen Handelns, sondern die soziologische Analyse muß sich auch auf den Sinngehalt solcher Artefakte beziehen, will sie Alltagshandeln ursächlich erklären und deutend verstehen.

3.2 Technische Artefakte als soziale Ordnung

Insbesondere Linde (1972) hat betont, daß Weber (1913) technische Artefakte desweiteren auf der makrosoziologischen Ebene unter dem Aspekt der "*Regulierung des Verhaltens*" untersucht.

Von den beiden Idealtypen "*vereinbarter Vergesellschaftung*", dem "*Zweckverein*" und der "*als ob Vereinbarung*", grenzt Weber mit der "*Anstalt*" eine Vergesellschaftungsform ab, für die gilt: "*daß der Einzelne normalerweise in die Beteiligung am Gesellschaftshandeln ... ohne sein Zutun hineingerät*" (Weber 1913).

Weber konstatiert einen gesellschaftlichen Rationalisierungsprozeß in Richtung dieser Vergesellschaftungsform und gibt mit "*zweckrational geschaffenen Ordnungen*" (z.B. Gesetze) und "*rationalen Techniken*" zwei Erscheinungsweisen an. Zu den rationalen Techniken gehören soziale Institutionen (z.B. Geld) und eben auch technische Artefakte.

Für die Bezugnahme sozialen Handelns auf technische Artefakte als Erscheinungsweise von "Anstalt" gilt: "*Nicht an der Hand rationaler Erwägungen, sondern an der Hand eingeübter (oktroyierter) empirischer Gegenproben stellt man fest, ob man einverständnismäßig richtig gerechnet hat. Dies findet sich auf allen Gebieten wieder: so wenn wir einen elektrischen Trambahnwagen oder einen hydraulischen Lift oder eine Flinte sachgemäß benutzen, ohne von den naturwissenschaftlichen Regeln, auf denen ihre Konstruktion beruht, irgend etwas zu wissen*" (Ebenda). Hinsichtlich der Wirkung technischer Artefakte auf soziales Handelns lassen sich also zwei Aspekte unterscheiden: Einmal geht es um die Zunahme von Handlungszwängen, die technische Artefakte an den Verwender stellen; Weber spricht hier auch von der "*sachgerechten Benutzung*". Zum anderen geht es um die Unkenntnis der den Geräten innewohnenden Rationalität. Im Gegensatz zu dem in der mikrosoziologischen Analyse angesprochenen Idealtypus des sinnhaften Verstehens von Technik gilt hier, daß die naturwissenschaftlichen Regeln, die Konstruktionsbeschaffenheit, die verwendeten Stoffe, kurz die rationalen Grundlagen des Artefakts i.d.R. von den Handelnden nicht oder nur begrenzt sinnhaft verstanden werden (Ebenda). Auffallend ist, daß Bemühungen zur Entwicklung einer Techniksoziologie des Alltags oftmals allein den Aspekt der Oktroyierung des Alltagshandeln durch Technisierungsprozesse aufgreifen. So arbeitet Linde (1972) in seiner grundlegenden Arbeit zur Techniksoziologie allein die "*verhaltensregelnde Qualität*" technischer Artefakte heraus und verkürzt damit die soziologische Analyse "*sozialer Sachverhältnisse*" auf die Dimension des determinierenden Gehalts von Gerätetechnik (vgl. 4.1) für Sozialverhältnisse. In Anlehnung an Lindes Weberrezeption bleibt dann Joerges (1988b) Entwicklung eines techniksoziologischen Instrumentariums auf die Perspektive einer unausweichlichen Formalisierung von Alltagshandeln durch die der Gerätetechnik innewohnenden zweckrationalen Handlungszwängen beschränkt. Insbesondere Hörning (1988, 1989) verweist darauf, daß die Einschränkung der theoretischen Perspektive auf den Aspekt der unabänderlichen "*Imperialisierung*" alltäglichen Handelns durch die den technischen Artefakten innewohnenden "*instrumentelle Vernunft*", zu einer problematischen Verkürzung soziologischer Analysen der Bedeutung technischer Artefakte für soziales Handeln führen muß.

3.3 Soziologisch relevante Dimensionen der Verwendung technischer Artefakte

Nimmt man die von Habermas (1981) entwickelte Handlungstypologie, das Rationalisierungskonzept und das zweistufige Gesellschaftsmodell von System und Lebenswelt auf, ergeben sich für die Frage nach der Bedeutung technischer Artefakte für soziologische Analysen gegenüber Weber drei Erweiterungen.

Erstens muß die Bedeutung technischer Artefakte für soziales Handeln nicht - wie Weber nahelegt - auf das zweckrationale Handeln beschränkt bleiben. Auf Grundlage der Habermas'chen Handlungstypologie läßt sich nunmehr die soziale Bedeutung technischer Artefakte auch auf das kommunikative und expressive Handeln als weitere Dimensionen rational-sozialen Handelns ausweiten. In Hinblick auf kommunikatives Handeln nehmen technische Artefakte den Stellenwert von Medien und Einflußfaktoren verständigungsorientierter Interaktionen ein. Für das expressive Handeln lassen sich technische Artefakte als Medien und Einflußfaktoren der Darstellung der subjektiven Welt handelnder Personen auffassen (Habermas 1981, Bd. 1). Anzumerken ist, daß Habermas strategisches (als die auf den Bereich des Sozialen bezogene Dimension des zweckrationalen Handelns), kommunikatives und expressives Handeln auf die Erscheinungsform sprachlichen Ausdrucks einengt (vgl. dazu Joas, 1986). Für die Techniksoziologie ist insbesondere Hörning (1985, 1988) darum bemüht, Habermas Handlungstypologie von dieser Beschränkung zu befreien, um die Symbolbedeutung technischer Artefakte für das Alltagshandeln in die Analyse sozialen Handelns einbeziehen zu können (Übersicht I.).

Übersicht I.
Interaktionsprozeß und Symbolbedeutung

Zweitens ist es nicht erforderlich, die Kenntnis der technischen Artefakten innewohnenden Rationalität auf das von Personen präsente Wissen zu beschränken. Gegen Webers Auffassung, daß es die Handlungsorientierungen von Personen seien, an denen die Rationalitätsproblematik auftritt, führt Habermas die Lebenswelt als vorreflexives Hintergrundwissen kommunikativer Alltagspraxis ein. Dies werde bei dem Auftreten problematischer Situationsdefinitionen, also in Situationen krisenhafter Handlungsorientierungen, aktiviert (Habermas, Bd. 2). Daraus folgt, daß keinesfalls von einer prinzipiellen Unkenntnis der Technikverwender in Hinblick auf den rationalen Gehalt der von ihnen genutzten technischen Artefakte ausgegangen werden muß. Techniksoziologische Analysen können also die Annahme einbeziehen, daß bei Eintritt von Problemen bei der Verwendung von Technik, die reflexive Thematisierung der den technischen Geräten innewohnenden Symbolbedeutungen und rationalen Strukturen wahrscheinlich ist.

Drittens muß Webers Auffassung der Oktroyierung sozialen Handelns durch Technisierung nicht länger als unausweichliche Folge von Modernisierungsprozessen verstanden werden. Am Maßstab des Habermas'chen Rationalisierungs- und Gesellschaftsmodells kann Webers Theorem der Oktroyierung sozialen Handelns durch technische Artefakte als Kolonialisierung kommunikativen und expressiven Alltagshandelns (Privatsphäre und Öffentlichkeit) durch die Systemmedien Geld (Wirtschaft) und Macht (Politik) reformuliert werden (Habermas, Bd. 2) (vgl. Übersicht II.).

Übersicht II.
Kolonialisierung der Lebenswelt

Lebenswelt		**System**
Sozialintegration		**Systemintegration**
Privatsphäre und Öffentlichkeit als "Orte" kommunikativen und expressiven Handelns	<-----------------	Subsystem Wirtschaft Geltungsbereich des Systemmediums "Geld"
	Kolonialisierung	
	<----------------	Subsystem Politik Geltungsbereich des Systemmediums "Macht"

Technisierung des Alltagshandelns bezeichnet dabei eine Form der Lebensweltkolonialisierung, bei der - mittels des technischen Artefakten innewohnenden Zwangs zu instrumentellen Anschlußhandlungen in Prozessen der Technikverwendung - die instrumentelle Rationalität über technische Artefakte in das Alltagshandeln verdinglichend eingreift (vgl. Biervert, Monse 1988).

Für empirische Untersuchungen erscheint es allerdings sinnvoll, Habermas' Unterscheidung von System und Lebenswelt, von System- und Sozialintegration, im Sinne einer analytischen Unterscheidung unterschiedlicher Formen der gesellschaftlichen Integration zu gebrauchen. Die Anknüpfung an Habermas' Annahme eines faktischen Auseinandertretens von System- und Sozialintegration in voneinander entkoppelte Gesellschaftsbereiche, würde zu einer problematischen Verkürzung der Untersuchungsperspektive führen. Mit der Annahme eines faktischen Auseinandertretens von System und Lebenswelt könnten Technisierungsprozesse innerhalb des Systembereichs (z.B. im Bereich der professionellen Krankenpflege) nicht unter der Fragestellung möglicher Kolonialisierungsfolgen für die kommunikative Alltagspraxis behandelt werden.

Nimmt man dagegen die Trennung von System und Lebenswelt als analytisches Konzept, ergibt sich die Möglichkeit, Auswirkungen der Technisierung sozialer Dienste (z.B. durch die Gerätemedizin) nicht allein im Kontext der systemischen Rationalisierung von Organisationen zu thematisieren. Fragen nach eventuellen Technisierungsfolgen für die, den Bereich der sozialen Dienste innewohnenden, nicht-formalisierbaren kommunikativen und expressiven Sozialbeziehungen zwischen Klientel und Personal rücken in den Vordergrund der Untersuchung (vgl. Joas 1986, für die Techniksoziologie Hörning 1985).

Verknüpft man die an Weber's Konzept gewonnenen Aspekte mit den in Anlehnung an Habermas gewonnenen drei Erweiterungen, ergibt sich folgendes Modell der funktionalen und symbolischen Bedeutungen technischer Artefakte als Bezugspunkt sozialen Handelns (vgl. Übersicht III.).

4. Möglichkeiten und Grenzen von Rehabilitationstechnik für die soziale Rehabilitation körperbehinderter Menschen

Im folgenden soll geklärt werden, welche Bedeutung das in Übersicht III. skizzierte Modell für den Bereich der Rehabilitation hat. Dazu ist zunächst auf Rehabilitationstechnik als besondere Form technischer Artefakte einzugehen, um dann die Relevanz des vorliegenden Modells für die Klärung der Bedingungen der Verwendungsbereitschaft von Rehabilitationstechnik anhand von vier Thesen darzustellen. Abschließend werden diese Thesen durch die Ergebnisse eines an der Universität Hamburg laufenden Forschungsprojekts sowie durch Ergebnisse anderer Projekte erläutert.

Übersicht III.
Technische Artefakte als Bezugspunkte sozialen Handelns

Technisches Artefakt als Bezugspunkt soz. Handelns	Handlungstyp	Weltbezug	Bedeutungsdimensionen der Verwendung technischer Artefakte
Mikrosoziolog. Ebene	instrumentelles Handeln	objektive Welt	techn. Artefakte als Mittel der Bearbeitung äußerer Gegenständlichkeit
Technisches Artefakt als Kristallisation sinnhaften Handelns	strategisches Handeln	soziale Welt	techn. Artefakte als Mittel der Manipulation und Beeinflussung sozialen Handelns
	kommunikatives Handeln	soziale Welt	techn. Artefakte als Mittel und Medium der Teilnahme an sozialen Interaktionen
	expressives Handeln	subjekt. Welt	techn. Artefakte als Medien subjektiver Selbstdarstellung
Makrosoziologische Ebene	instrumentelles Handeln	objektive Welt	techn. Artefakte als objektiv gegebene äußere Gegenständlichkeit mit der man "rechnen" muß
Technische Artefakte als soziale Ordnung	strategisches Handeln	soziale Welt	techn. Artefakte als Beschränkung der Möglichkeiten sozialen Handelns durch Anfordg. auf sachgerechte Benutzung techn. Artefakte als Beschränkung der Möglichkeiten sozialen Handelns durch undurchschauter Durchsetzung von Anforderungen auf sachgerechte Benutzung
	kommunikatives Handeln	soziale Welt	techn. Artefakt als Beeinflussung und Verfestigung soz. Handelns durch Symbolbedeutung und Anforderungen auf sachgerechte Benutzung techn. Artefakt als Unterwerfung sozialen Handelns durch Anforderungen auf sachgerechte Benutzung
	expressives Handeln	subjektive Welt	Oktroyierung subjektiver Selbstdarstellung durch symbolische Geltung techn. Artefakte

4.1 Rehabilitationstechnik als Sonderfall der alltäglichen Verwendung technischer Artefakte

Ropohl (1988) grenzt, gegenüber einer allgemeinen Verwendung des Begriffs Technik und in Anlehnung an F. von Gotll-Ottlilienfeld, mit dem Begriff der "*Realtechnik*" einen eigenständigen Bereich menschlichen Handelns ab. Unter Realtechnik sei jenes menschliche Handeln zu verstehen, welches "*mit der Herstellung und mit der Verwendung künstlich gemachter Gegenstände zu tun hat, und schließt selbstverständlich diese Artefakte ein*". Indem Realtechnik, im Gegensatz zu den Ingenieurwissenschaften, nicht nur das Artefakt selbst thematisiert, sondern auch die darauf bezogenen Handlungen berücksichtigt, ist ein fundamental soziologischer Artefaktbegriff gewonnen.

In Rekurs auf Linde's (1972) Begriff "*Gerät*" kann eine weitere und für den Bereich der Rehabilitationstechnik bedeutsame Spezifizierung von Realtechnik vorgenommen werden. In Anlehnung an Freyer's Unterscheidung von naturgegebenen Dingen und gemachten Sachen faßt Linde mit der Kategorie "*Gerät*" solche "*gemachten Sachen*" zusammen, die "*(a) vergegenständlichte Teilstücke aus einem zwecktätig gerichteten Handlungszusammenhang darstellen und ... daher (b) erst und nur durch notwendig hinzutretende objektspezifische profane Akte der Verwendung ihren Zweck erfüllen*".

Der Begriff ist für den Bereich der Rehabilitationstechnik besonders geeignet, da nicht nur eine Abgrenzung der Gerätetechnik gegenüber Großtechniken (z.B. Fabrikanlagen, Atomkraftwerken) und technischen Versorgungsnetzen (z.B. Stromnetz, TV-Netz) vorgenommen wird, sondern auch der Aspekt der Herstellung ausgeblendet und allein die Verwendung technischer Geräte zur Erfüllung vorausgesetzter Handlungszwecke Gegenstand wird.

Nimmt man die, eine Techniksoziologie des Alltags konstituierende Differenzierung nach dem "*Ort der Verwendung*" auf (vgl. B. Joerges 1988a), läßt sich abermals zwischen der Verwendung von Geräten in der Arbeitswelt (also im Rahmen von Organisationen) und im Alltag unterscheiden. Mit Jörges soll unter "*Alltag*" hier zum einen die Gesamtheit aller "*laienhaften oder häuslichen Verwendungszusammenhänge(n) von Technik*" zum anderen die Gesamtheit aller "*Handlungsformen, die speziell auf Laientechnik, Verbrauchertechnik oder Gebrauchstechnik bezogen sind*", verstanden werden. Dieser Begriff korrespondiert mit dem oben eingeführten Begriff der kommunikativen Lebenswelt und eröffnet grundsätzlich die Möglichkeit, die Verwendung von Rehabilitationstechnik z.B. im Rahmen der beruflichen Rehabilitation oder der Erbringung professioneller Dienstleistungen (z.B. im Bereich der medizinischen u. pflegerischen Betreuung und Versorgung im Rahmen von Krankenhäusern, Anstalten, Pflegeheimen, Sozialstationen usw.) unter der Fragestellung nach Auswirkungen auch auf die kommunikative Alltagspraxis anzuwenden.

Für die Verwendung von Rehabilitationstechnik im Alltag ist desweiteren die von Braun, Joerges (1988) vorgenommene Differenzierung zwischen einer allgemeinen Verwendung technischer Geräte und einer "*körperbezogenen Verbrauchstechnik*" hilfreich. Unter "*körperbezogener Verbrauchstechnik*" wird die "*durch technische Dinge vermittelte Beeinflussung und Unterstützung körperlicher Abläufe oder Zustände*" (S.10) bezeichnet. In Anschluß an das von Braun/Joerges vorgelegte "*Ablaufschema des Körperumgangs*" kann der Einsatz von Rehabilitationstechnik als Reorganisation des Körperumgangs durch die Verwendung von Gerätetechnik aufgefasst werden.

Der Großteil von Rehabilitationstechnik läßt sich entsprechend dieser Definition als körperbezogene Verbrauchstechnik bestimmen, die den Ausgleich, die Wiederherstellung oder die Verbesserung von Körperfunktionen ermöglichen und damit die Realisierung intendierter Handlungsvollzüge unterstützen soll. Dies mit dem Ziel, den Verwendern die Teilnahme am sozialen Leben einer Gesellschaft zu erleichtern.

4.2 Vier Thesen zur Verwendung von Rehabilitationstechnik

Nunmehr ist die Frage zu klären, welche Bedeutung die Rehabilitationstechnik für das Handeln der Verwender hat. Dabei ist zu berücksichtigen, daß Technikverwendung in der Regel in einen umfassenden Handlungskontext eingebunden ist. In Anlehnung an Joerges (1988) läßt sich die Struktur der Verwendung technischer Artefakte mittels des folgenden Ablaufschemas strukturieren (vgl. Übersicht IV.).

Übersicht IV.
Handlungsentwurf und Technikverwendung

Handlungsprozeß	Handlungsablauf
1.	intendiertes Handlungsziel
2.	Durchführung der erforderlichen Handlungsschritte
3.	Verwendung technischer Geräte (funktional-technische und symbolische Handlungsanforderungen und -bedeutungen) der Geräteverwendung
4.	Realisierung des intendierten Handlungsziels

Die Analyse der Bedeutung von Rehabilitationstechnik für den der Technikverwendung zugrundeliegenden Handlungsentwurf und für den entsprechenden Handlungsprozeß erfolgt unter Einbeziehung des in Übersicht III. skizzierten Modells möglicher Bezugspunkte technischer Artefakte für soziales Handeln.

Bisher vorliegende Ergebnisse eines laufenden Forschungsprojekts zu diesem Thema, sowie die Resultate einschlägiger Arbeiten, lassen die Schlußfolgerung zu, daß das vorliegende Modell für die Klärung von Bedingungen und Möglichkeiten des Einsatzes von Rehabilitationstechnik durch körperbehinderte Personen einen wesentlichen Beitrag leisten kann, der sich in vier Thesen zusammenfassen läßt:

1. Die Verwendung von Rehabilitationstechnik erfolgt nicht nur als Mittel oder Medium der Realisierung bereits bestehender Handlungsziele (Übersicht IV.). Auch die Konstituierung von Handlungszielen und von grundlegenden Handlungsorientierungen der Verwender wird durch die Antizipation der Bedeutung(en) des technischen Gerätes beeinflußt (vgl. Übersicht III.).

2. Das in Übersicht III. skizzierte Modell von Bedeutungsdimensionen ist für die Klärung von Möglichkeiten und Grenzen der Verwendung von Rehabilitationstechnik im Rahmen der sozialen Rehabilitation von Relevanz und läßt sich empirisch belegen.

3. Die analytische Trennung unterschiedlicher Bedeutungsdimensionen der Technikverwendung ist sinnvoll aber nicht ausreichend. Auch deren wechselseitige Beeinflussung ist für die Analyse der Verwendungsbedingungen von Rehabilitationstechnik wesentlich.

4. Je körpernäher Rehabilitationstechnik eingesetzt wird, desto höher sind die Anforderungen an deren Leistungsfähigkeit im Sinne aller genannten Bedeutungsdimensionen. Entsprechend steigen auch die Anforderungen, über die technischen Abläufe des jeweiligen Gerätes informiert zu sein und dieses kompetent und sachgerecht verwenden zu können.

4.2.1 Die Bedeutung von Rehabilitationstechnik für die Bildung biographischer Orientierungen

Im Rahmen eines Forschungsprojekts zu Akzeptanzbedingungen körperbehinderter Personen gegenüber dem Einsatz von Rehabilitationstechnik wurden mit Rollstuhlbenutzern problemzentrierte Interviews (vgl. Witzel 1982) durchgeführt. Dabei sollten die Bedingungen der Bereitschaft der Verwendung von Rollstühlen, insbesondere vor dem Hintergrund der biographischen Orientierung (vgl. zur Biographieanalyse Schütze 1981) der befragten Personen, ermittelt werden.

Der Stand der bisherigen Auswertung legt die Vermutung nahe, daß die Bereitschaft zur Technisierung des Alltagshandelns durch die Rollstuhlverwendung ihren Ausdruck in unterschiedlichen Verwendungsstilen findet, die im wesentlichen durch zwei Aspekte beeinflußt sind. Zum einen durch die biographischen Orientierungen, wie sie von den betroffenen Personen nach Behinderungseintritt aufgebaut werden, zum anderen durch die Möglichkeiten und Grenzen von Rehabilitationstechnik. Anzumerken ist, daß die aktive Biographiegestaltung in Folge des Behinderungseintritts nur eine mögliche Reaktionsform darstellt, ebenso besteht auch die Möglichkeit des Verfalls des rationalen Handlungspotentials der von Behinderung betroffenen Personen. Wir werden uns hier aber auf den Fall einer aktiven Biographiebearbeitung beschränken (vgl. Fischer 1982 und Gerhardt 1986, S. 310ff).

Zentrale Strukturmerkmale für den Aufbau biographischer Orientierungen sind: Behinderungsart und -intensität, Zeitpunkt des Behinderungseintritts, Alter, soziale Lebenslage und sozialpolitische Rahmenbedingungen. Aus techniksoziologischer Sicht ergeben sich als zentrale Strukturmerkmale für die Verwendungsbereitschaft von Rehabilitationstechnik:

- die erwarteten und tatsächlich erfahrenen Möglichkeiten, durch den Rollstuhleinsatz verlorene Handlungsfunktionen technisch ausgleichen zu können und
- die erwarteten und tatsächlich erfahrenen symbolischen Bedeutungen des Hilfsmittels für die soziale Umwelt und für das expressive Selbstverständnis ihrer Benutzer.

Übersicht V.
Biographische Orientierung und Rehabilitationstechnik

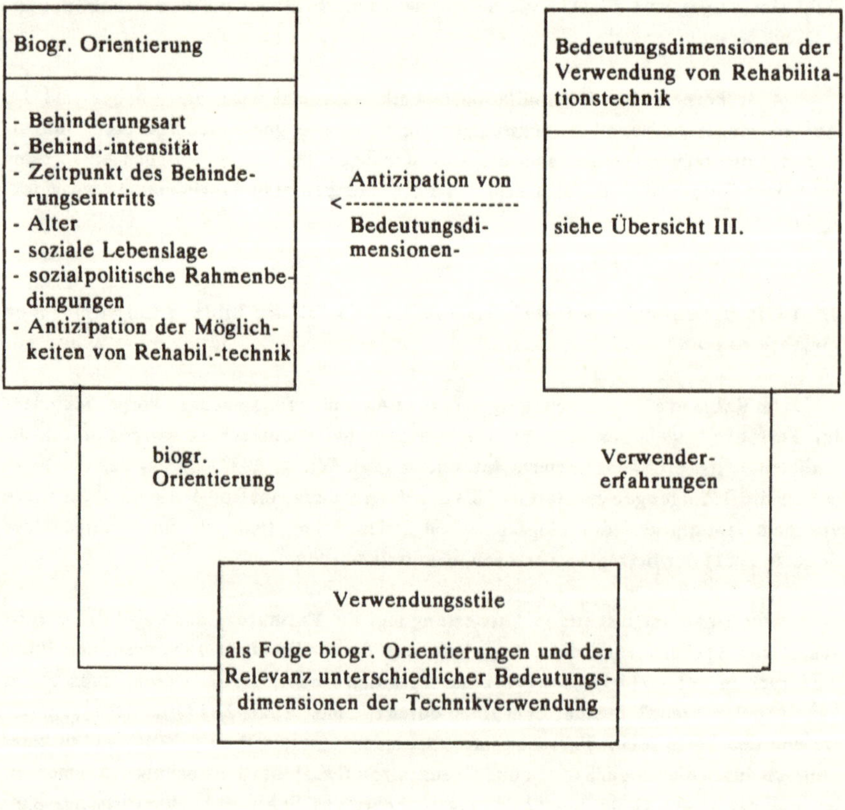

Der Begriff "Verwendungsstil" bezeichnet also Unterschiede in der Einbeziehung antizipierter und tatsächlicher Bedeutungen des Rollstuhls bei der Bildung behinderungsverarbeitender biographischer Orientierungen und der Setzung konkreter Handlungsziele (Übersicht V.).

Im Hinblick auf These 1 zeigen die bisherigen Untersuchungsergebnisse, daß Rehabilitationstechnik den Stellenwert eines Mediums der Konstituierung grundlegender biographischer Handlungsorientierungen im Rahmen des Aufbaus einer den Behinderungseintritt verarbeitenden biographischen Orientierung einnimmt. Unterschiedliche Stile der Verwendung von Rehabilitationstechnik ergeben sich zum einen aus Differenzen im Prozeß der Konstituierung biographischer Orientierungen, zum anderen aus entsprechenden Präferenzen hinsichtlich der Wichtigkeit der unterschiedlichen Bedeutungsdimensionen (vgl. Übersicht III.) des Rollstuhls für den Verwender, bzw. für Verwendergruppen. Daß die Verwendungsbereitschaft von Rehabilitationstechnik wesentlich durch die Erwartungen im Sinne der oben genannten Bedeutungsdimensionen bestimmt wird, ergibt auch eine Studie mit 200 Nutzern von Hörhilfen in Großbritannien (Littlejohns und John, 1989).

Natürlich kommt auch den tatsächlichen Erfahrungen der Verwendung von Rehabilitationstechnik für die Bildung biographischer Orientierungen große Bedeutung zu. Dies belegt eine Studie von Douglas, Ryan (1987), die hinsichtlich der Verwendung eines motorgetriebenen Rollstuhls zu dem Ergebnis kommen, daß die Erfahrungen der Verwendung dieses Hilfsmittels eine Wirkungsgröße für die Entwicklung einer auf selbständige Lebensführung angelegten biographischen Orientierung darstellt. Dabei wird von den Autoren zugleich angemerkt, daß eine fehlende positive Antizipation der Möglichkeiten des motorgetriebenen Rollstuhls die Verwendungsbereitschaft von Rehabilitationstechnik stark herabmindert. Das hat zur Folge, daß in diesen Fällen der Einsatz von Rehabilitationstechniken ohne begleitende Betreuungsmaßnahmen oftmals erfolglos verläuft.

4.2.2 Die Relevanz des Modells von Bedeutungsdimensionen technischer Artefakte für die Verwendungsbereitschaft von Rollstühlen durch körperbehinderte Personen

Für die Bildung von Verwendungsstilen haben sich - entsprechend der These 2 - alle Dimension des in Übersicht III. dargestellten Modells als relevant erwiesen. Dies gilt sowohl für die Antizipation der Möglichkeiten des Rollstuhls als Medium des Aufbaus einer die Behinderung einbeziehenden biographischen Orientierung, als auch für die realen Erfahrungen, die mit dem Rollstuhl als Medium für konkrete Handlungsentwürfe gemacht werden.

Die Auswertung der Interviews ergibt, daß bei der Antizipation der Verwendung von Rehabilitationstechnik deren funktionale Bedeutung für die instrumentelle und kommunikative Handlungsfähigkeit im Vordergrund steht. Vielfach wird die Rollstuhlnutzung als Voraussetzung des Entwurfs bestimmter biographischer Orientierungen erkannt, z.B. in bezug auf die Fähigkeit zur Ausführung beruflicher Tätigkeiten und zur selbständigen Teilnahme am Alltagshandeln. Die Bereitschaft (und auch die Nichtbereitschaft) zur Verwendung des Rollstuhls ist damit wesentlich von den Erwartungen (oder Befürchtungen) bestimmt, die dieser in Hinblick auf die Realisierung instrumenteller und kommunikativer Handlungsfähigkeit zukommt.

Die Untersuchungsergebnisse zeigen, daß auch die symbolische Bedeutung des Rollstuhls im Rahmen kommunikativer Alltagspraxis antizipiert wird. Die erwartete Möglichkeit der Wiedererlangung instrumenteller und kommunikativer Handlungsfähigkeit wird von den Befragten zugleich mit der Antizipation der symbolischen Bedeutungen von Rehabilitatonstechnik verknüpft. Hier steht die Stigmatisierung des Rollstuhlnutzers durch die Verwendung des Rollstuhls im Vordergrund. Der Entwurf einer Lebensführung, der die technischen Eigenschaften des Rollstuhls als funktionales Mittel einer weitgehend normalisierten Lebensführung im Sinne instrumenteller und kommunikativer Handlungsfähigkeit einbezieht, ist - das zeigen die vorliegenden Untersuchungsergebnisse - zugleich an die Antizipation der symbolischen Bedeutung des Rollstuhls gebunden, womit die Möglichkeit einer "normalen" Teilhabe an der kommunikativen Alltagspraxis eingeschränkt und der Verwender in die Behindertenrolle verwiesen wird. Daß Befürchtungen des Eintritts stigmatisierender Effekt ein wesentliches Kriterium der Verwendungsbereitschaft von Rehabilitationstechnik ist, betont auch Brooks (1989) auf Grund der Befragung von 200 Hörgerätebenutzern.

Im Rahmen des Aufbaus der biographischen Orientierung wird zugleich auch die Bedeutung des Rollstuhls für die Dimension der expressiven Selbstdarstellung und -findung antizipiert. Zum einen wird die Darstellung der je eigenen Individualität in das soziale Alltagshandeln durch Nutzung der technischen Möglichkeiten des Rollstuhl dadurch eingeschränkt, daß die Wahrnehmung des Rollstuhlbenutzers durch die soziale Umwelt von der symbolischen Bedeutung des Rollstuhls präformiert ist. Ein Zusammenhang, den die Befragten bereits zum Zeitpunkt der Antizipation einer zukünftigen Rollstuhlverwendung sehen.

Zum anderen ist Rehabilitationstechnik auch für die Konstituierung der Subjektivität des behinderten Verwenders von Bedeutung. Im Rahmen der Rehabilitation - das belegen die Interviews - erfährt der Rehabilitand sich selbst wesentlich über die Verwendung des Rollstuhls. Die Rollstuhlverwendung wird zu einem Teil der Persönlichkeit, was sich auch darin ausdrückt, daß die Befragten berichten, daß der Rollstuhl gelegentlich wie ein Körperteil wahrgenommen wird.

Die Wichtigkeit der symbolischen Bedeutung von Rehabilitationstechnik für deren Verwendungsbereitschaft belegen auch aktuelle englische und amerikanische Studien (vgl. zusammenfassend zum Felde, Lilienthal, Runde 1990).

4.2.3 Die Gewichtung einzelner Bedeutungsdimensionen als Kriterium der Verwendungsbereit schaft von Rehabilitationstechnik

Die Interviews zeigen, daß dem Rollstuhl für die Konstituierung der behinderungsverarbeitenden biographischen Orientierung eine zentrale Bedeutung zukommt. Die Rollstuhlverwendung wird als Voraussetzung der Möglichkeit sozialer Handlungsfähigkeit im Sinne instrumentellen, kommunikativen und expressiven Handelns erfahren. Zugleich ergeben sich aus der Rollstuhlverwendung aber auch Einschränkungen für die Handlungsfähigkeit der Verwender, die insbesondere durch die wechselseitige Beeinflussung der unterschiedlichen Bedeutungsdimensionen hervorgerufen werden (vgl. These 3).

Im Vordergrund stehen dabei die funktionalen Möglichkeiten des Rollstuhls. Dieser wird zur Voraussetzung für die Bildung bestimmter biographischer Lebensentwürfe, ebenso wie für die Erweiterung des Spektrums möglicher Handlungsziele.

Zugleich ergeben sich aber auf der funktionalen Ebene Grenzen für die Bereitschaft der Rollstuhlnutzung daraus, daß die Anforderungen der "sachgerechten Verwendung" die instrumentelle und kommunikative Handlungsfähigkeit der Verwender zugleich beschneidet. So werden in einigen Interviews die Vorteile, die der Elektro-Rollstuhl für die Mobilität des Verwenders hat durchaus gesehen. Zugleich werden aber die Anforderungen des Elektro-Rollstuhls auf "sachgerechte Verwendung" als einschneidende Beschränkung der instrumentellen und kommunikativen Handlungsfähigkeit erfahren. Der Elektro-Rollstuhl kann zwar das Spektrum möglicher Handlungsziele erweitern, deren Realisierung führt aber im Handlungsprozeß zur Einschränkung von Handlungsmöglichkeiten durch die dem Gerät innewohnenden Verwendungsanforderungen. Beispielsweise kann der Elektrorollstuhl zwar den Bewegungsradius seines Verwenders gegenüber einem selbstfahrenden Rollstuhl um ein beträchtliches erweitern, verwehrt aber zugleich das Überwinden von Bordsteinkanten in der Form, wie dies mit einem selbstgefahrenen Rollstuhl möglich ist.

Eine Grenze der Technisierung der sozialen Rehabilitation körperbehinderter Personen besteht also in der Einschränkung von Handlungsmöglichkeiten des Technikverwenders durch Anforderungen auf "sachgerechte Verwendung" bestimmter Rehabilitationstechnik. Die "sachgerechte Verwendung" stellt desweitern spezifische Kompetenzanforderungen an den Verwender, die eine weitere Technisierungsgrenze darstellen.

Auf der Ebene der Teilhabe am kommunikativen Alltagshandeln wird von einigen Befragten die Verwendung bestimmter Rollstühle (z.B. von Elektro-Rollstühlen) deshalb abgelehnt, weil die Verwender solcher Geräte von der sozialen Umwelt in einem besonderen Maße als handlungsunfähig stigmatisiert werden. Dies, obwohl zugleich gesehen wird, daß die Verwendung dieser Rollstühle einen Zuwachs an instrumenteller und kommunikativer Handlungsfähigkeit mit sich bringen.

Auf der Ebene der expressiven Selbstdarstellung ist die Bereitschaft der Verwendung von Rollstühlen auch davon abhängig, inwiefern diese die expressive Selbstdarstellung des Verwenders ermöglichen oder unterstützen. Jüngere Personen betonen, daß die virtuose Rollstuhlbenutzung (etwa das Befahren von Rolltreppen, das Überwinden größerer Hindernisse), geradezu zum Medium der expressiven Selbstdarstellung des Verwenders werden kann. Neben den anderen Bedeutungsdimensionen ist die Eignung eines Rollstuhls für diese Personengruppe wesentlich davon bestimmt, inwiefern dieser Möglichkeiten zur expressiven Selbstdarstellung eröffnet. Diesen für Rehabilitationstechnik bedeutsamen Aspekt der Eröffnung neuer, bisher nicht gekannter "technisch mediatisierter Handlungsformen" als Folge der Artefaktverwendung, hebt für die Techniksoziologie besonders Rammert (1989) hervor. Daß die virtuose Rollstuhlverwendung - wie die anderen Bedeutungsdimensionen - auch für die Konstituierung des Selbst von Bedeutung ist, sei hier nur am Rande bemerkt.

Es zeigt sich also, daß - vor dem Hintergrund biographischer Orientierungen und bestimmter Verwendungsstile - einzelne Bedeutungsdimensionen andere überlagern können. Nicht allein die funktionalen Möglichkeiten des Rollstuhls sind für die Verwendungsbereitschaft von Bedeutung, auch die kommunikative und expressive Handlungsfähigkeit müssen als weitere eigensinnige Dimensionen berücksichtigt werden. Dabei kann die Verwendungsbereitschaft Folge der Dominanz einer einzelnen Dimensionen über die übrigen sein.

Darüber hinaus ist aus anglo-amerikanischen Untersuchsergebnissen aber auch ableitbar, daß eine wechselseitige Beeinflussung der von uns unterschiedenen Bedeutungsdimensionen möglich ist. Ein besonders interessantes Beispiel dafür liefert die bereits erwähnte Studie von Douglas u. Ryan (1987). Ein stark mobilitätsbehindertes und vor diesem Hintergrund passives und in der Entwicklung zurückgebliebenes Kind wurde mit einem motorgetriebenen Rollstuhl ausgestattet. Nach einigen Anfangsschwierigkeiten wurde die kommunikative und instrumentelle Bedeutung des Rollstuhls so umfassend genutzt und wirksam, daß nicht nur die kognitive sondern auch die emotional-expressive Entwicklung des Kindes gefördert wurde.

Die Gewichtung einzelner Bedeutungsdimensionen ist nicht nur für die grundsätzliche Verwendungsbereitschaft von Relevanz. Darüber hinaus zeigen die Beispiele, daß für Fragen des Technisierungsgrades (z.B. handbetriebener Rollstuhl oder Elektro-Rollstuhl) intensive weitere Forschungen zur wechselseitigen Beeinflussung der von uns unterschiedenen Bedeutungsdimensionen notwendig sind.

4.2.4 Körper und Rehabilitationstechnik

Im Unterschied zur allgemeinen Geräteverwendung stellt Rehabilitationstechnik nicht nur einen Wirkungsfaktor für individuelle Handlungsvollzüge dar. Die Verwendung von Rehabilitationstechnik ist darüber hinaus oftmals mit dem unmittelbarer Eingriff technischer Prozeße in die Körperlichkeit des Verwenders verbunden. Rehabilitationstechnik greift dabei in die äußere Darstellung des Körpers ein, beeinflußt unmittelbar die physische Leistungsfähigkeit des Körpers und ersetzt fehlende Körperfunktionen (vgl. Braun, Joerges 1988).

Neuere internationale Forschungen zur Akzeptanz von Rehabilitationstechnik belegen, daß mit zunehmender "*Körpernähe*" von Rehabilitationstechnik die Dimensionen des expressiven Handelns gegenüber den anderen Handlungsdimensionen an Bedeutung zunimmt.

Miller et al (1988) weisen für die Verwendung eines Pneumobelts (Atemgürtel) nach, daß die Bereitschaft zur Verwendung von körpernaher Rehabilitationstechnik an besonders hohe Erwartungen hinsichtlich der instrumentellen und kommunikativen Handlungsfähigkeiten und in Hinblick auf Vorteile bei der symbolischen Selbstdarstellung geknüpft ist. Diese hohe Erwartungshaltung läßt sich darauf zurückführen, daß mit zunehmender "*Körpernähe*" die der Rehabilitationstechnik immanenten Anforderungen auf "*sachgerechte Verwendung*" an Bedeutung zunehmen. Die Akzeptanz des "*Eindringens*" von Sachtechnik in Körperprozesse und Handlungsabläufe ist wesentlich von den Vorteilen abhängig, die die Verwendung körpernaher Rehabilitationstechnik für die Handlungsfähigkeit mit sich bringt.

Desweiteren zeigen die Ergebnisse, daß die Verwendung körpernaher Rehabilitationstechnik in einem besonderen Maße als Technikabhängigkeit erfahren wird. Entsprechend werden mit zunehmender Körpernähe höhere Ansprüche an das technische Verständnis des verwendeten Gerätes, an dessen Zuverlässigkeit und an dessen Beherrschbarkeit gestellt. Die Bereitschaft der Geräteverwendung ist hier also in einem besonderen Maße von der Kenntnis der zugrundeliegenden Technik und deren optimaler Beherrschung bedingt.

Daraus ergibt sich als Konsequenz, daß mit zunehmender "*Körpernähe*" von Rehabilitationstechnik auch die Bedeutung begleitender Maßnahmen zunimmt. Diese müssen insbesondere den letztgenannten Aspekt berücksichtigen. (vgl. dazu auch McDonald et al 1989, Yarkony et al 1986, Yasuda 1986).

Grundsätzlich läßt sich sagen, daß die Verwendung körpernaher Rehabilitationstechnik als ein besonders tiefgreifender Einschnitt in die Körperlichkeit des Verwenders empfunden wird. Die Verwendungsbereitschaft ist entsprechend mit besonders hohen Erwartungen an die Funktionalität dieser Hilfen, an die Kenntnis der technischen Zusammenhänge dieser Geräte und an deren Bedienbarkeit gebunden. Die Gewährleistungen dieser Aspekte erfordert, das machen die genannten Untersuchungen deutlich, entsprechende beratende und begleitende Maßnahmen. Diese stellen eine zentrale Funktion für die Verwendungsbereitschaft körpernaher Rehabilitationstechniken dar.

Ausblick

Die in diesem Beitrag aus techniksoziologischer Perspektive behandelte Frage nach den Verwendungsbedingungen von Rehabilitationstechnik - in diesem Fall durch körperbehinderte Personen im Rahmen der sozialen Rehabilitation - stellt nur einen Teilaspekt der im Forschungsfeld Technik und Rehabilitation vorliegenden Fragestellungen dar. So sind beispielsweise die Auswirkungen der Technisierung personenbezogener Dienstleistungen im Rahmen der Pflege und Betreuung kranker und behinderter Menschen bisher kaum untersucht. Auch die für die Rehabilitationspolitik wichtige Frage nach den Möglichkeiten der Festlegung von Qualitätsstandards und deren Folgen für eine bedarfsgerechte Versorgung ist bisher unbeantwortet geblieben (vgl. hierzu Lilienthal 1989). Auch über die Entstehung technischer Normen durch nationale und internationale Gremien und über die in diese Normierungsprozesse einfließenden Interessen ist bisher wenig bekannt; ebenso über die daraus resultierenden Folgen für die Betroffenen.

Eine bisher kaum beachtete Aufgabe soziologisch orientierter Rehabilitationsforschung besteht also in der Bearbeitung dieser Forschungsfragen, um damit über die Bedingungen der Möglichkeit von Technik im Rahmen der sozialen, beruflichen und medizinischen Rehabilitation aufklären zu helfen.

Literatur

Bell, D. (1979) Die Zukunft der westlichen Welt, Hamburg

Biervert, B., Monse, K. (1988) Technik und Alltag als Interferenzproblem, in: Joerges 1988, 95-119

Brand, G. (1984) Marx und die neuere deutsche Industriesoziologie, Leviathan, Jg. 12, 195-215

Braun I., Joerges, B. (1988) Körper - Technik, Die Wiederkehr des Körpers durch technische Erweiterung, WZB, Berlin

Brooks D.N. (1989) The effect of attitude on benefit obtained from hearing aids, Britsh Journal of Audiology, 23, 3-11

Bungard W., Lenk, H. (Hrsg.)(1988) Technikbewertung, Frankfurt am Main

Douglas, J., Ryan M. (1987) A preschool severely disabled boy and his powerd wheelchair: a case study, Child care, health and development, 13, 303-309

Dräger, H.-J.; Schlottermann; K., Thöm, H. (1989) Technische Arbeitshilfen für Behinderte im Fertigungsprozeß, Bonn

zum Felde, W., Lilienthal T., Runde P. (1990) Möglichkeiten und Grenzen des Einsatzes technischer Hilfen bei der sozialen Rehabilitation körperbehinderter Menschen - Ein Literaturberichtanglo-amerikanischerForschungsergebnisse,Veröffentlichungsreihedes Bereichs Rehabilitations- und Präventionsforschung, Hamburg

Fischer, W. (1982) Alltagszeit und Lebenszeit in Lebensgeschichten von chronisch Kranken, Zeitschrift für Sozialforschung und Erziehungssoziologie, Heft 1, 5-19

Gerhardt, U. (1986) Patientenkarrieren, Frankfurt am Main

Habermas, J. (1981) Theorie des kommunikativen Handelns, zwei Bände, Frankfurt am Main

Hilbig, M., Renner, A. (1987) Die Anwendung neuer Informations- und Kommunikationstechniken im Gesundheitswesen, Diskussionspapier Nr. 6, Wuppertal

Hörning, K.H. (1988) Technik im Alltag und die Widersprüche des Alltäglichen, in: Joerges 1988, 51-94

Hörning, K.H. (1989) Vom Umgang mit den Dingen - Eine techniksoziologische Zuspitzung, in: Weingart 1989, 90-127

Hörning, K.H. (1985) Technik und Symbol, Soziale Welt, S. Heft 2, 186-207

Joas H.(1986) Die unglückliche Ehe von Hermeneutik und Funktionalismus, in: Honneth, A., Joas, H. (Hrsg.) (1986) Kommunikatives Handeln, Beiträge zu Jürgen Habermas' "Theorie des kommunikativen Handelns", Frankfurt am Main, 144-176

Joerges. B. (1988) Gerätetechnik und Alltagshandeln, Vorschläge zur Analyse der Technisierung alltäglicher Handlungsstrukturen, in: Joerges, B. (Hrsg.) (1988) Technik im Alltag, Frankfurt am Main, 20-50

Jokisch, R.(Hrsg.) (1982) Techniksoziologie, Frankfurt am Main

Lilienthal, T. (1989) Die Bedeutung der Informationsbereitstellung für eine rationale Versorgung mit Technischen Hilfen - Ein Strukturmodell relevanter Informationstypen - Veröffentlichungsreihe des Bereichs Rehabilitations- und Präventionsforschung, Hamburg 1989

Lilienthal, T. (1990) Technische Artefakte als Gegenstand soziologischer Analyse, unveröffentlichtes Manuskript, Hamburg

Linde, H. (1972) Sachdominanz in Sozialstrukturen, Tübingen

Littlejohns, P., John, A.C. (1987) Auditory Rehabilitation: should we listen to the patient? Britisch Medical Journal, 294, 1063-1064

Lutz, B. (Hrsg.)(1989) Technik in Alltag und Arbeit, Berlin

Matthes, J., u.a. (Hrsg.)(1981) Biographieforschung in handlungswissenschaftlicher Perspektive, Nürnberg

McDonald, D.W.; Boyle, M.A.; Schumann, T.L. (1989) Environmental Control Unit Utilization by High-Level Spinal Cord Injured Patients, Archive of Physical Medicine and Rehabilitation, 70, 621-623

Miller, H.J.; Thomas, E.; C.B. Wilmot (1988) Pneumolbelt Use Among High Quadroplegic Population, Archive of Physical Medicine and Rehabilitation, 69, 369-372

Naschold, F. (1987) Technologiefolgenabschätzung und -bewertung: Entwicklungen, Kontroversen, Perspektiven, WZB, Berlin

Neue Technologien und Rehabilitation, (1988) Kongreßbericht, Hrsg. von der Stiftung Rehabilitation Heidelberg, Dortmund

Petermann, T., von Thienen (1988) Technikakzeptanz: Zum Karriereverlauf eines Begriffes, WZB, Berlin

Rammert, W. (1989) Technisierung und Medien in Sozialsystemen- Annäherungen an eine soziologische Theorie der Technik, in: Weingart 1989

Reha GmbH, (1985) Ergonomische Gestaltung von Arbeitsplätzen mit Personal Computern und von Arbeitsplätzen mit Bildschirmterminals für Behinderte mit motorischen Funktionsstörungen, Marialinden

Ropohl, G.(1988) Zum gesellschaftstheoretischen Verständnis soziotechnischen Handelns im privaten Bereich, in: B. Joerges (Hrsg.) (1988) Technik im Alltag, Frankfurt am Main, 120-144

Runde, P. (Hrsg.) (1986) Zukunft der Rehabilitation, Hamburg

Runde, P., Rüb, H. (1986) Möglichkeiten und Grenzen betrieblicher Eingliederung behinderter Arbeitnehmer, in: Runde, P., 1986

Schelsky, (1961) Der Mensch in der technischen Zivilisation, Köln und Opladen

Schütze, F. (1981) Prozeßstrukturen des Lebenslaufs, in: Matthes, J., u.a. 1981, S. 67-156

Technische Hilfen für Behinderte (1983) Technische Hilfen, Grundlagen und Konzeptionen eines Informations- und Dokumentationssystems, Hrsg.: Stiftung Rehabilitation im Auftrag der Bundesarbeitsgemeinschaft Rehabilitation, ohne Ortsangabe

Witzel, A. (1982) Verfahren der qualitativen Sozialforschung, Frankfurt/New York

Weber, M. (1913) Über einige Kategorien der verstehenden Soziologie, in: Gesammelte Aufsätze zur Wissenschaftslehre, 6. Auflage, Tübingen 1985, 427-474

Weber, M. (1922) Wirtschaft und Gesellschaft, 5. Auflage, Tübingen 1985

Weingart, P. (Hrsg.) (1989) Technik als sozialer Prozeß, Frankfurt am Main

Wiedemann, E. (1988) Möglichkeiten und Grenzen der Versorgung Behinderter mit technischen Hilfsmitteln, in: Neue Technologien 1988

Yarkony, G.M.; Jones, R.; Hedman, G.; A. O'Donell (1986) Jones-Hedman Walker Modification for C7 Quadriplegic Patient: Case Study in Team Cooperation. Archive of Physical Medicine and Rehabilitation, 67, 54f

Yasuda, Y.L.; Bowman, K.; J.D. Hsu (1986) Mobile Arm Supports: Criteria for Succesful Use in Muscle Disease Patients. Archive of Physical Medicine and Rehabilitation, 67, 253-256

Walter Thimm

Die Behinderten und die Soziologie - Zur Lage der Behinderten in der Bundesrepublik

Fragmente zu einer "Soziologie der Behinderten"

Im deutschsprachigen Raum haben sich, trotz vielversprechender Ansätze seit etwa Mitte der sechziger Jahre, weder in der Theorie noch durch breite empirische Forschung die Probleme von Menschen mit körperlichen, geistigen oder psychischen Behinderungen als bedeutungsvoller Zweig in der Soziologie etablieren können. Das mag zu einem Teil darin begründet sein, daß sich die Professionalisierung der Hilfen für Behinderte vor allem auf pädagogischen Gebieten, und hier wiederum lange Zeit eingeschränkt auf die schulischen Probleme, vollzogen hat. In einer über 200jährigen Geschichte hat sich ein differenziertes System der Behindertenpädagogik antwickelt mit einem in neun Sparten ausdifferenzierten Sonderschulsystem und einem dazugehörigen "Überbau" sonderpädagogischer Studienstätten für die Sonderschullehrerausbildung, inzwischen fast ausnahmslos universitär etabliert (in der Bundesrepublik zur Zeit 20 universitäre Institute, Abteilungen, Fachbereiche). Hier ist eine durchaus respektable wissenschaftliche Produktivität zu bescheinigen (etwa ausgewiesen durch das Standartwerk von U. Bleidick und das auf 12 Bände angelegte Handbuch der Sonderpädagogik). Der in manchen sonderpädagogischen Sparten noch vorherrschende - historisch vorgeprägte - allumfassende Anspruch, für alle Belange Behinderter zuständig zu sein ("*Fürsorge von der Wiege bis zur Bahre*"), hat diese gesellschaftliche Subkultur lange erfolgreich abgeschottet gegenüber sozialwissenschaftlichen Analysen. Wer sich außerhalb der Gemeinschaft der Betroffenen und der "*Weisen*" (Goffman) anheischig machte, etwas zur Situation der Behinderten auszusagen, wurde als dafür nicht kompetent deklariert. Das war genau die Situation, als Chr. von Ferber zum ersten Mal auf dem Deutschen Fürsorgetag 1967 die gesellschaftliche Situation Behinderter als Minderheitenproblem beschrieb (v. Ferber 1968). Blindenselbsthilfevertreter und Blindenpädagogen lehnten die Analysen als "*gedankliche Konstruktion*" und als "*völlig wirklichkeitsfremd*" ab. Der Streit zog sich über Jahre hin (vgl. Thimm 1971; Schultz, 1972, Thimm, 1972).

Zwar wurde an einigen sonderpädagogischen Ausbildungsstätten das Fach "Soziologie der Behinderten" eingerichtet (zuerst in Heidelberg 1972), die Koordinierung aller verstreuten soziologischen Bemühungen um die Situation behinderter Mitbürger unter einem einheitlichen Leitgedanken, etwa dem der "*Gesellschaftsplanung*", wie es von Ferber schon 1970 forderte (Vorwort zu Thimm 1971) ist bis heute nicht gelungen. Wieland hat kürzlich darauf verwiesen, daß immer noch die Fragen von Ferbers aus dem Jahre 1976 im Raume stünden, ob "*die soziologische Theoriebildung stets das 'unbeschädigte Leben'*"voraussetze, und ob es im "*Menschenbild der Soziologen den Krüppel, den Geistesschwachen*" nicht gäbe. "*Ist der homo sociologicus stets ein Mensch im Vollbesitz seiner leiblichen Kräfte oder ist er zumindest zu diesem Vollbesitz hin emanzipationsfähig?*" (v. Ferber 1976, zit. bei Wieland 1989).

Es gab aber in dem hier angesprochenen Zeitraum einzelne bemerkenswerte Anstrengungen, durch sozialwissenschaftliche Methoden und Konzepte traditionelle behindertenpädagogische, fürsorgliche und sozialpolitische Herangehensweisen perspektivisch zu verfremden und zu ergänzen. Stellvertretend sei hier auf Arbeiten von Heinze, Hohmeier, Runde, Thimm verwiesen. Entscheidend mitgeprägt wurde die allmähliche Öffnung sonderpädagogischer und sozialfürsorglicher Felder für soziologische und sozialpolitische Analysen durch Arbeiten Christian von Ferbers. Der nachfolgende Versuch, auf knappstem Raum einen kritischen Überblick zur Lage der Behinderten in der Bundesrepublik zu geben, ist in vielfacher Hinsicht davon beeinflußt, ohne daß sieses im nachfolgenden Text im einzelnen belegt wird. Das wäre auch gar nicht immer möglich, da vieles aus dem Gedankengut von Ferbers im Denken wichtiger Vertreter der Behindertenpädagogik assimiliert wurde. Eine persönliche Einschätzung sei erlaubt: Christian von Ferber hat insbesondere immer wieder durch sein Eintreten für eine Sozialpolitik für Behinderte (z.B. 1970; 1976; 1977; 1982; 1983; 1989) und seine Arbeiten dazu, die theoretischen und praktischen Horizonte von Behindertenpädagogen, von Vertretern der Selbsthilfeorganisationen und von Repräsentanten der Wohlfahrtsorganisationen aus dem System der Behindertenhilfe erweitert, vieles an Kooperation auf den Weg gebracht und schließlich die gesamtgesellschaftliche Verantwortung für benachteiligte Mitbürger bei so manchen Politikern ins Bewußtsein gerufen. Persönlich bin ich zu tiefem Dank verpflichtet, weil ich mit Ch. von Ferber über sechs Jahre lang in einem der größten Forschungsprojekte der Sonderpädagogik zusammenarbeiten durfte (Normalisierungsprojekte, vgl. Thimm, v. Ferber, Schiller, Wedekind 1985).

Das System der Hilfen für Behinderte

Der "*Zweite Bericht der Bundesregierung über die Lage der Behinderten und die Entwicklung der Rahabilitation*" von 1989 wird von der Bundesregierung sowohl als "*Beitrag zur Aufklärung der Bevölkerung über die Lebenssituation behinderter Mitmenschen als auch zur Information behinderter Mitbürger über die für sie erbrachten Leistungen und Hilfen* " verstanden. Beides gelingt nicht in allen Teilen zufriedenstellend. Die Orientierung an einem relativ pauschalen

Behinderungsbegriff, der, wie der Bericht selbst einräumt, keine "*in sich geschlossene Gruppe mit einheitlichem Hilfebedarf*" kennzeichnet, führt notwendigerweise zu relativ globalen Beschreibungen der Situation. Die Vergewisserung über den Stand der Eingliederung (Integration) Behinderter in einzelnen Lebensbereichen (Kleinkindalter, Vorschulbereich, Schule und Berufsausbildung, Erwerbsleben, Umwelt/Bauen, Wohnen, Verkehr, Familie) soll vor allem auch der "Weiterentwicklung des Rechts zur Eingliederung Behinderter" und der Verbesserung und Koordinierung des "*gewachsenen gegliederten Systems von Leistungs- und sonstigen Zuständigkeiten*" dienen, wobei dieses gegliederte System der Hilfen selbst nicht in Frage gestellt wird.

Mit dieser lapidaren Feststellung im Behindertenbericht wird aber eine Grundproblematik der Situation Behinderter in der Bundesrepublik bagatelliesiert. Unser gegliedertes, auf kollektive Sozialversicherungssysteme gegründetes System der sozialen Sicherheit orientiert sich an Statusmerkmalen anonymer Personengruppen mit Standardrisiken (Arbeitnehmer; Kranke; Unfallgeschädigte; Arbeitslose). Für eine Restkategorie von Menschen, auf die keines der sozialversicherten Lebensrisiken zutrifft, ist die Sozialhilfe zuständig (ca. 20% der Bevölkerung). "Behinderung" als Tatbestand von Hilfsbedürftigkeit liegt aber quer zu diesem Gliederungsprinzip. Hilfebedarf aufgrund von Behinderungen wird stark segmentiert, jeweils Teilbereiche der Hilfebedürftigkeit fallen in die Zuständigkeit der verschiedenen Rechtssysteme. Hinzu kommt, daß im Bereich der Behindertenhilfe die Leistungserbringung neben staatlichen Stellen in großem Umfange freigemeinnützigen Trägern übertragen ist. Die großen Wohlfahrtsverbände haben für eine ganze Reihe von Hilfeleistungen für Behinderte eine Monopolstellung errungen, z.T. treten sie konkurrierend auf. So kann es nicht verwundern, daß sich das vor diesem Hintergrund entwickelte System der Hilfen für Behinderte für die Abnehmer selbst vor Ort in aller Regel als Chaos darstellt.

Die sozialen Rechte Behinderter auf umfassende Hilfen zur Eingliederung - niedergelegt in § 10 Sozialgesetzbuch - sind durch relativ umfassende Rechtsvorschriften verschiedener Gesetze festgelegt. Dem entspricht ein imposantes, differenziertes System institutionalisierter Hilfen. Die Integration Behinderter ist aber nun nicht in erster Linie eine Frage der weiteren Ausgestaltung des Rechts innerhalb der vorgegebenen sozialpolitischen Strukturen, sondern eine Frage, ob es gelingt, die systemimmanenten erheblichen Steuerungs- und Koordinierungsprobleme besser zu lösen, als das bisher der Fall ist. Insofern spiegelt der unbefriedigende Zustand der gesellschaftlichen Vergewisserung der Situation Behinderter die Parcellierung des Hilfssystems selbst wider. Die Folgen des gegliederten Systems der Hilfen erweisen sich letztlich als kontrafaktisch zum Ziel der Integration.

Als wichtigstes Steuerungsinstrument der staatlichen Hilfen für Behinderte fungiert ein einheitlicher Behinderungsbegriff in den unterschiedlichen Sozialleistungssystemen (mit Ausnahme des Schulbildungsbereiches). Die amtliche Klassifizierung nach "Grad der Behinderung" (GdB) - früher MdE (Minderung der Erwerbstätigkeit) - orientiert sich an medizinisch beschreibbaren Schädigungen und transformiert diese in eine, im Einzelfall nicht nachgeprüfte, hypothetische Beeinträchtigung von Funktionen, wobei arbeitsmarktorientierte Fähigkeiten eine große Rolle spielen. GdB läßt keine unmittelbaren Schlüsse zu über den tatsächlichen Hilfebedarf in alltäglichen Situationen, über die tatsächlichen Einschränkungen zurErwerbstätigkeit, über schädigungsbedingte Spezifika (also z.B. spezifische Folgen der Beeinträchtigung des Sehens, des Hörens, der körperlichen Mobilität). "Behinderung" ist ein Konstrukt, das Einschränkungen der Fähigkeit zur Eingliederung in die Gesellschaft aufgrund "der Auswirkungen einer auf einem regelwidrigen, körperlichen, geistigen oder seelischen Zustand beruhenden, nicht nur vorübergehenden Funktionsbeeinträchtigung", zu verteilungspolitischen Zwecken operationalisiert im Rahmen der vorgegebenen Struktur kollektiver Sicherungssysteme für Lebensrisiken der Mitbürger. "Behinderung" als kategoriales Merkmal, so muß festgestellt werden, ist kein geeigneter Analysebegriff zur Ermittlung spezifischer Problemlagen. Behinderung ist selbst schon soziale Tatsache, die in die Analyse mit einbezogen werden muß (vgl. Übersichten A, B und E).

Trotz der genannten Einschränkungen liegt mit dem neuen Bericht der Bundesregierung der umfassendste Überblick zur Lage der Behinderten vor. Er zeigt in seinen Grundsätzen eine durchaus moderne Perspektive: Ausgerichtet an dem Ziel der Integration werden frühzeitige und individuelle Hilfen unabhängig von der Verursachung der Behinderung ins Zentrum gerückt. Ausdrücklich wird an einigen Stellen auf den Normalisierungsgedanken Bezug genommen, nach dem *"für alle Behinderten und ihre Angehörigen ein Leben so normal wie möglich anzustreben sei"*. Die Mängel des Berichtes liegen nun vor allem darin, daß der Normalisierungsgesichtspunkt nicht zur methodischen Richtschnur genommen wird, die es nahelegt Indikatoren für "normale" Lebenssituationen zur vergleichenden Bewertung heranzuziehen.

Normalisierung als Leitidee

Die weiteren Darlegungen orientieren sich daher an dem internationalen Leitbegriff der Normalisierung, einem Begriff, der sich auch in der Bundesrepublik seit unseren eigenen Bemühungen und ländervergleichenden Untersuchungen etabliert hat (zusammenfassend dazu Thimm, v. Ferber u.a. 1985). Normalisierung als Leitvorstellung für das Interventionssystem und als Zielperspektive dieser Interventionen besagt: Mitbürger mit einem körperlichen, geistigen oder psychischen Handicap sollen ein Leben so normal wie möglich führen. Dieses ist am ehesten erreichbar, wenn die dabei eingesetzten Mittel so normal wie möglich sind.

Der Begriff der "Normalität" in bezug auf Hilfen und Lebensumstände bezieht sich dabei zunächst einmal ganz pragmatisch auf die jeweiligen, in einem vorhandenen gesellschaftlichen und kulturellen Kontext für alle Mitbürger garantierten und angestrebten Lebensstandards. Normalisierung ist ein relativer Begriff und korrespondiert mit den internationalen Bemühungen, Behinderung als eine spezifische Relation zur dinglichen und sozialen Umwelt eines Menschen aufzufassen. Es ist hier nicht der Ort, die Entstehung und Entwicklung des Normalisierungsgedankens auszubreiten. Das ist in der Literatur gut dokumentiert. Das Normalisierungsprinzip - auf den kürzesten

Nenner gebracht: - Integration durch Normalisierung der Hilfen - als Forschungs- und gleichzeitig als Interventionsperspektive, hebt einige der eingangs genannten Mängel anderer Perspektiven auf:

- Der abstrahierende kategoriale Begriff "Behinderung" oder "Behinderte" wird aufgelöst: Nicht mehr die üblichen Kategorisierungen von Behinderungen nach Art und Schweregrad der medizinischen Schädigung sind leitender Gesichtspunkt, sondern die konkreten Beschreibungen alterspezifischer Problemlagen des Alltags.
- Der Normalisierungsgedanke orientiert sich stärker an Konzepten, die den "Alltag", die sozialen Beziehungsgefüge, in denen Menschen mit einem Handicap leben, in den Blick bringen (vgl. ähnliche Tendenzen in der Familienforschung; den Forschungen zum Gesundheitssystem; Stichworte: Laienhilfe, Laienpotentiale; Soziale Unterstützung in sozialen Netzwerken (Schiller 1987). Zusammenfassend: Vom institutionsbezogenen Denken, Planen, Handeln (vor allem auf Sondersysteme ausgerichtet) zum integrativen Denken, Planen und Handeln, das an den alltäglichen Lebensbedingungen der Betroffenen anknüpft! Das institutionalisierte Hilfssystem wird selbst mit in die kritische Analyse einbezogen.
- Eine Einschätzung und Beschreibung der Lage behinderter Mitbürger unter Normalisierungsgesichtspunkten ist auch deshalb angezeigt, weil an Normalisierung ausgerichtete Vorgehensweisen immer auch die Perspektive der Betroffenen selbst einbeziehen. Aus verschiedenen Gründen, die hier nicht dargelegt werden können, hat sich auch in der Bundesrepublik so wie in anderen westlichen Demokratien neben dem professionellen System der Hilfen für Behinderte eine vielfältige, für den einzelnen nicht immer überschaubare Struktur nichtprofessioneller Aktivitäten entwickelt (von "selbstverständlichen" Alltagshilfen in der Familie, der Verwandtschaft, im Freundeskreis, in der Nachbarschaft über Initiativgruppen, Selbsthilfegruppen bis zu Selbsthilfeorganisationen). Hier wird bei der Problemdefinition und der Konzeption der Hilfen die Berücksichtigung der Perspektiven der Betroffenen, der Adressaten des professionellen Systems, nachdrücklich reklamiert und zwar in zunehmenden Maße durch die Adressaten selbst.

Behinderung und Schule (vgl. Übersicht C)

In der Bundesrepublik hat sich ein vielgliedriges, hochspezialisiertes Sonderschulsystem herausgebildet, dessen Wurzeln z.T. bis Ausgang des 18. Jahrhunderts reichen (Handbuch der Sonderpädagogik 1978). In den 9 Sonderschultypen werden z.Z. rund 220000 behinderte Schüler betreut. Die Sonderschullehrerausbildung ist entsprechend der Gliederung des Sonderschulwesens spezialisiert und seit geraumer Zeit universitär etabliert. Seit einigen Jahren tauchen erhebliche Zweifel auf, ob eine z.T. über zehnjährige Separierung in Sonderschulen der angestrebten Integration als erwachsene Behinderte nicht eher hinderlich als förderlich ist. Eine besondere Problematik bildet der Personenkreis der sogenannten Lernbehinderten, da es sich bei diesen Schülern zum überwiegenden Teil nicht um Behinderte im engeren Sinne handelt. Ihr Versagen in der Regelschule wird heute als Versagen der Regelschule interpretiert, die sich als unfähig erwiesen hat - obwohl doch Schule für alle - Sozialisationsdefizite zu kompensieren, Defizite, die nicht primär auf eine körperliche oder geistige Defektivität zurückzuführen sind. Ähnliche Überlegungen gelten auch für den Personenkreis der verhaltensgestörten Schüler. Die Existenzberechtigung besonderer Schulen für sogenannte Lernbehinderte und Schüler mit Verhaltensproblemen wird auch in Fachkreisen angezweifelt. Es sind die Rahmenbedingungen weitgehend bekannt, die ein Verbleiben dieser Schüler in der Regelschule ermöglichen könnten (Differenzierung und Individualisierung im Unterricht; spezielle sonderpädagogische Förderung innerhalb der Regelschulklassen durch Sonderschullehrer, weitere Verkleinerung der Grundschulklassen). Wenn es zu einer umfassenden Integration lernbeeinträchtigter Schüler bisher nicht gekommen ist, dann liegt es sicherlich auch daran, daß gerade diese Schülerschaft keine organisierte Elternlobby hinter sich hat und daß die langjährigen Annerkennungsbestrebungen der Hilfsschullehrerschaft um höheres Prestige und höhere Bezahlung natürlich begleitet waren von Legitimationszwängen, die über Bord zu werfen, das mühsam errungene Selbstverständnis einer großen Lehrergruppe in Frage stellt.

In den anderen Sonderschulbereichen stellen sich die Probleme anders und jeweils unterschiedlich dar. Hier ein kurzer Überblick: Die einflußreichste Elternbewegung für die Integration ist im Bereich der Geistigbehindertenpädagogik etabliert. Die Auseinandersetzung zwischen Fachleuten und Elterngruppierungen nimmt bisweilen militante Züge an. Elterninitiativen sind die entscheidenden Wegbereiter gerade bei der Gruppe der geistig Behinderten gewesen, wie bei keiner anderen Behindertengruppe. Vorreiter war hier die Lebenshilfevereinigung (gegr. 1958), die das Recht auf Beschulung erkämpfte und die ersten Schulen für geistig behinderte Kinder gründete. Es gibt inzwischen eine Reihe von Modellversuchen zur Integration geistig behinderter Kinder, von betreuten Formen der Einzelintegration über Gruppenintegration bis hin zu Kooperationsformen einer "Schule für Geistigbehinderte" mit einer Regelschule in gemeinsamen Gebäuden oder doch wenigstens in räumlicher Nähe. Es gibt aber auch - und das in der überwiegenden Zahl - die räumlich wie organisatorisch völlig vom Regelschulsystem abgekoppelten Bildungseinrichtungen für geistig behinderte Kinder und Jugendliche. Eine nicht unerhebliche Zahl geistig behinderter Kinder lebt auch noch in großen stationären Einrichtungen, also nicht bei den Eltern. Hier gibt es erhebliche regionale Disparitäten.

Die Sonderschulen für Blinde und Gehörlose, zumeist verbunden mit Internaten, blicken auf die längste Tradition zurück. Im Bereich der Blindenbildung gibt es inzwischen eine nennenswerte Integrationsbewegung im gymnasialen Bereich. Einzelintegration auf anderen Schulstufen mit Betreuung ist hier und da erfolgreich verlaufen, zumeist gegen den Widerstand des etablierten Systems und vor allem von Müttern getragen. Schulische Integration Gehörloser wird kaum diskutiert.

Es gibt zwar Sonderschulen für die mittleren bis leichteren Grade von Seh- und Hörschädigungen (Sehbehinderte, Schwerhörige). Der größte Teil von Kindern mit Sehbehinderung und Hörbeeinträchtigungen leichteren Grades befinden sich aber in den Regelschulen ohne jede besondere pädagogische Betreuung. Als erstes Bundesland ist hier Schleswig-Holstein den Weg einer flächendeckenden pädagogischen Betreuung gegangen (mit der Zentrale in Schleswig). Von diesem Modell könnten einmal Impulse für die integrative Beschulung auch anderer Behinderungsformen ausgehen.

Auch körperbehinderte Schüler - eine in sich außerordentlich heterogene Gruppe - besuchen nur zum Teil Sonderschulen. Es gibt betreute integrative Formen, die Mehrheit der körperlich eingeschränkten Schüler besucht aber die Regelschulen, wiederum ohne sonderpädagogische Betreuung. Sprachbehinderungen wird mit unterschiedlichen Organisationsformen begegnet. Neben besonderen Schulen in einigen Bundesländern geht hier eindeutig der Trend zu einer flächendeckenden ambulenten Therapie.

Angesichts zunehmender Forderungen, vor allem von Eltern, daß behinderte Kinder ein Recht darauf hätten, so normal wie möglich, und das heißt mit den anderen Kindern aus der Nachbarschaft, dem Wohnviertel, gemeinsam beschult zu werden, gerät das Sonderschulsystem unter erhöhten Legitimationsdruck. Das vorhandene System hat es nicht einmal geschafft, überzeugende Lösungen für die sonderpädagogische Betreuung leichter behinderter Kinder im Regelschulsystem zu entwickeln. Es fehlt an Erfahrungen der Kooperation mit anderen Lehrergruppen. Hinzu kommt ein anderer Tatbestand, der das bestehende System der auf spezielle Behinderungsarten zugeschnittenen Sonderschulen in Frage stellt: die ständige Zunahme von Mehrfach- und Schwerstbehinderungen. Die pädagogischen und organisatorischen Antworten auf diesen weltweiten Trend der Veränderung des Behinderungspotentials sind weitgehend noch Zukunftsaufgabe.

Behinderung und Erwerbstätigkeit

Die Übersichten A und B zeigen folgendes:
Ein großer Teil der Behinderten ist erwerbslos. Vorliegende Statistiken erlauben keine differenzierten alters- und geschlechtsspezifischen Angaben im Vergleich zu entsprechenden Populationen der Nichtbehinderten. Differenzierungen über die globalen Angaben zum GdB hinausgehend im Hinblick auf die unterschiedlichsten Behinderungsformen sind ebenfalls kaum möglich.

40% der 5,1 Mio. Schwerbehinderten sind über 65 Jahre alt, 300000 sind Kinder, Jugendliche bzw. in Ausbildung Befindliche. So ergibt sich rein rechnerisch, daß nur etwa 34% aller amtlich registrierten Schwerbehinderten im erwerbsfähigen Alter auch tatsächlich erwerbstätig sind. Zu berücksichtigen ist dabei, daß 30% der Schwerbehinderten sich in der Altergruppe der 55 bis 65jährigen befinden, so daß die Zahl der erwerbstätigen Behinderten in der Altergruppe der 25 bis 55jährigen höher anzusetzen ist als mit 34%. Dennoch bleibt sie, so ist zu konstatieren, erheblich unter der Erwerbstätigkeitsquote der Nichtbehinderten keine angemessene Bezugsgröße dar, da ein großer Teil der Behinderten im erwerbsfähigen Alter (nämlich der, der nie einer Erwerbstätigkeit nachgegangen ist) gar nicht in der Arbeitslosenstatistik auftaucht. Diese Angaben werden auch in einer repräsentativen Studie im hessischen Raum bestätigt (Kniel, Windisch 1987). Hier waren rund 50% der 18 bis 60jährigen Schwerbehinderten mit einem GdB von über 80% nicht erwerbstätig (N = 360).

Besondere Beschäftigungsbarrierren sind: Schwerbehinderungen, bei denen eine Berufstätigkeit nur mit einer Hilfskraft oder mit außergewöhnlichen zusätzlichen Aufwendungen zu ermöglichen ist; geistige oder psychische Behinderungen. Daneben spielen wie bei Nichtbehinderten die Merkmale höheres Alter (etwa ab 50 Jahren) und niedriges Schulbildungs- bzw. Ausbildungsniveau eine Rolle.

Die gegenwärtige Situation wäre erheblich zu verbessern, wenn die vor Ort auftauchenden systemimmanenten Informations-, Steuerungs- und Koordinierungsprobleme abgefangen würden. Hier sind Instrumente der gegenseitigen Information und der Kooperation zu schaffen, an denen die in unserem gegliederten Rehabilitationssystem tätigen Instanzen beteiligt wären (vgl. dazu Runde 1979).

Neben dieser Verbesserung der Rehabilitation vor Ort ist aber die Erwerbsproblematik Leistungsgeminderter zu diskutieren im Rahmen der unserem Wirtschaftssystem immanenten Ausgliederungsdynamik, die uns auf Dauer, auch für die Zukunft, über 2 Millionen Arbeitslose beschert. Die relativ hohe Erwerbslosenquote unter den Behinderten ist also nicht in erster Linie ein Problem der weiteren Ausgestaltung von spezifischen Rechtsvorschriften - das Schwerbehindertengesetz gilt auch im Ausland als vorbildlich!

Ein weiterer Gesichtspunkt ist zu diskutieren: Es gibt außerordentlich gravierende Beeinträchtigungen der körperlichen, geistigen und seelischen Funktionen, bei denen eine ökonomische sinnvolle Tätigkeit im Rahmen unserer Arbeitsmarktstrukturen nicht oder nur unter größten Belastungen für die Betroffenen zu realisieren ist. Davor sollten wir bei allem Rehabilitationsoptimismus nicht die Augen verschließen. Ich erinnere an den Hinweis auf die generelle Zunahme von Schwerst- und Mehrfachbehinderungen. Es ist eine Herausforderung an fortgeschrittenen Industriegesellschaften, für ein Leben Sinn zu konstituieren, dessen Bedeutung jenseits des ökonomisch Meßbaren liegt. Dieses aber ist im Bauplan unserer Gesellschaft nicht vorgesehen.

Einen Arbeitsmarkt besonderer Art stellen die Werkstätten für Behinderte (WfB) dar (Übersicht D). Sie sind Orte der beruflichen Bildung und der Dauerbeschäftigung für Behinderte, die "wegen der Art und Schwere ihrer Behinderung" nicht oder noch nicht auf dem allgemeinen Arbeitsmarkt beschäftigt werden können. In 384 Werkstätten werden z.Z. 95000 Behinderte beschäftigt, der zusätzliche Bedarf bis zum Jahre 2000 wird auf 50.000 Plätze geschätzt. Als besonders problematisch erweist sich die Eingliederung psychisch Behinderter in die Werkstätten für Behinderte, deren Klientel zum überwiegenden Teil aus geistig Behinderten besteht. Hier werden neue Wege in Richtung Selbsthilfefirmen, Geschäftsläden, Reparaturwerkstätten, Dienstleisungsbetriebe beschritten. Unter Normalisierungsgesichtspunkten bedarf es dringend folgender Verbesserungen: Der Rechtsstatus als Arbeitnehmer für alle Beschäftigten einer WfB muß hergestellt werden; das Lohnniveau muß erheblich angehoben werden; die Mitbestimmungsformen bedürfen des weiteren Ausbaus.

Wohnen: Lebensorte für Behinderte

Als wichtige Indikatoren für die Normalisierung der alltäglichen Lebensbedingungen haben sich in internationalen Studien "Ort und Qualität des Wohnens" erwiesen. Dieser Gesichtspunkt wird besonders im Hinblick auf geistig behinderte Erwachsene breit diskutiert. Die Erfüllung zentraler Grundbedürfnisse wie solcher nach mitmenschlicher Kommunikation, nach Selbstbestimmung und Selbstachtung, nach Identitätsfindung, nach möglichst umfassender Teilhabe am sozialen Leben hängt in entscheidendem Maße davon ab, wo ich wohne, mit wem ich zusammenwohne, welche Chancen zur Selbstgestaltung meines Zuhause, auch welche materiellen Möglichkeiten zur individuellen Ausgestaltung meiner Wohnung ich habe (vgl. Thimm u.a. 1985).

Ich greife zwei Personengruppen heraus, für die vorrangig angemessene Lösungen geschaffen werden müssen: den Personenkreis der geistig Behinderten und den Kreis der körperlich Behinderten mit hohem Pflegeaufwand.

Vom Ursprung her richtete sich der Normalisierungsgedanke zunächst auf die unwürdige Massenunterbringung geistig behinderter Menschen in großen zentralen Einrichtungen (Anstalten). Hier hat es revolutionierende Änderungen in den letzten 25 Jahren gegeben, ausgehend von Skandinavien und dann auch in den USA und in Kanada. Große Anstalten wurden aufgelöst, von innenher reformiert, ein ganzes Netz von Wohnungseinrichtungen mit abgestuften sozialpädagogischen Hilfen bis hin zur relativen Selbständigkeit in der eigenen Wohnung entstand. Wegen der Besonderheit des deutschen gegliederten Systems, in dem gerade im Bereich der stationären Einrichtungen für geistig behinderte Menschen die freien Wohlfahrtsverbände eine historisch gewachsene Monopolstellung einnehmen, kam es bei uns zu erheblichen regionalen Disparitäten: Im Einzugsbereich alter stationärer Einrichtungen (Anstalten) konnten sich kaum Alternativen etablieren wie kleinere Wohnheime, Außenwohngruppen, Wohngemeinschaften, betreute Einzelwohnungen. In anderen Regionen gibt es eine breite Palette solcher Wohnmöglichkeiten für geistig Behinderte, in der Regel in Verbindung mit den Werkstätten für Behinderte. Die Entwicklung in größeren Anstalten zielt auf innere Reformierung: Verkleinerung der Wohneinheiten, Verbesserungen des Standards, zum Teil auch größere Autonomie von Wohneinheiten innerhalb der Anstalten bezüglich der Ausgestaltung, Bewirtschaftung mit eigenem Budget. Zunehmend kommt es zu Satelitenbildungen kleinerer Wohneinheiten im Einzugsbereich der Anstalten. Drei Trends fordern Lösungen für die Zukunft: Zum ersten ist als Ergebnis der durchgängigen Förderungsorientierung (statt Versorgungsorientierung) auch in Zukunft mit einer Zunahme geistig Behinderter zu rechnen, die in weniger betreuten Wohnungen zurechtkommen. Der zusätzliche Bedarf an Wohnstättenplätzen wird auf 30 bis 40000 geschätzt, dabei wären Forderungen nach genereller Verkleinerung der Wohnstätten und größerer Flexibilität innerhalb des Systems der unterschiedlichen Wohnformen zu berücksichtigen. Zum zweiten entsteht ein zusätzlicher Bedarf an Wohnungen für ältere geistig Behinderte. Die Lebenserwartung hat sprunghaft zugenommen, Lösungen für älter werdende Behinderte sind zu finden. Dabei erweist sich die unsinnige rechtliche Bindung eines Wohnstättenplatzes an die Zugehörigkeit zur

Werkstatt für Behinderte als Hindernis. Und drittens fürchten die stationären Einrichtungen zurecht, daß, im allgemeinen Trend der Förderung leichterer bis mittelschwer Behinderter bei gleichzeitiger relativer Zunahme Schwers- und Mehrfachbehinderter, die Anstalten schließlich nur noch diesen Personenkreis behalten, ein für Klienten und Personal äußerst bedenklicher Zustand. Hier zeichnen sich noch keine einvernehmlichen Lösungen zwischen den Trägern offener Hilfen ab.

Zum zweiten Personenkreis: Seit Jahren bemühen sich verschiedene Gruppierungen (u.a. die Bewegung "Autonomes Leben", in München organisiert als "Vereinigung Integrationsförderung VIF") um Lösungen unabhängigen Wohnens pflegeabhängiger Körperbehinderter bei freier Wahl und jederzeitigem Abruf von Pflegeleistungen und Hilfen zur Mobilität. Die administrativen Probleme der Finanzierung sind dabei immer noch ungelöst. Es fehlt an vernünftigen Modellen der Kooperation zwischen örtlichem und überörtlichem Träger der Sozialhilfe. Für die Finanzierung ambulanter Hilfeleistungen in einer normalen Wohnung ist, soweit nicht Krankenkassenleistung, die örtliche (kommunale) Sozialbehörde zuständig, für eine stationäre Unterbringung mit Vollservice der überörtlichen Träger (Sozialämter der Bundesländer bzw. entsprechende Körperschaften). Elementare Forderungen des Normalisierungsgedankens nach Auflösung geschlossener Lebenszusammenhänge Behinderter ("Alles-unter-einem Dach-Konzept") sind hier noch weitgehend zu verwirklichen. Es ist eine Infrastruktur des Wohnens für Körperbehinderte innerhalb der Kommunen zu schaffen, mit behindertengerechten Einzelwohnungen, Wohngemeinschaften, Gruppenwohnungen, Pflegeappartements gekoppelt mit ambulanten Pflege- und Mobilitätsdiensten. "Für viele Behinderte, vor allem auch schwerer und schwerstbehinderte Menschen, fehlt die Möglichkeit, sich frei für eine selbstgewählte Wohnform zu entscheiden" (Zweiter Bericht).

Viele erwachsene geistig Behinderte und Körperbehinderte verbleiben schließlich im Elternhaus, eine häufig für alle Beteiligten problematische Situation: ein in vielen Fällen symbiotisches gegenseitiges Abhängigkeitsverhältnis zwischen Eltern und erwachsenem Kind steuert fatalistisch auf eine Heimunterbringung des schließlich völlig unselbständigen erwachsenen Behinderten zu, wenn die Eltern aus Krankheits- und Altersgründen ausfallen.

Öffentliches Klima

Es gibt unterschiedliche Einschätzungen darüber, ob sich die allgemeine gesellschaftliche Akzeptanz behinderter Mitbürger im Laufe der Nachkriegszeit in der Bundesrepublik erhöht hat. Manches scheint dafür zu sprechen. Die insgesamt größere Offenheit des Hilfssystems, die Tätigkeiten vieler Selbsthilfegruppen und Behinderteneinrichtungen auf lokaler Ebene, auch die unverkrampfte Präsentation in den Massenmedien, alles dieses hat sicherlich einen Gewöhnungseffekt in der Öffentlichkeit bewirkt. Man begegnet einfach im Alltag weitaus häufiger als früher z.B. Gruppen geistig behinderter Menschen, Rollstuhlfahrern, Eltern behinderter Kinder. Ob dieses alles zu tragfähigen, integrationsfördernden Überzeugungen, zur größeren Bereitschaft zum solidarischen Handeln, dort, wo es notwendig ist, geführt hat, ist leider anzuzweifeln.

Behinderte stellen kein konfliktfähiges Potential dar, das aktualisiert als Pressure-Group, Interessen unter Sanktionierungsdrohung an unsere Gesellschaft oder bestimmte gesellschaftliche Teilbereiche durchzusetzen in der Lage wäre (Runde 1985). Ich erinnere an die kurzen Bemerkungen zum kategorialen Merkmal Behinderung, das eine in sich außerordentliche heterogene Bevölkerungsgruppe zusammenfaßt, auch daran, daß Behinderte eher eine Belastung für einen auf Gewinnmaximierung ausgerichteten Arbeitsmarkt darstellen. Behinderung ist auch kein Merkmal für spezifische einheitliche, marktrelevante Konsumbedürfnisse. Insofern mag das, was vielen als relative Integration Behinderter erscheinen mag, eher einer Duldung gleichen, die darauf beruht, daß Behinderte in keiner Weise eine Konkurrenz für Nichtbehinderte in der Erlangung erstrebenswerter materieller Güter darstellen. Das Millionenbudget für Sozialleistungen an Behinderte stellt eine minimale Größe gegenüber beispielsweise den Milliardenausgaben für Verteidigungs- und Rüstungsausgaben - Überflußgesellschaften können sich Behinderte leisten, und die Ausgaben für Behinderte haben auch eine Alibifunktion im Hinblick auf als selbstverständlich erachtete Wohlstandsbedürfnisse der Bevölkerungmehrheit.

Immerhin: vor diesem gesamtgesellschaftlichen Hintergrund der Duldung lassen sich an den jeweiligen Lebensorten Behinderter tragfähige Netzwerkbeziehungen zwischen Behinderten und Nichtbehinderten (professionellen Helfern und Laien) ausbauen, die als "nützlich" in dem Sinne, daß sie sich identitätsfördernd, das heißt Lebenssinn stiftend für Behinderte wie Nichtbehinderte auswirken.

Dieses Netz solidarischer Beziehungen ist gesellschaftliche Realität, die den darin nicht eingeschlossenen Gesellschaftsmitgliedern, also der Mehrheit unserer Mitbürger, weitgehend vorenthalten bleibt. Was uns fehlt, ist eine öffentlich wirksame Kampagne, die dem uniformierten Teil der Gesellschaft solche solidarischen Beziehungen beispielhaft vor Augen führt. Die gesamtgesellschaftliche Fähigkeit zum solidarischen Handeln zwischen sogenannten Schwachen und sogenannten Starken ist nach meiner Einschätzung die entscheidenste Vorbedingung für eine fortschreitende Humanisierung der Welt. Die Verlagerung der Hauptakzente professioneller Behindertenhilfe auf die alltäglichen Lebensbeziehungen Behinderter schafft dazu die besten strukturellen Voraussetzungen.

Weitgehend unbeachtet und daher auch in den folgenden für eine breite Basis zur Integration Behinderter bisher kaum einzuschätzen ist folgende Entwicklung: Sonderpädagogok (Behinderten- oder Heilpädagogik - die Terminologie ist uneinheitlich) ist ein Massenfach an Universitäten und Fachhochschulen geworden. Allein in den deutschen universitären Ausbildungsstätten liegt die Zahl der Studierenden seit Jahren bei über 10.000. Ich schätze die Zahl der jungen Menschen, die in Fachhochschulstudiengängen und Fachhochschulausbildungen mit heilpädagogischen Fragestellungen beschäftigt sind, auf weitere 10.000. Nur ein kleiner Teil von diesen Fachkräften stellt

Nachwuchs für die Sonderschulen dar, der größere Teil strebt außerschulische Bereiche der Behindertenhilfe an. Viele von den Absolventen haben kaum eine ausbildungsadäquate Anstellungschance, bringen aber ihre heilpädagogischen Qualifikationen mit zum Teil bemerkenswerten Praxiserfahrungen (Zivildienst, Freiwilliges Soziales Jahr, ausbildungsbegleitende Praxis, häufig weit über das durch Prüfungsordnungen vorgeschriebene Maß hinaus) in ihr Lebensumfeld ein. Über die konkreten Auswirkungen dieser "Überkapazitäten" (gemessen an den zur Verfügung stehenden Stellen) auf die Netzwerke Behinderter und ihrer Familien wissen wir wenig. Wahrscheinlich können die positiven Einflüsse auf das lokale Klima für Behinderte gar nicht hoch genug eingeschätzt werden. Die "Revolution" von unten, wie wir sie bei vielen Bestrebungen zur schulischen Integration haben, wird an vielen Orten von Menschen mitgetragen, die zwar sonderpädagogisch qualifiziert aber nicht adäquat beschäftigt sind.

Folgerungen (Zusammenfassung)

Der Perspektivenwechsel in der Behandlung der Probleme behinderter Mitbürger wird im Normalisierungsgedanken zum Ausdruck gebracht: Integration durch Normalisierung der Hilfen. Daraus folgen Forderungen nach Deinstitutionalisierung und Regionalisierung des Hilfssystems. Dieses stößt in der Bundesrepublik mit seinem gegliederten System der Sozialen Sicherheit an Systemgrenzen. Zur Überwindung der integrationshemmenden Systemgrenzen und zur Sicherung der Adressatenbeteiligung am Integrationsprozeß sind folgende Forderungen aufzustellen:

- Es sind teilräumliche Institutionen der Koordinierung und Steuerung der Hilfen für Behinderte zu schaffen (kommunale Arbeitskreise, Arbeitsgemeinschaften o.ä.), die konkurrierende, partikulare Interessen der Sozialversicherungsträger, der freien Träger und der Behinderten einer gemeinsam getragenen Lösung zuführen. Dringend bedarf es der Kompetenzregelung zwischen örtlichen und überörtlichen Sozialhilfeträger. (Horizontale und vertikale kommunale Steuerung).
- Adressenbeteiligung darf nicht, wie es immer noch häufig der Fall zu sein scheint, als "nicht mehr zu umgehendes Übel" angesehen werden, sondern muß zentraler Gesichtspunkt bei der Kommunalisierung der Hilfen sein. Dort, wo sich Behinderte bisher nicht angemessen artikulieren, müssen vorrangig Selbsthilfeaktivitäten initiiert, gestützt und gefördert werden. Beratungs- und Koordinationsstellen für Lelbsthilfegruppen können ein gangbarer Weg dazu sein.
- Befürchtungen hinsichtlich der Kontrolle der Hilfegewährung bei weitgehender Individualisierung (z.B. im Hinblick auf Anspruchsberechtigung; Angemessenheit finanzieller Aufwendungen) sollten als Probleme der Verantwortungsverlagerung "nach unten" und der sich daraus ergebenden Verantwortungskompetenz umformuliert werden. Angehörige des bürokratisierten, verwaltenden Systems der Behindertenhilfe sehen sich legalitätsorientiert vor allem Kontrollproblemen ausgesetzt. Eine Verlagerung der Entscheidungen über Art, Umfang, Zeitpunkt usw. sozialer Hilfen auf die Abnehmer selbst, setzt soziale Kompetenz der Adressaten voraus. Durch die Betroffenheit allein ist das natürlich nicht automatisch sichergestellt. (Hier liegen fälschlicherweise Konfliktstoffe in der oft harten Auseinandersetzung zwischen

Behinderten und den "Profis"!). Kompetenz im hier angesprochenen Zusammenhang entwickelt sich in einem Lernprozeß an der Sache, um die es geht, also durch schrittweise Zuweisung an Entscheidungsmöglichkeiten und Übernahme von Entscheidungsverantwortung. Sicherlich hat hier die Behindertenpädagogik allzusehr passiver Konsumentenmentalität bei Behinderten Vorschub geleistet. Man führe sich nur einmal den "Komplettservice" so mancher Behinderteninstitutionen vor Augen: Stätten, in denen Hilflosigkeit erlernt wird.

Ambulante Pflege-, Versorgungs- und Hilfsdienste in verschiedenen Bereichen (z.B.familienentlastende Dienste; Serviceleistungen in unterschiedlichen Wohnsituationen) bedürfen dringend der umfassenden Absicherung ihrer Rechts- und Finanzierungsgrundlagen, auch für die Hilfeleistenden. In diesem Bereich der ambulanten Dienste besteht insgesamt ein außerordentlicher Bedarf. Diese Dienste sind das Kernstück der Behindertenhilfe der Zukunft, und wir haben uns darauf einzustellen. Wir müssen umdenken: ambulante Dienste dienen nicht dem Ausgleich der Defizite, die Sondereinrichtungen nicht leisten, sondern: Sonderinstitutionen dienen der (jedenfalls der Absicht nach: nur vorläufigen) Absicherung von Hilfen, die durch ambulante Dienste (noch) nicht geleistet werden können. Ambulante Dienste haben Vorrang vor stationärer Versorgung (stationär hier im weitesten Sinne).

- Der z.T. überdurchschnittliche Anstieg der Lebenserwartung Behinderter zwingt dazu, gemeindenahe Lösungen im Rahmen der allgemeinen Altenplanung zu suchen. Es ist eine Infrastruktur des Wohnens für Behinderte zu schaffen, die das Vertrauen der Eltern behinderter erwachsener Töchter und Söhne weckt, ihre "Kinder" in eine eigene Wohnlösung zu entlassen (Sicherung der Kontinuität auch im Alter).
- Bildungsangebote für Behinderte sind auch für das Erwachsenenalter zu etablieren und sind als integrierte Angebote des allgemeinen Erwachsenenbildungssystem anzubieten.

Eine solche konsequente Strategie der Kommunalisierung der Hilfen für Behinderte löst den abstrakten, anonymen kollektiven Status "Behinderter" auf, macht die Alltagsprobleme von Menschen mit Einschränkungen ihrer körperlichen, geistigen oder psychischen Funktionen sichtbar und erfahrbar. Nur auf diesem Wege, bei dem, an die Betroffenheit der nicht unmittelbar betroffenen Mitbürger anknüpfend, Solidaritätskerne in unserer Gesellschaft entstehen, wird eine global existentielle Bedrohung behinderter Mitbürger durch Forschung und Praxis der Humangenetik (wie sie sich zum Beispiel konkret abzeichnet im Europäischen Programm zur sogenannten 'Prädiktiven Medizin'!) verringert, hoffentlich ein für allemal unmöglich gemacht werden.

Behinderte in der Bundesrepublik Deutschland - Übersichten

A

Schwerbehinderte nach dem SchwbG - GdB 50 - 100%

nicht erwerbstätig	4.100.000
arbeitslos	129.000
erwerbstätig	848.000
Insgesamt	5.077.000

Behinderte unter 50% GdB

erfaßt ca.	1.300.000
nicht erfaßt, geschätzt	1.500.000
	2.800.000

Behinderte insgesamt (nach GdB-Vorgaben)

6,4 Millionen (11,1%)

Behinderte einschließlich "Selbstdefinition"

ca. 7,9 Millionen (13,7%)

B

Schwerbehinderte nach dem SchwbG

Altersgruppen	%
0 - 25 Jahre	4,9
25 - 55 Jahre	24,4
55 - 65 Jahre	30,2
über 65 Jahre	40,5

C

Sonderschüler (% Anteil an allen Schülern der Klassen 1-10)

221.000	Lernbehinderte	2,530
	Blinde und Sehbehinderte	0,058
	Gehörlose und Schwerhörige	0,144
	Sprachbehinderte	0,277
	Körperbehinderte	0,213
	Geistigbehinderte	0,629
	Verhaltensgestörte	0,207
	Sonstige Behinderte	0,131
	Insgesamt	4,188
	Ohne Lernbehinderte und Verhaltensgestörte	1,451

D

Werkstatt für Behinderte (WfB)

Gliederung: Eingangs-, Arbeitstraining-, Arbeitsbereich

Zuständig: Bundesanstalt für Arbeit und überörtlicher Sozialhilfeträger

In 383 Werkstätten sind 95.000 Behinderte beschäftigt.

Bedarf bis 2000: zusätzliche 50.000 Plätze

E

Behinderungen: Art der schwerwiegensten Behinderungen (%-Anteil)
(Bezug: 6,4 Mio. Behinderungen nach GdB)

1	Beeiträchtigungen der Funktion von inneren Organen bzw. Organsystemen	35
2	Funktionseinschränkungen der Wirbelsäule und des Rumpfes, Deformierung des Brustkorbes	15
3	Funktionseinschränkungen von Gliedmaßen	14
4	Querschnittslähmung, zerebrale Störungen, geistig-seelische Behinderungen, Suchtkrankheiten	10
5	Blindheit und Sehbehinderung	4
6	Sprach- oder Sprechstörungen, Taubheit, Schwerhörigkeit, Gleichgewichtsstörungen	3
7	Verlust oder Teilverlust von Gliedmaßen	2
8	Kleinwuchs, Entstellungen u.a.	2
9	Sonstige und ungenügend bezeichnete bzw. Einordnung nicht möglich	15

(nach: Wirtschaft und Statistik 2/85)

Die "amtlichen" Zusammenfassungen sind problematisch, insbesondere in der Ziffer 4. So ist z.B. darauf zu achten, daß eine klare Trennung zwischen geistiger Behinderung und psychischen Erkrankungen getroffen wird. In der Bundesrepublik ist von einer Gesamtzahl 300.000 geistig behinderten Menschen auszugehen (rd. 0,5% der Bevölkerung)

Literatur

Bleidick, U. (1984) Pädagogik der Behinderten, Berlin, 5.Aufl.

Ferber, Chr. v. (1968) Der behinderte Mensch und die Gesellschaft, in: Gesamtbericht über den 65. Deutschen Fürsorgetag, Frankfurt

Ferber, Chr. v. (1970) Vorwort zu W. Thimm, Blinde in der Gesellschaft von heute, a.a.O.

Ferber, Chr. v. (1976) Zum soziologischen Begriff der Behinderung, Zeitschrift für Heilpädagogik 27, 416-423

Ferber, Chr. v. (1977) Die Behinderten in der Sozialpolitik, Zeitschrift für Heilpädagogik 28, 616-627

Ferber, Chr. v. (1982) Perspektiven für die 80er Jahre, in: Dokumentation Werkstättentag '82, Osnabrück (AG Werkstätten für Behinderte)

Ferber, Chr. v. (1983) Staatliche Sozialpolitik für Behinderte und die Familien Behinderter, Zeitschrift Geistige Behinderung 22, 2-12

Ferber, Chr. v. (1989) Zukunftsorientierte Politik für Behinderte, in: Kongreßbericht REHA 89, hrsg. v. Beck, I. und Thimm, W., Düsseldorf, 248-280 (deutsche und englische Fassung)

Handbuch der Sonderpädagogik, hrsg. v. Bach u.a. (1978) 11 Bände, Berlin

Heinze, R.G.; Runde, P. (Hrsg.) (1982) Lebensbedingungen Behinderter im Sozialstaat, Opladen

Hohmeier, J. (1979) Soziologie der Behinderten: Standort und Perspektiven, in: Handbuch der Behindertenpädagogik Bd. 1, hrsg. v. Dennerlein, H. u. Schramm, K., München

Hohmeier, J. Bemerkungen zum gegenwärtigen wissenschaftlichen Begriff von Behinderung In: Heinze und Runde (Hrsg.), a.a.O.

Runde, P. (1985) Möglichkeiten und Grenzen der Regulierung sozialer Probleme am Beispiel der beruflichen und sozialen Rehabilitation Behinderter, in: Handbuch der Sonderpädagogik Bd. 1, Berlin, 198-234

Schiller, B. (1987) Soziale Netzwerke behinderter Menschen, Frankfurt

Schultz, B. (1972) Besprechung zu: W. Thimm, Blinde in der Gesellschaft von heute, Untersuchungen zu einer Soziologie der Blindheit, KZfSS, 24: 156-158

Thimm, W. (1971) Blinde in der Gesellschaft von heute, Berlin

Thimm, W. (1972) Erwiderung zu B. Schultz Besprechung, KZfSS, 24: 902-903

Thimm, W. (Hrsg.) (1972) Soziologie der Behinderten - Materialien, Neuburgweier

Thimm, W. (1978) Beiträge im Handbuch der Sonderpädagogik: Soziologische Aspekte der Lernbehinderung (mit E.H. Funke), Bd. 4, 581-611

Thimm, W. (1983) Beiträge im Handbuch der Sonderpädagogik: Soziologische Aspekte der Köperbehinderung (mit H. Wieland), Bd. 8, 439-448

Thimm, W. (1985) Beiträge im Handbuch der Sonderpädagogik: Soziologische Aspekte der Sehschädigungen, Bd. 2, 535-568

Thimm, W. (1975) Behinderung als Stigma. Überlegungen zu einer Paradigma-Alternative, Sonderpädagogik, 149-157

Thimm, W.; Ferber, Chr. v.; Schiller, B.; Wedekind, R. (1985) Ein Leben so normal wie möglich führen. Zum Normalisierungskonzept in der Bundesrepublik und in Dänemark., Marburg (Große Schriftenreihe der Lebenshilfe Bd. 11)

Windisch, M., Kniel, A. (1987) Soziale Netzwerke behinderter Menschen, Soziale Arbeit (6), 190-200

Wieland, H. (1989) Behinderung und Gesellschaft. Aktuelle Perspektiven in der sonderpädagogischen Soziologie. Habilitationsvortrag vor der Heilpäd. Fakultät der Universität Dortmund (unveröffentlichtes Manuskript)

Zweiter Bericht der Bunderegierung über die Lage der Behinderten und die Entwicklung der Rehabilitation (1989) Bonn

Heiko Waller

Gesundheitshilfen durch Sozialarbeit

Einleitung

L. und Chr. v. Ferber (1986) haben die soziale Arbeit im Gesundheitswesen zwar in den Stand der Wissenschaften erhoben und vorgeschlagen, sie mit sieben anderen Bereichen "*unter dem Dach der Sozialmedizin*" zu verbinden, trotzdem hält sich das Interesse, sich mit der sozialen Arbeit im Gesundheitswesen forschend zu beschäftigen, in Grenzen. Seit dem Erscheinen der Studie "*Sozialarbeit im Gesundheitswesen*" der Deutschen Zentrale für Volksgesundheitspflege e.V. im Jahre 1975 ist keine umfassende Darstellung dieses Teilbereichs des Gesundheitswesens bzw. der professionellen Sozialarbeit mehr erschienen. Somit fehlen auch verläßliche Daten über die Zahl der in Einrichtungen des Gesundheitswesens beschäftigten Sozialarbeiter und Sozialpädagogen. Allein für zwei Teilbereiche des Gesundheitswesens - Gesundheitsämter und Krankenhäuser - werden entsprechende Zahlen laufend vom Bundesministerium für Jugend, Familie, Frauen und Gesundheit erhoben. Es sind jedoch einige aufschlußreiche empirische Untersuchungen über Teilbereiche der Sozialarbeit im Gesundheitswesen durchgführt worden: Über soziale Dienste im Krankenhaus (Viefhues u.a. 1986, Schaeffer 1989), über die Einbeziehung von Sozialarbeitern in Allgemeinpraxen (Reinicke u. Göpel 1984) und über die Einbeziehung von Sozialarbeitern in Nervenarztpraxen (Schwartz 1987 u. Holler u.a. 1988). Erweitert sich der Blickwinkel von der sozialen Arbeit auf die sozialen Dienste - also auf die Institutionen der Gesundheitshilfe , in denen auch andere nichtmedizinische Gesundheitsberufe beschäftigt sind - so sind weitere empirische Arbeiten zu finden: Z.B. Über die Neuorganisation der ambulanten Sozial- und Gesundheitspflege (Dahme u.a. 1980), Sozialstationen (Damkowski u.a. 1988), therapeutische Wohngemeinschaften (Waller, Zempel 1989).

Im Unterschied zu der vergleichsweise geringen Zahl empirischer Arbeiten zur Sozialarbeit im Gesundheitswesen findet sich eine recht umfangreiche allgemeine Literatur zu diesem Thema (vgl. Deutsche Zentrale für Volksgesundheitspflege 1978, Waller 1982, Oppl, Weber-Falkensammer 1986).

Ich werde die Praxis der Sozialarbeit im Gesundheitswesen in der klassischen Einteilung einer angewandten Sozialmedizin (vgl. Waller 1985) in Gesundheitsförderung und Prävention, soziale Therapie und Beratung und Rehabilitation und Nachsorge darstellen und - entsprechend ihrer gleichzeitigen Zugehörigkeit zur Sozialarbeitswissenschaft - ebenfalls auf einige Hauptmethodenbereiche (Einzelfallhilfe, Gruppenarbeit und Gemeinwesenarbeit) hinweisen.

Gesellschaftliche Rahmenbedingungen der Sozialarbeit im Gesundheitswesen

In seinem grundlegenden Aufsatz "*Gesundheitssystem und Sozialarbeit*" analysiert von Ferber (1983) die "*institutionelle Absicherung und Verortung der Sozialarbeit im Gesundheitswesen*", die er auf folgende vier Prinzipien bezieht:

1. Auf das Prinzip der offenen Konkurrenz zu anderen helfenden Berufen
2. Auf das Prinzip der Ausgrenzung aus der medizinischen Versorgung bzw. das der Unterordnung unter die Ärzte
3. Auf das Prinzip der Hilfe zur Selbsthilfe
4. Auf das Prinzip der Sozialgüterverteilung

Die von von Ferber genannten Prinzipien beschreiben mit großer Deutlichkeit die im Grundsatz auch heute noch bestehenden Barrieren, die einer angemessenen Entwicklung der Sozialarbeit im Gesundheitswesen entgegenstehen. Dagegen hat der gesellschaftliche Bedarf an Gesundheitshilfen durch Sozialarbeit weiter zugenommen. Dies hat seine Gründe in der zunehmenden - auch durch die Erhöhung der Lebenserwartung bedingten - Veränderung des Krankheitsspektrums hin zu chronischen körperlichen, psychischen und psychosomatischen Erkrankungen. Da viele dieser chronischen Krankheiten und Behinderungen in ihren Ursachen, Begleitumständen und Folgen gesellschaftlich geprägt bzw. ausgeformt sind, ist eine Ergänzung medizinischer Dienste durch Sozialarbeit und Prävention und Gesundheitsförderung, soziale Therapie und Beratung sowie Rehabilitation und Nachsorge evident. Dies gilt nicht nur für die "klassischen" chronisch-degenerativen Erkrankungen oder für langdauernde psychische und psychosomatische Leiden, sondern auch für die Infektionskrankheit Aids (vgl. Heft 1/1990 der Zeitschrift "*Sozialmagazin*"). Von der Praxis der Gesundheitshilfe in den genannten Feldern soll im folgenden die Rede sein.

Praxis der Gesundheitshilfen der Sozialarbeit

Gesundheitsförderung und Prävention

Das gesundheitspolitische Interesse an Prävention und Gesundheitsförderung ist groß. Dies ist ohne Frage auch ein Ergebnis der programmatischen Schwerpunktsetzung der WHO in diesem Bereich (vgl. z.B. die Ottawa-Charta von 1986). Da sich diese Programme auf ein "soziales Modell von Gesundheit" (Kickbusch 1981) beziehen, ist die Praxis der Gesundheitsförderung häufig eine sozial(arbeiterisch)e Praxis (Waller 1987). Indem Gesundheitsförderung "Interessen vertreten", "befähigen und ermöglichen" und "vermitteln und vernetzen" will (Ottawa-Charta), ist die Praxis der Gesundheitsförderung eng mit der Praxis der Gemeinwesenarbeit verbunden, wie sich insbesondere anhand von Projekten aus England zeigen läßt (Waller 1989).

Auch Praxisprojekte in dem sogenannten "Gesunde Städte-Programm" der WHO (wie "Gesundheit im Alter" in Bremen oder "Gesundheit für Kinder und Jugendliche" in München) sind in vieler Hinsicht Projekte der Sozialarbeit und Sozialpädagogik. Es ist derzeit noch eine offene Frage, ob im Trend der gemeinwesenorientierten Gesundheitsförderung auch eine berufliche Position für Sozialarbeiter geschaffen werden oder aber, ob bereits vorhandene Projekte nur als Projekte der Gesundheitsförderung umettikettiert werden, eine Tendenz, auf die besonders Franzkowiak u. Wenzel (1989) aufmerksam gemacht haben. In dem eher traditionellen Feld der Gesundheitserziehung mehren sich jedoch die Chancen einer berufsständischen "Besetzung" durch Sozialarbeiter und Sozialpädagogen, insbesondere auch deshalb, weil es in der Bundesrepublik Deutschland - im Unterschied zu anderen Ländern (vgl. Wieberdink 1988) - das Berufsbild des Gesundheitserziehers nicht gibt. So haben insbesondere Krankenkassen, die seit dem 01.01.89 mit dem ^U 20 des Gesundheitsreformgesetzes zur Wahrnehmung präventiver Aufgaben verpflichtet wurden, neue Positionen für Gesundheitserziehung und Gesundheitsförderung geschaffen. In den herkömmlichen sozialen Diensten in der Gemeinde ist das Angebot an präventiven Gesundheitshilfen - wie Abt und von Ferber (1985) gezeigt haben - dagegen gering. Das gilt auch für das in der Gesundheitsförderung besonders wichtige Präventionsfeld "Betrieb", wo es der Sozialarbeit und Sozialpädagogik insgesamt nur in einem vergleichsweise geringen Umfang gelungen ist, Fuß zu fassen.

Soziale Therapie und Beratung

Während sich soziale Arbeit in Gesundheitsförderung und Prävention auf ihre eigenen methodische Traditionen - insbesondere die der Gemeinwesenarbeit - beziehen kann, ist das Feld der Beratung und sozialen Therapie durch die Aneignung neuer - zumeist aus der Psychologie entlehnter - therapeutischer Kompetenzen gekennzeichnet. Von Ferber und Heigl-Evers (1989) haben aus zivilisationstheoretischer und psychoanalytischer Sicht die Ursachen für die steigende Zahl von Menschen mit psychosozialen Problemen verdeutlicht. Hier sind kompetente Berater und Sozialtherapeuten gefordert, die sich gerade auch aus der Sozialarbeit und Sozialpädagogik rekrutieren sollten.

Darauf hat besonders Richter wiederholt hingewiesen: "Viele medizinischen Dienste, Kliniken und Praxen müßten wesentlich stärker als bisher mit Sozialarbeitern durchsetzt werden, damit die diagnostische und therapeutische Berücksichtigung sozialer Probleme im gleichen Arbeitsgang zusamme mit den rein medizinischen Maßnahmen erfolgen könnte. Den Sozialarbeitern müßte dabei ermöglicht werden, in enger partnerschaftlicher, therapeuti-scher Gemeinschaft mit Ärzten, Psychotherapeuten, Schwestern und Pflegern zu arbeiten... Wenn der soziale Aspekt innerhalb eines neuen ganzheitlichen Verständnisses von Gesundheit, Krankheit und Versorgung tatsächlich als gleichrangig wichtig neben dem rein medizinischen Aspekt eingestuft und diesem nicht mehr als minder relevant nachgeordnet werden soll, dann muß dies organisatorisch und tariflich zu einer Neubewertung therapeutisch relevanter Sozialarbeit führen" (Richter, 1981).

Die "Verortung" von Beratung und Sozialtherapie erfolgt im ambulanten Bereich z.B. in Suchtberatungsstellen, sozialpsychatrischen Diensten, psychosozialen Kontaktstellen, Familien- und Eheberatungsstellen, im komplementären Bereich in Heimen, Tageskliniken und Wohngemeinschaften. Sozialtherapeutisch orientierte Gesundheitshilfen im stationären Bereich sind insbesondere in Suchtkliniken, psychatrischen und psychososomatischen Krankenhäusern zu finden. Dagegen sind die Aufgaben der Sozialarbeit im Krankenhaus häufig auf eher traditionelle Leitungen der Administration von Verlegungen und von materiellen Hilfen begrenzt. Doch auch außerhalb des Gesundheitswesens werden Sozialarbeit und Sozialpädagogik - wie der Armutsbericht des Deutschen Paritätischen Wohlfahrtsverbandes gezeigt hat (vgl. Blätter der Wohlfahrtspflege, Heft 11 und 12, 1989) - immer häufiger mit Klienten konfrontiert, deren lang andauernde soziale und materielle Not zu schweren psychosozialen und gesundheitlichen Problemen geführt hat. Dies zumindest zu erkennen und die Klienten einer kompetenten Hilfe zuzuführen, ist somit auch Aufgabe der Sozialarbeit außerhalb der sozialen Dienste des Gesundheitswesens.

Rehabilitation und Nachsorge

Beratung und Sozialtherapie durch Sozialarbeit und Sozialpädagogik sind notwendige Gesundheitshilfen auch in der Rehabilitation und Nachsorge. Ihre institutionelle Verortung finden sie z.B. in Rehabilitationskrankenhäusern, Berufsförderungswerken, Berufsbildungswerken, Werkstätten für Behinderte, beschützten Wohn- und Arbeitsplätzen, "Therapieketten" für Drogenabhängige, Selbsthilfekontaktstellen (vgl. z.B. Oppl und Weber-Falkensammer 1986. Selbsthilfegruppen engagieren sich auch in der Prävention und Beratung, ihr Schwerpunkt liegt allerdings in der Rehabilitation und Nachsorge (von Ferber, Badura 1983). Die Aufgaben der Information, Kontaktvermittlung und Beratung im Selbsthilfebereich werden - insbesondere im Rahmen der neu geschaffenen Selbsthilfekontaktstellen - häufig von Sozialarbeitern und Sozialpädagogen wahrgenommen. Gesundheitshilfen für alte Menschen werden ebenfalls häufig von Sozialarbeitern und Sozialpädagogen durchgeführt (vgl. z.B. Döhner, Halves 1989) Allerdings könnte die Erbringung von

Gesundheitshilfen für alte Menschen auch in den beiden vorangehenden Abschnitten thematisiert werden. Eine Abhandlung unter dem Abschnitt "Prävention und Gesundheitsförderung" ist z.B. dann angezeigt, wenn es sich um Dienstleistungen der Sozialarbeit und Sozialpädagogik handelt, die sich - wie z.B. beim Aufbau eines Altentreffs - auf gesundheitsfördernde Lebensbedingungen und nicht auf einzelne Patienten mit spezifischen Krankheiten konzentrieren. Das gleiche gilt auch für die Thematisierung von Gesundheitshilfen für behinderte Menschen (vgl. z.B. Schönwiese 1989).

Schließlich ist noch die Frage zu stellen, welche Rolle Sozialarbeiter und Sozialpädagogen in der Sterbebegleitung haben bzw. haben könnten. Student kennzeichnet die derzeitige Situation wie folgt und weist auf die - auch hinsichtlich der Einbeziehung von Sozialarbeitern - positiven Erfahrungen der Sterbebegleitung in Hospizen hin: " Das Aussparen des Umgangs mit Tod und Sterben aus dem Handlungsspektrum der Sozialarbeit mag auch in der resignierten Erfahrung begründet sein, daß die bestehenden Strukturen und Inftrastrukturen Veränderungen nur so sehr schwer zugänglich sind. In der Tat sind Hilfen für Sterbende, noch gar im ambulanten Rahmen, hierzulande nur schwer zu erreichen. Vielleicht lohnt es sich deshalb einmal, nach Modellen andernorts zu suchen, um Anstöße zur Veränderung aus der erfolgreichen Erfahrung anderer Länder zu gewinnen.. Aus dem intensiven Einsatz der Sozialarbeit in Hospizen läßt sich erkennen, daß Sozialarbeiter grundsätzlich über besonders wichtige Kompetenzen verfügen, um mit Problemen von Sterben, Tod und Trauer hilfreich umgehen zu können" (Student 1987).

Ausbildung für Aufgaben im Gesundheitswesen

Die Ausbildung von Sozialarbeitern und Sozialpädagogen findet in erster Linie an den Fachhochschulen statt. Von den 122 Fachhochschulen in der Bundesrepublik Deutschland und West-Berlin haben 50 Fachhochschulen Studiengänge zur Ausbildung von Sozialarbeitern und Sozialpädagogen. Die Vorbereitung für die Übernahme von Aufgaben im Gesundheitswesen kann im grundständigen Studiengang oder auch in weiterführenden Studiengängen erfolgen. In beiden Studiengangstypen hat das Fach Sozialmedizin eine Schlüsselrolle, doch auch soziologische, psychologische, pädagogische und methodenspezifische Angebote sind von Bedeutung.

Um Art und Umfang sozialmedizinischer Lehrinhalte in grundständigen Studiengängen der Sozialarbeit und Sozialpädagogik zu untersuchen, wurde 1988 vom Autor eine repräsentative Befragung durchgeführt (Waller 1990). Die Rücklaufquote betrug 86 %. Die Lehre sozialmedizinischer Themen im Grundstudium ergab folgendes Bild: Bei 53% der Studiengänge war die sozialmedizinische Lehre Pflicht, bei 21% Wahlpflicht, bei 7% Wahl, bei 7% war der Status unklar und 12% der Studiengänge hatten keine sozialmedizinischen Angebote. Im Hauptstudium bestand bei 47% der Studiengänge ein Wahlpflichtangebot, bei 21% ein Wahlangebot, bei 16% ein Pflichtangebot, bei 7% war der Status unklar und bei 9% bestand kein Angebot.

Betrachten wir Grund- und Hauptstudium zusammen, so läßt sich feststellen, daß von den befragten 57 Studiengängen an 54 Studiengängen sozialmedizinische Inhalte gelehrt werden. An der sozialmedizinischen Lehre sind 72 hauptamtliche Kolleginnen und Kollegen und 125 Lehrbeauftragte beteiligt. Von den 72 Hauptamtlichen sind 42 Mediziner (3 mit einer Doppelqualifikation in Soziologie), 10 Psychologen, 8 Soziologen, 7 Pädagogen und 5 Sozialarbeiter/Sozialpädagogen). Die Angaben über den Umfang des sozialmedizinischen Lehrangebots sind nicht sehr verläßlich, da nicht immer klar war, in welchem Zeitraum die angegebenen Seminare durchgeführt wurden. Trotz dieser Einschränkungen lassen sich einige Trendaussagen machen: Im Durchschnitt werden während der dreijährigen Ausbildung zum Sozialarbeiter/Sozialpädagogen 5,3 Seminare zu sozialmedizinischen Themen angeboten. Im Vordergrund stehen Themen zur Sozialmedizin, Sozialpsychatrie, Behindertenmedizin/Rehabilitation, allgemeinen und speziellen Krankheitslehre, Fragen des Gesundheitswesens, Sucht etc..

Wie die Übersicht der Westdeutschen Rektorenkonferenz von 1986 über 330 weiterführende Studiengänge zeigt, ist die Zahl weiterführender Studiengänge für das Gesundheitswesen, die auch für Sozialarbeiter und Sozialpädagogen offen sind, gering. Es gibt jedoch derzeit an mehreren Fachschulen Planungen zur Einrichtung weiterführender Studiengänge für das Gesundheitswesen (vgl. Waller 1990).

Schluß

Die derzeitige Situation der Sozialarbeit im Gesundheitswesen hinsichtlich ihrer Dienstleistungen läßt sich grob in "alte" und "neue" Konzepte der Gesundheitshilfen einteilen: In den "alten" Konzepten dominieren unterstützende und rehabilitative Maßnahmen, die administrativ orientiert und initiiert und zumeist in Form von Einzelfallhilfe durchgeführt werden. Ihre "Verortung" erfolgt zumeist in Krankenhäusern und Gesundheitsämtern. Das Selbstverständnis der dort tätigen Sozialarbeiter und Sozialpädagogen wird primär von der Medizin her definiert.

Im Unterschied dazu dominieren in den "neuen" Konzepten der Gesundheitshilfe präventive und gesundheitsfördernde, therapeutische und "ganzheitliche" Maßnahmen, die sich methodisch als Gruppen- und Gemeinwesenarbeit und Initiierung von Selbsthilfe beschreiben lassen. Diese Gesundheitshilfen sind in Beratungsstellen, Gesundheitsprojekten, Krankenkassen, Sozialpsychatrischen Diensten und Einrichtungen der Sozialarbeit außerhalb des Gesundheitswesens anzutreffen. Das Selbstverständnis der dort tätigen Sozialarbeiter und Sozialpädagogen ist eher als selbstbestimmt zu beschreiben, d.h. Maßnahmen der Gesundheitshilfen werden primär von der Sozialarbeit und Sozialtherapie her bestimmt.

Literatur

Abt, H.G., von Ferber, Chr. (1985) Gesundheitsvorsorge in der Gemeinde. Bergmann u. Holtz (Hg.): Medizinsoziologie. München

Dahme, H.u.a. (1980) Die Neuorganisation der ambulanten Sozial- und Gesundheitspflege. Bielefeld

Damkowski, W. u.a. (1988) Sozialstationen. Frankfurt/M, Campus

Deutsche Zentrale für Volksgesundheitspflege e.V. (1978) Medizin und Soziale Dienste in gemeinsamer Verantwortung. Frankfurt/M

Döhner, H., Halves, E. (Hg.) (1989) Hilfen im Alter. Hamburg, Ergebnis

Franzkowiak, P., Wenzel, E. (1989) In Zukunft Gesundheit? Notizen zum einseitigen Liebeswerben der "neuen Prävention" um Sozialarbeit und Sozialpädagogik, in: Böllert, K., Otto, H.-U. (Hg.): Soziale Arbeit auf der Suche nach Zukunft. Bielefeld, K-T Verlag, 113-128

Holler, G. u.a. (1988) Sozialarbeit und Beschäftigungstherapie in Praxen niedergelassener Nervenärzte. Modellverbund "Psychatrie" Hannover

Kickbusch, I. (1981) Betroffenheit und Beteiligung: ein soziales Konzept der Gesundheitserziehung. Int. Journal für Gesundheitserziehung 24

Oppl, H., Weber-Falkensammer, H. (Hg.) (1986) Sozialarbeit und berufliche Rehabilitation, Freiburg, Lambertus

Reinicke, P., Göpel, H. (1984) Sozialarbeit in der Allgemeinpraxis. Der praktische Arzt 21, 1395-1404 und 1467-1473

Richter, H.-E. (1981) Was ist Sozialtherapie? in: ders.: Engagierte Analysen. Reinbek (Rowohlt) , 145-153

Schaeffer, D. (1989) Formen der Kooperation zwischen den Krankenhausärzten und dem Sozialdienst. Mensch, Medizin, Gesellschaft 14, 49-59

Schönwiese, V. (1989) Leben ohne ins Heim zu müssen. Der mobile Hilfsdienst Innsbruck. In: Forster.R. u.a.(Hg.): Gesunde Projekte. Wien (Jugend und Volk) 395-409

Schwartz, F. W. (1987) Strukturelle Einordnung des Modells "Einsatz von Sozialarbeitern in Nervenarztpraxen" in die ambulante psychatrische Versorgung in der Bundesrepublik. Band 4 der Arbeitsberichte aus dem Zentrum für Öffentliche Gesundheitspflege. Hannover

Student, Chr. (1987) Zu Hause sterben - Aufgaben für die Sozialarbeit im Umgang mit sterbenden Menschen und deren Angehörigen. Medizinsoziologie 1, 57-64

Viefhues, H. u.a. (Hg.) (1986) Soziale Dienste im Krankenhaus. Stuttgart, Kohlhammer

von Ferber, Chr., Badura, B. (Hg.) (1983) Laienpotential, Patientenaktivierung und Gesundheitsselbsthilfe. (Oldenbourg) München von Ferber, Chr., Heigl-Evers, A. (1989) Aspekte der Weiterentwicklung einer psychosozialen Medizin, in: Heigl-Evers, A., Rosin, U. (Hg.): Psychotherapie in der ärztlichen Praxis. Göttingen, Vandenhoeck&Ruprecht

von Ferber, L. u. Chr. (1986) Sozialmedizin - eine unbekannte Wissenschaft. Theorie und Praxis der sozialen Arbeit Nr. 7-8, 260-267

Waller, H. (Hg.) (1982) Sozialarbeit im Gesundheitswesen. Weinheim, Beltz

Waller, H. (1985) Sozialmedizin. Grundlagen und Praxis für psychosoziale und pädagogische Berufe, Stuttgart, Kohlhammer

Waller, H. (1987) Sozialarbeit und Gesundheitsförderung. Theoretische und praktische Konzepte einer präventiven Sozialarbeit. Neue Praxis 17, 201-210

Waller, H. (1990) Sozialmedizinische Lehre an Fachschulen. Ergebnisse einer repräsentativen Befragung. Münster

Waller, H. u.a. (1989) Gesundheitsförderung durch Gemeinwesenarbeit. Forschungsergebnisse aus Großbritanien. Neue Praxis 19, 205-221

Waller, H., Zempel, J. (1989) Betreuung psychisch behinderter Menschen in Wohngemeinschaften. Ergebnisse aus der Begleitforschung zu einem Modellvorhaben in Lüneburg, in: Lang, N. (Hg.) Sozialarbeit in Perspektiven. Frankfurt/M., 95-112

Wieberdink, E.(ed.) (1988) Health Education in Europe. Paris (IUHE)

Rainer Wedekind

Entwicklungen bei Mutter-Kind-Kuren und Möglichkeiten zur Effektivierung der gesundheitlichen und psychosozialen Entlastung[1]

Aktuelle Lage

Seit Einführung der Mutter-Kind-Kuren der 70er Jahre ist eine ständig steigende Nachfrage nach diesen Kurmaßnahmen festzustellen, was sowohl bei den Entsendestellen als auch bei den Kureinrichtungen selbst registriert wird. Unabhängig von Kostendämpfungsgesetzten und gesamtwirtschaftlicher Lage hielt der Aufwärtstrend seit Einführung der Mutter-Kind-Kuren an. Die Mutter-Kind-Kuren weichen damit als einzige Kurmaßnahme von dem allgemein phasenweise rückläufigen, starken Schwankungen unterworfenen Trend bei abgeschlossenen Heilverfahren in den letzten 10 Jahren ab.

Die Mutter-Kind-Kuren sind als ein Angebot zur Entlastung und zum Aufbau präventiver Verhaltensweisen zu begreifen, das in Vorbereitungs- und Nachsorgemaßnahmen am Wohnort der Teilnehmerinnen angebunden sein muß, um die anvisierten gesundheitlichen Effekte dauerhaft zu sichern. Bei einer Vielzahl der Teilnehmerinnen und ihrer Kinder kommen zu den Krankheitszuständen eine ungünstige soziale Lage, geringes Bildungsniveau, sogenannte zerrüttete Familienverhältnisse, belastenden persönliche Beziehungen oder eine schwache Integration in sogenannte "kleine soziale Netze" hinzu. Auch unter dem Aspekt der Verhütung von psychischen Erkrankungen bei dem Kind ist das Erfordernis für umfassende gesundheitliche und psychosoziale Entlastungsstrategien und präventive Maßnahmen gegeben. Die Mutter-Kind-Kur bietet eine der wenigen Zugangswege zu diesem besonders belasteten Personenkreis, der durch andere psychosoziale Angebote oft nicht erreichbar ist. Bei Mutter-Kind-Kuren geht es um ein gesundheits-, familien- und frauenpolitisch bedeutsames Angebot.

Der steigenden Bedeutung von Mutter-Kind-Kurmaßnahmen in den vergangen ca. 10 Jahren hat auch das Gesundheitreformgesetz (SGB V) zumindest in der Weise Rechnung getragen, daß dieser Kurbereich in der Begründung zu dem neuen § 24 *"Vorsorgekuren für Mütter"* ausdrücklich erwähnt wird: *"Die Leistung kann auch in Form einer Mutter-Kind-Kur erbracht werden, wenn dies aus medizinischen Gründen erforderlich ist."*[2]

Es bleibt zu hoffen, daß der Anspruch nach Ausweitung präventiver Angebote durch die Gesetzliche Krankenversicherung sich auch in der Praxis der Maßnahmegewährung niederschlägt. Für Mütter-Kind-Kuren ist der Sozialhilfeträger ein wichtiger Kostenträger (§§ 36, 37 BSHG), da viele betroffene Mütter aus sozial schwachen Verhältnissen stammen oder aufgrund ihrer persönlichen Situation (alleinerziehend, Berufsaufgabe) in den Zuständigkeitsbereich der Sozialhilfe gekommen sind. Es ist zu hoffen, daß von den Sozialhilfeträgern die Intention des SGB V (Stärkung der Prävention) weiterhin unterstützt wird.

Die Mutter-Kind-Kuren stellen erhöhte und neue Anforderungen an die Durchführung der Maßnahmen. Die gemeinsame Einbeziehung von Müttern mit ihren Kindern in die Kurmaßnahmen erfordert gezielte Angebote sowohl für die Kinder als auch für die Mütter. Den Müttern muß auch bei gemeinsamer Kurunterbringung zeitweise Entlastung von der Sorge für das Kind geboten werden. Die Kur bietet aber auch die Möglichkeit zu neuen Erfahrungen mit dem Kind. Die vielfach psychisch mitbegründeten Erkrankungen der Kinder und der Mütter machen des weiteren spezielle therapeutische Gesprächs- und Trainingsgruppen notwendig. Gerade bei diesen Kurteilnehmerinnen erfordert ein dauerhaften Kurerfolg die Verankerung der während der Kur erworbenen Kompetenzen und Entlastungsstrategien im - häufig stark belasteten - Alltag. Hierzu bedarf es eines unterstützenden Angebotes aus professioneller Hilfe und von Selbsthilfeaktivitäten am Wohnort.

Entwicklung des Angebotes und der Inanspruchnahme

Die Nachfrage nach Mutter-Kind-Kuren hat in den letzten Jahren auffällig zugenommen, während die Inanspruchnahme reiner Mütter-Kuren stagnierte oder sogar zurückging. Aus der Perspektive einer großen Entsendungsstelle stellt sich die Entwicklung im Bereich der Mutter-Kind-Kuren als stetig wachsendes Angebot dar. Daten zu den Entsendungen in Mutter-Kind-Kuren aus dem Zuständigkeitsbereich des Landschaftsverbandes Westfalen-Lippe (LWL) weisen auf die, in den 70 er Jahren entstandene und seitdem in eindrucksvoller Weise zunehmende Nachfrage nach Mutter-Kind-Kuren hin. Dieser Trend hält auch weiterhin an. Zwischen 1974 und 1979 war lediglich eine der von der Abteilung Erholungs- und Heilfürsorge[3] des LWL beschickten Kureinrichtungen von den räumlichen und personellen Voraussetzungen her in der Lage, Mütter gemeinsam mit ihren Kindern aufzunehmen. Aufgrund der zunehmenden Nachfrage vieler Mütter richten sich immer mehr Häuser auf diese Kurform ein, so daß 1980 bereits 10 Einrichtungen mit Mutter-Kind-Kuren durch den LWL beschickt wurden.

Die Zahl der vorgehaltenen Plätze hat sich seit 1980 nochmals mehr als verdoppelt, so daß mittlerweile in 21 Kureinrichtungen Plätze für Mütter-Kind-Kuren in Anspruch genommen werden.

Tabelle 1: Entsendung in Mutter-Kind-Kuren durch die Abteilung Erholungs- und Heilfürsorge de LWL

Jahr	Mütter	Kinder	zusammen	Häuser
1974	21	23	44	1
1975	28	29	57	1
1976	10	11	21	1
1977	21	11	32	1
1978	16	17	33	1
1979	11	13	24	1
1980	474	615	1089	10
1981	511	674	1185	12
1982	513	690	1203	13
1983	553	784	1337	15
1984	631	877	1508	17
1985	773	1077	1844	19
1986	824	1186	2010	21
1987	808	1173	1981	21
1988	856		(Jahresplatzanmeldungen)	

Stellen wir dieser Entwicklung der Mutter-Kind-Kuren Daten zum Verlauf der Inanspruchnahme von Sozialversicherungskuren allgemein gegenüber (Meyer, Lauterbach 1985), so wird die Sonderentwicklung im Bereich der Mutter-Kind-Kuren um so deutlicher.

Die Nachfrage nach Rentenversicherungskuren insgesamt nahm zwischen 1970 und 1983 einen unsteten, von zyklischen Nachfrageschwankungen geprägten Verlauf mit Gipfel in den Jahren 1973 bis 1975 und 1980/81 sowie nachlassender Inanspruchnahme zwischen 1976 und 1978 und 1982/83. Die Nachfrageentwicklung zeigt dabei eine deutliche Abhängigkeit von der wirtschaftlichen Lage (z.B. wirtschaftliche Rezession in den Jahren 1982 und 1983) und Kostendämpfungsmaßnahmen im Gesundheitswesen (z.B. Krankenversicherungs-Kostendämpfungsgesetz vom 26.06.77). Von diesen Schwankungen abgesehen, erhöhte sich die Zahl der Rentenversicherungskuren über die Zeit hinweg tendenziell. Die Nachfrage nach Krankenversicherungskuren entwickelte sich weitgehend synchron mit der Nachfrage nach Rentenversicherungskuren, weist aber einen weitaus sprunghafteren Verlauf auf. Ausgehend von dieser Gesamtentwicklung nimmt die Entwicklung der Nachfrage nach Mutter-Kind-Kuren eine Sonderstellung ein. Alle zugänglichen Daten weisen auf ein rasches und stetiges Zunehmen der Nachfrage hin und lassen ein weiteres Anhalten dieses Trends vermuten. Dies läßt sich z.B. aus einer

Aufstellung der Arbeiterwohlfahrt Westliches-Westfalen in eindrucksvoller Weise entnehmen (vgl. Abb., 1). Innerhalb weniger Jahre hat sich das zahlenmäßige Verhältnis zwischen reinen Mütterkuren und Mutter-Kind-Kuren völlig verändert. Abb. 1: Mütter-Kuren und Mutter-Kind-Kuren in Trägerschaft der Arbeiterwohlfahrt Bezirk Westliches-Westfalen:

Abb. 1: Mütter-Kuren und Mutter-Kind-Kuren in Trägerschaft der Arbeiterwohlfahrt Bezirk Westliches Westfalen

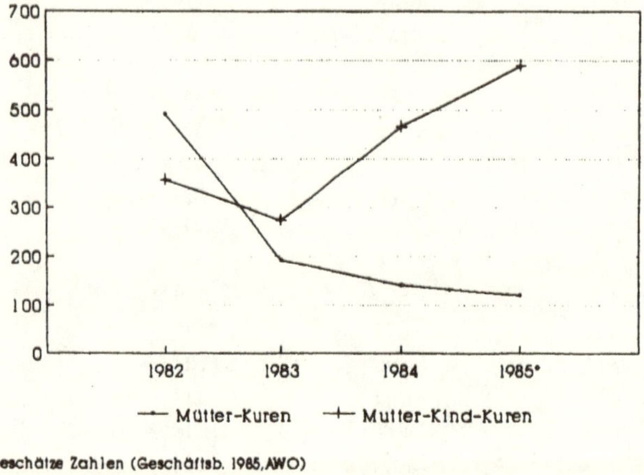

Die bisher belegte kontinuierliche Aufwärtsentwicklung bei den Mutter-Kind-Kuren läßt sich auch mit den Angaben einer ausgewählten Kureinrichtung belegen. Das Kindersolbad Bad Friedrichshall des Landeswohlfahrtsverbandes Württemberg-Hohenzollern bietet seit 1980 Mutter-Kind-Kuren an. Der Schwerpunkt der Maßnahmen des Kindersolbades sind Kinderkuren, daneben gibt es längerfristige Jugendhilfemaßnahmen mit sozialpädagogischem Schwerpunkt. Das gesamte Haus weist im Haushaltsplan 1990: 104 Plätze aus, von denen 50 Plätze Kurkindern und 20 Plätze Mutter-Kind-Kurmaßnahmen zugeordnet sind.

Das Angebot des Kindersolbades umfaßt ein breites Spektrum von Solbadanwendungen über physikalische Therapie, Gymnastik bis hin zu psychologischer Therapie. Als Besonderheit weist das Kindersolbad Bad Friedrichshall eine langjährige Tradition von sozialpädagogischen Hilfen auf, von der gerade die Klientel der Mutter-Kind-Kurmaßnahmen besonders profitiert. Im Herbst 1980 wurde im Kindersolbad die erste Mutter-Kind-Kur eingerichtet. Ausgangspunkt hierfür waren Gespräche mit den Eltern, bei denen sich der Wunsch nach Unterstützung und Hilfe herauskristallisierte. Diese Gespräche brachten auch die große Belastung vieler Mütter durch die Betreuung des kranken, verhaltensgestörten oder behinderten Kindes zu Tage. Auch in Anfragen von örtlichen Sozialämtern wurde die Notwendigkeit unterstrichen, Mütter in die Kurmaßnahme einzubeziehen.

Bei den Müttern der ersten Mutter-Kind-Kur handelte es sich um sieben Frauen zwischen 21 und 38 Jahren. In der Mehrzahl waren es geschiedene oder alleinerziehende Mütter, die selbst psychosoziale und psychosomatische Auffälligkeiten zeigten (Suizidversuche, Partnerprobleme, Nervosität und Untergewicht, Magenleiden, desinteressiert und phlegmatisch, etc.). Auch bei den Kindern dieser ersten Kurmaßnahme waren Krankheiten, Behinderunen oder Verhaltensstörungen diagnostiziert worden (z.B. Schreikrämpfe, Aggressivität, Überängstlichkeit, Kontaktstörungen, Schlafstörungen, Spastik, Lernbehinderung). Dieses Problem- bzw. Diagnosespektrum der ersten Mutter-Kind-Kurmaßnahme im Kindersolbad Bad Friedrichshall ist recht typisch für die Indikationen auch der späteren zahlenmäßig ausgeweiteten Kurmaßnahmen. Bei den Indikationen der Mutter-Kind-Kuren in den folgenden Jahren überwiegen bei den Kindern: Infektionsanfälligkeit, psychosomatische Störungen, Verhaltensstörungen, Entwicklungsrückstand, "*allgemeine Erholungsbedürftigkeit*". Bei den Müttern wurde von den verordnenden Ärzten in erster Linie diagnostiziert: Erschöpfungszustände, Infektionsanfälligkeit, neurovegetative Labilität/Nervosität/vegetative Dystonie, Kreislaufstörungen, Adipositas.

Auffällig ist, daß die Erkrankungen der Mütter überwiegend dem Formenkreis der funktionellen bzw. psychosomatischen Erkrankungen angehören. Neurovegetative Störungen sind - neben den Herz-Kreislaufbeschwerden - die häufigsten Diagnosen. Kommen zu diesen gesundheitlichen und psychosozialen Belastungen im Alltag der Mütter länger anhaltende oder schwerere Erkrankungen seitens des Kindes hinzu, tragen diese zur weiteren Destabilisierung der familiären Gesamtsituation und der Gesundheitssituation der Mütter bei (Angermeyer, Döhner 1981, Wedekind 1985). Es konnte aufgezeigt werden, daß die Erkrankung eines Familienmitgliedes bei ungünstiger sozialer Lage die Adaptionsfähigkeit des Familiensystems bis an die Grenzen strapaziert. So ist aus diesen Untersuchungen von Familien mit behinderten Kindern bekannt, daß die Kinder im Alltag so hohe Anpassungsleistungen durch die Familie erfordern, daß im Falle auch nur kurzfristiger Erkrankungen der Mutter dieses bereits im Regelfall nur unter höchster Anstrengung aufrecht zu erhaltende System zusammenbricht.

Anhand bevölkerungsstatistischer Daten läßt sich belegen, daß zumindest zwei Belastungsfaktoren - alleinerziehender Elternteil zu sein und Doppelbelastung durch Familie und Beruf - in den letzten Jahren an Bedeutung gewonnen haben (Gutschmidt, 1986). Infolge dessen und vor dem Hintergrund steigender Arbeitslosigkeitsquoten dürfte sich dabei ebenfalls der Personenkreis von Müttern in bedrängter finanzieller Lage vergrößert haben.

Neben der Veränderung der familiären Situation hat sich auch die berufliche Situation vieler Frauen gewandelt: Zunehmend mehr Frauen mit Kindern sind zusätzlich erwerbstätig. Nach den Ergebnissen der Mikrozensi zwischen 1974 und 1982 stieg die Erwerbstätigkeitsquote unter Frauen mit Kindern insgesamt um etwa 3%.

Die große Nachfrage nach Mutter-Kind-Kuren ist auch ein Symptom dieser vielschichtiger Veränderungen in der Situation junger Frauen und Mütter. Nach den

Angaben des Müttergenesungswerkes (MGW-Jahrbücher 1987, 1985, 1983) hat der Anteil alleinerziehender Mütter stark zugenommen: Machten diese 1979 lediglich ein knappes Drittel aller Kurteilnehmerinnen aus, waren 1986 fast 40% aller Mütter alleinerziehend. Diese Veränderung beruhte vor allem auf der starken Zunahme der Zahl nicht verheirateter Mütter.

Betrachtet man die Entwicklung im Bereich der Mutter-Kind-Kuren des Kindersolbades Bad Friedrichshall von der ersten Maßnahme im Jahre 1980 im Verlauf der letzten 10 Jahre, so ist ein kontinuierlicher Anstieg der Mutter-Kind-Kuren festzustellen, was sich auch am Anteil der Gesamtbelegung bzw. Gesamtkurtage der Einrichtung festmachen läßt. Bei den Angaben aus dem Kindersolbad Friedrichshall ist ebenfalls kein Einbruch der Belegung von Mutter-Kind-Kuren bei wirtschaftlicher Rezession oder Wirksamwerden von Kostendämpfungsmaßnahmen im Gesundheitswesen festzustellen.

Tabelle 2: Kindersolbad Bad Friedrichshall: Anteile Mutter-Kind-Kur an allen Kurmaßnahmen 1980-1989.

Jahr	Mütter	Kinder	zusammen	Anteil an Gesamtbelegung	Kurtage	Anteil an Gesamtkurtagen
1980	7	8	15	2,5 %	450	2,0 %
1981	9	11	20	3,5 %	700	3,0 %
1982	12	16	28	6,0 %	966	5,2 %
1983	10	18	28	6,1 %	949	5,1 %
1984	17	25	42	8,5 %	1148	6,1 %
1985	31	52	83	18,0 %	2248	12,7 %
1986	48	92	140	27,8 %	3849	21,2 %
1987	44	77	121	26,9 %	3487	21,2 %
1988	46	89	135	27,2 %	3860	21,1 %
1989	k.A.	k.A.	k.A.	k.A.	ca. 4517	ca. 24,0 %

Mutter-Kind-Kuren unter inhaltlichen und rechtlichen Aspekten

Mutter-Kind-Kuren haben ihren Anfang genommen in der gemeinsamen Kur von Müttern und behinderten (vornehmlich geistig oder lernbehinderten) Kindern. Diese Mütter wollten und konnten ihre behinderten Kinder für die Zeit des Kuraufenthaltes nicht in die Obhut anderer Betreuungspersonen geben. Die positiven Erfahrungen mit den Kuren von Müttern gemeinsam mit ihren behinderten Kindern führten zur der Erweiterung dieses Kurangebotes für Mütter in anderen gesundheitlichen und sozialen Problemsituationen, für die die gemeinsamen Mutter-Kind-Kuren eine Entlastung und nachhaltige Verbesserung ihrer gesundheitlichen Situation bieten konnten.

Mutter-Kind-Kuren setzten bei beiden Gruppen an: Sie bieten Hilfen für die Mutter und für das Kind. Beide nehmen als kurbedürftige Teilnehmer an den

Maßnahmen teil. Die Mutter-Kind-Kur basiert - wie Kurmaßnahmen generell - auf dem Konzept von Erholung und Entlastung einerseits und Gesundheitserziehung/Verhaltensänderung andererseits. Unter präventivem Aspekt dient sie zur Entlastung und Bewältigung von Gesundheitsgefährdungen, die sich zu spezifischen und unspezifischen Krankheitszuständen zu entwickeln drohen. Die Vermeidung kurativer Maßnahmen soll durch den rechtzeitigen Einsatz der Kur erzielt werden. Unter rehabilitativem Aspekt kommt der Kur die Unterstützung der Rekonvaleszenz, die Bewältigung von Folgewirkungen überstandener kurativer Maßnahmen (z.B. von Eingriffen) und chronischer Erkrankungen sowie die Unterstützung der Wiederherstellung des Gesundheitszustandes zu. Die präventiven und rehabilitativen Aspekte richten sich vor allem auf durch die Kur bewirkten Verhaltensänderungen. "Die Kur selbst greift in das alltägliche Verhalten verändernd ein, und sie erhofft sich ein Fortwirken gesundheitserzieherisch erwünschter Verhaltensänderungen nach Beendigung der Kur" (von Ferber 1978). Neben den Entlastungsfunktionen durch den Kuraufenthalt, die Anwendung der Kurmittel und die therapeutischen Angebote tritt gleichberechtigt der gesundheitserzieherische Aspekt der Kurmaßnahme.

Mutter-Kind-Kuren richten sich vor allem an Mütter, die selbst und/oder deren Kinder besonderen gesundheitlichen Belastungen ausgesetzt sind, die bereits einen Krankheitswert ausmachen oder aber bei denen eine Erkrankung einzutreten droht. Die Kur hat zunächst für die ganze Familie eine zeitlich begrenzte Entlastungsfunktion und soll zur Eprobung neuer Umgangsmöglichkeiten mit den krankheitsbedingten Belastungen im Familienalltag nach der Kurmaßnahme führen. In anderen Fällen liegt noch kein Krankheitsgeschehen vor; die Mütter leben mit ihren Kindern allerdings in besonders belastenden Verhältnissen (alleinerziehende Mütter, Mütter in Scheidungssituationen, Mütter in konfliktträchtigen Partnerbeziehungen, Mütter in wirtschaftlichen Notlagen etc.), wobei unangemessene Verarbeitungsweisen und die Auswirkungen dieser Situation selbst in eine somatische und/oder psychische Erkrankung zu münden drohen. Hier stehen die gesundheitserzieherischen, tragfähige Problemlösungen für den Alltag aufbauende Maßnahmen bei den Kuraufenthalten im Vordergrund. Der betont präventiv ausgerichtete Ansatz von Mutter-Kind-Kuren hat seinen Niederschlag im sozialrechtlichen Sinne in der Weise gefunden, daß die Krankenkassen Mutter-Kind-Kuren in der Regel als Kurmaßnahmen nur bezuschussen. Der Zuschuß ist durch § 23.2 auf 15,-- DM jeweils für Mutter und Kind pro Tag begrenzt. Neu ist im SGV V geregelt, daß auch Vorsorgekuren stationär erbracht werden können (§ 111, SGV V). Hierbei werden auch die Kosten für Unterkunft und Verpflegung durch die Krankenkassen übernommen. Erfahrungen aus der Praxis mit diesen Neuerungen des SGB V liegen noch nicht ausreichend vor, so daß hier keine Wertungen erfolgen kann. Mutter-Kind-Kuren können unter gleichartigen Voraussetzungen wie in § 23 geregelt, auch als spezielle Vorsorgekuren für Mütter nach § 24 eingestuft werden. Bisher wurden nur in Ausnahmefällen Mutter-Kind-Kuren als Rehabilitationsmaßnahme nach ehemaligen § 184a RVO (heute § 40.2 SGB V) anerkannt, was dann die volle Kostenübernahme zur Folge hatte. Nach dem SGB V sind durch die §§ 40 und 41 bei bereits vorliegender Krankheit ambulante und stationäre Rehabilitationskuren möglich bzw. Müttergenesungskuren (§ 41).

Bei der Bezuschussung bzw. der Übernahme der Tagessätze gilt für die Unterscheidung zwischen stationären und ambulanten Rehabilitationskuren das bei den Vorsorgekuren ausgeführte analog. Ebenfalls die Ausnahme blieb bisher, eine Mutter-Kind-Kur als Rehabilitationsmaßnahme der Gesetzlichen Rentenversicherung. Dies nicht zuletzt deshalb, weil eine Vielzahl der hier in Frage kommenden Mütter die versicherungsrechtlichen Voraussetzungen bei der gesetzlichen Rentenversicherung nicht erfüllen. Wie weiter oben ausgeführt, ist bei den meisten Teilnehmerinnen der Mutter-Kind-Kuren die gesundheitlich belastete Lage mit einer wirtschaftlich ungünstigen Situation verknüpft, so daß bei Kuren nach § 23.2 oder § 40.1 SGB V durch die Sozialhilfe der Eigenanteil der Mütter abgedeckt wird. In der Regel werden die Mutter-Kind-Kuren somit nach § 36 BSHG finanziert mit Zuschüssen nach § 23.2 oder 40.1 SGB V durch die Krankenkasse. Voraussetzung für die Fianzierung durch die örtliche Sozialhilfe sind ärztliche Gutachten bzw. Gutachten des medizinischen Dienstes der Krankenversicherung über Mutter und Kind als Kurpersonen.

Die Schilderung von Durchführung, Finanzierung und Angebotsstruktur der Mutter-Kind-Kuren verweist auf vielfältige Probleme in folgende Bereichen:

- Selektion der Kurteilnehmerinnen durch die Finanzierungssysteme und durch die Anlaufstellen (Werden die geeigneten Kurteilnehmerinnen erreicht?).
- Selektion der Teilnehmerinnen durch die erforderliche Indikation für die Maßnahme und durch die mit Informationen erreichte Gruppe der Betroffenen.
- Ausreichende und hinsichtlich Art und Qualität angemessene Angebote und Kureinrichtungen.
- Art und Ausmaß der Nachsorgeangebote am Wohnort.
- Dokumentation und Erfolgskontrolle der gesamten Maßnahmen und Anpassung der Maßnahmen an die Bewertungsergebnisse.
- Kooperation der beteiligten Stellen und Einrichtungen zum Aufbau eines vernetzten bedarfsgerechten Angebots am Kur- und Wohnort.

Defizite bei der gegenwärtigen Praxis von Mutter-Kind-Kuren

Einen standardisierten Weg, wie Mütter von der Möglichkeit der Mutter-Kind-Kuren erfahren, gibt es derzeit nicht. Nach Aussagen von Betroffenen läßt sich schließen, daß diese Informationen sehr häufig eher zufällig an die Mütter herangetragen werden, z.B. über Bekannte oder über die Krankenkasse: Der Bekanntheitsgrad der Maßnahme ist offenbar noch niedrig. Aus Berichten von Kurheimen ist bekannt, daß die Mütter die Mutter-Kind-Kuren mit sehr unterschiedlichen Erwartungshaltungen antreten. So kommen eineige Mütter mit einer eher passiven Erwartung, das Kind würde ihnen abgenommen und geheilt werden, während sie einen ungebunden und unbeschwerten Urlaub verbringen können. Die wohl häufigste Erwartung an die Kur ist die der Erholung durch Ruhe und Entlastung, so daß man anschließend den Alltag mit gestärkter Kraft besser bewältigen werde.

Generell wird von den Kurheimen beklagt, daß insbesondere die Mütter häufig zu spät mit bereits chronifizierten Beschwerden zur Kur kommen und die so möglichen gesundheitlichen Hilfen in ihrer Wirkung beschränkt bleiben. Ebenso tauchen hinter manchen Entsendungsdiagnosen so massive psychosoziale Problemkonstellationen auf (z.B. Suchterkrankungen des Partners), daß die erforderlichen Maßnahmen die Möglichkeiten vieler Kureinrichtungen überschreiten.

Eines der häufigsten Probleme in der Kur ist, daß sowohl Mütter als auch Kinder durch die gemeinsame Kurabwicklung überfordert sind. Der Alltag beider läuft in der Kur nach veränderten Regeln ab. Diesem Wechsel sind viele Mütter - mitbedingt durch ihre mangelnde Kurvorbereitung und besondere Verhaltensdefizite - nicht gewachsen, so daß erneut Belastungen empfunden werden. Nach Beobachtungen des Heimpersonals zeigt sich, daß vielen Müttern die Fähigkeit zu einem positiven spielerischen Umgang mit dem Kind fehlt. Die räumliche Enge der Unterbringung in vielen Kurheimen verschärft die Situation zusätzlich. In kritischen Fällen kann es zu einer übermäßigen Fixierung der Mutter auf die schwierige Interaktion mit dem Kind kommen, bei gleichzeitig geringer Bereitschaft, sich am Kurangebot zu beteiligen. Da zwischen den Kurteilnehmerinnen oft große Unterschiede in regionaler Herkunft, Schichtzugehörigkeit und Bildungsgrad bestehen, sind Gruppenzusammenhalt und gegenseitige Verständigungsmöglichkeiten nicht immer ausreichend, um darauf einen gemeinsamen konstruktiven Umgang mit der Situation aufzubauen.

Nach Abschluß der Kur kehrt die Mutter in ihren normalen Alltag mit all den möglicherweise bestehenden Belastungsfaktoren zurück. Im günstigsten Fall sind die Beschwerden von Mutter und Kind in der Kur durch Klimafaktoren und therapeutische Maßnahmen zurückgegangen, möglicherweise ist auch durch Gesundheiterziehung und psycho- bzw. soziotherapeutische Maßnahmen ein Einstellungswandel in Ansätzen eingetreten. Die ursprünglichen, die Symptomatik auslösenden Bedingungen psychosozialer Art sind jedoch unverändert bestehen geblieben und müssen bewältigt werden. Um zu vermeiden, daß neu gelerntes Verhalten nach Ende der Kur im gewohnten Milieu durch Automatismen des früher erlernten, gesundheitsschädigenden Verhaltens rapide wieder ersetzt wird, ist dessen Festigung durch Angebote einer Kurnachsorge erforderlich. Eine Nachsorge findet jedoch bisher so gut wie nicht statt, obwohl die Notwendigkeit von mit der Problematik vertrauten Fachleuten seit längerem erkannt wird (z.B. Böhmer 1985). Vereinzelt haben Kliniken oder regionale Gruppen freier Träger Nachsorgekonzepte entwickelt und ansatzweise im Rahmen ihrer Möglichkeiten erprobt (vgl. z.B. Pittrich 1985).

Änderungsstrategien zur Effektivierung von Mutter-Kind-Kuren

Indikationsstellung und Kurvorbereitung

Zunächst wäre zu überlegen, wo und in welcher Form die Möglichkeiten der Mutter-Kind-Kur gezielter bekannter gemacht werden kann, einschließlich der Hinweise für die formale Abwicklung des Antrages. Hierbei kämen besonders Kinderarztpraxen, Sozialstationen und Familien- bzw. Erziehungsberatungstellen in Betracht. Vor der Entsendung wären gezieltere Überlegungen zur Indikation anzustellen als bisher weithin noch üblich. Dabei sollte insbesondere für die Mütter neben der somatischen eine psychosoziale Diagnose erstellt werden. Bei den vorbeitenden Maßnahmen im engeren Sinne erscheint aufgrund des ungünstigen Zusammenwirkens von inadäquater Erwartungshaltung und Uninformiertheit eine Verschränkung von Informationen und Motivationsabklärung bzw. Motivationsaufbau notwendig. So sollte die Mutter über die infrage kommenden Kurheime in zunächst zwangloser Form informiert werden. Ihre Kurerwartung sollte erfragt und ggf. in vorsichtiger Form korrigiert werden. Die möglichen positiven Aspekte einer besseren Bewältigung der Lebenssituation wären aufzuzeigen und der Nutzen einer über die Kur hinausgehenden Neuorientierung zu betonen.

In Kurvorbereitungsgruppen zusammen mit anderen kurinteressierten und/oder kurerfahrenen Müttern könnte bereits vor der Kur erlebbar gemacht werden, daß gegenseitige Unterstützung und positive Aktivitäten, die derzeit existierenden Belastungen über eine körperliche Erholung hinaus, längerfristig reduzieren helfen könnten. Bei der Planung der Entsendung ist bereits sicherzustellen, Mütter aus benachbarten Orten möglichst gemeinsam unterzubringen, um den Aufbau eines Netzes unterstützender Kontakte in der Nachsorgephase zu ermöglichen.

Veränderungen bei der Durchführung der Kur

Für die Durchführung der Kuren gilt als übergreifendes Ziel, Grundlagen zur Korrektur derjenigen Fehleinstellungen, Informationslücken und Verhaltensdefizite zu schaffen, die wesentlich zu Überlastung von Mutter und Kind beigetragen haben.
Ein wesentlicher Ansatzpunkt wären angemessene Hilfen bei der Bewältigung der Erkrankung oder Behinderung des Kindes sowie bei der Umstrukturierung gesundheitsgefährdeten Verhaltens bei der Mutter selbst. Ein zweiter Ansatzpunkt wäre das Ausgleichen von Defiziten in der allgemeinen Alltags- und Problembewältigung der Mütter, wobei besonderer Wert auf das Zugänglichmachen positiven Erlebens - auch im Umgang mit dem Kind - zu legen ist. Hierfür bietet sich ein breites Spektrum an erprobten verhaltensmedizinischen bzw. verhaltenstherapeutischen Vorgehensweisen an, daß die Kurpraxis sich verstärkt zu Nutze machen sollte. Diese spezifischen Maßnahmen sollten jedoch auf der Grundlage eines therapeutischen Gesamtkonzepts der Stärkung von Selbsthilfefähigkeiten und Selbstvertrauen bei gleichzeitiger Einbindung in ein - ggf. noch zu etablierendes - Netz hilfreicher sozialer Kontakte münden.

Kurnachsorge

Für die Kurnachsorge gilt der Grundgedanke, der auf den speziellen Einzelfall bezogenen Verflechtung von professioneller und Selbst-Hilfe. Ziel der Kurnachsorge ist die Individualisierung, Stabilisierung und Aufrechterhaltung des in der Kur neu gelernten Verhaltens der Entspannungs- und Entlastungsmöglichkeiten im Alltag der Mütter, wobei der gegenseitigen (professionellen und nichtprofessionellen) sozialen Unterstützung eine tragende Funktion zukommt.

Die gesamte Anlage des skizzierten Änderungskonzeptes macht es zwingend erforderlich, daß Entsendungsstellen sowie andere psychosoziale Einrichtungen am Heimatort eng mit den Kureinrichtungen kooperieren. Die Rückkehr vom Kuralltag in den schwierigen Alltag am Heimatort bedeutet stets eine für den Kurerfolg kritische Situation: Die Kurteilnehmerinnen werden oftmals in so massiver Weise mit angstauslösenden Bedingungen und ungeklärten Problemen konfrontiert, daß alte unangemessene Verhaltensmuster schnell wieder dominant werden und Versagen erlebt wird. Am Heimatort sollte eine professionelle Infrastruktur vorhanden sein, um die Selbsthilfekräfte auch unter schwierigen Bedingungen zu aktivieren und durch das Zugänglichmachen professioneller Hilfen, wo nötig, zu ergänzen. Pläne zur Inanspruchnahme professioneller Hilfen (z.B. Sozialstation, Arbeitsamt, Kinderbetreuung etc.) wären zu Anfang ebenfalls zu erarbeiten, wenn das Selbsthilfekonzept aufgrund der besonderen Problemlage im Einzellfall nicht ausreichend ist. Um den Übergang von der Kur zur Kurnachbetreuung im engeren Sinne und zur längerfristigen Kurnachsorge zu bewerkstelligen, bedarf es mit Sicherheit der Hilfe eines kompetenten Beraters.

Über längerfristige Kurerfolge liegen generell nur unzureichend gesicherte Angaben vor (vgl. Szczepanski 1986). Hier sind neue methodische Zugänge zu erschließen. Die wichtigsten Angaben zum Kurerfolg sind von prospektiven Studien bei Kurteilnehmerinnen zu erwarten. Wünschenswert wären darüber hinaus, Erhebungen zur Situation von Teilnehmerinnen an zurückliegenden Mutter-Kind-Kuren als Vergleichsangabe. Das Problem der Messung des Kurerfolgs macht deutlich, daß die enge Verbindung sozialmedizinischer und sozialwissenschaftlicher Ansätze bei der Erfassung und Analyse der Daten und Materialien sowie die Zustands- und Verlaufsbetrachtung der Angaben über einen ausreichend langen Zeitraum zu erfolgen haben.

Die Beurteilung des Kurerfolgs muß medizinische Daten und sozialwissenschaftliche Daten zur gesundheitlichen und zur allgemeinen Lebenssituation der Betroffenen erfassen. Daneben müssen psychologische Testverfahren zur Bestimmung der Befindlichkeit und zu Persönlichkeitsmerkmalen eingesetzt werden. Die subjektive Beurteilung der Lage durch den Betroffenen selbst, durch Explorationen in Gesprächsform würde diese Angaben abrunden. Aus den Ergebnissen zur Thematik Kurerfolg müßten eingebettet in Verlaufsbeobachtungen und -daten Folgerungen für die Struktur der Angebote, aber vor allem auch für die Vor- und Nachsorge am Heimatort abgeleitet werden.

Literatur

Angermeyer, M.C., Döhner, O. (Hg.) (1981) Chronisch kranke Kinder und Jugendliche in der Familie, Stuttgart

Böhmer, M. (1985) Zur Praxis der Mutter-Kind-Kur als integraler Bestandteil der Familienhilfe, in: Pittrich, W. (Hrsg.) Mutter und Kind: Landschaftsverband Westfalen-Lippe, Abt. Gesundheitswesen, Erholungs- und Heilfürsorge, Münster, 17-26

Das neue Krankenversicherungsrecht, SGB V, AOK-Verlag, Bonn (1989)

Delius, L. (1976) Das Kurwesen in: Blohmke, M., v. Ferber, Chr., Kisker, K.P., Schäfer, H. (Hrsg.): Handbuch der Sozialmedizin, Bd. III, Stuttgart, S. 651-676

von Ferber, Chr., von Ferber, L. (1978) Der kranke Mensch in der Gesellschaft, Reinbek

von Ferber, L. (1976) Kur und Rehabilitation in: Blohmke, M., v. Ferber, Chr., Kisker, K.P./Schäfer, H. (Hrsg.): Handbuch der Sozialmedizin, Bd. III, Stuttgart, S. 676-698

Lachmund, J. (1987) Die Profession, der Patient und das medizinische Wissen. Von der kurativen Medizin zur Risikoprävention. Zeitschrift für Soziologie, 18, 5, 353-366

Meyer/Lauterbach (1985) Sozialversicherungskuren; HLT-Gesellschaft für Forschung, Planung, Entwicklung, Wiesbaden.

Müttergenesungswerk (1987) MGW-Jahrbuch 1987, MGW Stein/Mfr.

Pittrich, W. (Hrsg.) (1985) Mutter und Kind. Tagungsbericht über das Symposium des Landschaftsverbandes Westfalen-Lippe - Abteilung Erholungs- und Heilfürsorge - in Zusammenarbeit mit der Akademie für öffentliches Gesundheitswesen, Düsseldorf vom 03.-04.11.1982. Münster: Landschaftsverband Westfalen-Lippe, Abteilung Gesundheitswesen, Erholungs- und Heilfürsorge.

Statistisches Bundesamt (Hrsg.): Statistisches Jahrbuch (1980-1987). Stuttgart: Kohlhammer

Szczepanski, R. (1986) Kann man mit Kuren der Gefährdung einer normalen Entwicklung eines Kindes entgegenwirken - gemäß § 187 RVO? in: Silomon, H., Brennecke, R., von Ferber, Chr., Laaser, U. (Hrsg.) 1986: Sozialmedizin, Sozialrecht, Gesundheitsökonomie, Berlin

Wannenwentsch, E. (1975) Ist das Heilverfahren der Rentenversicherung eine Fehlinvestition? Med.Klin. 70, 499-503

Wedekind, R. (1985) Geistig behinderte Menschen und ihre Familien in Dänemark und der Bundesrepublik Deutschland. Weinsberg (Weissenhof-Verlag)

Wedekind, R., Kuhnt, S. (1987) Modellvorhaben zur Effektivierung der Mutter-Kind-Kuren, eingebettet in Vor- und Nachsorgeangebote, Projektantrag an den Bundesgesundheitsminister, Münster

Anmerkungen:

1. Zum 65. Geburtstag von Prof. Dr. Christian von Ferber

2. Das neue Krankenversicherungsrecht, SGB V, S. 180, AOK-Verlag, Bonn

3. Leiter: Landesrat Dr. med. W. Pittrich, Für die Mitwirkung bei der Erstellung von Grundlagen aus dem Bereich des LWL danke ich Frau Dipl.Psych. S. Kuhnt.

Walter W. Holland

The Application of Epidemiology to Health Policy

Epidemiology can be applied widely to the development of health policies. The most obvious application of epidemiology is in the manner in which it contributes to the development of knowledge in various fields of health activity, namely prevention, the performance of health services, the effect of different health-care procedures and finally how epidemiological techniques can contribute to the knowledge of disease aetiology and thus to the development of appropriate preventive strategies. This paper will describe a number of examples of the contribution epidemiology has made to each of these areas.

Primary prevention

Perhaps the best example of the application of epidemiology to the development of health policy in modern times has been in the field of primary prevention and is exemplified by the work on smoking and cancer of the lung.

The original investigations by Bradford-Hill and Doll in the United Kingdom (see e.g. Doll and Hill, 1950; 1952) and Wynder and Hammond in the United States Wynder and Graham, 1950; Hammond, 1964) were case-control-studies, i.e. the smoking habits of patients with cancer of the lung were compared to the habits of patient with conditions other than cancer, matched by age and sex. These investigations demonstrated that patients of the same age and sex with other conditions. The magnitude of the difference in prevalence of lung cancer between the cases and controls, and the fact that none of the other factors examined, for example proximity of gas works to the home, exposure to mustard gas during the war, driving a car or occupation showed any difference between the cases and controls, indicated that smoking was associated with the development of cancer ot the lung. As a result a number of prospective studies were mounted to investigate this subject further.

The best known of these was the study in British doctors by Doll and Hill (Doll and Hill, 1954). All doctors in the UK on the Medical Register were asked in 1952 to provide information on their smoking habits. Approximately two-thirds of doctors on the Medical Register replied. These were then followed over time and their mortality from a variety of conditions recorded. Doctors were used in this study because they were an easy group to follow since changes of address and deaths are automatically notified to the General Medical Council.

This study demonstrated clearly that individuals who smoked initially were more likely to develop cancer of the lung and those who smoke heavily were more likely to develop cancer of the lung than those who smoke less. A quantitative relationship between smoking and the development of cancer of the lung and various other conditions, such as chronic bronchitis was established as a result of these investigations. Further, to strengthen the association, it was shown that in individuals who had given up smoking, the risk of developing lung cancer was similar to that of the never-smoker as little as 5-10 years after giving up (Doll and Hill, 1984).

These studies which were repeated in many countries led to the realisation of the dangers of smoking cigarettes and as a result, a variety of publications from bodies such as the Royal College of Physicans in the UK, the Surgeon General in the United States and the World Health Organisation promoted the concept of non-smoking (Royal College of Physicians, 1962 and 1971; Surgeon General, 1979; World Health Organisation 1985). As a result of this knowledge of the health effects of smoking there have been major changes in the frequency of smoking over time. For example, whereas in the early 1960s about two-thirds of men smoked cigarettes, in the late 1980s less than a third did so.

Further, tobacco manufacturers, under pressure from governments, have reduced the tar and tobacco content of cigarettes. In the early 1960s on average each cigarette in the UK contained 1 gram of tobacco, in the late 1980s, no cigarette contained more than 0.75g of tobacco. Thus the orginal epidemiological studies led to a very major change in habits and health policies, and, on the periphery, to attitudes towards advertising and marketing of tobacco products.

Secondary prevention

Health policy directed at the secondary prevention of ill health has also benefitted greatly from the development of the discipline of epidemiology.
The accepted theory in terms of secondary prevention, developed in the early 1960s, was that multiphasic screening (i.e. performing a number of diagnostic tests in the course of primary care) would identify health changes which are amenable to treatment and which would, therefore, aid the early detection or prevention of disease. This theory was examined rigorously by epidemiological study, since widespread multiphasic screening could have major health and cost implications.

It is generally accepted that certain screening procedures, properly targetted, are invaluable in prevention and early detection. However, the case for multiple screening is not so clear cut.

Epidemiological methods have been used to evaluate the usefulness of this form of care. In 1977 a randomised controlled trial of multiphasic screening in general practice was completed (South East London Screening Study Group, 1977).

The hypothesis being tested was that the use of multiphasic screening within general practice (the main form of primary care in the UK) was most likely to be effective, because of general practitioners continuing responsibility for the care of their patients.

Two large group practices were used from whisch patients aged between 40 and 64 years were allocated at random to receive either multiphasic screening examinations or only their normal medical care. In the experimental group the general practitioner performed a directed examination, dependent upon the findings of the screening tests and referred the patient, if necessary, for further investigations to hospital or began treatment if indicated. The control group consisted of individuals who were not given multiphasic screening examinations and who only went to see their own doctor when they had symptoms or required treatment.

The hypothesis under scrutiny was that there would be a reduction in mortality if individuals underwent multiphasic screening. There would also be a reduction in morbidity as measured by reduced sickness absence from employment or reduced use of home helps. Finally, it was postulated that there would be a reduction in hospital and other health services utilisation because of early detection in those undergoing multiphasic screening.

The results of the investigation demonstrated that there was no reduction in mortality, morbidity, health services utilisation, and no improvement in levels of function. In fact the costs to the health services had risen by about 10 per cent. It was thus clear that within a system with reasonable primary care, the introduction of multiphasic screening examinations merely add to health care costs, do not effect reductions in mortality and morbidity, and introduce a problem of false positives which require further investigation.

Thus epidemiological techniques were instrumental in the development of health policy toward secondary prevention. The trend toward untargetted mutiphasic screening was arrested, with the consequent savings in terms of health-care costs.

Performance of health services

A number of conditions have been identified by epidemiologists as being those from which mortality is deemed 'avoidable', i.e. appropriate and timely medical intervention could prevent deaths. For example, bladder cancer is thought to be largely related to occupation and thus better control of working conditions could aid prevention. Rutstein et al. devised a list of number of conditions which fell into this category. This has significant implications for health policy (Rutstein et al., 1976).

Epidemiological studies have been undertaken to compare mortality from these conditions in certain age and sex groups within and between countries of similar development. This provides an insight into the performance of health services.

The conditions were chosen on the basis that there is general unanimity that effective methods of treatment or prevention exist. Within England a six-fold variation in mortality from these conditions was demonstrated. Within the European Community, there is a ten-fold or greater variation in mortality between areas. It is possible that some of these differences are due to differences in certification and diagnostic habits, or differences in incidence. However the magnitude of the differences is so great that it is unlikely that these factors are sufficient to account for them (Holland, 1988).

Although there are differences in incidence for each of these conditions, there should not necessarily be differences in mortality since health services are supposed to be relevant to the needs of a population. Thus in areas with certain numerous immigrant groups in whom tuberculosis is likely to be high, there should be better services for the treatment and identification of tuberculosis than areas where there are fewer such groups.

The application of this form of study to health policy can be demonstrated in the use of indices of avoidable mortality in the assessment of the outcome of health services. This can result in health services becoming more accountable and more responsive to needs.

High levels of mortality from certain conditions have led to the use of confidential enquiries in some districts to identify reasons for such high mortality. For example, in two British health districts with a high mortality rate for carcinoma of the cervix, in one it was shown that few of women who died from carcinoma of the cervix had undergone cervical cancer screening, i.e. there was a failure of health education activity. By contrast in the other area, although the women who died of cancer of the cervix had undergone screening, about half of them had present minor abnormalities indicative of a need for a further examination. Further investigations had not been carried out because of a failure of communication between the laboratory, the practitioner and the patient. Thus the high level of mortality from cancer of the cervix in these two areas indicated different failures of health services in different areas (MacGregor and Teper, 1978)

Obviously the validity of measure of mortality as proxies for the performance of health care, and the lack of responsiveness of mortality to changes in health care organisations require further investigations. However, this sort of epidemiological study can provide indicators for health policy development at a local level, which can then be determined with greater confidence as a result of the application of epidemiological findings and policies can be tailored to meet local needs. Specific failures of health care can be identified, specific needs of particular locales addressed, and new questiones for futures research raised.

Effect of health-care procedures

Health care is becoming ever more complex, with often expensive new technical developments constantly emerging onto the health care 'market'. Policy decisions regarding their implementation have far reaching consequences, both in terms of the sort of care an individual will receive, but also in terms of the cost of providing that care. Epidemiological study has provided essential information to health planners regarding the introduction of new technology.

One example of this is the assessment of extracorporeal shock wave lithotripsy for the treatment of renal stones, without the need for operative interference (Mays et al., 1988).

In the United Kongdom in 1987, despite wide acceptance of this form of treatment in the rest of Europe, only one machine was available for this form of treatment for NHS patients. In view of this, it was suggested that a randomised controlled trial should be undertaken to compare percutaneous nephrolithotomy (the traditional form of treatment) with lithotripsy.

Unfortunately there was professional resistance to this and a case control study in which the outcomes of the two forms of treatment were compared, was considered the next best alternative.

At the end of one year's follow up, it was clear that the results of treatment were not dramatically different between the two groups. Patients treated with lithotriopsy had had more recurrences, had not been hospitalised for fewer days, and suffered more complications than those treated by the other method. The cost differences were enormous. This has now led to changes in treatment policy toward patients with renal stones, and lithotripsy is no longer considered suitable for the treatment of all renal stones. It is now accepted that the two methods need to be combined in order to give the best results.

Alternatively, in the UK a current study to investigate the impact of the introduction of new genetics into the general services has shown that a service which was thought to be highly expensive has turned out, once implemented to be no more so than any other regional specialty. Secondly the treatment is emerging as worthwhile since it allows much better informed decision making since it provides much better risk assessment (Beech et al., 1989).

This form of evaluation is not only useful for health care providers, but also far planners. Statistical models have also been developed which demonstrate the cost and patient consequences of expanding or contracting various specialties. This too can provide vital information for planners who are trying to tailor services to local need. Often the failure of health services to respond adequately to such information as might be collected on the efficacy of high technology, for example, can be due to the reluctance of physicians and patients alike to accept what can be seen as lower standard 'old fashioned' treatment, despite the fact that the new treatment may never have been evaluated, or, as was demonstrated in the case of lithotripsy, resistance by the medical profession to evaluation. However, one of the problems faced by the epidemiologist is when to evaluate such technology. Evaluation carried out before a technology is widely available can be seen as unrepresentative of general service application: on the other hand once the service is widely applied there can be great resistance to change.

Disease aetiology

Epidemiological study can provide vital information concerning the natural history and development of disease. This plays an important role in the development of health policy, for example in identifying more precisely modes of transmission, risk factors and treatments, and thus enabling health planners to plan health expenditures in the most effective manner.

Chronic respiratory disease - an example

In most western countries, chronic respiratory disease is one of the major causes of mortality and morbidity. To try to reduce the burden of chronic respiratory disease, it is necessary to identify the factors responsible for its development. This condition illustrates how a series of planned epidemiologic studies can help in the elucidation of the aetiology of the disease and thus to its control.

Chronic respiratory disease causes more deaths in urban areas than rural areas; it is more common among the poorer social class groups than the better off, in men than women, and in the elderly than the young.

To try to identify better than various factors in the development of the disease necessitated the development of methods of measurement of morbidity. However, there is a difficulty in that no specific tests identify individuals with the disease in its early stages. Only the prevalence of certain symptoms (cough and phlegm production) distinguish an individual in the early stages of the disease.

A simple standardised questionnaire was development in the UK by a Committee of the Medical Research Council (Medical Research Council, 1966). Simple tests of lung function such as peak expiratory flow rate and forced expiratory volume were developed and were then applied to widely differing populations to identify more specifically the factors that cause the disease. Links between chronic respiratory disease and certain occupations, smoking and pollution were identified, both within and between countries. The earlier link between air pollution and acute respiratory infections was reaffirmed, but these studies also demonstrated its effect on chronic disease development. A link between parental social class, number of sibilings, air pollution, and parental smoking habits and chronic respiratory diesease in children was also identified (Colley et al., 1974). These findings provided a focus for preventive activities, based on the reduction of smoking, reducing of air pollution, and greater attention to occupational exposure to certain hazardous substances. (Heller and Kelson, 1982; Molyneux and Tombleson, 1970; Lambert and Reid, 1970; Dohan and Taylor, 1960). These examples demonstrate how epidemiologic methods have been used in the identification of the causes of ill health, the maintenance of health and the performance of health services and can be used in the determination of health policy.

The failures should also be remembered. The effect of epidemiologists is dependent on the importance placed on health by governments. It is also dependent on the contribution made to the economy by various industries, for example the tobacco industry, in terms of tax revenues from smokers, contribution to the balance of trade and employment. It is also dependent on the degree of state intervention in health care provision approved by the government, i.e. what point on the political spectrum it occupies. In a 'free market'economy, control of health and safety at work legislation can be seen as a restrictive practice, harmful to the economy.

The future impact of epidemiological research is dependent on the validity of the epidemiological lobby, and the impartiality is necessary for governmental acceptability. Its efficacy is reliant on the ability of the health lobby to secure its share of the expenditure 'cake', and governments to implement the findings of research.

References

Beech, R., Rona, R.J., Swan, A.V., Kavanagh, F., Prentice, L., Wilson, O.M., Mole, G., Vadera, P. (1989) Genetic services on the context of DNA probes: what do they cost? Journal of Medical Genetics 26, 237-44

Colley, J.R.T., and Holland, W.W. (1967) Social and environmental factors in respiratory disease: a preliminary report. Archives of Environmental Health 14, 157-61

Dohan, F.C. and Tayler, E.W. (1960) Air pollution and respiratory disease. American Journal of Medical Science 240, 337-9

Doll, R. and Hill, A.B. (1950) Smoking and carcinoma of the lung: preliminary report. British Medical Journal 2, 739-47

Doll, R. and Hill, A.B. (1952) A study of the aetiology of carcinoma of the lung. British Medical Journal 2, 1271-86

Doll, R. and Hill, A.B. (1954) The mortality of doctors in relation to their smoking habits: a preliminary report. British Medical Journal 1, 1451-5

Doll, R. and Hill, A.B. (1964) Mortality in relation to smoking: ten years' observations of British doctors. British Medical Journal 1, 1399-1410

Hammond, E.C. (1964) Smoking in relation to mortality and morbidity: findings ot the first 34 months of follow up in a prospective study started in 1959. Journal of the National Cancer Institute 32, 1161-88

Heller, R.F. and Kelson, M. (1982) Respiratory diseasse mortality in agricultural workers in eight member countries of the European Community. International Journal of Epidemiology ii, 170-4

Holland, W.W. (ed) (1988) European Atlas of Avoidable Death. Oxford, Oxford University Press

Lambert, P.M., and Reid, D.D. (1970) Smoking air pollution and respiratory disease in Britain. Lancet i, 853-7

MacGregor, J.E., and Teper, S. (1978) Mortality from carcinoma of cervix uteri in Britain. Lancet II, 774-6

Mays, N., Challah, S., Patel, S., Palfrey, E., Cresser, R., Vadera, P., Burney, P. (1988) Clinical comparison of extracorporal shock wave lithotripsy and percutaneous nephrolithotomy in treating renal calculi. British Medical Journal 297, 253-8

Medical Research Council (1966). Medical Research Council's Committee on Research into Chronic Bronchitis: Questionnaire on Respiratory Symptoms, and Instructions for use of the questionnaire in respiratory symptoms. London, Medical Research Council.
Royal College of Physicians (1962) Smoking and Health: Summary Report ot the Royal College of Physicians of London on smoking in relation to cancer of the lung and other diseases. London, Pitman

Molyneux, M.K.B., Tombleson, J.B.L. (1970) An epidemiological study of respiratory symptoms in Lancashire mills 1963-66. British Journal of Industrial Medicine 27, 225-234

Royal College of Physicians (1971). Smoking and Health Now: A New Report and Summary on Smoking and its effects on Health. London, Pitman

Rutstein, D.D., Berenberg, W., Chalmers, T.C., Child, C.G., Fishman, A.P., Perrin, E.B. (1976) Measuring the quality of medical care: a clinical method. New England Journal of Medicine 294, 582-8

South East London Screening Study Group (1977). A controlled trial of multiphasic screening in middle age: results of the South East London Screening Study. International Journal of Epidemiology 6, 357-63

Surgeon General (1985). Smoking and health: report of the Surgeon General. Rockville, MD, USDHEW 1979

World Health Organisation (1985). WHO Programme on tobacco and health: report by Director General. Geneva, World Health Organisation

Wynder, E.L. and Graham, E.A. (1950) Tobacco smoking as a possible aetiological factor in bronchiogenic carcinoma: a study of six hundered and eighty four cases. Journal of the American Medical Association 143, 329-36

Christian von Ferber - Schriftenverzeichnis

1952
Lassen sich Wurzeln der modernen Betriebssoziologie bereits in den Schriften des Vereins für Social-Politik vor dem ersten Krieg nachweisen?
Diplomarbeit 1952

1955
Die Personalstruktur der Universität. Deutsche Universitätszeitung 10. Jg. (1955) Nr. 13, 8-11

Zur "Motivation" der Arbeit. Gesellschaft für Soziale Betriebspraxis m.b.H., Fachberichte November 1955

1956
Die Entwicklung des Lehrkörpers der deutschen Universitäten und Hochschulen 1864-1954, in: Untersuchungen zur Lage der deutschen Hochschullehrer, Bd. 3, H. Plessner (Hrsg.), Vandenhoeck & Ruprecht, Göttingen 1956, 245

Die Gemeindestudie des Instituts für sozialwissenschaftliche Forschung, Darmstadt, Kölner Zeitschrift für Soziologie und Sozialpsychologie, 8. Jg. (1956) 3.Aufl., Sonderheft 1, 152-171

1957
Interessenpluralismus und empirische Sozialforschung. Zur Frage der politischen Voraussetzungen der Soziologie. Helmuth Plessner zum 65. Geburtstag gewidmet. Zeitschrift für Politik. Neue Folge 4. Jg. (1957) Berlin, 317-332

1958
Die gesellschaftliche Rolle der Interessenverbände. Deutsche Universitätszeitung, Göttingen, 13. Jg.(1958) Heft 4, 213-225

1959
Arbeitsfreude (Wirklichkeit und Ideologie). Ein Beitrag zur Soziologie der Arbeit in der industriellen Gesellschaft. Göttinger Abhandlungen zur Soziologie, Bd. 4, Stuttgart (1959), Enke, 130

Der Werturteilsstreit 1909 bis 1959. Kölner Zeitschrift für Soziologie und Sozialpsychologie, 11 (1959) 21-38

14. Deutscher Soziologentag. Betriebswirtschaftliche Forschung und Praxis, 11. Jg.(1959) Heft 7/8, 465-468

Sozialwissenschaftler. Blätter zur Berufskunde, Band 3, Berufe für Abiturienten, hrsg. von der Bundesanstalt für Arbeitsvermittlung und Arbeitslosenversicherung, Nürnberg (1959) Bertelsmann Verlag, Bielefeld

1960
Industrielle Gesellschaft: Symbol oder Fiktion? Pastoralkolleg: Industrielle Gesellschaft, Goslar, (April 1960)

1961
Arbeit. in: Pädagogisches Lexikon, 1961

Arbeitsethos und industrielle Gesellschaft. Studium Generale, 14 (1961) Heft 3, 189-198

Das Arbeitsethos in der industriellen Gesellschaft. VDI-Nachrichten, 15 (1961) 52

Die Institution der Arbeit in der industriellen Gesellschaft. Versuch einer theoretischen Grundlegung, Habil.Schrift (1961) Teilveröffentlichung: Die Gewalt in der Politik, Stuttgart (1970)

1962
Die soziale Kontrolle der Arbeitsleistung im Industriebetrieb und ihre Grenzen. Soziale Welt, Zeitschrift für sozialwissenschaftliche Forschung 13 (1962) 2, 128-138

Freiheit und Entfremdung. Bundesarbeitsblatt, 13 (1962) 439-445

1963
Der Wandel in der Gesellschaftsstruktur. (Change in social structure) Med. Klin, 63 (49) 1963-6

Die Institutionalisierung der Klassengegensätze in der demokratisch-sozialen Grundordnung, Bundesarbeitsblatt, 14 (1963) 1:13-18

Soziologische Aspekte des Todes. Zeitschrift für Evangelische Ethik, 7 (1963) 338-360

Thesen zur Technokratie. Atomzeitalter (1963) 7/8, 181-184

1964
'Arbeitsleid' in der Wohlstandsgesellschaft. Soziale Welt, 15 (1964) 4:289-299

Zum Begriff der gesellschaftlichen Konzentration. Kritische Bemerkungen zur sozialen Begriffsbildung, in: Argumentation Festschrift für J. König, hrsg. von H. Delius, G. Patzig, Vandenhoeck & Ruprecht, Göttingen (1964) 75-93

Macht und Prestige als gesellschaftliches Problem, in: Deutsche Arbeitsgemeinschaft für Jugend- und Eheberatung, Informationsschreiben Nr. 64/65 (1964)

Zur Werturteilsfrage in der Soziologie. Zeitschrift für die Gesamte Staatswissenschaft, 120, (1964) 144-169

1965
Vorurteilsprobleme in der Wirtschaftssoziologie, in: W. Strzelewicz (Hrsg.) Das Vorurteil als Bildungsbarriere, Vandenhoeck & Ruprecht, Göttingen, 1965 194-213

Individuum und Gesellschaft. Die liberale Konzeption, Hrsg.: Niedersächsische Landeszentrale für Politische Bildung, Hannover, 1965

Arbeiter - Arbeiterbewegung, in: Ev. Staatslexikon, Stuttgart 1965
Beruf und Arbeitsplatz (Job). Arbeiter und Angestellte, Bertelsmann, Gütersloh, 1965

1966
Sozialpolitik - Bemerkungen zum Verhältnis der Gesellschaftswissenschaften zur Sozialpolitik. in: Die moderne Demokratie und ihr Recht, Bd.1, Hrsg. von K.D. Bracher, Ch. Dawsen, W. Geiger und R. Smend, Mohr, Tübingen, 1966, 322-342

Zum Verhältnis von Wohlstandsgesellschaft und sozialer Sicherheit. in: Hess. Hochschulwochen für staatswissenschaftl. Fortbildung, 49. Bd., Bad Homburg 1966, 94-103

1967
Sozialpolitik in der Wohlstandsgesellschaft. Was stimmt nicht mit der deutschen Sozialpolitik? Zeitfragen, Christian Wegner Verlag Hamburg 1967

Die Bedeutung der empirischen Sozialforschung für die Analyse der Krankheitshäufigkeit, Die Sozialversicherung, 23 (1967) 275-280

Strukturprobleme der Nachwuchsförderung. in: F. Gebhardt, Promotion und Stipendium, Vandenhoeck und Ruprecht, Göttingen 1967, 135-205

Die Bedeutung der empirischen Sozialforschung für die Epidemiologie, Die Krankenversicherung, 19, (1967) 6, 145-153

1968
Der behinderte Mensch und die Gesellschaft. in: Der behinderte Mensch in unserer Zeit (1968) 19-29 (Schriften des Deutschen Vereins für öffentliche und private Fürsorge)

Die modernen Befindlichkeitsstörungen aus der Sicht des Soziologen, Arbeitsmedizin - Sozialmedizin - Arbeitshygiene, 3 (1968) 1:4-7

Der kranke Mensch in der sozialen Krankenversicherung, Der medizinische Sachverständige 64 (1968) 5:105-110

Gesundheit und Krankheit im Wandel der Gesellschaftsstruktur. Wege zur Sozialversicherung, 22 (1968) 11, 321-326

Zur Gültigkeit von Aussagen über Verhaltensweisen der Sozialversicherten, Die Ortskrankenkasse 50 (1968) 324-331

1969
Der Beruf im gesellschaftlichen Gefüge, in:Werner, F.; Schaefer, H.; Brackmann, K.; Ferber, C. von; Brocke, E.; Fritze, K.; Thill, A.; Freischmidt, D., Der Beruf im Sozialrecht Verhandlungen des Deutschen Sozialgerichtsverbandes. Regionaltagung für die Länder Hessen, Nordrhein-Westfalen, Rheinland-Pfalz und Saarland; Frankfurt am Main, 28.und 29. November 1968, Schriftenreihe des Deutschen Sozialgerichtsverbandes; Bd. 5, Wiesbaden, Chmielorz 1969, 62-75

Der Beitrag der Soziologie zur Sozialreform, in:Blind, A., Krupp, H.-J. (Hrsg.) Sozialpolitik und persönliche Existenz Festgabe für Hans Achinger anläßlich seines 70. Geburtstages am 5. Oktober 1969 Berlin 1969, Duncker und Humblot, 71-86

Die Änderungen im Recht der Krankenversicherung und die sozialmedizinische Forschung, Die Ortskrankenkasse (1969) 23-24, 718-724

Ergebnisse arbeits- und betriebssoziologischer Untersuchungen zum Krankenstand, Die Ortskrankenkasse, 51 (1969) 7:141-146

Unternehmensorganisation und industrielle Demokratie. Wochenzeitschrift Salzgitter, 1969

Zur Sozialökonomie des Kurbetriebes. Arbeitsmedizin - Sozialmedizin - Arbeitshygiene 4 (1969) 3:70-73

1970

Ferber, Chr.v., Pöhler, W., Begabtenförderung oder Elitebildung, Göttingen 1970

Christian von Ferber; Karl Kohlhausen, Störungen der Leistungsbereitschaft und ihre ärztliche Feststellung. Zur Frage der arbeitssoziologischen Transparenz ärztlicher Beurteilungen der AU, Die Ortskrankenkasse. 52 (1970) 185-195

Der Beitrag der sozialmedizinischen Forschung zur Reform der sozialen Krankenversicherung, Sozialmedizin und soziale Sicherung, Arbeitsmedizin-Sozialmedizin-Arbeitshygiene, Zeitschrift für Praxis, Klinik, Forschung, Begutachtung, Rehabilitation 37, Stuttgart 1970, 48-64

Der "Blaue Montag" im Krankenstand - ist der "Blaue Montag" Index ein Maßstab der "Arbeitsmoral"?, Arbeitsmedizin-Sozialmedizin-Arbeitshygiene, Zeitschrift für Praxis, Klinik, Forschung, Begutachtung, Rehabilitation 5, (1970) 25-29

Der Tod. Ein unbewältigtes Problem für Mediziner und Soziologen.In memoriam Werner Hofmann, Kölner Zeitschrift für Soziologie und Sozialpsychologie. 22 (1970) 2:237-250

Die Rolle der Leistungsverwaltung in der Dienstleistungswirtschaft. Hessische Hochschulwochen für staatswissenschaftliche Fortbildung, Bad Homburg 1970, 25-33

Die Gewalt in der Politik. Urban-Taschenbuch, Band 804, Stuttgart 1970

Gespräch mit dem Tod. Der Internist 11, 1970. S. 21-24

Arbeits- und betriebssoziologische Untersuchungen zum Krankenstand. Fortschritte der Medizin, 88 (1970) 8:339-341

Aufgaben und Möglichkeiten der Epidemiologie. P. Waibel, L.K. Widmer (Hrsg.) Epidemiologie kardiovaskulärer Krankheiten (Aktuelle Probleme in der Angiologie, Bd. 7), Bern, Stuttgart, Wien 1970, 11-17

Die Fortbildung im Beruf stehender Naturwissenschaftler und Ingenieure. Ergebnisse einer Untersuchung 1970, VDI-Informationen Nr. 25, November 1970, 12-16

Werden wir eine Gesundheitspolitik haben? SRF Stuttgart 29.09.70

Vom Nutzen der Soziologie für die Medizin. Arbeitsmedizin - Sozialmedizin - Arbeitshygiene, 5 (1970) 8:213-217

Medizin und Sozialstruktur. Die Kur aus der Sicht des Soziologen. Bäder- und Klimaheilkunde, 17 (1970) 4:320-331

1971
Die Rationalität in der sozialen Krankenversicherung. Die Ortskrankenkasse, 53 (1971) 21/22:828-834

Gesellschaftliche Grundlagen der Volksgesundheit. Arbeit und Leistung. Zentralblatt für Arbeitswissenschaft und soziale Betriebspraxis. Frechen 25 (1971) 1:1-24

Verfahren zur Beurteilung der gesundheitspolitischen Relevanz der ärztlichen Versorgung, Das Öffentliche Gesundheitswesen. Monatsschrift für Gesundheitsverwaltung und Sozialhygiene. Stuttgart 33 (1971) 5:259-68

Gesundheit und Gesellschaft. Haben wir eine Gesundheitspolitik? Stuttgart, Berlin, Köln, Mainz, 1971

Das Interview- seine Aussage in Abhängigkeit von der Befragungstechnik,in:Anamnese, Bericht über die 14. Jahrestagung der Deutschen Gesellschaft für Medizinische Dokumentation und Statistik in der DGD e.V. vom 13.-15. Okt. 1969 in Freiburg i. Br., Schattauer-Verlag, Stuttgart (1971) 115-125

Krankheit und Gesellschaft. Anstöße - Berichte aus der Arbeit der evangelischen Akademie Hofgeismar, 1/2 (1971)

Rehabilitation als Aufgabe der Gesellschaftsplanung. Vorwort zu Walter Thimm:Blinde in der Gesellschaft von heute. Beiträge zur Sehgeschädigtenpädagogik und ihrer Grenzgebiete 3 (1971)

Gibt es ein sozialstaatliches Recht auf Gesundheit? Archiv für Wissenschaft und Praxis der sozialen Arbeit 1 (1971) 2:104-119

Medizinischer Fortschritt und gesellschaftliche Evolution. Anstöße Nr. 1/2, 1971

Die Rolle des Arztes in der modernen Gesellschaft. Der praktische Arzt, 11 (1971) 3-11

Die Selbstverwaltung in der Sozialverwaltung, insbesondere in der Krankenversicherung, als Mittler zwischen den Bedürfnissen der Versicherten und den Möglichkeiten der Verwaltung. Vorlage für das Bundesarbeitsministerium Februar 1971

Der Beitrag der Verhaltenswissenschaften zu Theorie und Praxis der Sozialkultur, Heilbad und Kurort, 23 (1971) 2:48-49

1972
Ein Informationssystem der Krankenversicherung - Eine gesundheitspolitische Aufgabe? Zur Nutzung der EDV in der gesetzlichen Krankenversicherung. Die Krankenversicherung 24 (1971) 125-131

Der behinderte Mensch und die Gesellschaft. Soziologie der Behinderten (1972) 30-41

Resozialisation - Eine Aufgabe der Gesellschaft. Arbeit und Leistung. Zentralblatt für Arbeitswissenschaft und soziale Betriebspraxis. 26 (1972) 8:201-228

Resozialisation- eine Aufgabe im Vertrauensärztlichen Dienst, Münch.- Med.-Wochenschrift, 114 (1972) 41:1749-52

Bedingungen der Gesundheitspolitik. Schleswig-Holsteinisches Ärzteblatt, Kiel , 25 (1972) 350-355; Ärzteblatt Bad.-Württemberg 27 (1972) 427-433

Ferber, C. v.; Ferber, L. v.; Kohlhausen ,K.; Silomon, H. Die Aussagefähigkeit der kassenärztlichen Begründungen der Arbeitsunfähigkeit für die Analyse von Krankenständen. Arbeitsmedizin -Sozialmedizin - Arbeitshygiene 7 (1972) 1:1-7

Abschlußreferat der Wissenschaftl. Jahrestagung d. Dtsch. Gesellschaft f. Soz. Med., gemeinsam veranstaltet mit der Bayerischen Akademie f. Arb. Med. München 11. und 12.10.1971 Gesundheitspolitik und sozialmedizinische Forschung, hrsg. v. M. Blohmke. Schriftenreihe Arb. Med.,Arb. Hyg. 45, Gentner, Stuttgart 1972

Ferber, Chr.v., Der Werturteilsstreit 1909-1959. Versuch einer Wissenschaftlichen Interpretation. Topitsch, E. (Hrsg.) Logik der Sozialwissenschaften, 8.Aufl., Köln 1972

Soziologischer Bezugsrahmen von Befragungsergebnissen. in:Epidemiologie und epidemiologische Methodik. Schriftenreihe der Bayrischen Landesärztekammer München Bd. 29, München 1972, 90-98

Ernährungsgewohnheiten in der Bundesrepublik Deutschland. Materialien für den Bundesernährungsbericht Sept. 1971/Februar 1972

Gedanken zur Curriculum-Planung "Sozialwissenschaft", Neue Sammlung, 6. Sonderheft, Göttingen 1972, 54-60

1973

Die Modernisierung der Krankenversicherung - ein Modell für die Innungskrankenkassen. Die Krankenversicherung 1973, 269-279

Sozialarbeit und Rehabilitation. in:H.U.Otto und S. Schneider (Hrsg), Gesellschaftliche Perspektiven der Sozialarbeit, Neuwied und Berlin 1973

Medizin-soziologische Konzepte der Krankheitsenstehung. Verhandlungen der Deutschen Gesellschaft für innere Medizin, 79 (1973) München, 83-89

Soziologische Apekte der Gesundheitsplanung. in:B. Schäfers (Hrsg.) Gesellschaftliche Planung, Stuttgart 1973, 312-333

Die Kur aus der Sicht der Soziologen. Die innere Medizin 63 (1973) 4:168ff

Formen und Felder kollektiver Isolierung. Arzt und Christ 19 (1973) 161-171

Modelle für eine sozialmedizinische Untersuchung des Ernährungsverhaltens in: DFG-Kommission für Medizinische Epidemiologie und Sozialmedizin, Mitteilungen I (1973) 20-45

Medizin und Sozialstruktur. Medizinsoziologie als Element gesellschaftlicher Theorie? in: G. Albrecht, H.-J. Daheim, G. Sack (Hrsg.) Soziologie, Sprache, Bezug zur Praxis, Verhältnis zu anderen Wissenschaften, Festschrift für R. König, Westdeutscher Verlag, Opladen 1973, 601-611

Der Tod - ein gesellschaftliches Problem, SDR, Okt. 1973

1974

Die Gesundheit und Krankheit des Jugendlichen im gegenwärtigen System sozialer Sicherung (aus soziologischer Sicht). Jugend und soziale Sicherheit. Verhandlungen des Deutschen Sozialgerichtsverbandes 1973. Schriftenreihe des Deutschen Sozialgerichtsverbandes Bd. XI., Bonn 1974, 102-115

Das Gesundheitswesen im Systemvergleich Bundesrepublik-DDR. Deutsche Rentenversicherung (1974) 5:259-266

Informationssysteme in der Krankenversicherung aus der Sicht des Gesundheitspolitikers. Die Ortskrankenkasse 56 (1974) 733-741

Datenschutz und soziale Krankenversicherung. Die Krankenversicherung 26 (1974) 3:57-62

Die Weiterentwicklung der sozialen Krankenversicherung als Problem der Selbstverwaltung. Die Betriebskrankenkasse, 62 (1974) 4/5:79-84

Der epidemiologische Doppelaspekt des Sozialverhaltens -naturwissenschaftlich kausale und sozialwissenschaftliche normative Betrachtungsweise, in:Sachlichkeit Festschrift zum 80. Geburtstag von Helmuth Plessner Hrsg. v. Günter Dux u. Thomas Luckmann, Opladen 1974, 331-346

Zur gesellschaftlichen Entstehung von Krankheiten (Social origin of diseases). Med. Klin. 69 (1974) 39:1561-8

Soziologie und Medizin. Der Praktische Arzt, Dortmund 1974, 24:2996-2999

Die Gesundheit und Krankheit des Jugendlichen im gegenwärtigen System sozialer Sicherung (aus soziologischer Sicht) in:Jugend und Soziale Sicherheit, Verh. des Deutschen Sozialgerichtsverbandes 1973. Schriftenreihe des Deutschen Sozialgerichtsverbandes Bd. XI, Bonn-Bad Godesberg 1974, 102-115

Die gesundheitspolitische Bedeutung der Ortskrankenkassen in der Gesellschaft von heute. Die Ortskrankenkasse, 56 (1974) 22:961-966

1975

Der sozialmedizinische Aspekt des legalen Schwagerschaftsabbruchs, in:Soziale Sicherung durch soziales Recht Festschrift für H. Peters, hrsg. v. F. Zacher Stuttgart, Berlin, Köln, Mainz 1975, 31-45

Der alte Mensch als Verkehrsteilnehmer - seine Gefährdung, seine Bedürfnisse, Hefte zur Unfallheilkunde, 121 (1975) 375-82;

Arzt u. Auto, KVDA-Journal Mai 1975, 51 (1975) 5:6-12

Soziologie für Mediziner. Eine Einführung. Berlin, Heidelberg, New York, Springer Verlag 1975

Die Vertrauenskrise der Medizin- eine Herausforderung für die Hochschulen. - Hat die Sozialmedizin jetzt eine Chance? Soziale Sicherheit, Köln 24 (1975) 10:297-303

Selbstverwaltung und Soziale Sicherung, Gewerkschaftliche Monatshefte Köln 26 (1975) 150-159

Volks- und Laienmedizin als Alternative zur wissenschaftlichen Medizin. Zur Partizipation im Gesundheitswesen. Soziale Sicherheit 24 (1975) 203-209

Sozialwissenschaftliche Theorien der psychiatrischen Praxis in:Kisker, K.P. et al. (Hrsg.) Psychatrie der Gegenwart Bd. III, 2. Aufl. Soziale und angewandte Psychatrie, Springer 1975, 39-80

Integration durch Informationssysteme im Bereich der sozialen Leistungen. Ein Beitrag zur Modernisierung der Sozialleistungsträger. IBM-Nachrichten, 25 (1975) 227:232-239

Interviews, in:S. Koller u. G. Wagner (Hrsg.) Handbuch der medizinischen Dokumentation und Datenverarbeitung, Schattauer, Stuttgart 1975, 728-736

Grenzen der Medizin. Gibt es ein Ausweg aus der Strukturkrise der Medizin? Medizinische Klinik, 70 (1975) 49:2014-2016

M. Blomke, Chr. v. Ferber, H. Schaefer, K.P. Kisker (Hrsg.)
Handbuch der Sozialmedizin, Stuttgart
I. Grundlagen und Methoden der Sozialmedizin (1975)
II. Epidemiologie und präventive Medizin (1977)
III. Sozialmedizin in der Praxis (1976)

M. Blohmke, Chr. von Ferber, H. Schaefer, H. Valentin, K. Wängler, Was ist Sozialmedizin? in: M. Blomke, Chr. v. Ferber, H. Schaefer, K.P. Kisker (Hrsg.) Handbuch der Sozialmedizin, Bd. I, Grundlagen und Methoden der Sozialmedizin a.a.O (1975) 1-4

Medizin und Sozialstruktur. in:Handbuch der Sozialmedizin, Bd.I, Stuttgart (Enke) 1975, 261-300

Interdiziplinarität ein Kernproblem der Sozialmedizin - der Beitrag der Medizinsoziologie und der Sozialpsychatrie. Handbuch der Sozialmedizin, Bd. 1, Stuttgart 1975, 26-44

Chr. von Ferber, D. Zöllner, Sozialpolitik in: Bundesministerium für innerdeutsche Beziehungen (Hrsg.) Bundesrepublik Deutschland/DDR: Systemvergleich 3. Westdeutscher Verlag (1975) 411-500

1976

Zum soziologischen Begriff der Behinderung. Zeitschrift für Heilpädagogik, Nienburg-Weser, Vol. 24 (1976) 7:416-423

Was verdankt die Medizin der Soziologie? Hippokrates, (1976) 3

Ferber, Chr. v. u. Kisker, K.P., Was ist praktische Sozialmedizin? Einleitung zu Bd. III. Handbuch der Sozialmedizin, a.a.O., 1-14

Weiterentwicklung sozialärztlicher Dienste zu einem gemeinsamen sozialmedizinischen Dienst - ein Erfordernis der Zeit? Das öffentliche Gesundheitswesen. 38 (1976) 7:437-445

Soziale Selbstverwaltung - Fiktion oder Zukunft? Bundesarbeitsblatt (1976) 1:9-12

Demokratisierung und Sozialstaat im Verständnis der Soziologie. in: W.Schulenberg (Hrsg.), Reform in der Demokratie. Theoretische Ansätze - Konkrete Erfahrungen - Politische Konsequenzen. Willi Strezelewicz zum 70. Geburtstag. Verlag Hoffmann & Campe, Hamburg 1976

Die Rolle des Arztes in der modernen Gesellschaft. in:Multifaktorielle Probleme in der Medizin, hrsg. v. H.J. Bochnik u. W. Pittrich, Akademische Verlagsgesellschaft, Wiesbaden 1976

Wie wird der Patient Beteiligter? Zur Partizipation im Gesundheitswesen. Anstöße (1976) 3/4:69

1977

Gesundheitsvorsorge im Systemvergleich Bundesrepublik - DDR. Handbuch der Sozialmedizin Bd.II, M. Blohmke, Chr. von Ferber, K.P. Kisker, H. Schaefer,(Hrsg). Enke Verlag, Stuttgart 1977

Soziale Konflikte - Welche Bedeutung haben soziologische Aussagen zum Krankenstand? Gesundheit - Krankheit - Arbeitsunfähigkeit - Selbstmedikation, Bd. 64, Arbeitsmedizin, Sozialmedizin, Präventivmedizin (1977)

Soziale Selbstverwaltung - Fiktion oder Chance? in: H. Bogs, Chr. von Ferber (Hrsg.) Soziale Selbstverwaltung Bd. 1 Bonn-Duisdorf (1977) 97-199

Gesundheitssystem im Vergleich:Bundesrepublik und DDR. Sozialwissenschaftliche Information für Unterricht und Studium; 6 (1977) 2:66-73

Werden die Sozialpolitiker aus der Erfahrung lernen? Theoretisch-empirische Voraussetzungen für eine veränderte Sozialpolitik. Gewerkschaftliche Monatshefte 28 (1977) 3:151-163

Soziologie und Sozialpolitik. Chr. von Ferber, F.X. Kaufmann (Hrsg.) Kölner Zeitschrift für Soziologie u. Sozialpsychologie, Opladen 29 (1977) Sonderheft 19, 11-34

Wird der sozialpolitische Handlungsspielraum der Sozialen Selbstverwaltung ausgeschöpft ? in:Gewerkschaftliche Politik:Reform der Solidarität; zum 60. Geburtstag von Heinz O. Vetter; hrsg. von Ulrich Borsdorf, Hans O. Hammer, Gerhard Leminsky u. Heinz Markmann Köln; Bund-Verl. (1977) 373-392

Das sozialtherapeutische Instrumentarium der Gesundheitshilfe. Eine kritische Analyse der Situation in der Bundesrepublik. in:Deutsches Zentrum für Volksgesundheits-Pflege, Frankfurt/M. (1977) 2

Die gesellschaftliche Isolierung der Familie - Entstehung und Folgen, Familie und Suchtbehandlung, Heft 20 der Schriftenreihe zu Problemen der Suchtbehandlung, hg von der Deutschen Hauptstelle gegen Suchtgefahren, Hamm 1977

Theoretisch-empirische Voraussetzungen für eine veränderte Sozialpolitik, Gewerkschaftliche Monatshefte 28 (1977) 3:151-163

Die Behinderten in der Sozialpolitik - Grenzen und Möglichkeiten sozialpolitischer Hilfen. in:Zeitschrift für Heilpädagogik, 28 (1977) 10:616-627

Chr. von Ferber, A. Holler, G. Leminsky, F. Naschold, A. Schmidt, E. Standfest, F. Tennstedt, Sozialpolitik und Selbstverwaltung - Zur Demokratisierung des Sozialstaats, WSI-Studie 35) Bund-Verlag, Köln 1977

Wissenschaft und Gesundheitspolitik. Hat die Sozialmedizin in der Bundesrepublik noch eine Chance? Referat für den Deutschlandfunk, Sendung 31.01.77

Chr. von Ferber, K.-W. Hormann, W. Klitsch, W. Slesina, Sozialwissenschaftliche Begleitforschung zu "DOMINIG", Zwischenbericht, BPT-Bericht 3/77 Gesellschaft für Strahlen- und Umweltforschung München, 1977

1978

Chr. v. Ferber, H. Silomon, Der soziale Problemfall. in: H. Silomon (Hrsg.) Sozialmedizin - eine Einführung für Sozialversicherungsfachleute, Asgard, St. Augustin (1978) 207-213

Individualmedizin - Sozialmedizin. in: H. Silomon (Hrsg.) Sozialmedizin - eine Einführung für Sozialversicherungsfachleute a.a.O.(1978) 9-23

Soziale Hintergründe in ihrer Bedeutung für Krankheitsentstehung und Befindensstörungen. in: H. Silomon (Hrsg.) Sozialmedizin - Eine Einführung für Sozialversicherungsfachleute a.a.O.(1978), 227-233

Krankenrolle und Patientenkarriere. in: H. Silomon (Hrsg.)Sozialmedizin - eine Einführung für Sozialversicherungsfachleute,a.a.O.(1978) 59-68

Das sozialtherapeutische Instrumentarium der Gesundheitshilfe - eine kritische Analyse der Situation in der Bundesrepublik. in:Medizin und soziale Dienste in gemeinsamer Verantwortung (1978) 20-35 (Schriftenreihe:Deutsche Zentrale für Volksgesundheitspflege, Bd. 30)

Chr. von Ferber, C. Brühne, L. von Ferber, Chr. Juretzka, W. Klitsch, W. Slesina, Datenverabeitung im Gesundheitswesen. Sozialwissenschaftliche Begleituntersuchung zu "DOMINIG" Abschlußbericht, Universität Bielefeld (1978)

Das sozialtherapeutische Instrumentarium der Gesundheitshilfe. Eine kritische Analyse der Situation in der Bundesrepublik. Die Ortskrankenkasse 1978, 237-243

Sozialpolitik für Behinderte unter präventiven Gesichtspunkten, Wirtschaftlicher und Sozialwissenschaftlicher Informationsdienst - Mitteilungen, 1978, 548-553

Krankenhaus-Bedarfsplanung. Bei uns Sache der Bürokraten. In den USA entscheiden die Bürger... wie aufwendig die stationäre Versorgung sein darf. Medical Tribune, Internationale Wochenzeitung, 13 (1978) 36:48

Gesundheit und Krankheit im Wandel der Gesellschaft. in:Der kranke Mensch in der Gesellschaft; Christian u. Liselotte von Ferber; Reinbek b. Hamburg; Rowohlt ; 71-88 (1978) Rowohlts Deutsche Enzyklopaedie ; Bd. Nr. 380

Soziologie und Medizin. Medizinischer Fortschritt und gesellschaftliche Evolution, in:Der kranke Mensch in der Gesellschaft a.a.O.(1978), 27-44

Reform der sozialen Krankenversicherung. Der Beitrag der Soziologie zur Sozialreform, in:Der kranke Mensch in der Gesellschaft a.a.O.(1978) 196-210

Resozialisation und Rehabilitation. Resozialisation - eine Aufgabe der Gesellschaft? in:Der kranke Mensch in der Gesellschaft a.a.O. (1978) 176-184

Soziale Konflikte -welche Bedeutung haben soziologische Aussagen zum Krankenstand? in:Der kranke Mensch in der Gesellschaft a.a.O. (1978) 161-175

Gesundheit und Krankheit im Wandel der Gesellschaft. Die Rolle des Arztes in der Gesellschaft, in:Der kranke Mensch in der Gesellschaft a.a.O. (1978) 89-106

Das sozialmedizinische Problem der ärztlichen Beurteilung von Arbeitsunfähigkeit Störungen der Leistungsbereitschaft und ihre ärztliche Feststellung, in:Der kranke Mensch in der Gesellschaft a.a.O. (1978) 138-160

Soziologie und Medizin vom Nutzen der Soziologie für die Medizin. in:Der kranke Mensch in der Gesellschaft a.a.O., 16-27

Soziologie und Medizin - soziologische Aspekte des Todes, in:Der kranke Mensch in der Gesellschaft a.a.O. (1978) 45-70

Reform der sozialen Krankenversicherung. Die Rationalität in der sozialen Krankenversicherung. in:Der kranke Mensch in der Gesellschaft a.a.O.(1978) 210-221

Soziale Distanz zwischen Versicherten und Krankenkasse. Möglichkeiten der Gesundheitsvorsorge im Rahmen der Krankenversicherung, in:WIdO- Materialien ; Band:4, 1-24

Chr. von Ferber, L. von Ferber, Medizinsoziologie, in: T. U. Keil (Hrsg.) Medizinsoziologie, sozialmedizin, Statistik und Dokumentation, Lexikon der Grundlagenforschung Bd.3, Verlag E. Banaschewski, München-Gräfelfing, 1978, 13-47

Prinzipien und Aussagekraft epidemiologischer Studien zur Beurteilung der Arzneimittelsicherheit - Soziologische Aspekte, in: Schering AG (Hrsg.) Prinzipien und aussagekraft epidemiologischer Studien zur Beurteilung der Arzneimittelsicherheit, Berlin/Bergkamen (1978) 99-105

Sozialpolitik für Behinderte unter präventiven Gesichtspunkten. WSI-Mitteilungen; 31 (1978) 10:548-553

Ferber, Chr. von, Noelle-Neumann, E., Krankenhaus und Zeitgeist - Situation und Chancen des Krankenhauswesens in der Rechts-und Sozialstaatlichen Entwicklung der Bundesrepublik Deutschland, Krankenhaus Umschau, Kulmbach 47 (1978) 7:506-515.

Ferber, Chr. von; Rauschenbach W., Jürgens-Rabsahl, R., Theoretische und methodische Überlegungen zum Einsatz der ADV im Gesundheitswesen. (BPT-Bericht 5/78) München, Gesellschaft für Strahlen- und Umweltforschung 1978

Ferber, C. von; Situation und Chancen des Krankenhauswesens in der rechts- und sozialstaatlichen Entwicklung in der Bundesrepublik Deutschland. in:Fachverband der Verwaltungsleiter (Hrsg.) 61.Jahrestagung 1978. Kulmbach 1978, 49-63

Ferber, C.von; Slesina, W., Informationsverbund mehrerer Krankenhäuser unter Benutzung eines zentralisierten DV-Systems. BPT-Bericht 7/78 München, GSF 1978, 174

Soziologischer Aspekt der Beeinflussung sozialen Verhaltens. Spontanverhalten, sozialer Druck und persönlicher Lebensstil, Sozial- und Präventivmedizin 23 (1978) 5-6:341-345

Gesundheitsverhalten, in:J. Siegrist, A. Hendel-Kramer, Wege zum Arzt, München (1978) 7-23

1979

Chr. von Ferber, L. von Ferber, Medizinsoziologische Grundlagen der Gesundheitsvorsorge. Die Betriebskrankenkasse 1979, 253-259

Medizin als gesellschaftliches Herrschaftssystem - Sackgasse industrieller Zivilisation oder Stadium im Prozess sozialen Wandels? in:Maßlose Medizin? Berlin 1979, 33-57

Medizinsoziologische Konzepte der Krankheitsentstehung. in:Verhandlungen der Deutschen Gesellschaft für Innere Medizin (1979)

Ausbildungsziel: Arzt. Erwartungen der Ärzte - Erwartungen der Gesellschaft. Deutsches Ärzteblatt, Köln 76 (1979) 3:170-173

Soziale Sicherung in Westeuropa. Soziologische Gesichtspunkte zur Entstehung, zur gegenwärtigen Situation und zum Vergleich der Systeme sozialer Sicherheit, Verhandlungen des 19. Deutschen Soziologentages 1979 in Berlin; i. A. d. Dt. Gesellschaft für Soziologie, hrsg. von J. Matthes ; Frankfurt u.a.; 744-766,1979

1980

Ernährungsgewohnheiten: Zur Soziologie der Ernährung. Zeitschrift für Soziologie. (1980) 3:221-235

Gesundheitsvorsorge am Arbeitsplatz. Der Beitrag der Medizinsoziologie zu einem aktuellen sozialpolitischen Problem. Die Betriebskrankenkasse, 68 (1980) 9:225-230

Zeitgemäße gesundheitliche Versorgung und entsprechende Ausbildung der Angehörigen der Gesundheitsberufe - Möglichkeiten und Hindernisse einer Verwirklichung der OECD-Empfehlungen in Westeuropa, in:Gesundheitsbedürfnisse und Ausbildungsziele. Bundesamt für Gesundheitswesen (Hg.), Wissenschaftspolitik Beiheft 24, (1980) 54-66

Wandlungen im Arzt-Patientenverhältnis und ihre Konsequenzen für die ärztliche Ethik, in: Jahrbuch der Universität Düsseldorf (Hg.) 1980-1981, 203-207

Hemmt die soziale Sicherheit den wissenschaftlich-technischen und den ökonomischen Fortschritt? in:Symposia Medica Hoechst 15, Fortschritt und Sicherheit, Stuttgart 1980, A. 114-124

Primäprävention, Spontanverhalten, sozialer Druck und persönlicher Lebensstil, in: A. Trojan, H. Waller (Hrsg.) Gemeindebezogene Gesundheitssicherung, München (1980) 31ff.

1981

Gesundheitsvorsorge im Sozialrecht. Zur Frage vorbeugender Sozialpolitik, in: W.Gitter, (Hrsg.) Im Dienst des Sozialrechts (Festschrift für G. Wannagat) Heymanns, Köln (1981) 97-113

Ansprüche der Patienten im Spannungsfeld von Wirtschaftlichkeit und Therapiefreiheit, in:Symposium der Sozialmedizin für Juristen und Ärzte 4 , Schriftenreihe der Hans - Neuffer-Stiftung, Bd.1, Deutscher Ärzte-Verlag, Köln (1981) 71-84

Die AOK- Gesundheitszentren aus der Sicht des Medizinsoziologen, in:Schriften der AOK, Kreis Mettmann (1981) 11:79-86

Die Rolle des Arztes bei der Gesundheitserziehung am Arbeitsplatz, in:Proceeding of the international symposion "The role of the physican in health education" Luxembourg July 1980, Commission of the European Communities, Brüssel-Luxembourg 1981, 55-63

Die "Borniertheit" der sozialpolitischen Einrichtungen, in:Armut und Sozialstaat; Norbert Preusser (Hrsg.), München (1981) Bd. 1, 279-305 (Materialien der AG SPAK / Arbeitsgemeinschaft Sozialpolitischer Arbeitskreise ; Bd. 48)

Grundlagenbericht zur Aktion Gesundheit, in:Schriften der AOK Kreis Mettmann (1981) Nr. 11, 1-99

Leistungssteigerungen im Gesundheitswesen bei Nullwachstum, Fragen und Antworten zur rationellen Mittelverwendung im Gesundheitswesen, in:Wissenschaftliches Institut der Ortskrankenkassen (WIdO) 1981; WIdO-Materialien Bd. 14

Badura, B.; Ferber, Chr. von u.a. (Hrsg.) Selbsthilfe und Selbstorganisation im Gesundheitswesen. Soziologie und Sozialpolitik, Band 1, Oldenbourg, München, Wien, 1981, 257
B. Badura, Chr. von Ferber, J. Krüger, B. Riedmüller, Th. Thiemeyer, A. Trojan, einleitung: Sozialpolitische Perspektiven, in: B. Badura, Chr. von Ferber (Hrsg.) Selbsthilfe und Selbstorganisation im Gesundheitswesen, a.a.O.(1981) 5-38

Chr. von Ferber, E. Standfest, Gesundheitsvorsorge gegen arbeitsbedingte Krankheiten.Zur Zusammenarbeit von Betriebsärzten, Sicherheitsbeauftragten, Betriebsräten mit dem System sozialer Sicherheit, in: Chr. von Ferber, B. Badura (Hrsg.) Selbsthilfe und Selbstorganisation im Gesundheitswesen, a.a.O.(1981) 165-183

Rechtliche Grundlagen der Selbsthilfe und Selbstbehandlung. Die Situation in der Bundesrepublik Deutschland. in:Self-Care and the Law, Federal Republic of Germany, International Digest of Health Legislation Vol. 32,(1981) 1:22-24

Gesundheitserziehung am Arbeitsplatz - Zur Rolle des Betriebsarztes, in:J. v. Troschke, H. Stößel (Hg.) Möglichkeiten und Grenzen ärztlicher Gesundheitsberatung, GESOMED Freiburg 1981, 95-106

1982
Chr. von Ferber, L. von Ferber, W. Slesina, Medizinsoziologie und Prävention. Am Beispiel der Gesundheitsvorsorge am Arbeitsplatz. in:Soziale Welt (1982) Sonderband 1:277-306

Chr. von Ferber, L. von Ferber, W. Slesina, Gesundheitsvorsorge gegen arbeitsbedingte Krankheiten (Arbeitssicherheitsgesetz § 3,3c) Düsseldorf 1981, in:Humanisierung der Arbeit, Probleme der Durchsetzung, G. Peter, B. Zwingmann (Hrsg.), Köln 1982, 101-125 (WSI-Studien Nr. 47)

Grenzen und Perspektiven einer Kooperation von Selbstverwaltung und Staat in der Strukturpolitik, in:Symposium Strukturreform der gesetzlichen Krankenversicherung vom 23. bis 25 Juni 1982, 365-376, Forschungsbericht, Bundesministerium für Arbeit und Sozialordnung

In der Rheinischen Landesklinik Bonn. in:Bauwelt, Berlin 73 (1982) 11,12:376-377.

Steinjan, W.; Ferber, C. v.; Fink, U.; Niedrig, H.; Unbezahlte soziale Dienstleistungen, Sozialer Fortschritt (1982) 3, Sonderbeilage, 1-12

Zur Lage der Behinderten und ihrer Familien in der Gesellschaft von heute. Eine sozialepidemiologische Standortbestimmung Interdisziplinäre Fachtagung "Behinderte in Recht und Gesellschaft " Marburg 1981, Sozialpolitik und Recht 4 (1982) S. 23-43

Ferber, Chr. v., Thimm, W., Integration geistig Behinderter durch Normalisierung der Hilfen. Bericht über ein Forschungsprojekt. Bibliotheks- u. Informationssystem (BIS) der Universität Oldenburg (1982)

Gesundheitsvorsorge im Sozialrecht. Zur Frage vorbeugender Sozialpolitik, in:Gitter, W. et al. Im Dienst des Sozialrechts, Köln:Heymanns (1982) 97-113

Hundert Jahre Sozialstaat - Versuch einer Zwischenbilanz, in:Sorge um den Sozialstaat, (1982) Bonn Aktuell, 13-29

D.A. Loose, Chr. v. Ferber, L. v. Ferber, A. Klocke, J. Schmöe, Rehabilitationserfolg nach gefäßchirurgischen Eingriffen, in:Arbeitsmedizin-Sozialmedizin-Präventivmedizin, 17 (1982) 241-245

Sozialer Wandel im Gesundheits-, Sozial- und Bildungsbereich:Gruppenpsychotherapie und Gruppendynamik, 17 (1982) 261-279

Vom sozialen Zwang. Bauwelt, 73 (1982) 17:1324ff

1983

Pflege in der Familie. Der Familienhaushalt ist der "Welt größter Pflegedienst", in:Soz. Sicherheit 32 (1983) 142-143

Chr. von Ferber, L. von Ferber, W. Slesina, Können die Krankenkassen zur Gesundheitsvorsorge am Arbeitsplatz beitragen? Soziale Sicherheit 32 (1983) 311-316

Die Erwartungen des Bürgers an das Krankenhaus, Deutscher Krankenhaustag 12, Düsseldorf 1983, 170-181

Gesundheitssystem und Sozialarbeit, in: H. Silomon (Hrsg.) Sozialmedizin für Sozialarbeiter und -pädagogen, Asgard, St. Augustin 1983, 37-46

Sozialpolitische Grundlagen von Prävention, Behandlung und Rehabilitation, in: H. Silomon (Hrsg.) Sozialmedizin für Sozialarbeiter und -pädagogen, a.a.O. 1983, 73-84

Behinderung bei Geburt und im Kleinkindalter. H. Silomon (Hrsg.) Sozialmedizin für Sozialarbeiter und - pädagogen, a.a.O. (1983) 17- 144

Morbiditätsaspekte der Arbeitsunfähigkeit. Kurze und lange Arbeitsunfähigkeitszeiten, Das Öffentliche Gesundheitswesen, 45 (1983) 7:368-373

Staatliche Sozialpolitik und die Familien Behinderter. Offene Fragen einer Neuorientierung Sozialer Dienste, Geistige Behinderung 22 (1983) 1:2-12

Die Erwartungen der Bürger an das Krankenhaus. in:Krankenhaus Umschau, Kulmbach 52 (1983) 8:576-581

Ferber, Chr. von, Badura, B., (Hrsg.) Laienpotential, Patientenaktivierung und Gesundheitsselbsthilfe. Zur Soziologie des Laien vor den Ansprüchen der Medizin, Soziologie und Sozialpolitik Bd. 3, Oldenbourg, München (1983) 265-293

Gesundheitspolitik in der Bundesrepublik, in:Gegenwartskunde, Sonderheft (1983) 113-125

Ferber, Chr. von; Ferber, L. von; Pöhler, W., Gesundheitsgerechte Arbeitsgestaltung - eine soziologische Utopie? in: Martin Baethge, Wolfgang Essbach (Hrsg.) Soziologie:Entdeckungen im Alltäglichen, H.P. Bahrdt, Festschrift zu seinem 65. Geburtstag; Campus Verlag, Frankfurt (1983) 305-322

Selbsthilfe im Sozialstaat. Selbsthilfe (1983) 5:4-8

Soziale Netzwerke - ein neuer Name für eine alte Sache? in:Geistige Behinderung 22 (1983) 4:250-258

Unentgeltliche soziale Dienstleistungen aus medizinsoziologischer Sicht, in:Sozialer Fortschritt, 32 (1983) Sonderbeilage zu Heft 3, 5-9

1984

Arbeitszeit, Belastung und Gesundheit, Beiträge zur wissenschaftlichen Arbeitstagung der Industriegewerkschaft Metall für die Bundesrepublik Deutschland vom 24.-26.08.'83 im Bildungszentrum Sprockhoevel; Hans Mayr; Hans Janssen (Hrsg.); Köln; Bund-Verl. (1984) 197-207

Mehr Staat oder mehr Eigenverantwortung und Selbstverwaltung? in:Das Krankenhaus, Köln 76 (1984) 11:498-502

Zur Zivilisationstheorie von Norbert Elias - heute, in:Macht und Zivilisation:Materialien zu Norbert Elias' Zivilisationstheorie; hrsg. von P. Gleichmann, J. Goudsblom u. H. Korte, Suhrkamp, Frankfurt am Main 1984, 105-128

Ferber, Chr. von; Wedekind, R., Familie, Selbsthilfe und Sozialpolitik. Hilfebedürftigkeit zwingt zu einer Neuorientierung sozialer Hilfen. Soziale Welt 35 (1984) 4:502-521

Laienpotential - professionelle Dienste Miteinander - Ohneeinander, in:Schriftenreihe Deutsche Zentrale für Volksgesundheitspflege (1984) 42:46-51

Ferber, Chr. von; Slesina, W., Verschleißkrankheiten - ein sozialpolitisches Dauerproblem. Arbeitsmarkt Ruhrgebiet, 3 (1984) 3

Ehrenamt und Selbsthilfe im Wandel ihrer gesellschaftlichen Voraussetzungen Trennendes und Gemeinsames. Versuch einer Systematisierung, Soziale Arbeit, 33 (1984) 8/9:382-390

Gutachterliche Stellungnahme zu der Frage: Wie kann das grundrechtlich geschützte Recht des Bürgers, auf kommunalen Friedhöfen die symbolischen Formen seiner

Trauerarbeit selbst zu wählen und zu bestimmen, gegenüber einer Auslegung des Friedhofszwecks durch den Anstaltsträger geschützt werden, die für den symbolischen Ausdruck der Trauerarbeit inhaltliche Kriterien festlegt und im Genehmigungsverfahren durchsetzt? Manuskript

1985

Mobilisierung der Laien - Deprofessionalisierung der Hilfen, ein Verlust an gesellschaftlicher Rationalität? in: B. Lutz (Hrsg.): Soziologie und gesellschaftliche Entwicklung. Verhandlungen des 22. Deutschen Soziologentages in Dortmund 1984, Campus Frankfurt am Main (1985) 497-508

Soziale Krankenversicherung im Wandel, Weiterentwicklung oder Strukturreform? WSI-Mitteilungen, Köln (38) 1985, 584-594

Sozialpolitik, in: Bundesanstalt für Arbeitsschutz (Hrsg.) Handbuch zur Humanisierung der Arbeit, Bd. II Wirtschaftsverlag NW, Bremerhaven (1985) 969-997

Kassen und Prävention - Handlungsbereitschaft, Handlungsmöglichkeiten und Chancen, in: R. Rosenbrock, P. Hauß, R. Bohn (Hrsg.) Krankenkassen und Prävention, Berlin 1985, 15-28

B. Badura, Chr. von Ferber, Risikofaktoren, primäre Prävention und das Problem des richtigen Lebens, in: Deppe, H.-U., Gerhardt, U. Novak, P.(Hrsg.); Präventive Gesundheitsversorgung Medizinische Soziologie, Jahrbuch 4, Campus Frankfurt am Main, New York (1985) 128-142

Arbeitsorientierte Gesundheitspolitik im Betrieb, in: Jahrbuch Arbeit und Technik in Nordrhein-Westfalen 1985, hrsg. von W. Fricke, K. Johannson, K. Krahn, W. Kruse u. G. Peter, Verlag Neue Gesellschaft, Bonn (1985) 117-130

Badura B.; Ferber, Chr. von; Einwände gegen Uta Gerhardts und Hannes Friedrichs "Risikofaktoren, primäre Prävention und das Problem des richtigen Lebens", in: Wissenschaftliches Institut der Ortskrankenkassen (Hrsg.) Medizinische Soziologie und Sozialpolitik Bd. 4, Oldenbourg, München (1985)

Ferber, Chr. von, Reinhardt, U., Schaefer, H., Thiemeyer, T. (Hrsg.) Kosten und Effizienz im Gesundheitswesen. Gedenkschrift für Ulrich Geissler, Oldenbourg, München (1985)

Pflegebedürftigkeit - ein neues Sozialversicherungsrisiko? in: Chr. von Ferber, U. Reinhardt, H. Schaefer, T. Thiemeyer (Hrsg.) Kosten und Effizienz im Gesundheitswesen, a.a.O.(1985) 521-546

Thimm, W.; Ferber, Chr. von; Schiller, B.; Wedekind, R.; Ein Leben so normal wie möglich führen! Zum Normalisierungskonzept in der Bundesrepublik Deutschland und in Dänemark. Marburg/L., Bundesvereinigung Lebenshilfe für geistig Behinderte (1985)

Allgemeinmedizin: Dem Stiefkind wird der Katzentisch zu klein. Ärztliche Praxis 27, 22,23 (1985) 884-888, 956-958

Helmuth Plessner zum Gedächtnis. Kölner Zeitschrift für Soziologie und Sozialpsychologie (1985) 4

Allgemeinmedizin: Dem Stiefkind wird der Katzentisch zu klein, in: S. Häussler (Hrsg.) Warum an der Universität Allgemeinmedizin gelehrt werden muß, Verlag E. Banaschewski, München-Gräfelfing (1985) 20-28

Von der Trauerarbeit auf kommunalen Friedhöfen oder das kulturelle Erbe der Sozialhygiene, in: I.F. von Deneke, W. Roessler, P. Swertz (Hrsg.) Aktuelle Fragen der Sozialmedizin, Brockmeyer Verlag, Bochum, 176-192

1986
Sozialmedizin und Medizinsoziologie in der Bundesrepublik - Erben einer großen Tradition im elfenbeinernen Turm. Medizin, Mensch, Gesellschaft. 11 (1986) 3:180-186

Ferber, L. v.; Ferber, Chr. v., Sozialmedizin - eine unbekannte Wissenschaft, in:Theorie und Praxis der sozialen Arbeit 47 (1986) 7-8:260-267

Ehrenamtliche soziale Dienstleistungen. Sozialer Fortschritt, 35 (1986) 12:256-269

Das Bild des Arztes. Überlegungen zu den zukünftigen Aufgaben des Arztes. Blätter der Wohlfahrtspflege 133 (1986) 2:39-41

Wie hängen medizinische Behandlung und Gesundheitsselbsthife zusammen? R. Gross (Hrsg.):Wege der Gesundheitsforschung. Heidelberg (Springer) 1986, 288-302

Medizinsoziologie als klinische Soziologie. Düsseldorfer UNI-Zeitung, 15 (1986) 3

Medizinsoziologische Fragen zur Thanatologie, in: Curare (Sonderband) D. Sich, H.H. Figge, P. Hinderling (Hrsg.) Sterben und Tod (1986) 5:262-268

Normalisierung als gesellschaftliche Leitidee, in: Bundesvereinigung Lebenshilfe für geistig Behinderte e.V. (Hrsg.) Marburg (1986) 79-90

Der Beitrag der Soziologie zur Sozialreform. Zur Strukturreform der sozialversicherung, in: R. Bauer, S, Leibfried (Hrsg.) Sozialpolitische Bilanz II, Bremen (1986) 213-228

H. Silomon, R. Brennecke, Chr. von Ferber, U. Laaser (Hrsg.) Sozialmedizin, Sozialrecht, Gesundheitsökonomie, Springer Verlag Heidelberg (1986)

1987
Gesundheits- und Arbeitsschutz in Zusammenarbeit mit den Sozialversicherungsträgern (Kranken-,Renten- und Unfallversicherung) - Prävention und Vorsorge gegen arbeitsbedingte Verschleißkrankheiten - Rehabilitation ist keine Prävention, Schriftenreihe Arbeitssicherheit Industriegewerkschaft Metall 24 (1987) 39-52

Die neue Selbsthilfebewegung. Geistige Behinderung 26 (1987) Nr. 3, S. 147-156

Möglichkeiten der Finanzierung gemeindebezogener Gesundheitsvorsorge: marktwirtschaftliche oder sozialstaatliche Finanzierung? Akademie f. öffentl. Gesundheitswesen Gemeindebezogene Gesundheitsvorsorge und Gesundheitsförderung, Düsseldorf:Akademie (1987) 186-194

Ist ein gegliedertes Sozialleistungssystem den Volkskrankheiten gewachsen? Gewerkschaftliche Monatshefte 11 (1987) 697-706

Welche wirtschaftlichen Folgen können wir von einer intensivierten Prävention erwarten? Kostenreduktion und Selbsthilfemobilisierung, in: Prävention und Krankheitsfrüherkennung im somatischen und psychischen Bereich, Kongreßbericht 1987 der Deutschen Zentrale für Volksgesundheitspflege e.V. Frankfurt am Main (1987), 39ff.

Veränderungen des Krankheitspanoramas und hieraus folgende Trends für die Präventions- und Versorgungsleistungen. Texte der mdl. Stellungnahme zu öffentlichen Anhörung Enquêtekommission "Strukturreform der gesetzlichen Krankenversicherung" am 12.11.87 Gewerkschaftliche Monatshefte 11 (1987)

Möglichkeiten der Finanzierung gemeindebezogener Gesundheitsvorsorge: marktwirtschaftliche oder sozialstaatliche Finanzierung? in: Akademie für das Öffentliche Gesundheitswesen, Schriftenreihe Bd. 15, Gemeindebezogene Gesundheitsvorsorge und Gesundheitsförderung, Düsseldorf (1987)186-194

Mitarbeit am Bericht der Gesundheitspolitischen Strukturkommission des DGB: Der solidarischen Gesundheitssicherung die Zukunft, Bd. 1 hrsg. von A. Schmidt, E. Jahn, B. Scharf, Bund-Verlag, Köln (1987) WSI-Studie Nr. 60

Chr. von Ferber, W. Slesina, L. von Ferber, Herz- und Kreislaufkrankheiten durch belastende Arbeitsbedingungen und Gesundheitsverschleiß, WSI-Arbeitspapier Nr. 17, Projektgruppe HdA, Düsseldorf (1987) 52ff.

Chr. von Ferber (Hrsg.) Forschungsverbund: Laienpotential, Patientenaktivierung, Gesundheitsselbsthilfe und professionelle Dienstleistungen, Springer Verlag, Berlin, New York (1987)

W. Slesina, L. von Ferber, F.R. Beuels, R. Sochert, Ein Verfahren zur gesundheitsgerechten Arbeitsgestaltung auf der Grundlage betrieblicher Epidemiologie in: K. Norpoth (Hrsg.) Bericht über die 27. Jahrestagung der Deutschen Gesellschaft für Arbeitsmedizin, Genter Verlag, Stuttgart (1987) 413-416

Zur Strukturreform der Gesetzlichen Krankenversicherung, in: Zeitschrift für Sozialreform 33 (1978) 778-787

Ist ein gegliedertes Sozialleistungssystem den Volkskrankheiten gewachsen? in: Gewerkschaftliche Monatshefte 11 (1987) 697ff.

1988

Gesundheitsverantwortung und Gesundheitsfinanzierung.in: H.M. Sass (Hrsg.) Ethik und öffentliches Gesundheitswesen, Springer Verlag Berlin (1988) 113-134

Slesina, W.; Schroer, A.; Ferber, Chr. von, Soziologe und menschengerechte Arbeitsgestaltung. Arbeitsschutz, ein Berufsfeld für Soziologen? Soziale Welt; 39 (1988) 2:205-223

Gesundheitsberichterstattung. Zur Basis einer rationalen Gesundheitspolitik. Computer und Recht, Köln 4 (1988) 6:503-509

Beruflich-soziale Eingliederung und sonderpädagogische Förderung. Bericht über den Sonderpädagogischen Kongreß des Verbandes Deutsche Sonderschulen in Paderborn 1987, Zeitschrift für Heilpädagogik 38 (1988) Sonderheft

Health Maintenance Organizations - interkulturell übertragbare Elemente, in: H. Hauser, J.-M. Graf von der Schulenburg (Hrsg.) Health Maintenance Organizations, Beiträge zur Gesundheitsökonomie 19, Robert Bosch Stiftung, Bleicher Verlag Gerlingen (1988) 181-187

Bedeutung und Folgen einer Diättherapie für den Patienten aus der Sicht des Soziologen, Ernährungsumschau 35 (1988) Sonderheft 596-599

Neues Ehrenamt - altes Ehrenamt, Traditionelle Helfer, neue Helfer, traditionelle Verbände, neue Initiativen, in: U. Fink (Hrsg.) Der neue Generationenvertrag. Ich für Dich die Zukunft der sozialen Dienste, Piper Verlag, München (1988) 117-131

Gesundheitsberichterstattung, Computer und Recht (1988) 4:503-509

Der Patient als Experte seiner Krankheit, Selbsthilfe (1988) 6:27

Medizinsoziologie in der Praxis. Eröffnung der Jahrestagung Medizinsoziologie am 01.10.87 in Bochum, Medizinsoziologie, 2 (1988) 1

Chr. von Ferber (Hrsg.) Gesundheitsselbsthilfe. Stand der Forschung - Perspektiven und Forschungsförderung - Sozialpolitische Implikationen, BPt Bericht der Gesellschaft für Strahlen- und Umweltforschung, 12 (1988)

Forschung zu "Laienpotential, Patienaktivierung und Gesundheitsselbsthilfe" - Versuch einer Systematisierung, in: Chr. von Ferber (Hrsg.) Gesundheitsselbsthilfe. Stand der Forschung - Perspektiven und Forschungsförderung - Sozialpolitische Implikationen, BPt Bericht der Gesellschaft für Strahlen- und Umweltforschung, 12 (1988) 9-19

Ergebnisse und Erfahrungen aus dem Forschungsverbund "Laienpotential, Patientenaktivierung und Gesundheitsselbsthilfe" in: Chr. von Ferber (Hrsg.) Gesundheitsselbsthilfe. Stand der Forschung - Perspektiven und Forschungsförderung - Sozialpolitische Implikationen, BPt Bericht der Gesellschaft für Strahlen- und Umweltforschung, 12 (1988) 23-28

Gesundheitsförderung, eine gesundheitspolitische Strategie? (Systematisierung und Intensivierung der Gesundheitsvorsorge in einer Region - Mettmann-Studie) in: Chr. von Ferber (Hrsg.) Gesundheitsselbsthilfe. Stand der Forschung - Perspektiven und Forschungsförderung - Sozialpolitische Implikationen, BPt Bericht der Gesellschaft für Strahlen- und Umweltforschung, 12 (1988)

Soziale Anpassung und Sucht in der Leistungs- und Konsumgesellschaft, in: E. Knischewski (Hrsg.) Alkohol im Betrieb, Nicol-Verlag, Kassel (1988) 11-24

W. Slesina, A. Schröer, Chr, von Ferber, Soziologie und menschengerechte Arbeitsgestaltung, Soziale Welt 39 (1988) 1:205-213

1989

Medizinkultur und Laienkultur nebeneinander - gegeneinander -miteinander. in: Marquard, O. et al (Hrsg.) Medizinische Ethik und soziale Verantwortung. Ethik der Wissenschaften Vol. 8, S. 9-27, Schöningh, Paderborn, Wien, Zürich (1989)

Hat die Medizinsoziologie eine Chance? Soziale Welt, 40 (1989) 1/2

Strukturreform im Gesundheitswesen. Neue Lösungen für ältere Probleme. Zeitschrift für Evangelische Ethik, 33 (1989) 1

Die neue Selbsthilfebewegung, Brücken (1989) 1:7-11

Strukturreform oder Weiterentwicklung des gegliederten Sozialleistungssystems der Bundesrepublik in: G. Lüschen, W.C. Cockerham, G. Kunz (Hrsg.) Gesundheit und Krankheit in der BRD und den USA, Oldenbourg, München (1989) 133-146

Ferber, L. v.; Ferber, Chr. v., Von der Dienstleistungsfunktion des Arztes - Der Primärarzt im Sozialstaat. in: Saladin, P. et al (Hrsg.) 'Medizin'für die Medizin. Helbling und Lichtenhahn, Basel (1989)

Chr. von Ferber, W. Slesina, Das integrierte Belastungs-/Beanspruchungs-Konzept- eine Herausforderung an die Soziologie zur gerechten Arbeitsgestaltung beizutragen, Zeitschrift für Arbeitswissenschaft 1 (1989)

Chr. von Ferber, W. Slesina, L. von Ferber u.a. Bericht für das Hessische Sozialministerium über "Wissenschaftliche und organisatorische Voraussetzungen einer Untersuchung zur Nutzung von Daten der Gesetzlichen Krankenversicherung zur Analyse arbeitsbedingter Erkankungen (1989)

Selbsthilfe im sozialen Wandel in der Bundesrepublik, in. N. Blüm, H.F. Zacher (Hrsg.) 40 Jahre Sozialstaat Bundesrepublik Deutschland, Nomos, Baden-Baden (1989) 609-627

1990

M. Arnold, Chr. von Ferber, K.-D. Henke (Hrsg.) Ökonomie der Prävention, Robert Bosch Stiftung, Beiträge zur Gesundheitsökonomie 22, Bleicher Verlag, Gerlingen (1990)

Effektivität und Effizienz von Primärprävention nach dem psychosozialen "Risikofaktorenansatz" in: M. Arnold, Chr. von Ferber, K.-D, Henke (Hrsg.) Ökonomie der Prävention, a.a.O. (1990) 289-318

Kooperationsmöglichkeiten zwischen Leistungsträgern und Betriebsärzten aus der Sicht der Medizinsoziologie, in: H.-J. Florian, H.M. Schian, R.E. Tiller (Hrsg.) Arbeitsmedizinische Herbsttagung 1989, Tagungsbericht, Verband Deutscher Betriebs- und Werksärzte, Genter Verlag, Stuttgart (1990) 351-356

Ausgewählte Empirische Forschungsprojekte

1950 - 1956

"Untersuchungen zur Lage der Deutschen Hochschullehrer" Soziologisches Seminar der Universität Göttingen. Gefördert von der Deutschen Forschungsgemeinschaft

1963 - 1966

"Untersuchungen zur Hochbegabtenförderung" Foschungsstelle des Sozialwissenschaftlichen Seminars der Technischen Hochschule Hannover. Gefördert von der Stiftung Volkswagenwerk

1966 - 1970

"Krankmeldungen und psychosoziale Hintergründe" Sozialwissenschaftliches Seminar der Technischen Hochschule Hannover gemeinsam mit dem Vertrauensärztlichen Dienst der Landesversicherungsanstalt Hannover. Gefördert von der Deutschen Forschungsgemeinschaft

1972 - 1975
"Untersuchungen zur Situation der Selbstverwaltung in der Sozialen Krankenversicherung" Fakultät für Soziologie der Universität Bielefeld, gemeinsam mit F. Tennstedt. Gefördert vom Bundesministerium für Arbeit und Sozialordnung

1976 - 1977
Mitarbeit an der WSI-Studie "Sozialpolitik und Selbstverwaltung" Fakultät für Soziologie der Universität Bielefeld, Projektleitung E. Standfest

1976 - 1978
"Sozialwissenschaftliche Begleitforschung zu DOMINING. Datenverarbeitung zur Unterstützung von Organisations- und Managementaufgaben durch Integration des normierten Informationsflusses im Gesundheitswesen" Fakultät für Soziologie der Universität Bielefeld. Gefördert vom Bundesministerium für Forschung und Technologie

1977 - 1979
"Untersuchung zur Gesundheitsvorsorge am Arbeitsplatz" Fakultät für Soziologie der Universität Bielefeld/Institut für Medizinische Soziologie der Universität Düsseldorf, gemeinsam mit W. Slesina und L. von Ferber. Gefördert vom Ministerium für Wissenschaft und Forschung des Landes Nordrhein-Westfalen

1979 - 1983
"Vergleichende Studie zur Integration geistig Behinderter in der Bundesrepublik Deutschland und in Dänemark" gemeinsam mit W. Thimm. Gefördert von der Deutschen Forschungsgemeinschaft

1980 - 1983
"Regionaluntersuchung zur Gesundheitsvorsorge im Kreis Mettmann" Institut für Medizinische Soziologie der Universität Düsseldorf. Gefördert vom Bundesministerium für Forschung und Technologie

1984 - 1987
"Untersuchung zur Verwendung sozialwissenschaftlichen Wissens im Rahmen des betrieblichen Gesundheitsschutzes" Institut für Medizinische Soziologie der Universität Düsseldorf, gemeinsam mit W. Slesina und L. von Ferber. Gefördert von der Deutschen Forschungsgemeinschaft

"Der Beitrag der Soziologie zur gesundheitsgerechten Arbeitsgestaltung" gemeinsam mit W. Slesina und L. von Ferber. Gefördert von der Deutschen Forschungsgemeinschaft

1985 - 1989
"Untersuchung zum Ernährungsverhalten der Bevölkerung" Institut für Medizinische Soziologie der Universität Düsseldorf. Gefördert vom Bundesministerium für Forschung und Technologie

"Untersuchung und Auswertung von Prozeßdaten der Gesetzlichen Krankenversicherung für Krankheits- und Therapieverläufe" Institut für Medizinische Soziologie der Universität Düsseldorf, gemeinsam mit H.J. Jesdinsky, L. von Ferber et al.. Gefördert vom Bundesministerium für Arbeit und Sozialordnung

Mitgliedschaften in Sachverständigen - Kommissionen

1970 - 1976
Sachverständigenkommission zur Weiterentwicklung der Sozialen Krankenversicherung beim Bundesministerium für Arbeit und Sozialordnung

1975 - 1979
Fachausschuß "Humanisierung des Arbeitslebens" beim Bundesministerium für Forschung und Technologie

1988
Murrhardter Kreis, Arbeitskreis: "Mediziner Ausbildung" der Robert Bosch Stiftung

seit 1986
Fachausschuß "Humanisierung des Arbeitslebens" beim Bundesministerium für Forschung und Technologie

Akademische Ämter

1967 - 1968
Dekan der Fakultät für Geistes- und Staatswissenschaften der Technischen Universität Hannover

1971 - 1973
Dekan der Fakultät für Soziologie der Universität Bielefeld

1985 - 1989
Präsident der Deutschen Gesellschaft für Medizinische Soziologie

www.ingramcontent.com/pod-product-compliance
Lightning Source LLC
LaVergne TN
LVHW092148300926
849161LV00002B/217
* 9 7 8 3 4 8 6 5 5 8 9 2 0 *